Wolfgang Trier

Glasschmelzöfen

Konstruktion und Betriebsverhalten

Mit 467 Abbildungen und 63 Tabellen

Springer-Verlag
Berlin Heidelberg New York Tokyo 1984

Professor Dr. WOLFGANG TRIER

Deutsche Glastechnische Gesellschaft, Frankfurt a. Main

CIP-Kurztitelaufnahme der Deutschen Bibliothek.

Trier, Wolfgang: Glasschmelzöfen : Konstruktion u. Betriebsverhalten / W. Trier. –
Berlin ; Heidelberg ; New York ; Tokyo : Springer, 1984.

ISBN-13: 978-3-642-82068-7 e-ISBN-13: 978-3-642-82067-0
DOI: 10.1007/978-3-642-82067-0

Softcover reprint of the hardcover 1st edition 1984

Gesamtherstellung: Graphischer Betrieb Konrad Triltsch, Würzburg
2060/3020-543210

Vorwort

Die technische Entwicklung und wissenschaftliche Durchdringung hat sich auf fast allen Gebieten der Technik in den vergangenen Jahren sehr beschleunigt. Dies hat dazu geführt, daß sich in der Literatur der Schwerpunkt von der zusammenfassenden Darstellung in Buchform auf die Wiedergabe von Detailproblemen verlagert hat. Für den Studenten, aber auch den Praktiker wird es damit immer schwerer, den Überblick zu behalten. Im Bereich der Glastechnologie ist diese Entwicklung besonders ausgeprägt, da auf diesem Gebiet viele verschiedene Bereiche hineinspielen. Der Glasschmelzofen als Kernstück der Glastechnologie wird in der vorhandenen Buchliteratur nur sehr pauschal behandelt.

Das vorliegende Buch stellt sich die Aufgabe, den Glasschmelzofen nicht nur in seinem Grundaufbau und seiner Betriebsweise zu behandeln, sondern den einschlägigen verfahrenstechnischen Wissensstand mit in die Behandlung einzubeziehen. Das Buch baut auf dem bekannten, aber seit langem vergriffenen Buch „Glasschmelzöfen" von R. Günther auf, hebt sich in der Behandlung des Stoffes durch die Betonung der verfahrenstechnischen Überlegungen aber deutlich davon ab. Die starke Zunahme des Stoffes spiegelt außerdem die erhebliche Erweiterung des Wissensstandes auf diesem Gebiet wieder.

Das wiedergegebene Material stammt zum großen Teil aus der Arbeit der Fachausschüsse der Deutschen Glastechnischen Gesellschaft, Veröffentlichungen in den Glastechnischen Berichten und internem Material der Hüttentechnischen Vereinigung der Glasindustrie. Darüber hinaus wurde die internationale Fachliteratur mit ausgewertet.

Die Abgrenzung gegenüber wichtigen Randgebieten, wie feuerfeste Baustoffe, Wärmetechnik, Verbrennung und Feuerungen und Strömungslehre war nicht immer einfach. Leitlinie für den Aufbau war, daß die wichtigsten Fakten mit erwähnt werden, die Benützung der einschlägigen Handbücher und Standardwerke aber nicht ersetzt werden kann.

Die Bearbeitung eines umfangreichen Manuskriptes neben der beruflichen Tagesarbeit erfordert leider eine sich über Jahre erstreckende Arbeit. Bei der schnellen technischen Entwicklung war es daher leider nur bedingt möglich, alle einschlägigen neuen Fachveröffentlichungen mit zu berücksichtigen.

Dem Vorstand der Hüttentechnischen Vereinigung der Glasindustrie und der Deutschen Glastechnischen Gesellschaft gebührt Dank für die Freigabe des Materials und die finanzielle Unterstützung bei der Herausgabe. Nur dadurch wurde es möglich, den Preis des Buches in tragbaren Grenzen zu halten. Dank gilt auch Herrn U. Dohle, Aachen, für die formale Bearbeitung des Manuskriptes und Frau Kressner, der Bibliothekarin der Deutschen Glastechnischen Gesellschaft für die Überprüfung und Ergänzung der Literaturverzeichnisse. Dem Verlag gebührt Dank für die gute Ausstattung und termingerechte Herstellung. Vielen Fachkollegen sei für wertvolle Hinweise gedankt.

Frankfurt am Main, im September 1983 **W. Trier**

Inhaltsverzeichnis

Formelzeichen

A	Fläche	m^2
a	Temperaturleitfähigkeit	m^2/s
B	Breite	m
b	Querschnittsfläche von Kanälen	m^2
b	Elektrodenabstand	m
C	Gemengebedeckungsgrad, Konstanten	–
C	Wärmekapazitätsstrom	kW/K
C	Kapazität, elektrische	F
C_s	Strahlungsvermögen des schwarzen Strahlers = 5,67	$W/(m^2\,K^4)$
$C(\tau)$	Übergangsfunktion	–
$C'(\tau)$	Verweilzeitverteilung, normiert	–
c	spezifische Wärmekapazität	kJ/(kg K)
c	Stoffmengenkonzentration	$kmol/m^3$
$c_{1,2}$	Strahlungsaustauschkonstante zwischen den Flächen 1 und 2	$W/(m^2\,K)$
c_i	Impulsübertragungsfaktor	–
D	Diffusionskoeffizient	m^2/s
D, d	Durchmesser	m
d	Dicke	m
d_h	hydraulischer (gleichwertiger) Durchmesser	m
E	Energie	kJ
$\dot{E}$	Energiestrom	kW
E_Q	Exergie einer Wärmemenge Q	kJ
$E(t)$	Verweilzeitverteilung	1/s
$\dot{e}$	Heizenergiestromdichte	kW/m^2
e	elektrische Feldstärke	V/m
F	mittlere freie Weglänge der Strahlungsquanten	m
F	Kraft	N
Δf	Teilfläche	m^2
G	freie Enthalpie (Gibbs)	kJ
G	Gemengezufuhr (Wärmekapazitätsstrom)	kW/K
g	Erdbeschleunigung	m/s^2
H	Enthalpie	kJ
$\dot{H}$	Enthalpiestrom	kW
H	Badhöhe, Gitterwerkshöhe	m
H_k	Homogenisierungskennzahl	–
H_o	Brennwert	kJ/kg, kJ/m^3
H_u	Heizwert	kJ/kg, kJ/m^3
h	Stichhöhe, Steinhöhe	m
h_m	Stichhöhe, auf Mittellinie bezogen	m
h_r	spezifische Schmelzenthalpie	kJ/kg
I	Impuls	kg m/s
$\dot{I}$	Impulsstrom	N
I	elektrische Stromstärke	A
$\hat{I}$	Scheitelwert des Stromes	A
k	Wärmedurchgangskoeffizient	$W/(m^2\,K)$
L	Flammenlänge	m

L	Induktivität	Vs/A
L_1	Länge des Einschmelzbereiches	m
L_2	Gesamtschmelzwannenlänge	m
l	Länge	m
l	Luftbedarf	–
M	Masse	kg
$\dot{M}$	Massenstrom	kg/s
m	Brennstoffenergiedichteverhältnis Schmelzzone/Läuterzone	–
$\dot{m}$	Massenstromdichte	$kg/(s\,m^2)$
$\dot{m}_k$	Massenstromdichte der durch Korrosion abgetragenen Substanz	$kg/(m^2\,s)$
$\dot{M}_{B,d}$	Brennstofftagesbedarf	kg/d
$\dot{M}_{L,st}$	stöchiometrischer Luftbedarf	kg/s
n	Stoffmenge	kmol
n	Brechungsindex	–
n	Drehzahl	1/s
P	Leistung, Wirkleistung	kW
p	Leistung pro Volumeneinheit	kW/m^3
$\bar{\bar{p}}$	auf Fläche bezogene Leistung	kW/m^2
$\bar{p}$	auf Länge bezogene Leistung	kW/m
p	Druck, Partialdruck	bar
p_e	atmosphärische Druckdifferenz	bar
Q	Blindleistung	kW
Q	Wärmemenge	kJ
$\dot{Q}$	Wärmestrom	kW
Q_c	im Brennstoff chemisch gebundene Energie	kJ
q	volumetrische Wärmestromdichte	kW/m^3
$\dot{q}$	Wärmestromdichte	kW/m^2
$\dot{q}_B$	längenbezogene Brennstoffenergiestromdichte	kW/m
R	elektrischer Widerstand	Ω
R	allgemeine Gaskonstante	J/(mol K)
r	Radius	m
r	Flammenbedeckungsgrad	–
S	Entropie	kJ/K
S	Scheinleistung	kW
s	spezifische Entropie	kJ/(kg K)
s	flächenbezogene Schmelzleistung	$kg/(m^2\,d)$
s	Schichtdicke, Steindicke	m
T	thermodynamische Temperatur	K
T	Periodendauer	s
t	Zeit	h
t_a-Wert ≙ Druckfeuerbeständigkeit		°C
U	innere Energie	kJ
U	elektrische Spannung	V
u	Geschwindigkeit in x-Richtung	m/s
V	Volumen	m^3
$V_{m,n}$	molares Normvolumen	$m^3/kmol$
$\dot{V}$	Volumenstrom	m^3/s
v	spezifisches Volumen	m^3/kg

v	Geschwindigkeit	m/s
$\bar{v}$	mittlere Geschwindigkeit	m/s
v_{st}	stöchiometrische Abgasmenge	–
W	Arbeit	kJ
w	spezifischer Energieverbrauch zur Wannenbeheizung	kJ/kg
X	Verhältnis örtlicher zu mittlerer Nußeltzahl	–
x	Weg, Koordinate	m
Y	Abscheidungsgrad	–
y	Weg, Koordinate	m
Z	Scheinwiderstand	Ω
z	Weg, Koordinate	m
α	Wärmeübergangskoeffizient	$W/(m^2 K)$
α	Ausbrand	–
α	Längenausdehnungskoeffizient	1/K
$\alpha(\lambda)$	spektraler Absorptionsgrad	–
β	Volumenausdehnungskoeffizient	1/K
γ	Gewölbewinkel	rad
γ	Rohdichte	kg/m^3
δ	Schichtdicke, Wanddicke	m
δ	Winkel	rad
Δ	Differenz	–
$\mathit{\Delta}$	Verhältnis des Brennermauldurchmessers zur Länge des Feuerraums	–
ε	Emissionsgrad	–
η_f	feuerungstechnischer Wirkungsgrad	–
η_k	Kammerwirkungsgrad	–
Θ	Temperaturdifferenz	K
Θ	Rückströmparameter	–
ϑ	Temperatur	°C
$\varkappa$	Extinktionskoeffizient	1/m
$\varkappa_{el}$	elektrische Leitfähigkeit	1/(m Ω)
λ	Wärmeleitfähigkeit	W/(m K)
λ	Luftzahl	–
λ_{Str}	Strahlungsleitfähigkeit	W/(m K)
Λ	Flammengeschwindigkeit	m/s
μ	dynamische Zähigkeit	$N/(s\,m^2)$
ν	kinematische Zähigkeit	m^2/s
ζ	Druckverlustbeiwert	–
ϱ	Dichte	kg/m^3
ϱ_{el}	spezifischer elektrischer Widerstand	Ωm
σ	Oberflächenspannung	N/m^2
σ_1	Mittelwert einer Glaszusammensetzung	–
σ_2	Standardabweichung	–
φ	Faktor zur Berücksichtigung unterseitiger Gemengeabschmelzung	–
ψ	Druckwiderstandsbeiwert in Rohrleitungen	–
ψ	Porosität in Schüttungen	–
Ψ	Stromfunktion	m^2/s
Φ	Flächenverhältnis, Gaußsches Fehlerintegral	–
ω	Ungleichförmigkeitsgrad	–
ω	Frequenz	1/s

Indizes

A	Abgas
B	Brennstoff
eff	effektiv
el	elektrisch
h	heiße Seite
G	Gas
ges	gesamt
ind	Indikator
K	durch Konvektion
k	kalte Seite
L	Luft
Lt	durch Leitung
lam	laminar
m	Achswert
max	maximal
min	Minimal
n	unter Normbedingungen
O	Oberfläche
o	oben
0	zur Zeit $t = 0$
Pr	Prandtlsche Grenzschicht
p	bei konstantem Druck
r	im Randbereich
S	schwarzer Strahler
st	stöchiometrisch
Str	durch Strahlung
th	theoretisch
tur	turbulent
u	unten
w	in Wandnähe
x	örtlich, in x-Richtung

Übliche Kenngrößen (Kennzahlen) in der Wärmeübertragung (DIN 1341)

Kenngröße	Symbol	Definition
Fourier-Zahl	*Fo*	$a\,t/l^2$
Grashof-Zahl	*Gr*	$l^3\,g\,\beta\,\Delta\vartheta/\nu^2$
Nußelt-Zahl	*Nu*	$\alpha\,l/\lambda$
Prandtl-Zahl	*Pr*	ν/a
Rayleigh-Zahl	*Ra*	*Gr Pr*
Reynolds-Zahl	*Re*	$v\,l/\nu$

Umrechnung einiger wichtiger Einheiten

Größe	Gesetzliche Einheit	Alte Einheit (Umrechnung)
Dichte	kg/m^3	Wichte γ in kp/dm^3
Kraft	N	kp (1 kp = 9,81 N)
Druck	bar	at (1 at = 0,981 bar) Torr (1 Torr = 1,33 mbar)
Energie	J	kcal (1 kcal = 4,187 kJ)
Leistung	W	kcal/h (1 kcal/h = 1,163 W)
spezifische Wärmekapazität	J/(kg K)	kcal/(kg grd) (1 kcal/(kg grd) = 4,187 kJ/(kg K))
Wärmeleitfähigkeit	W/(m K)	kcal/(m h grd) (1 kcal/(m h grd) = 1,163 W/(m K))

1 Glasschmelzöfen, Übersicht

Das Material Glas und die vielen daraus hergestellten Gegenstände spielen im täglichen Leben, in der Wirtschaft, in der Technik und in der Wissenschaft eine wichtige Rolle. Seiner Durchsichtigkeit, seiner chemischen Resistenz und seiner relativ großen Härte verdankt das Glas seine singuläre Stellung unter den anderen Materialien. Seine Besonderheiten, wie seine Sprödigkeit und sein relativ hohes Gewicht, sind beim praktischen Einsatz zu beachten.

Der Glasbedarf in modernen Industrieländern liegt bei 60 bis 80 kg/Kopf und Jahr. Mengenmäßig dominiert das Behälterglas, gefolgt von Flachglas. In beiden Fällen handelt es sich um Kalk-Natron-Gläser modifizierter Zusammensetzung. Zu erwähnen sind weiterhin das Wirtschaftsglas auf der Basis von Kali- oder Bleigläsern, die große Gruppe der Spezialgläser in Form des chemisch-technischen Glases und des Glases für elektrotechnische Zwecke, das optische Glas und die Glasfasern. Die chemische Zusammensetzung all dieser Gläser ist sehr vielfältig (Tabelle 1.1). Zu erwähnen sind die Borosilicatgläser für das chemisch-technische Glas, die alkalifreien Gläser für textile Glasfasern und die Alkaliborate für die Isolierglasfasern.

All die genannten Gläser werden aus sorgfältig ausgewählten und gut gemischten Rohstoffen, dem sogenannten Gemenge hergestellt, in Glasschmelzöfen erschmolzen und anschließend zu den gewünschten Glasgegenständen verarbeitet. Die Verarbeitungstechniken sind sehr unterschiedlich. Sehr unterschiedlich sind auch die benötigten Mengen, was zur Folge hat, daß die Schmelzleistungen der einzelnen Glasschmelzöfen sehr unterschiedlich sind. Sie reichen von 100 kg/d bei Spezialgläsern bis zu 800 t/d beim Flachglas. Die kontinuierliche Betriebsweise überwiegt bei weitem; für Sonderfälle, besonders beim hochwertigen Wirtschaftsglas, behauptet der periodisch betriebene Ofen aber nach wie vor das Feld.

Glasschmelzöfen werden als Herdöfen gebaut und mit fossilen Brennstoffen, wie Heizöl oder Erdgas, beheizt. Der direkte Einsatz von Elektroenergie ist möglich, entweder als Zusatzheizung bei Herdöfen oder als ausschließliche Energiequelle bei vollelektrischen Glasschmelzöfen. Während die Zusatzheizung bei Hohlglas zunehmend Eingang findet, beschränkt sich zur Zeit die vollelektrische Schmelze auf die Spezialgläser.

Glasschmelzöfen werden entweder nach der erschmolzenen Glasart oder nach konstruktiven technischen Merkmalen eingeteilt. Bei der Einteilung nach den Glasarten unterscheidet man Hohlglasöfen (Behälterglas), Flachglasöfen und Spezialglasöfen. Der Begriff Glasart umfaßt dabei nicht nur die chemischen Zusammensetzung, sondern auch die an das Produkt zu stellenden Qualitätsansprüche (Tabelle 1.2). Maßstäbe für die Glasqualität sind der erreichte Homogenitätsgrad (besser Schlierigkeit oder Inhomogenität), der Gehalt an Blasen und Bläschen, die Farblage und die chemische Resistenz. Maßgeblich ist hier die örtliche und zeitliche Konstanz der Glaseigenschaften. Für Spezialgläser kommen noch viele weitere Kriterien, wie Wärmedehnung, Brechwert und dergleichen hinzu.

Die Eigenschaften und die Qualität des erschmolzenen Glases werden teilweise vom Produkt her bestimmt, teilweise aber auch von der Technologie der Verarbeitung des Glases. Ein für die Verarbeitung wichtiges Merkmal ist z. B. die Temperatur-Zähigkeits-Relation der Glasschmelze, die sich pauschal durch die Begriffe langes und kurzes Glas kennzeichnen läßt.

Die Technologie der Glasschmelze umfaßt das Einlegen des Rohstoffgemisches (z. B. Sand, Kalk und Soda), das Niederschmelzen, die Läuterung und Homogenisierung und das Einstellen einer für die Verarbeitung geeigneten Temperatur. Bei kontinuierlich betriebenen Schmelzöfen spielen sich die einzelnen Phasen zur gleichen Zeit vorwiegend in verschiedenen Bereichen ab, bei den periodisch betriebenen Anlagen spielen sie sich am gleichen Ort in einer bestimmten zeitlichen Folge ab.

Tabelle 1.1. Chemische Zusammensetzung wichtiger Gläser als Massengehalt in %

Stoff	Flachglas (Floatglas)	Behälterglas	Wirtschaftsglas (Böhmisches Kristall)	Bleikristallglas	Beleuchtungsglas (Trübglas)	Chemisch-technisches Apparateglas	Optisches Glas (Borkron)	Glasfasern		
								Schleuderverfahren	Düsenblasverfahren	Textile Ziehverfahren
SiO_2	72,8	73,3	74	60	67,5	80,4	61...70	62,0	45,6	53,2
Al_2O_3	0,7	1,5	0,18	0,08	5,0	2,27	0,3...3	3,4	13,5	14,2
$Fe_2O_3 + TiO_2$	0,09	0,06	0,02	0,02	0,15	0,03	–	0,5	15,5	0,34
CaO	8,6	9,8	5,3	–	9,4	–	< 3	8,0	10,4	22,6
PbO	–	–	2,8	24,0	–	–	–	–	–	–
MgO	3,61	0,34	–	–	–	–	–	3,7	10,3	0,42
Na_2O	13,7	14,2	5,0	1,0	13,6	3,8	< 5	14,0	3,5	0,26
K_2O	0,2	0,6	12,7	14,9	1,8	0,6	12...18	1,8	1,1	0,21
SO_3	0,3	0,2	–	–	0,2	–	–	0,2	0,1	–
F	–	–	–	–	4,0	–	–	–	–	–
B_2O_3	–	–	–	–	–	12,9	6...20	5,0	–	8,55
BaO	–	–	–	–	–	–	< 10	1,4	–	$SrO + ZrO + P_2O_5 = 0{,}22$

Tabelle 1.2. Grenzwerte für Inhomogenitäten von Gläsern unterhalb derer Störungen nicht mehr auftreten am Beispiel der Abweichung von SiO_2 [1]

Glassorte	Produkt	Abweichung in Gew.-% SiO_2
Flachglas	Windschutzscheibenqualität[a]	± 0,05
	Bauglas	± 0,10
	Gartenglas	± 0,35
Behälterglas	Flaschen	± 1,0
Preßglas	Streugläser für Beleuchtung	± 0,5
Elektrotechnisches Glas	Rohre, Glühlampenkolben	± 0,3

[a] Meist Kennzeichnung über Dioptrien

Der wichtigste Vertreter des kontinuierlich betriebenen Glasschmelzofens ist die Glasschmelzwanne, deren Konstruktion auf F. Siemens [2, 3] zurückgeht. Der wichtigste Vertreter des periodisch arbeitenden Glasschmelzofens ist der Hafenofen. Die sogenannte Tageswanne steht zwischen beiden Grundbauarten. Sie ähnelt in ihrem Aufbau der Wanne und in ihrer Betriebsweise dem Hafenofen.

2 Technische Merkmale, Bezeichnungen, Bauarten

2.1 Technische Merkmale

Die Bauformen und technischen Merkmale von Glasschmelzwannen sind sehr vielfältig. Die Mehrzahl der Öfen läßt sich jedoch in einigen wenigen Haupttypen zusammenfassen. Sie sind in Tabelle 2.1 zusammengestellt. Die wichtigsten Unterscheidungsmerkmale sind: die Art der Glasentnahme, die Abgrenzung von Schmelz- und Arbeitswanne, die Flammenrichtung und die Abwärmerückgewinnung.

Von der Tageswanne und dem Hafenofen abgesehen, werden alle Glasschmelzwannen kontinuierlich betrieben. Lediglich bei der Regenerativbeheizung ist ein periodischer Wechsel der Flammenrichtung notwendig.

Die kontinuierliche Betriebsweise erfordert eine genaue Beherrschung des zeitlichen und örtlichen Verlaufs der Schmelze, der Läuterung und der Abgabe und Abkühlung der Glasschmelze in der Arbeitswanne bzw. der Abstehwanne. Wie aus den folgenden Kapiteln dieses Buches ersichtlich ist, konzentrieren sich Konstruktion und Betriebsweise von Glasschmelzwannen zum großen Teil auf dieses Problem. Auch bei hohen Schmelzleistungen muß der richtige technologische Ablauf der einzelnen Phasen der Glasschmelze gewährleistet sein. Der Abgrenzung von Schmelz- bzw. Läuterwanne gegenüber der Arbeitswanne kommt daher große Bedeutung zu. Bei der offenen Wanne erfolgt die Abgrenzung nur durch eine begrenzte seitliche Einschnürung und durch eine lokale Absenkung des Gewölbes, um den heißen Schmelz- und Läuterteil von der kühleren Abstehwanne abzugrenzen. Die Abkühlung geschieht hier relativ langsam, was eine entsprechend große Abstehwanne erfordert. Vorteilhaft ist bei dieser Konstruktion die geordnete Schichtstruktur des erschmolzenen Glases, was besonders beim Flachglas geschätzt wird.

Eine Abgrenzung durch einen Kanal im Bodenbereich, dem sogenannten Durchlaß, ist thermisch intensiver. Die Arbeitswanne, wie hier die Abstehwanne genannt wird, ist bedeutend kleiner. Die Abgrenzung gegenüber dem heißen Schmelz- und Läuterteil des Oberofens kann durch die Konstruktion einer sogenannten zweihäusigen Wanne sehr wirkungsvoll durchgeführt werden. Durch eine Versenkung des Durchlasses läßt sich der Rückstrom kühleren Glases aus der Arbeitswanne zurück in die Schmelzwanne unterbinden, was den thermischen Wirkungsgrad der Wanne verbessert. Die Arbeitswannen sind im Laufe der Entwicklung immer kleiner geworden und haben bei Hohlglaswannen, und teilweise auch bei Spezialglaswannen, in Verbindung mit leistungsfähigen Vorherden und Speisern nur mehr eine Verteilerfunktion.

Was die Lage und Richtung der Heizflammen im Oberofen anbelangt, so unterscheidet man im wesentlichen die Querflammenanordnung und die U-Flammenanordnung. Die Querflammenanordnung eignet sich besonders für große, breite Schmelzwannen mit Schmelzflächen von 80 m^2 und darüber. Sind die Wannenbreiten für eine Querflamme für einen guten Ausbrand zu schmal, verwendet man die sogenannte U-Flamme. Die hohen Anforderungen an die Temperaturverteilung bei Spezialglaswannen können mit U-Flammen oft nicht erfüllt werden und erzwingen Sonderkonstruktionen.

Eine Sonderstellung nehmen die rekuperativ (Konstantflamme) beheizten Längsflammenwannen ein. Die Wannen arbeiten mit Vormischbrennern, die kurze Flammen ergeben.

Die notwendigen hohen Betriebstemperaturen von Glasschmelzwannen, die je nach Glasart zwischen 1450 und 1650 °C und mehr betragen, erfordern, um einen guten thermischen Wirkungsgrad zu erzielen, eine gute Wärmerückgewinnung aus den heißen Abgasen in Verbindung mit einer hohen Vorwärmung der Verbrennungsluft. Das von F. Siemens vor gut 120 Jahren entwickelte Regenerativsystem hat sich für Glasschmelzwannen besonders gut bewährt. Der kontinuierlich arbeitende Rekuperator erlaubt keine so hohe Luftvorwärmung, wie es mit Regeneratoren möglich

Tabelle 2.1. Technische Merkmale verschiedener Glasschmelzwannen

Seitenansicht des Ofens (Strömungsrichtung des Glases →)	Bezeichnung	Glasentnahme	Abgrenzung von Schmelz- und Arbeits-wanne	Flammenrichtung	Wärmerück-gewinnung
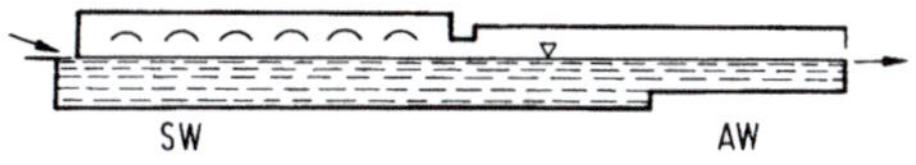	offene Querbrennerwanne	kontinuierlich	Gewölbeabsenkung mit Vorhang	quer zur Glasentnahme	regenerativ
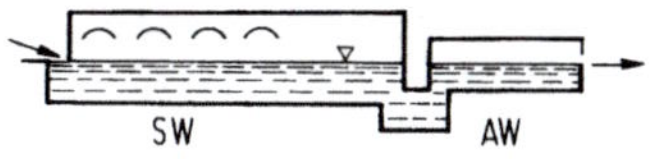	Querbrennerwanne mit Durchlaß	kontinuierlich	Durchlaß (versenkt)	quer zur Glasentnahme	regenerativ
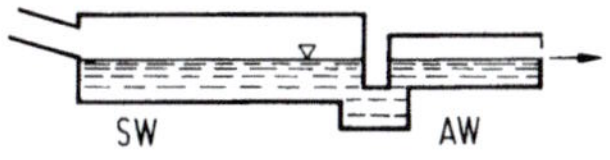	U-Flammenwanne	kontinuierlich	Durchlaß (versenkt)	U-förmig (Wechselflamme)	regenerativ
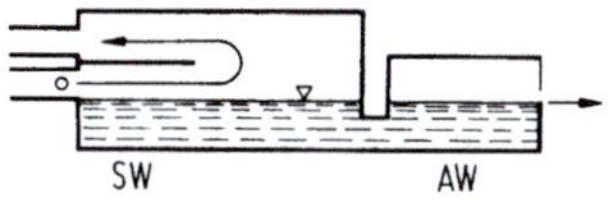	Wanne mit überschlagender Flamme	kontinuierlich	Durchlaß (gerade)	U-förmig (Konstantflamme)	rekuperativ
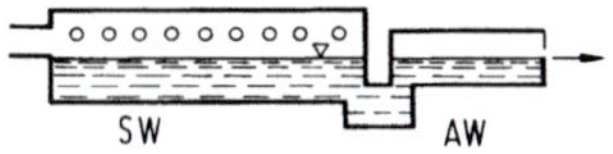	seitenbeheizte Wanne	kontinuierlich	Durchlaß (versenkt)	quer/längs	rekuperativ
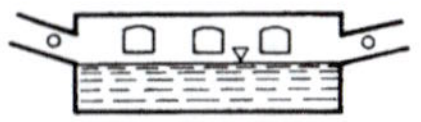 Glasentnahme über die Arbeitsöffnungen	Tageswanne längsbeheizt	periodisch	keine, da Schmelz- und Arbeitswanne eine Einheit	längs	rekuperativ

SW Schmelzwanne
AW Arbeitswanne, bei offener Wanne Abstehwanne

ist. Für kleinere Anlagen, bei denen die kontinuierliche Flammenführung und der einfache Aufbau besonders wichtig sind, ist der Rekuperator dagegen oft vorteilhaft. Abhitzeanlagen in Form von Abhitzekesseln werden bisher nur in Ausnahmefällen verwendet. Die hohen Energiepreise führen jedoch zu einer verstärkten Verwendung dieser Systeme.

2.2 Kenndaten

Zur Charakterisierung und zum Vergleich verschiedener Glasschmelzöfen haben sich Kenndaten herausgebildet, die möglichst einheitlich verwendet werden sollen, um Mißverständnisse zu vermeiden.

Die Angabe der Glasart, wie Weißhohlglas, kennzeichnet für den Fachmann die Glaszusammensetzung und die Glasqualität im Hinblick auf Homogenität, Bläschengehalt, Eisengehalt usw.

Die wichtigste Kenngröße für den Ofen selbst ist die Schmelzleistung in t Glas/d. Eine weitere wichtige Kenngröße, vor allem für die Wirtschaftlichkeit einer Anlage, ist die Schmelzleistung in t Glas/Ofenreise und die Länge der Ofenreise selbst.

Eine weniger gebräuchliche, für viele Zwecke aber nützliche Größe, ist der Wanneninhalt in t Glas.

Von den geometrischen Größen her ist die Schmelzfläche die wichtigste. Man bezeichnet damit die Fläche vom Einlegevorbau bis zum Durchlaß oder bei offenen Wannen, bis zur Einschnürung oder Absenkung des Gewölbes.

Während die bisher genannten Größen den Ofen als Ganzes kennzeichnen, besteht ein Bedarf nach bezogenen oder spezifischen Größen, um verschiedene Anlagen miteinander vergleichen zu können.

Die wichtigsten bezogenen Größen sind die flächenbezogene Schmelzleistung in kg Glas/m^2 der Schmelzwanne und 24 h sowie der spezifische Wärmeverbrauch in kJ/t Glas. Bei Schmelzwannen mit Mischbeheizung, wie Elektrozusatzheizung wird diese Angabe oft unterschiedlich definiert. Man kann mit dem spezifischen Wärmeverbrauch nur den Bedarf an fossilen Brennstoffen angeben und die elektrische Leistung zusätzlich nennen, man kann aber auch die elektrische Leistung in Wärmeeinheiten umrechnen und addieren, oder man kann vor dem Addieren die elektrische Leistung unter Berücksichtigung des feuerungstechnischen Wirkungsgrades umrechnen. Jede Vorgehensweise hat ihr Für und Wider. Da kein einheitliches Vorgehen üblich ist, gilt es auf eindeutige

Tabelle 2.2. Schmelzleistung von Glasschmelzwannenöfen (Umrechnung von metrischen auf englische und amerikanische Einheiten und umgekehrt)

	Englisch-amerikanische Maßeinheit	Umrechnung in metrisches System	Umrechnung in englisch-amerikanisches System
England	sq.ft./to 24 h	1 sq.ft./to 24 h $= \frac{10{,}9}{\text{t/m}^2\ 24\ \text{h}}$	1 t/m^2 24 h $= \frac{10{,}9}{\text{sq.ft./to 24 h}}$
USA	sq.ft./to 24 h	1 sq.ft./to 24 h $= \frac{9{,}76}{\text{t/m}^2\ 24\ \text{h}}$	1 t/m^2 24 h $= \frac{9{,}76}{\text{sq.ft./to 24 h}}$

Angaben zu achten. Die englisch sprechenden Länder benützen zur Kennzeichnung der Belastung eines Ofens nicht die auf dem Kontinent übliche flächenbezogene Schmelzleistung, sondern den reziproken Wert. Sie geben an, wieviel Herdfläche notwendig ist, um eine bestimmte Glasmenge zu schmelzen. Die Einheit ist sq.ft/td.

Beim Vergleich von Werten ist zudem zu beachten, daß die US-Tonne als Mengeneinheit für die Glasschmelze etwas anders definiert ist, als die englische Tonne. In Tabelle 2.2 sind zur Erleichterung der Umrechnung die entsprechenden Umrechnungszahlen genannt.

2.3 Benennung der Bauteile

Die Verwendung einheitlicher Benennungen für einzelne Ofenteile und Bereiche ist wichtig und nützlich. Die DGG hat in ihrem Fachausschußbericht Nr. 49 [4] einheitliche Benennungen vorgeschlagen, die sich allgemein eingeführt haben. Sie sind in Bild 2.1 unter Berücksichtigung des heutigen Standes des Ofenbaus zusammengestellt. Es wurde festgelegt, daß die Stirnwand, in welche bei Querbrennerwannen der Einlegevorbau und bei U-Flammenwannen die Brenner angeordnet sind, als „vorn“ und die Arbeitswanne bzw. die Abstehwanne mit den entsprechenden Bauteilen als „hinten“ bezeichnet werden. Die Begriffe links und rechts gelten, wie sie sich für einen Betrachter ergeben, der vor dem Ofen steht und in Richtung des Materialtransportes vom Gemenge zum Glas blickt. Diese Beschreibungsweise ist auch in deutschen Hütten nicht ganz einheitlich, da vielfach von den Verarbeitungsmaschinen in Richtung auf den Ofen geblickt wird und damit z. B. der Einlegevorbau nach hinten kommt.

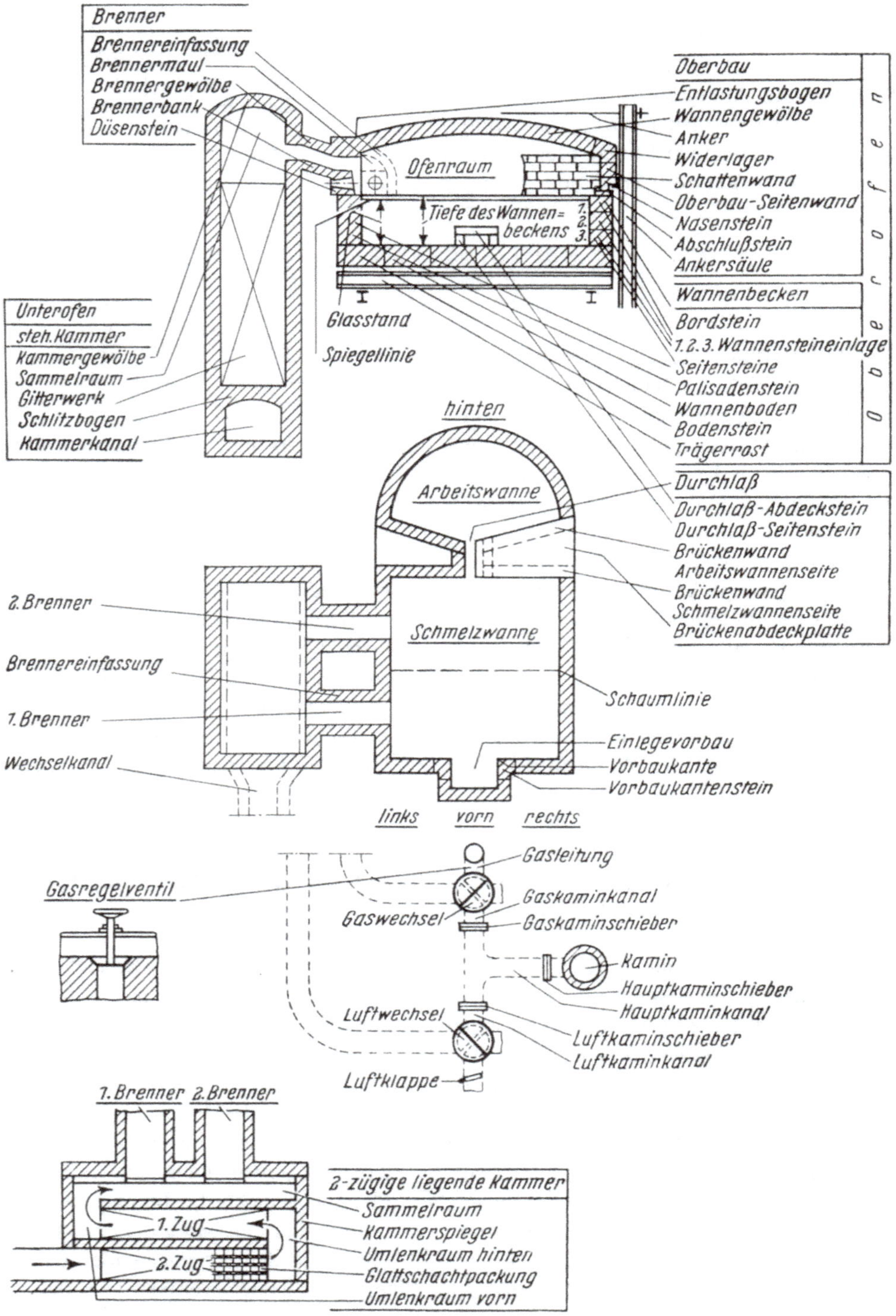

Bild 2.1. Einheitsbezeichnungen für die Bauteile eines Wannenofens [4]

2.4 Bauarten

2.4.1 Behälterglaswannen

Gemessen an der Gesamtproduktion der Glasindustrie dominiert die Glasproduktion der Behälterglaswannen. Von Ausnahmen abgesehen hat sich dafür die regenerativ beheizte Durchlaßwanne mit Querbrennerbeheizung oder mit U-Flammenheizung als die zur Zeit wirtschaftlichste Lösung erwiesen (Bild 2.2).

Beim Behälterglas handelt es sich um ein Kalk-Natron-Glas. Die Zusammensetzung (Tabelle 1.1) variiert etwas, je nach den vorhandenen Rohstoffen und der Glasfarbe (Weiß, Braun, Grün) [5].

Die Schmelzleistungen der Behälterglaswannen haben sich entsprechend den gesteigerten Leistungen der Hohlglasmaschinen im Laufe der vergangenen Jahre laufend erhöht. Heute werden Schmelzleistungen zwischen 100 und 300 t Glas/d verlangt und erreicht. Die flächenbezogene Schmelzleistung liegt zwischen 2 und 3 t/m² d. Von Hohlglaswannen wird entsprechend dem Produktionsprogramm eine gewisse Flexibilität in der Schmelzleistung verlangt. Lastschwankungen von 50 bis 100% müssen ohne größere Schwierigkeiten innerhalb einer Woche verkraftet werden.

Die Glasqualität muß den Verarbeitungsbedingungen der Hohlglasmaschinen und den Anforderungen an die Gebrauchsfestigkeit der Flaschen und Verpackungsgläser entsprechen. Wichtigstes Kriterium ist dabei die Homogenität. Gleichmäßig verteilte, nicht zu starke Schlieren können noch toleriert werden. Gefährlich sind lokal starke Schlieren mit entsprechenden Spannungen. Die zahlenmäßige Erfassung der Inhomogenität ist schwierig. Man kann die örtliche Abweichung der Konzentration einer Glaskomponente angeben (Tabelle 1.2) oder die dadurch bedingten örtlichen Spannungen. Aus Tabelle 1.2 ergibt sich, daß an den Homogenitätsgrad des Behälterglases geringere Anforderungen gestellt werden als an elektrotechnische Gläser und besonders an Flachgläser. Zur Überwachung der Homogenität hat sich bei Behältergläsern die spannungsoptische Methode mit Hilfe von Ringschnitten [6] bewährt. Gemessen wird der durch die Spannung im Glas sich ergebende Gangunterschied zwischen dem ordentlichen und dem außerordentlichen Strahl, bezogen auf eine Glasdicke von 1 cm. Als obere Grenze gilt bei hohen Ansprüchen etwa 17,5 N/mm², was bei Kalk-Natron-Gläsern 2,5% der Bruchfestigkeit bedeutet.

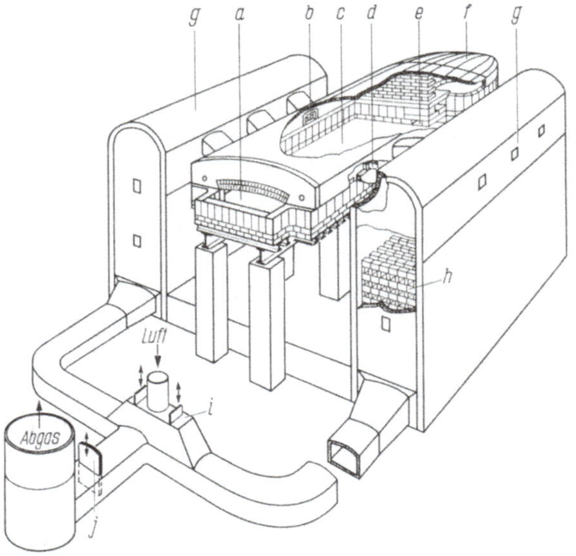

Bild 2.2. Ölbeheizte Querbrennerwanne für Behälterglas *a* Einlegevorbau, *b* Brenner mit Zerstäuber, *c* Schmelzwanne, *d* Düsenstein für Zerstäuber, *e* Durchlaß, *f* Arbeitswanne, *g* Regeneratoren, *h* Kammergitterung, *i* Wechselorgan, *j* Kaminschieber

Bei Farbhohlglas (Braunglas) spielt die Absorption im biologisch aktiven Bereich von 450 nm eine Rolle. Das Glas soll in diesem Bereich eine hohe Absorption aufweisen, damit das Füllgut vor der chemisch-aktiven UV-Strahlung geschützt ist.

Sichtbare Steinchen im Glas sind nicht zulässig und Bläschen über 1,5 mm Durchmesser werden beanstandet, über 4,0 mm Durchmesser nicht mehr zugelassen. Insgesamt sind nicht mehr als 12 Fehler/t Glas zulässig.

Für die Verarbeitung in der Maschine ist die Temperatur-Zähigkeits-Relation sehr wichtig, die über Fixpunkte festgelegt und überwacht wird. Insgesamt werden, gemessen an anderen Glasarten, an das Behälterglas mittlere Ansprüche gestellt. Im Vordergrund steht die preiswerte Herstellung.

Entsprechend dem hohen Kostenanteil der Brennstoffenergie wird bei Behälterglaswannen auf einen geringen Wärmeverbrauch großen Wert gelegt. Mit 4000 bis 5400 kJ/kg Glas weisen die Behälterglaswannen die niedrigsten Wärmeverbrauchsdaten aller Glasschmelzöfen auf. Die hohen spezifischen Schmelzleistungen, die konsequente Trennung von Schmelz- und Arbeitswanne durch einen oder mehrere meist versenkte Durchlässe und die weitgehende Wärmeisolierung der Anlage, verbunden mit hoher Luftvorwärmung, tragen zu diesem Ergebnis bei.

Die Ofenreise von Behälterglaswannen hat heute 6 bis 8 Jahre erreicht. Die bezogene Gesamtschmelzleistung in t Glas/m² Schmelzfläche erreicht Werte von 5 bis 8000 t/m² und Ofenreise.

Die maximale Temperatur in Schmelz- und Läuterwannen hat 1600 °C erreicht. Diese Temperatur wird nur in Ausnahmefällen überschritten, häufig findet man Wannen mit einer Schmelztemperatur von 1550 bis 1580 °C. Die Glastemperatur in der Arbeitswanne liegt bei 1300 bis 1350 °C. Eine Beheizung der Arbeitswanne ist nur bei niedriger Belastung notwendig.

Der Bedarf an feuerfestem Material einer Behälterglaswanne für eine Ofenreise hängt stark von der Belastung des Schmelzofens ab. Bezieht man auf die insgesamt in diesem Zeitraum erschmolzene Glasmenge, dann ergibt sich für schmelzgegossenes Zirkon-Korund-Material (KZ-Steine) 0,5 bis 1,0 kg/t Glas, für Silikasteine 0,5 bis 1,5 kg/t Glas, für Magnesitsteine und ähnliche Qualitäten 1 bis 3 kg/t Glas (Kammerbesatz) und für Schamotte und Isoliersteine 0,5 bis 1,0 kg/t Glas. Für die Verankerungen rechnet man mit ~ 0,6 kg Stahl/t Glas.

Für die Herstellung von Wirtschaftsglas (Kelchgläser, Becher u. dgl.) werden an das Glas im Hinblick auf den Blasengehalt und die Schlierenarmut bedeutend höhere Anforderungen gestellt als an Behälterglas. Von der Glaszusammensetzung her handelt es sich um eisenarmes Kalk-Natron-Glas mit einem Zusatz an Kalium. Die dafür verwendeten Schmelzwannen sind bedeutend kleiner und der Produktionsleistung einer Kelchglasmaschine angepaßt. Bei der flächenbezogenen Schmelzleistung begnügt man sich mit Werten von 1 t Glas/m² d. Bild 2.3 zeigt den Querschnitt durch eine als U-Flammenwanne gebaute und regenerativ betriebene Schmelzwanne für Wirtschaftsglas.

Um die beim Wirtschaftsglas gefürchteten Tonerde-Zirkon-Schlieren zu vermeiden werden bei dieser Wanne Drainagen im Durchlaßbereich angeordnet (s. Abschn. 6.5.3.1.6).

Eine entsprechende Wanne für rekuperativen Betrieb mit nach oben umgelenkten U-Flammen zeigt Bild 2.4. Der seitlich angeordnete Einlegevorbau ist im Bild nicht ersichtlich.

2.4.2 Flachglaswannen

Nachdem das klassische mechanisch geschliffene und polierte Spiegelglas und das gezogene Fensterglas fast vollständig durch das Floatglas ersetzt wurde, gibt es auf dem Flachglasbereich von wenigen Ausnahmen abgesehen für die Flachglasherstellung nur mehr Floatglaswannen. Sie sind in ihren Abmessungen und Gesamtschmelzleistungen die größten Anlagen, die es in der Glasindustrie gibt. Schmelzleistungen von 700 bis 800 t Glas/d sind heute die Norm geworden. Wannen mit einer Tagesleistung von 1000 t werden für möglich und wirtschaftlich gehalten.

Beim Flachglas handelt es sich, wie beim Behälterglas, um ein Kalk-Natron-Glas, dessen Zusammensetzung den Bedingungen des Floatprozesses angepaßt ist. An die Qualität des Glases werden, was die Homogenität und den zulässigen Bläschengehalt anbelangt, höhere Anforderungen gestellt, als dies beim Behälterglas der Fall ist. Als besonders wichtig wird eine geordnete zur Oberfläche parallele Anordnung der Schlieren angesehen. Dies ist der Grund, daß man bisher davor zurückgeschreckt ist, die Flachglaswanne als Durchlaßwanne zu bauen. Man weiß, daß durch die starke Einschnürung des Glasflusses im Durchlaß eine Verwerfung der Schichtstruktur des Glases entsteht, die zu einer „optischen Unruhe" des Flachglases führt. Die Folge davon ist, daß Flachglas-

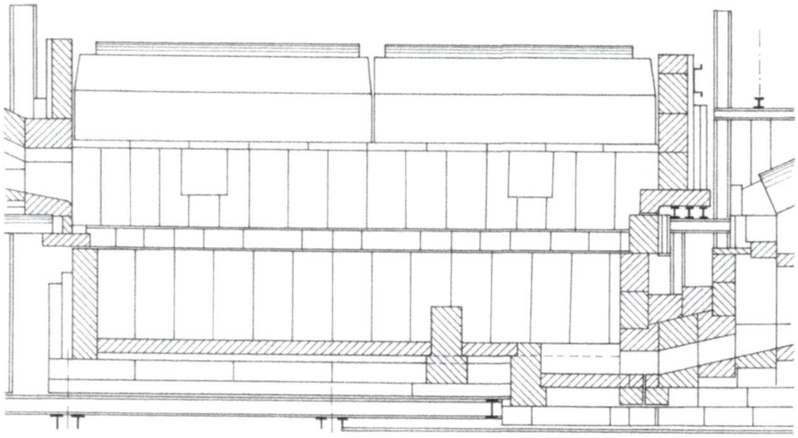

Bild 2.3. U-Flammenwanne für Wirtschaftsglas (Schmelzfläche 19 m², Schmelzleistung 19 t/d)

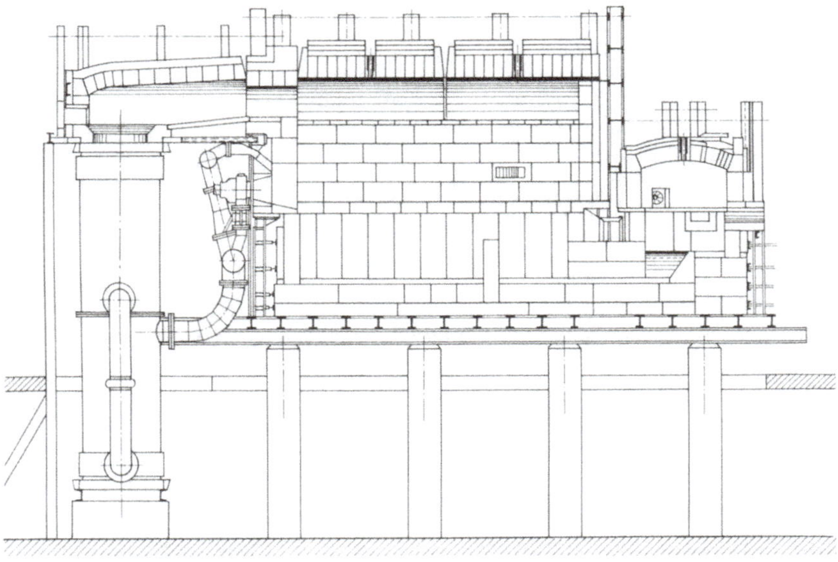

Bild 2.4. Wirtschaftsglaswanne, rekuperativ beheizt mit nach oben umschlagenden U-Flammen (Sorg)

wannen als offene Wannen gebaut werden. Die weitere Folge ist, daß die Trennung des heißen Schmelz- und Läuterteils von der Abstehwanne nicht so konsequent wie bei der Hohlglaswanne durchgeführt werden kann. Der Brennstoffenergieverbrauch ist damit höher als beim Behälterglas, außerdem ergeben sich große Abstehwannen, um das erschmolzene und geläuterte Glas auf Verarbeitungstemperatur abkühlen zu können.

Durch Einschnüren der Wanne, Absenken des Gewölbes und Einbau eines Vorhanges gelang es in den letzten Jahren, den Wärmeverbrauch von Flachglaswannen stark zu senken und Werte von 5,8 bis 6,3 kJ/kg Glas zu erreichen. Die Schmelzleistungen haben 2 t Glas/m^2 d erreicht.

Den Grundriß einer Flachglaswanne zeigt Bild 2.5 [8]. Die Konstruktion des Oberbaus, der Brenner, entspricht unter Berücksichtigung der größeren Abmessungen denen der Behälterglaswannen. Wegen des fehlenden Durchlasses ist der Abstehbereich relativ groß. Um die Abkühlung beeinflussen zu können, und das evtl. schlierige

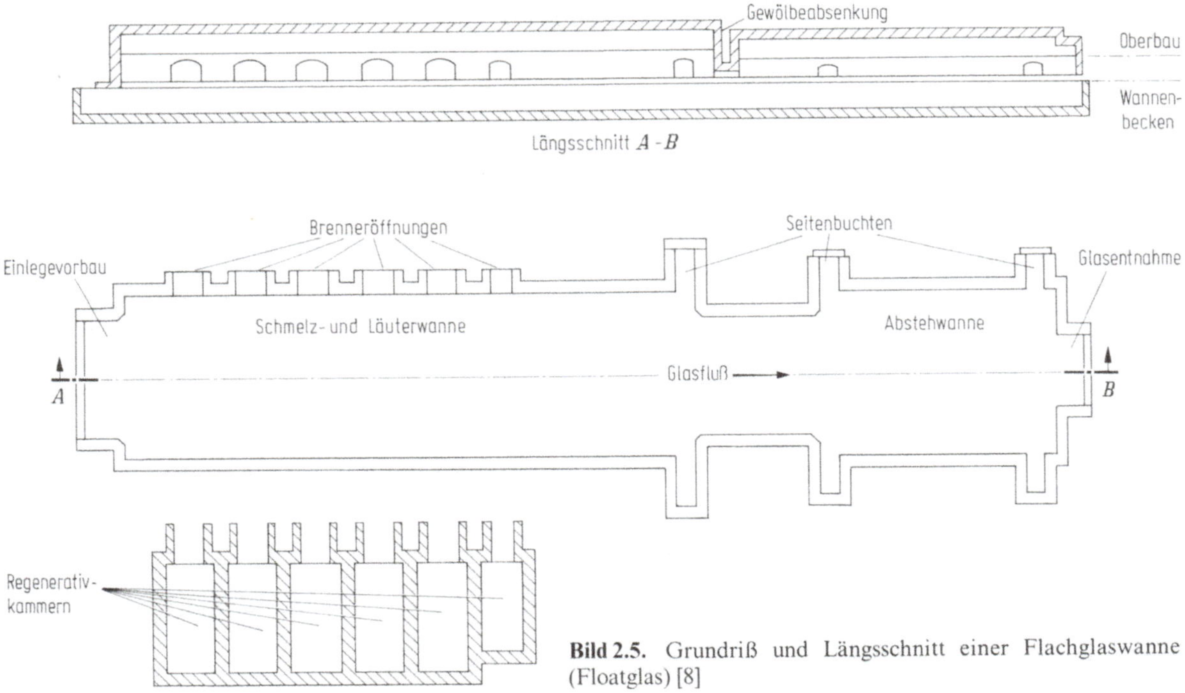

Bild 2.5. Grundriß und Längsschnitt einer Flachglaswanne (Floatglas) [8]

Bild 2.6. Blick vom Einlegevorbau in das Schmelz- und Läuterbecken einer Floatglaswanne

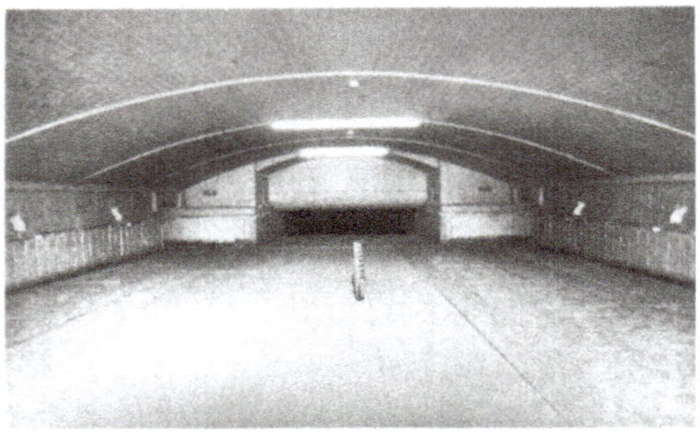

Bild 2.7. Blick von der Glasentnahme in das Abstehbecken einer Floatglaswanne

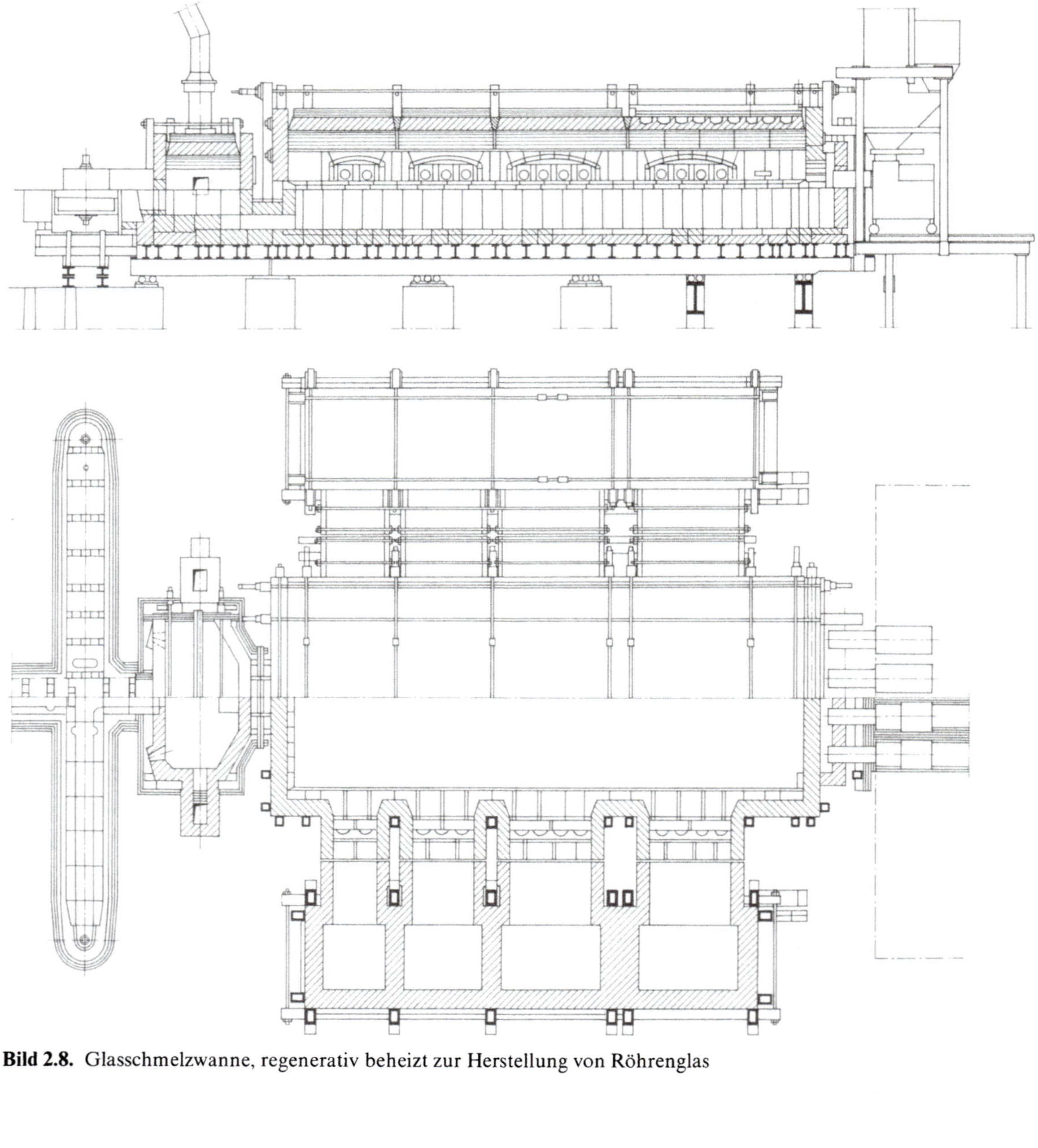

Bild 2.8. Glasschmelzwanne, regenerativ beheizt zur Herstellung von Röhrenglas

Kontaktglas Glas-ff-Material von der Verarbeitung fernzuhalten, sind Seitenbuchten oder Abfehmbecken zu beiden Seiten vorgesehen. Bei den großen Abmessungen kommt jedoch nur die Beheizung mit Querbrennern in Frage. Die Regenerativkammern werden für jeden Brenner getrennt aufgebaut (Sektionalkammern), während man bei Hohlglaswannen die einfachere Blockbauweise bevorzugt. Einen Eindruck von der Größe von Flachglaswannen vermitteln die Bilder 2.6 und 2.7.

Flachglaswannen werden der höheren Glasqualität entsprechend mit höheren Temperaturen betrieben als Behälterglaswannen. 1600 °C sind heute als Norm anzusehen. Zum Teil werden bereits 1620 °C erreicht.

Gemengebunker, wie sie bei Behälterglaswannen allgemein zu Beschickung der Einlegemaschinen üblich sind, werden bei Flachglaswannen nicht verwendet. Man arbeitet mit Gemengekübeln, damit immer „frisches Gemenge" eingelegt werden kann.

Die Ofenreisen von Flachglaswannen entsprechen denen der Behälterglaswannen.

Eine Sonderstellung nehmen die Gußglaswannen ein. Die Ansprüche an das Glas sind hier geringer als beim Floatglas.

2.4.3 Spezialglaswannen

Im Gegensatz zu Behälterglas- und Flachglaswannen sind Spezialglaswannen in Größe und Konstruktion sehr unterschiedlich. Hinzu kommen die stark unterschiedlichen meist sehr hohen Qualitätsansprüche.

Als Beispiel ist in Bild 2.8 eine Schmelzwanne zur Herstellung von Röhrenglas gezeigt. Die Wanne ähnelt in ihrem Aufbau einer Behälterglaswanne. Entsprechend den höheren Anforderungen an die Glasqualität werden bei Spezialglaswannen, ähnlich wie bei Spiegelglaswannen Querbrennerwannen mit Sektionalkammern bevorzugt. Der damit bedingte höhere Aufwand wird in Kauf genommen. Da an die Einstellung des Temperaturprofils in Wannenlängsachse hohe Anforderungen gestellt werden, findet sich die Querbrennerwanne bis herunter zu Wannenbreiten von 3,5 m.

Die Betriebstemperaturen von Spezialglaswannen sind entsprechend der vielfältigen Zusammensetzung der Gläser unterschiedlich. Es finden sich Wannen, die mit einer Gewölbeinnentemperatur von 1650 °C und mehr betrieben werden müssen (Gerätegläser). Den Aufbau einer Borosilicatglaswanne zeigt Bild 2.9. Bemerkenswert ist hier die Abgrenzung der Schmelz- und Läuterwanne durch einen Wall. Wegen der hohen Betriebstemperaturen muß die Arbeitswanne getrennt beheizt werden. Zur Luftvorwärmung dient hier ein kleiner Stahlrekuperator. Bei Bleiglaswannen liegen die Betriebstemperaturen niedriger, Alkaliboratglasschmelzen sind im Abgasbereich sehr aggressiv und erschweren den Einsatz von Regenerativkam-

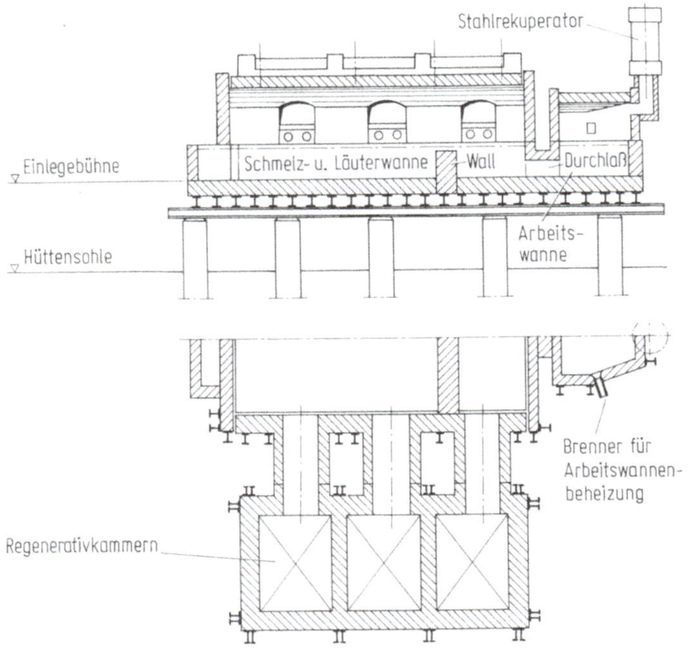

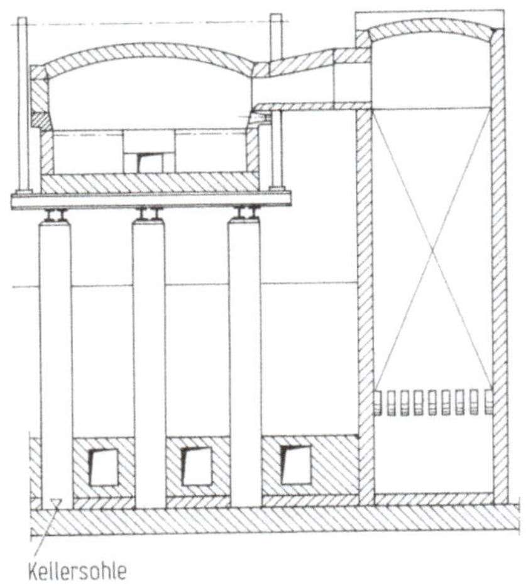

Bild 2.9. Borosilicatglaswanne mit regenerativer Beheizung der Schmelzwanne

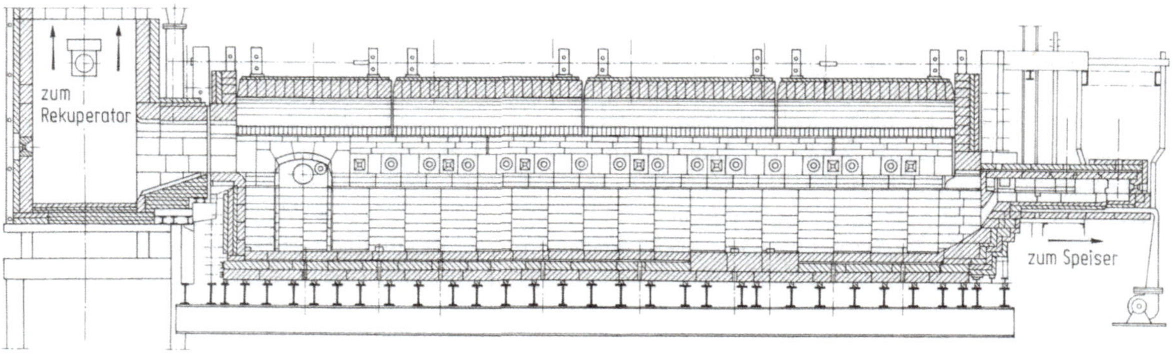

Bild 2.10. Längsbeheizte rekuperativ betriebene Faserglaswanne

mern. Man bevorzugt hier kontinuierlich befeuerte Rekuperativwannen mit Stahlrekuperatoren.

Ähnliche Bedingungen liegen bei alkalifreien Gläsern (E-Glas) vor. Eine seitenbeheizte rekuperativ betriebene Wanne zur Herstellung von Glasfasern ist in Bild 2.10 dargestellt. Die Abgase werden an der Stirnseite gesammelt und nach oben durch einen aufgesetzten Stahlrekuperator abgezogen. Zum Aufbau des Wannenbeckens dienen spezielle feuerfeste Steine, die nur in begrenzten Abmessungen hergestellt werden können.

3 Bauelemente, Dimensionierung

3.1 Wannenbecken

Das Wannenbecken bildet das zentrale Bauteil einer Glasschmelzwanne. Seine geometrischen Abmessungen wie Grundfläche, Längen-/Breiten-Verhältnis und Badtiefe müssen sorgfältig den konstruktiven und betriebstechnischen Erfordernissen angepaßt werden. Je nach den Vorgängen, die sich glastechnologisch in der Wanne abspielen, unterscheidet man zwischen Schmelz-, Läuter- und Arbeits- oder Abstehwanne. Die einzelnen Bereiche sind je nach den Erfordernissen mehr oder weniger stark voneinander abgegrenzt. Während die Schmelz- und Läuterwanne baulich fast immer eine Einheit bildet, ist dies bei der Arbeitswanne oder Abstehwanne nicht der Fall. Diese Wannenbereiche werden bereits stark von der Art der Glasentnahme und Glasverarbeitung bestimmt.

3.1.1 Geometrische Daten

3.1.1.1 Grundfläche

Die Grundfläche von Schmelz- und Läuterwanne wird im allgemeinen unter dem Begriff der Schmelzwannenfläche zusammengefaßt. Die für einen Wannenofen notwendige Schmelzfläche wird bestimmt von der geforderten Schmelzleistung (t Glas/d) und der zu erwartenden und angestrebten flächenbezogenen Schmelzleistung (t Glas/m²d). Die flächenbezogenen Schmelzleistungen liegen heute bei flammenbeheizten Anlagen zwischen 1 und 3 t Glas/m²d. Sie hängen von der Intensität der Beheizung und damit von der Betriebstemperatur der Anlage, der Art des Glases und den zu stellenden Qualitätsansprüchen sowie der Beherrschung der Gemengelage und der Glasströmungen ab. Bei Hohlglas sind Abweichungen nach oben und unten von 50 bis 100 m² üblich, bei Flachglaswannen werden heute Werte zwischen 150 und 300 m² erreicht. Entsprechend der Vielfalt der Spezialgläser ist hier die Schwankungsbreite besonders groß. Sie reicht von 5 bis 80 m².

3.1.1.2 Längen-/Breiten-Verhältnis

Die Wahl des Längen-/Breitenverhältnisses wird stark von der Beheizungsart, der Wannengröße, der Einlegetechnik und der Gewölbekonstruktion beeinflußt.

Bei der Beheizung muß sichergestellt sein, daß bei den üblichen Brenner- und Zerstäuberbauarten ein ausreichender Ausbrand der Flamme und eine gute Wärmeübertragung zwischen Flamme und Glasbad gewährleistet ist. Bei quer beheizten Wannen gilt für die Wannenbreite 4,50 m als unterer Wert. Die Obergrenze liegt, von Sonderfällen abgesehen, bei 12 m, sie wird von der zulässigen Gewölbepressung und der Beherrschung entsprechend langer Flammen bestimmt. Der bei Hohlglaswannen übliche Bereich für das Seitenverhältnis der Schmelzflächen bei U- und Querflammenwannen ist aus Bild 3.1 ersichtlich.

Man erkennt, daß kleinere Wannen, die bevorzugt als U-Flammenwannen gebaut werden, bei $L/B \approx 1{,}3$ liegen, während die größeren meist mit Querflammenbeheizung gebaut werden und Längen-/Breiten-Verhältnisse von über 2 erreichen. Bei Floatglas werden Werte von über 3 erreicht, da nur auf diese Weise mit tragbaren Wannenbreiten die

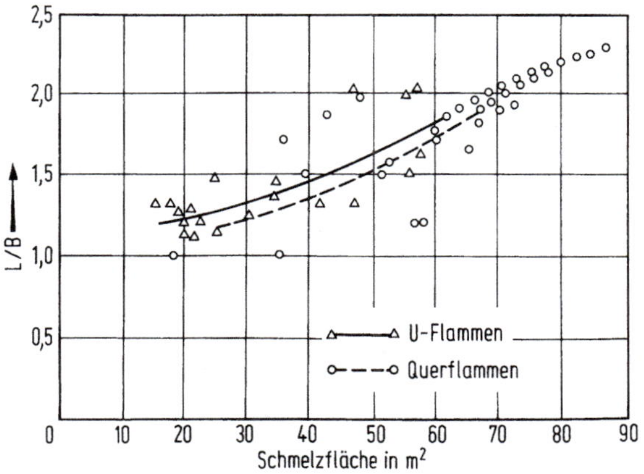

Bild 3.1. Seitenverhältnis der Schmelzflächen in Abhängigkeit von der Schmelzfläche für U- und Querflammenwannen [13]

notwendigen Schmelzflächen realisiert werden können.

Bei seitenbeheizten Wannen mit Konstantflamme ergeben sich von der Brennerkonstruktion her meist kurze Flammen. Entsprechend groß wird das Längen-/Breiten-Verhältnis.

Durchlaßwannen können kürzer gebaut werden als offene Wannen, da sich an die Läuterzone keine Abstehzone anschließen muß, um die für die Verarbeitung notwendige Temperatursenkung zu erzielen, Flachglaswannen werden auch heute noch als offene Wannen gebaut. Da bei diesen Anlagen Schmelz- und Läuterwanne durch eine Einschnürung von der Abstehwanne getrennt sind und beide Bereiche technologisch verschiedene Aufgaben erfüllen, empfiehlt es sich, bei offenen Wannen die Abstehzone nicht in die Festlegung des Längen-/Breiten-Verhältnisses miteinzubeziehen. Ein Vergleich mit anderen Wannen wäre dann nicht mehr möglich. Von den Wärmeverlusten des Wannenbeckens her sind mehr quadratische Wannen günstiger als langgestreckte. Die verbesserte Isolationstechnik hat diesen Gesichtspunkt aber in den Hintergrund gedrängt.

3.1.1.3 Badtiefe

Die Badtiefe der Schmelz- und Läuterwanne beeinflußt vor allem die Bodentemperatur und die sich ausbildenden Glasströmungen. Als weitere Größe kommt das Verhältnis Wanneninhalt zu Schmelzleistung hinzu. Kleinere unvermeidliche Störungen in der Betriebsweise der Wanne und bei der Gemengezusammensetzung wirken sich bei kleineren Wannen mit hoher Schmelzleistung nachteiliger aus als bei großen Wannen. Bei Wannen, die oft umgefärbt werden müssen, ist ein kleinerer Wanneninhalt dagegen von Vorteil. Die geschilderten Überlegungen zeigen, daß es eine optimale Wannentiefe nicht geben kann. Die Einflüsse sind zu vielseitig, und es muß jeder Fall für sich geprüft werden. Allgemeine Richtlinien können jedoch gegeben werden.

Von der Glasfarbe her, und hier von der Durchlässigkeit gegenüber der Wärmestrahlung gilt, daß Wannen für dunkle Gläser flacher sind als Wannen für helle Gläser. Die Unterschiede sind allerdings nicht sehr groß, da bei flachen Wannen mit dunklen Gläsern die Gefahr besteht, daß die Glasströmungen und damit die Abschmelzleistung unter der Gemengedecke ungenügend wird.

Die Steigerung der flächenbezogenen Schmelzleistungen und die damit verbundene Steigerung der Oberofentemperatur führten zum Bau tieferer Wannen, um den Bodenverschleiß in Grenzen zu halten. Diese Tendenz wurde durch die Isolierung der Wannenböden zum Zwecke der Energieersparnis verstärkt. Über den Einfluß der Glasströmungen auf die Wärmeökonomie einer Wanne gehen die Auffassungen auseinander. Eine Verstärkung der Glasströmungen ermöglicht eine Erhöhung der spezifischen Schmelzleistung, inwieweit der Einfluß noch zu einer Verminderung des spezifischen Wärmeverbrauchs beiträgt oder bereits eine Erhöhung bewirkt, hängt vom Einzelfall ab und kann heute selbst in der Tendenz noch nicht eindeutig beantwortet werden.

Bei niedrigen Bodentemperaturen und geringem Glasdurchsatz besteht die Gefahr, daß sich stagnierende Glasschichten ausbilden, die zur Entglasung neigen. Schwankende Betriebsverhältnisse oder Belastungsänderungen verschieben die Zonen und können zu Glasfehlern führen.

Bei Weißhohlglaswannen betragen die Badtiefen heute zwischen 1100 und 1300 mm, bei Farbglaswannen 900 bis 1100 mm, wobei die Grünglaswan-

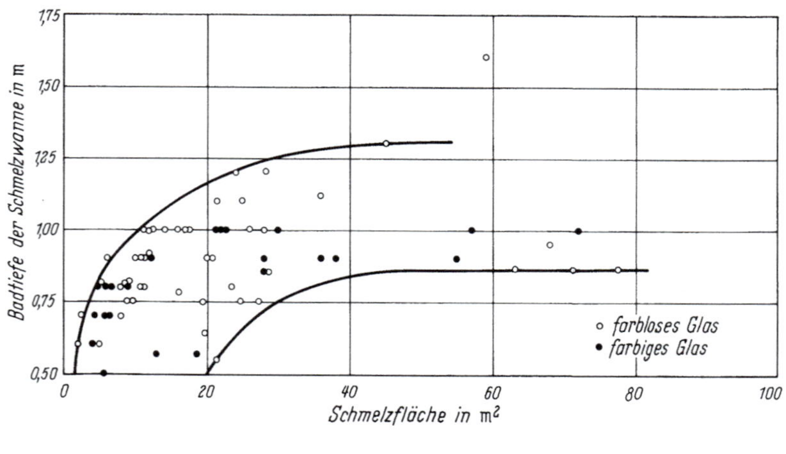

Bild 3.2. Abhängigkeit der Badtiefe von der Schmelzfläche bei Hohl- und Preßglaswannen [14]

nen im allgemeinen etwas flacher als die Braunglaswannen sind. Versuche bei Weißglas mit Badtiefen von 1600 mm blieben Einzelfälle. Die Arbeitswannen sind im allgemeinen flacher und besitzen eine Tiefe von 700 bis 900 mm. In allen Fällen werden die Böden isoliert. Bei einer Neufestsetzung der Badtiefe empfiehlt sich immer, über die zu wählende Oberofentemperatur und den Wärmewiderstand des Bodens die Betriebstemperatur des Wannenbodens in den einzelnen Schichten abzuschätzen, um vor Überraschungen sicher zu sein.

Bei Flachglaswannen hat sich in Europa von den Fourcault-Wannen ausgehend für den Schmelz- und Läuterbereich eine Badtiefe von 1200 mm durchgesetzt. In Übersee finden sich bei den Floatwannen teilweise Tiefen bis 1500 mm. Die Badtiefen der alten Lo-Wannen betrugen 1600 mm. Die Abstehwannen von Floatglaswannen entsprechen meist der Schmelz- und Läuterwanne.

Bei Spezialglaswannen ist das Bild der Vielfalt der Gläser und Wannengrößen entsprechend sehr unterschiedlich. Die Ergebnisse einer älteren Umfrage sind aus Bild 3.2 zu ersehen. Man erkennt die große Streubreite und die Tendenz zu flacheren Wannen bei kleineren Einheiten. Wegen der zum Teil sehr hohen Betriebstemperaturen kann aus Gründen der Haltbarkeit des feuerfesten Materials nicht immer wärmeisoliert werden.

3.1.2 Konstruktion

Das Wannenbecken wird, von einigen Isolierlagen und dem Bodenbereich abgesehen, ohne Verwendung von Mörtel aus Blöcken aus hochwertigem ff-Material aufgebaut. Man unterscheidet zwischen Boden und Seitenwänden. Zur Verminderung der Wärmeverluste werden zusätzlich Isolierschichten aufgebracht. Der Spülkantenbereich wird zur Verminderung des Steinverschleißes und damit zur Verlängerung der Ofenreise auch heute noch gekühlt.

3.1.2.1 Wannenseitenwand

Wie in Abschn. 6.9 noch eingehend behandelt wird, setzt der Glasangriff bevorzugt an Horizontalfugen an. Man vermeidet daher im heißgehenden Bereich Horizontalfugen und verwendet Palisadensteine. Da auch vertikale Fugen Schwachstellen sind, müssen die Palisaden sehr maßgenau sein, um dicht schließende Fugen zu bekommen. Bei hochbeanspruchten Wannen werden Steine mit geschliffenen Kontaktflächen verwendet. Der gute Fugenschluß ist nicht notwendig, um ein Austreten des Glases zu verhüten sondern um den Angriff des Glases auf das Steinmaterial zu vermindern.

Für Wannensteine werden heute, von wenigen Spezialgläsern abgesehen, schmelzgegossene KZ-Steine verwendet. Benutzt werden sogenannte lunkerorientierte Steine. Die Lunkerbereiche werden nach unten außen orientiert. Während früher 300 mm dicke Palisaden verwendet wurden, finden sich heute mehr und mehr 250 mm dicke, in manchen Fällen nur 200 mm dicke Steine. Zur Verminderung der Wärmeverluste wird vom oberen Drittel abgesehen eine Wärmeisolierung aufgebracht.

Eine für Hohlglaswannen typische Wannenseitenkonstruktion ist aus Bild 3.3b zu ersehen [1]. Die dreilagige Isolierung wird im oberen Bereich so gesetzt, daß die Fugen der Wannensteine frei bleiben. Im mittleren und unteren Bereich kann über die Fugen gesetzt werden, wenn die Seitenflächen der Wannensteine geschliffen sind und damit sehr dicht gesetzt werden kann. Nach entsprechender Abnützung der Wannensteine im Bereich der Spülkanten wird die obere Isolierschicht abgenommen und durch eine Lage lunkerfreier schmelzgegossener Platten ersetzt. Um den Angriff des Glases durch Blasenbohren (Abschn. 6.9) zu vermindern, ist vorgeschlagen worden, mit abgeschrägten oder schräggestellten Wannensteinen zu arbeiten. Diese Konstruktionen haben die in sie gesetzten Erwartungen nicht erfüllt. Sie werden daher nicht mehr verwendet. Um einen dichten Kontakt zwischen Wannensteinen und Isolierschichten im mittleren und unteren Bereich sicherzustellen, wird zwischen beiden Steinen eine dünne

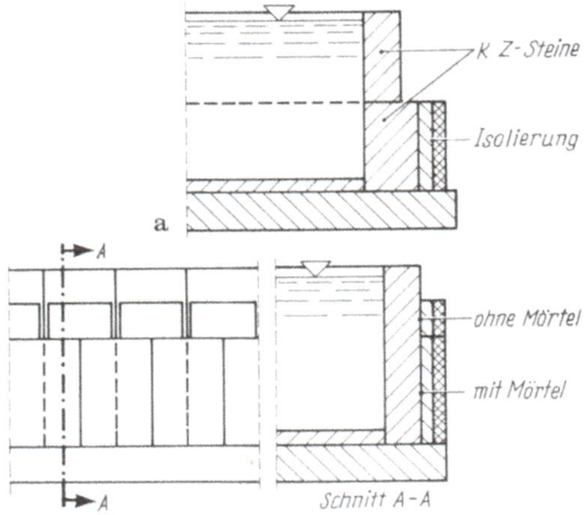

Bild 3.3. Seitenwandisolierung der Schmelzwanne [1]. **a** Isolierung der unteren Ringlage; **b** Einsatz von Palisadensteinen

Mörtelschicht aufgebracht oder ein Vlies aus Keramfasern eingebracht.

Bei tiefen Wannen und Gläsern mit höherem Eisengehalt finden sich anstelle der Palisadenbauweise mehrlagige Wannensteinkonstruktionen. Ziel dieser Maßnahme ist es, im unteren Bereich Kosten durch die Verwendung billigerer Steinqualitäten einzusparen. Die untere Lage kann dann für eine zweite Wannenreise eventuell wiederverwendet werden. Mehrlagige Wannenseitenwände dürfen nur im Bereich der unteren Lage isoliert werden, da sonst die Horizontalfugen im Angriff stark voreilen. Die oberste Lage wird oft etwas schmäler gewählt, um eine Auflagefläche für die Nachsetzplatten zu haben (Bild 3.3 a). Andernfalls muß eine besondere Haltekonstruktion aus Eisen gebaut werden. Die Seitenwände von Arbeitswannen werden heute fast immer voll isoliert.

Für die Kühlung der Spülkanten wird bevorzugt Luft, in Ausnahmefällen auch Wasser verwendet. Empfohlen werden auf die Kantenlänge bezogene Luftströme von 0,8 bis 1,0 m³/(s m) bei einem Überdruck von 9,8 mbar. Die Austrittsgeschwindigkeiten liegen bei 30 m/s bei einer Schlitzbreite der Düsen von 10 bis 25 mm. Die Kühldüsen werden an der Glasspiegellinie direkt nebeneinanderliegend angeordnet. Der Abstand der Düsen in Horizontalrichtung beträgt 30 bis 50 mm, der Abstand in Vertikalrichtung 80 bis 900 mm, der Winkel zur Vertikalrichtung 15 bis 30°. Eine Verstärkung der Kühlung ist durch Zerstäubung von Wasser im Luftstrahl möglich. Bei neuen, noch nicht abgenützten Wannensteinen bringt die Kühlung von außen wenig Vorteile [11]. Die Wasserkühlung findet man nur in Ausnahmefällen, vor allem dann, wenn ein Glasaustritt verhindert werden muß. Die früher verwendeten Kühlkästen sind durch Registersysteme (verschweißte wasserdurchströmte Vierkantrohre) ersetzt worden. Um Ablagerungen zu vermeiden, muß mit aufbereitetem Wasser gearbeitet werden, was Umlaufwasser voraussetzt. Zur Verbesserung des Wärmekontakts Wasserkasten/Wannenstein empfiehlt sich das Einbringen einer mörtelartigen Kontaktmasse, der zur Verbesserung der Wärmeleitfähigkeit Siliciumcarbid zugesetzt wird.

Bei nicht isolierten Wannenseitenwänden aus schmelzgegossenen Steinen ist mit Wärmeverlusten von $\dot{q} = 18\,\text{kW/m}^2$ zu rechnen. Bei guter Wärmeisolation können die Wärmeverluste auf $\dot{q} = 2{,}9\,\text{kW/m}^2$ gesenkt werden.

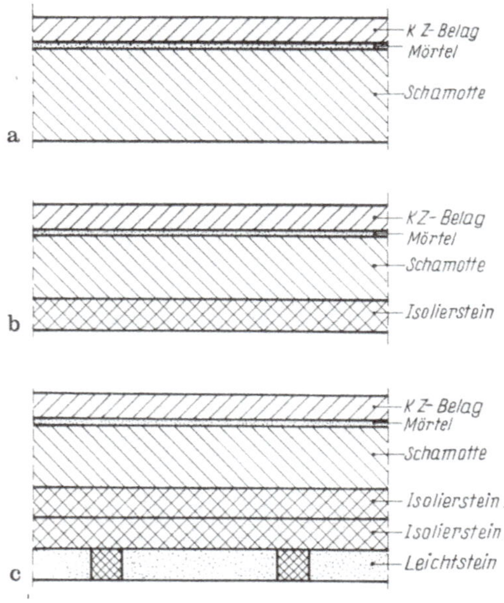

Bild 3.4. Aufbau des Wannenbodens [1]. **a** Schmelzgegossene Steine auf Schamotteunterlage; **b** Schamotteunterlage mit zusätzlicher Isolierung; **c** Isolierung wie in Hohlglaswannen üblich

3.1.2.2 Wannenboden

Der Wannenboden war früher ein problemloses Bauteil, das aus Schamotteblöcken aufgebaut war, die auf einen Trägerrost aus Stahl aufgelegt wurden. Die Steigerung der Betriebstemperaturen, der Schmelzleistungen, der Länge der Ofenreisen und der Zwang zum Energiesparen haben dazu geführt, daß heute mehrlagige dicke Böden verwendet werden müssen [1]. Die oberste Lage bildet einen Belag aus lunkerfreien 75 bis 120 mm dicken Platten, die auf eine oder zwei 200 bis 300 mm dicke Lagen von Schamottesteinen aufgelegt werden. Der Belag wird auf eine Mörtelschicht aus Zirkon-Korund-Material aufgelegt. Auch eine zweite Lage Belagplatten und oder eine durchgehende Schicht aus Stampfmassen wird bei hohen Anforderungen aufgelegt. An die Schamotteschichten aus Wannensteinqualität schließen sich mehrere Isoliersteinlagen an. Die Wannensteine werden bei einfachen Plattenbelägen auf die Schamotteblöcke aufgesetzt. Ein Durchziehen des Belages ist möglich, wird aber relativ selten ausgeführt [2]. Beispiele für Bodenkonstruktionen sind in Bild 3.4 dargestellt. Werden die Wannensteine auf die Belagschicht aufgesetzt (Bild 3.5), dann darf die Isolierung nicht über die Belagschicht hinweggezogen werden. Bei Spezialgläsern finden sich anstelle des Belages oder zusätzlich auch monolithische gestampfte Schutzschichten aus Zirkonsilicat.

Bei stark isolierten Böden empfiehlt es sich, auch die vertikalen Fugen des Plattenbelages und evtl. vorhandene Blasdüsen-, Elektroden- und Wallsteine mit einer Mörtelschicht zu verschließen. Es sind für diesen Zweck Spezialmörtel auf der Basis Korund-Zirkon-Kieselsäure entwickelt worden [3]. Diese Mörtel sind bei Umgebungstemperatur relativ flüssig, was ein gutes Ausfüllen der Fugen gewährleistet. Die Wärmedehnung ist den Platten aus schmelzgegossenem KZ-Material angepaßt. Über 1200 °C wird der Mörtel wieder plastisch und paßt

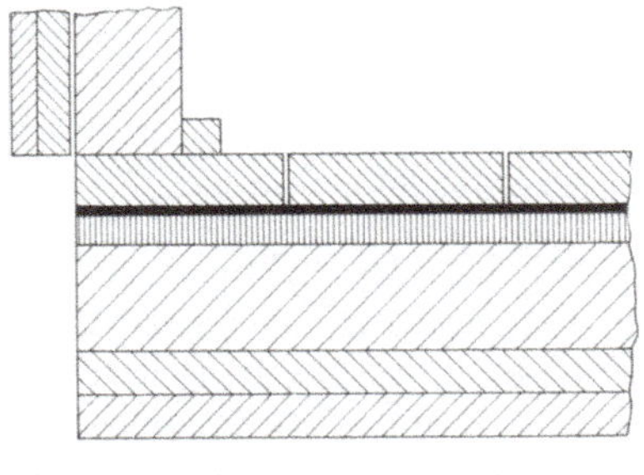

Bild 3.5. Bodenplatten unter den Seitenwänden

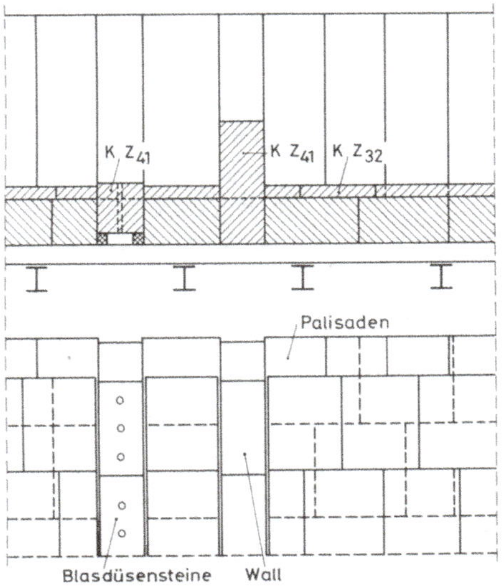

Bild 3.6. Konstruktionsbeispiel eines Walls und einer Blasdüsenreihe bei geringer Bodenisolierung [7]

sich der Bodenausdehnung an und ergibt eine gute Haftung. Von 1200 °C an kristallisiert aus der Schmelzphase Mullit aus, was die keramische Bindung verbessert und dem Mörtel eine hohe Festigkeit verleiht.

Böden mit doppeltem Plattenbelag sind versetzt zu verlegen, um dem Glas das Eindringen zu erschweren. Die Bodenisolierung darf besonders bei hellen eisenarmen Gläsern und bei verstärkter Verwendung von Altglas nicht zu weit getrieben werden. Die Betriebstemperatur des oberen Plattenbelages darf 1400 °C nicht überschreiten. Wichtig ist auch, daß die Grenztemperatur zwischen den Schamottebodensteinen und den Feuerleichtsteinen nicht über der Entglasungstemperatur des erschmolzenen Glases liegt, um einen evtl. Glasdurchtritt zu verhindern. Für Floatglaswannen haben sich isolierte Böden nur zögernd durchgesetzt.

Die Wärmeverluste nicht isolierter Böden betragen 4600 bis 6000 W/m². Durch die Isolation lassen sich die Verluste auf 1300 W/m² vermindern.

Aus technologischen Gründen werden im Läuterbereich bei Schmelzwannen vielfach Blasdüsenketten eingebaut. Dies erfordert die Anordnung von Düsensteinen im Wannenboden. Aus Gründen der Haltbarkeit und der besseren Zugänglichkeit wird die quer zur Wannenlängsachse angeordnete Düsensteinreihe nicht isoliert und etwas erhöht angeordnet, wie Bild 3.6 zeigt [2]. Gegenüber den mehrlagigen Böden werden auch seitlich schmelzgegossene Steine eingesetzt, um über die bessere Kühlung eine höhere Standzeit der Düsensteine zu erreichen. Durch die verstärkte Glasströmung in Nähe der Düsensteine muß mit einem erhöhten Angriff auf die Bodensteine und Seitensteine gerechnet werden. Durch eine Verstärkung des Plattenbelages läßt sich der voreilende Verschleiß in diesem Bereich vermeiden (Bild 3.7).

Im Bereich des Wannenbodens finden sich bei Hohlglas- und Spezialglaswannen mehr und mehr

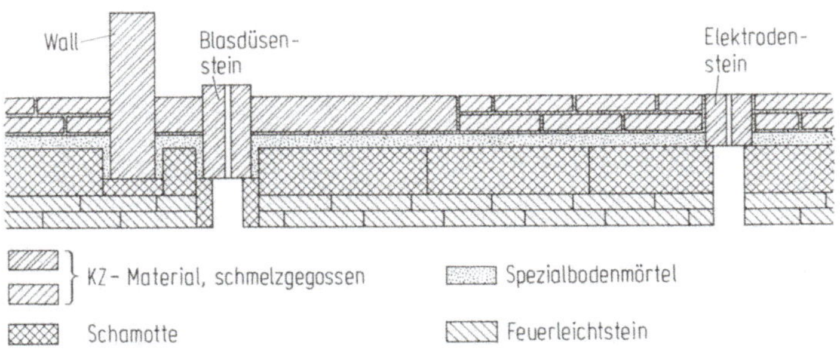

Bild 3.7. Aufbau eines isolierten Bodens unter Verwendung von Spezialmörteln

Bild 3.8. Wall in einer Querbrennerwanne nach 23 Monaten Laufzeit [4]

Bild 3.9. Wall nach vierjähriger Laufzeit in einer Wirtschaftsglaswanne [4]

sogenannte Wälle, deren Aufgabe die Beeinflussung der Glasströmungen ist [4]. Solche Wälle werden als einlagige beidseitig vom Glas bespülte Wandriegel in den Wannenboden eingelassen. Sie müssen von beiden Seiten unabhängig von den Wannensteinen verankert werden, damit ein guter Fugenschluß gewährleistet ist (Bild 3.6). Trotz aller Vorsichtsmaßnahmen und Aussparung an der Bodenisolierung läßt die Haltbarkeit solcher Wälle noch zu wünschen übrig. Bei relativ kurzen Laufzeiten (Bild 3.8) oder bei wenig aggressiven Gläsern wie Wirtschaftsglas ergeben Wälle bereits heute befriedigende Laufzeiten (Bild 3.9).

Die Verbesserung des Bodenmörtels im Hinblick auf Korrosionsbeständigkeit und Einbringen in schmale Fugen hat dazu geführt, daß bei isolierten Wannenböden nicht nur die vertikalen Fugen der Plattenbeläge mit Spezialbodenmörtel, sondern auch die massiven Steine, wie Wallsteine, Blasdüsensteine und Elektrodensteine mit dieser Masse versiegelt werden (Bild 3.7). Bei den Blasdüsensteinen und den Elektrodensteinen muß über die ganze Wannenbreite auf eine Wärmeisolation verzichtet werden, während man bei Wallsteinen teilweise gegenüber früher die Isolierung durchzieht. Böden dieser Art müssen sehr sorgfältig getempert werden, und dem unterschiedlichen Ausdehnungsverhalten muß Rechnung getragen werden.

3.1.2.3 Durchlaß [5]

Bei Hohl- und Spezialglaswannen wird die Schmelzwanne über einen Durchlaß mit der Arbeitswanne verbunden. Der Durchlaß hat primär die Aufgabe, die relativ große Glastemperaturdifferenz zwischen Schmelz- und Arbeitswanne auf einer kurzen Strecke zu bewältigen und eine räumliche Trennung zwischen den beiden Wannenbereichen zu ermöglichen. Durch die Beheizung der Wanne von oben entsteht im Glasbad ein Temperaturgradient, der primär von der Glasfarbe abhängt. Durch die entsprechende Wahl der Entnahmetiefe läßt sich die Temperatur des in die Arbeitswanne strömenden Glases beeinflussen. Damit wird die Eintauchtiefe das entscheidende Kriterium für einen Durchlaß. Aus wärmetechnischen Gründen und um die maximale Strömungsgeschwindigkeit bei gegebenem Durchsatz gering zu halten, versucht man durch Wahl einer geeigneten Durchlaßkonstruktion die Rückströmung aus der Arbeitswanne in die Schmelzwanne gering zu halten oder ganz auszuschalten. Bei dunklen Gläsern und entsprechend starkem Temperaturabfall über der Badtiefe genügt diesen Forderungen ein sogenannter gerader Durchlaß, bei dem die Badtiefe der Tiefe der Schmelzwanne entspricht. Nach dem Durchlaß zur Arbeitswanne hin findet sich meist eine Stufe, da die Arbeitswanne flacher als die Schmelzwanne ist. Bei hellen Gläsern reicht die mit

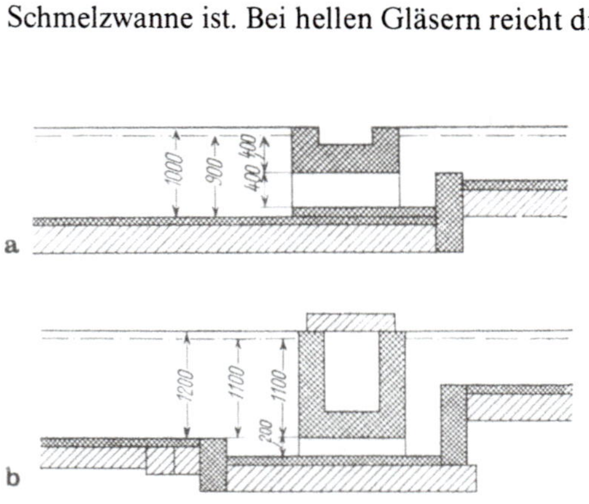

Bild 3.10. Versenkter (**b**) und gerader (**a**) Durchlaß [5] (Maßangaben in mm)

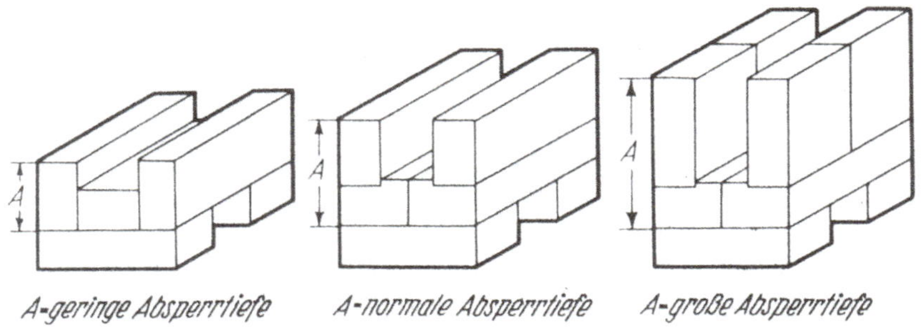

Bild 3.11. Ausbildungsform von Durchlässen

einem geraden Durchlaß erzielbare Eintauchtiefe nicht mehr aus, und man verwendet den sogenannten versenkten Durchlaß. Bild 3.10 zeigt schematisch die beiden Durchlaßbauarten. Die Durchlaßquerschnitte (freie Strömungsfläche) betragen 0,1 bis 0,3 m², wobei die kleineren Werte für Weißglas und die größeren für Farbgläser gelten. Ohne Berücksichtigung eventuell vorhandener Rückströmungen ergeben sich mittlere Strömungsgeschwindigkeiten zwischen 5 und 20 m/h. Das Höhen-/Breiten-Verhältnis beträgt ≈ ½. Fast immer verwendet man nur einen Durchlaß. Aus der Literatur sind auch Wannen mit zwei und mehr Durchlässen bekannt geworden. Sie sind Einzelfälle geblieben, da die Konstruktionen sehr aufwendig sind und die Vorteile, die zudem umstritten sind, den Aufwand nur selten rechtfertigen.

Der Durchlaß ist das mit am stärksten beanspruchte Bauteil einer Wanne, von dessen ordnungsgemäßem Arbeiten das wirtschaftliche Arbeiten der Anlage, sowohl was die Glasqualität wie die Länge der Ofenreise anbelangt, entscheidend abhängt. Hier gilt es, die besten verfügbaren Materialien zu wählen und sehr sorgfältig zu konstruieren. Da horizontale Fugen immer Gefahrenquellen bilden, verwendet man bei flachgehenden Durchlässen Frontplatten, die bis zur Oberkante des Durchlaßkanals reichen. Bei sehr tiefen Durchlässen werden die Decksteine vorgezogen oder doppelt gesetzt (Bild 3.11). Die Trennflächen der Steine werden sorgfältig geschliffen, um einen engen Fugenschluß zu erreichen. Zur Verwendung kommen schmelzgegossene lunkerfreie Steine. Wenn es die verfügbaren Steinabmessungen erlauben, sind die Frontplatten bis zur Oberkante des Durchlaßkanals zu ziehen, um die gefährdete Horizontalfuge zu vermeiden (s. Abschn. 6.9).

Da horizontale Steinflächen durch Lochfraß von der Glasschmelze besonders stark angegriffen werden (Bild 3.12), ist vorgeschlagen worden, den Durchlaßkanal in Strömungsrichtung ansteigend zu bauen. Die entstehenden gefährlichen Gasblasen werden damit weggespült. Der gewünschte Effekt tritt allerdings nur bei Neigungen über 15° und glatter Steinoberfläche auf.

Durch Zurücksetzen in Richtung Arbeitswanne läßt sich der Durchlaß aus dem Strahlungsbereich der heißen Schmelzwanne schieben, was der Lebensdauer dieses wichtigen Bauteils zugute kommt [7]. Die Konstruktion eines zurückgesetzten Durchlasses ist aus Bild 3.13 zu ersehen. Die durchlaßseitige Abschlußwand des Oberbaus der Schmelzwanne muß bei dieser Konstruktion im Durchlaßbereich mit einem kleinen scheitrechten Gewölbe abgefangen werden. Für kleinere Wannen hat sich diese Bauart bewährt.

Durchlässe müssen im Betrieb intensiv gekühlt werden, um den Steinverschleiß in Grenzen zu halten. Meist wird mit Luft gearbeitet, wobei der Zu- und Abfuhr der Luft Aufmerksamkeit gewidmet werden muß [8–10]. Die in Bild 3.15 gezeigte Anordnung ist sehr wirksam, hat jedoch den Nachteil, daß die Steinoberflächen nicht mehr beobachtet

Bild 3.12. Verschleißbild eines zurückgesetzten Durchlasses. Die beiden Ecksteine und der Durchlaßdeckstein sind von unten von der Horizontalfuge aus stark angegriffen [6]

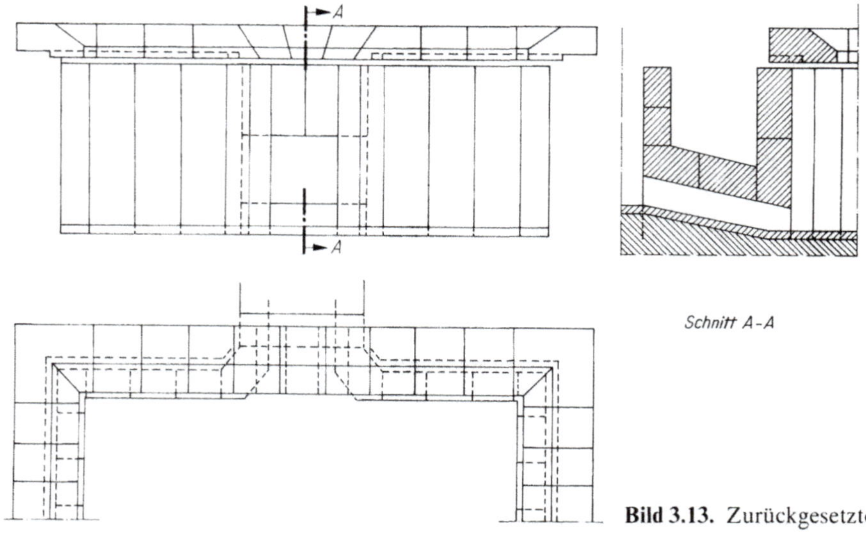

Bild 3.13. Zurückgesetzter Durchlaß [7]

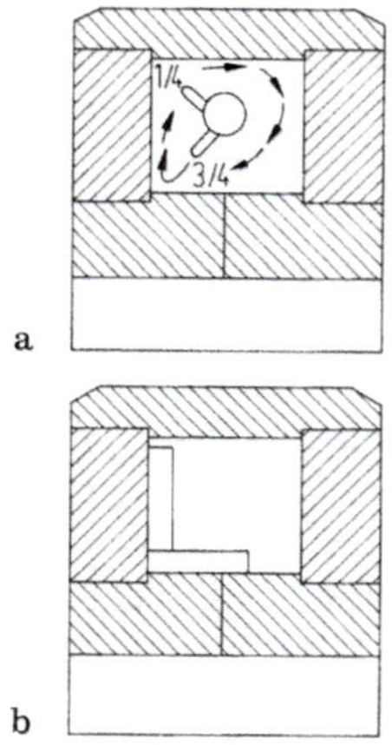

Bild 3.14. Durchlaßkühlung. **a** Luft-, **b** Wasserkühlung [8]

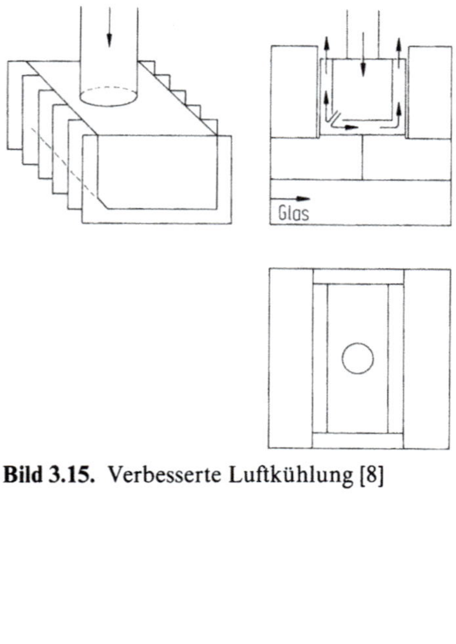

Bild 3.15. Verbesserte Luftkühlung [8]

werden können. In dieser Hinsicht ist die Anordnung der Kühldüsen nach Bild 3.14 günstiger. Die Wasserkühlung wird selten angewendet, da der Wärmekontakt zwischen Kühlkasten und Durchlaßstein Schwierigkeiten bereitet. Für eine Durchlaßkühlung rechnet man mit einem Volumenstrom von 3 bis 5 m³/s bei einem Druck von 6 bis 10 mbar.

3.1.2.4 Einlegevorbau

Zum Einlegen des Gemenges wird das Wannenbecken vorgezogen. Je nach Art des Einlegeverfahrens verwendet man einen kleineren, mehrere kleinere oder einen breiten Einlegevorbau (Bild 3.16). Bei Querbrennerwannen wird der Einlegevorbau an der Stirnseite angeordnet. Große, breite Einlegevorbauten erlauben die wärmetechnisch günstige Dünnschichteinlage. Bei sehr breiten Wannen, wie sie für die Floatglasherstellung Verwendung finden, sind zwei breite Einlegevorbauten nebeneinander anzuordnen, damit die Spannweite für die Gewölbebögen nicht zu groß wird. Dreieckige Einlegevorbauten werden nur mehr selten angewendet. Bei U-Flammenwannen muß der Einlegevorbau seitlich angeordnet werden, da zwischen den Brennern selten ausreichender Platz ist. Bei hochbelasteten Wannen reicht ein Einlegevorbau bei U-Flammenwannen nicht mehr aus und man muß auf beiden Seiten einen Einlegevorbau anordnen. Die Einlegevorbauten bei U-Flammenwannen sind im Vergleich zu Querbrennerwannen relativ schmal, da bei breiten Vorbauten die Gefahr einer

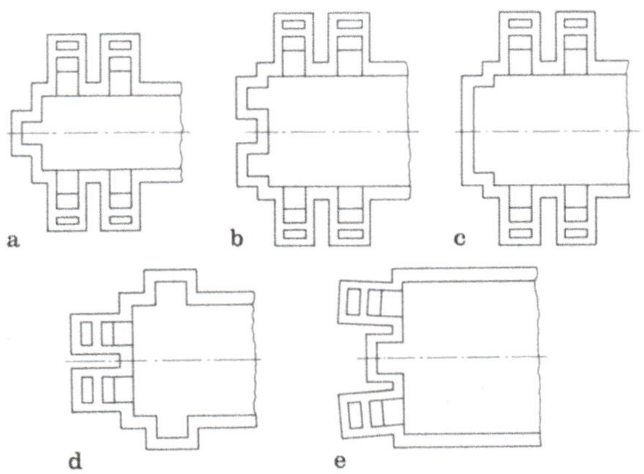

Bild 3.16. Anordnung von Einlegevorbauten. **a** Seitenbeheizte Wanne mit einem Vorbau; **b** seitenbeheizte Wanne mit zwei Vorbauten; **c** seitenbeheizte Wanne mit einem breiten Vorbau;**d** stirnbeheizte Wanne mit zwei seitlichen Vorbauten; **e** stirnbeheizte Wanne mit einem Vorbau zwischen den Brennern

Bild 3.17. Eckenausbildung bei Einlegevorbauten

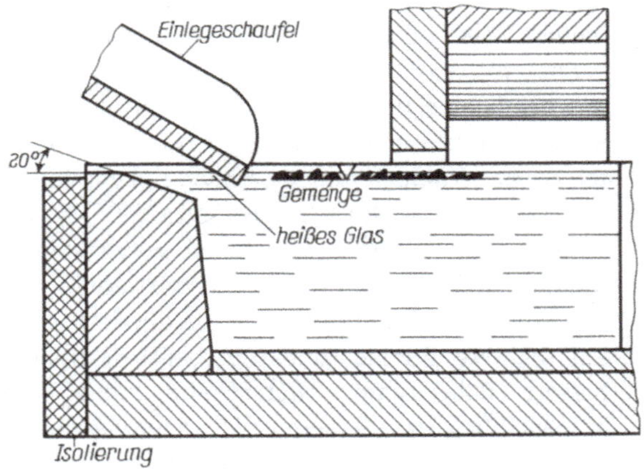

Bild 3.18. Einlegevorbau mit doppelt abgeschrägtem Stein an der Stirnwand [12]

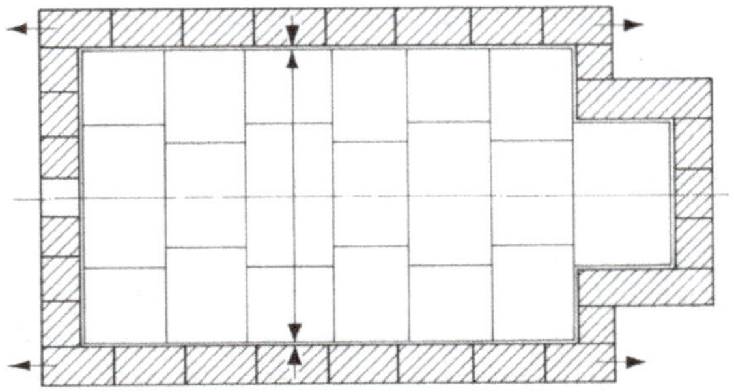

Bild 3.19. Unbehinderte Ausdehnung der Seitenwände und des Bodenbelages [7]

ungenügenden Abgrenzung zur Läuterwanne besteht.

Die Wannensteine an den inneren Ecken der Einlegevorbauten sind thermisch höher belastet als die normalen oder gar außen liegenden Ecksteine, da die Wärmeabgabe nach außen behindert ist. Durch Verwendung sogenannter Hexagonalsteine (Bild 3.17) läßt sich dieser für die Haltbarkeit nachteilige Einfluß vermindern. Durch die Bereitstellung sehr korrosionsbeständiger Wannensteine ist die Bedeutung der Hexagonalsteine allerdings zurückgegangen und man verwendet auch bei den Ecksteinen des Einlegevorbaus normale Rechtecksteine aber in besonders korrosionsbeständiger Qualität.

Die Wannensteine im Bereich der Stirnseite des Einlegevorbaus gehen trotz seitlicher Wärmeisolierung an der oben liegenden Seite zu kalt. Starke Abkühlung durch einziehende Kaltluft und Aufrieseln des Gemenges in Verbindung mit wassergekühlten Einlegeschaufeln führt zum Reißen der Steine. Die Oberfläche zerklüftet und ganze Stücke der Wannensteine fallen in die Wanne. Abhilfe schafft hier das Auflegen von Isolierplatten. Eine weitere Möglichkeit bildet die Verwendung abgeschrägter Wannensteine gemäß Bild 3.18 [12]. Bei dieser Konstruktion befindet sich eine Schicht heißen Glases zwischen Einlegeschaufel und Oberkante Wannenstein. Bei kleineren Spezialglaswannen hat sich diese Konstruktion sehr bewährt.

Beim Aufbau des Wannenbeckens muß man darauf achten, daß die Wannensteine sich besonders beim Antempern, aber auch später bei wechselnden Betriebsbedingungen ungehindert ausdehnen können. Die Steine sind daher entsprechend Bild 3.19 anzuordnen [7].

3.2 Wannenoberbau

Der Wannenoberbau hat die Aufgabe, den Verbrennungsraum nach oben und nach den Seiten abzuschließen, die Zufuhr des Brennstoffs und der Verbrennungsluft und die Abfuhr der Verbrennungsgase zu ermöglichen, sowie einen guten Wärmekontakt zwischen den Flammen und dem Glasbad sicherzustellen.

3.2.1 Verbrennungsraum

Die Brennraumbelastung, ausgedrückt als das Verhältnis zugeführte Wärme bezogen auf Brennraumvolumen und Zeiteinheit, beträgt bei brennstoffbeheizten Glasschmelzwannen 60 bis 210 kW/m³. Als zugeführte Wärme werden dabei die Enthalpien des Brennstoffs und der Verbrennungsluft betrachtet. Querbrennerwannen sind im allgemeinen höher belastet als U-Flammenwannen.

Die mittlere Höhe des Verbrennungsraums steigt mit der Schmelzfläche an und beträgt mit starken Streuungen zwischen 1 und 3 m. Beispiele für verschiedene Wannen sind in Abhängigkeit von der Schmelzfläche in Bild 3.20 eingetragen [13]. Man erkennt, daß U-Flammenwannen einen steileren Anstieg aufweisen als Querbrennerwannen. Die Aufteilung des Brennstoffs entlang der Längsachse auf mehrere Brenner und die damit verbundene bessere Beherrschung der Flammenlage führt offensichtlich zu kleineren Verbrennungsräumen. Die Daten zeigen starke Streuungen. Das Zuführen des gesamten Brennstoffs von einer Stelle aus (U-Flammenwanne) bringt Probleme mit sich, die mit zunehmender Schmelzfläche eine entsprechende Zunahme der Höhe des Verbrennungsraums erfordern.

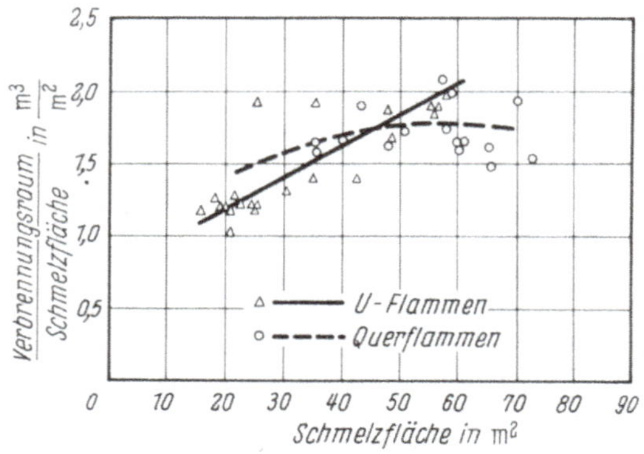

Bild 3.20. Verhältnis Verbrennungsraum/Schmelzfläche bei U- und Querflammenwannen in Abhängigkeit von der Schmelzfläche [13]

3.2.2 Seitenwände

Die Seitenwände werden nur bei kleineren Wannen und nur in besonderen Fällen auf die Wannensteine aufgesetzt. Der Regelfall ist eine eigene Abstützung und Verankerung, um beim voreilenden Verschleiß der Wannensteine eine Absenkung der Seitenwand zu verhüten und ein unbehindertes Nachsetzen der Vorsetzplatten auf die Wannensteine zu ermöglichen. Die heute meist 375 mm dicken Seitenwände werden nach außen isoliert, um die Wärmeverluste zu vermindern und die Wärmespannungen zu senken. Die Wärmeverluste einer isolierten Wand können bei einer Innentemperatur von 1550 °C mit 2,2 bis 3,5 kW/m² angesetzt werden. Die Konstruktion einer Seitenwand mit Gewölbeanschluß und Wärmeisolierung ist in Bild 3.21 gezeigt (Angabe-Didier). Als ff-Material wird je nach Beanspruchung Silika oder schmelzgegossenes Material verwendet.

Den Anschluß nach unten bildet der sogenannte Nasenstein. Wegen der Gefahr des Reißens des Steins sollte die Nase möglichst klein sein. Nach außen soll der Stein soweit über die Palisade vor-

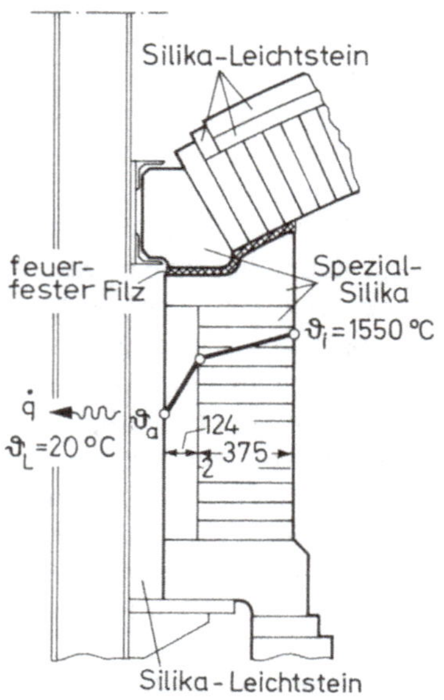

Bild 3.21. Oberbau-Seitenwandzustellungen von Glaswannenöfen (Didier)

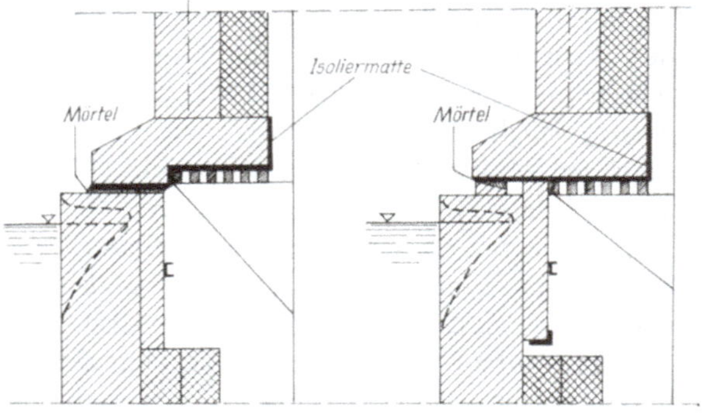

Bild 3.22. Ausbildung von Nasensteinen [7]

stehen, daß beim Aufsetzen der Vorsetzplatten diese noch vollkommen überdeckt werden, damit die Tragkonstruktion vor Überhitzung geschützt ist. Die wannenseitige Schräge verhindert die Ansammlung ablaufender Glasur. Beispiele für zwei Konstruktionen sind aus Bild 3.22 ersichtlich [7]. Die Fuge zwischen Wannenstein und Nasenstein muß gut abgedichtet sein. Undichtigkeiten führen bedingt durch Druckschwankungen im Oberofen zum wechselnden Einziehen von Kaltluft und Ausflammen heißer Ofenabgase.

Der damit verbundene Temperaturwechsel bewirkt ein Reißen der Steine. Man kann mit Mörtel oder besser mit schmalen Keramfilzplatten abdichten. Den Abschluß zum Gewölbe bildet der sogenannte Widerlager-Schutzstein. Auch hier ist auf eine sorgfältige Abdichtung unter Verwendung von Keramfilz zu achten. Die Forderung nach weitgehender Gasdichtheit gilt nicht nur für die Seitenwand mit den Anschlüssen nach oben und unten sondern für das gesamte Mauerwerk des Oberofens. Undichte Stellen führen durch Kondensationen der Alkalien im kühleren Bereich des Mauerwerks zu starken voreilenden Korrosionen und durch ablaufende Schlacke zu Glasfehlern.

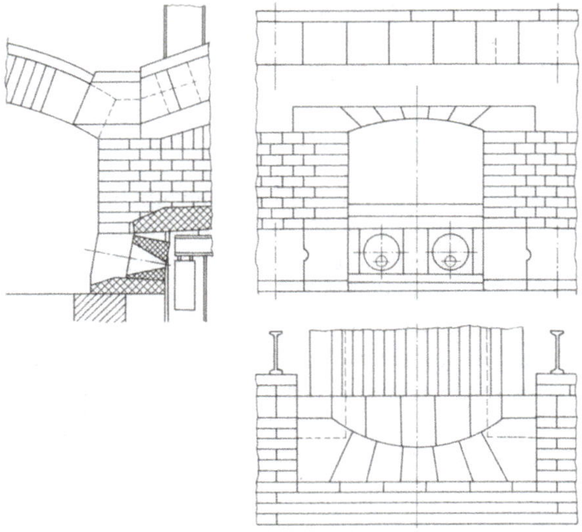

Bild 3.23. Brennermundgewölbe mit Entlastungsbogen für Glasschmelzwannen (Didier)

Besondere Sorgfalt erfordert der Anschluß der Brennermündungen an die Ofenseitenwand bei Querbrennerwannen. Je nach dem Anschluß zum Gewölbe unterscheidet man: Eingewölbte, angewölbte und unter dem Gewölbewiderlager angebrachte Brenner. Die letztere Konstruktion ist am einfachsten und setzt sich bei größeren Hohlglaswannen mehr und mehr durch. Der Verbrennungsraum wird dabei allerdings größer als dies bei den gewölbten und eingewölbten Brennereinfassungen der Fall ist. Ein Beispiel für einen angewölbten Brenner gibt Bild 3.23. Der Entlastungsbogen im Gewölbe leitet den Gewölbedruck vom Brenner seitlich ab zu den Verankerungen. Weitere Einzelheiten wie Anordnung der Düsensteine und dgl. sollen später in Verbindung mit der Beheizung behandelt werden. Der Brennermündungsquerschnitt aller Brenner einer Seite beträgt 3 bis 4% der Schmelzfläche. Eine bewährte Konstruktion für einen unter dem Gewölbewiderlager angebrachten Brenner mit Düsensteinen zeigt Bild 3.24.

3.2.3 Gewölbe

Die Gewölbe haben bei Glasschmelzöfen die Aufgabe die Schmelzwanne, die Arbeitswanne oder die Regenerativkammern nach oben abzuschließen. Sie werden als Gewichtsgewölbe gebaut. Hängegewölbe finden sich nur noch in Ausnahmefällen im Einlegebereich. Die Höhe des Gewölbes legt die Größe des Verbrennungsraumes bzw. des Verteilerraumes fest. Gewölberadius und Gewölbespannweite werden oft gleichgroß gewählt. Damit

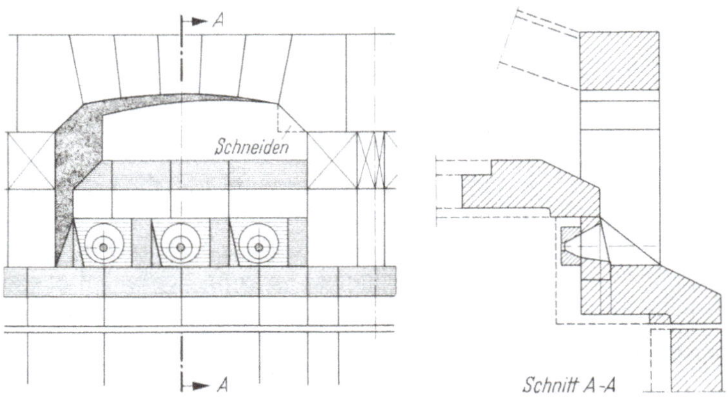

Bild 3.24. Bewährte Brennerkonstruktion für Unterbankfeuerung, Brennerbreite 1300 mm

ergibt sich ein Zentriwinkel von 60° und eine Stichhöhe von 13,4%. Bei Kammergewölben werden Stichhöhen von 12 bis 16% gewählt, in Einzelfällen auch Tonnengewölbe.

Gewichtsgewölbe müssen so dimensioniert und aufgebaut werden, daß nur Druckkräfte und keine unzulässig hohen Kantenpressungen auftreten. Die für die zu verwendenden Steine maximal zulässigen spezifischen Druckkräfte dürfen nicht überschritten werden. Dies gilt nicht nur für das kalte Gewölbe sondern auch für den Antempervorgang und das heiße Gewölbe. Für die Berechnung gelten die Gesetze der Baustatik [15].

3.2.3.1 Kräfte im Gewölbe

Die an einem Gewölbe auftretenden Kräfte und die geometrischen Gegebenheiten sind aus Bild 3.25 zu entnehmen. Die Dicke des Bogens beträgt d, der Öffnungswinkel γ. Die auf die Länge bezogene Gewichtskraft des Bogens wirkt in Schwerkraftrichtung und soll mit G bezeichnet werden. Sie ist die resultierende Kraft aus den Gewichtskräften der einzelnen Steine und läßt sich in betragsgleiche Hälften $G/2$ aufteilen, welche jeweils im Schwerpunkt S der entsprechenden Bogenhälfte angreifen.

Die im Bogenquerschnitt an den einzelnen Stellen auftretenden Kräfte kann man sich zu einer Resultierenden zusammengefaßt denken, man erhält so die sogenannte Stützlinie. Im Gewölbescheitel hat aus Symmetriegründen die Resultierende waagrechte Richtung. Im Widerlagerbereich ist die aus den Einzelkräften resultierende Kraft F geneigt. Sie kann in die zwei Einzelkräfte F_h und F_v zerlegt werden.

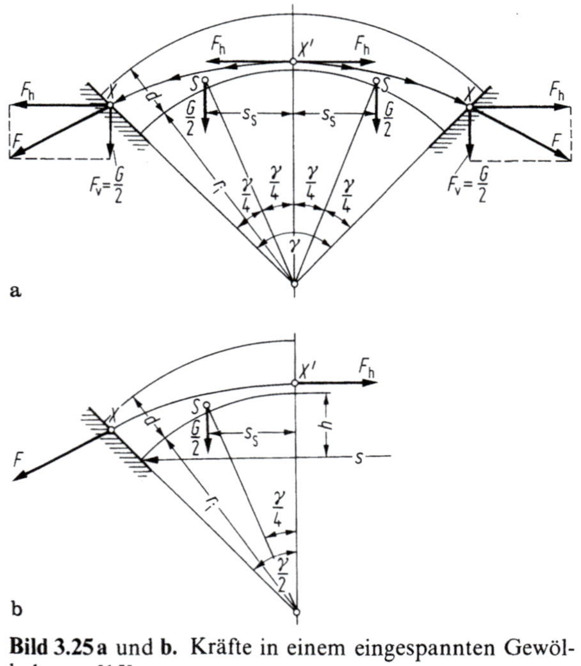

Bild 3.25 a und **b.** Kräfte in einem eingespannten Gewölbebogen [15]

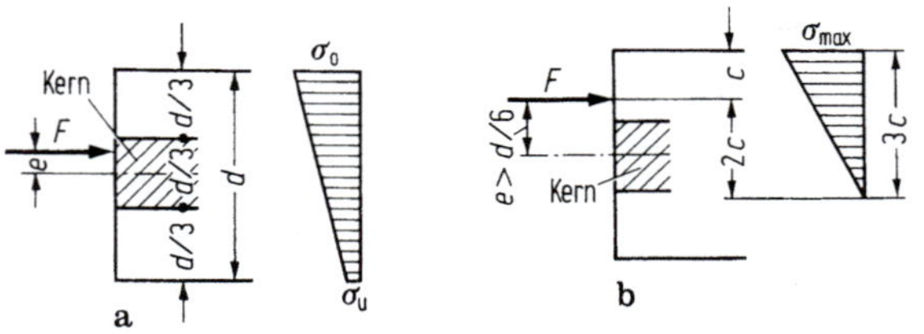

Bild 3.26 a und **b.** Druckspannungen bei außermittigem Kraftangriff

Liegt die Stützlinie an einer Schnittstelle in Steinmitte, dann sind die Druckkräfte über den ganzen Steinquerschnitt konstant. Liegt die Stützlinie und damit die Kraft F außermittig, dann ist die Druckkraftverteilung unterschiedlich. Aus dem Gleichgewicht der Kräfte und Momente im Schnittstellenbereich ergibt sich, wenn die Stützlinie im inneren Drittel des Steines verläuft, für die Druckspannung im Randbereich

$$\sigma_r = \frac{F}{d\,b}\left(1 \pm \frac{6\,e}{d}\right), \tag{3.1}$$

wenn mit b die Breite des Gewölbebereichs und mit e die Außermittigkeit des Kraftangriffs bezeichnet wird (Bild 3.26a). Für $e = d/6$ wird eine Randspannung Null. Rückt die Kraft F aus dem inneren Drittel heraus, dann würden Zugspannungen auftreten. Schließt man Zugspannungen aus, dann ergibt sich eine Druckspannungsverteilung gemäß Bild 3.26b. Für die maximale Druckspannung ergibt sich dann

$$\sigma_{max} = \frac{2\,F}{3\,c\,b}, \tag{3.2}$$

wenn mit c der Abstand des Kraftangriffs von der Oberfläche bezeichnet wird (Bild 3.26b). Aus diesen Zusammenhängen erkennt man die große Bedeutung der Lage der Stützlinie für die Verteilung der Druckkräfte im Gewölbe.

3.2.3.2 Stützlinien

Übermäßige Druckkräfte im Randbereich und damit die Gefahr des Absplitterns der Steine können vermieden werden, wenn die Stützlinie im inneren Drittel der Steindicke verläuft. Bei Einhaltung dieser Bedingungen sind drei Grenzfälle zu unterscheiden, die mit Mittelstützlinie, Maximalstützlinie und Minimalstützlinie bezeichnet werden.

Im Fall der Mittelstützlinie verläuft die Stützlinie in Steinmitte. Im Glasschmelzofenbau sollen Gewölbe so ausgelegt und gebaut werden, daß dieser Fall für das kalte Gewölbe gilt (Bild 3.27).

Im Fall der Minimalstützlinie liegt die Stützlinie im Scheitelbereich an der oberen Eindrittelgrenze, und im Widerlagerbereich an der unteren. Die Horizontalschübe sind hier am kleinsten, da die resultierende Kraft F im Widerlagerbereich die steilste Lage einnimmt. Dieser Zustand kann beim Antempern eines Gewölbes durch zu starkes Nachlassen der Anker eintreten. Dabei können sich die Fugen an den Widerlagern oben etwas öffnen, so daß sich die Stützlinie nach unten verschieben muß (Bild 3.27b).

Im Fall der Maximalstützlinie nimmt die Stützlinie ihre flachste Lage ein. Daraus ergibt sich der größte Horizontalschub (Bild 3.27c). Beim Antempern eines Glasschmelzofens kann sich durch die verstärkte Ausdehnung der Steine im Innenbereich ein solcher Stützlinienverlauf einstellen. Um den unterschiedlichen Längenzuwachs kompensieren zu können, steigt das Gewölbe im Scheitel an. Verhalten sich die beiden Gewölbehälften als quasi steife Scheiben, dann müssen sie sich zur Erreichung einer höheren Scheitelposition um die äußeren Widerlagerpunkte drehen. An der Innenseite der Widerlager ist damit kein vollständiger Fugenschluß vorhanden (Bild 3.28). Die Maximalstützlinie muß bei dem durch den Tempervorgang veränderten ungünstigen Kräfteverlauf vorausgesetzt werden. Das Gewölbe und die Widerlager sind entsprechend zu dimensionieren.

Die Vorausbestimmung der Stützlinie ist bei der Gewölbebestimmung somit notwendig. Sie läßt sich nach den Regeln der graphischen Statik in

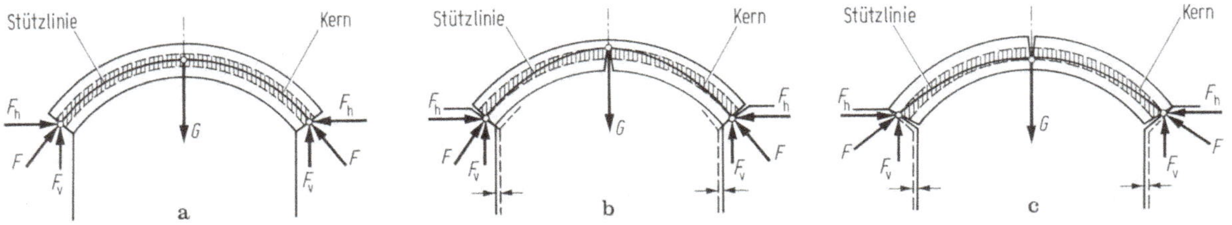

Bild 3.27. Mittelstützlinie (**a**), Minimalstützlinie (**b**) und Maximalstützlinie (**c**)

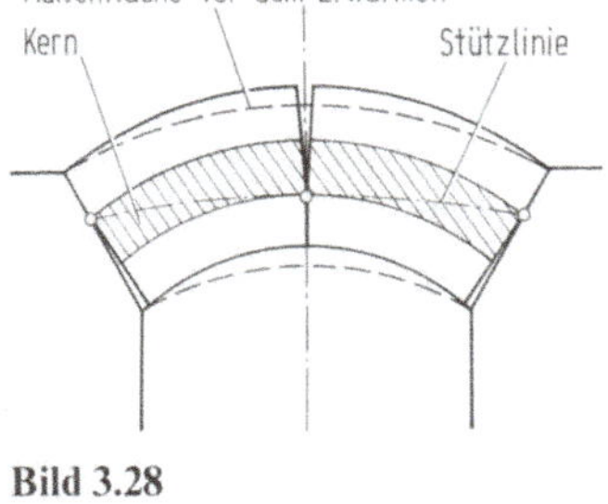

Bild 3.28

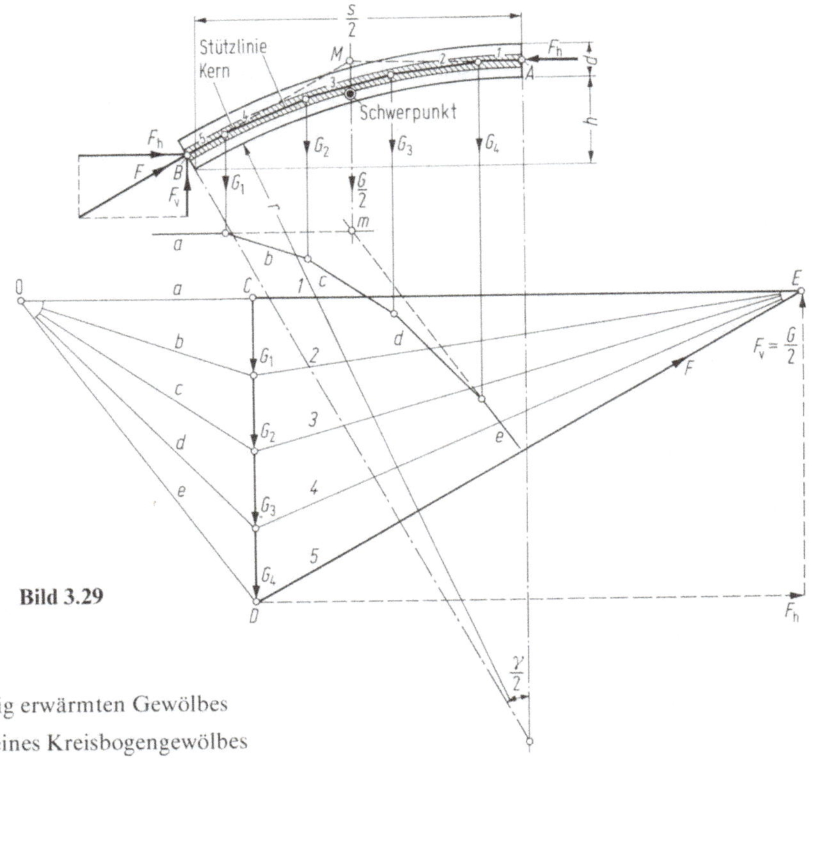

Bild 3.29

Bild 3.28. Scheitelanstieg eines einseitig erwärmten Gewölbes

Bild 3.29. Graphische Untersuchung eines Kreisbogengewölbes

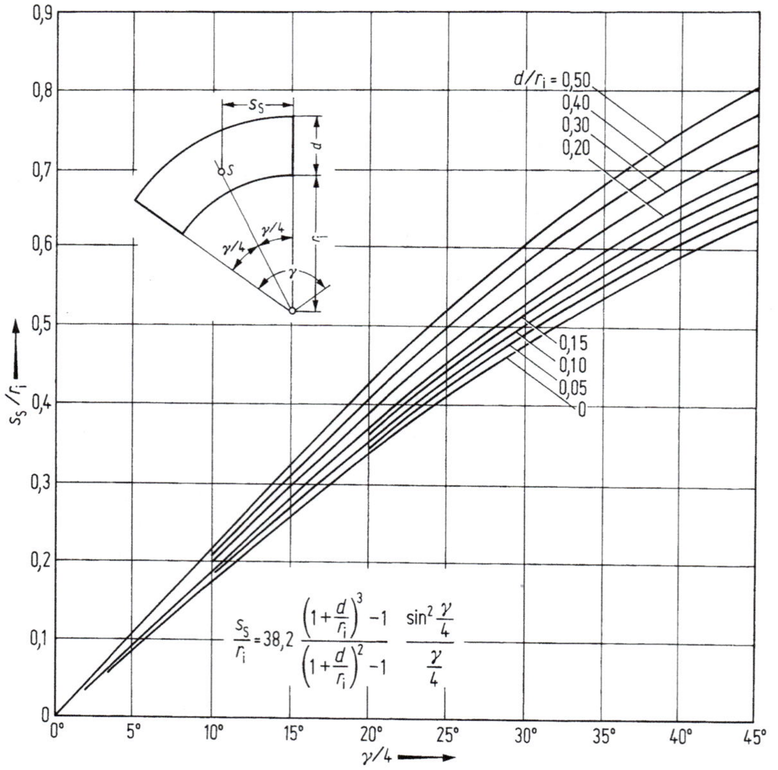

Bild 3.30. Auf den Innenradius normierter Schwerpunktabstand s_S/r_i eines Kreisringstücks in Abhängigkeit von $\gamma/4$ und d/r_i [15]

Verbindung mit geeigneten Annahmen relativ leicht ermitteln. In Bild 3.29 ist die Ermittlung für ein Kreisbogengewölbe gezeigt. Zunächst läßt man die errechneten Gewichtskräfte des in gleiche Belastungsstreifen aufgeteilten Gewölbes in der maßstäblichen Zeichnung in ihren Schwerpunkten angreifen. Mit den untereinander gezeichneten Kräften G_1 bis G_4 und dem willkürlich gewählten Pol *O* wird dann das Seileck *C O D* gebildet. Von dem in die Skizze übertragenen Polygonzug *a* bis *e* bringt man zur Bestimmung des Schwerpunktabstands die Seilstrahlen *a* und *e* zum Schnitt in *m*. Durch diesen Punkt *m* geht senkrecht die Schwerpunktlinie des halben Gewölbebogens. Die im Scheitel angreifende Schubkraft F_h und die Auflagerresultierende *F* am Widerlager müssen sich auf dieser Linie schneiden (Gleichgewichtsbedingung).

Legt man die Bedingungen der Mittelstützlinie zugrunde und läßt die Kräfte durch die Kernmittelpunkte *A* und *B* gehen, dann ergibt sich der Schnittpunkt *M*. Dadurch ist die Richtung von *F* festgelegt. Durch Übertragung der Richtungen von *F* und F_h an den Kräftezug G_1 bis G_4 entsteht das Krafteck *C E D*. Damit ist die Größe von *F* und F_h bestimmt.

Zur Ermittlung der Stützlinie werden die Seilstrahlen *1* bis *5* auf dem Seileck *C E D* auf die Bogenskizze übertragen.

Der durch die Punkte *A* und *B* geführte Polygonzug gibt dann die Lage der Mittelstützlinie wieder. Die Größe der Kräfte, die in den verschiedenen Bogenteilen auftreten, kann dem Seildreieck *C E D* entnommen werden. Sie wird durch die Länge der Seilstrahlen *1* bis *5* (im Kräftemaßstab gemessen) dargestellt. Durch den Stützlinienverlauf ist die Lage des Angriffspunkts der Kraft zur Mittelachse des Gewölbequerschnitts erkennbar.

Der Schwerpunktabstand s_S läßt sich nach Neumann [15] auch rechnerisch aus der in Bild 3.30 angegebenen Formel oder dem entsprechenden Diagramm ermitteln.

Die Stützlinie folgt nicht der Kreisbogenform eines Gewölbes. Werden Stützlinien und Bogenachse einander angepaßt, um ein stabiles Gewölbe zu erhalten, dann ergibt sich als optimale Bogenachse die umgekehrte Seillinie (Bild 3.31). Diese Seillinie gilt allgemein für ein gegebenes Verhältnis Spannweite (s_m) zu Stichhöhe (h_m). Mit diesem Verhältnis ergibt sich aus dem oberen Teil der Kurve in Bild 3.31 die anzustrebende Bogenachse. Die entsprechende graphische Entwicklung eines solchen Gewölbes zeigt Bild 3.32. Ein solches Gewölbe empfiehlt sich besonders bei großem Gewölbestich. Allgemein gilt, daß ein dickes Gewölbe stabiler ist als ein dünnes. Statisch ungünstig sind 180°-Kreisbogengewölbe. Sie sollen nach Neu-

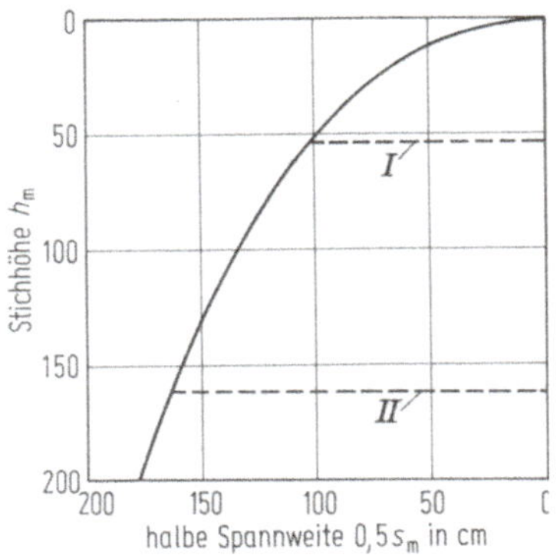

Bild 3.31. Die Stichhöhe h_m in Abhängigkeit vom Wert der halben Spannweite $0{,}5\,s_m$, beide bezogen auf die Bogenmittellinie (umgekehrte Seillinie) [15]

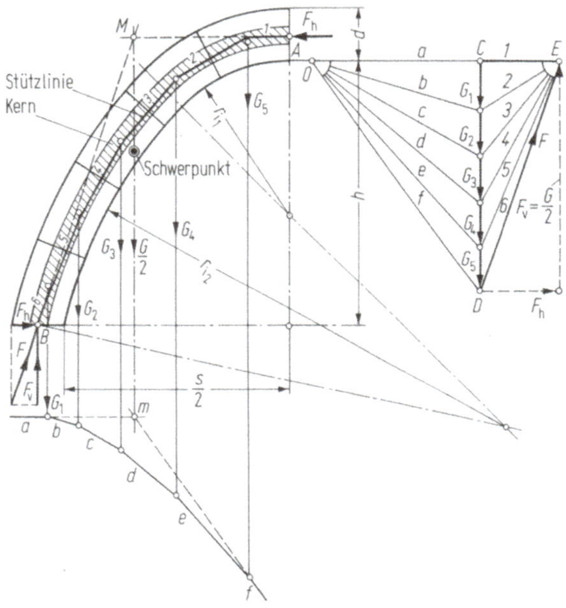

Bild 3.32. Entwicklung eines Seilliniengewölbes

mann [12] mindestens eine Dicke von $d = 0{,}18 \cdot r_i$ haben.

3.2.3.3 Einfluß durch Wärmedehnung

Gegenüber der Gewölbeberechnung und -konstruktion in anderen Bereichen der Technik sind beim Glasschmelzofen die Besonderheiten der Wärmedehnung beim Auftempern und im Betrieb zu beachten. Als Grenzfälle sind hier das ideal isolierte Gewölbe und das einseitig erhitzte unisolierte Gewölbe zu unterscheiden. Die Ausdehnungsbesonderheiten sind in Bild 3.33 schematisch dargestellt. Beim ideal isolierten Gewölbe bleibt der Öffnungswinkel und damit die Neigung des Widerlagers unverändert, während beim einseitig erhitzten Gewölbe der Öffnungswinkel größer wird und damit die Widerlager kippen.

In der Praxis besteht aber auch beim isolierten Gewölbe eine Temperaturdifferenz im Gewölbe zwischen innen und außen. Diese Differenz reicht aus, den Stützlinienverlauf in Richtung Maximalstützlinie zu verändern. Demzufolge wird sich im Gewölbescheitel die Schubkraft nach unten verschieben und als F_h' im Kernpunkt A_u angreifen (Bild 3.34). Der Widerlagerdruck rückt dagegen nach oben und geht als F' durch den Kernpunkt B_0. Nimmt man unter Inkaufnahme einer kleinen Ungenauigkeit für die Berechnung der Kräfte im heißen Gewölbe an, daß die Widerlager parallel um

$$\frac{\Delta s}{2} = \frac{s}{2}\lambda \tag{3.3}$$

nach außen verschoben werden, worin λ ein Korrekturfaktor für die thermische Ausdehnung ist, dann gilt mit ausreichender Annäherung für den Schwerpunktsabstand y' und x':

$$y' = y + \Delta y, \qquad x' = \frac{s}{2} + \frac{\Delta s}{2} + \frac{2}{3}w - y'. \tag{3.4}$$

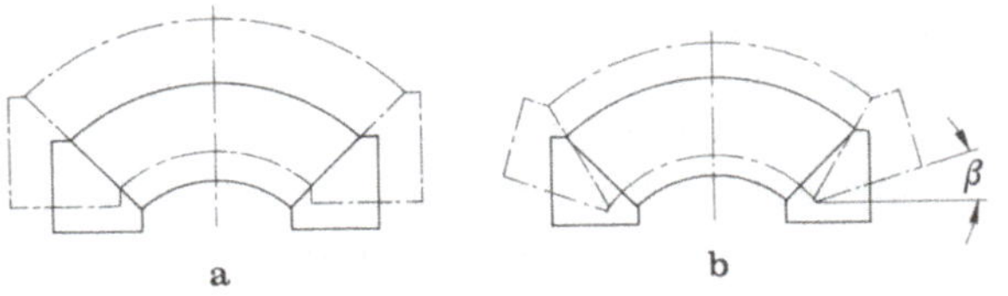

Bild 3.33. **a** Ausdehnung eines beiderseitig erhitzten (isolierten) Gewölbes; **b** Ausdehnung eines einseitig erhitzten (unisolierten) Gewölbes

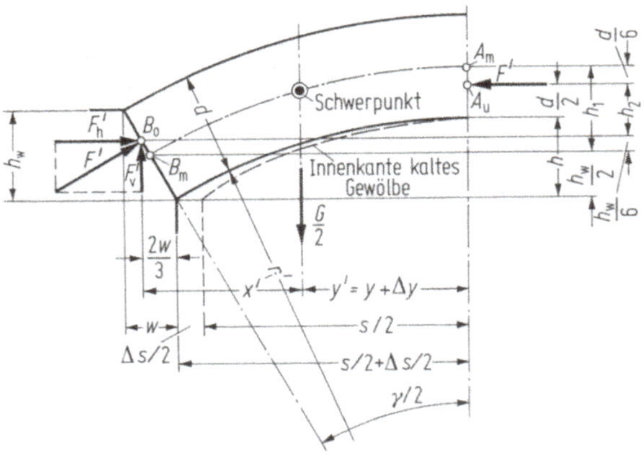

Bild 3.34. Schematische Darstellung der Kräfte am heißen Gewölbe

Läßt man den Gewölbeanstieg unberücksichtigt, dann ist nach Bild 3.34 die horizontale Auflagekraft F'_h:

$$F'_h = \frac{G}{2} \, \frac{x'}{h_1 - \frac{h_w}{6} - \frac{d}{6}} = \frac{G}{2} \, \frac{x'}{h_2} . \qquad (3.5)$$

Da die Maximalstützlinie bei Silikagewölben vornehmlich bei der Umwandlung von β-Cristobalit in die α-Modifikationen auftritt, also im Temperaturbereich um 300 °C, genügt es, die Untersuchung für eine Ausdehnung von 1,0% durchzuführen.

3.2.3.4 Gewölbeaufbau und Betriebsverhalten

In der Glasindustrie werden für den Aufbau von Gewölben fast ausschließlich Ganzwölber verwendet. Nur in gering belasteten Ofenteilen werden Halbwölber eingesetzt. Beim Aufbau des Gewölbes ist mit möglichst engen Mörtelfugen zu arbeiten, damit ein gasdichter Mauerwerksverband entsteht. Die Dicke der Fugen hängt von der Standardabweichung und eventuellen Mittelwertsverschiebungen gegenüber dem Zeichnungsmaß des Steines ab [16]. Es sollten daher Steine mit möglichst geringen Maßtoleranzen verwendet werden. Die Abmessungen normalisierter Wölbsteine sind aus DIN 1082 zu entnehmen. Die Mörtelmenge beträgt etwa 6% des Steingewichts. Für die Gewölbe von Glasschmelzen sind die in Bild 3.35 angegebenen Steinformate in Gebrauch. Die Steinhöhe h ist in Abhängigkeit von der Gewölbespannweite zu wählen. Empfohlen werden die in Tabelle 3.1 genannten Steinhöhen.

Für den Aufbau von Gewölben werden Silikasteine bevorzugt verwendet. Dabei dürfen nur gut umgewandelte Steine benutzt werden. Ein Restquarzgehalt von mehr als 10% führt zu einem starken Nachwachsen oberhalb 1450 °C. Die Kalibrierung der Steine ist eine zuverlässige Methode, schlecht umgewandelte Steine auszusortieren [18].

Tabelle 3.1. Gewölbesteinhöhe h in Abhängigkeit der Gewölbespannweite

Steinhöhe h mm	Gewölbespannweite mm
250	< 3000
300	3000...4900
375	4900...6700
450	6700...9750
500	> 9750

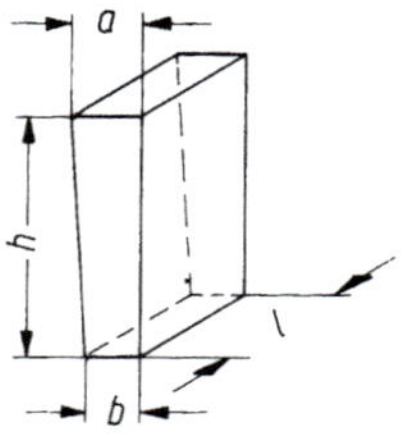

a	b	h	l
66	62	250	250
100	95	350	250
78	75	375	150
124	120	450	150

Bild 3.35. Häufig verwendete Steinformate (Maßangaben in mm)

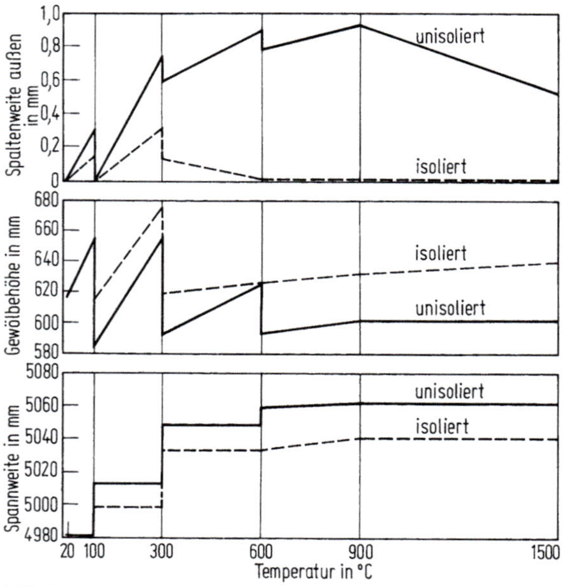

Bild 3.36. Verhalten eines Silikagewölbes beim Tempern [17]

Es ist zu empfehlen, die Gewölbe schon während des Aufheizens mit Wärmedämmatten zu isolieren. Die Matten werden erst nach Erreichen der Betriebstemperatur abgenommen. Durch die Isolierung gelingt es, das Temperaturgefälle im Stein zu vermindern und damit die Wärmedehnung von innen nach außen zu vergleichmäßigen. Das Verhalten eines isolierten und eines nicht isolierten Silikagewölbes geht aus Bild 3.36 hervor [17]. Für die Wärmeisolierung im Silikagewölbe dienen ausschließlich Silikaleichtsteine. Als Abschluß werden Isoliermatten mit Alufoliekaschierung oder Verstreichmassen verwendet.

Ähnlich wie bei den Seitenwänden wird das Gewölbe für sich verankert und nicht auf den Seitenwänden abgestützt. Von konstruktiven Vorteilen abgesehen, wird damit das Tempern erleichtert. Bei Wannenreparaturen kann das Gewölbe, wenn es noch gut ist, für eine zweite Ofenreise verwendet werden auch wenn die Seitenwände mit den Brennern erneuert werden müssen. Erste Forderung an ein Schmelzwannengewölbe ist heute die Gasdichtheit, besonders wenn eine Wärmeisolation aufgebracht wird, was heute, von sehr großen Gewölbespannweiten vielleicht abgesehen, die Regel ist. Die Konstruktion eines isolierten Gewölbes im Bereich des Widerlagersteins ist aus Bild 3.37 zu ersehen. Mit solchen Konstruktionen läßt sich der Wärmeverlust von $\approx 5{,}7\ \mathrm{kW/m^2}$ bei nicht isoliertem Gewölbe auf $\approx 2{,}4\ \mathrm{kW/m^2}$ mit Isolierung senken [19].

Bei Spezialglaswannen finden sich auch Gewölbe, die auf den Seitenwänden ruhen. Man vermeidet so den schwierigen Formstein und die Abdichtungsprobleme zur Seitenwand, wie in Bild 3.37 gezeigt. Dies gilt besonders dann, wenn Silikasteine bis an die Grenzen der thermischen Belastbarkeit beansprucht werden müssen, und das „Laufen" der Formsteine, die nur schlecht gekühlt werden können, befürchtet werden muß. Um der Wärmedehnung des Gewölbes Rechnung zu tragen, sind in Abständen von 3 bis 5 m Dehnfugen quer zur Wannenlängsachse anzuordnen. Bei Verwendung gut umgewandelter Silikasteine sind die Dehnfugen mit $\approx 1{,}4\%$ der Gesamtlänge zu bemessen. Um einen gasdichten Fugenschluß zu erzielen, sind die Dehnfugen so knapp zu bemessen, daß die Gewölbesteine auch seitlich gut zusammengepreßt werden. Da sich die Steine während des Temperns verwölben, sind zur besseren Abdichtung der Dehnungsfugen besondere Dehnfugensteine entwickelt worden (Bild 3.38). Diese Steine werden nicht nur zwischen die Gurtfugen sondern auch seitlich als

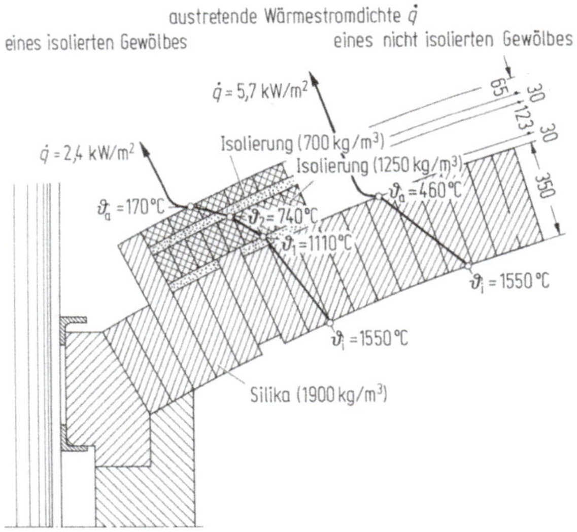

Bild 3.37. Beispiel einer Gewölbeisolierung (Maßangaben in mm) [19]

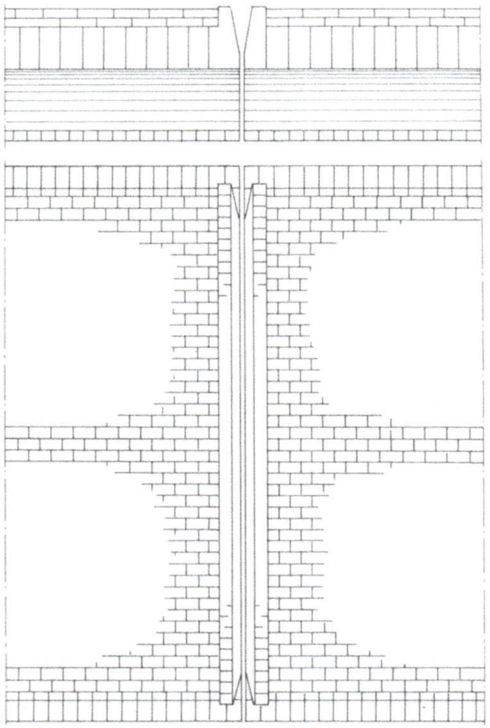

Bild 3.38. Beispiel für die Zustellung eines Glaswannengewölbes (Didier)

Abschluß zu den Giebelwänden verwendet. Dabei ist darauf zu achten, daß die Abschlußfolge zur Giebelwand immer vertikal und nie horizontal zu führen ist, da nur so ein guter Fugenschluß durch die Verankerung herbeigeführt werden kann. Die im Bereich der Dehnfugensteine entstehende keilförmige Fuge wird nach dem Tempern mit Keilsteinen verschlossen.

Beim Antempern müssen die Widerlagersteine in den Ankereisen gleiten können. Die Gleitflächen sollen daher wenn möglich geschliffen sein. Besonders im Schmelzbereich der Wanne kann sich an der Innenseite des Gewölbes ein Schlackenfluß bilden, der möglichst nicht über die tonerdehaltigen Seitenwände fließen soll, da sonst unangenehme Glasfehler entstehen. Da die Schlacke im Gewölbebereich durch den hohen SiO_2-Gehalt wenig schädlich ist, verwendet man sogenannte Tropfkanten, welche die Schlacke von den Seitenwänden fernhalten.

Mögliche Ausführungen für diese Tropfkanten sind aus Bild 3.39 ersichtlich. Die Ausführung a ist zu bevorzugen, da der Gewölbedruck herausragende Steinstücke abschert und durch Überhitzung die Kante abschmilzt. Die Abtropfkante muß genügend Abstand von der Ofenseitenwand haben, da-

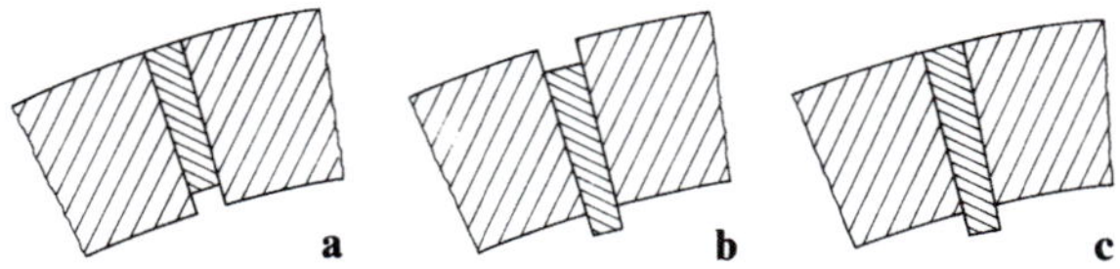

Bild 3.39. Ausbildungsformen von Tropfkanten im Gewölbe

mit die Schlacke in das Glasbad und nicht auf die Nasensteine tropft.

Bei sehr heiß gehenden Gewölben mit Temperaturen über 1630 °C reichen Silikasteine als Gewölbebaustoff nicht mehr aus. Man verwendet dann Zirkonsilicatsteine.

3.2.4 Stirn- oder Giebelwände und Einlegevorbau

Den Abschluß des Verbrennungsraums zur Einlegeseite und zur Arbeitsplatzseite bilden die Stirn- oder Giebelwände. Auch diese Wände werden heute weitgehend isoliert und sorgfältig gegenüber den Seitenwänden und dem Gewölbe abgedichtet. Eine besondere Sorgfalt erfordert die Konstruktion des Gewölbes über den Einlegevorbau, vor allem wenn es sich um breite Einlegevorbauten handelt, welche die wärmetechnisch günstige Teppicheinlage ermöglichen. Der Stich des Einlegevorbaugewölbes sollte klein sein, damit die Wärmeverluste und die Verstaubung nach außen gering bleiben. Die früher vielfach verwendeten scheitrechten Gewölbe werden nicht mehr gerne verwendet, da die unteren Bereiche der Steine nicht unter Druckspannung stehen, so daß einzelne Stücke herausfallen können, wenn durch Temperaturwechselbeanspruchung Risse in den Gewölbesteinen entstehen. Die Gewölbebögen des Einlegevorbaus müssen unabhängig von der Stirnwand verankert werden und sich unbehindert ausdehnen können. Dies setzt voraus, daß die Oberseite der Gewölbebögen bis zur Verankerung eben ist und damit ein Gleiten des darüberliegenden Mauerwerks der Stirnwand möglich ist. Bild 3.40 zeigt einen Einlegevorbau großer Breite aus schmelzgegossenen Steinen. Zur Verbesserung der Temperaturwechselbeständigkeit werden Hängesteine aus Schamotte vorgesetzt und zum Abschluß nach unten ein wassergekühlter Balken angesetzt. Vielfach finden sich auch bis zu drei Einlegevorbaugewölbe, wobei der Stich von außen nach innen zunimmt (Bild 3.41).

3.2.5 Abgrenzungen zwischen Schmelz- und Arbeitswannen bzw. Abstehwannen

Bei Hohlglaswannen mit Durchlaß kann die Anlage als einhäusige oder zweihäusige Wanne gebaut werden. Die zweihäusige Wanne wird bei hoher Belastung bevorzugt, da die thermische Abgrenzung zwischen Schmelz- und Arbeitswanne besser beherrscht und der Wärmeübergang von der Schmelzwanne in die Arbeitswanne weitgehend vermieden werden.

Bei einhäusigen Wannen, die in Sonderfällen noch Bedeutung haben, wird das Gewölbe über beide Wannenbereiche gezogen und die Abgrenzung durch eine sogenannte Schattenwand vollzogen, die auf die Durchlaßwand aufgesetzt ist

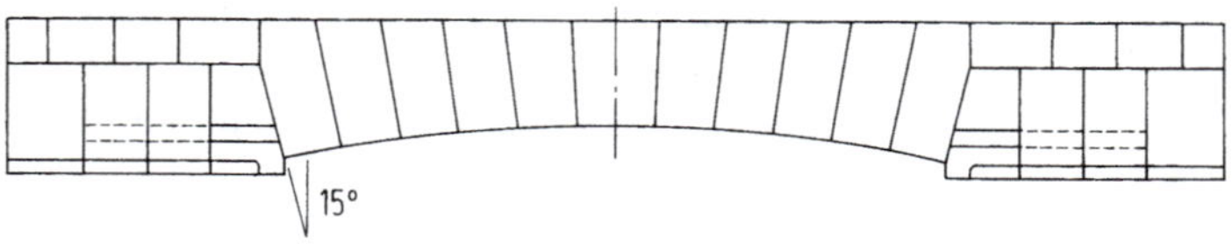

Bild 3.40. Breiter Einlegevorbau aus einem Bogen (SEPR)

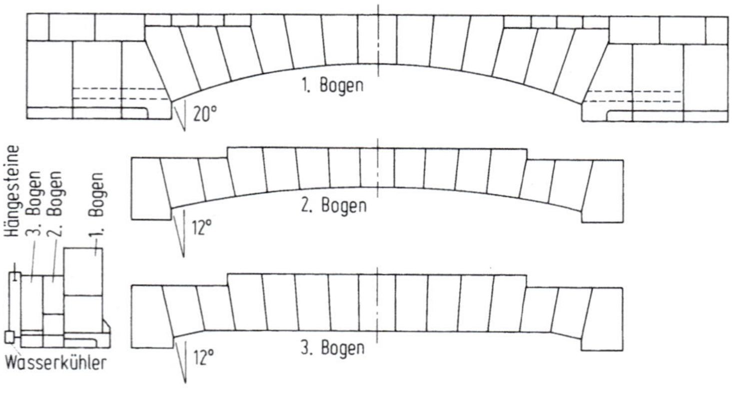

Bild 3.41. Breiter Einlegevorbau, aufgebaut aus drei Bögen (SEPR)

(Bild 3.42). Man unterscheidet je nach dem gewünschten thermischen Effekt eine offene oder geschlossene Bauweise. Das Mauerwerk kann bei der offenen Bauweise locker gesetzt oder mit „Fenstern“ versehen sein. Die offene Bauweise ist zu bevorzugen, da bei der Ausführung als Vollwand Flammenerosionen am Gewölbe auftreten können.

Bei Flachglaswannen fehlt der Durchlaß und damit die Möglichkeit, zweihäusig zu bauen oder die Schattenwand auf die Durchlaßmauer aufzusetzen. Um hier die notwendige thermische Abgrenzung zu erreichen, werden sogenannte Vorhänge verwendet. Bei geringeren Anforderungen an die thermische Abgrenzung oder großen, langen Abstehwannen kann auch mit lokal tief angesetzten Gewölbebögen gearbeitet werden (Bild 3.43). Hängedeckenkonstruktionen, wie sie lange für Tafelglaswannen verwendet wurden, gestatten relativ leicht eine Abstufung der „Gewölbehöhe“ entsprechend den technologischen Erfordernissen.

Reicht die thermische Abgrenzung tief angesetzter Gewölbegurte nicht aus, wie dies heute die Regel ist, dann müssen „Vorhänge“ verwendet werden. In Frage kommt eine doppelschalige, luftgekühlte Hängedeckenkonstruktion (Bild 3.44) oder eine Kombination tief angesetzter Gewölbegurte mit einem Plattenvorhang aus Quarzgutsteinen.

Die Hängedeckenkonstruktion ist aufwendig und reparaturanfällig; sie findet sich heute nurmehr selten. Der Plattenvorhang ist bei Verwendung von Platten aus gutem Quarzgut besser. Zur besseren Fugenabdichtung werden auch die Platten über Widerlagersteine gefaßt (Bild 3.45). Sie besitzen im

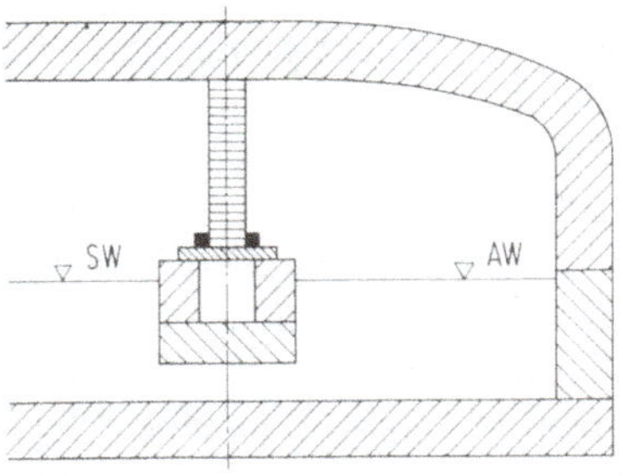

Bild 3.42. Schattenwand

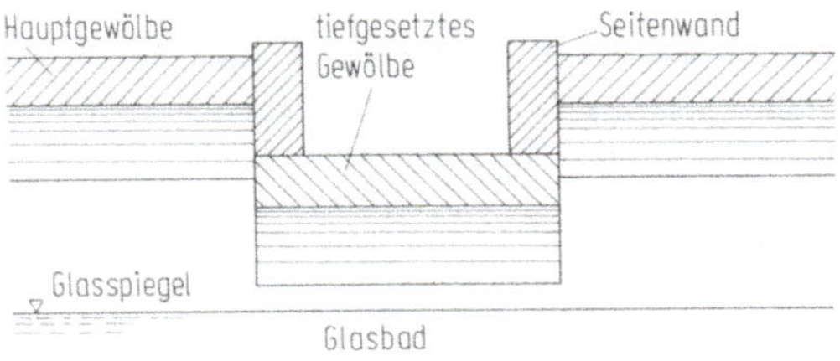

Bild 3.43. Abgrenzung durch tiefgesetztes Gewölbe

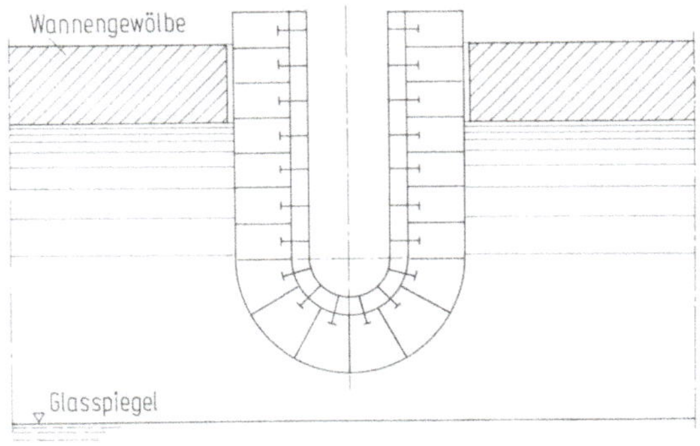

Bild 3.44. Abgrenzung durch doppelschalige Hängedeckenkonstruktion (Didier)

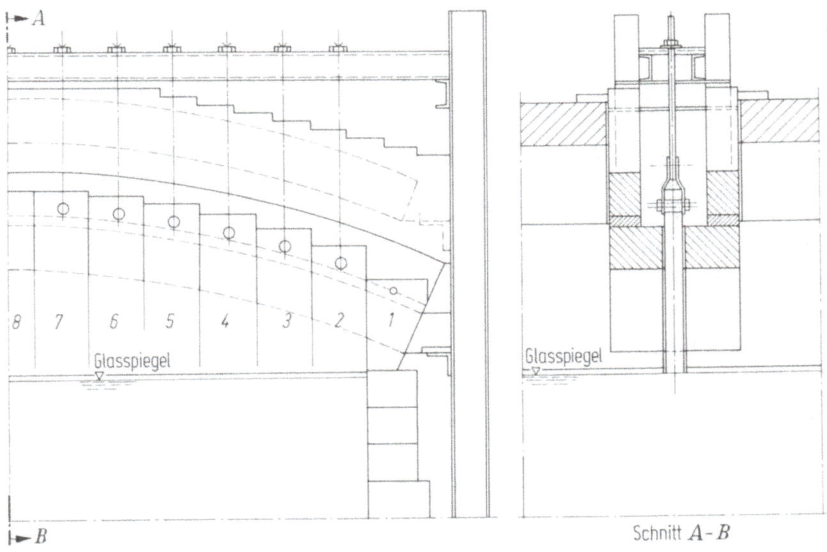

Bild 3.45. Plattenvorhang

oberen Teil eine Bohrung und können so in eine Stahlkonstruktion eingehängt werden. Ihr Abstand zum Glasspiegel kann über Halteanker und Schrauben eingestellt werden. Von Nachteil ist jedoch ihr hoher Preis.

3.2.6 Brenner

Die Brenner einer Glasschmelzwanne sind so zu dimensionieren und anzuordnen, daß eine den technologischen Bedürfnissen der Glasschmelze unter Beachtung der konstruktiven Gegebenheiten entsprechende Beheizung sichergestellt ist. Bei Querbrennerwannen bedeutet dies eine gleichmäßige Beheizung über die Wannenbreite. Die Beheizung in der Längsachse erfordert meist eine verstärkte Beheizung im Einschmelzbereich. Bei Regenerativwannen unvermeidliche Beheizungsunterschiede über der Wannenbreite werden durch den periodischen Feuerwechsel ausgeglichen.

Bei U-Flammenwannen ist die Beheizung über der Längsachse bedeutend schwieriger zu beherrschen als bei Querbrennerwannen. Bei Rekuperativwannen kann die Beheizung durch den fehlenden Ausgleich des Feuerwechsels Probleme mit sich bringen.

Bei Querbrennerwannen beträgt die Summe der lichten Brennerbreiten einer Seite 30 bis 50% der Schmelzwannenlänge. Dieser Wert wird vornehmlich durch die konstruktiven Gegebenheiten (Verankerungen und Zugänglichkeit) bestimmt. Die Anzahl der Brennerpaare beträgt bei Hohlglaswannen drei bis fünf, bei Flachglaswannen fünf bis acht. Der Abstand a des ersten Brennerpaars von der Stirnwand (Bild 3.46) soll 1,2 bis 1,8 m betragen. Ist a zu klein, dann verursacht die Flamme eine starke Verstaubung des Gemenges, außerdem wird dann die thermische Beanspruchung der Stirnwand zu groß. Ein zu großer Abstand vermindert die erzielbare Schmelzleistung. Das letzte Brennerpaar soll bei Durchlaßwannen 0,8 bis 2 m von der Durchlaßwand entfernt sein (Maß b). Bei U-Flammenwannen soll der Abstand a von der Wannenseitenwand $\approx 0{,}3$ m sein (Bild 3.47). Das Längen-/Breiten-Verhältnis soll 1,5 bis 1,8 betragen, darüber wird die Beheizung des Läuterbereichs schwierig.

Die notwendige Brennerfläche einer Seite einer regenerativ beheizten Querbrennerwanne wird in der Praxis oft als Verhältnis Gesamtbrennerfläche zur Gesamtschmelzfläche angegeben. Werte zwischen 0,025 und 0,04 sind üblich [13]. Bei modernen Behälterglaswannen besteht heute einen Tendenz nach den kleineren Werten. In Bild 3.48 ist dieses Verhältnis, ausgedrückt in Prozent, über der Schmelzfläche für U-Flammen- und Querbrennerwannen für Hohlglas angegeben. Die Werte bei Querbrennerwannen sind etwas höher als bei U-Flammenwannen, was mit der bei U-Flammenwannen notwendigen höheren Flammengeschwindigkeit zusammenhängt. Bei den Seitenbrennerwannen nimmt die Brennerfläche erst einmal mit wachsender Ofengröße zu. Offensichtlich ist das der Einfluß der steigenden Belastung je Quadratmeter mit dem Anwachsen der Schmelzfläche bei gleicher Ofenbreite. Ab 50 m² etwa wird die Schmelzfläche durch eine Ausdehnung über die

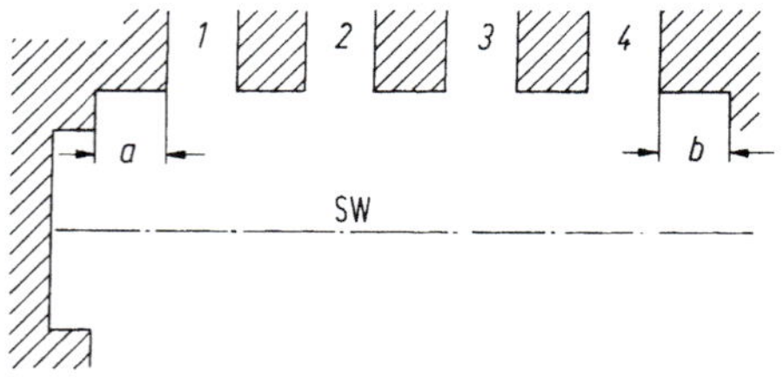

Bild 3.46. Brennerabstände bei Querbrennerwannen

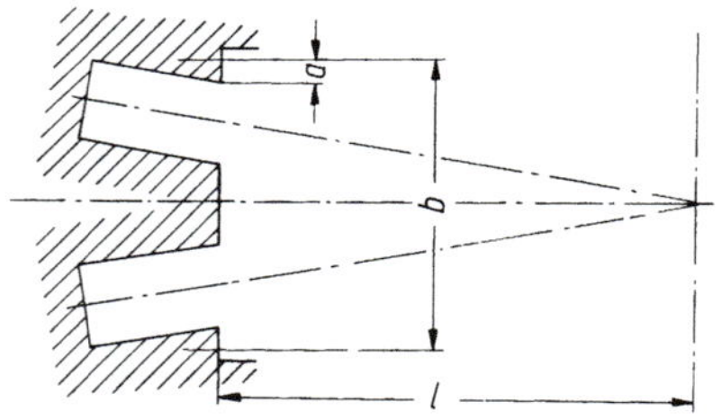

Bild 3.47. Brennerabstände bei U-Flammenwannen

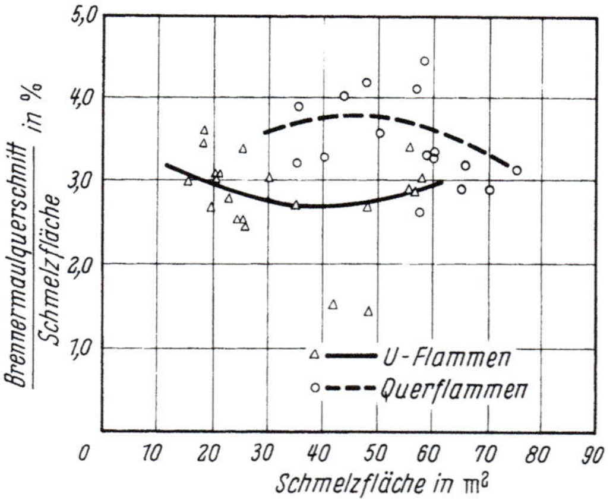

Bild 3.48. Verhältnis Brennermaulquerschnitt/Schmelzfläche in Abhängigkeit von der Schmelzfläche für U- und Querflammen [13]

Länge vergrößert. Damit ist eine immer bessere Aufteilung des Brennstoffs verbunden. Gleichzeitig kann durch die Vergrößerung des Abstands Einlegevorbau-Durchlaß, die Wanne bei sicherer Betriebsführung je Flächeneinheit höher belastet werden. Der Wirkungsgrad der Anlage steigt und bewirkt eine Reduzierung der Brennerflächen.

Bei U-Flammenwannen zeigt sich ein entgegengesetztes Verhalten. Die Kurve fällt erst ab. Größere Wannen erfordern größere Flammengeschwindigkeiten. Der Zuwachs ist gering, solange man sich noch im Bereich des Längen-/Breitenverhältnisses 1,2:1 befindet. Nach Durchlaufen eines Minimums bei 40 m² steigt die Kurve wieder an. Mit wachsender Schmelzfläche steigen auch die Brennstoffmengen an, und die Flammengeschwindigkeit muß Werte annehmen, die bei großen U-Flammenwannen Probleme mit der Verstaubung des Gemenges ergeben. Die Folge ist der Zwang

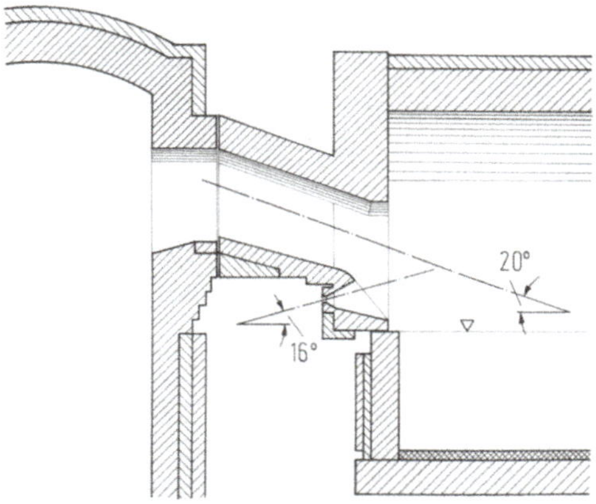

Bild 3.49. Brenner einer U-Flammenwanne [20]

zur Verminderung der Flammengeschwindigkeit und Vergrößerung der Brennerflächen.

Die Strömungsgeschwindigkeiten, gerechnet bei wahrer Temperatur, betragen im Brennermaul bei Querbrennerwannen für Luft 8 bis 12 m/s und für Abgas 10 bis 14 m/s. Bei U-Flammenwannen liegen die Werte etwas höher.

Was die konstruktive Ausbildung der gemauerten Brenner anbelangt, so wird diese stark von der Art des verwendeten Brennstoffs, der Anordnung der Düsen oder Zerstäuber und der Ausbildung der Regenerativkammern beeinflußt. Grundsätzlich wird der gemauerte Brennerkanal durch eine Vertikalfuge von den Regenerativkammern getrennt, um eine unbehinderte Wärmedehnung der beiden Baukörper Wanne und Regenerativkammern zu gewährleisten. Bild 3.49 zeigt als Beispiel einen Brenner einer ölgefeuerten U-Flammenwanne [20]. Die Neigungswinkel von Brennerhals und Ölzerstäuber sind sorgfältig zu wählen. Mehr darüber findet sich in Abschn. 6.3. Die Brennerkonstruktion für eine große erdgasbeheizte Flachglaswanne zeigt Bild 3.50. Das Brennergewölbe ist über ein Stützgewölbe an das Hauptgewölbe angewölbt [21].

In beiden Fällen werden hochgezogene Regenerativkammern verwendet. Der Ansatz der Brenner an die Seitenwand der Kammer ist dabei relativ problemlos. Bei großen Flachglaswannen findet man manchmal noch neben den Regenerativkammern kleine Schlackenkammern zur Schonung des Gitterwerks. Diese Konstruktion erfordert das Aufsetzen der Brenner auf die Regenerativkammern. Ein Beispiel für eine solche Konstruktion zeigt

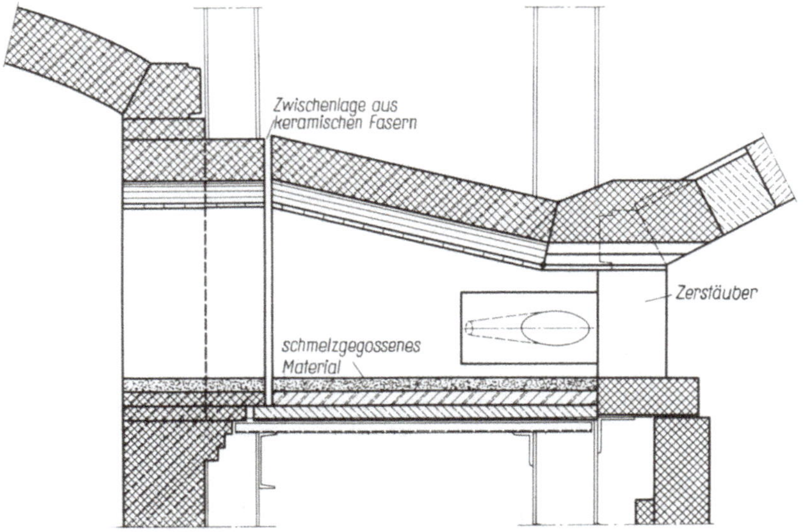

Bild 3.50. Brenner einer Querbrennerwanne für Flachglas [21]

Bild 3.51. Seitenwand einer Querbrennerwanne, Flammenwurzel und Brennerbank (1/125 s) [6.67]

Bild 3.51. Im Bereich der Umlenkung finden sich Hängesteine [22].

Was die Anordnung der Ölzerstäuber anbelangt, so bevorzugt man heute die sogenannte Unterbankfeuerung (Bild 3.52 und 3.53d). Durch Zurücksetzen der Düsensteine gewinnt man mehr Platz für die Flamme (Bilder 3.23, 3.24 und 3.52). Die Zerstäuber werden so angeordnet, daß ein Ringspalt zwischen Zerstäuber und Düsenstein verbleibt. Bei Erdgas und Ferngas werden die Düsen meist seitlich angeordnet wie in Bild 3.50 gezeigt ist. Zur Verbesserung der Vermischung werden die Düsen auch etwas tiefer gesetzt und die Strömung durch Einbauten wie Schwellen oder Stufen beeinflußt. Die Schwelle verstärkt das Einmischen heißer Abgase und wirkt als Zündhilfe für das Erdgas und begrenzt auch das Hilfsmittel zur Erdgaskarburierung (Bild 3.54). Die Schwelle kann leicht erneuert und notfalls geändert werden. Die Entwicklung bei der Erdgasbeheizung geht aber in Richtung der Unterbankfeuerung, wie sie bei Ölbeheizung üblich ist, wobei die Hochdruckeinblasung des Erdgases angestrebt wird. Die großen gemauerten Zungenbrenner, wie sie früher bei Generatorgas üblich waren, sind mit der Generatorgasheizung verschwunden.

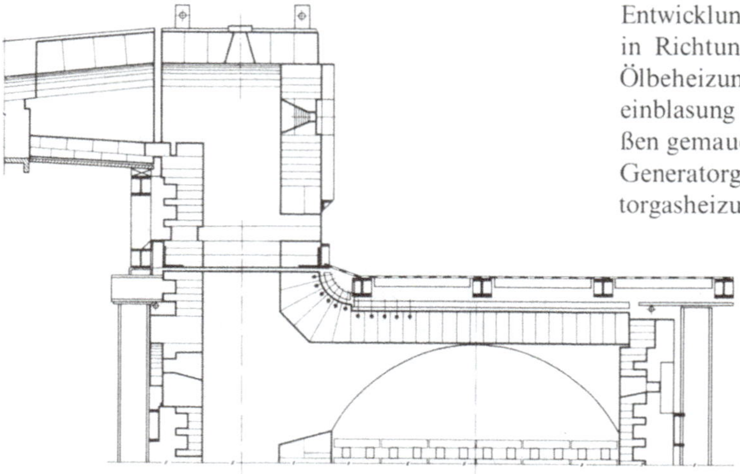

Bild 3.52. Brenner mit Schlackentasche [22]

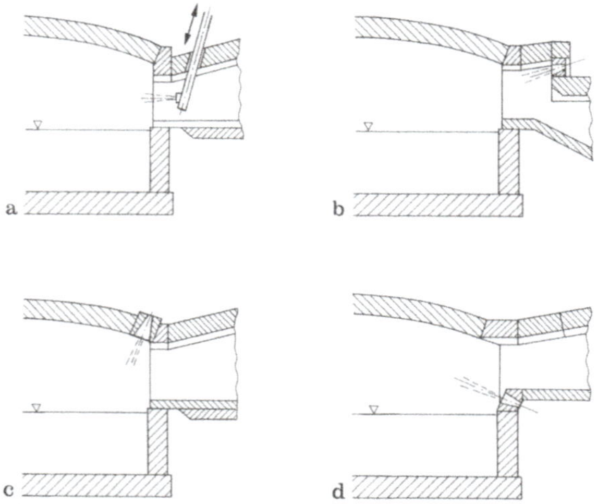

Bild 3.53 a–d. Mögliche Düsenanordnungen

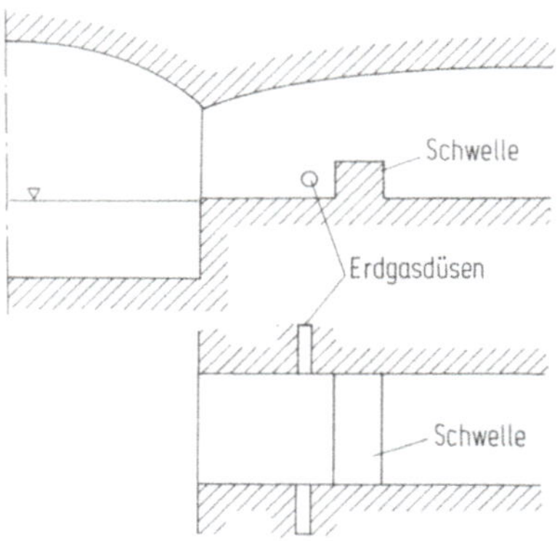

Bild 3.54. Schwellenbrenner für Erdgas (veraltet)

3.3 Wärmeregeneratoren

Aufgabe der Wärmeregeneratoren oder kurz Regenerativkammern ist es, die Abgaswärme zur Vorwärmung der Verbrennungsluft nutzbar zu machen, um über hohe Flammentemperaturen im Oberofen den Wärmeübergang zu verbessern. Durch diese Maßnahme kann der spezifische Energieverbrauch (kJ/kg Glas) des Schmelzofens entscheidend vermindert werden.

Bei Verwendung heizwertarmer Brennstoffe wie Generatorgas ist die Vorwärmung der Luft notwendig, um überhaupt die für den Schmelz- und Läuterprozeß notwendigen Temperaturen zu erreichen. Bei Generatorgasbetrieb wird neben der Verbrennungsluft auch das Gas vorgewärmt. Bei heizwertreichen Brennstoffen wie Erdgas und Öl können die Temperaturen auch ohne Luftvorwärmung erreicht werden. Die Luftvorwärmung hat hier die Aufgabe, den Energieverbrauch zu senken. Je nach Höhe der Vorwärmung kann der Brennstoffverbrauch um 50 bis 70% gesenkt werden.

3.3.1 Anordnung

Um die vorhandene Abgaswärme möglichst gut zu nutzen und hohe Luftvorwärmtemperaturen zu erreichen, werden die Regenerativkammern möglichst dicht an den Oberofen herangerückt. Nach der Art des Anschlusses unterscheidet man hochgezogene Kammern und Kammern mit aufgesetzten Brennern (Bild 3.55). Mit der Verbesserung der ff-Baustoffe für das Gitterwerk und der Verwendung heizwertreicher Brennstoffe hat sich die hochgezogene Bauweise durchgesetzt.

Nach der Durchströmung des Gitterwerks unterscheidet man stehende und liegende, sowie ein- oder mehrzügige Kammern (Bild 3.56). Die stehende Kammer hat sich heute weitgehend durchgesetzt, da nur diese Bauweise ein Hochziehen des Gitterwerks gestattet. Die früheren Vorteile der liegenden Bauweise wie Reinigungsmöglichkeit und längere Lebensdauer, sind durch Verbesserung der ff-Baustoffe hinfällig geworden. Lediglich bei kleineren Schmelzwannen können die räumlichen Verhältnisse die Verwendung liegender Kammern rechtfertigen. Den Aufbau einer modernen stehenden hochgezogenen Kammer zeigt Bild 3.57. Hochgezogene Kammern mit seitlichem Abgaseintritt und großen Sammelräumen zeigen auch eine gleichmäßigere Durchströmung als Kammern mit aufgesetzten Schächten.

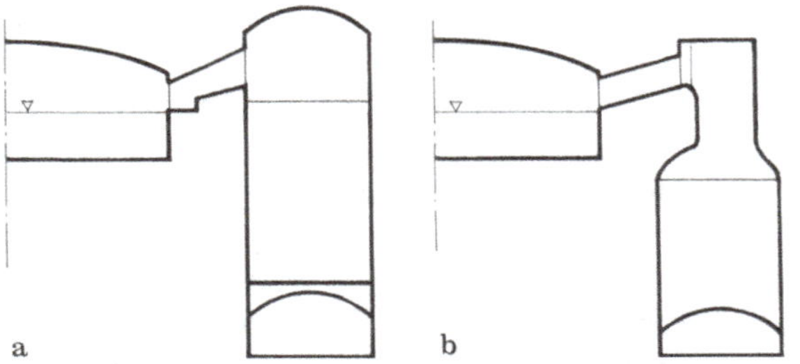

Bild 3.55. Kammeranschlußarten. **a** Hochgezogene Kammer, meist einhäusig, auch als Sektionalkammer (moderne Bauweise); **b** veraltete Bauweise mit aufgesetzten Brennern

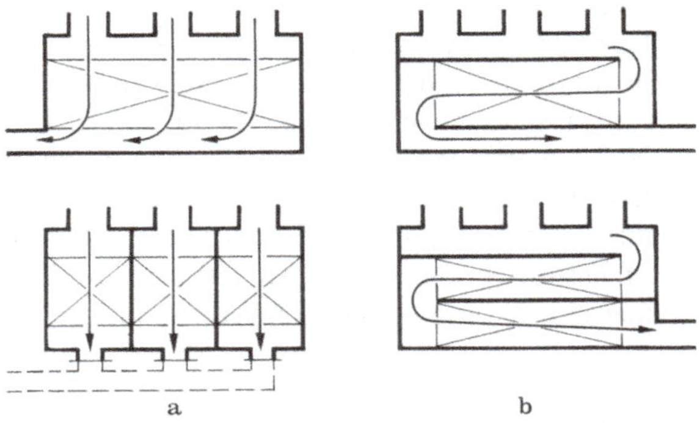

Bild 3.56. Kammerbauarten, nach Durchströmung unterschieden. **a** Stehende Bauarten; **b** liegende Bauarten

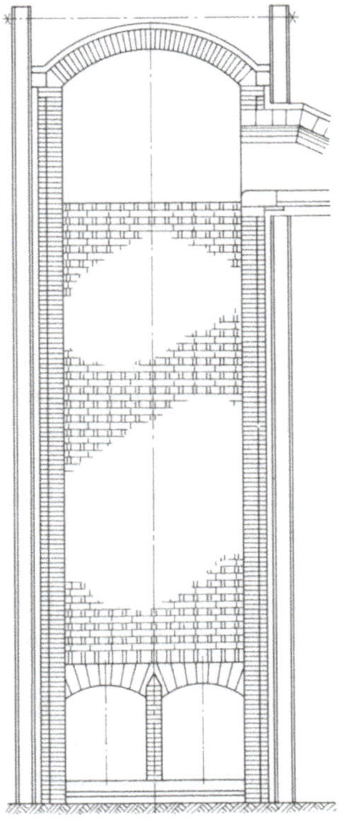

Bild 3.57. Aufbau einer modernen, stehenden, hochgezogenen Regenerativkammer (Didier)

3.3.2 Dimensionierung

Die Dimensionierung der Regenerativkammern erfolgt primär nach wärmetechnischen Gesichtspunkten mit dem Ziel, eine möglichst hohe Luftvorwärmung bei vertretbarem Kammervolumen und Investitionsaufwand zu erreichen. Eine genaue Vorausberechnung von Vorwärmtemperatur und Temperaturabfall über eine Wechselperiode war bisher schwierig. Die Entwicklung geeigneter Rechenprogramme für elektronische Rechner hat entscheidende Veränderungen gebracht. Man kann heute, ohne auf die von der Rekuperatorberechnung abgeleiteten Berechnungen von Regenerativkammern zurückzugreifen, Kammern vom Elementarvorgang des Wärmeaustauschs in den Kammern her berechnen (s. Kap. 12). In einfachen Fällen begnügt man sich bei der Dimensionierung mit Kennzahlen (Tabelle 3.2). Als Bezugsgröße dient die Schmelzwannenfläche oder die über den Brennstoff in der Zeiteinheit zugeführte Wärmemenge bezogen auf eine Regenerativkammer.

Tabelle 3.2. Kennzahlen und Kenngrößen für Regeneratoren

Kennzahl bzw. -größe		Einheit	
$\frac{\text{Gitterheizfläche}^{a}}{\text{Schmelzfläche}}$	$\frac{m^2}{m^2}$	–	25...45
$\frac{\text{Gitterheizfläche}^{a}}{\text{Wärmestrom}}$	$\frac{m^2}{W}$	$\frac{m^2}{W}$	$130 \cdot 10^{-6}$ bis $260 \cdot 10^{-6}$
$\frac{\text{Gittervolumen}^{a}}{\text{Schmelzfläche}}$	$\frac{m^3}{m^2}$	m	2...3,5

[a] Bezogen auf eine Regenerativkammer

Als Wirkungsgrad von Regenerativkammern wird das Verhältnis der vom Abgas eingebrachten Wärmemenge zu der an die Verbrennungsluft abgegebenen Wärmemenge definiert. Es übersteigt selten 60%, was u. a. mit der gegenüber Luft größeren spezifischen Abgasenthalpie bei den heute verwendeten Brennstoffen zusammenhängt. Beim Vergleich von Kammerwirkungsgraden aus der Literatur ist Vorsicht geboten, da es verschiedene Wirkungsgraddefinitionen gibt [23].

Bei der Dimensionierung über die Gitterheizfläche setzt man eine Konstanz oder zumindest Vergleichbarkeit der Wärmeübergangsbedingungen Abgas/Gitterwerk und Gitterwerk/Luft voraus. Es gilt sich daran zu erinnern, daß hier die Setzweise des Gitters, die Kanalweite und das Gittermaterial von Einfluß sind. Über die Gasstrahlung spielt auch die Art des Brennstoffs eine Rolle. Die wärmetechnischen Zusammenhänge dieser Daten werden in Kap. 12 näher erläutert. An neueren Arbeiten auf diesem Gebiet sind Veröffentlichungen von Delrieux [24], Greschat [25] und Krings [26] zu erwähnen.

3.3.3 Durchströmung

Bei der Berechnung von Regeneratoren wird fast immer eine gleichmäßige Durchströmung des Gitterwerks durch Abgas und Luft vorausgesetzt. Diese Annahme trifft in der Praxis nur mehr oder minder gut zu. Über die Güte der Durchströmung geben von der Konstruktion her abgeleitete Kenndaten bis zu einem gewissen Grad Aufschluß. Eine umfassende Darstellung findet sich in der Arbeit von Trier [27], die hier auszugsweise wiedergegeben wird.

3.3.3.1 Glattschachtpackungen

Über die Durchströmung von Glattschachtkammern, wie sie für Glasschmelzöfen verwendet werden, wurden bisher weder experimentelle noch rechnerische Ergebnisse bekannt. Es gibt jedoch eine Reihe von Arbeiten, welche sich mit der Durchströmung von Kanalsystemen beschäftigen, die denen bei Glattschachtkammern ähneln. Die dabei gefundenen Gesetzmäßigkeiten lassen interessante Schlüsse auf die Durchströmung von Kammern zu.

Die wichtigsten und umfassendsten Arbeiten auf diesem Gebiet stammen von Reichardt und Tollmien [29] und von Veit [30]. Bild 3.58 zeigt die von ihnen untersuchten Arten von Strömungsbildern.

Bezeichnet man den Querschnitt eines einzelnen Kanals mit Δf, die Anzahl der Kanäle mit n und den Querschnitt des Zuführungskanals mit b_u, dann zeigten die Versuche, daß das Querschnittsverhältnis $n\,\Delta f/b_u$ einen starken Einfluß auf die

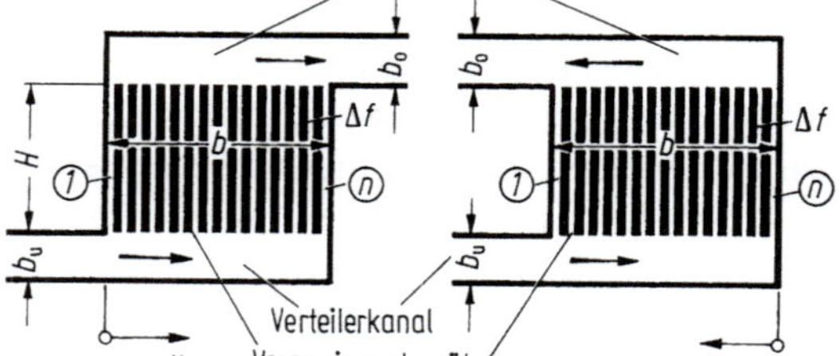

Bild 3.58. Strömungsbilder in Regenerativkammern [29]

Art der Strömungsverteilung in den einzelnen Kanälen ausübt.

Ist $n\,\Delta f/b_u < 1$, dann wird das Gas beim Gittereintritt beschleunigt, und die Umlenkung im Verteilerkanal verursacht nur geringe Strömungsverluste. In diesem Fall versucht das Gas sich gleichmäßig über die einzelnen Kanäle zu verteilen. Die Strömungsverteilung über die einzelnen Verzweigungskanäle wird dann nur von der Ausbildung des Sammelkanals und dem Strömungswiderstand in den Verzweigungskanälen diktiert. Ob dabei das Gas von der gleichen Seite wie der Abfluß oder von der entgegengesetzten auf die Kanäle zuströmt, ist in diesem Fall gleichgültig; immer wird in der Nähe des Austritts des Sammelkanals mehr Gas durch die Kanäle strömen als an seinem blinden Ende.

Um in einer Verzweigung mit Zuführungs- und Sammelkanal eine gleichmäßige Durchströmung zu erreichen, muß der Sammelkanal größer dimensioniert werden als der Verteilerkanal. Eck [28] empfiehlt ein Querschnittsverhältnis von 2. Bei Regenerativkammern mit ihrer periodischen Durchströmung läßt sich diese Forderung nicht erfüllen. Da der Wärmeübergang in der Luftperiode das schwächste Glied bildet, muß eine gleichmäßige Durchströmung besonders in der Luftperiode angestrebt werden. Das führt zu einer großzügigen Bemessung des Sammelraums über dem Gitterwerk.

Der Strömungszustand läßt sich rechnerisch verfolgen. Reichardt und Tollmien definieren die Ungleichmäßigkeit der Durchströmung durch den Ausdruck

$$\omega = \frac{v_1 - v_0}{v_0}, \tag{3.6}$$

wobei v_1 die Strömungsgeschwindigkeit im Verzweigungskanal dicht an der Einmündungsstelle des Sammelkanals und v_0 die im Verzweigungskanal an der entgegengesetzten Seite der Kammer bedeutet. ω wird als Ungleichförmigkeitsgrad bezeichnet.

Theoretische Überlegungen [29], deren Richtigkeit durch Versuche bewiesen wurde, zeigen, daß die Beziehung

$$\omega = \cosh \alpha_G - 1 \tag{3.7}$$

gilt, wobei α_G durch die Gleichung

$$\alpha_G = \frac{n\,\Delta f/b_o\sqrt{2}}{\sqrt{1-\zeta_a}} \tag{3.8}$$

festgelegt ist. $n\,\Delta f$ bedeutet dabei die Gesamtquerschnittsfläche aller Abzweigungen (Einzelkanäle), b_o den Querschnitt des Sammelkanals und ζ_a den gesamten Strömungswiderstand eines Abzweigkanals, der für alle Kanäle gleich groß angenommen wurde. ζ_a ist durch die Gleichung

$$\zeta_a = \frac{p_u - p_o}{v^2 \dfrac{\varrho}{2g}} \tag{3.9}$$

definiert. $\pi_u - p_o$ bedeutet dabei den Druckabfall zwischen Verteiler- und Sammelkanal und v die Strömungsgeschwindigkeit in den Verteilerkanälen.

Will man nicht den Ungleichförmigkeitsgrad ω berechnen, sondern das Strömungsprofil über die Kammerbreite (v), dann ergibt sich die Beziehung

$$\frac{v}{v_m} = \frac{\alpha_G \cosh \dfrac{\alpha_G x}{b}}{\sinh \alpha_G}, \tag{3.10}$$

wenn man mit v_m die mittlere Geschwindigkeit bezeichnet, welche sich bei vollkommen gleichmäßiger Durchströmung der Kammer ergeben würde, mit b die Breite der Kammer und mit x die laufende Koordinate der Kammerbreite.

Die Beziehungen lassen den dominierenden Einfluß der relativen Weite des Sammelkanals ($b_o/n\,\Delta f$) und des Strömungswiderstandes der Schächte erkennen. Im einzelnen wird später näher darauf eingegangen.

Ist $n\,\Delta f/b_u > 1$, dann zeigten die Versuche deutlich, daß die Strömung im Verteilerkanal die Tendenz hat, an den ersten Abzweigungen vorbeizuschießen, und bevorzugt durch die letzten strömt. Dieser Fall konnte leider rechnerisch nicht erfaßt werden.

Weitere Untersuchungen über Verteilerströmungen stammen von Kröll [31]. Er untersuchte vor allem den Einfluß des Einlaufs. Seine Versuchsbedingungen waren auf die Verhältnisse, wie sie bei Trocknungsanlagen auftreten, abgestimmt. Er arbeitete mit Reynolds-Zahlen von etwa 100 000, während die vergleichbaren bei Regenerativkammern ungefähr 50 000 betragen. Trotzdem geht man sicher nicht fehl, wenn man das Grundsätzliche seiner Erkenntnisse auf Regenerativkammern überträgt. Seine Ergebnisse zeigt Bild 3.59. Bemerkenswert ist dabei, daß beim senkrechten Aufsetzen des Verteilerkanals auf die Schächte (Bild 3.59a) eine bedeutend ungleichmäßigere Strömungsverteilung in den folgenden Kanälen entsteht als beim

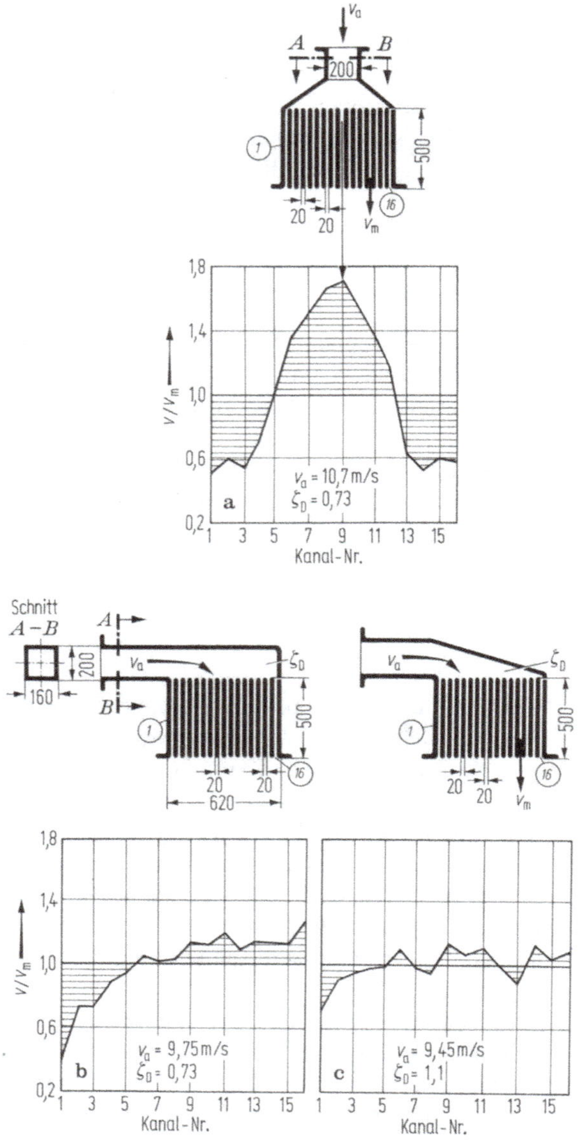

Bild 3.59. Geschwindigkeitsverteilung in der Durchströmung paralleler Kanäle bei verschiedener Anordnung der Zuführungskanäle [31]. (Maßangaben in mm)

seitlich angesetzten Kanal (Bild 3.59 b). Der Verteilungsraum über dem Gitterwerk ist bei *a* allerdings sehr eng gewählt. Es ist wahrscheinlich, daß bei einem größeren Verteilungsraum auch hier eine gleichmäßigere Strömungsverteilung erzielt werden kann. Immerhin weisen diese Ergebnisse darauf hin, daß man bei Kammern mit oben aufgesetzten Brennerschächten (Bild 3.55) den Sammelraum über dem Gitterwerk nicht zu knapp bemessen darf und daß vor allem die Austrittsgeschwindigkeit der Abgase aus dem Brennerschacht klein gehalten werden muß. Das Hochziehen der Kammer bis zum Brenner bringt, was die Verteilung der Strömung in der Kammer anbelangt, sicher Vorteile.

Kröll erreichte durch eine Abschrägung des seitlich angeschlossenen Verteilerkanals eine deutliche Verbesserung der Strömungsverteilung über die einzelnen Kanäle (Bild 3.59 c). Nach den Untersuchungen von Reichardt und Tollmien [29] bringt eine solche Abschrägung nichts, wenn das Flächenverhältnis $n\,\Delta f/b_u < 1$ ist. Ist dieses Flächenverhältnis jedoch größer als eins, dann ergibt eine solche Anordnung Vorteile, wie auch die später erwähnten Untersuchungen von de Graaf zeigten.

Mit der Durchströmung von Winderhitzern, welche ebenfalls eine gewisse Ähnlichkeit mit Glattschachtkammern besitzen, befaßte sich Hansen [32]. Er variierte u. a. die Höhe der Kuppel und den Strömungswiderstand der Schächte. Auch seine Ergebnisse zeigten, daß eine hohe Kuppel (weiter Umlenkraum) die Gleichmäßigkeit der Durchströmung fördert. Leider lassen seine Untersuchungen keine qualitativen Schlüsse auf die zweckmäßige Dimensionierung der Umlenkräume bei Glattschachtkammern zu. Jedoch zeigte sich auch bei seinen Untersuchungen der dominierende Einfluß des Strömungswiderstandes auf die Gleichmäßigkeit der Durchströmung.

3.3.3.2 Rostgitterpackungen

Die Strömungsverhältnisse in Rostgitterpackungen wurden bisher noch wenig untersucht. Schleicher [33] studierte mit einem kleinen Modell aus Glas die Strömung in den Kammern eines Siemens-Martin-Ofens. Seine Untersuchungen zeigten ein starkes Vorbeischießen der Luft im Verteilerkanal am ersten Teil des Gitterwerks. Da das Flächenverhältnis $n\,\Delta f/b_u$ bei ihm weit über eins lag, ist dieses Ergebnis nicht überraschend.

De Graaf [34] untersuchte ebenfalls die Durchströmung der Kammer eines Siemens-Martin-Ofens. Er beschränkte sich jedoch auf Temperaturmessungen und entsprechende Rückschlüsse auf die Strömung.

Eine rechnerische Behandlung des Problems, ähnlich wie sie Reichardt und Tollmien bei Glattschächten durchführten, ist bisher leider noch nicht bekannt geworden. Der wesentlichste Unterschied zwischen Glattschachtpackung und Rostgitter in strömungstechnischer Hinsicht ist der, daß das Gas im Rostgitter nicht an eine bestimmte Strömungsrichtung gebunden ist, sondern grundsätzlich nach allen Richtungen strömen kann. Eine rechnerische

Behandlung der Strömung in Rostgittern ist möglich, wenn man das Problem durch geeignete Annahmen vereinfacht [27].

3.3.3.3 Vergleich der verschiedenen Packungsarten

Um den Einfluß der verschiedenen Konstruktionsdaten einer Kammer (Höhe des Sammelkanals, Breite der Kammer, Art des Gitterwerks und dgl.) auf die Durchströmung gut erkennen zu können, wurde der Verlauf des Strömungsprofils berechnet. Die Verzweigungsströmungen in Bild 3.58, denen die Gl. (3.10) entspricht, weicht von denen in Kammern von Glasschmelzöfen ab. Trotzdem wurden diese Verzweigungen im Hinblick auf die einzelnen Konstruktionsmerkmale näher untersucht, da die Vermutung besteht, daß die hier vorliegenden Grundtendenzen auch auf die üblichen Kammerbauarten übertragen werden können.

Die bei diesen Rechnungen gewonnenen Ergebnisse zeigt Bild 3.60. Bei dieser Darstellung ist das Verhältnis der tatsächlichen Geschwindigkeit zur mittleren über der laufenden Koordinate der Kammerbreite aufgetragen. Als Kurvenparameter dienen die Gesamtbreite der Kammer, die Höhe des Sammelkanals und die Art des verwendeten Gitterwerks. Die Höhe der Kammer ist in allen Fällen mit 5 m angenommen. Vergleicht man die Strömungsverteilung in der stehenden, freizügigen Rostgitterpackung bei 6 m Kammerbreite mit der bei 4 m Kammerbreite, dann erkennt man, daß die schmalere, 4 m breite Kammer deutlich gleichmäßiger durchströmt wird als die 6 m breite. Schmale Kammern werden somit gleichmäßiger durchströmt als breite Kammern.

Vergleicht man als nächsten Schritt die Strömungsverteilung in einer 6 m breiten Kammer einmal bei Verwendung von freizügigem Rostgitter, dann bei Glattschachtgitter und weiter bei versetztem Rostgitter, so erkennt man, daß versetztes Rostgitter am gleichmäßigsten durchströmt wird, Glattschachtgitter dagegen am ungleichmäßigsten. Die Ursache dieser Erscheinung ist vor allem der verschiedene Strömungswiderstand der einzelnen Packungen. Allgemein gilt nämlich, daß ein Gitterwerk um so gleichmäßiger durchströmt wird, je größer sein Strömungswiderstand gegenüber dem des Verteilungs- und Sammelkanals ist. Da versetztes Rostgitter von den drei Packungsarten den größten Strömungswiderstand aufweist, wird es auch am gleichmäßigsten durchströmt. In der Praxis herrscht die Ansicht vor, daß Glattschächte gleichmäßiger durchströmt werden als Rostgitter;

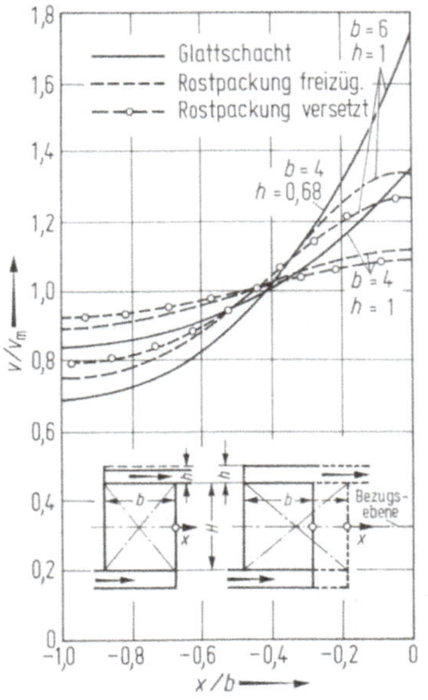

Bild 3.60

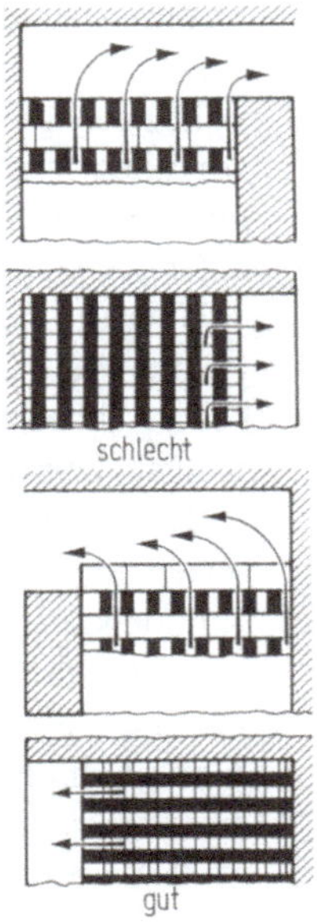

Bild 3.61

Bild 3.60. Normierter Geschwindigkeitsverlauf in Abhängigkeit von der auf die Kammerbreite b bezogenen Wegkoordinate x

Bild 3.61. Einfluß des Rostgitteraufbaus auf die Durchströmung

dazu ist zu sagen, daß dies tatsächlich vorkommen kann, aber nur dann, wenn die Strömungswiderstände beider Packungen gleich groß sind. Darüber hinaus ist zu berücksichtigen, daß die Art der Durchströmung bei Rostgitter im Gegensatz zum Glattschachtgitter von der Bezugsebene abhängt. Dicht unter dem Sammelkanal ist die Durchströmung bedeutend ungleichmäßiger als in Nähe des Verteilerkanals. Im vorliegenden Fall wurde als Bezugsebene die Mitte der Kammer gewählt.

Allgemein gilt, daß die Art der Durchströmung vornehmlich von der Höhe des Sammelkanals bestimmt wird. Vergleicht man die Strömungsverteilung in einer 4 m breiten Kammer bei einer Sammelkanalhöhe von 1 m mit der bei einer Sammelkanalhöhe von 0,68 m bei gleicher Kammerbreite, dann zeigt sich, daß bei der niedrigeren Sammelkanalhöhe die Strömungsverteilung in der Kammer bedeutend ungleichmäßiger wird.

Nach den bisherigen Erkenntnissen erscheint es zweckmäßig, eher das Gitter etwas zu niedrig zu bauen als den Sammelkanal. Der dadurch erzielte Gewinn durch die Vergleichmäßigung der Strömung bringt meist mehr, als durch die verringerte Heizfläche verloren geht. Als Richtwert kann gelten, daß der Kanalquerschnitt gleich dem freien

Strömungsquerschnitt des Gitterwerks zu wählen ist. Wenn es die Verhältnisse zulassen, empfiehlt es sich, noch größere Kanalquerschnitte vorzusehen, vor allem dann, wenn das Gitter weit gesetzt ist und geringe Strömungswiderstände im Gitterwerk auftreten [35].

Über die richtige Dimensionierung der Umlenkräume bei Glattschachtkammern liegen leider keine Unterlagen vor. Es wird empfohlen, sie vorerst ebenso zu bemessen.

Bei Rostgitter gelingt es durch geschicktes Aufsetzen der Gittersteine, verhältnismäßig weite Sammelkanäle zu gewinnen, wie Bild 3.61 zeigt. Wird die obere Steinlage so gesetzt, daß die Längsseiten der Steine in Richtung der Strömung stehen, dann gewinnt man effektiv eine Sammelkanalhöhe, die strömungstechnisch um eine Steinlage höher ist, als wenn die Steine quergestellt wären. Die Gasströmung wird hier nämlich schon in der zweitobersten Lage in Richtung des Sammelkanals abgelenkt, während bei der anderen Anordnung dies erst nach Verlassen der obersten Steinlage möglich ist. Auf diese Weise wird die Strömungsgeschwindigkeit und damit der durch die Umlenkung bedingte Druckabfall geringer, so daß die Durchströmung des Gitterwerks gleichmäßiger wird, ohne daß man Platz für das Gitterwerk verliert.

3.3.3.4 Einfluß der Temperaturverteilung

Die in Abschn. 3.3.3.1 und 3.3.3.2 geschilderten Überlegungen gehen davon aus, daß das Gas im Gitterwerk keine Temperaturveränderung erleidet und innerhalb der Kammer keinen Auftrieb erhält, was der Wirklichkeit nicht entspricht. Es gilt daher zu klären, ob durch diese Erscheinung nicht besondere Strömungseffekte hervorgerufen werden, welche die Art der Durchströmung beeinflussen.

Untersucht man überlegungsmäßig diesen Einfluß, dann zeigt sich, daß in Kammern, bei denen der Strömungswiderstand klein gegenüber der eigenen Kaminwirkung ist – was für alle nicht geblasenen Glasschmelzöfen gilt – die Strömungsverteilung durch den Auftrieb doch merkbar beeinflußt wird. Und zwar ergibt sich dabei, daß die heiße Kammer dann gleichmäßiger durchströmt wird, wenn das heiße Abgas von oben nach unten und die kalte Luft von unten nach oben strömt. Sind die Strömungsrichtungen umgekehrt, was bei mehrzügigen stehenden Kammern oft vorkommt, dann wird die Durchströmung, bedingt durch den Kaminzug, gleichmäßiger als bei der kalten Kammer. Dieses zunächst merkwürdige Ergebnis kann man sich leicht anhand des Bildes 3.62 klarmachen. Bedingt durch die ungleichmäßige Durchströmung wird eine Seite der Kammer heißer als die andere. Diese seitlichen Temperaturunterschiede innerhalb der Kammer rufen eine als Sekundärströmung wirkende Konvektionsströmung hervor, die sich der Hauptströmung überlagert. Man erkennt rasch, daß bei der Strömungsführung: heißes Abgas von oben und kalte Luft von unten, diese Sekundärströmung die Ungleichmäßigkeit der Durchströmung abschwächt, während sie sie im anderen Fall verstärkt. Vor einigen Jahren in England durchgeführte Untersuchungen an einer kalten und einer heißen Kammer, in denen das heiße Medium von oben nach unten strömte, zeigten, daß die heiße Kammer gleichmäßiger durchströmt wurde als die kalte, was die obigen Überlegungen bestätigt [34]. Im allgemeinen wird in der Praxis die als günstiger erkannte Stromführung angewendet. Bei stehenden mehrzügigen Kammern findet man jedoch auch die ungünstige Stromführung. Sie ist möglichst zu vermeiden.

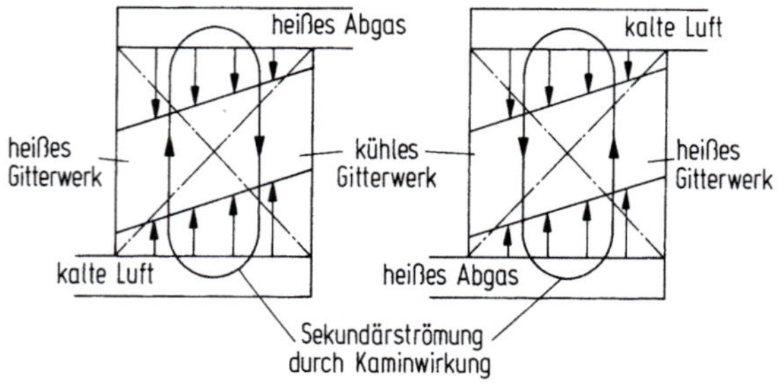

Bild 3.62. Einfluß der Stromführung auf die Gleichmäßigkeit der Durchströmung in Kammern

Bei liegenden Kammern, besonders wenn sie mit einem Glattschachtgitter versehen sind, macht sich die Auftriebswirkung des heißen Abgases gegenüber der relativ kalten Luft sehr nachteilig bemerkbar. Das heiße Abgas durchströmt vornehmlich den oberen Teil des Gitterwerks und die kühle Luft den unteren Teil. Der Wärmeaustausch zwischen den beiden Partnern wird damit fühlbar behindert.

3.3.4 Betriebsdaten von Regenerativkammern

Bei hochgezogenen Kammern werden während der Abgasperiode im Kammerkopf Temperaturen von 1400 bis 1600 °C erreicht. Die Austrittstemperaturen des Abgases liegen je nach Kammergröße bei 300 bis 600 °C. Die Eintrittstemperatur der Luft kann mit 100 °C und die erreichbare Vorwärmtemperatur mit 1100 bis 1400 °C angenommen werden. Die mittlere Temperaturdifferenz zwischen Abgas und Luft beträgt ≈ 200 K. Bedingt durch die Gasstrahlung und den damit verbundenen besseren Wärmeaustausch der Abgase nimmt die Oberflächentemperatur der Steine nicht eine Mitteltemperatur an, sondern liegt näher an der Abgastemperatur; man kann mit ⅓ und ⅔ rechnen. Die Temperaturdifferenz zwischen Abgas und Steinoberfläche beträgt demnach ≈ 70 K und die Differenz zwischen Steinoberfläche und Luft ≈ 140 K. Der Temperaturabfall während einer Periode kann mit 100 K angesetzt werden. Die Wechselzeiten werden heute meist mit 20 min gewählt. Eine Verlängerung der Zeit vermindert die Wechselverluste, erhöht aber den Temperaturabfall und vermindert damit die mittlere Vorwärmtemperatur. Temperaturmessungen in Kammern zeigen den in Bild 3.63 dargestellten Verlauf.

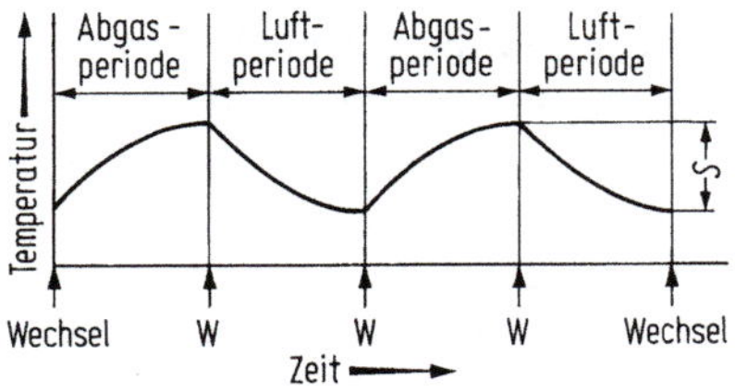

Bild 3.63. Schema des Temperaturverlaufs in einer Regenerativkammer

Tabelle 3.3. Widerstandszahl ψ verschiedener Gitterpackungen

	$\psi \cdot 10^2$
Glattschachtpackung ($Re = 2 \ldots 8 \cdot 10^3$)	2
Korbgeflechtgitterung ($Re = 2 \ldots 8 \cdot 10^3$)	6...8
Gerade Rostpackung ($Re = 5 \cdot 10^2 \ldots 4 \cdot 10^3$)	12...15
Versetzte Rostpackung ($Re = 5 \cdot 10^2 \ldots 4 \cdot 10^3$)	31...34

Die Strömungsgeschwindigkeiten im Gitterwerk werden (für den Normzustand des Fluids) meist mit 1 bis 3 m/s gewählt. Der Druckabfall im Gitterwerk kann nach der Beziehung

$$\frac{\Delta p}{L} = \psi \frac{\varrho w^2}{2d} \tag{3.11}$$

errechnet werden. Die Widerstandszahl ψ ist aus Tabelle 3.3 zu entnehmen. L ist die Länge des Strömungsweges im Gitterwerk, ϱ die mittlere Dichte des Gases, w die Strömungsgeschwindigkeit und d der hydraulische Durchmesser des Strömungskanals (Kap. 12).

3.3.4.1 Gittersetzarten

Vom wärmetechnischen Gesichtspunkt aus sind Gitterungen mit möglichst großer Heizfläche pro Volumeneinheit und gutem Wärmeübergang zwischen Abgas bzw. Luft und Stein anzustreben (Kap. 12). Von der betrieblichen Seite her darf dagegen der Strömungswiderstand nicht zu groß werden, und den Erfordernissen des feuerfesten Materials muß Rechnung getragen werden. In der Praxis haben sich bei Glasschmelzöfen nur Gitter aus Normalsteinen durchsetzen können. Alle Versuche mit Formsteinen, die wärmetechnische Seite zu verbessern, haben sich bisher nicht bewährt.

Die gebräuchlichsten Setzarten sind gerade Rostpackung, diagonal versetzte Rostpackung, Korbgeflechtpackung und Kombinationen von Korbgeflecht- und Rostpackung für stehende Kammern. Für liegende Kammern wird Glattschachtpackung vorgezogen. Die gebräuchlichsten Gitterungsarten sind in Bild 3.64 dargestellt.

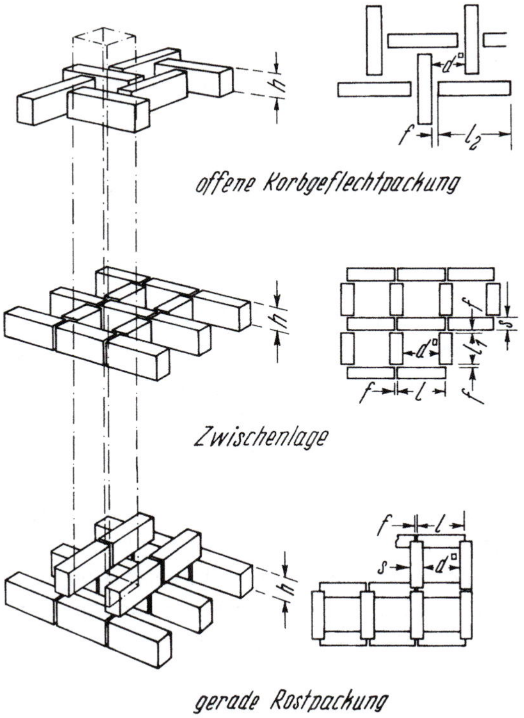

Bild 3.64. Aufbau eines kombinierten Gitterwerks

3.3.4.1.1 Glattschachtgitterung

Glattschachtgitterungen sind standfest und lassen sich sehr gut reinigen. Da Strömungstoträume zwischen den Steinen fehlen, treten Staubablagerungen nur in geringerem Umfang auf. Nachteilig ist die kleinere bezogene Heizfläche (m^2 Heizfläche/m^3 ausgegitterter Kammerraum), das hohe Steingewicht pro Kubikmeter Kammerraum und die geringere Wärmeübertragung als Folge der laminaren Strömungsprofile in den Kanälen. Dünnere Steine bringen bei Glattschachtpackungen wärmetechnische Vorteile, weil mit abnehmender Steindicke (< 4 cm) die bezogene Heizfläche zunimmt.

3.3.4.1.2 Rostgitterung

Rostgitter haben für normale Steindicken und Kanalweiten die größte bezogene Heizfläche, der Wärmeübergang ist bei versetzter Rostpackung am günstigsten; gerade Rostpackung hat etwas niedrigere Wärmeübergangswerte, dafür ist die Verstopfungsgefahr geringer.

Der Abstand der Steinreihen hat dominierenden Einfluß auf den Wärmeübergang bei gerader Rostpackung, während die Steinhöhe nur eine untergeordnete Rolle spielt. Mit wachsendem Steinabstand nimmt der Wärmeübergang zu. Er erreicht nach Modellversuchen [36] ein Maximum beim Verhältnis des Steinreihenabstandes zur Steindicke von 1,3 bis 1,5 und nimmt mit darüber liegenden Werten wieder ab.

Die gerade Rostpackung ist seit vielen Jahren die bevorzugte Setzweise für den Schamotteteil der Ausgitterung und wird z. T. auch für den basischen Kammerteil angewandt. Die durchgehenden Gitterkanäle erlauben eine evtl. notwendige Reinigung.

3.3.4.1.3 Korbgeflechtgitterung

Mit der Anwendung basischer Gittersteine hat sich die Korbgeflechtgitterung eingeführt, die eine größere Auflagefläche der Steine besitzt, der größeren thermischen Ausdehnung des basischen Materials entgegenkommt und deshalb ein sehr standfestes Gitter ergibt. Die Wärmeübergangszahl der Korbgeflechtsetzweise ist im Vergleich zur Glattschachtgitterung merklich höher bei nur geringfügiger Zunahme der Zugverluste. Die Wärmeübergangszahlen bei Rostgitterpackung liegen zwar günstiger, das Verhältnis von Druckabfall zu Wärmeübergang ist bei Korbgeflechtgittern jedoch kleiner als bei Rostgitterung [37]. Mit der Korbgeflechtgitterung wird ein ähnlich großes Steingewicht pro Kubikmeter Kammerraum eingebracht, wie bei Glattschachtgitterung und die Speicherfähigkeit erhöht.

Kombinierte Setzweise

In Kammern von Hochleistungswannen wird wegen des Übergangs von Magnesit auf Schamotte meist die kombinierte Setzweise benutzt. Bei gleichbleibendem Kanalquerschnitt setzt man die oberen Gittersteinlagen in Korbgeflechtgitterung und geht nach einer Zwischenlage auf gerade Rostpackung über (Bild 3.64). Als oberste Lage werden z. T. sogenannte Dachsteine verwendet, auf denen sich verstaubende Gemengeanteile schwer absetzen können. Eine Kombination von Topfgitterung und Rostgitterung zeigt Bild 3.65.

3.3.4.1.4 Steinformate

Zur Ausgitterung dienen heute Normalsteine und standardisierte Rechtecksteine, die als Einheitsformate preisgünstig und kurzfristig lieferbar sind. Von Formsteinen, die größere Heizflächen in das Gitterwerk bringen, ist man wegen der Verstopfungsneigung und des hohen Preises abgekommen.

In Gitterwerken werden vorwiegend Normalsteine mit 65 mm Steindicke benutzt. Größere Steindicken sind nicht zweckmäßig, weil bei Wechselzeiten von maximal 30 min der Steinkern kaum am Wärmeaustausch teilnimmt und der Steinausnutzungsgrad sich verschlechtert (Kap. 12).

Die Steinlänge liegt zwischen 230 und 375 mm. Bei großen Kanalweiten in Rostpackung wählt man die 1½fachen Steine, da diese zweimal mit der gesamten Steindicke auf der unteren Lage aufliegen, wodurch die Standfestigkeit der Gitterung verbessert wird.

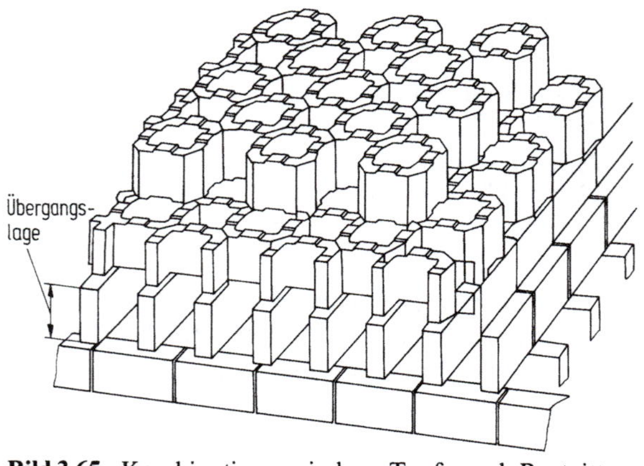

Bild 3.65. Kombination zwischen Topf- und Rostgitterwerk (Didier)

Die Steinhöhe schwankt bei den standardisierten Formaten zwischen 100 und 150 mm. Wegen der Stabilität der Gitterung darf die Steinhöhe höchstens um ± 0,5 mm tolerieren [38, 39]. Größere Maßabweichungen bewirken ungleichmäßige Auflage bzw. Flächenpressung und können auch bei exaktem Verlegen der Steine zum Einsturz der Gitterwerke führen.

3.3.4.2 Kenngrößen für Gitterwerke

Zur Beurteilung von Gitterungen bzw. der Regeneratoren haben sich bestimmte Kenngrößen eingeführt.

Die lichte Kanalweite beeinflußt den Wärmeaustausch [36]. Mit Verminderung der lichten Kanalweite vergrößert sich die bezogene Heizfläche und damit die Austauschkapazität, gleichzeitig wächst aber auch der Strömungswiderstand und die Verstopfungsgefahr durch Gemengestaub oder abtropfende Schlacken nimmt zu.

Um bei Schamottegitterwerk Verstopfungen zu vermeiden, wurden Kanäle mit lichten Weiten bis 300 mm aufgebaut. Bei Verwendung von basischem Material, bei dem an den vertikalen Steinflächen keine Ablagerungen auftreten, sind je nach Ofengröße Kanalweiten von 120 bis 170 mm üblich. Unter 100 mm Kanalweite geht man auch bei basischem Gitterwerk selten [38, 39].

Weitere Gitterkenngrößen sind:

- Die bezogene Heizfläche in m^2/m^3 Kammervolumen, die ein Maß für die Ausnutzung des Kammerraums darstellt;
- das bezogene Steingewicht in t/m^3 Kammerraum, das ein Maß für die Speicherfähigkeit des Gitters ist;
- der freie Strömungsquerschnitt in %, z. B. bei stehendem Gitter die freie Grundrißfläche, wobei senkrechte Strömungsrichtung vorausgesetzt wird. Es ist ein Maß für den Strömungswiderstand;
- die Steindicke, die maßgebend für die Standfestigkeit des Gitters ist;
- die äquivalente Steinstärke

$$= 2\,\frac{\text{Steinvolumen/m}^3\text{ Kammerraum}}{\text{Heizfläche/m}^3\text{ Kammerraum}}$$

entspricht der Dicke einer unendlich großen Platte, die für den Wärmeaustausch die gleichen Bedingungen hat, wie die tatsächlich benutzten Gittersteine (Rechengröße).

Die Gittergrößen werden nach den Formeln in Tabelle 3.4 errechnet. Die bezogenen Steingewichte in t/m^3 sind aus dem Steinvolumen in m^3/m^3 und der Rohdichte γ der Steine (nach Herstellerangaben) zu berechnen.

Tabelle 3.4. Formeln für Gitterkenngrößen, Bezeichnungen siehe Tabellen 3.5 und 3.6, a = Achsmaß = d + s

Gitterkenngröße, -kennzahl	Einheit	Glattschachtpackung Korbgeflechtpackung	Gerade Rostpackung Versetzte Rostpackung	Offene Korbgeflechtpackung
$\frac{\text{Steingewicht}}{\text{Kammerraum}}\ 10^3\,\frac{\text{kg}}{\text{m}^3}$	$\frac{\text{t}}{\text{m}^3}$	$\left[1-\left(\frac{d}{a}\right)^2\right]\gamma$	$\frac{s}{a}\gamma$	$\left[1-\left(\frac{d}{a}\right)^2-\frac{2f\cdot s}{a^2}\right]\gamma$
$\frac{\text{Heizfläche}}{\text{Gitterraum}}\ \frac{\text{m}^2}{\text{m}^3}$	$\frac{1}{\text{m}}$	$\frac{4d}{a^2}$	$\frac{2}{a}+\frac{2ds}{a^2h}$	$\frac{2(1-s)}{a^2}$
$\frac{\text{Freier Strömungsquerschnitt}}{\text{Gesamter Strömungsquerschnitt}}\ 10^2\,\frac{\text{m}^2}{\text{m}^2}$	%	$\frac{d^2}{a^2}$	$\frac{d^2}{a^2}$	$\frac{d^2}{a^2}$
Äquivalente Steinstärke, m	m	$s\left(1+\frac{s}{2d}\right)$	$s\,\frac{1}{1+\frac{sd}{ha}}$	$s+\frac{s^2}{2(d-f)}$
$\frac{\text{Steinvolumen}}{\text{Gitterraum}}\ \frac{\text{m}^3}{\text{m}^3}$	–	$1-\left(\frac{d}{a}\right)^2$	$\frac{s}{a}$	$1-\left(\frac{d}{a}\right)^2-\frac{2f\cdot s}{a^2}$

Tabelle 3.5. Kenngrößen für liegende und stehende Glattschachtpackung

Liegende Glattschachtpackung

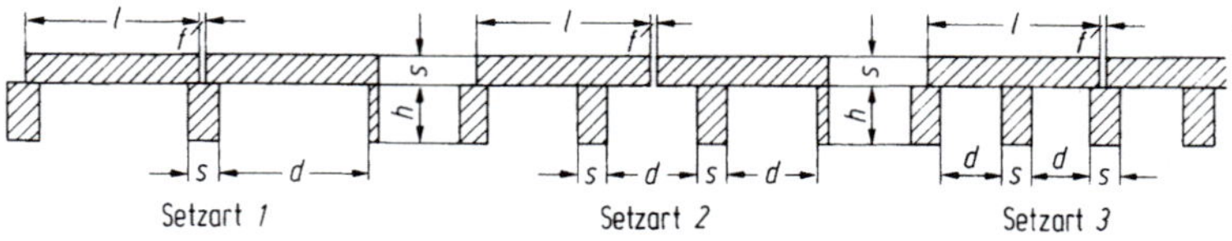

Kanalweite $d \times h$ mm	Setzart	Stein-abmessung mm	bez. Heizfläche m^2/m^3	freier Strömungs-quer-schnitt %	bez. Steinzahl Stück/m^3	bez. Stein-volumen m^3/m^3
102 × 123	2	250 × 123 × 65	14,3	40,2	298	0,595
122,5 × 123	3	375 × 123 × 65	13,9	42,8	190	0,57
172 × 115	1	230 × 115 × 65	13,5	47,2	314	0,54
185 × 123	1	250 × 123 × 65	13,0	48,0	260	0,52
172 × 230	1	230 × 115 × 65	11,5	56,6	279	0,48

Stehende Glattschachtpackung
Korbgeflechtpackung

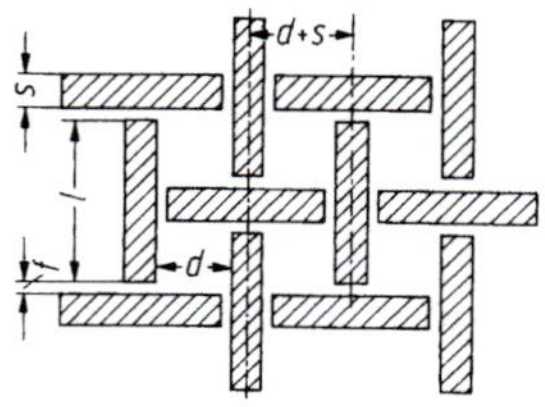

Kanal-weite d mm	Stein-abmessung mm	Achs-maß $d+s$ mm	Dehn-fuge f mm	bez. Heiz-fläche m^2/m^3	freier Strö-mungs-quer-schnitt %	bez. Steinzahl Stück/m^3	bez. Stein-volumen m^3/m^3
122	300 × 150 × 65	187	9,0	14,0	42,6	194	0,57
145	345 × 115 × 65	210	11	13,1	47,6	201	0,52
160	375 × 123 × 65	225	12	12,6	50,8	163	0,49
218	250 × 123 × 65	283	7,5	10,9	55,4	205	0,41

Stehende Glattschachtpackung
Kreuzgitterpackung

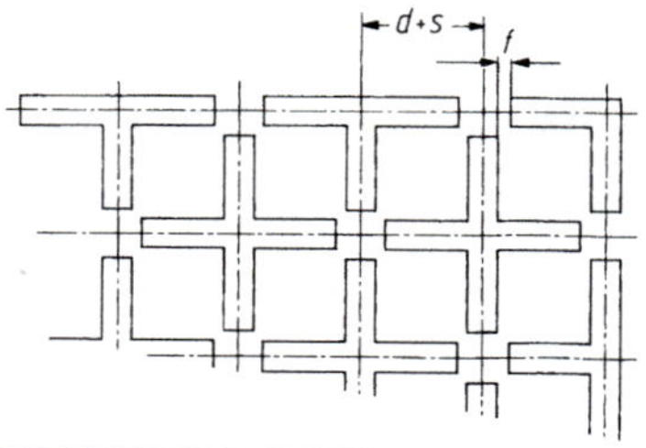

Kanal-weite d mm	Steinab-messung mm	Achs-maß $d+s$ mm	Dehn-fuge f mm	bez. Heiz-fläche m^2/m^3	freier Strö-mungs-quer-schnitt %	bez. Stein-zahl Stück/m^3	bez. Stein-volumen m^3/m^3
140	333 × 280 × 40	180	20	15,12	60,49	46,34	0,321
170	333 × 330 × 40	210	5	15,42	65,53	45,35	0,317

Stehende Glattschachtpackung
Topfsteingitterpackung[a]

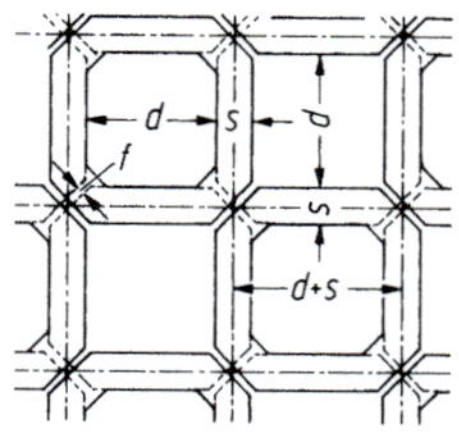

Kanalweite d mm	Steinabmessung[b] s mm	Achsmaß $d+s$ mm	Dehnfuge f mm	bez. Heizfläche m^2/m^3	freier Strömungsquerschnitt %	bez. Steinzahl Stück/m^3	bez. Steinvolumen m^3/m^3
140	40	180	6	15,97	0,578	102,9	0,395
160	40	200	6	14,94	0,625	83,3	0,361

[a] Die Topfsteingitterpackung kann auch als offene Packung gesetzt werden
[b] Die Steinhöhe beträgt in beiden Fällen 150 mm

Tabelle 3.6. Kenngrößen für Rostpackungen

Gerade Rostpackung

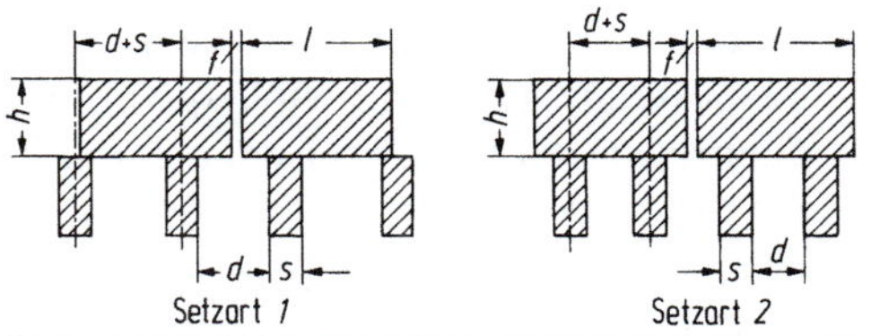

Kanalweite d mm	Setzart	Steinabmessung mm	Achsmaß $d+s$ mm	Dehnfuge f mm	Dehnfuge f %	bez. Heizfläche m^2/m^3	freier Strömungsquerschnitt %	bez. Steinzahl Stück/m^3	bez. Steinvolumen m^3/m^3
100	2	345 × 115 × 76	176	7	2,0	15,63	32,28	140	0,423
105	1	250 × 123 × 65	170	5	2,0	15,60	38,15	188	0,375
115	2	375 × 123 × 76	191	7	1,9	14,37	36,25	111	0,391
120	2	375 × 123 × 76	196	17	4,5	14,06	37,48	106	0,371
130	2	375 × 123 × 65	195	15	4,0	13,87	44,44	107	0,321
140	1	300 × 150 × 65	205	7,5	2,5	12,64	46,64	106	0,309
160	1	345 × 115 × 76	236	9	2,6	12,27	45,96	104	0,314
170	1	345 × 115 × 65	235	7,5	2,2	11,99	52,33	105	0,271
180	1	375 × 123 × 76	256	9	2,4	11,21	49,44	83	0,290
190	1	375 × 123 × 65	255	7,5	2,0	10,93	55,52	83	0,250

Freizügig diagonal versetzte Rostpackung

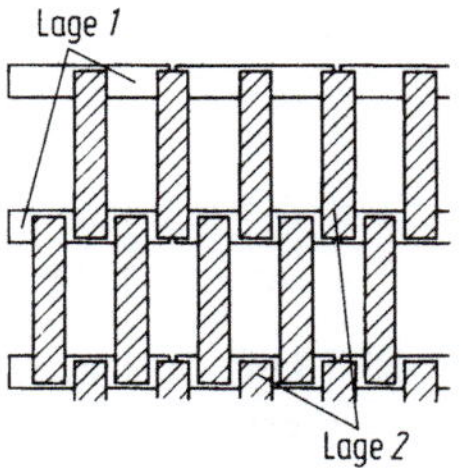

Kanalweite d mm	Steinabmessung mm	Achsmaß $d+s$ mm	Dehnfuge in Lage 1 mm	bez. Heizfläche m^2/m^3	freier Strömungsquerschnitt %	bez. Steinzahl Stück/m^3 Lage 1	bez. Steinzahl Stück/m^3 Lage 2	bez. Steinvolumen m^3/m^3 Lage 1	bez. Steinvolumen m^3/m^3 Lage 2
100	230 × 115 × 65	165	5	14,56	36,73	224	319	0,385	0,549
105	250 × 123 × 76	181	5	13,30	33,65	176	248	0,412	0,580
110	250 × 123 × 76	186	5	13,02	34,98	171	235	0,400	0,550
120	250 × 123 × 65	185	5	15,58	42,07	172	238	0,344	0,476
130	250 × 123 × 65	195	5	16,27	44,44	164	214	0,328	0,428
140	250 × 123 × 65	205	5	15,33	46,64	155,5	193,5	0,311	0,387
150	300 × 150 × 76	226	6	14,01	44,05	96,5	130,5	0,330	0,446
160	300 × 150 × 76	236	6	13,21	45,96	92	120	0,315	0,410
170	300 × 150 × 65	235	6	13,03	52,33	93	121	0,272	0,354
180	300 × 150 × 65	245	6	12,36	53,98	89	111	0,261	0,325
190	300 × 150 × 65	255	6	11,77	55,52	85,5	102,5	0,251	0,300

In den Tabellen 3.5 und 3.6 sind die wichtigsten Kenngrößen bzw. Kennzahlen für verschiedene Gitterungsarten zusammengestellt.

3.3.5 Kammergewölbe und Kammerwände

Für Kammergewölbe finden sich Rund- oder Tonnengewölbe und vornehmlich Gewölbe mit 13,4 und 20% Stichhöhe. Tonnengewölbe sind statisch schwieriger zu beherrschen als Stichgewölbe und finden sich daher relativ selten. Ein Stich von 13,4% (ergibt 60° Zentriwinkel) wird bevorzugt, da dann alle genormten Wölbsteine für alle gewünschten Spannweiten eingesetzt werden können. Ein Beispiel für ein Kammergewölbe mit dem oberen Wandbereich gibt Bild 3.66. Spezielle Dehnfugensteine sind für basische Kammergewölbe nicht erforderlich. Für Kammergewölbe aus Silika können die für Schmelzwannengewölbe verwendeten Dehnfugensteine ebenfalls verwendet werden. Verwendung finden auch Paßsteine, die auf Konsolen der Spiegelwand ruhen (Bild 3.67).

Bei breiten heißgehenden und wärmeisolierten Kammergewölben sind bei Verwendung von basischen Steinen nur Qualitäten zu verwenden, die eine geringe Kriechneigung zeigen. Ein stärkeres Kriechen der Steine führt zu einem gefährlichen Absacken des Gewölbescheitels.

Kammerwände moderner, hochgezogener, stehender Regenerativkammern werden ausnahmslos mit Normalsteinen, Verbandsteinen und Streckern aufgemauert (Bild 3.57). Entsprechend den verwendeten Gitterwerken sind für die Innenwand im oberen Bereich basische Steinqualitäten und im unteren Bereich Hartschamottequalitäten zu verwenden. Trennwände von Kammern für U-Flammenwannen und Zwischenwände bei unterteilten Kammern für querbeheizte Wannen werden abschnittsweise durchgehend nur in einer Qualität gemauert.

3.3.6 Schlitzbögen und Rostauflagesteine

Das Gitterwerk ruht auf den sogenannten Schlitzbögen, welche das Gitterteil der Kammer vom unteren Sammelraum abgrenzen. Die Schlitzbögen sind statisch durch das hohe Gittergewicht und thermisch durch den Temperaturwechsel Abgas/Luft hoch beansprucht. Es ist darauf zu achten, daß zu diesen Belastungen nicht noch starke chemische Beanspruchungen durch Sulfatkondensationen hinzukommen, was durch entsprechende thermische Auslegung der Kammern vermieden werden kann. Da Reparaturen in diesem Bereich während der Wannenreise nur schwer möglich sind, muß die Konstruktion und Steinauswahl sehr sorgfältig geschehen. Für Kammerbreiten bis etwa 2 m müssen einfache, darüber müssen Doppel-

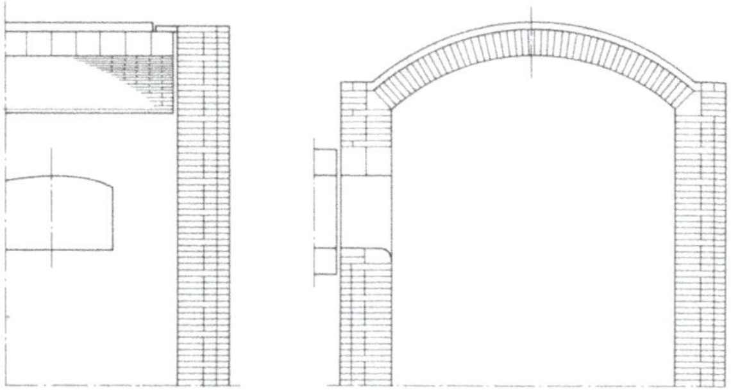

Bild 3.66. Kammergewölbe mit oberem Wandbereich (Didier)

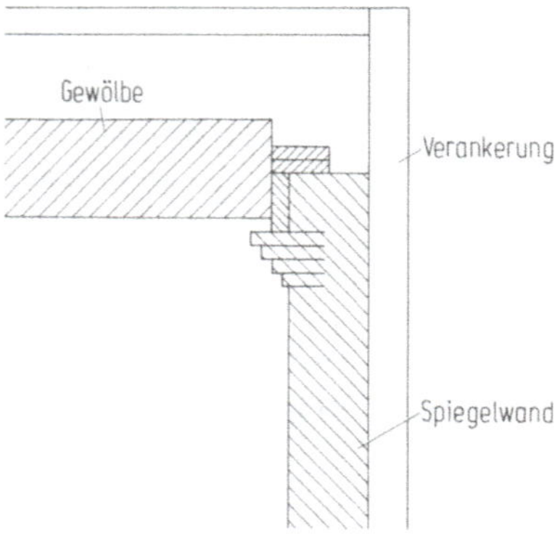

Bild 3.67. Gewölbeabdichtung bei einer Regenerativkammer

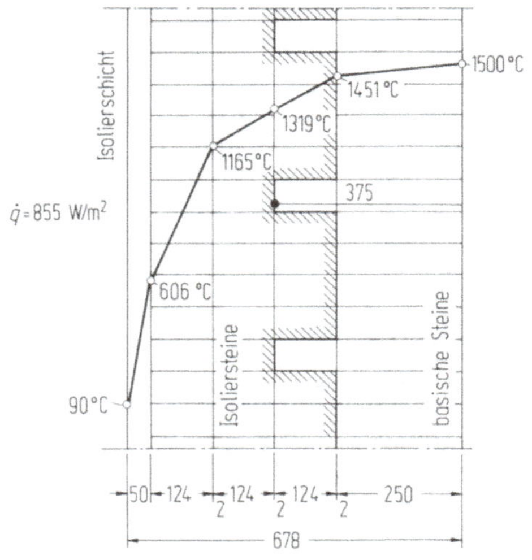

Bild 3.68. Beispiel für den Aufbau einer Kammerwand (Didier)

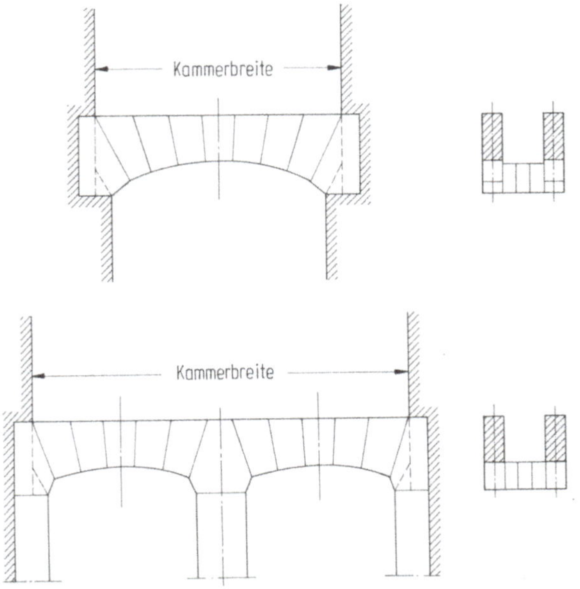

Bild 3.69. Aufbau von Schlitzbögen (Didier)

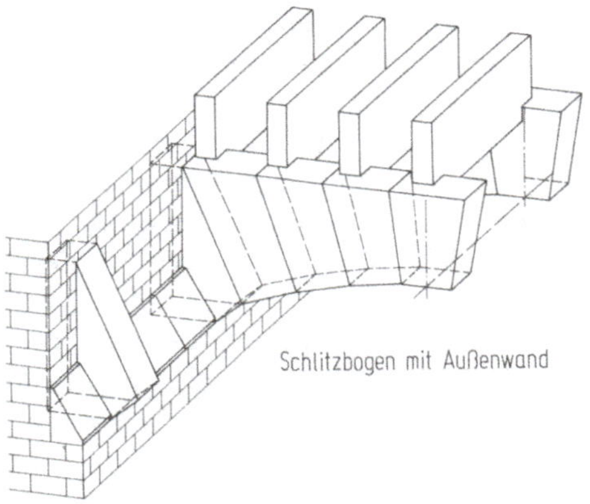

Bild 3.70. Schlitzbögen mit Rostauflagesteinen (Didier)

bögen benutzt werden. Die Verwendung standardisierter Steine ist zu empfehlen. Konstruktive Beispiele zeigen die Bilder 3.68 und 3.69. Zwischen den Bögen wird die Auflagestufe der Seitenwände durch sogenannte Spitzkeile überdeckt.

Das Kammergitter kann nicht direkt auf die Schlitzbögen aufgesetzt werden. Es sind sogenannte Rostauflagesteine notwendig (Bild 3.70). Die Längenabmessungen der Steine sind von der jeweils gewählten Kanalweite abhängig. Der Abstand zwischen den Schlitzbogenachsen soll doppelt so groß sein wie die Kanalweite plus der Gittersteindicke.

3.4 Rekuperatoren

Kleinere Glasschmelzwannen und viele Hafenöfen werden oft mit Konstantflammen betrieben. Zur Vorwärmung der Verbrennungsluft werden dann Rekuperatoren verwendet. Es finden sich keramische Rekuperatoren und Stahlrekuperatoren. Die Tendenz geht zu Stahlrekuperatoren.

3.4.1 Keramische Rekuperatoren

Das Hauptproblem bei keramischen Rekuperatoren ist die Abdichtung des Abgasweges gegenüber dem der Luft. Zwischen beiden Strömungssystemen besteht ein Druckunterschied von 3 bis 5 mbar. Treten größere Undichtigkeiten auf, dann saugt der Kamin mit dem Abgas die Verbrennungsluft direkt an, eine befriedigende Flammenausbildung ist nicht mehr möglich und der Ofen muß gelöscht werden. Die Ausbildung und Anordnung der Rekuperatorelemente konzentrieren sich daher darauf, das System möglichst lange dicht zu halten und den Wärmewiderstand durch die Wände der Rekuperatorelemente gering zu halten.

Als Bauelemente werden bei innerer Abgasführung kasten- oder rohrförmige und sechseckige Einheiten, wie sie die Bilder 3.71 und 3.72 zeigen,

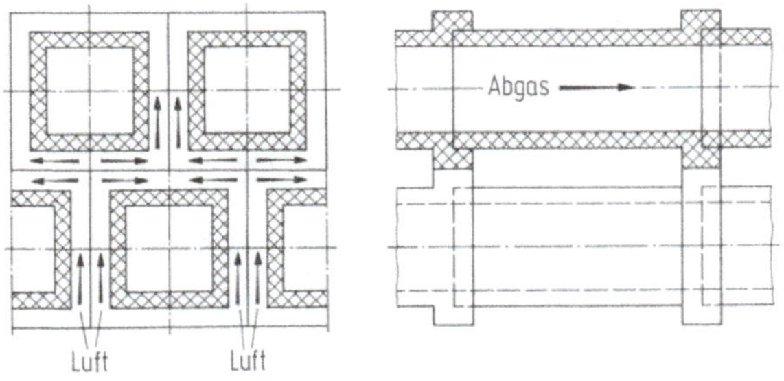

Bild 3.71. Kastenförmige Rekuperatorsteine

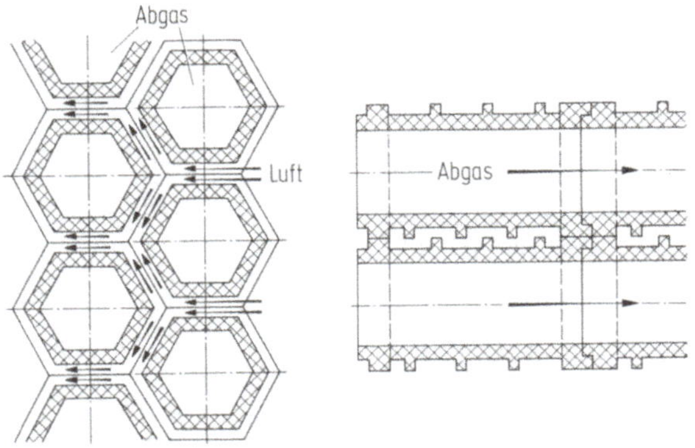

Bild 3.72. Rohrförmige Rekuperatorsteine

verwendet [40]. Die Elemente werden aufeinander geschichtet, um durch ihr Eigengewicht eine gute Abdichtung der Fugen zu erreichen.

Eine etwas abweichende Spielart sind die Ellipsensteine (Bild 3.73), bei denen die Luft in ellipsenförmigen Kanälen geführt wird, und das Abgas die Steine umströmt. Die mit den beschriebenen Bauelementen erreichbaren, auf den Gitterraum bezogenen Heizflächen betragen 10 bis 12 m^2/m^3. Die Wärmedurchgangskoeffizienten hängen mit von der Abgastemperatur ab. Erreicht werden *k*-Werte von 6 bis 8 $W/(m^2\,K)$.

Den Aufbau eines aus sechseckigen Elementen (Bild 3.72) aufgebauten Rekuperators an einer Doppeldeckenwanne zeigt Bild 3.74 [40]. Das Abgas wird im Kreuzstrom um die Elemente geführt, die Luft durchströmt den Rekuperator vertikal. Die freien Strömungsquerschnitte für das Abgas sind dem Temperaturabfall entsprechend abgestuft. Bei röhrenförmigen Rekuperatorelementen kann die Luft auch innen und das Abgas außen geführt werden, wenn die Rohre turmförmig aufeinander gesetzt werden. Bei dieser Anordnung können die außen liegenden Umlenkräume eingespart werden. Man erhält einen kompakten Aufbau (Bild 3.75). Es besteht dabei aber die Gefahr, daß durch Ablagerungen auf den waagerechten Trennplatten die Strömungswege verstopft werden und damit der Ofenbetrieb zum Erliegen kommt. Wenn irgend möglich, sind daher freie Umlenkräume vorzusehen.

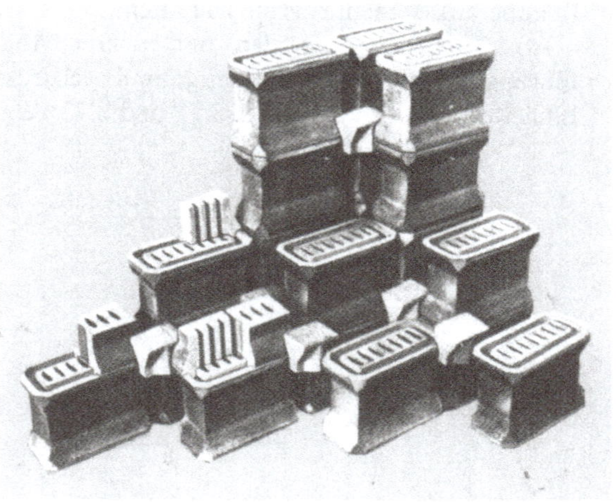

Bild 3.73. Ellipsensteine für Rekuperatoren

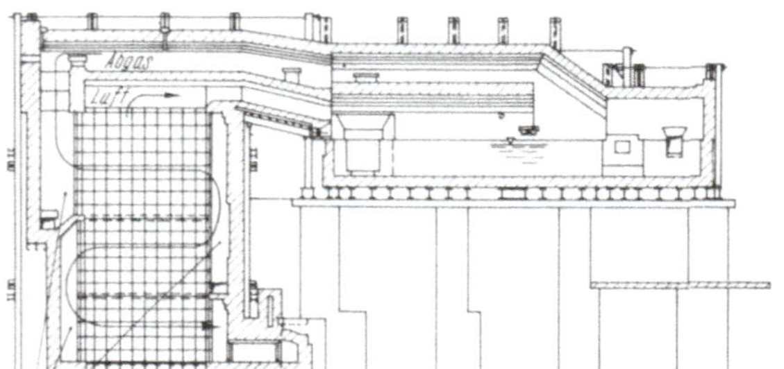

Bild 3.74. Rekuperativ beheizte Doppeldeckenwanne [40]

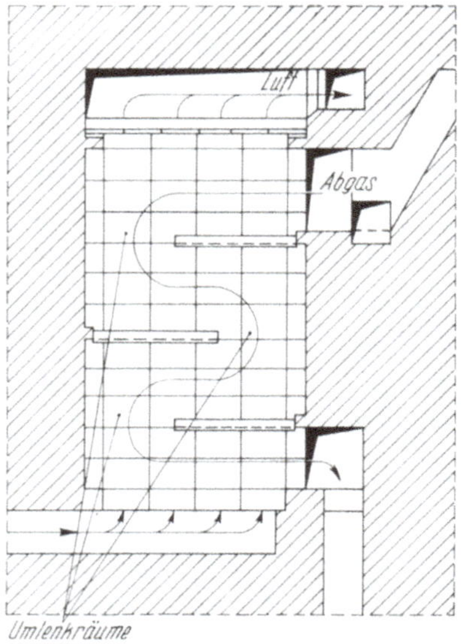

Bild 3.75. Rekuperator mit Umlenkung innerhalb des Besatzes [40]

Bei keramischen Rekuperatoren sind zwei kritische Bereiche zu beachten. Dies sind die Abdichtung zwischen oberem Luftsammelraum (bzw. Gassammelraum bei Abgas innen) und dem darunter liegenden (oberen) Zug sowie die Umlenkräume. Besonders bei Rekuperatoren an periodischen Öfen (Tageswanne, Hafenofen) ist die Abdichtung zum Luftsammelraum schwierig, da sich die Bauelemente entsprechend dem Temperaturgang mehr oder weniger stark dehnen.

Als feuerfestes Material werden für die Bauelemente trocken geformte Schamottesteine (Hartschamotte) und im heißgehenden Bereich korundfreies Sillimanitmaterial verwendet. Basisches Material verspricht im Prinzip Vorteile, seine Verwendung scheitert jedoch an der schwierigen Herstellung der komplizierten Rekuperatorbauteile.

3.4.2 Metallrekuperatoren

Metallrekuperatoren sind bedeutend einfacher dicht zu halten als Keramikrekuperatoren, und die

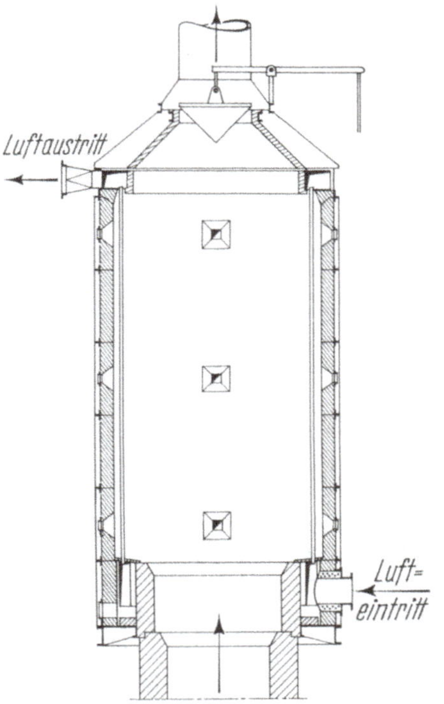

Bild 3.76. Strahlungsrekuperator [41]

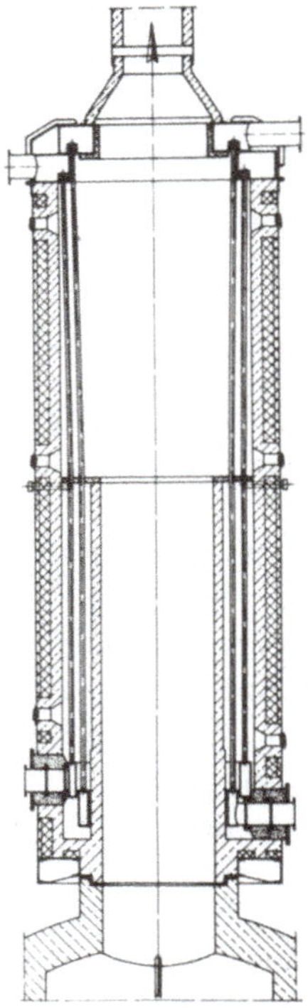

Bild 3.77. INKA-Rekuperator mit Doppelwand und keramischer Stützwand für Gegenstrombetrieb [42]

Konstruktionen sind leichter zu bauen. Die erreichbaren Luftvorwärmungen sind jedoch durch das Material stärker begrenzt. Bei größeren Glasschmelzöfen mit einem Luftbedarf von über 10 000 $(m^3/h)_n$ kommt praktisch nur der Rohrkorb-Rekuperator in Frage. Verwendet wird ein vertikaler Rohrkorb, der oben und unten einen ringförmigen Luftsammler besitzt. Der Rohrkorb befindet sich in einem mit ff-Material ausgemauerten Stahlmantel. Der obere Rohrsammler liegt auf dem Mantel auf, der untere Rohrkorb ist beweglich und erlaubt die Wärmedehnung des Rohrkorbes. Um eine Überhitzung zu vermeiden, wird der Gleichstrombetrieb bevorzugt, die dabei erreichbaren Luftvorwärmtemperaturen betragen etwa 500 °C. Der Aufbau eines solchen Strahlungsrekuperators ist aus Bild 3.76 ersichtlich [41]. Werden höhere Luftmengen verlangt und ist eine Regelung in zwei Gruppen erforderlich, wie dies beim Unit Melter der Fall ist, dann empfiehlt sich der Aufbau eines Doppelkorbes nach Bild 3.77. Als zusätzliche Sicherheit ist hier ein keramischer Schutzschirm bis in halbe Höhe des Rauchgaskanals angeordnet [42]. Der Rekuperator arbeitet im Gegenstrom und erreicht eine Luftvorwärmung von 700 °C.

Für kleinere Einheiten wie Tageswannen und Hafenöfen hat sich der Doppelmantel-Strahlungsrekuperator bewährt (Bild 3.78). Bei dieser meist im Gleichstrom betriebenen Konstruktion strömen die Rauchgase mit geringer Geschwindigkeit durch den inneren Zylinder, dessen Durchmesser vom Abgasdurchsatz abhängt. Die vorzuwärmende Verbrennungsluft strömt mit hoher Geschwindigkeit in den Ringspalt zwischen Innen- und Außenzylinder.

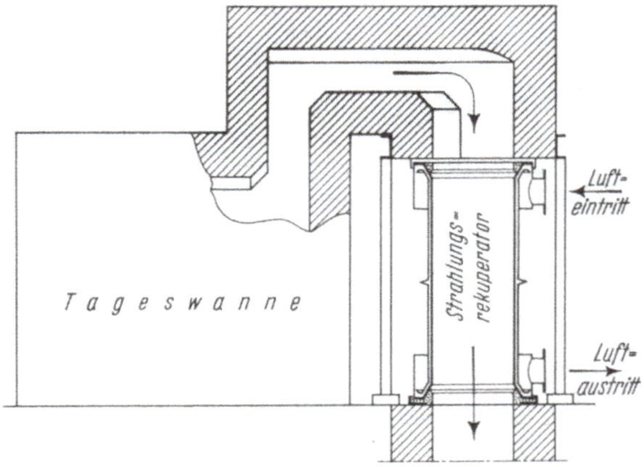

Bild 3.78. Tageswanne mit seitlich angeordnetem Strahlungsrekuperator [41]

Tabelle 3.7. Kenngrößen von Rekuperatoren

	Bauart	Zulässige Abgas-eintritts-tempe-ratur	Erreichbare Vorwärm-temperatur der Luft	Druckverlust im Rekuperator		Fluidgeschwindigkeit unter Normbedingungen	
				Luft	Abgas	Luft	Abgas
		°C	°C	mbar		m_n/s	
keramische Rekupera-toren	liegend	1500	950	0,2... 0,6	0,2...0,6	0,1... 0,3	0,5...1
	stehend	1500	<1150	0,2... 0,6	0,2...0,6	0,2... 0,5	0,3...0,6
Stahl-rekupera-toren	Doppelmantel	1300	500	13 ...45	0,1...0,2	10 ...20	1 ...2
	Rohrkorb (INKA)	1500	700	13 ...45	0,1...0,2	10 ...20	1 ...2

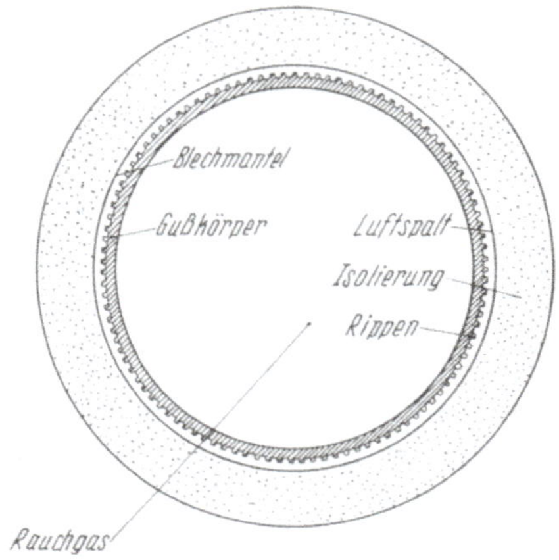

Bild 3.79. Querschnitt durch einen Doppelmantel-Strahlungsrekuperator [42]

Der gegossene Innenzylinder ist auf der Rauchgasseite glatt, während die Luftseite leicht verrippt ist (Bild 3.79). Die für die Auslegung von Rekuperatoren (Keramik, Metall) notwendigen Kenndaten sind in Tabelle 3.7 zusammengestellt.

3.5 Kanäle

Zur Abführung der Abgase aus den Wärmerückgewinnungsanlagen und Zuführung der Verbrennungsluft dienen Kanäle, die in Verbindung mit den Wechselanlagen und dem Kanal zum Kamin unter dem Sammelbegriff Kanäle zusammengefaßt werden. Bei geeigneter Kanalführung und geeigneten Platzverhältnissen können bei Regenerativfeuerungen im Bereich der Kanäle Nachschalt-Regenerativkammern angeordnet werden.

Um einen gleichmäßigen Ofengang zu erreichen, müssen beim Regenerativsystem die Kanäle zwischen Wechsel und Regenerativkammern symmetrisch angeordnet werden. Die Querschnitte der Kanäle sind so zu dimensionieren, daß überall annähernd gleiche Strömungsgeschwindigkeiten herrschen. Die Strömungsgeschwindigkeiten sollen nicht wesentlich über denen im Gitterwerk der Regenerativkammern liegen, da nur dann eine annähernd gleichmäßige Verteilung der Abgas- und Luftströmung im Gitterwerk gewährleistet ist. Stichkanäle sollen abgerundete oder gebrochene Ecken aufweisen, rechtwinklige Abzweigungen sind zu vermeiden, da sie hohe Zugverluste und ungleichmäßige Geschwindigkeitsverteilung zur Folge haben. Als Anhaltswert für die Dimensionierung der Kanäle dienen folgende mittlere Strömungsgeschwindigkeiten (m/s):

2... 3 unter dem Schlitzbogen,
3... 5 Kanal zum Wechsel,
5... 7 im Wechsel,
3... 5 Kanal vom Wechsel zum Schornstein

Kanäle sollen über dem Grundwasserniveau angeordnet werden und auch bei schwierigen Betriebsbedingungen dicht bleiben, um Falschlufteintritt zu vermeiden. Sie sollen schnell und billig zu verlegen und bei Änderung der Ofenanlage ohne großen Aufwand entfernt werden können. Als Feuerfestmaterial kommen Steine, Fertigbauteile oder Massen der Klasse A III mit einer bestimmten Druckfeuerbeständigkeit (t_a-Wert 1380 °C) und einer Anwendungsgrenze zwischen 1200 und 1300 °C in Betracht.

Bei im Boden verlegten Kanäle wird auf eine Wärmeisolierung der Kanalwandungen meist verzichtet. Kreuzen die Kanäle Fahrbahnen, dann ist auf die notwendige Belastbarkeit der Kanäle und eventueller Einstiegluken zu achten. Bei über Flur liegenden Kanälen wird meist isoliert, besonders wenn die Abgaswärme in Nachschaltheizflächen genutzt wird.

Werden die Kanäle aus Steinen aufgebaut, dann ergeben sich niedrige Materialkosten aber hohe Verlegekosten. Wegen der vielen Verlegefugen ist die Gefahr, daß später undichte Stellen auftreten, groß. Die Verwendung standardisierter Fertigbauteile mit Abmessungen bis zu 2 m^2 ergeben höhere Materialkosten aber niedrigere Verlegekosten. Die Fertigbauteile werden aus geeigneten Massen im ungebrannten Zustand angeliefert und eingebaut. Die Teile können mit Mörtel vermauert oder in Segmentbauweise mit Nut und Feder verlegt und ebenfalls vermörtelt werden. Auch die Herstellung aus Massen die an Ort und Stelle gestampft und vergossen werden ist möglich. Die Materialkosten sind hier niedrig. Mehrschichtenkonstruktionen sind dabei ebenfalls möglich.

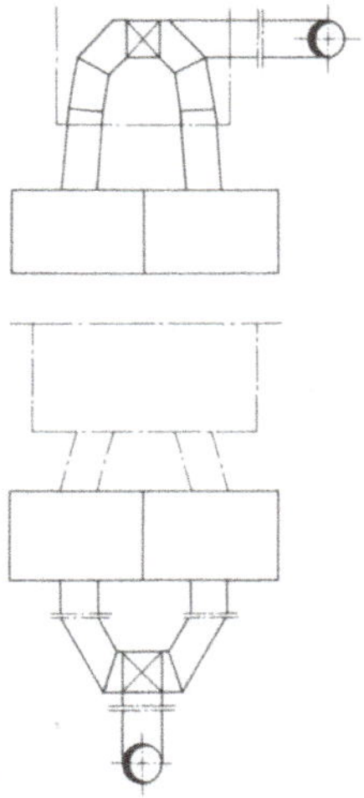

a b

Bild 3.80 a und b. Kanalführung bei stirnbefeuerten Wannen

Die Anordnung der Kanäle wird stark von der Wannenbauart und den herrschenden lokalen Verhältnissen bestimmt. Die Kanalführungen bei U-Flammenwannen sind aus Bild 3.80 zu ersehen. Bei der Anordnung a befinden sich die Anschlüsse für die Brenner und Kanäle an einer Seite, während bei b die Anschlüsse einander gegenüber liegen. Die bei Querbrennerwannen üblichen Anordnungen sind in Bild 3.81 zusammengefaßt. Bei der Anordnung nach a münden die Abgaskanäle an der Regeneratorstirnseite, was bautechnisch einfach ist. Werden die Kammeranschlüsse seitlich getrennt herausgeführt, dann besteht die Möglichkeit, die Beaufschlagung der Kammerbereiche über Einzelschieber zu beeinflussen (Anordnung nach b). Bei Verwendung von Sektionalkammern muß diese Anordnung eventuell auch mit außen liegenden Sammelkanälen gewählt werden. Führt man die Verbrennungsluft in eigenen Rohrleitungen mit entsprechenden Abzweigungen zu, dann kommt man, wie in Bild 3.81 c gezeigt ist, mit einem Abgassammelkanal aus.

Bei beschränkter Bauhöhe für die Kammern, oder wenn die Abgaswärme sehr weitgehend ausgenützt werden soll, werden waagerecht im Kanalsystem eingebaute Nachschaltkammern verwendet. Wegen der relativ niedrigen Temperaturen ist als Besatz Schamottematerial ausreichend. Die verwendeten Steinformate sind den räumlichen Gegebenheiten anzupassen. In Bild 3.82 ist als Beispiel eine Nachschaltheizfläche mit Streckern im Format 2 l gezeigt. Beim Einsatz von Nachschaltheizflächen muß das Kanalsystem erweitert werden. Für U-Flammenwannen eignet sich die Anordnung nach Bild 3.80 a, wenn die Nachschaltkammern unter der Wanne angeordnet werden und der Kaminkanal unter der Läuterwanne oder Arbeits-

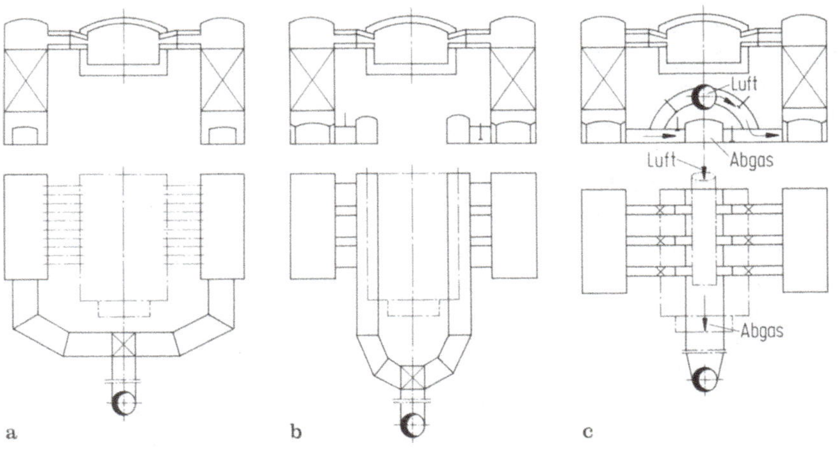

a b c

Bild 3.81. Kanalführungen bei Querbrennerwannen. **a** Abgaskanäle an der Regeneratorstirnseite einmündend; **b** Doppel-Kanalsystem; **c** Einfach-Abgassammelkanal mit getrennter Luftzuführung

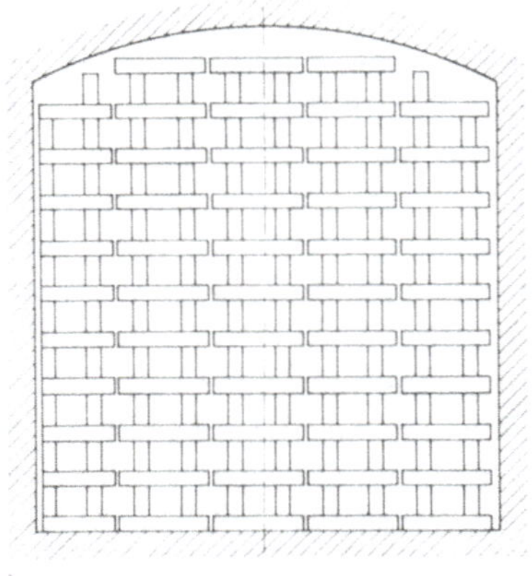

Bild 3.82. Gitterung in einer Nachschaltkammer [43]

wanne angeschlossen wird. Bei Querbrennerwannen empfiehlt sich der Anschluß der Kammern von der Arbeitswannenseite her und die Anordnung der Nachschaltheizflächen unter dem Wannenboden. Da sich an Nachschaltheizflächen erfahrungsgemäß leicht Ablagerungen bilden, ist auf gute Reinigungsmöglichkeit zu achten.

3.6 Wechselorgane [43]

Das für Glasschmelzwannen weitgehend verwendete Regenerativsystem erfordert Organe zum wechselseitigen Öffnen und Schließen der einzelnen Strömungskanäle. Diese Organe werden als Wechselorgane bezeichnet. Das Schema für die Anordnung der Wechsel- oder Umsteuerorgane bei Ölheizung ist in Bild 3.83 dargestellt.

Die Wechselorgane für Abgas und Verbrennungsluft sind den relativ großen Abmessungen der Kanäle und Rohrleistungen angepaßt, während für Brennstoffe wie Erdgas und Öl Armaturen verwendet werden können, wie sie in vielen Bereichen der Technik eingesetzt werden. Die Betätigung der einzelnen Wechselorgane muß nach einem genau ausgearbeiteten Plan in richtiger Zeitabfolge erfolgen. Über den Wechselvorgang selbst wird in Abschn. 5.3 berichtet, hier sollen nur die einzelnen Organe vorgestellt werden.

Die Größe der Anlagen und die Optimierung des Wechselvorgangs nach Ablauf und Zeit erfordern eine Betätigung der Wechselorgane mit Hilfsenergie (Strom, Druckluft, Hydraulik) über zentrale Steuersysteme. Für Notfälle ist eine Handbetätigung vorgesehen. Die früher bei Generatorgasbeheizung üblichen Wechseltrommeln finden sich heute nur mehr bei kleineren veralteten Wannen.

Vereinzelt findet man als Wechselorgan noch das Forter-Ventil. Es handelt sich hier um ein Dreiwegeorgan das bereits um 1900 eingeführt und laufend verbessert wurde. Es ist ein einfaches platzsparendes Organ, das in verbesserter Form mit einer Kurzschlußsperre ausgerüstet werden kann (Bild 3.84). Die Abdichtung erfolgt wie bei der Wechseltrommel mit einer Wassertasse, was aber zu erhöhten Korrosionen im Abdichtungsbereich führt. Nachteilig sind weiter hohe Zugverluste durch die Mehrfachumlenkungen und die schlechte Reparaturmöglichkeit. Der Antrieb kann bei kleineren Einheiten von Hand erfolgen. Größere Einheiten werden motorisch betätigt.

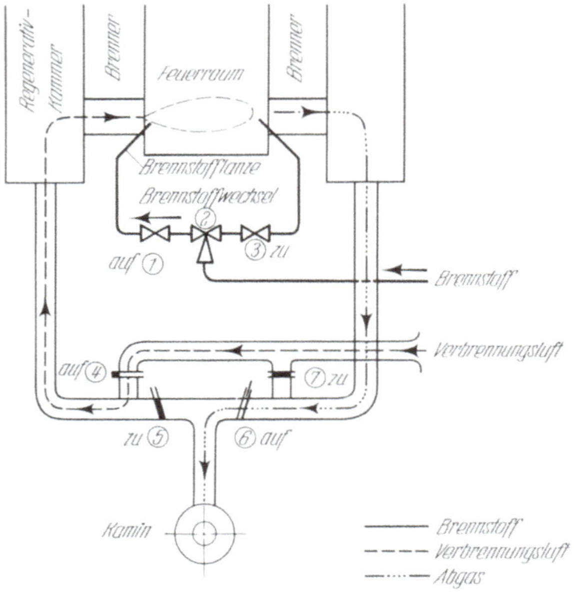

Bild 3.83. Umsteuerorgane einer Ölfeuerung (Stellung Feuer links) [43]. Weitere Angaben in Tabelle 5.12 und Bild 5.40

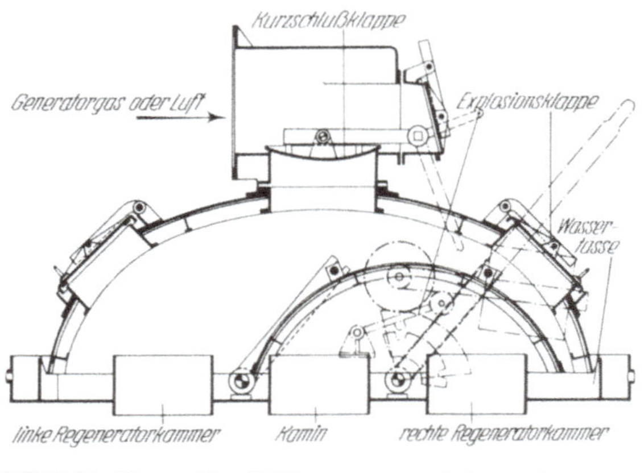

Bild 3.84. Forter-Ventil (Zimmermann & Jansen)

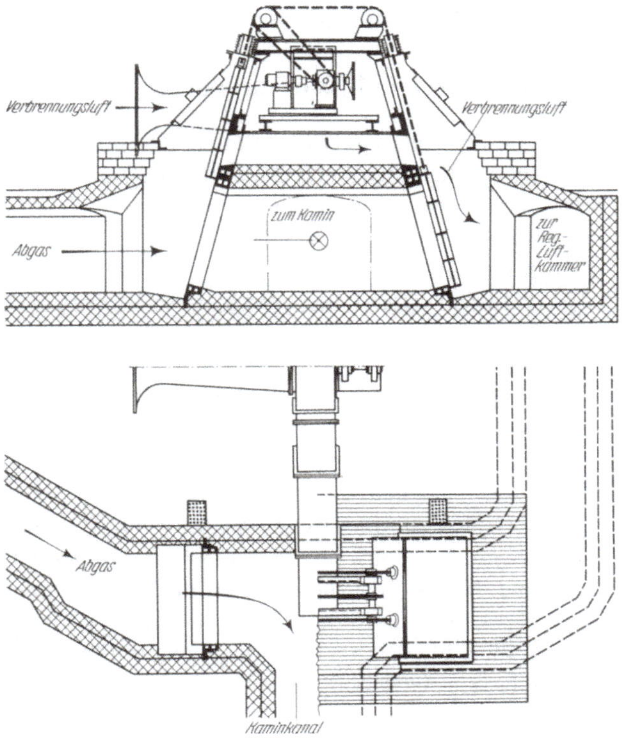

Bild 3.85. Doppeldeck-Umsteueranlage mit gegenüberliegend angeordneten Kanalschiebern (System Zimmermann & Jansen)

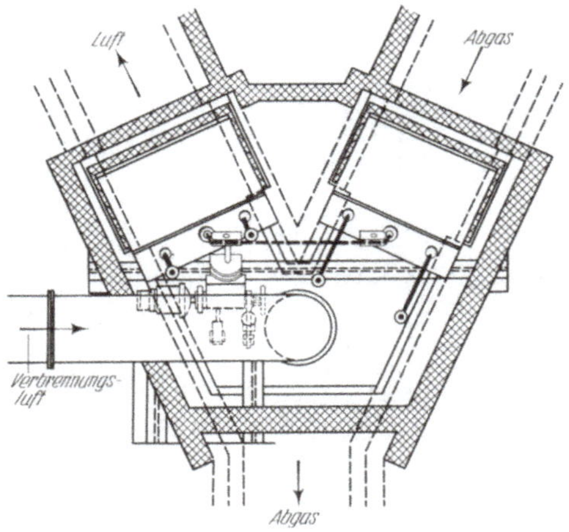

Bild 3.86. Doppeldeck-Umsteueranlage mit spitzwinklig zusammengeführten Abgaskanälen [43]

Eine Verbesserung gegenüber dem Forter-Ventil stellt der Doppeldeckschieber dar. In Anlehnung an die Kanalführung des Forter-Ventils wurden zwei Doppeldeckschieber zu einem Luft-Abgaswechsel zusammengefaßt (Bild 3.85). Der große Vorteil des Doppeldeckschiebers ist die platzsparende Kombination als Abgas-Luftwechsel. Die Schieber können günstig angeordnet und durch ein Antriebsaggregat betätigt werden. Durch das mechanische Zusammenkoppeln der beiden Schieber ist ein sicheres Wechseln garantiert. Nachteilig ist die Zwangsläufigkeit der Plattenbewegung. Auf notwendige Überschneidungen oder Verzögerung der Einzelbewegungen kann nicht Rücksicht genommen werden.

Eine Verbesserung der in Bild 3.85 gezeigten Anordnung gibt Bild 3.86 wieder. Die Kanalführung ist hier strömungsgünstiger. Moderne Ausführungen sind für Abgastemperaturen bis 800 °C ohne Wasserkühlung geeignet.

Die Entwicklung ist bei großen modernen Wannen zu Einfachabsperrungen gegangen, die nur eine Funktion ausüben. Man gewinnt auf diese Weise Freizügigkeit im Betätigen und Schalten der Brennstoff-, Luft- und Abgaswege. Der gerätemäßige Aufwand steigt, eine Automatisierung des Wechselablaufs wird jedoch erleichtert. Beim Versagen der Automatik werden jedoch erhöhte Anforderungen an das Bedienungspersonal gestellt. Zugverluste sind im Vergleich mit Doppelarmaturen geringer, da der Einbau strömungsgünstiger erfolgen kann. Die Korrosionsprobleme sind besser zu beherrschen als bei Doppelorganen, Taupunktunterschreitungen im Abgasstrom beschränken sich auf relativ kurze Zeiten.

Abgasregulierklappen werden im Kaminkanal und bei Anlagen mit Sektionskammern vor den einzelnen Kammersektionen eingesetzt (Bild 3.87). Sie dienen nur als Regulierklappen und haben keine unmittelbare Funktion beim Feuerwechsel. Von der Konstruktion her handelt es sich hier um dicht anschlagende Klappen (Bild 3.88). Es gibt Ausführungen sowohl für gemauerte Kanäle als auch für ausgemauerte Rohrleitungen. Vorteilhaft ist die einfache Konstruktion, Nachteil, daß eine absolute Gasdichtheit nicht erreicht werden kann.

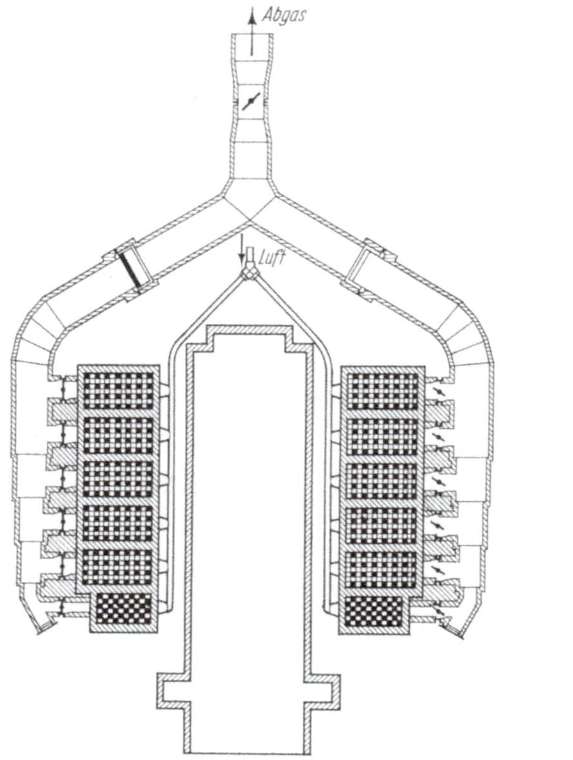

Bild 3.87. Rauchgasabsperr- und Regelklappen bei Sektions-Regenerativkammern [43a]

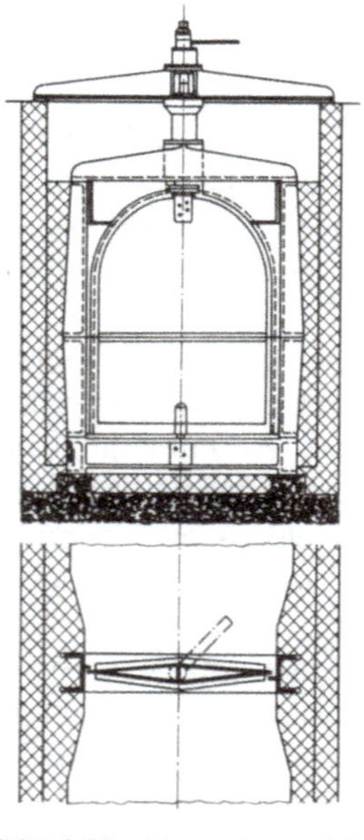

Bild 3.88. Abgasabsperrklappe [43]

3.7 Schornsteine [44–46]

3.7.1 Schornsteindimensionierung

Die Zug- und Druckverhältnisse im Verbrennungsluft- und Abgasbereich einer Regenerativwanne sind in Bild 3.89 angedeutet.

Zur Zugerzeugung dient neben den heißen Kammern ein Schornstein mit oder ohne Saugzug. Während früher Schornsteine so dimensioniert wurden, daß der notwendige Zug für die Schmelzofenanlage zur Verfügung stand, muß heute die Höhe des Schornsteins und die Austrittsgeschwindigkeit auch nach Immissionsgesichtspunkten der Genehmigungsbehörden festgelegt werden.

Der natürliche Zug eines Schornsteins ergibt sich aus der atmosphärischen Druckdifferenz Δp zwischen Innendruck im unteren Schornsteinbereich p_i und dem Außendruck p_a. Das heiße Rauchgas im Schornstein hat eine geringere Dichte ϱ_A als die Außenluft ϱ_L. Der Zusammenhang ergibt sich aus folgender Gleichung:

$$\Delta p = p_i - p_a = g\, h\, (\varrho_A - \varrho_L). \tag{3.12}$$

Die Dichteänderungen in Abhängigkeit von der Höhe h des Schornsteins werden dabei vernachlässigt. Die Verluste zur Beschleunigung der Rauchgase und die Strömungsverluste vermindern die Druckdifferenz um etwa 10 bis 15%. Die Abkühlung des Rauchgases im Schornstein kann mit 2 °C/m angesetzt werden. Bei geringer Belastung sind aber auch 5 bis 10 °C/m möglich. Die Austrittsgeschwindigkeit aus der Mündung beträgt heute 10 bis 15 m/s.

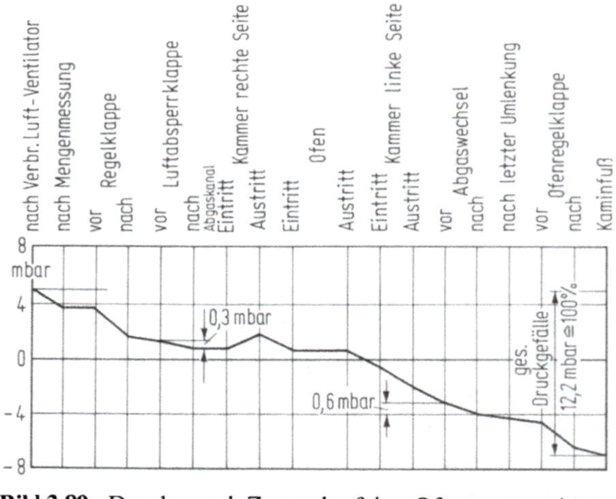

Bild 3.89. Druck- und Zugverlauf im Ofensystem einer großen Tafelglaswanne [43]

Je nach der Temperaturbelastung werden Schornsteine in folgende vier Gruppen eingeteilt. Es sind dies die

- Kaltschornsteine, Rauchgastemperatur bis 100 °C,
- mäßig beheizten Schornsteine, Rauchgastemperatur 100 bis 200 °C,
- stark beheizten Schornsteine, Rauchgastemperatur 200 bis 300 °C,
- Heißschornsteine, Rauchgastemperatur über 300 °C.

Für Glasschmelzöfen sind zumeist Schornsteine der beiden letzten Gruppen notwendig. Werden schwefelhaltige Brennstoffe (Heizöl S) verwendet, ist der Bau eines Säureschornsteins notwendig. Die Abgastemperaturen im Schornstein sollten auch beim Säureschornstein über dem Taupunkt von SO_3 liegen, der mit 80 bis 150 °C anzusetzen ist. Eine SO_3-Kondensation kann zur Gipsbildung ($CaSO_4 \cdot 2\,H_2O$) führen, der sich aus SO_3 und Kalk bildet und wegen seiner Unlöslichkeit zu den gefürchteten Treiberscheinungen führt.

Als Baustoffe für den Außenschaft kommen Mauerwerk oder Stahlbeton bzw. beide Materialien in Mischbauweise in Frage. Bis ca. 100 m Bauhöhe ist Klinkermauerwerk preisgünstiger als Stahlbeton. Darüber ist Stahlbeton zu empfehlen wegen des geringeren Gewichts, der kürzeren Bauzeit und der geringeren Reparaturanfälligkeit.

3.7.2 Schornsteinbauteile

Als Fundament ist eine den statischen Erfordernissen entsprechende Stahlbetonkreisplatte zu wählen. Der tragende Teil des Schornsteins wird als Schaft bezeichnet. Die Einhaltung der zulässigen Steindruckfestigkeit ($350 \cdot 10^5\,N/m^2$) darf nicht überschritten, sollte aus wirtschaftlichen Gründen aber auch nicht zu stark unterschritten werden. Zur Vermeidung von Rissen infolge Temperaturspannungen werden bei mehrsteinigem Mauerwerk Stahlbetonringe mit Betonformstählen eingebaut. Wird der Schaft aus Stahlbeton errichtet, dann ist der monolithischen Bauweise gegenüber der Bauart aus Betonformsteinen aus Korrosionsgründen unbedingt der Vorzug zu geben. Zur Verminderung der Wärmespannungen ist die Innenseite des Schaftes zu belüften.

Zum Schutz des tragenden Schornsteinschaftes gegen direkte Abgaseinwirkung ist ein säurebeständiges, weitgehend gasdichtes Abgasführungsrohr, das als Futter bezeichnet wird, anzuordnen. Dieses Futter sollte bei gemauerten Schäften bis zur Mündung gehen, bei Stahlbetonschäften muß es bis zur Mündung geführt werden. Im allgemeinen wird das Futter als sogenanntes Etagenfutter, bei starkem Kondensat- und Säureanfall als durchgehendes Rohr aufgebaut. Als Material können bis zu einer Temperatur von 200 °C dichtgebrannte Klinker, bei höheren Temperaturen oder starkem Kondensatanfall säurefeste Schamottesteine verwendet werden. Die rechnerische Temperaturspannung darf an keiner Stelle $16 \cdot 10^5\,N/m^2$ überschreiten. Wird diese Spannung überschritten, dann muß ein Wärmedämmfilter eingebaut werden. Als Dämmaterial haben sich Molersteine bewährt. Bei starkem Kondensatanfall ist Schaumglas zu empfehlen. Von einer Schüttisolierung ist abzuraten, da diese zum Zusammensacken neigt.

Das obere Ende des Schornsteinschaftes wird stets säurebeständig ausgeführt, beim Klinkerschaft durch Fugenmaterial aus Kunstharzkitt, beim Stahlbetonschaft durch säurefeste Anstriche bzw. Kopfmauerwerk aus Klinker- oder säurefestem Schamottematerial. Die Höhe beträgt mindestens das Dreifache des Schaftdurchmessers. Zur Mündungsabdeckung dienen säurefeste Schamotteformsteine oder Edelstahlsegmente. Die Ausdehnung des Futters darf nicht behindert, das Eindringen von Wasser muß jedoch verhindert sein.

3.7.3 Schornsteinausrüstung

An der Außenseite des Schaftes ist ein Steigeisen oder ein Leitergang mit Rückenschutzbügel vorzusehen. Im säurebeständigen Schornsteinkopfbereich wird Edelstahl oder verbleiter Stahl verwendet. Im Inneren sind ebenfalls Steigeisen oder eine Einsichtung zum Befahren vorzusehen (Fahrkorb und Elektrowinde). Befahreinsichtungen mit entsprechenden Wartungsverträgen werden heute bevorzugt. Am Schornsteinkopf wird ein doppelter Umgang aus Steigeisen angebracht. Der Abstand der beiden Ebenen soll 1,50 m nicht überschreiten.

Blitzschutzeinrichtungen nach den Richtlinien des Ausschusses für Blitzableiterbauer (ABB) sind vorgeschrieben. Anstelle besonderer Ableitungen können bei Schornsteinen mit durchgehenden Steigleitern auch diese als Ableitungen verwendet werden.

Im Einzugsbereich von Flughäfen jeder Art sind Kennzeichnungen je nach Auflage durch Tag- und Nachtbefeuerung oder durch weißrote Farbringe vorzusehen.

Zur Kontrolle der Einhaltung der Umweltschutzbestimmungen werden von den zuständigen Behörden in verschiedenen Höhen Öffnungen zum Einführen von Meßsonden und zum Einbau von Rauchdichtemeßgeräten gefordert.

Bei Schornsteinen mit belüftetem Innenraum ist zu empfehlen, Temperaturmeßeinrichtungen, und zwar für die Kühlluft und für die Rauchgastemperatur unverstellbar an der Mündung bzw. am Kühlluftaustritt anzuordnen.

Schornsteine mit säurebeständigem Innenfutter müssen vor der Inbetriebnahme genügend lange kaltstehen, damit die Bindemittel ausreichend erhärten. Während dieses Vorgangs müssen die Schornsteinfutter gegen Frost und witterungsbedingte Feuchtigkeitseinflüsse geschützt werden.

3.8 Verankerungen

Glasschmelzöfen sind große, teilweise sehr große Ofenanlagen, die aus ausgewählten feuerfesten Baustoffen aufgebaut sind. Um die einzelnen Bauteile in ihrer festgelegten Position zu halten und die in manchen Bereichen erheblichen Kräfte abzufangen, sind umfangreiche Stahlkonstruktionen notwendig, die unter dem Begriff Verankerungen zusammengefaßt werden. Ausgangsbasis aller Verankerungen bildet bei Glasschmelzwannen der auf Pfeilern und Längsträgern ruhende Rost aus Breitflanschträgern. Die Dimensionierung der Pfeiler und Träger erfolgt nach den Gesetzen der Statik und den Vorschriften des Stahlbaus. Im Bereich von Schmelzwannen müssen Gebäude- und Wannenstützen bis 1,5 m Höhe feuerfest ummantelt sein. Im Bereich eines möglichen Wannendurchbruchs dürfen keine Versorgungsleitungen vorhanden sein. Außerdem dürfen im Ofenmauerwerk keine Öl-, Gas- oder Druckluftleitungen verlegt sein.

3.8.1 Verankerung des Wannengewölbes

Neben den Pfeilern mit dem Trägerrost gehört die Verankerung des Wannengewölbes zur wichtigsten Verankerung jedes Ofens. Die dabei auftretenden Kräfte können sehr erheblich sein. Die Wärmedehnungen beim Tempern müssen sicher beherrscht werden, und das Gewölbe kann nur dann die Ofenreise sicher durchstehen, wenn es rißfrei ist und keine Fugen aufweist. Von ganz kleinen Öfen und einigen Spezialglaswannen abgesehen, muß das Gewölbe freitragend verankert werden und darf nicht auf die Seitenwände oder Brenner gestützt werden. Es muß möglich sein, darunterliegende Steine mit voreilendem Verschleiß zu ersetzen, ohne das Gewölbe erneuern zu müssen. Die lange Lebensdauer von Verankerungen bringt es mit sich, daß neue Erkenntnisse nur langsam Eingang in die Praxis finden.

3.8.1.1 Pendelstützen mit Ankereisen

Auf den Querträgern des Trägerrostes sind im Abstand der Gewölbespannweite die Ständer am Fußpunkt in Ankerschuhen pendelnd aufgestellt (Bild 3.90). Die Widerlagersteine des Gewölbes ruhen in Längsträgern aus U-Profilen oder Winkeleisen, die auf geschweißten oder gegossenen Konsolen ruhen, die an den Pendelstützen befestigt sind. Zum Abfangen des Gewölbeschubes sind die gegenüberliegenden Stützen mit einem Ankereisen verschraubt. Nachteilig ist bei dieser Konstruktion, daß beim Antempern und der damit verbundenen Ausdehnung des Gewölbes die Pendelstützen und damit die Widerlager durch Nachlassen der Ankereisen nach außen kippen und es schwerfällt, das Entstehen von Rissen im Gewölbe zu verhindern. Eine Verbesserung verspricht die Einführung einstellbarer Widerlager (Bild 3.91) [47]. Schwierig ist bei dieser Konstruktion allerdings, daß während der kritischen Temperphase nicht nur die Ankerschrauben gelockert werden müssen, um ein Ausweichen der Pendelstützen um den Winkel γ zu ermöglichen, sondern auch eine Korrektur des Neigungsplattenwinkels von δ_1 auf δ_2 notwendig ist, um ein Klaffen der Gewölbefugen zu vermeiden. Bei Verwendung von schmelzgegossenen Gewölbesteinen sind spezielle Gewölbelager erforderlich, um die bei diesen Steinen vorhandenen Spannweitedifferenzen der einzelnen Bögen ausgleichen zu können [48], (s. auch Abschn. 4.3.1).

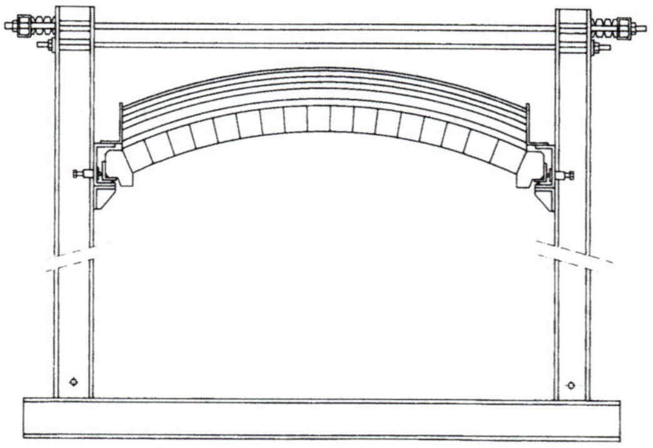

Bild 3.90. Gewölbeverankerung mit Pendelstützen

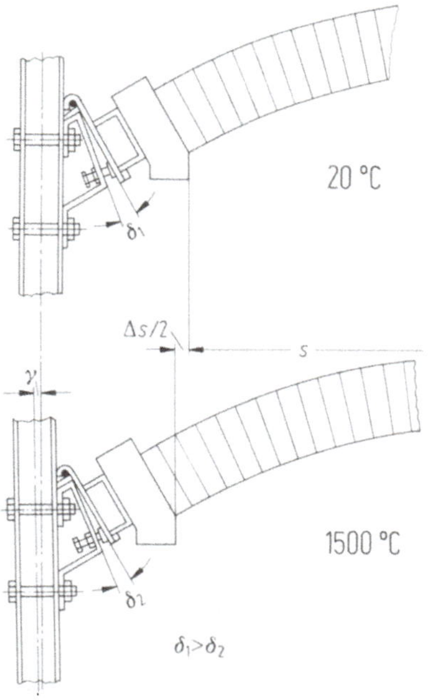

Bild 3.91. Vorschlag für eine kippbare Verankerung des Widerlagers von Glasschmelzwannenöfen [47]

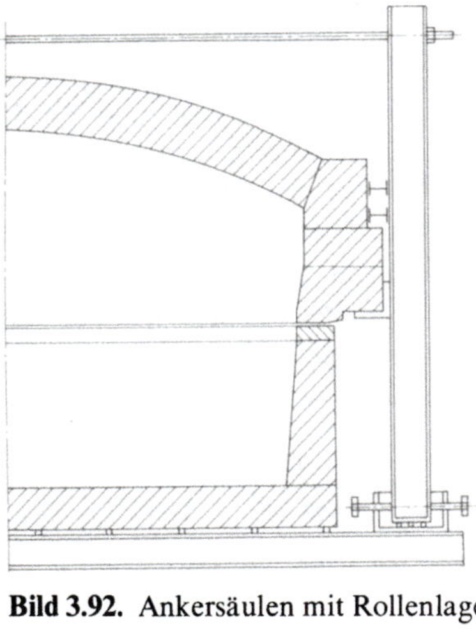

Bild 3.92. Ankersäulen mit Rollenlager und Ankerschuh

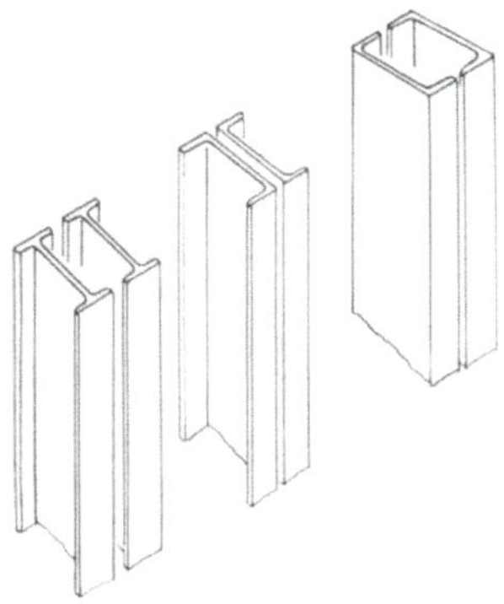

Bild 3.93. Konstruktionsbeispiele von Ankersäulen [49]

Durch Lagerung der Ankerstützen in Ankerschuhen mit Rollenlagern läßt sich beim Antempern des Gewölbes das Kippen der Stützen und Widerlager vermeiden (Bild 3.92). Der Abstand der einzelnen Ankerstützen richtet sich nach der Größe und Anzahl der Brenner. Im Mittel soll ein Abstand von 2 bis 3 m eingehalten werden, um unzulässige Deformationen der Widerlager-Profileisen zu vermeiden. Die Stützen selbst können aus einem einzelnen Profilträger oder aus Kombinationen mehrerer Profile aufgebaut sein (Bild 3.93) [49]. Weiterhin hat es sich bewährt, die Ankerstützen von der Seitenwand des Ofens abzurücken, um die Zugänglichkeit zu verbessern und die Gefahr einer Überhitzung der Stützen zu vermindern. Für die Konsolen der Gewölbewiderlager müssen dann besondere Distanzkonstruktionen vorgesehen werden.

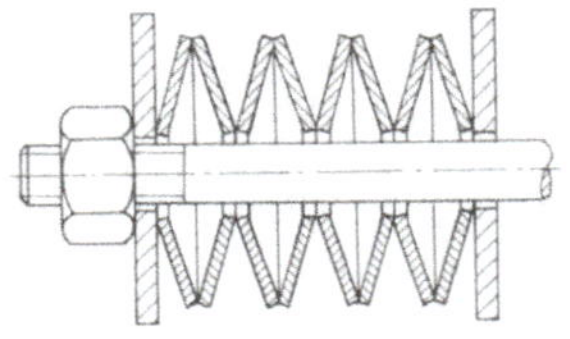

Bild 3.94. Tellerfederpaket

Eine bedeutende Verbesserung der Gewölbeverankerung brachte der Einsatz von Druckfedern zwischen Ankereisen und Pendelstütze. Die Federn verhindern, daß die Gewölbekräfte unzulässig stark ansteigen, auch wenn die Ankerschrauben nicht rechtzeitig nachgelassen werden. Als Federelemente haben sich für diesen Zweck Tellerfedern sehr gut bewährt. Es werden bis zu 50 Einzelfedern zu einem Paket zusammengefaßt (Bild 3.94). Je nach Dimensionierung und Aufbau der Federn läßt sich eine lineare oder degressive Kennlinie der Tellerfeder erreichen (Bild 3.95). Eine degressive Kennlinie ist für eine Gewölbeverankerung gut geeignet, da damit die Gewölbepressung innerhalb eines bestimmten Bereichs annähernd konstant gehalten werden kann. Dimensionen und Kennwerte ausgewählter Tellerfedern nach DIN 2093 sind in Tabelle 3.8 zusammengestellt. Der benötigte Federweg kann durch Paketbildung den Erfordernissen angepaßt werden. Bei Paketen aus Einzelfedern bleibt die Kraft konstant. Durch Verdoppelung oder Verdreifachung der Einzelfederelemente lassen sich die Kräfte verdoppeln oder verdreifachen. Tellerfedern können auch aus korrosionsfesten und wärmebeständigen Stählen geliefert werden.

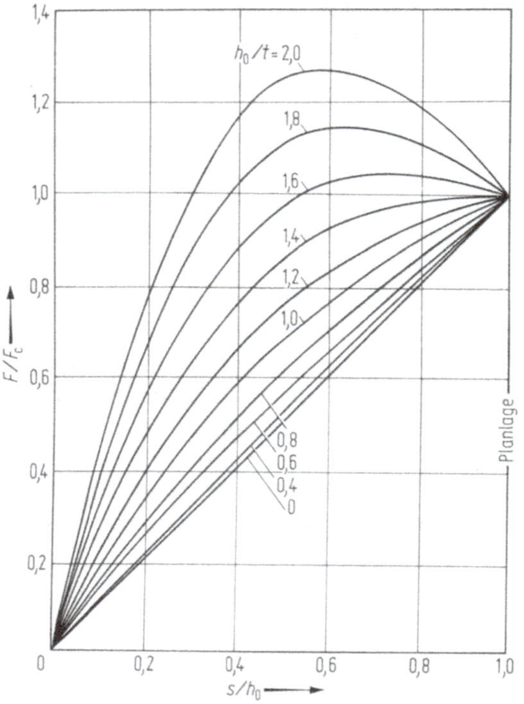

Bild 3.95. Kennlinien von Tellerfedern (Bauer)

Tabelle 3.8. Abmessungen und Kennwerte von Tellerfedern nach DIN 2093

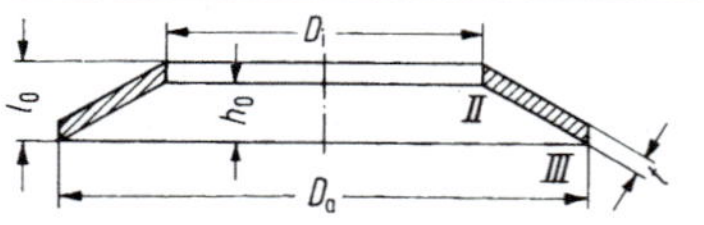

Tellerfeder-Kennwerte bei 0,75 s/h_0

D_a	D_i	t	l_0	Kraft F N	Weg s mm	h_0/t
112	57	3,0	6,90	10 700	2,95	1,3
112	57	4,0	7,20	18 300	2,40	0,8
112	57	6,0	8,50	45 000	1,88	0,42
125	64	3,5	8,05	15 900	3,40	1,3
125	64	5,0	8,50	31 000	2,65	0,7
125	64	8,0	10,60	88 000	1,95	0,33
140	72	3,8	8,7	20 200	3,70	1,4
140	72	5,0	9,0	28 500	3,00	0,8
140	72	8,0	11,2	87 000	2,40	0,4
160	82	4,3	9,9	25 600	4,20	1,3
160	82	6,0	10,5	42 000	3,40	0,75
160	82	10,0	13,5	140 000	2,60	0,35

Zu Kraft- und Spannungsberechnung von Tellerfedern wird auf die DIN 2092 verwiesen. Bei statisch belasteten Tellerfedern soll die Druckspannung an der Oberkante (Tabelle 3.8) im flachgedrückten Zustand der Feder 3000 N/mm² nicht überschreiten. Die bruchgefährdeten Kanten liegen bei II und III. Bei $h_0/t > 0,8$ liegen die Maximalspannungen bei III, bei $h_0/t < 0,8$ bei II. Die Zugbeanspruchung bei II und III soll bei flachgedrückter Feder 1600 N/mm² nicht überschreiten.

3.8.1.2 Starre Gewölbeverankerung

Vom Siemens-Martin-Ofen her hat in den vergangenen Jahren die sogenannte starre Gewölbeverankerung Eingang bei Glasschmelzöfen gefunden. Mit dieser Konstruktion ist eine sichere Beherrschung auch starker Gewölbeschübe möglich, wie sie z. B. bei Flachglaswannen mit ihren Spannweiten von 12 m und mehr auftreten. Die zunehmende und heute fast ausschließliche Verwendung isolierter Gewölbe stellt sehr hohe Anforderungen an die sichere Beherrschung der Wärmedehnung des Tempervorgangs. Bei der starren Armierung wird das Gewölbe an den Widerlagern aufgehängt. Die eine Seite dient als Festpunkt und stützt sich gegen den vertikalen Ständer ab. Die andere Seite wird über eine kräftige, einstellbare Feder abgestützt und dient als Loslager (Bild 3.96). Als Federn werden Tellerfedern verwendet. Spiralfedern sind wegen der hohen auftretenden Drucke weniger geeignet. Einzelheiten der Widerlagerkonstruktion eines hängend gelagerten mit Tellerfedern abgestützten Gewölbes zeigt Bild 3.97. Die Tellerfedern treten nur während des An- und Abtemperns in Funktion. Nach dem Antempern übernehmen durch Eindrehen die Stützbolzen den Gewölbeschub. Das Tellerfederpaket wird entlastet. Man vermeidet auf diese Weise eine Dauerbeanspruchung der Federn und benötigt keine hochwarmfesten und entspre-

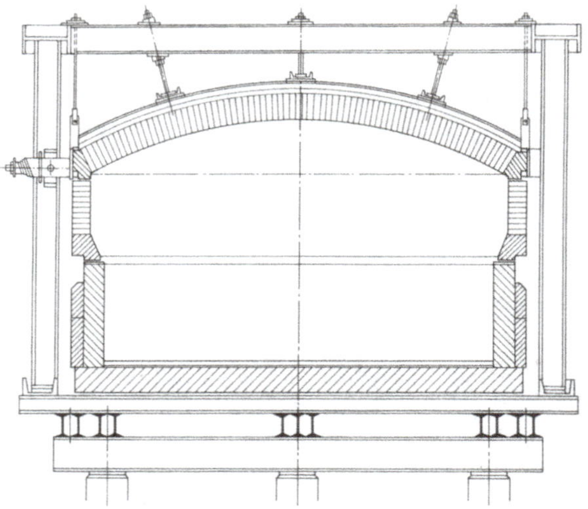

Bild 3.96. Starre Armierung mit hängendem und abgefedertem Gewölbe

chend teuren Tellerfedern. Eine modifizierte Art des aufgehängten Gewölbes findet sich bei manchen Elektroöfen.

Eine Variation der starren Gewölbeverankerung bildet die Verwendung starrer Stützen mit Gleitkonsolen für die Gewölbewiderlager und die Wannenseitenwand. Um das Gleiten auf den Konsolen zu erleichtern, werden Rundeisen als Rollen zwischen Tragstein und Konsole eingefügt. Der Gewölbeschub wird durch übereinander angeordnete einstellbare Druckbolzen aufgenommen. Durch unterschiedliches Nachgeben dieser Bolzen während des Tempervorgangs kann ein vorübergehendes Kippen des Gewölbewiderlagers zugelassen werden. Der Spalt zwischen Seitenwand und Gewölbewiderlager wird so gewählt, daß sich dieser nach dem Tempern mit Sicherheit schließt; ein leichtes Anheben des Gewölbewiderlagers wird in Kauf genommen. Bei Spannweiten bis 8 m kann auf abgefederte Druckbolzen verzichtet werden. Nachteilig ist bei dieser Konstruktion, daß die Druckbolzen für den Gewölbewiderlagerstein bei Querbrennerwannen schlecht einzustellen sind, da sie zwischen den Brennern zu liegen kommen. Auch mit dieser Konstruktion läßt sich bei richtiger Beherrschung des Tempervorgangs ein ungewolltes Kippen der Widerlager und eine Rißbildung im Gewölbe vermeiden. Einstellbare Druckschrauben mit oder ohne Federpakete nehmen den Gewölbeschub auf.

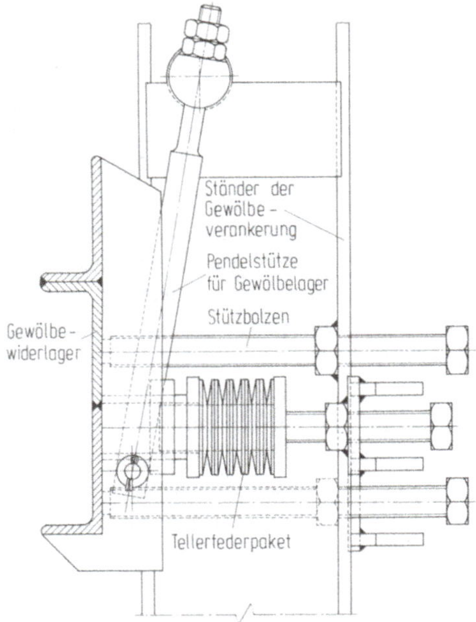

Bild 3.97. Widerlager bei hängend gelagertem Gewölbe mit Tellerfederabstützung (Sorg)

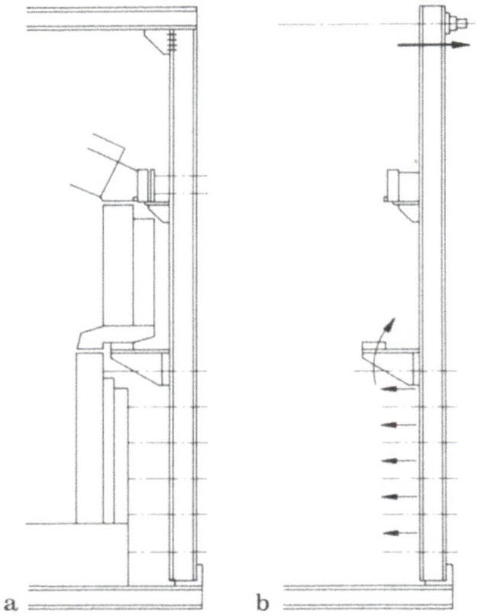

Bild 3.98. Stützenausbildung. **a** Starre Rahmenstütze, kein Kippen; **b** Pendelstütze, Kippen

Die Einstellung der Seitenwände und die der Druckbolzen für das Wannenbecken werden vom Tempervorgang des Gewölbes nicht beeinflußt. Auch das gefürchtete Kippen der Tragkonsole für die Seitenwand wird vermieden (Bild 3.98).

3.8.2 Verankerung der Seitenwände

3.8.2.1 Oberbauseitenwand

Die Seitenwandverankerung besteht im wesentlichen nur aus einer Tragkonstruktion für den Nasenstein, die an den Tragstützen für das Gewölbe befestigt werden. Es werden Konsolen und Winkeleisenkonstruktionen verwendet. Auf eine gute Abdichtung und Wärmeisolation gegenüber dem Nasenstein muß geachtet werden (Bild 3.99). Bei größeren Wannen entstehen durch die Längsdehnung der Seitenwand Kräfte, die zu einem Ausknicken der Seitenwand nach innen und damit zu klaffenden Fugen führen können.

3.8.2.2 Wannenbecken

Das aus Blöcken und heute vornehmlich aus Palisadensteinen aufgebaute Wannenbecken muß möglichst fugendicht angetempert und so fixiert werden, daß es vom hydrostatischen Druck der Glasschmelze nicht auseinander geschoben wird. Meist werden Rundstäbe verwendet, die an den Tragstützen befestigt sind und über Winkel- und U-Eisen die Wannensteine abstützen (Bild 3.100). Die Einstellung kann über die als Schraubspindeln ausgebildeten Rundstäbe vorgenommen werden.

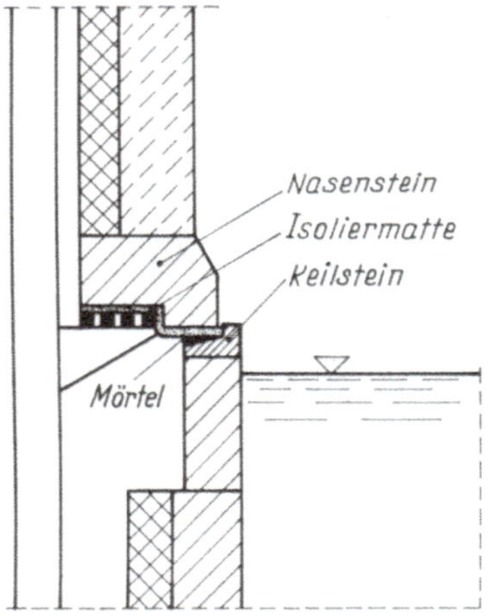

Bild 3.99. Tragekonstruktion und Abdichtung im Bereich des Nasensteins [1]

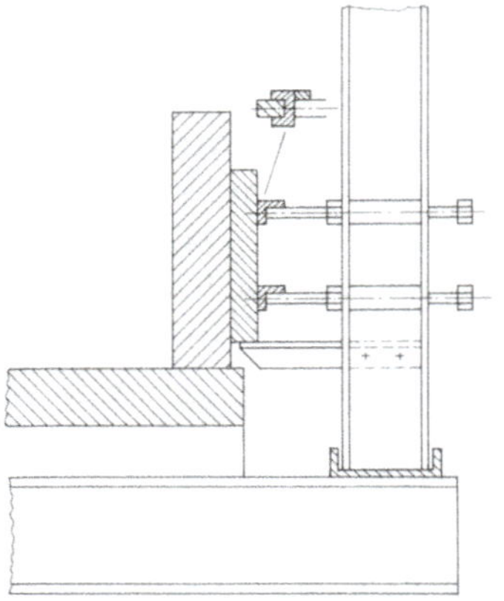

Bild 3.100. Beispiel für eine Wannensteinverankerung

Bei Schmelzöfen mit elektrischer Zusatzheizung oder rein elektrisch betriebenen Anlagen ist eine Isolierung zwischen Wannenstein und Haltekonstruktion notwendig. Man verwendet unter anderem Schamotteriegel und zur Abstützung U-Eisen.

Um die Haltestäbe schnell wechseln und einstellen zu können, findet man zur Befestigung Hakenösen an den Trägerstützen.

3.8.2.3 Verankerung der Stirn- und Giebelwand

Zur Verankerung der Stirn- und Giebelwand wird mit Ständern, ähnlich denen für die Gewölbeabstützung verwendeten, gearbeitet, die meist mit waagrechten Riegeln untereinander versteift sind. Die Stützen für die Giebelwand und Stirnwand werden ebenfalls mit langen Ankereisen gegenseitig abgestützt, damit nach dem Tempern die Vertikalfugen der vertikalen Wände gegenüber dem Gewölbe und die Dehnfugen im Gewölbe sicher verschlossen werden können. Dem gasdichten Abschluß dieser Fugen kommt für die Lebensdauer der Anlage große Bedeutung zu.

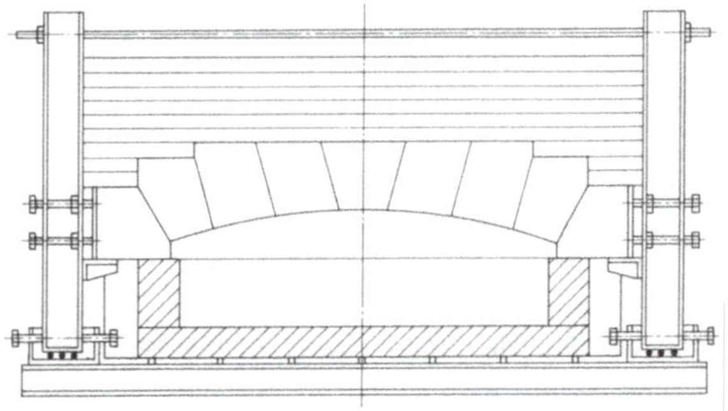

Bild 3.101. Verankerung im Bereich des Einlegevorbaus

3.8.2.4 Verankerung des Einlegevorbaus

Mit der Verbreiterung des Einlegevorbaus ist eine sichere Verankerung dieses Bauteils sehr wichtig (Bild 3.101). Die verwendeten Konstruktionen haben große Ähnlichkeit mit der Verankerung des Gewölbes. Die Verankerung soll, wenn irgend möglich, von der Verankerung des Gewölbes unabhängig sein, um eine separate Einstellung zu ermöglichen. Die Gewölbeschubkräfte können bei Verwendung scheitrechter Gewölbe erheblich werden. Auf eine entsprechend solide Konstruktion der Verankerung ist daher zu achten.

3.8.3 Verankerung der Brenner

Baulich bilden die Brennerhälse das Verbindungsglied zwischen Schmelzwanne und Regenerativkammer. Beide Baukörper wachsen beim Tempern unterschiedlich. Die Verankerung des Brenners muß entsprechend beweglich gebaut sein, um den gegenseitigen Verschiebungen gerecht zu werden. Die Verbindung der Tragkonstruktion des Brennerhalses mit der Regenerativkammer erfolgt meist mit Rollen (Bild 3.102).

Das meist freitragend in die Seitenwände eingebundene Brennermaul wird durch eine Tragkonstruktion abgestützt. Hierzu verwendet man Tragplatten und Säulen, besser aber waagrechte Profileisen und Stützen. Die Abstützung muß genügend freien Raum für den Steinwechsel und die Bordsteinkühlung lassen. Die übrige Brennerverankerung beschränkt sich auf waagrechte Halteisen und senkrechte Ankermasten zur Abstützung der Gewölbe und zur Erhaltung der Dichtheit. Für die

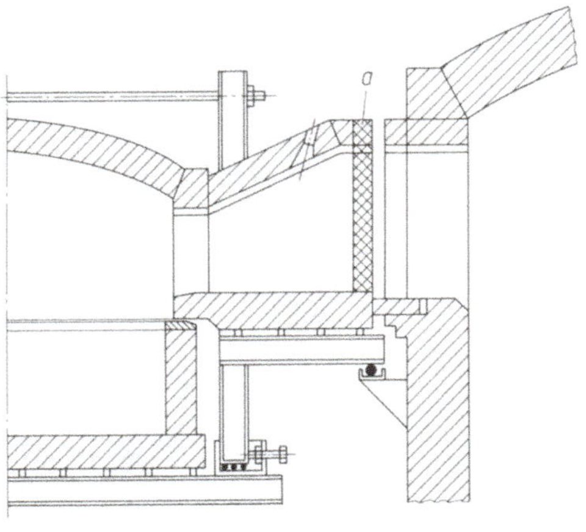

Bild 3.102. Übergang vom Kammerblock zum Brennerhals in Rollenbauweise (*a* austauschbare Halbsteinschicht)

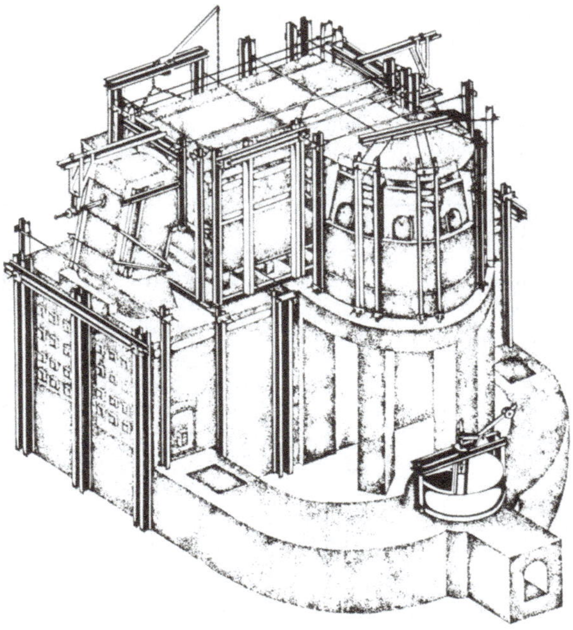

Bild 3.103. Verankerung einer regenerativ beheizten Kleinwanne [50]

Ankermasten werden Profileisen mit 160 bis 400 mm Profilhöhe, für die Zuganker Rundeisen von 20 bis 64 mm Durchmesser verwendet. Der Brennerhals wird ähnlich wie ein kleines Gewölbe mit vertikalen Ständern auf beiden Seiten und entsprechenden Ankereisen gehalten.

3.8.4 Verankerung der Regenerativkammern

Die Regenerativkammern werden für sich verankert, wobei die großen vertikalen Wände durch kräftig dimensionierte Vertikalständer mit Horizontalverbindungen oder Spannwerken verankert werden. Die Gewölbeverankerung ist meist einfacher als die des Schmelzwannengewölbes. Man verzichtet auf eine freie Abstützung und lagert das Gewölbe auf den Seitenwänden. Der Horizontalschub wird von besonderen Widerlagern in Verbindung mit den vertikalen Ständern aufgenommen.

Als Beispiel für die Verankerung einer kleinen regenerativ beheizten Querbrennerwanne mit Arbeitswanne kann Bild 3.103 gelten [50].

3.8.5 Berechnung

Die Berechnung der Verankerungen kann hier nur angedeutet werden. Es gilt zwischen den tragenden Ankerungen, die dauernd statisch belastet sind, wie Abstützung des Gewölbes, Tragen einzelner Ofenbauteile und den Halteankerungen zu unterscheiden. Die Halteankerungen haben nur die Aufgabe, den Wärmedehnungen des Mauerwerkes beim Tempern, Auskühlen und Wiederanwärmen entgegen zu wirken, damit die Standfestigkeit und Gasdichtheit des Mauerwerks gewährleistet ist.

Während sich bei den tragenden Ankerungen die auftretenden Kräfte relativ sicher vorausbestimmen lassen, ist dies bei den haltenden Verbänden nicht der Fall. Man benutzt diese Ankerteile nach der Erfahrung so stark wie die tragenden Teile. Die tragenden Ankerungen sind exakt nach den Regeln der Statik, wie sie im Hoch- und Maschinenbau üblich sind, zu berechnen. Es ist nicht nötig, für den Glasofenbau geringere zulässige Beanspruchungen anzunehmen, noch sonstige Abschläge oder Vorbehalte zu machen.

Ankermasten sind bei freitragenden Konstruktionen auf Biegung und eventuell Druck zu berechnen. Werden die Masten in den Unterbau durchgeführt, und bei freitragender Kappe, so ist auf Knickung zu prüfen, die Ankermasten der Hängedecke auf Druck und Biegung.

Die Konsolen müssen auf Knickung geprüft werden. Die Konsolen selbst werden auf Biegung, die Schrauben auf Abscherung belastet. Die Abmessungen und die zu beachtenden Streckgrenzen nach DIN 13, 934 und 17100 sind in den Tabellen 3.9 und 3.10 zusammengestellt.

Die zulässigen Spannungen sind ein Bruchteil der Streckgrenze des Baustoffs. Es wird mit 3- bis 4facher Sicherheit gerechnet (Tabelle 3.10). Ab-

Tabelle 3.9. Zuganker und Ankerschrauben, metrisches ISO-Gewinde DIN 13, Tl und DIN 934, Tl, Maße in mm

Bolzen					Muttern	
Nenndurchmesser d	Steigung P	Flankendurchmesser d_2	Kerndurchmesser d_3	Spannungsquerschnitt A_S[a] mm²	Mutternhöhe m	Schlüsselweite s
10	1,5	9,026	8,160	58,0	8	17
12	1,75	10,863	9,853	84,3	10	19
16	2	12,701	11,546	115	13	24
20	2,5	18,376	16,933	245	16	30
24	3	22,051	20,319	353	19	36
30	3,5	27,727	25,706	561	24	46
36	4	33,402	31,093	817	29	55
42	4,5	39,077	36,479	1120	34	65
48	5	44,752	41,866	1470	38	75
56	5,5	52,428	49,252	2030	45	85
64	6	60,103	56,639	2680	51	95

[a] Der Spannungsquerschnitt ist nicht in DIN 13 T1, sondern in DIN 13 T28 enthalten

$A_S = \frac{\pi}{4}\left(\frac{d_2 + d_3}{2}\right)$, hierin sind d_2 und d_3 Nennmaße

Tabelle 3.10. Stahlsorten nach DIN 17100 und gewährleistete Werte für mechanische und technologische Eigenschaften (Dichte 7,85 kg/dm³)

Stahlsorte		Obere Streckgrenze in N/mm²[a] für Erzeugnisdicken in mm					
Kurzname	Werkstoffnummern	≦ 16	> 16 ≦ 40	> 40 ≦ 63	> 63 ≦ 80	> 80 ≦ 100	> 100
St 37 – 2	1.0037	235	225	215	205	195	nach
St 44 – 2	1.0044	275	265	255	245	235	Verein-
St 52 – 3	1.0570	355	345	335	325	315	barung

[a] Die Streckgrenze ist die Spannung, bei der bei zunehmender Verlängerung die Zugkraft erstmalig gleichbleibt oder abfällt. Die obere Streckgrenze ist die größte Spannung vor dem ersten Abfall der Zugkraft bei zunehmender Verlängerung (DIN 50145)

schläge für Verzundern, Abbrennen u. dgl. sind nicht bei den zulässigen Spannungen zu machen, diese Einflüsse sind bei der Querschnittsbemessung zu berücksichtigen. Bei richtiger Konstruktion der Verankerungen braucht der Einfluß der Temperatur nicht berücksichtigt zu werden, da Temperaturen von 200 bis 300 °C nicht überschritten werden. Werden lokal höhere Temperaturen erreicht, sind die zulässigen Festigkeitswerte entsprechend zu reduzieren.

4 Auswahl und Einsatz feuerfester (ff-) Baustoffe für Glasschmelzwannen

4.1 Auswahlkriterien

Die primäre Aufgabe einer Glasschmelzanlage ist, Glas der geforderten Qualität in der benötigten Menge zu möglichst wirtschaftlichen Bedingungen zu liefern. Bei der Erfüllung dieser Forderungen kommt der richtigen Auswahl und dem richtigen Einsatz der feuerfesten Baustoffe entscheidende Bedeutung zu.

Die Bedingungen von Seiten des Glases werden nicht nur von der Art des Glases sondern auch von der Einbaustelle her diktiert. Im Einschmelzbereich der Schmelzwanne ist die Abgabe von Steinsubstanz oder von Reaktionsprodukten oft noch zu tolerieren, da mit der nachfolgenden Homogenisierung die Fremdsubstanz aufgelöst und gleichmäßig in der Glasmasse verteilt wird. Der analoge Vorgang im Bereich der Arbeitswanne führt dagegen zu einer Katastrophe, da kein äquivalenter Homogenisierungsvorgang folgt und damit die Fremdsubstanz Glasfehler verursacht.

Die unterschiedlichen mechanischen, physikalischen und chemischen Bedingungen in den einzelnen Bereichen des Ofens erfordern ihrerseits eine Anpassung der Steineigenschaften an diese Bedingungen, um eine ausreichende Lebensdauer zu gewährleisten. Ein sehr wichtiger Gesichtspunkt ist auch das Verhalten gegenüber benachbarten Steinen anderer Art [1].

Ein weiteres Kriterium ist der Preis, wobei hier nicht nur an den Preis der Substanz, sondern auch an die Möglichkeit zu denken ist, einfache genormte Abmessungen gegenüber Formsteinen einsetzen zu können, die nicht nur billiger sondern meist auch ab Lager schnell lieferbar sind.

Im allgemeinen sind die ff-Baustoffe der einzelnen Ofenbereiche so auszuwählen, daß lokal keine voreilenden Abnützungen auftreten und der Ofen in seiner Gesamtheit eine ausreichend lange Lebensdauer erreicht. Läßt sich eine voreilende Korrosion nicht vermeiden (z.B. Spülkante), dann muß eine leichte Reparaturmöglichkeit gegeben sein.

4.2 Zusammensetzung und Eigenschaften der wichtigsten feuerfesten Steine [1–3]

4.2.1 Schamottesteine

Schamottesteine haben für Glasschmelzöfen durch die Entwicklung von Spezialsteinen viel an Bedeutung verloren. Für untergeordnete Zwecke werden sie aber immer noch verwendet. Sie werden aus Bindeton und gebranntem Ton hergestellt. Nach dem Tonerdegehalt unterscheidet man saure, halbsaure und tonerdereiche Steine. In Tabelle 4.1 sind die wichtigsten Daten wie chemische und mineralogische Zusammensetzung angegeben. Angestrebt wird eine geringe Porosität, die aber das Temperaturwechselverhalten verschlechtert. Daten über die Wärmedehnung und die Wärmeleitfähigkeit finden sich in Tabelle 5.10.

4.2.2 Sillimanit- und Mullitsteine

Sillimanit- und Mullitsteine haben gemessen an den Schamottesteinen eine höhere Druckfeuerbeständigkeit. Dichtes und feinkörniges Gefüge vorausgesetzt, haben sie eine geringe Neigung zur Blasenbildung im Glas und eignen sich daher gut für Speiserrinnen, Drehrohre, Plunger und Auslaufringe. Als Wannensteine finden sie nur noch in Ausnahmefällen Verwendung. Die Eigenschaften von verschiedenen Sillimanitsteinen sind aus Tabelle 4.2 ersichtlich.

4.2.3 Zirkonsilicatsteine

Die chemische Zusammensetzung dieser Steine kommt der des Zirkonsilicats $ZrSiO_4$ mit 67% ZrO_2 und 33% SiO_2 nahe. Die Druckfeuerbeständigkeit dieser Steine ist noch höher als die der Sillimanitsteine. Die Temperaturwechselbeständigkeit ist stark von der Dichte und dem Körnungsaufbau

Tabelle 4.1. Anhaltswerte für die Eigenschaften von Schamottesteinen (weitestgehend nach Stahl-Eisen-Werkstoffblatt 910 – 64)

Steinsorte	Al_2O_3	TiO_2	Fe_2O_3	$CaO + MgO$	$K_2O + Na_2O$	Segerkegel	Dichte	Rohdichte	Gesamtporigkeit	Druckfestigkeit bei Raumtemp.	Druckfeuerbeständigkeit t_a (°C)	Druckfeuerbeständigkeit t_e (°C)	Temperaturwechselbeständigkeit	Ungef. ob. Temperaturbereich der Anwendung ohne chemische Beeinflussung
	%	%	%	%	%	SK	g/cm³	g/cm³	%	N/mm²	mindestens			°C
hochwertige Schamottesteine	42…46	~ 1,5	0,6…1,5	< 0,6	0,4…1,2	> 34	~ 2,74	2,25…2,4	12…18	35…85	1450			1450
AO p AO h AO t	> 42	1,0…3,5	< 3,0	etwa 0,5…1,0	< 2,5	> 34	2,55…2,75	p: 1,8…2,0; h: 1,9…2,1; t: 2,0…2,2	26…30 22…27 19…25	10 15 25	1450 1430 1450	rd. 150…200 °C höher als t_a	Im Anlieferungszust. im allgem. bei den Sorten AO–AI besser als bei den Sorten AII–AIII, desgl. bei den trocken gef. besser als bei den halbtrocken u. plastisch gef. Sorten	1400
AIS p AIS h AIS t	40…42		< 2,5		< 2,8	> 33/34			26…30 22…27 19…25	13 20 30	1370 1400 1420			1350…1400
AI p AI h AI t	37…40		< 2,5		< 3,0	> 33			26…30 22…27 19…25	13 20 30	1350 1380 1400			1300…1350
AII p AII h AII t	33…37		< 2,5		< 3,0	> 32			25…30 22…26 19…25	13 20 30	1330 1350 1370			1250…1300
AIII p AIII h AIII t	30…33		< 3,0		< 3,0	> 30			23…30 21…25 19…25	15 25 30	1300 1320 1340			1200…1250
saure Schamottesteine	22…30					> 26			< 30	> 10	1250			1100

Tabelle 4.2. Eigenschaften von Sillimanitsteinen

		Keramisch gebundene Sillimanitsteine					Khasi-Sillimanit-block
	Herkunft:	England	BR Deutschland	BR Deutschland	USA	USA	Indien
Chemische Zusammensetzung (Gew.-%)	Al_2O_3	56,4	59,3	64,5	65,5	59,5	59,9
	Fe_2O_3	0,96	0,80	1,0	0,71	0,81	0,92
	TiO_2	1,12	1,13	0,5	1,13	1,19	1,30
	SiO_2	39,5	38,1	33,4	31,9	37,6	35,7
	CaO	0,28	0,08	–	Sp.	0,32	0,34
	MgO	0,88	0,17	0,1	0,26	0,18	Sp.
	Na_2O	0,26	0,19	0,1	0,46	0,40	Sp.
	K_2O	0,51	0,24	0,4			0,07
	Glühverlust	–	–	–	–	–	2,13
Physikalische Eigenschaften							
Reindichte	g/cm³	3,04	3,05	3,22	3,25	3,05	3,16
Rohdichte	g/cm³	2,36	2,34	2,58	2,32	2,35	3,14
Gesamtporosität	Vol.-%	22,4	23,2	19,6	28,6	23,0	0,6
Scheinbare Porosität	Vol.-%	–	20,8	16,2	21,8	21,5	0,4
Permeabilität	$\frac{10^{-3}\ cm^3\ cm}{cm^2\ s\ cm\ WS}$	20	6,6	15	10	–	–
Druckfeuerbeständigkeit t_a-Wert	°C	–	1620	1650	1570	1580	1700
Druckfeuerbeständigkeit t_e-Wert	°C	1710	1720	1720	1770	1720	1700
Kaltdruckfestigkeit	$\cdot 10^5\ N/m^2$	–	600	700	–	550	–
Wärmeausdehnungskoeffizient 20...1500 °C	$\cdot 10^{-6}\ K^{-1}$	–	5,5	6	6,6	5,4	5,4

Tabelle 4.3. Eigenschaften von Zirkonsilicat für Glasschmelzwannen

Chemische Zusammensetzung (Gew.-%)		Normale Zirkonsteine	Dichter Zirkonstein
ZrO_2		65,1 ...66,2	64,4
SIO_2		34,4 ...32,6	33,4
TiO_2		0,05... 0,25	1,07
Al_2O_3		0,4 ... 0,7	0,40
Fe_2O_3		0,05... 0,25	0,05
CaO + MgO		0,03... 0,40	0,11
$Na_2O + K_2O$		Sp. ... 0,11	–
Physikalische Eigenschaften		**Normale Zirkonsteine**	**Dichter Zirkonstein**
Reindichte	g/cm³	4,56... 4,63	4,56
Rohdichte	g/cm³	3,61... 3,67	4,05
Gesamtporosität	Vol.-%	20,2 ...22,0	11,2
Scheinbare Porosität	Vol.-%	16 ...20	–
Permeabilität	$\frac{10^{-3}\ cm^3\ cm}{cm^2\ s\ cm\ WS}$	1 ... 3	0,5
Druckfeuerbeständigkeit t_a-Wert	°C	1730	1730
Druckfeuerbeständigkeit t_e-Wert	°C	1800	1800
Kaltdruckfestigkeit	$\cdot 10^5\ N/m^2$	5,5	5,5
Wärmeausdehnungskoeffizient 20...1500 °C	$\cdot 10^{-6}\ K^{-1}$	1000 ... 1500	3000
Wärmeleitfähigkeit bei 1100 °C	W/(Km)	1,5 ... 2,3	3,5

abhängig. Der Stein ist für großem Verschleiß ausgesetzte Teile des Oberbaus von Glasschmelzwannen geeignet. Als Wannenstein eignet er sich nur für alkaliarme Gläser. Die Eigenschaften sind aus Tabelle 4.3 ersichtlich.

4.2.4 Schmelzflüssig gegossene Steine [4]

Aufgrund ihrer Herstellung haben diese Steine, vom Lunkerbereich abgesehen, ein sehr dichtes Gefüge von miteinander verfilzten Kristallen, was sie Glasschmelzen gegenüber sehr widerstandsfähig macht. Die schmelzflüssig gegossenen Steine haben für den Glasschmelzofen eine große Bedeutung erlangt.

Die früher viel verwendeten Korund-Mullit-Steine haben heute keine Bedeutung mehr. Von Bedeutung sind die Korund-Zirkonoxid-Steine (KZ-Steine), die α- und β-Tonerdesteine und neuerdings die Korund-Chrom-Steine. Kenndaten dieser Steine sind in Tabelle 4.4 zusammengestellt. Für den Aufbau des Wannenbeckens und weite Teile des Oberofens haben vor allem die Steine mit 32 und 41% ZrO_2-Gehalt große Bedeutung erlangt. Zu beachten ist der in einigen Fällen hohe Anteil der Glasphase, die hohe Wärmeleitfähigkeit (Bild 4.1) und das Ausdehnungsverhalten. Die Korund-Zirkonoxid-Steine weisen zwischen 900 und 1200 °C eine Ausdehnungsanomalie auf, die durch die reversible Umwandlung von monoklinem in tetragonales ZrO_2 bedingt ist und in ihrer Auswirkung vom Gehalt an Zirkonoxid abhängig ist (Bild 4.2).

Für elektrisch beheizte Schmelzwannen ist der spezifische elektrische Widerstand der Wannensteine wichtig. Manche schmelzgegossene Steine haben einen relativ niedrigen elektrischen Widerstand (Bild 4.3). Beim Erschmelzen alkaliarmer Gläser mit ihrem hohen elektrischen Widerstand müssen aus diesem Grund für die Elektrodensteine und manchmal für das ganze Wannenbecken keramisch gebundene Zirkonsilicatsteine verwendet werden.

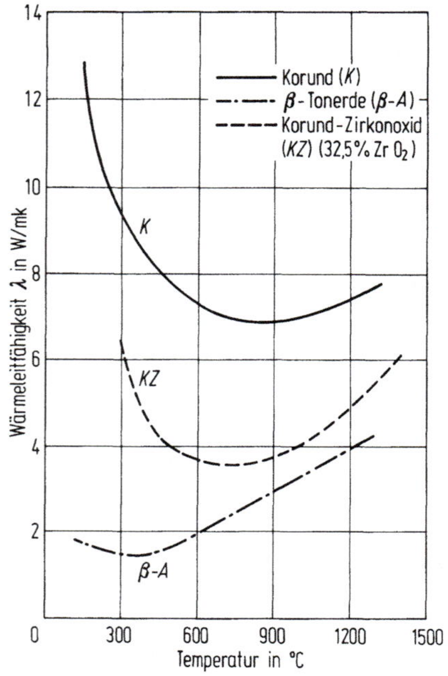

Bild 4.1. Wärmeleitfähigkeit verschiedener schmelzgegossener Wannensteine in Abhängigkeit von der Temperatur

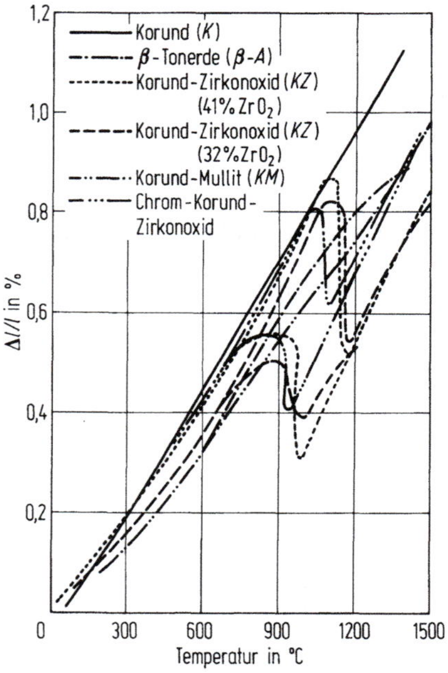

Bild 4.2. Ausdehnungsverhalten von schmelzgegossenen Steinen in Abhängigkeit von der Temperatur

4.2.4.1 Stampfmassen in Verbindung mit schmelzgegossenen Steinen

Zur besseren Abdichtung von Fugen, als Trennschicht und für Heiß- und Kaltreparaturen, aber auch zum Aufbau von Trennschichten und speziellen Formsteinen haben sich Stampfmassen gut bewährt. Für den Einsatz im Bereich schmelzgegossener Steine sind besondere Stampfmassen entwickelt worden, die den Besonderheiten und Eigenschaften der schmelzgegossenen Steine angepaßt sind. Bei hochbeanspruchten, heißgehenden Öfen können diese Stampfmassen das Eindringen und Hinterspülen des Glases verhindern. In Tabelle 4.5 sind die Eigenschaften und die Einsatzbereiche ver-

Tabelle 4.4. Chemische und mineralogische Zusammensetzung, physikalische Eigenschaften schmelzgegossener Steine

Gruppe		Korund-Zirkonoxid					Tonerde-Cr- und Zr-Oxid	Tonerde		
Kurzbezeichnung		KZ-Stein					Cr KZ-Stein	$K/\beta T$	βT	
Handelsname		ER 1681	ER 1682[a]	Unicor 501	Unicor I	ER 1711	ER 2161	JARGAL M	JARGAL H	ER 5312[a]
Chemische Zusammensetzung m %	ZrO_2	32,5	32,5	33,8	40,0	41,0	26,0	–	–	–
	Al_2O_3	50,6	50,6	49,2	45,6	45,5	31,5	95,0	94,5	87,5
	SiO_2	15,6	15,6	15,2	13,0	12,2	13,0	1,2	0,1	8,0
	Na_2O	1,1	1,1	1,5	1,1	1,0 }	3,5	3,5	5,2	4,5
	CaO, Fe_2O_3, TiO_2, MgO	0,2	0,2	0,12	0,14	0,3 }		–	–	–
	Fe_2O_3	–	–	0,14	0,14	–	–	0,05	0,05	–
	Div.	–	–	–	–	–	–	0,25	0,15	–
	Cr_2O_3	–	–	–	–	–	26,0	–	–	–
Mineralogische Zusammensetzung m %	Baddeleyit	32,0	32,0	keine Angaben		41,0	25,0	–	–	–
	Korund	47,0	47,0			42,0	–	45,0	2,0	–
	Cr-Korund	–	–			–	56,0	–	–	–
	β-Tonerde	–	–			–	–	53,0	97,5	–
	β'''-Tonerde	–	–			–	–	–	–	Hauptphase
	Glasphase	21,0	21,0			17,0	19,0	2,0	0,5	–
Physikalische Eigenschaften	Dichte in g/cm^3 [b]	3,84	3,84	3,77	3,9	4,09	4,11	3,54	3,26	3,37
	Scheinb. Dichte in g/cm^3 [b]	3,72	–	–	–	4,0	4,0	3,40	–	–
	Rohdichte in g/cm^3 [c]	3,50	3,30	3,49	3,5	3,70	–	3,14	2,80	2,90

[a] Nur für Regenerativkammer-Gitterung
[b] Pulverdichte
[c] Gilt für normale Steine; nach Spezialverfahren gegossene Steine haben höhere Rohdichten

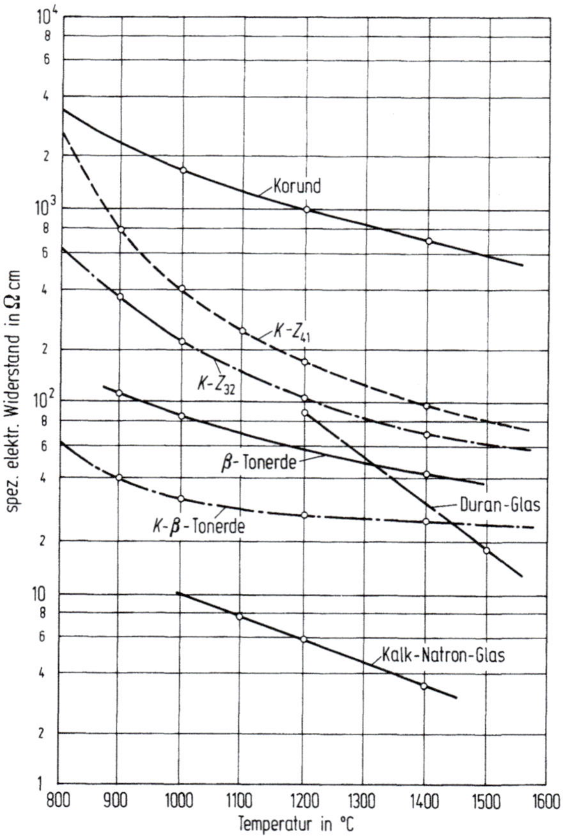

Bild 4.3. Spezifischer elektrischer Widerstand verschiedener Wannensteine in Abhängigkeit von der Temperatur [4]

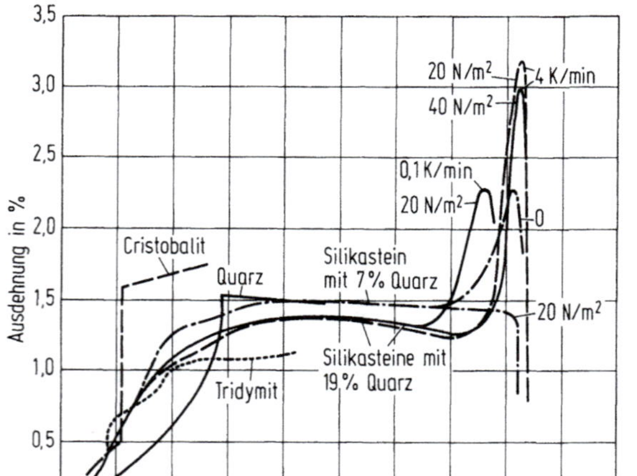

Bild 4.4. Thermische Ausdehnung von Kieselsäuremineralien und Silikasteinen verschiedener thermischer Vorgeschichte [7, 8]

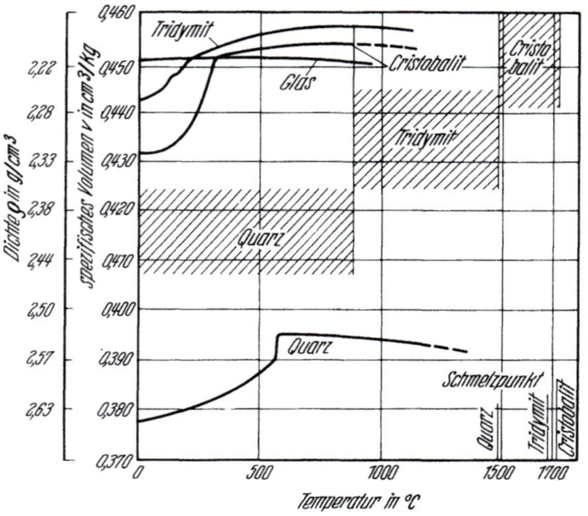

Bild 4.5. Dichte und spezifisches Volumen einiger SiO_2-Modifikationen und deren Beständigkeitsbereiche in Abhängigkeit von der Temperatur [5]

schiedener derartiger Massen zusammengestellt. Die Verarbeitungsbedingungen, die vom Hersteller angegeben werden, sind dabei sorgfältig zu beachten.

4.2.5 Silikasteine [5]

Der Silikastein hat trotz der starken Steigerung der Ofenbetriebstemperaturen seine Bedeutung als Gewölbestein nicht verloren. Für seinen Einsatz wichtig sind hier Porosität und Restquarzgehalt. Ein erhöhter Restquarzgehalt kann bei hohen Temperaturen zu einem gefährlichen Nachwachsen der Steine führen (Bild 4.4). Die Beständigkeitsbereiche der Modifikationen der Kieselsäure zeigt Bild 4.5.

4.2.6 Basische Steine [6]

Basische Steine haben eine hohe Widerstandsfähigkeit gegen Alkalien und haben sich als Kammergittersteine in den verschiedensten Qualitäten eingeführt. Daten dieser Steine sind in Tabelle 4.6 zusammengestellt.

Tabelle 4.5. Stampfmassen in Verbindung mit schmelzgegossenen Steinen

Gruppe		Korund-Mullit-Zirkonoxid	Korund-Zirkonsilicat	Korund		Korund-Zirkonoxid		Zirkonsilicat
Handelsname		ERSOL 06	ER 66	ER 67	ER 67H	ER 70	ER 71	ER 75
Chemische Zusammensetzung in %	Al_2O_3	48	3,58	88,2	93	77	77	0,4
	ZrO_2	30	34	–	–	15	15	60
	SiO_2	20	25	7	–	1	1	31
	Fe_2O_3	} 2 (Fe₂O₃, P₂O₃, Glühverlust)	0,5	0,3	0,1	0,1	0,1	0,1
	P_2O_3		–	–	2,4	2,4	2,4	4,5
	Glühverlust		4,7	4,5	4,5	4,5	4,5	4,0
Mineralogische Zusammensetzung nach dem Brand bei	1300 °C	bei 1400 °C: Korund/Mullit/Zirkonoxid	Zirkonsilicat/Korund	Korund	–	–	–	–
	1500 °C			–	Korund	Korund/Zirkonoxid	Korund/Zirkonoxid	Zirkonsilicat
Schwindung in % bei	1300 °C	–	1,3	1,2	1,2	1,2	0,5	0,2
	1500 °C	–	–	–	2,0	2,0	1,2	1,8
Ausdehnung in % bei	0 – 1000 °C	0,5	keine Bindung	keine Bindung	0,7	0,7	0,56	0,8
Anwendungsgebiete		Versiegeln von Bodenplatten	Verlegen und Ausbessern von Bodenplatten im Schmelzbereich	Verlegen von Bodenplatten im Arbeitswannenbereich, bei Flachglas auch Schmelzbereich	Abdichtung zwischen schmelzgegossenen Steinen und Isolierung	Wanne und Oberbau, Abdichtung zwischen schmelzgegossenen Steinen und Isolierung	Heiß- und Kaltrep. von schmelzgegossenen Steinen, Stampfschicht unter Bodenbelag	Heiß- und Kaltrep. im Oberbau Trennschichten Silika/schmelzgegossene Steine

Tabelle 4.6. Chemische und physikalische Eigenschaftsmerkmale sowie Gebrauchs-

Sorte	Chemische Zusammensetzung in Gew.-%					
	SiO_2	Al_2O_3	Fe_2O_3	CaO	MgO	Cr_2O_3
Magnesiasteine	0,2...6	0,1...5	0,2...6	0,8...3,9	85...98	
Magnesiachromsteine	< 5	< 11	5...12	< 3	55...80	6...20
Chrommagnesiasteine	< 5	< 22	7...15	< 2,5	25...55	15...25
Chromitsteine	< 7	< 28	9...18	< 2	< 25	> 25
Forsteritsteine	< 40	< 8	< 8	< 1,5	50...60	< 1,5
Sinterdolomitsteine	< 1,5	< 1	< 1	< 61	> 36	
Kalksteine	0,3...1	0,3...2	0,3	96...97,5	0,2...1	

4.3 Auswahl und Einsatz im Einzelfall

4.3.1 Schmelzwannengewölbe

Die Steine im Gewölbe von Schmelzwannen sind, besonders bei weit gespannten Gewölben, einer hohen Druckbelastung ausgesetzt. Die Temperaturen an der Innenseite erreichen 1600 °C und mehr, und die Atmosphäre ist, von Sondergläsern abgesehen, stark mit Alkalien angereichert. Die Steine dürfen, um die Standfestigkeit des Gewölbes zu gewährleisten, auch über Jahre hinweg kein Kriechen aufweisen. In der Praxis hat sich der Silikastein von seinen Eigenschaften her und seinem Preis als der geeignete Gewölbestein erwiesen.

Silikasteine bestehen überwiegend aus SiO_2; als Bindemittel wird Kalkhydrat verwendet. Silikasteine enthalten im wesentlichen Mengen an Cristobalit, Tridymit und meist auch restlichen Quarz, während die Menge an Pseudowollastonit und Glas von dem Gehalt an Flußmitteln sowie den Brenn- und Abkühlbedingungen abhängig ist. Die genannten SiO_2-Modifikationen im Silikastein haben verschiedene Beständigkeitsbereiche und unterschiedliche physikalische Werte (Bild 4.5).

Während die Wärmedehnungsanomalien im Temperaturbereich bis 600 °C seit langem bekannt sind und beim Tempern beachtet werden müssen, ist die Eigenschaft des Nachwachsens bei Temperaturen über 1500 °C erst nach dem Kriege mit dem Erreichen und Überschreiten dieser Temperaturgrenze richtig erkannt worden [7, 8]. Die entscheidende Größe für das Nachwachsverhalten des Silikasteins ist sein Restquarzgehalt, der neben der Rohstoffauswahl von den Herstellungsbedingungen, vor allem aber von der Brenntemperatur und der Brenndauer abhängt (Bild 4.4).

Das Nachwachsen, vor allem wenn die Steine des Gewölbeverbandes sich unterschiedlich verhalten, ist sehr gefährlich, da damit die Stabilität und vor allem die Gasdichtheit des Gewölbes gefährdet ist. Undichte Gewölbestellen führen zu einem Durchblasen der alkalihaltigen Ofenabgase. In kühleren Bereichen der Silikasteine kondensieren die fast immer vorhandenen Alkalisulfate, welche das Silikamaterial stark angreifen. Es kann auf diese Weise schnell zu gefährlichen Gewölbeschäden kommen. Für Schmelzwannengewölbe sind daher nur hoch umgewandelte Steine mit einem geringen und gleichmäßigen Restquarzgehalt < 9% geeignet. Schlecht umgewandelte Steine haben Übermaß und lassen sich durch Kalibrieren aussondern. Wichtig ist auch die Druckfeuerbeständigkeit (DFB-Wert). Es müssen Werte von 1640 °C, bei hohen Ansprüchen 1680 °C erreicht werden. Die Porosität und Gasdurchlässigkeit ist dem gegenüber von untergeordneter Bedeutung.

Silikasteine zeigen im heißen Bereich nach längerer Betriebszeit eine deutliche Verschlackungszone. Bei nicht sehr hohen Temperaturen (Einschmelzbereich) liegt sie an der Oberfläche und führt zu einer stärkeren Abnützung der Steine, bei höheren Temperaturen (Läuterbereich) ist der Stein außen trocken und die Verschlackungszone liegt etwas tiefer [9, 10]. Diese Zusammenhänge sind aus Bild 4.6 ersichtlich.

Bei niedrigen Temperaturen führt die Alkalikondensation gelegentlich zu einem Fehler, der als „Frost- oder Reifbildung" bezeichnet wird. Er besteht aus einer lose anhaftenden Oberflächenschicht gut ausgebildeter Tridymitkristalle. Die verstärkte Neigung zur Entstehung von „Frost" wird mit erhöhter Porosität der Steine und damit zum schnel-

eigenschaften basischer Steine

Physikalische Eigenschaftsmerkmale								
Dichte g/cm³	Rohdichte g/cm³	Offene Poren Vol.-%	Gasdurchlässigkeit nPm	Kaltdruckfestigkeit N/mm²	*E*-Modul ·10⁴ N/mm²	Druckfeuerbeständigkeit, t_a °C	Temperaturwechselbeständigkeit	Max. Anwendungsgrenztemperatur °C
3,5...3,8	2,85...3,1	13...18	0,5...12 (20)	40...115	7...14	1560...1700	schlecht bis mäßig	1450...1850
3,7...3,85	2,8...3,1	16...23	3...35	> 20	1...6	> 1500	mittel bis schlecht	1600...1750
3,8...4,0	2,8...3,2	16...23		> 15		> 1500		
3,8...4,1	3,0...3,3	17...23		> 30		> 1500	gering	
3,3...3,4	2,6...2,85	15...23		> 25		> 1600	mittel	rd. 1600
3,38	2,6...2,9	14...25		30...80		> 1700	gut	1500...1700
3,30	2,87	13		60		> 1700	gut	

leren Abtransport von silicatischen Schmelzen in das Steininnere in Verbindung gebracht.

Beim Aufbau eines Gewölbes ist den Dehnfugen besonderes Augenmerk zu widmen. Während früher auf einen laufenden Meter Mauerwerk mit 14 mm Dehnungsfuge, entsprechend der maximalen Ausdehnung der Silikasteine von 1,4%, gerechnet und in Abständen von 4 bis 6 m Fugenbreiten von etwa 50 bis 80 mm vorgesehen wurden, werden die Dehnfugen neuerdings zum Teil nicht größer als 30 bis 50 mm für gleiche Gewölbeabschnitte gewählt. Man nimmt im Gewölbe lieber eine Pressung in Kauf als eine Fuge, die nicht geschlossen wird. Eine in Längsrichtung der Wanne auftretende Pressung hat den Vorteil, daß die Querfugen geschlossen werden und das Gewölbe dichter wird. Das Abdichten der Dehnfugen wird durch die Verwendung besonderer Dehnfugensteine (Bild 4.7) erleichtert. Um das Schließen der Dehnfugen nicht zu behindern, werden diese zum Teil über das Widerlager hinaus in die Seitenwandungen hineingeführt. Zum Teil laufen sie in den Seitenwänden keilförmig aus, während sie bei großen Hohl- und Flachglaswannen bis zu den Schlußsteinen geführt werden. In manchen Hütten werden die Auflageflächen der Widerlagersteine geschliffen.

Silikasteine im Gewölbe werden mit einem dem Steinmaterial angepaßten Mörtel verlegt. Der Mörtel hat chemisch die gleiche Zusammensetzung wie das Steinmaterial. Während des Temperns und zu Beginn des Ofenbetriebs werden im Mörtel die mineralogischen Vorgänge nachgeholt, die in den Steinen während des Herstellungsbrandes stattfan-

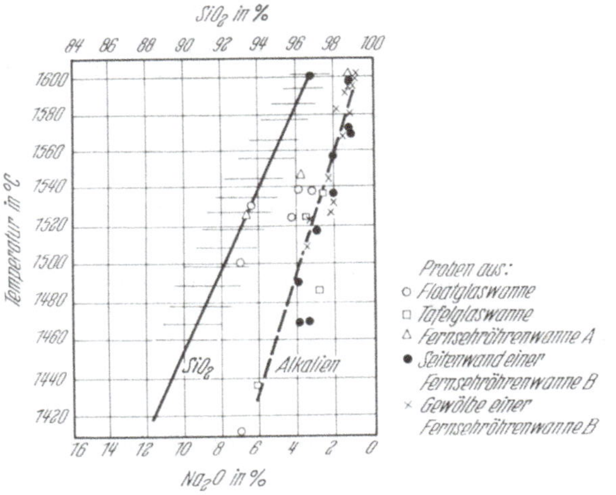

Bild 4.6. Abhängigkeit des Na_2O- und SiO_2-Gehalts der heißen Seite (10 mm) der Silikasteine von der Temperatur [9]

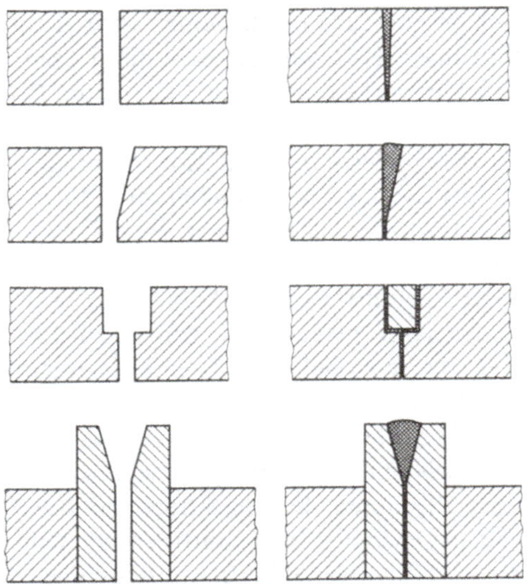

Bild 4.7. Form der Silikagewölbesteine an der Dehnfuge. *Links:* offen; *rechts:* geschlossen [5]

den. Um die Verlegung trockener Silikagewölbesteine mit tropffreiem Silikamörtel zu erleichtern, werden organische meist leimartige Zusätze verwendet, die das Wasserhaltevermögen des Mörtels erhöhen und damit dafür sorgen, daß das Anmachwasser nicht sofort vom trockenen Stein aufgenommen wird. Um Verwechselungen zu vermeiden, wird der Mörtel vom Hersteller grün eingefärbt. Bei dichten Gewölben ist eine Dicke der Steine von 250 mm ausreichend, da der Gewölbeverschleiß gering ist. Trotzdem gibt man in großen Hohlglaswannen 350 mm dicken Steinen den Vorzug und wählt in großen Flachglaswannen Gewölbesteine mit Dicken von 450 mm.

Silikagewölbe werden heute meistens mit einer Wärmeisolierung versehen. Nur wenn die Innentemperatur der Schmelzwanne über 1600 °C liegt, oder wenn bei stark strahlenden Flammen der Abstand zwischen Glasbad und Gewölbe knapp dimensioniert werden mußte, verzichtet man aus Sicherheitsgründen auf eine Isolierung. Die Isolierung wird nach dem Tempern des Silikamaterials und nach vorheriger sorgfältiger Abdichtung eventuell vorhandener Risse aufgebracht. Ein Antempern mit der endgültigen Isolation ist selten [12]. Sie ist nur bei kleinen Wannen und einwandfreier Beherrschung des Tempervorgangs zu empfehlen. Zur Isolierung wird das Gewölbe mit einer Schicht Quarzgutmasse geglättet und darauf die erste Flachschicht aus Silikaleichtsteinen aufgebracht. Die Steine werden zweckmäßig mit Silikamörtel verlegt, um das Vordringen flußmittelhaltiger Stäube, die sich auf der kalten Außenseite ablagern, bis zum Gewölbe zu verhindern. Eine zweite Flachschicht aus Silikaleichtsteinen wird ebenfalls mit Silikamörtel so verlegt, daß die Fugen der ersten Schicht überdeckt sind. Als dritte Flachschicht wird ein gut isolierendes Material aus Kieselgur oder Molersteinen in Mörtel verlegt und diese letzte Schicht nach außen mit einer Abdeckung aus Moler-Isolierbeton abgeglättet. Die Aufbringung der einzelnen Isoliersteinlagen muß zügig durchgeführt werden. Man sollte es möglichst vermeiden, zunächst nur einen Teil der Gewölbeoberfläche zu isolieren, da eine gleichmäßige Erwärmung der Außenseite für die Herstellung eines dichten Gewölbes am günstigsten ist. Bei großen Gewölben ist es vorteilhaft, von beiden Seiten her zu isolieren. Die nachträgliche Isolation eines alten Gewölbes ist gefährlich und nicht zu empfehlen, da sich dann die Infiltrationszonen verschieben und die Steine zu tropfen beginnen und geschwächt werden.

Gehen die Betriebstemperaturen einer Wanne über 1600 °C hinaus oder werden alkaliarme kalkreiche Gläser erschmolzen, dann fällt die Standzeit eines Silikagewölbes so stark ab, daß nach anderen Materialien Ausschau gehalten werden muß. Versuche mit hochwertigen schmelzgegossenen Korund-Zirkonoxid-Steinen-Materialien verliefen ermutigend [13]. Um bei der hohen Dichte dieser Steine das Gewölbegewicht zu vermindern, werden sie als Profilsteine ausgebildet. Die Aufteilung eines solchen Profilgewölbes ist aus Bild 4.8 zu ersehen.

Die Dehnfugen werden zwischen den einzelnen Gurtbögen vorgesehen. Die Verlegung der Wölber und der Widerlagersteine erfolgt ohne Mörtel unter Verwendung eines Lehrgerüstes. Zum Ausgleich der Längendifferenz der einzelnen Bögen, die dadurch bedingt ist, daß die Wölber ohne Spezialwerkzeuge nicht angepreßt werden können, wurde eine darauf abgestimmte Konstruktion entwickelt, die gleichzeitig eine Drehung der Widerlagersteine um eine horizontale Achse ermöglicht. Dadurch ist gewährleistet, daß beim Tempern alle Fugen geschlossen bleiben, und daß die Isolierung im kalten Zustand aufgebracht werden kann. Ein endgültiges Urteil über die Bewährung dieses Gewölbesteins steht noch aus. Nachteilig sind das hohe Gewicht und die Neigung zum Kriechen.

Bei Wasserglaswannen können Silikasteine wegen des extrem hohen Alkaliangebots ebenfalls nicht verwendet werden. Hier haben sich Gewölbe aus Sillimanitsteinen (korundfrei) oder Chrommagnesitsteinen besser verhalten. Eisenarme, chromerzfreie Spezialmagnesitsteine, hochgebrannt mit direkter Bindung, haben sich in Einzelfällen in Gewölben von Natronkalkwannen und Bleiglaswannen bewährt. Chrommagnesitsteine wurden in Isolierfaserglaswannen mit Erfolg eingesetzt. Es handelt sich dabei um bor- und fluorhaltige Gläser mit hohem Alkaligehalt. Bei der Bemessung von Gewölben aus basischen Steinen ist deren hohes Gewicht und gegenüber Silika anderes Ausdehnungsverhalten zu beachten. In Faserglaswannen für alkalifreie, kalkhaltige Gläser (E-Glas) werden für das Gewölbe Mullitsteine verwendet, für sehr heißgehende Geräteglaswannen Zirkonsilicatsteine.

4.3.2 Gewölbe von Arbeits- und Abstehwannen

Auch für die Gewölbe von Arbeits- und Abstehwannen werden fast ausschließlich Silikasteine verwendet. Auch hier ist die Gasdichtheit erstes

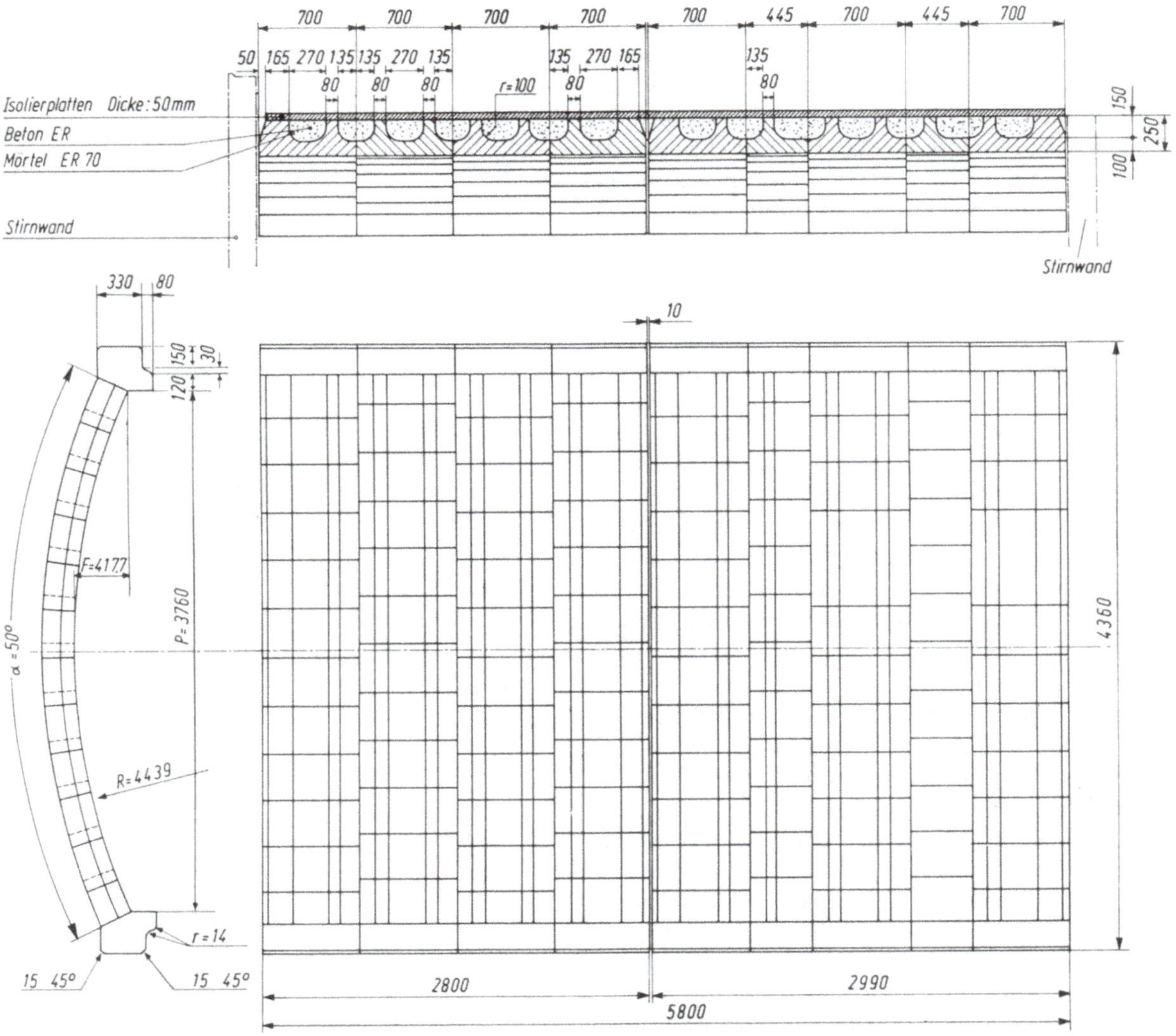

Bild 4.8. Aufteilung eines Profilgewölbes aus schmelzgegossenen KZ-Steinen (Maßangaben in mm) [13]

Gebot. Wegen den geringeren Temperaturen spielt hier das Nachwachsverhalten und damit der Restquarzgehalt eine untergeordnete Rolle.

4.3.3 Seitenwände von Schmelzwannen

Bei der Auswahl der feuerfesten Baustoffe für die Seitenwände und Brennereinfassungen von Schmelzwannen gilt es zu bedenken, daß die Mehrzahl der Glasfehler, die von den Ofenbaustoffen herrühren, direkt oder indirekt von den Seitenwänden und Brennereinfassungen stammen. Eine sorgfältige den jeweiligen Gegebenheiten angepaßte Steinauswahl ist daher unbedingt notwendig.

Noch in den ersten Jahren nach dem Kriege wurde für den Oberbau von Glasschmelzwannen fast ausschließlich Silika verwendet. Mit zunehmender Steigerung der Betriebstemperaturen und gefördert durch den Übergang auf Öl- und Erdgasheizung wurden die Seitenwände und hier vornehmlich die Brennereinfassungen zum Schwachpunkt der Anlagen.

Es sind hier besonders das erste und zweite Brennerpaar, die im Hinblick auf Temperatur, Verstaubung, Kondensation und Erosion einer starken Beanspruchung unterliegen. Der Übergang auf Sillimanit brachte für die Brennereinfassungen keine entscheidende Verbesserung. Die schon weit gediehene Verwendung schmelzgegossener Korund-Zirkon-Steine im Wannenbecken legten es nahe, auch im Oberbau diese Steine einzusetzen. Gegenüber Silika und Sillimanit ergab sich eine bedeutende Verbesserung. Die Brennereinfassungen hielten über mehrere Jahre ihre Form, was der

Feuerführung, besonders bei U-Flammenwannen, zugute kam. Nachteilig war das Ausschwitzen der Schmelzphase und die Kontaktreaktionen mit überlaufender Silikaschlacke vom Gewölbe. Die anfängliche Auffassung, daß das Ausschwitzen der Glasphase durch die hohen Temperaturen in Verbindung mit der Schwerkraft erfolgt, konnte bald widerlegt werden [14]. Es zeigte sich, daß die damals verfügbaren KZ-Steine mit 15 bis 20% Glasphase Verunreinigungen an Kohlenstoff oder Carbiden, an Sulfiden und Nitriden aufwiesen. Beim Erhitzen in oxidierender Atmosphäre diffundiert Sauerstoff in den Stein und reagiert mit diesen Verbindungen unter Freisetzung von CO_2, SO_2 und N_2. Diese Gase drücken die Schmelzphase aus dem Stein heraus und werden als Blasen an der Oberfläche sichtbar. Durch Änderung der Herstellungsbedingungen der Steine (oxidierende Schmelze) und Verwendung reinerer Rohstoffe konnte das Problem des Ausschwitzens der Glasphase und der damit bedingten Glasfehler stark vermindert werden.

Das Problem der über KZ-Material fließenden Silikaschmelze und dadurch bedingte Glasfehler konnten durch den Einsatz von Tropfkanten im Gewölbe vermindert werden [15]. Hinzu kam, daß durch die Steigerung der Schmelztemperaturen und durch Wärmeisolierung das Silikagewölbe im Läuterbereich keine ablaufende Schlacke mehr aufweist, da an der Oberfläche keine Kondensationen mehr auftreten. Im Einschmelzbereich auftretende Schlacke ist für die Glasqualität weniger entscheidend, da im nachfolgenden Läuterbereich der Schlackenfluß vom Glas aufgenommen und homogenisiert werden kann.

Mit der Verbesserung der schmelzgegossenen KZ-Steine drang der Einsatz dieser Steine mehr und mehr auf alle Brennereinfassungen und auf große Bereiche der Seitenwände vor. Bedingt durch die, wenn auch im geringeren Umfang, immer noch auftretende Glasphase bei schmelzgegossenen KZ-Steinen kann es mit benachbarten Silikasteinen zu Kontaktreaktionen kommen (Bild 4.9). Nicht jede Reaktion zwischen den genannten Steinen rührt jedoch von der Schmelzphase her. Durch das unterschiedliche Ausdehnungsverhalten der Steine lassen sich die Fugen oft nicht ausreichend abdichten. Kondensationen im Bereich der ausströmenden Ofenabgase führen dann primär zu den Zerstörungen. Um diese Kontaktreaktionen zu vermeiden, wird Zirkonsilicat als neutrale Lage zwischen schmelzgegossenen KZ-Stein und Silika eingebaut. Das für diese Zwecke

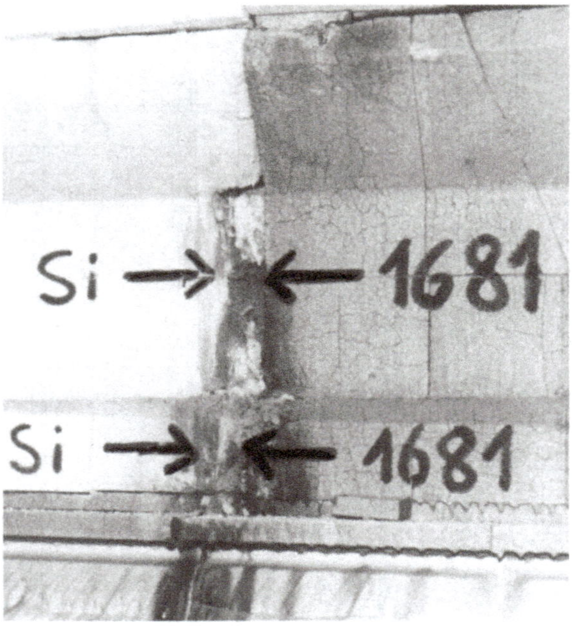

Bild 4.9. Angriff durch Kondensation in einer offenen Fuge [4]

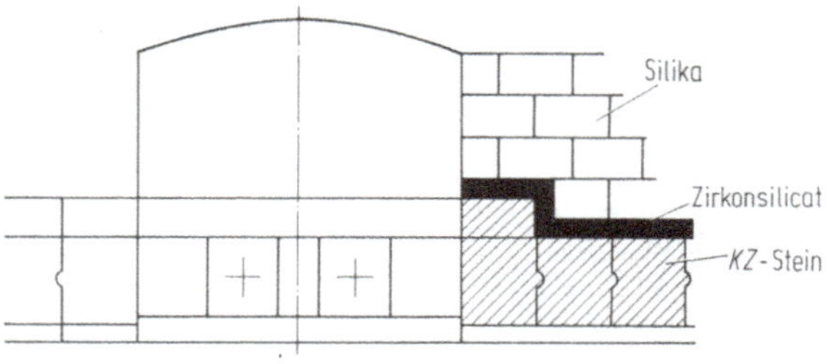

Bild 4.10. Neutrale Zone aus Zirkonsilicat zwischen Silika- und schmelzgegossenem KZ-Stein

verwendete Zirkonsilicat muß eine geringe Porosität aufweisen. Vielfach genügt es, anstelle von Zirkonsilicatsteinen eine Mörtelfuge aus Zirkonsilicat zu verwenden (Bild 4.10).

Sowohl für Hohlglas- wie für Flachglaswannen werden heute für Nasensteine, die Einfassungen der Brenner, die Wandbereiche zwischen den Brennern, die Brennerbänke, Teile der Brennerhälse, die Wandbereiche neben und über dem Einlegevorbau, die Trennwand zwischen Schmelz- und Arbeitswanne und bei einhäusigen Wannen die Abdeckung über den Durchlaß sowie die Schattenwand aus KZ-Material mit 32% Zirkonoxid und bei hohen Ansprüchen mit 41% Zirkonoxid aufgebaut. Bei Floatglaswannen wird auch Silika verwendet. Bei Brennerbänken und bei bestimmten Nasensteinen werden sogar lunkerfreie Steine eingesetzt. Die Brennerhälse dürfen nur im heißen

a b

Bild 4.11. Risse in einer Oberbauseitenwand aus KZ-Stein [4]. **a** Kalk-Natron-Glaswanne; **b** Borosilicatglaswanne

Bereich aus KZ-Material gefertigt werden, da die zeitlichen Temperaturschwankungen im Bereich von 1000 bis 1200 °C durch die Ausdehnungsanomalie der KZ-Steine nach längerer Zeit zum Reißen und Abschalen der Steine führen.

Für die Gewölbebögen über dem Einlegevorbau und für die Brennerdüsensteine der regenerativ beheizten Wannen steht noch kein ideales Material zur Verfügung. Durch konstruktive Maßnahmen kann man aber erreichen, daß diese Bauelemente bei Einsatz von KZ-Steinen die geforderten Laufzeiten durchstehen. Für Brennerdüsensteine werden auch tonerdereiche Hochbrandsteine aus Schmelzmullit empfohlen.

Die hohe Wärmeleitfähigkeit der KZ-Steine und die Empfindlichkeit gegen Temperaturwechsel, besonders im Bereich von 1000 bis 1200 °C (Bild 4.2), verbunden mit der hohen Feuerfestigkeit dieses Materials hat dazu geführt, daß schmelzgegossene Steine immer gut wärmeisoliert werden. Die Isolierung der Oberbau-Seitenwände und der Stirnwand über dem Einlegevorbau ist mit Isoliersteinen, Feuerleichtsteinen oder Platten aus keramischen Faserstoffen möglich, da diese Hinterkleidung keine tragende Funktion hat. Durch Berechnung der Temperaturverteilung in diesen mehrschichtigen Wänden muß sichergestellt sein, daß die Anwendungstemperatur für die eingesetzten Qualitäten nicht überschritten wird. Bei der Konstruktion der Verankerung ist darauf zu achten, daß keine Überhitzung und damit verbundene Deformationen auftreten. Wird von einer Zusatzisolierung mit Glas- oder Steinwolle Gebrauch gemacht, dann empfiehlt sich das Einfügen von Metallrahmen mit Streckmetall (Bild 4.11).

Bei sehr starker Wärmeisolierung und hoher thermischer Beanspruchung bilden sich an der inneren Oberfläche der KZ-Steine craqueléeartige Risse (Bild 4.12). Sie sind auf das Kristallwachstum an der heißen Oberflächenschicht zurückzuführen. Diese Erscheinung kann schalenförmiges Abplatzen von Steinteilen zur Folge haben [4].

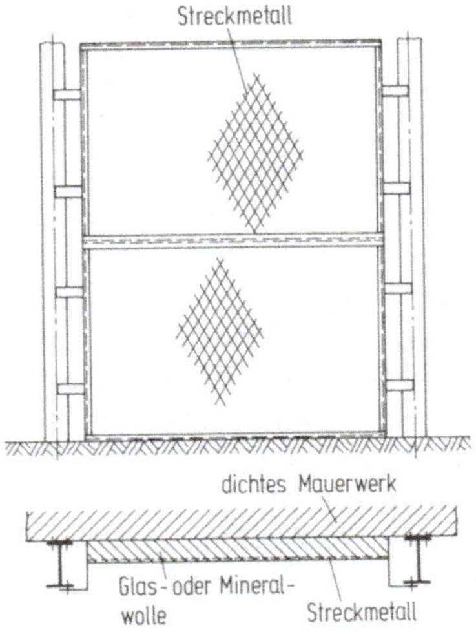

Bild 4.12. Streckmetallrahmen zum Befestigen einer Zusatzisolierung

4.3.4 Seitenwände von Arbeits- und Abstehwannen

Die Seitenwände der Arbeitswannen von Hohlglaswannen werden heute fast immer noch in Silika ausgeführt. Bei Flachglaswannen mit ihren hohen Ansprüchen an die Glasqualität werden schmelzgegossene Steine aus β-Korund verwendet. Diese Steine besitzen eine sehr hohe Temperaturwechselbeständigkeit und einen sehr geringen Glasanteil (< 0,5%). Ein Ausschwitzen von Glasphase und eine damit verbundene Verunreinigung des Glases ist somit ausgeschlossen.

4.3.5 Schmelzwanne

Zum Aufbau des Schmelzwannenbeckens werden heute fast ausschließlich schmelzgegossene Steine verwendet, da sie dem starken Angriff der Glasschmelze am längsten standhalten. Der entscheidende Vorteil der schmelzgegossenen Steine gegenüber keramisch gebundenen liegt in der interkristallinen Bindung und der intensiven Verschachtelung der Kristalle sowie darin, daß diese Steine keine offene Porosität aufweisen. Die Korrosion der Glasschmelze auf schmelzgegossene Steine ist wie auch bei keramisch gebundenen Steinen stark von der Temperatur abhängig, erst in zweiter Linie wirkt sich die Zusammensetzung der Steine aus, wie dies in Bild 4.13 für Kalk-Natron-Glas gezeigt ist. Das Verhalten verschiedener schmelzgegossener Steine gegenüber einigen wichtigen Gläsern ist aus Tabelle 4.7 zu ersehen [4]. Es handelt sich hier um die Ergebnisse von Korrosionsversuchen und Steinchentests an vier verschiedenen Steinsorten. Dominierenden Einfluß auf die Korrosion der Steine, und dies gilt ganz allgemein für schmelzgegossene und für keramisch gebundene, hat die bevorzugte Diffusion der Alkalien aus der Glasschmelze in die meist vorhandene Glasphase des feuerfesten Steins. Sie bewirkt eine Erniedrigung der Viskosität. Das Gleichgewicht der Phasen der Steine wird gestört, was zur Lösung des feuerfesten Materials führt. Hierbei wird eine Bergaufdiffusion

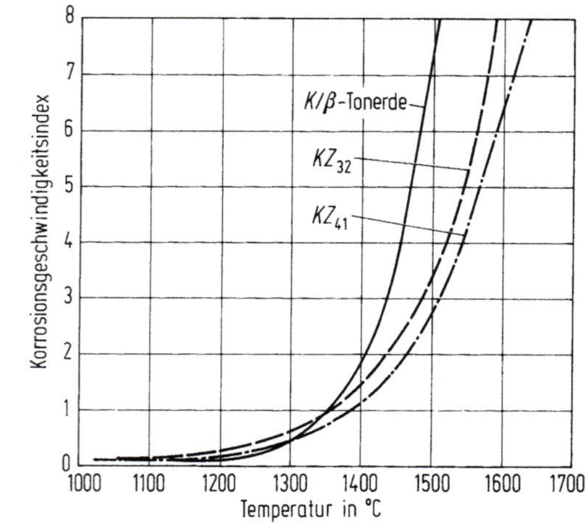

Bild 4.13. Korrosionsgeschwindigkeitsindex verschiedener schmelzgegossener Steine in Kalk-Natron-Glaswannen in Abhängigkeit von der Temperatur [16]

der Alkalien beobachtet, d. h. der Alkaligehalt der Glasphase im Stein nimmt über den Gehalt in der angreifenden Schmelze hinaus zu, die Alkalien wandern gegen das Konzentrationsgefälle [17].

Auch Steine mit sehr geringer Glasphase werden von der Glasschmelze angegriffen, besonders wenn die offene Porosität der Steine groß ist und es über die Benetzung zu einer Infiltration des Steingefüges kommt.

Für den Auflösungsvorgang der KZ-Steine ist die Ausscheidungsform von Korund und Baddeleyit, die sich beim Abkühlen des Steins nach dem Guß einstellt, wichtig. Angestrebt wird durch gleichzeitige Auskristallisation von Al_2O_3 und ZrO_2

Tabelle 4.7. Korrosionsversuch und Steinchentest an vier Steinsorten mit verschiedenen Gläsern [17]

	Kalk-Natron-Glas	E-Glas	Pyrex, Duran	Neutral-Glas	PbO-Glas	Tel-Glas	TV-Glas
Versuchstemperatur in °C	1550	1580	1570	1560	1450	1430	1560
Angriff in mm KZ_{32}	9	15	0...0,1	0,5	0...0,1	2,2	1
KZ_{41}	7,5	8	0	0,3	0	1,4	0,8
ZS	45	5	0	1	–	4	2,5
K/β-Tonerde	22,5	18,8	0,15	1,2	0,4	3,7	2
Steinchenbildung KZ_{32}	0...1	4...5	3	2...3	0	2	1...2
KZ_{41}	0...1	2...3	2	2	0	0	1
ZS	5	1...2	4	4	0	–	–
K/β-Tonerde	0	–	0	0	0	0	0

ZS Zirkonsilicatstein

die Bildung einer „Siebtextur". Die Korundkristalle werden dabei von kleinen rundlichen Baddeleyitausscheidungen bedeckt und durchsetzt. Auf diese Weise werden die Korundkristalle vor der schnellen Auflösung geschützt.

Zusätzlich zu der geschilderten Korrosion der feuerfesten Steine durch die Glasschmelze wird im Bereich der Spülkante und im Bereich von Horizontalfugen ein besonders starker Angriff beobachtet, der auch im Spülkantenbereich durch die herrschenden hohen Temperaturen allein nicht erklärt werden kann und auf die Grenzflächenkonvektion zurückgeführt wird, über die im Abschn. 6.9 gesondert berichtet wird. Der Angriff der Glasschmelze im Spülkantenbereich ist bei tonerdereichen Wannensteinen wie Korund-Zirkonoxid-Steinen wesentlich stärker als bei kieselsäurereichen Steinen. Von der Glasseite her ist bei alkaliarmen Kalk- und Borosilicatgläsern mit weniger als 6% Alkalioxid unter gleichen Umständen kein verstärkter Angriff im Bereich der Spülkante festzustellen.

Was das Wannenbecken selbst anbelangt, so sind die Ecksteine des Einlegevorbaus und die Steine im Bereich des Durchlasses (bei Hohlglaswannen) und der Einschnürung (bei Flachglaswannen) am stärksten beansprucht. Für diese Bereiche werden Steine mit 41% ZrO_2-Gehalt in lunkerfreier Qualität verwendet. Bei sehr aggressiven Gläsern wie Alkaliboraten und alkalifreien, hochkalkhaltigen Gläsern werden Chrom-Korund-Spinell-Steine verwendet. Nachteilig ist bei Chrom-Korund-Spinell-Steinen die Beschränkung auf kleine Steinformate und die, wenn auch geringe, Verfärbung der Glasschmelze [18].

Bild 4.14 zeigt einen Durchlaß aus schmelzgegossenen Chrom-Korund-Spinell-Steinen in einer Spezialglaswanne. Der Durchlaß erreichte eine Lebensdauer von 28 Monaten. Unter gleichen Bedingungen mußte der Durchlaßabdeckstein aus schmelzgegossenem KZ-Material bereits nach 9 Monaten verstärkt werden. Die Standfestigkeit der chromhaltigen Steine ist somit besser.

Bedingt durch die Herstellung aus der Schmelze sind schmelzgegossene Steine inhomogen. Am deutlichsten wirkt sich dies durch die Entstehung von Lunkern aus. Durch Verfeinerung der Gießtechnik gelang es, die Größe der Lunker zu vermindern, in Bereichen zu orientieren, wo sie am wenigsten stören und im Extremfall abzuschneiden, so daß lunkerfreie Steine entstehen. Für das Wannenbecken werden heute lunkerorientierte Steine bevorzugt, wobei die Gußstelle nach außen unten

a

b

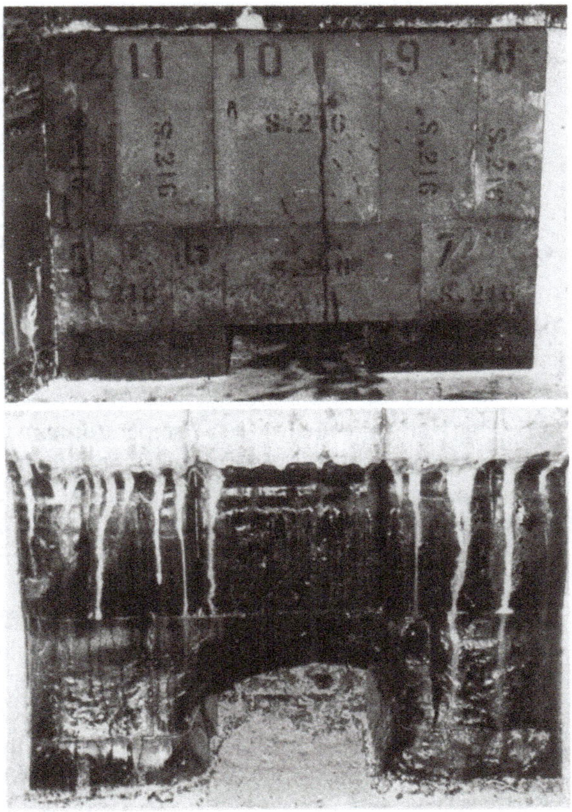

Bild 4.14. Durchlaß in einer Spezialglaswanne aus Chrom-Korund-Spinell [18]. **a** Im Neuzustand; **b** nach 28 Monaten [18]

orientiert ist. Bei Durchlässen empfiehlt sich der Einsatz lunkerfreier Steine. Dies gilt auch für Elektrodensteine, Blasdüsensteine, Steine zum Aufbau von Wällen und Vorsatzplatten, wie sie zum Nachsetzen bei starker Abnutzung der Steine im Bereich der Spiegellinie Verwendung finden.

Zur Wärmeisolation der Palisadensteine des Schmelzwannenbeckens dienen hochwertige keramisch gebundene Isoliersteine, die oft zweilagig ausgebildet sind [20]. Zum Wannenbecken zu wird eine hochwertige Schamotte von 38% Al_2O_3 verwendet und nach außen ein Schamotteleichtstein.

Die Böden von Schmelzwannen werden heute im tragenden Bereich aus hochwertiger Schamotte (38% Al_2O_3) aufgebaut (meist zweilagig). Darüber sind ein oder zwei Lagen Platten aus schmelzgegossenem lunkerfreiem Material. Die Platten werden in Spezialmörtel verlegt. Unter dem Schamotteboden befinden sich in vielen Fällen Isoliersteine, um die Wärmeabgabe nach unten zu vermindern. Bei stark isolierten Böden empfiehlt es sich, auch die vertikalen Fugen mit Mörtel zu verschließen.

Es sind für diesen Zweck Spezialmörtel auf der Basis Korund-Zirkonoxid-Kieselsäure entwickelt worden (s. Abschn. 3.1.2.2). Massive Böden aus KZ-Steinen finden sich bei Bleiglaswannen, da durch ausfallendes Blei stärkerer Lochfraß auftreten kann.

Anstelle der Plattenbeläge finden sich manchmal bei Spezialgläsern massive gestampfte Böden aus Zirkonsilicat.

4.3.6 Arbeitswanne und Abstehwanne

Bedingt durch die niedrigeren Temperaturen in der Arbeitswanne tritt hier die Korrosionsbeständigkeit der Steine gegenüber der Glasschmelze zurück. Im Vordergrund steht hier die Erhaltung und Sicherung der Glasqualität, Blasen-, Steinchen- und Schlierenbildung müssen vermieden werden.

Bei Hohlglaswannen werden auch hier in der Regel KZ-Steine eingesetzt, bei besonders hohen Ansprüchen können K/β-Tonerdesteine gewählt werden. Bei Flachglaswannen haben sich K/β-Tonerdesteine durchgesetzt, da mit KZ-Steinen Schwierigkeiten durch Abschalen beobachtet worden sind.

Die Isolierung der Arbeitswannen und Abstehwannen bereitet keine Schwierigkeiten, es finden sich gute Isoliersteinqualitäten, die den auftretenden Temperaturen gewachsen sein müssen.

Auch die Böden von Arbeits- und Abstehwannen werden mit Platten aus KZ-Material belegt und in Mörtel eingebettet. Bei hohen Qualitätsanforderungen kann der Einsatz von K/β-Tonerdematerial angezeigt sein. Mit diesen Steinen läßt sich eine Anreicherung von Zirkonoxid im Bodenglas der Arbeitswanne mit all ihren Nachteilen vermeiden.

4.3.7 Brennerhälse

Die Brennerhälse von Glasschmelzwannen sind thermisch durch die hohen Temperaturen und die durch den Feuerwechsel bei Regenerativbeheizung bedingten Temperaturwechsel hoch beansprucht. Hinzu kommt verstaubtes Gemenge, das sich besonders bei ölgefeuerten Wannen nicht ganz vermeiden läßt. Ein hoher Vanadiumgehalt der Ölasche wirkt sich ebenfalls auf viele feuerfeste Baustoffe nachteilig aus. Die Nähe des Schmelzbekkens erfordert die Beachtung möglicher Verunreinigungen durch das eingesetzte Steinmaterial.

Bei gering belasteten Wannen können die Brennerhälse aus Silikamaterial aufgebaut werden. Hochbelastete Anlagen mit Abgastemperaturen von über 1500 °C erfordern den Einsatz teurer Spezialsteine. Die früher vielfach verwendeten blechummantelten chemisch gebundenen Steine, die, ohne Mörtel verlegt, einen dichten Mauerwerksverband durch die Bildung von Magnesiumferrit ergeben, werden heute nur mehr selten verwendet. Bewährt haben sich für mäßige Beanspruchungen silicatisch gebundene (Calciumsilicatbindung) Magnesitsteine. Für sehr hohe Beanspruchungen empfiehlt sich die Verwendung eisenarmer hochgebrannter Magnesitsteine mit direkter Bindung. Auch tonerdereiche hochgebrannte direkt gebundene Qualitäten auf der Basis Sintermullit, Sintertonerde und Sintertonerde mit Zirkon haben sich bewährt. Schmelzgegossene Steine auf der Basis von KZ-Material empfehlen sich nicht, da bedingt durch den Temperaturwechsel im Takte der Umsteuerung ein Abschalen durch die Kristallumwandlungen im Bereich 1200 °C auftritt (Bild 4.2).

4.3.8 Regenerativkammern

Ein befriedigender Ofenbetrieb ist nur möglich, wenn sich die Regenerativkammern im guten Zustand befinden. Neben der Spülkante und bei Hohlglaswannen dem Durchlaß werden die heute erzielbaren Wannenreisen von der Standzeit der Kammern insbesondere des Gitterwerks bestimmt. Bei der Auswahl der feuerfesten Baustoffe müssen daher nicht nur wärmetechnische Gesichtspunkte sondern auch die Standfestigkeit der verwendeten Baustoffe berücksichtigt werden. Dies erfordert eine sorgfältige Materialauswahl.

Bei Wannen für Kalk-Natron-Gläser ist die Beanspruchung der Gittersteine in Kammern lokal sehr verschieden, darüber hinaus spielen die Betriebsweise des Ofens und der verwendete Brennstoff eine große Rolle. Die früher viel verwendeten hochtonerdehaltigen Schamottesteine sind, von einzelnen Bereichen abgesehen, durch basisches Material ersetzt worden [23, 24]. Am besten wird die Einteilung nach den herrschenden Abgastemperaturen vorgenommen.

Im Abgasbereich oberhalb 1500 °C sind die Gitterwerkssteine dem starken Angriff staubförmiger Gemengebestandteile von CaO, SiO_2 und Al_2O_3 ausgesetzt. Bei erdgasbeheizten Anlagen empfiehlt sich die Verwendung eisenarmer, hochgebrannter, direkt gebundener (MgO-MgO-Bindung) Magnesitsteine mit einem MgO-Gehalt von 94% [25]. Mit den hohen Brenntemperaturen und der sich daraus ergebenden direkten Bindung wird das im Betrieb im Laufe der Jahre sich einstellende Kornwachstum vorausgenommen. Die Veränderungen im Steingefüge während des Betriebs lassen sich so reduzieren.

Bei ölbeheizten Anlagen genügen in diesem Temperaturbereich die direkt gebundenen Steine vielfach nicht mehr, da die immer noch zum Teil vorhandene Dicalciumsilicatbindung durch den Vanadiumgehalt der Ölasche, verbunden mit einer oft verstärkten Gemengeverstaubung, zerstört wird. Empfohlen werden hochgebrannte, eisenarme, forsteritisch gebundene Magnesitsteine. Nachteilig kann sich auch der Nickelgehalt der Öl-aschen auswirken. Das Nickel geht als Oxid mit dem MgO der Steine eine Mischkristallbildung ein. Beobachtet werden NiO-Gehalte bis zu 2%. Gelangen nickelreiche Verbindungen in die Glasschmelze, dann können unter dem Einfluß sulfidierender Bedingungen in der Rauhschmelze die gefürchteten NiS-Einschlüsse im Glas auftreten. Die früher vielfach verwendeten Chrom-Magnesit-Steine in den obersten Lagen heißgehender Regenerativkammern haben sich nicht bewährt. Gemengestaub und Schwermetalloxide aus den Öl-aschen führen zu einer Zermürbung des Steingefüges. Über die vorgewärmte Luft gelangen Chromitteilchen in die Glasschmelze, die dort zu empfindlichen Glasfehlern führen.

Für die Seitenwände in diesem Temperaturbereich und das Gewölbe genügen hochgebrannte Magnesitsteine mit silicatischer Bindung, lediglich die Prallwand gegenüber dem Brennerhals sollte mit Steinen mit direkter Bindung aufgebaut werden. Da diese Seitenwandsteine ein Temperaturgefälle nach außen aufweisen, ist die Beanspruchung etwas geringer als die der Gittersteine. Bei sehr großen Kammerbreiten (über 4 m) und hoher Betriebstemperatur macht sich das Kriechen normaler Magnesitsteine im Gewölbebereich nachteilig bemerkbar. Hier empfiehlt sich der Einsatz von hochgebrannten Magnesitsteinen, speziellen Mullitsteinen oder sogar von Silika.

Im Abgasbereich von 1500 bis 1300 °C muß noch mit einer Reaktion der Gemengebestandteile mit der silicatischen Bindephase gerechnet werden. Werden lange Laufzeiten angestrebt, dann werden auch hier die silicatisch gebundenen eisenarmen Magnesitsteine durch die hochgebrannten, direkt gebundenen ersetzt. Für die Seitenwände oder Gewölbe in diesem Temperaturbereich kommen ebenfalls eisenarme Magnesitsteine oder hochgebrannte, direkt gebundene Magnesit-Chrom-Steine in Betracht [25–27].

Um Kontaktreaktionen mit den Kammerwänden zu vermeiden, wird die Innenseite mit zum Besatz kontaktindifferenten, basischen Steinen oder Platten verkleidet (Bild 4.15). Zur Verbesserung der Bindung mit dem übrigen Mauerwerk wird z. B. nach jeder vierten Steinlage in das Schamottemauerwerk eingebunden. Zu beachten ist hier die stärkere Wärmedehnung der basischen Steine gegenüber den Schamottesteinen. In vertikaler Richtung verzichtet man auch bei Verblendungshöhen bis zu 10 m auf Dehnfugen. In Längsrichtung setzt man in jede Steinlage im Abstand von 250 mm Pappstreifen von 2 bis 2,5 mm Dicke ein.

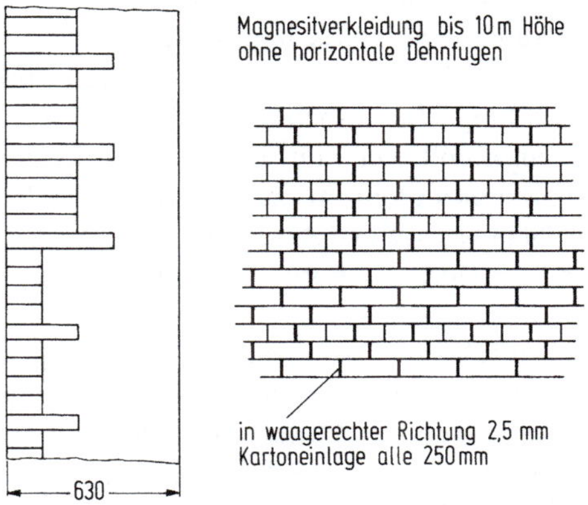

Bild 4.15. Verkleidung der Kammerwände zum basischen Gitterwerk hin (Didier). (Maßangaben in mm)

In den Abgasbereich mit Temperaturen von 1300 bis 1100 °C dringen die staubförmigen Gemengebestandteile kaum noch vor. Die dampfförmigen Bestandteile des Abgases (Alkalien) können hier so lange mit dem Steinmaterial nicht reagieren, wie die Abgastemperatur noch hoch genug ist. In diesem Bereich genügen eisenarme gebrannte Magnesitsteine mit 90 bis 93% MgO-Gehalt.

Im Abgastemperaturbereich von 1100 bis 600 °C [25–30] kondensieren die Alkalien des Abgases. Es gibt Zonen, in denen im zeitlichen Wechsel mehrere Angriffsmechanismen auftreten. Während der Abgasperiode verlagert sich die Kondensationszone im Gitterwerk nach unten. Im oberen Bereich der Kondensationszone verflüchtigt sich das Kondensat, wenn die Temperatur hoch genug ansteigt. Im unteren Bereich der Kondensationszone bleibt das Kondensat flüssig, um nach dem Wechsel bei der Zufuhr von Kaltluft wieder zu erstarren. Bei dem Kondensat handelt es sich vornehmlich um Sulfat (Na_2SO_4). Bei einem Überschuß an SO_3 unter Mitwirkung von V_2O_5 (Ölheizung) kommt es zur $MgSO_4$-Bildung. Ist im Reaktionsbereich flüssig/fest nur mit Na_2SO_4-Angriff zu rechnen, dann können basische Steine mit hohem CaO-Anteil in der Bindephase verwendet werden. Kommen der SO_3- und Vanadiumangriff dazu, dann finden Forsteritsteine oder chromhaltige basische Qualitäten, möglichst direkt gebunden und hochgebrannt, Verwendung.

Der untere Kammerbereich und die Schlitzbögen sind bei stehenden Kammern durch das große Gewicht der Gitterung hoch belastet. Im allgemeinen werden in dieser Zone noch flußmittelarme Hartschamottesteine mit etwa 44% Al_2O_3 eingesetzt, die eine gewisse Resistenz gegenüber Na_2SO_4-Schlacken aufweisen. Bei höherer Temperaturbelastung reicht Hartschamotte für diese Zone nicht mehr aus. Es kommt zu Abplatzungen durch Feldspatbildung. Bei ölbeheizten Anlagen (SO_3-Angriff) empfiehlt sich die Verwendung hochgebrannter Magnesit-Chrom-Steine. Auch hochgebrannte Schmelzmullit-Korund-Steine mit 90% Al_2O_3 und mit geringer Porosität sind empfehlenswert.

Bei erdgasbeheizten Anlagen (kein SO_3-Angriff) können reine, direkt gebundene hochgebrannte Magnesitsteine für das Gitterwerk oder sulfatbeständige hochgebrannte Schmelzmullit-Korund-Steine mit 90% Al_2O_3 für die Schlitzbogen eingesetzt werden.

Beim Kammerbesatz für Spezialgläser ist folgendes zu beachten: Bei der Schmelze von Blei-, Borosilicat-, Trüb- und Fasergläsern treten stärkere Verdampfungen auf, die basische Steine stark angreifen [34]. Die früher vielfach verwendeten Silikasteine für das Kammergitterwerk genügen den heutigen Ansprüchen auf die Länge der Ofenreisen und den gestiegenen Schmelztemperaturen nicht mehr. Bei Bleigläsern hat der Einsatz von basischen Steinen gewisse Verbesserungen gebracht. Einen Schritt nach vorn bedeutete hier die Verwendung von schmelzgegossenen Steinen aus KZ-Material [35]. Um die Standzeit zu verlängern, die Wärmeregeneration zu verbessern und das Gittergewicht zu vermindern, sind für diesen Zweck kreuzförmige Steine entwickelt worden, die wegen der hohen Wärmeleitfähigkeit des Materials nur 40 mm dick sind (Bild 4.16).

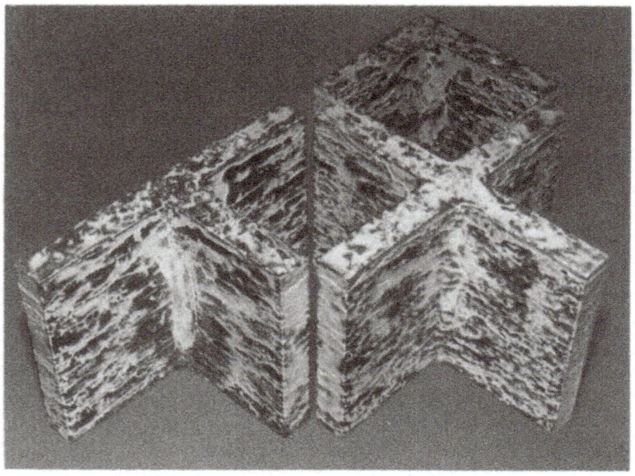

Bild 4.16. Kreuzsteine aus ER 1690 mit einer Schenkellänge von 170 mm und einer Höhe von 250 mm [35]

Für Borosilicatgläser ist der Einsatz von Zirkon-Mullit-Steinen mit Erfolg versucht worden.

4.3.9 Kanäle

Schamottesteine mit Tonerdegehalten von 32 bis 42%, je nach Temperaturbereich gestaffelt, können hier eingesetzt werden. Zur Anwendung kommen auch Fertigbauteile, die aus geeigneten Feuerfestmassen gestampft oder gegossen werden. Angaben über die Baustoffe für Schornsteine finden sich im Abschn. 3.7.

5 Betrieb von Glasschmelzwannen

5.1 Wärmetechnik

5.1.1 Temperaturverteilung

Glasschmelzwannen sind primär als verfahrenstechnische Anlagen und erst in zweiter Linie als Öfen zum Beheizen des Einsatzgutes anzusprechen. Die Anlagen müssen so gebaut und betrieben werden, daß sich die einzelnen Phasen der Glasherstellung in der richtigen zeitlichen Abfolge und damit in dem dafür vorgesehenen Bereich der Wanne abspielen.

Man unterscheidet die Vorwärmezone (I), die Schmelz- und Reaktionszone (II), die Läuterzone (III) und die Abstehzone bzw. Arbeitswanne (IV) (Bild 5.1 a). Während zur Schmelze und Reaktion der einzelnen Gemengebestandteile Temperaturen von 1000 bis 1300 °C genügen, muß für eine gute Läuterung und Homogenisierung der Glasschmelze die Temperatur auf 1400 bis 1550 °C und in Sonderfällen noch höher gesteigert werden. Die Temperatur in der Abstehzone wird vom Verarbeitungsverfahren her bestimmt.

In der Zone I wird das im allgemeinen mit Umgebungstemperatur eingelegte Gemenge, sowohl von oben durch die Flammen als auch von unten durch das Glasbad, von der Oberfläche her erhitzt. Die schlechte Wärmeleitfähigkeit des Gemenges (0,12 bis 0,23 W/(m K)) führt zur Ausbildung steiler Temperaturgradienten. Wird die „Schmelztemperatur" des Gemenges erreicht, dann kommt es thermisch zu einer Art Haltepunkt. Besonders an der Oberfläche des einschmelzenden Gemenges stagniert trotz intensiver Beheizung die Temperatur, da die sich bildende Primärschmelze zum Teil abläuft, zum Teil in das schmelzende Gemenge einsickert (Zone II).

Für den Ablauf der Glasschmelze ist besonders wichtig die Läuterung der Glasschmelze. Hier müssen die Gase ausgetrieben und die Schmelze homogenisiert werden. Neben der Temperatur ist hier eine ausreichende Aufenthaltsdauer (≈ 1 h) notwendig. Der Badspiegel sollte hier blank sein, um dem Glasbad die notwendige Wärme für das Abschmelzen des Gemenges von unten und zur Deckung der Wärmeverluste des Wannenbeckens zuzuführen (Bild 5.1 b).

Damit die notwendige Aufenthaltsdauer gewährleistet und keine Schaumreste oder gar Gemenge-

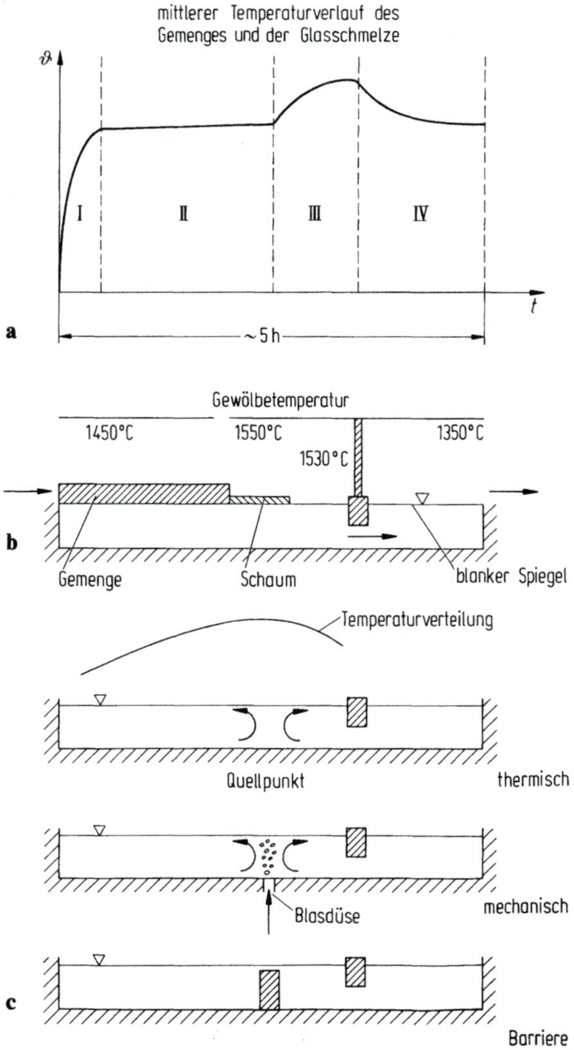

Bild 5.1. Schema zur thermischen Einstellung einer Glasschmelzwanne

bestandteile in die Läuterzone oder Abstehzone gelangen können, wird im Läuterbereich eine „thermische Sperre", eventuell kombiniert mit einer mechanischen Sperre (Blasdüsenkette), vorgesehen. Die zusätzliche Abtrennung der Schmelzzone von der Läuterzone durch einen Wall hat sich besonders bei Öfen unter 150 m² sehr bewährt (Bild 5.1 c).

5.1.2 Wärmestromdichte und Brennstoffverteilung [1, 2]

Zur Kennzeichnung von Feuerungen dienen verschiedene Kenngrößen. Man unterscheidet die Brennraumbelastung, die Heizflächenbelastung und die Wärmestromdichte. Bei der Brennraumbelastung wird die über den Brennstoff zugeführte Wärmeenergie auf das Volumen des Feuerraums bezogen, bei der Heizflächenbelastung auf die beheizte Fläche. In Tabelle 5.1 sind die bei Glasschmelzöfen beobachteten Werte angegeben und zum Vergleich die Werte anderer Öfen und Kessel. Der Glasschmelzofen liegt demnach trotz der hohen Betriebstemperaturen nicht im Spitzenfeld.

Die Wärmestromdichten zwischen flammenbeheiztem Oberofen und Glasbad bzw. Gemengedecke sind örtlich sehr verschieden, was mit der Art der Beheizung (Brennstoffverteilung) und den unterschiedlichen Eigenschaften der Badoberfläche (einschmelzendes Gemenge, Schaumschicht, blanker Badspiegel) zusammenhängt. Entsprechende Richtwerte sind in Tabelle 5.2 zusammengestellt. Die Wärmeübertragung erfolgt bedingt durch die hohen Temperaturen überwiegend durch Strahlung (≈ 95%) und nur zum kleinen Teil (≈ 5%) durch Konvektion. Die Kennzeichnung der Wärmestromdichte durch einen Wärmeübergangskoeffizienten empfiehlt sich nicht, da wegen der örtlich unterschiedlichen Oberofentemperaturen eine Temperaturdifferenz nur sehr bedingt angegeben werden kann. Im Einschmelzbereich sind Temperaturdifferenzen um 250 °C zu erwarten, was bei den herrschenden Wärmestromdichten Wärmeübergangskoeffizienten (Strahlung) von etwa 600 W/(m² K) entspricht.

Die Brennstoffverteilung bei Querbrennerwannen wird so eingestellt, daß in der Läuterzone sich ein blanker Badspiegel einstellt. Als optimal wird angesehen, daß in Längsachse der Wanne ein Drittel der Oberfläche aus Gemenge, ein Drittel aus Schaum und ein Drittel aus blankem Badspiegel besteht. Um diesen Zustand zu erreichen, muß im Gemengebereich die Brennraumbelastung deutlich größer gewählt werden, als im Läuterbereich. Beispiele für Brennstoffverteilungen bei Hohl- und Flachglaswannen sind im Bild 5.2 zusammengestellt. Bemerkenswert sind die starken Unterschiede zwischen den einzelnen Anlagen. Im allgemeinen muß mit zunehmender Belastung der Gemengebereich stärker mit Brennstoff beaufschlagt werden als bei geringerer Belastung. Bei U-

Tabelle 5.1 Wärmetechnische Daten verschiedener Öfen und Kessel (Richtwerte) [1]

Anlagen	Brennraumbelastung kW/m³	Heizflächenbelastung (bezogen auf die dem Ofen zugeführte Brennstoffmenge) W/m²
Glasschmelzofen	60 ... 160	90 ... 200 · 10³
SM-Ofen	120 ... 350	290 ... 470 · 10³
Großfeuerraumkessel	120 ... 350	bis 150 · 10³
Schmelzkammerkessel	580 ... 1520	

Tabelle 5.2. Wärmestromdichte im Glasschmelzofen in kW/m² (Richtwerte) [1]

Flamme – Gemenge	120 ... 230
Flamme – Schaumdecke	50 ... 70
Flamme – Glasbad (normal)	70 ... 80
Flamme – Glasbad (kühl) (Blasenschleier)	80 ... 90

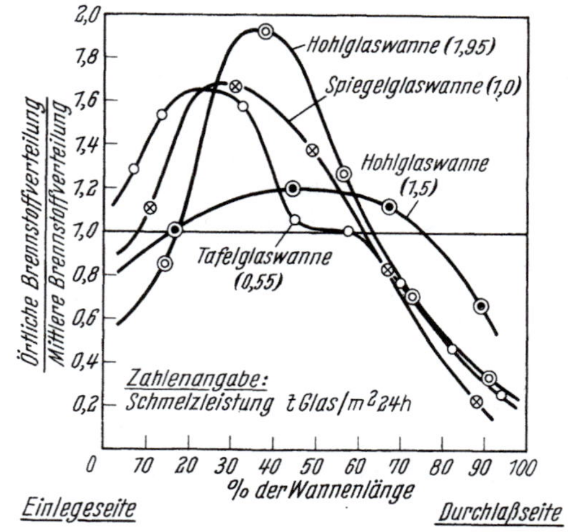

Bild 5.2. Brennstoffverteilung bei Hohl- und Flachglaswannen in Abhängigkeit von der Wannenlänge [1]

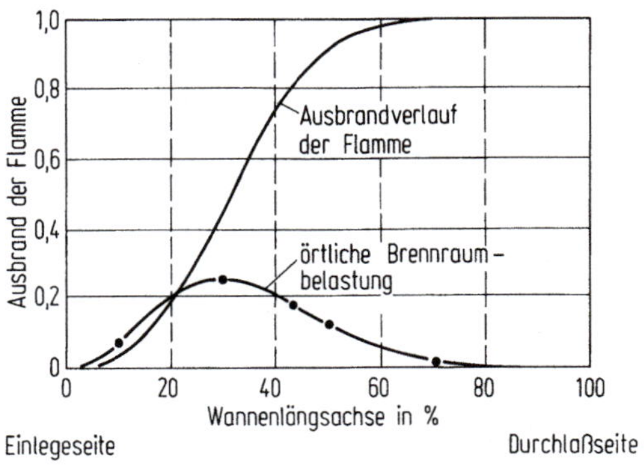

Bild 5.3. Örtliche Brennraumbelastung und Ausbrandverlauf über der Längsachse des Ofens

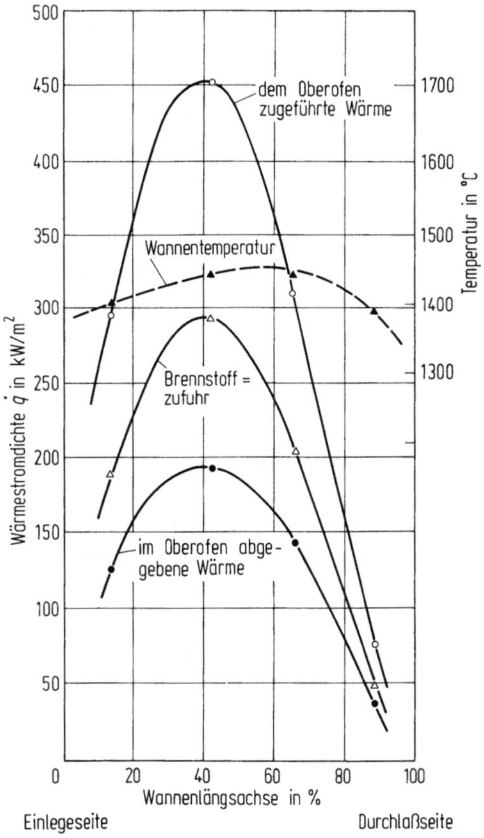

Bild 5.4. Verteilung der Wärmestromdichte $\dot{q}$ über der Wannenlängsachse [1]

Flammenwannen läßt sich die Verteilung der Wärmestromdichte über der Längsachse des Ofens nur durch das Längen-/Breiten-Verhältnis der Wanne und die Flammenlänge beeinflussen. Im Betrieb bleibt nur die Anpassung der Flammenlänge, was bei starken Belastungsschwankungen die optimale Einstellung der Wanne erschwert. Der Umkehrpunkt der Flammengase soll bei ⅔ der Wannenlänge liegen. Legt man der Flamme einen „normalen" Ausbrandverlauf zugrunde, dann ergibt sich die in Bild 5.3 dargestellte örtliche Brennraumbelastung. Sie entspricht der bei Querbrennerwannen üblichen Brennraumbelastung bzw. Brennstoffverteilung.

Die örtliche Verteilung der spezifischen Wärmeenergiebelastung und die sich dabei ergebende Wannentemperatur im Gewölbescheitel ist am Beispiel einer schwerölbeheizten Querbrennerwanne für Weißhohlglas im Bild 5.4 wiedergegeben.

5.1.3 Wirkungsgrade

5.1.3.1 Wirkungsgrade der Feuerung

Zur Beurteilung der Wirksamkeit von Feuerungen sind verschiedene Wirkungsgrade vorgeschlagen worden. Am bekanntesten ist der feuerungstechnische Wirkungsgrad nach Heiligenstaedt [3]. Bezeichnet man die dem Oberofen in Form von Brennstoff zugeführte Energie mit E_B, die Enthalpie der Verbrennungsluft und des Brenngases mit H_R, die Enthalpie der den Ofenraum verlassenden Abgase mit H_A, die durch das Gewölbe und die Seitenwände abgegebene Wärme mit Q_{ob} und mit $Q_{Glasbad}$ die an das Glasbad abgegebene Wärme, dann ergibt sich der feuerungstechnische Wirkungsgrad η_f nach Tabelle 5.3. Streng genommen stellt η_f nicht den feuerungstechnischen Wirkungsgrad, sondern den ofentechnischen Wirkungsgrad dar, da in dieser Kennzahl nicht nur die Güte der Wärmeübertragung im Feuerungsraum, sondern auch die in den Regenerativkammern oder im Rekuperator mit enthalten ist. Regenerativkammern bzw. Rekuperatoren sind Bestandteile des Ofens, aber nicht Bestandteile der Feuerung. Für η_f erscheint daher die Bezeichnung ofentechnischer Wirkungsgrad treffender.

Gailhbaud [4] schlug vor, zur Beurteilung der Wirksamkeit von Feuerungen die im Oberofen abgegebene Wärme nicht auf die als Brennstoff zugeführte Energie, sondern auf die dem Oberofen insgesamt zugeführte Energie ($E_B + H_R$) zu beziehen. Er nennt diese Kennzahl „facteur d'utilisation". Für diesen Wirkungsgrad, der im folgenden mit η_f' bezeichnet werden soll, wird die Bezeichnung „Feuerraumwirkungsgrad" vorgeschlagen. Für die Beurteilung von Feuerungen erscheint η_f' geeigneter als η_f. Die Definition von η_f' ist in Tabelle 5.3 angegeben. Nachteilig ist bei η_f', daß die im Oberofen abgegebene Wärme pauschal erfaßt wird und man nicht unterscheidet, ob die

Tabelle 5.3. Wirkungsgrade zur wärmetechnischen Beurteilung von Glasschmelzwannen

Wirkungsgrad	Definition	Ofenschema
Feuerungstechnischer Wirkungsgrad η_f (ofentechnischer Wirkungsgrad)	$\eta_f = \dfrac{\dot{E}_B + \dot{H}_R - \dot{H}_A}{\dot{E}_B} = \dfrac{\dot{Q}_{Glasbad} + \dot{Q}_{ob}}{\dot{E}_B}$	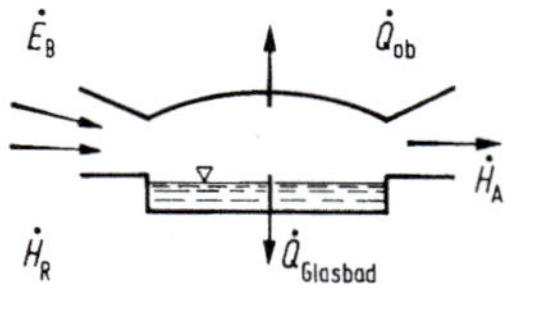
Feuerraumwirkungsgrad η_f'	$\eta_f' = \dfrac{\dot{E}_B + \dot{H}_R - \dot{H}_A}{\dot{E}_B + \dot{H}_R} = \dfrac{\dot{Q}_{Glasbad} + Q_{ob}}{\dot{E}_B + \dot{H}_R}$	
Nutzwirkungsgrad η_f''	$\eta_f'' = \dfrac{(\dot{E}_B + \dot{H}_R) - (\dot{H}_A + \dot{Q}_{ob})}{\dot{E}_B + \dot{H}_R} = \dfrac{\dot{Q}_{Glasbad}}{\dot{E}_B + \dot{H}_R}$	

Wärme tatsächlich dem Wärmegut bei Glasschmelzöfen also dem Glasbad zugeführt wurde und wieviel davon durch das Gewölbe und die Seitenwände an die Umgebung verlorengeht. Für die Kennzeichnung der tatsächlich an das Glasbad abgegebenen Wärme empfiehlt sich die Einführung eines Wirkungsgrades der im folgenden Nutzwirkungsgrad (η_f'') genannt wird. Nachteilig ist bei diesem Wirkungsgrad, daß sich meßtechnisch Q_{ob} schwer erfassen läßt. Man ist hier auf Schätzungen angewiesen. Darüber hinaus gibt es auch eine Reihe weiterer Wirkungsgraddefinitionen, die hier aus Platzmangel unerwähnt bleiben sollen. Man sieht aus den vielfältigen Beziehungen und Bezeichnungen, wie dringend notwendig eine Übereinkunft bei den verschiedenen Wirkungsgraden ist, um Mißverständnisse zu vermeiden.

In Tabelle 5.4 sind wärmetechnische Daten verschiedener älterer Hohlglaswannen, wie sie sich aus Messungen der HVG ergeben haben, zusammengestellt. Um möglichst verläßliche Unterlagen zu bekommen, wurden in diese Zusammenstellung nur Daten von Wannen aufgenommen, die wärmetechnisch eingehend und sorgfältig durchgemessen waren. Vergleicht man den spezifischen Energieverbrauch der einzelnen Anlagen mit dem entsprechenden feuerungstechnischen Wirkungsgrad (η_f nach Heiligenstaedt), dann erkennt man, daß die Wanne mit dem besten feuerungstechnischen Wirkungsgrad (Wanne II) bei weitem nicht den niedrigsten spezifischen Energieverbrauch aufweist. Bei Wanne II errechnet sich ein feuerungstechnischer Wirkungsgrad von $\eta_f = 76{,}45\%$, während der spezifische Energieverbrauch 8540 kJ/kg Glas beträgt. Im Vergleich dazu liegt der feuerungstechnische Wirkungsgrad von Wanne V bei 64,53%, während der spezifische Energieverbrauch 7517 kJ/kg Glas beträgt. Für die Beurteilung des Energieverbrauchs einer Anlage ist somit der feuerungstechnische Wirkungsgrad nur sehr bedingt geeignet.

Ein Vergleich zwischen der Nutzwärme, die in Prozent angegeben wird, und η_f zeigt bessere Übereinstimmung, wenn auch hier größere Unterschiede auftreten (vgl. Wannen II, III und IV), die mit den betreffenden feuerungstechnischen Wirkungsgraden nicht erklärt werden können.

Tabelle 5.4. Wärmetechnische Daten verschiedener älterer Hohlglaswannen

Kennzeichen	Wanne				
	I	II	III	IV	V
Glasart	Weißhohlglas	Weißhohlglas	Weißhohlglas	Braunglas	Grünglas
Brennstoff	Koksofengas	Koks-generatorgas	Öl	Koksofengas	Generatorgas
Spezifischer Wärmeverbrauch kJ/kg Glas	7953	8540	7245	11552	7517
Schmelzleistung t Glas/24 h m²	1,41	1,35	2,24	1,26	1,23
Nutzwärme m²	21,1	25,1	32,44	18,85	26,9
Schmelzwannenfläche m²	65,7	67,2	68	48,3	63,7
Feuerungstechnischer Wirkungsgrad (η_f) (ofentechnischer Wirkungsgrad) %	66,9	76,45	73,1	64,45	64,53
Feuerraumwirkungsgrad (η_f') %	44,2	43,2	46,1	37,9	43,3

Errechnet man für die einzelnen Wannen η'_f, dann ergibt sich eine bessere Übereinstimmung zwischen spezifischem Energieverbrauch und η'_f, als dies bei η_f der Fall ist. Die Wanne IV mit ihrem relativ hohen spezifischen Energieverbrauch von 11 552 kJ/kg Glas weist ein η'_f von nur 37,9% auf. Allerdings ergeben sich hier, wie ein Vergleich zwischen Wanne II und Wanne V zeigt, ebenfalls Abweichungen.

In Bild 5.5 sind die Wirkungsgrade η_f und η'_f und die Nutzwärme über dem spezifischen Energieverbrauch der Anlage aufgetragen. Mit zunehmendem Energieverbrauch müßten die Wirkungsgrade und die Nutzwärme monoton abnehmen. Wie Bild 5.5 zeigt, ist das nur bei η'_f angenähert der Fall, während η_f und die Nutzwärme stärkere Schwankungen erkennen lassen. Man hat den Eindruck, daß für die wärmetechnische Beurteilung einer Schmelzanlage η'_f besser geeignet ist als η_f.

Die Feuerraumwirkungsgrade η'_f moderner Hohlglaswannen haben durch verbesserte Feuerführung, weitgehende Wärmeisolierung und hohe Luftvorwärmung heute Werte von 50% und darüber erreicht [5].

Für verschiedene Luftvorwärmungen, Abgastemperaturen ist in Bild 5.6 der ofentechnische Wirkungsgrad für Luftfaktoren $\lambda = 1{,}0$ (dünn gezeichnete Linien) und $\lambda = 1{,}14$ (dick gezeichnete Linien) eingetragen. Bei der Verbrennungsluft

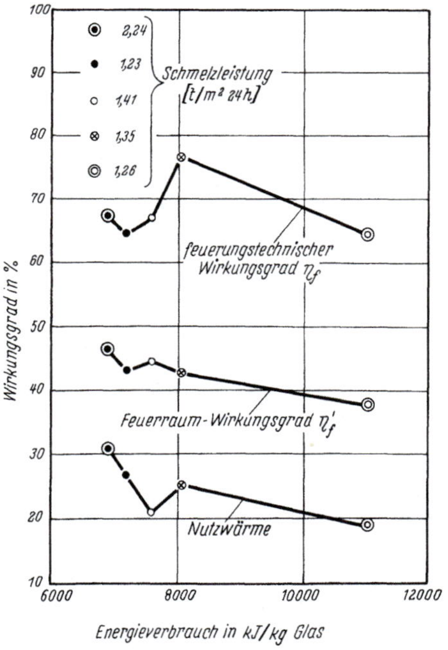

Bild 5.5. Wirkungsgrade von Schmelzwannen in Abhängigkeit vom spezifischen Energieverbrauch [2]

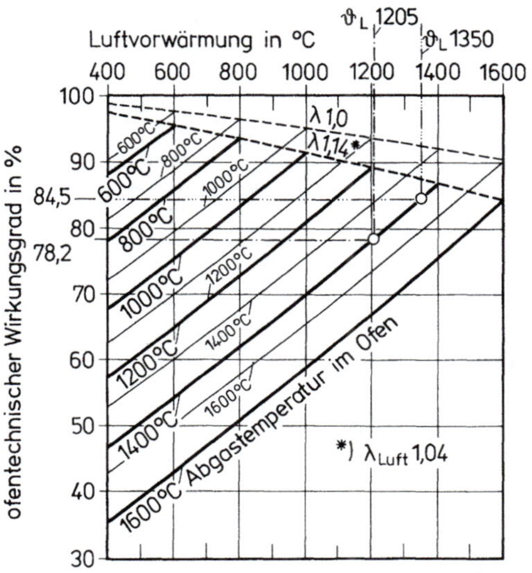

Bild 5.6. Ofentechnischer Wirkungsgrad in Abhängigkeit von der Luftvorwärmtemperatur [5]

wurde beim eingetragenen Beispiel berücksichtigt, daß nur ein Teil in der Kammer vorgewärmt wird (auf 1350 °C) und der Rest als kalte „Falschluft" (Falschluft, Zerstäuberluft) in den Oberofen gerät [5].

5.1.3.2 Theoretischer Wärmebedarf der Schmelze

Bei den verschiedenen Wirkungsgraddefinitionen von Feuerungen wird als Bezugsgröße die an das Nutzgut abgegebene Wärmemenge verwendet, beim Glasschmelzofen ist das Q_{Glasbad}. Da im Glasbad durch Wärmeverluste der Wanne und Glasströmungen ebenfalls Verluste entstehen, die von Fall zu Fall unterschiedlich groß sind, ist für die genauere Kennzeichnung der Bezug auf die erschmolzene Glasmenge notwendig. In der Literatur verwendet man dafür den Begriff der „Nutzwärme" oder besser theoretischer Wärmebedarf [6]. Man versteht darunter die zur Durchführung der Reaktionen bei der Glasbildung notwendige Reaktionsenthalpie und die Enthalpien von Glasschmelze und Gemengegasen (Tabelle 5.5). Um die Enthalpien angeben zu können, muß die Abgabetemperatur festgelegt werden. Man rechnet mit der Temperaturspanne von 20 bis 1500 °C. Auf eine Umrechnung auf die von Fall zu Fall unterschiedliche Abgabetemperatur des Glases wird fast immer verzichtet, da diese nur schwer ermittelt, bei offenen Wannen auch schwer festgelegt werden kann.

Die beschriebene „Nutzwärme" wird in Prozent angegeben. Sie wird vielfach auch als Wärmewir-

Tabelle 5.5. Theoretischer Wärmebedarf verschiedener Gläser [6]

	Kalk-Natron-Glas (Behälterglas)		Geräteglas (~ 8% B_2O_3)		Bleikristallglas (~ 19% PbO)	
	kcal/kg	kJ/kg	kcal/kg	kJ/kg	kcal/kg	kJ/kg
Reaktionswärme	116	487	98	412	96	403
Enthalpie $\Delta\vartheta$ (20 ... 1500 °C)	449	1886	405	1701	403	1693
Gemengegase $\Delta\vartheta$ (20 ... 1500 °C)	71	289	33	138	39	164
Theoretischer Wärmebedarf (Summe)	636	2671	536	2251	538	2260

kungsgrad eines Glasschmelzofens bezeichnet. Diese Festlegung ist in thermodynamischer Hinsicht unbefriedigend, da dieser Wirkungsgrad keine theoretische Grenze darstellt.

Die Rückgewinnung der Enthalpien von Glasschmelze und Gemengegasen ist theoretisch möglich, scheitert aber an verfahrensmäßigen Unzulänglichkeiten. Bei genauen Wirkungsgradvergleichen mit anderen Prozessen muß diese Besonderheit beachtet werden.

Die „Nutzwärmen" der einzelnen Gläser sind von der Gemengezusammensetzung abhängig. In der Praxis gilt es, unterschiedliche Scherbengehalte bei der Gemengeeinlage mit zu beachten [7].

5.1.4 Energieverbrauch

Aus der Erfahrung weiß man, daß der Energieverbrauch von Glasschmelzwannen angenähert durch die Beziehung

$$\dot{q} = \dot{q}_a + sb \tag{5.1}$$

dargestellt werden kann, wobei $\dot{q}$ die auf die Schmelzfläche und die Zeiteinheit (z. B. W/m^2) bezogene Wärmestromdichte und s die flächenbezogene Schmelzleistung (z. B. kg Glas/(m^2 d)) bedeutet. $\dot{q}_a$ und b sind angenähert Konstanten, welche von den Konstruktions- und Betriebsdaten des Ofens abhängen. $\dot{q}_a$ umfaßt die lastunabhängigen Wärmeverluste des Ofens, wie vornehmlich die Oberofenverluste und wird vielfach als „Leerverbrauch" des Ofens bezeichnet. Eine Angabe, die nicht sehr glücklich gewählt ist, da ein Ofen ohne Gemengeeinlage eine völlig andere Temperaturverteilung hat, und sich damit ein anderer Brennstoffverbrauch ergibt als ein Ofen mit Gemengeeinlage. Der Begriff „Leerverbrauch" ist damit mehr ein Rechenwert als eine physikalisch deutbare Größe. Der Wert b ist von der Güte der Wärmeübertragung im Ofen und damit der Gemengeabdeckung des Glasbades, der Flammenausbildung und dem Wirkungsgrad der Regenerativkammern bzw. des Rekuperators abhängig. Eine Verbesserung des Wärmeübergangs und des Kammerwirkungsgrades vermindert den Wert b. Da im allgemeinen der Wärmeübergang und der Kammerwirkungsgrad mit zunehmender Belastung schlechter werden, ist b im geringen Umfang von s abhängig. Es ergeben sich über s und $\dot{q}$ aufgetragen, schwach nach oben gekrümmte Linien, wie dies Bild 5.7 zeigt. Für eine gut isolierte, richtig eingestellte und neue Hohlglaswanne wird $\dot{q}_a = 2000$ MJ/(m^2 d) und $b = 4$ MJ/kg Glas. Häufig wird der spezifische Energieverbrauch $\dot{q}/s$ (kJ/kg Glas)

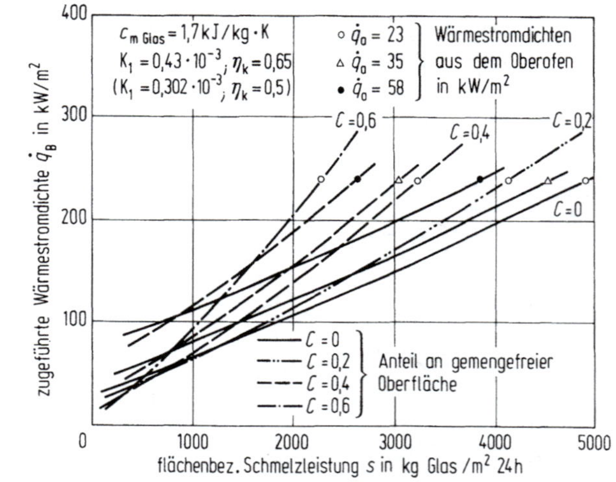

Bild 5.7. Zugeführte Wärmestromdichte $\dot{q}_B$ in Abhängigkeit von der flächenbezogenen Schmelzleistung s (zu den gewählten Parametern s. Abschn. 7.2)

über der flächenbezogenen Schmelzleistung s aufgetragen. Man erhält damit die Beziehung

$$s(\dot{q}/s - b) = \dot{q}_a \,. \qquad (5.2)$$

Dies ist die Gleichung einer um die Strecke b nach oben verschobenen gleichseitigen Hyperbel. Entsprechende theoretische Überlegungen (Bild 5.8) (s. Abschn. 7.3) decken sich in der Tendenz gut mit den Daten der Praxis (Bild 5.9). Die Streuung der Werte in der Praxis ist sehr groß, da hier die vielfältigsten Einflüsse einschließlich der unterschiedlichen Ansprüche an die Glasqualität mitspielen. Im allgemeinen vermindert sich der spezifische Energieverbrauch mit zunehmender Belastung. Wird ein bestimmter Wert überschritten, dann nimmt der spezifische Energieverbrauch wieder zu. Die Wanne ist dann thermisch überlastet. Es hängt von der Konstruktion und Betriebsweise der Wanne ab, ob dieser Minimalwert von der notwendigen Glasqualität her erreicht werden kann oder nicht. Wird er nicht erreicht, dann müssen die glastechnologischen Faktoren verbessert werden; kann er überschritten werden, dann muß die thermische Seite der Wanne, die Flammenausbildung und Wärmerückgewinnung, verbessert werden.

5.1.4.1 Einfluß des Ofenalters und der Umgebungstemperatur auf den Energieverbrauch

Die Erfahrung lehrt, daß der Energieverbrauch von Glasschmelzwannen mit der Ofenreise ansteigt. Die Ursachen sind vielfältig. Durch die Abnützung der feuerfesten Steine im Oberofen und den Angriff des Glases auf Wannensteine und Wannenboden werden die Steine dünner und damit steigen die Wärmeverluste. Durch die Abnützung des Durchlaßdecksteins wird die Absperrung vermindert und die Ausbildung eines Rückstroms aus der Arbeitswanne gefördert. Der Verschleiß der Brennereinfassungen verschlechtert die Flammenführung und die sich in den Kammern aufbauenden Ablagerungen vermindern die Luftvorwärmung.

Der weitgehende Einsatz hochwertiger feuerfester Baustoffe hat gegenüber früher den Anstieg des Energieverbrauchs mit der Ofenreise stark gedämpft. Die Angaben in der Literatur über den Umfang des Anstiegs sind sehr spärlich. Bei Behälterglaswannen kann im Mittel mit 0,1 bis 0,2%/Monat gerechnet werden. Flachglaswannen zeigen mit 0,3 bis 0,4%/Monat (Bild 5.10) einen deutlicheren Anstieg. Als maßgebend für die Größe

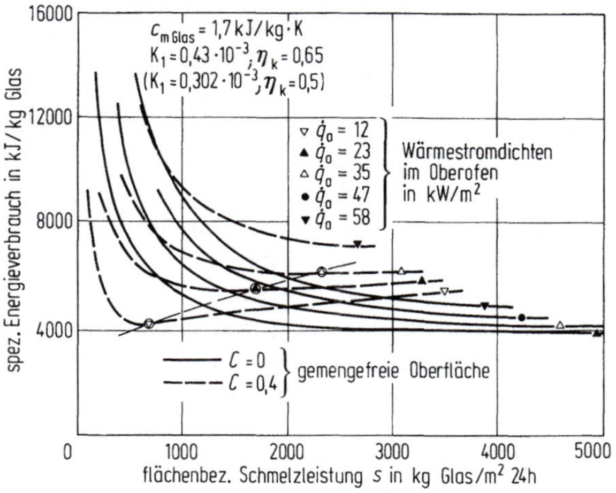

Bild 5.8. Spezifischer Energieverbrauch in Abhängigkeit von der flächenbezogenen Schmelzleistung s (zu den gewählten Parametern s. Abschn. 7.2)

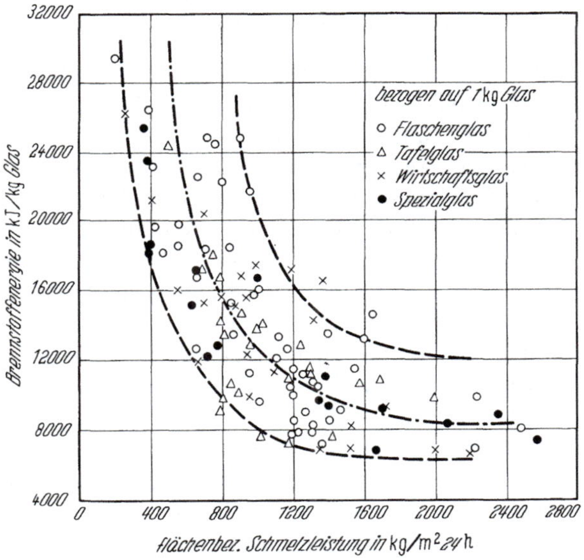

Bild 5.9. Zugeführte Brennstoffenergie in Abhängigkeit von der flächenbezogenen Schmelzleistung s (s. auch Abschn. 7.2)

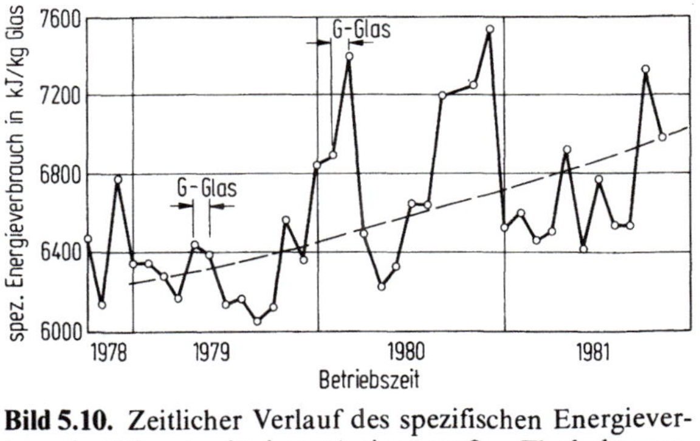

Bild 5.10. Zeitlicher Verlauf des spezifischen Energieverbrauchs (Monatsmittelwerte) einer großen Flachglaswanne (Floatglas)

des Anstiegs werden heute die Ablagerungen in den Kammern und ein vermehrter Falschluftzutritt durch Undichtigkeiten angesehen. Auch die manchmal zu beobachtende partielle Abnahme der Isolierung bei fortschreitendem Verschleiß spielt eine Rolle. Anlagen mit großen Kammern werden einen geringeren Anstieg des Energieverbrauchs zeigen als Anlagen mit kleinen Kammern.

Bemerkenswert ist der bei manchen Anlagen zu beobachtende jahreszeitliche Rhythmus des Energieverbrauchs. Im Winter werden Zunahmen von 10% und mehr beobachtet (Bild 5.10). Die Temperatur der Umgebungsluft wirkt sich auf die Wärmeverluste der Anlage und die Vorwärmung der Verbrennungsluft aus.

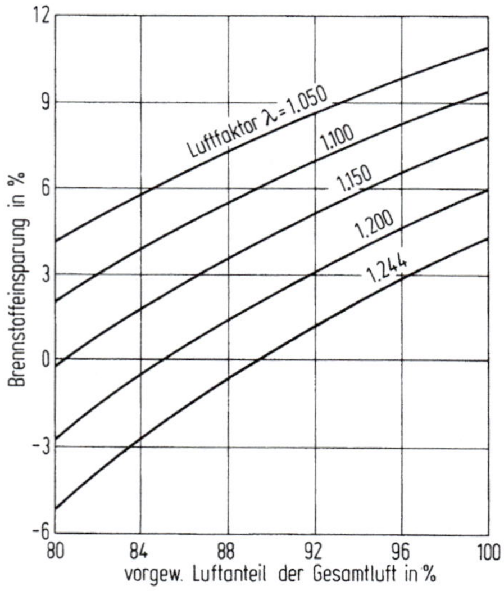

Bild 5.11. Nomogramm zur Ermittlung des Einflusses vom Kaltluftanteil auf den Brennstoffverbrauch

5.1.4.2 Einfluß des Luftfaktors und der Falschluft auf den Energieverbrauch

Zur vollständigen Verbrennung des zugeführten Brennstoffs ist ein gewisser, möglichst kleiner Luftüberschuß (Abschn. 11.1.1) notwendig, der von der Brennerkonstruktion und den Verbrennungsbedingungen im Brennraum abhängt. Jedes Mehr an Luftüberschuß senkt die Flammentemperatur (Bilder 11.2 und 11.3) und erhöht die Abgasmenge, was die Wärmeübertragung verschlechtert und den Abgasverlust erhöht (Bild 5.6). Um Energie und damit Kosten einzusparen ist man bestrebt, den Luftüberschuß möglichst klein zu halten.

Neben dem Luftüberschuß wirkt sich auch der dem Ofensystem kalt, also ohne Luftvorwärmung zugeführte Luftanteil nachteilig auf den Wirkungsgrad der Ofenanlage aus. Es handelt sich dabei um die gewollt als Zerstäubungs- oder Kühlluft zugeführte Luft oder ungewollt als Falschluft zugeführte. Als weiterer Luftanteil ist der durch Undichtigkeiten im Luftwärmesystem (Regenerator, Rekuperator) eintretende Luftanteil zu erwähnen. Von dem Luftanteil, der in das Abgassystem durch Undichtigkeiten einströmt, sei hier abgesehen, da er energetisch meist eine untergeordnete Rolle spielt.

Ein Maß für den Luftüberschuß oder die Luftzahl (λ) mit der die Feuerung betrieben wird, bildet der Sauerstoffgehalt des Abgases zwischen Oberofen und Regenerativkammer. Er kann mit Hilfe geeigneter Meßsonden (Abschn. 5.2.5) überwacht werden. Eine Antwort auf den dadurch bedingten Energieverlust vermag die Luftzahl allein aber noch nicht zu geben. Als zusätzliche Information ist der Anteil der vorgewärmten Luft notwendig und seine eventuelle Veränderung bei Verminderung des Luftüberschusses.

Die genaue Berechnung des Zusammenhangs zwischen der Luftzahl, der möglichen Brennstoffeinsparung und dem vorgewärmten Luftanteil ist analytisch nicht möglich, wenn man, was notwendig ist, die Veränderung der Abgastemperatur und der Wärmeregeneration mit berücksichtigt. Mit Hilfe eines Rechenprogramms für die Wärmeregeneration in den Regenerativkammern und den Ausbrand- und Wärmeübergangsbedingungen im Oberofen lassen sich die Zusammenhänge ermitteln. Die Ergebnisse der Berechnung sind in Bild 5.11 zusammengestellt. Als Ausgangslage wird angenommen, daß 10% der Gesamtluft mit einem Luftfaktor von 1,245 kalt in den Oberofen eintreten. Der Regenerator ist so dimensioniert, daß bei 1440 °C Abgaseintrittstemperatur und 110 °C Lufteintrittstemperatur die Luftvorwärmtemperatur ca. 1200 °C beträgt. Hierbei sind der Falschluftanteil von 10% und der Luftfaktor von 1,245 bei den Abgas- und Luftströmen zu beachten. Aus der Darstellung ergibt sich, daß eine Veränderung des vorgewärmten Luftanteils sich fast genauso stark auswirkt wie eine entsprechende Veränderung des Luftfaktors. Der Kaltluftanteil ist somit eine für den Brennstoffverbrauch beachtliche Größe. Eine Verminderung des Luftfaktors oder eine Erhöhung des Anteils der vorgewärmten Luft um 1% bringt eine Verminderung des Brennstoffverbrauchs um $\approx$ 0,5%.

5.1.5 Energiebilanzen [8]

In vielen Fällen ist es zweckmäßig, den Energiehaushalt von Glasschmelzwannen zu untersuchen. Man kann auf diese Weise wertvolle Hinweise auf mögliche Verbesserungen der Konstruktion und der Betriebsweise gewinnen und einzelne Anlagen miteinander vergleichen.

5.1.5.1 Bilanzkreise

Das Aufstellen einer Bilanz erfordert eine klare Abgrenzung des zu bilanzierenden Systems von der Umgebung. Man spricht von dem Ziehen eines Bilanzkreises. Beim Festlegen des Bilanzkreises muß bedacht werden, daß eine Bilanz die Erfassung der ein- und abströmenden Energieströme erfordert. Nur wenn dies mit ausreichender Genauigkeit möglich ist, hat die Erstellung einer Bilanz einen Sinn. Weiterhin müssen die als Einheit erfaßten Energieströme im Hinblick auf ihre Bewertung homogen sein. Werden beispielsweise die Oberofenverluste eines Glasschmelzofens als Restposten erfaßt, dann werden die Verluste der Schmelzwanne und der Arbeitswanne nicht getrennt erfaßt. Da besonders bei hochbelasteten Wannen die Wärmeverluste der Arbeitswanne technologisch keine Verluste sind – im Gegensatz zu denen der Schmelzwanne –, ergibt eine solche Bilanz ein schiefes Bild der tatsächlichen Verhältnisse. Bei offenen Wannen, wie sie zur Herstellung von Spiegelglas verwendet werden, bereitet bilanzmäßig die Trennung von Schmelz- und Abstehwannen erhebliche Schwierigkeiten. Aber auch bei zweihäusigen Durchlaßwannen ist die Erfassung der Glastemperatur und eventuell auftretender Rückströmungen im Durchlaßbereich schwierig.

5.1.5.2 Bilanzposten

Bei der Aufstellung von Energiebilanzen werden die im Brennstoff chemisch gebundenen Energie- und Wärmeenergieströme erfaßt im Sinne des 1. Hauptsatzes der Thermodynamik. Andere Energieformen können, da sie nur eine untergeordnete Rolle spielen, meist vernachlässigt werden.

Die im Brennstoffstrom chemisch gebundene Energie ermittelt sich nach der Beziehung

$$\dot{Q}_c = H_u \dot{M}. \tag{5.3}$$

H_u ist dabei der Heizwert und $\dot{M}$ der Massenstrom. Die Enthalpien der im Ofen strömenden Medien, vornehmlich also der Luft, des Gases, der Abgase und des geschmolzenen Glases, um nur einige Hauptposten zu nennen, errechnen sich nach der bekannten Beziehung

$$\dot{H} = c_p \vartheta \dot{M}, \tag{5.4}$$

mit c_p als mittlerer spezifischer Wärmekapazität und ϑ als Temperatur in °C.

Weitere wichtige Wärmeströme stellen die Wärmeabgaben der Ofenwände durch Leitung dar. Sie errechnen sich mit

$$\dot{Q}_{Lt} = \lambda A \frac{d\vartheta}{dx}, \tag{5.5}$$

mit λ als mittlerer Wärmeleitfähigkeit, $d\vartheta/dx$ als örtlicher Temperaturgradient und A als Fläche.

Die Wärmeabstrahlung aus Öffnungen errechnet sich zu

$$\dot{Q}_{Str} = c_{1,2} A \left[\left(\frac{T_1}{100} \right)^4 - \left(\frac{T_2}{100} \right)^4 \right], \tag{5.6}$$

wobei mit der Schwarzkörperstrahlung ($c_{1,2} = C_s = 5{,}67\ W/(m^2\,K^4)$) gerechnet werden kann. In Wannen mit elektrischer Zusatzheizung wird Wärme zusätzlich durch elektrischen Strom erzeugt.

5.1.5.3 Bezugsgrößen

Um die einzelnen Energieströme und speziell die interessierenden Wärmeströme einer Bilanz zueinander in Beziehung setzen zu können, gilt es, sie auf eine einheitliche Bezugsgröße umzurechnen. Welche Bezugsgröße gewählt wird, hängt von den Zielen ab, die man mit dem Aufstellen einer Energiebilanz verfolgt (Bild 5.12).

5.1.5.3.1 Zugeführte Wärmemenge in Prozent

Im allgemeinen wird beim Aufstellen einer Energiebilanz die dem Ofen in der Zeiteinheit in Form von Brennstoff zugeführte Energie als Bezugsgröße gewählt und gleich 100% gesetzt. Meist berücksichtigt man in diesem Zusammenhang auch die von der Verbrennungsluft, dem Brennstoff und dem Gemenge dem Ofen zugeführte Enthalpie. Da diese Energie im allgemeinen nur 0,5 bis 3,0% der im Brennstoff chemisch gebundenen Energie ausmacht und diese Enthalpien energetisch für den Ofenbetrieb nicht sehr ins Gewicht fallen, beschränkt man sich manchmal darauf, die im Brennstoff chemisch gebundene Energie allein als Bezugsgröße zu wählen.

Die Wahl der Brennstoffenergie mit oder ohne Einbeziehung der Enthalpie von Luft, Gas und Gemenge als Bezugsgröße hat den großen Vorteil,

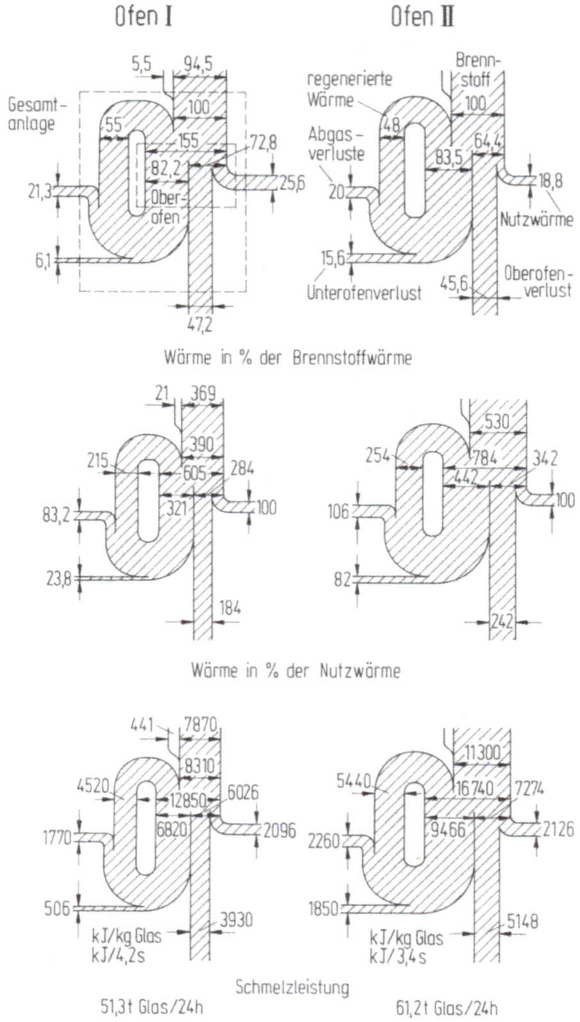

Bild 5.12. Energiebilanzen zweier Öfen mit verschiedenen Bezugsgrößen [8]

daß bei den heute meist verwendeten Brennstoffen, wie Öl, Erd- oder Ferngas, sich dieser Posten sicher erfassen läßt. Außerdem ergibt sich bei einer so aufgebauten Energiebilanz eine sinnfällige Verzweigung der Wärme, die der Ofenanlage zugeführt wird. Als Nachteil dieser Betrachtungsweise gilt es zu erwähnen, daß die Bilanzen verschiedener Öfen damit nur bedingt vergleichbar werden. Hat man beispielsweise zwei Öfen, deren Brennstoffverbrauch unterschiedlich ist, deren absolute Wärmeabgabe in einem Ofenbereich aber gleich ist, so werden die Wärmeposten dieses Ofenbereichs – z.B. in der Arbeitswanne in Prozenten ausgedrückt – in beiden Fällen verschieden groß sein. Hat man nur die beiden Energiebilanzen vor sich, dann kann man nicht entscheiden, ob die Differenz zweier gleichartiger Posten durch unterschiedlichen Energieverbrauch der Anlage oder durch unterschiedliche Wärmeabgabe des betrachteten Bereichs bedingt ist. Die Angaben einer in Prozent ausgedrückten Energiebilanz sind somit nicht eindeutig.

5.1.5.3.2 Nutzwärme im Glas in Prozent

Ähnlich wie die Brennstoffenergie kann man auch die im verarbeitungsgerechten Glas steckende Enthalpie, die oft als „Nutzwärme" bezeichnet wird, als Bezugsgröße verwenden und diese gleich 100% setzen. Eine solche Betrachtungsweise hat den Vorteil, daß der Wärmeaufwand, welcher zur Herstellung von beispielsweise 1 kg geschmolzenem verarbeitungsgerechtem Glas notwendig ist, rasch erkannt werden kann. Nachteilig ist bei dieser Betrachtungsweise allerdings, daß die Nutzwärme meist weniger von der Schmelzofenanlage, sondern von der Art der Verarbeitung des Glases abhängt. Bei einer Tafelglaswanne wird von der Maschinenseite her beispielsweise ein Glas mit einer Temperatur von 950 °C gefordert, während bei einer Hohlglaswanne, je nach der Art des herzustellenden Artikels, das Glas mit 1300 °C in die Vorherde abgegeben wird. Daneben bestehen hier, was die Mehrdeutigkeit einer Prozentangabe anbelangt, die gleichen Bedenken wie bei der Wahl der Brennstoffenergie als Bezugsgröße. Hinzu kommt, daß die Nutzwärme eines Glases auch heute noch nicht genau ermittelt werden kann. Ist aber die Bezugsgröße unsicher, dann werden alle anderen Angaben entsprechend unsicher.

5.1.5.3.3 Gewichtseinheit des erschmolzenen Glases

Es erscheint durchaus sinnvoll, die Wärmeposten einer Bilanz auf die Gewichtseinheit des erschmolzenen Glases zu beziehen und die Wärmebeträge nicht in Prozent, sondern in kJ/kg Glas anzugeben. Man hat auf diese Weise den Vorteil, daß der Wärmeaufwand, der zum Erschmelzen von 1 kg Glas notwendig ist, in kJ aus der Energiebilanz unmittelbar ersichtlich ist. Die Vergleichbarkeit verschiedener Bilanzen wird damit gegenüber den Prozentbilanzen entscheidend verbessert, da es die Aufgabe eines Glasschmelzofens ist, verarbeitungsgerechtes Glas zu liefern und nicht Energie zu verbrauchen. Die schwierige Definition der Nutzwärme entfällt oder wirkt sich auf die anderen Wärmeposten nur bei dem entsprechenden Restglied (Oberofenverluste) aus.

Als Nachteil dieser Betrachtungsweise muß die von Fall zu Fall teilweise stark unterschiedliche Dichte des Glases erwähnt werden. Öfen, in denen z. B. schweres Bleiglas erschmolzen wird, dürften bei einer solchen Betrachtungsweise relativ günstig abschneiden. Diese Überlegung verführt dazu, die Wärmebeträge nicht auf 1 kg Glas, sondern auf eine Volumeneinheit Glas, beispielsweise 1 dm^3, zu beziehen, da für die Herstellung von Glasgegenständen im allgemeinen nicht das Gewicht, sondern das Volumen des verarbeiteten Glases von entscheidender Bedeutung ist. Da sich die Massengläser (Flaschenglas, Flachglas) in bezug auf ihre Dichte aber nur wenig unterscheiden und eine Wägung immer leichter durchzuführen ist als eine Volumenbestimmung, dürfte 1 kg Glas als Bezugsgröße die meisten Vorteile bieten.

5.1.5.3.4 Zeiteinheit

Man kann auch daran denken, die einzelnen Posten einer Bilanz auf eine Zeiteinheit zu beziehen, und erhält auf diese Weise Ströme. Nachteilig ist bei dieser Darstellungsweise allerdings, daß die Vergleichbarkeit verschiedener Bilanzen damit stark erschwert wird, da aufgrund des unterschiedlichen Wärmebedarfs der Anlagen ein unmittelbarer Vergleich der einzelnen Posten nur in ihrer absoluten Höhe, aber nicht in ihrer Beziehung untereinander geführt werden kann. In gewisser Hinsicht kann eine auf 1 kg Glas bezogene Energiebilanz auch als eine auf die Zeit bezogene Bilanz aufgefaßt werden, eben auf die Zeit, die notwendig ist, um 1 kg Glas zu schmelzen.

5.1.5.3.5 Beispiele

Energiebilanzen moderner Hohlglaswannen hat Schulte-Kellinghaus veröffentlicht [5]. Er wählte als Bezugsgrößen die zugeführte Wärme in Prozent und die auf 1 kg erschmolzenes Glas sich ergebenden Wärmebeträge (Bild 5.13).

5.1.5.4 Mehrkreisige Bilanzen

Läßt sich bei einem Bilanzkreis nicht die notwenige Aussageschärfe erreichen, dann empfiehlt sich die Aufstellung mehrkreisiger Bilanzen. Der meßtechnische Aufwand für solche vielgliedrigen, mehrkreisigen Bilanzen ist hoch, so daß sich die Aufstellung nur in Ausnahmefällen lohnt [8].

Auch mehrkreisige Bilanzen lassen sich anschaulich darstellen, wie aus Bild 5.14 hervorgeht. Die einzelnen Unterbilanzkreise (Unterofen, Schmelzwanne, Arbeitswanne) werden am besten in das große Rechteck des Gesamtbilanzkreises in diagonaler Richtung von links oben nach rechts unten angeordnet. Man kann auf diese Weise das oben erwähnte Grundprinzip der Darstellung (zugeführte Energieströme immer von oben bzw. von unten in den Bilanzkreis einmündend – abgeführte Wärmeströme seitlich, nämlich Verlustwärmen nach links und Nutzwärmen nach rechts) auch bei komplizierten Bilanzen einhalten. Eingetragene Pfeile lassen die Richtung des Stroms deutlich erkennen. Die Darstellung einer Energiebilanz in dieser Form mag im ersten Moment etwas ungewohnt erscheinen, sie bietet jedoch zahlreiche Vorteile.

5.1.5.5 Exergiebilanzen [9, 10]

Die Bewertung des wärmetechnischen Geschehens in technischen Anlagen allgemein und damit auch in Glasschmelzöfen im Sinne des 1. Hauptsatzes der Thermodynamik hat den großen Nachteil, daß damit die Wertigkeit der Wärme und ihre weitere Nutzungsmöglichkeit, z. B. in einer Abhitzekesselanlage und einer Kraftwärmekupplung verzerrt dargestellt wird. Um hier eine Verbesserung zu erreichen, wird die Aufstellung einer Exergiebilanz empfohlen, die allerdings bisher noch wenig Eingang in die Praxis gefunden hat. Als Exergie wird die Energieform verstanden, die sich in jede beliebige andere Energieform und damit in mechanische Arbeit umwandeln läßt. Für die nicht umwandelbare Energie wurde das Wort „Anergie" vorgeschlagen. Es gibt Energien, die zur Gänze aus Exergie oder Anergie bestehen. Es gibt aber auch Energien, die aus beiden Komponenten zusammengesetzt sind.

Exergiebilanzen können analog zu Energiebilanzen aufgestellt werden. Bei der Berechnung der einzelnen Exergieströme muß neben der Enthalpie auch die Entropie erfaßt und berücksichtigt werden. Die Exergie hat die Dimension einer Energie und wird berechnet aus der Enthalpie $\dot{H}_1$ des strömenden Energieträgers in jenem Zustand, in dem er uns zu Verfügung steht und der Enthalpie $\dot{H}_0$ desselben Energieträgers, wenn er soweit ausgeschöpft worden ist, daß er sich im Gleichgewichtszustand mit der Umgebung befindet, weiter aus der Entropiestromdifferenz $(\dot{S}_1 - \dot{S}_0)$ der beiden Zustände „1" und „0":

$$\dot{E}_{1,0} = \dot{H}_1 - \dot{H}_0 - T_0 (\dot{S}_1 - \dot{S}_0)\,. \quad (5.7)$$

Für die Exergie einer Wärmemenge Q, die einem System bei der Temperatur T entnommen wird,

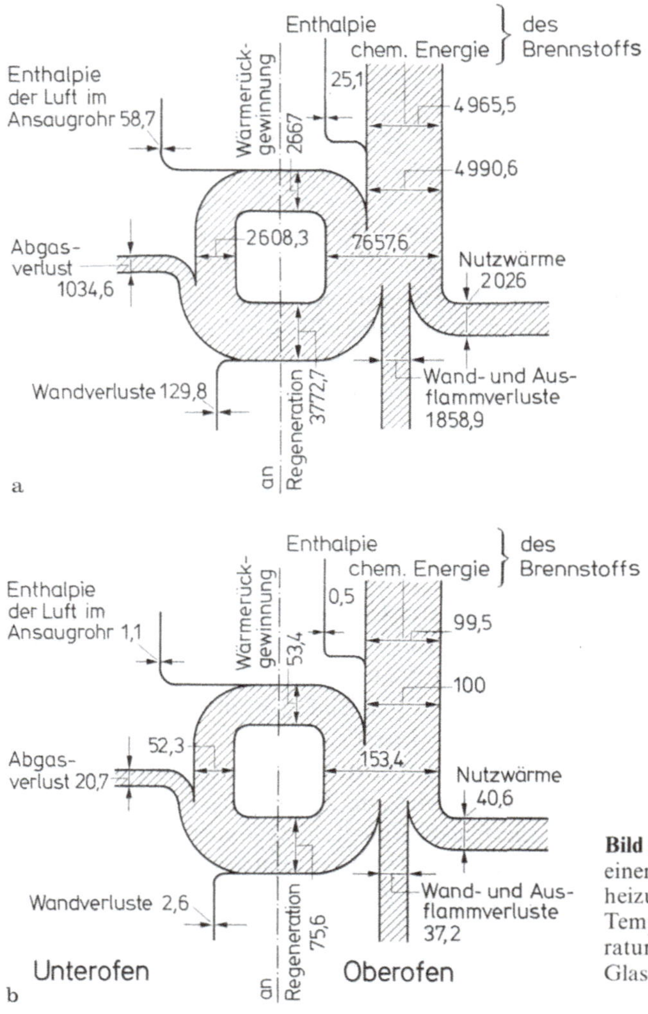

Bild 5.13. Energiebilanz einer Querbrennerwanne mit einer Schmelzfläche von 100 m² (Glasfarbe weiß, Beheizung mit Heizöl S, $s = 3$ t/(m² 24 h), $K = 4{,}2$ m³/m², Temperatur der vorgewärmten Luft 1400 °C, Abgastemperatur hinter dem Wechsel 350 °C). **a** Aufteilung nach kJ/kg Glas; **b** Aufteilung nach %

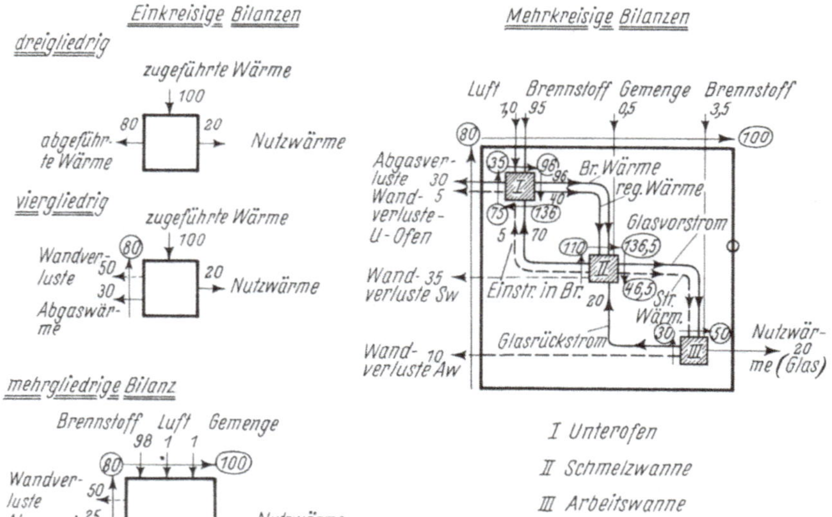

Bild 5.14. Aufbau von Energiebilanzen als einfache Liniendarstellungen [8]

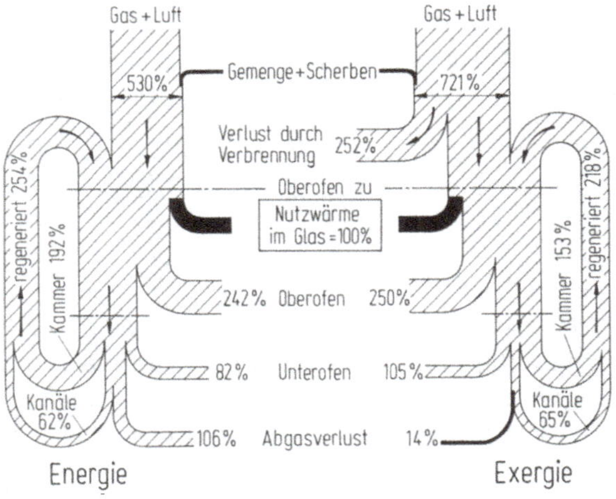

Bild 5.15. Energie- und Exergieflußbild einer Glasschmelzwanne [9]

gilt für konstante Temperaturen:

$$E_Q = Q\frac{T - T_0}{T}, \tag{5.8}$$

wobei für T und T_0 die thermodynamischen Temperaturen zu setzen sind.

In Bild 5.15 sind das Energie- und Exergieflußbild einer Glasschmelzwanne einander gegenübergestellt. Als Bezugsgröße wurde die Nutzwärme des Glases gewählt. Die Unterschiede der Energie- und Exergiebilanz bestehen im wesentlichen im Verlust durch Verbrennung und der unterschiedlichen Bewertung der Abgasverluste.

5.1.6 Wärmeisolierung und Kühlung

5.1.6.1 Wärmeisolierung

Zur Verminderung des Wärmeenergiebedarfs ist man bestrebt, den Glasschmelzofen mit einer guten Wärmeisolierung zu versehen. Die früher geübte und gebotene Zurückhaltung war durch die begrenzte thermische Belastbarkeit der Ofenbaustoffe bedingt. Durch die Bereitstellung verbesserter feuerfester Baustoffe, aber auch durch konstruktive und betriebliche Verbesserungen gelang es, die Grenzen der wirtschaftlichen Wärmeisolierung stark zu erweitern.

Mit der verstärkten Wärmeisolierung entstehen aber auch neue Gefahrenherde. Die Beobachtbarkeit der hoch beanspruchten Ofenbaustoffe wird eingeschränkt. Es besteht die Gefahr, voreilenden Verschleiß zu spät zu erkennen, was zu Glasfehlern und im Extremfall zu einem Wannendurchbruch oder Gewölbeeinsturz führen kann. Weitgehende Wärmeisolierung setzt eine sichere Beherrschung des Antempervorgangs und des Ofenbetriebs voraus. Die Isolierung darf nicht bedenkenlos aufgebracht werden. Die Temperaturen in den einzelnen Isolierschichten müssen richtig vorausberechnet und die Materialauswahl muß beanspruchungsgerecht getroffen werden.

Nicht alle Bereiche des Ofens können wärmeisoliert werden. Die Spülkante des Wannenbeckens und der Durchlaß von Durchlaßwannen müssen ausgespart werden. Zur Verlängerung der Ofenreise ist nach einer gewissen Betriebszeit oder auch von Anfang an eine Kühlung notwendig, eine für einen Ofen an sich widersinnige Maßnahme. Die Beanspruchung der Wannensteine im Spülkantenbereich und des Durchlaßdecksteins ist so groß, daß eine abgestimmte Lebensdauer der einzelnen Ofenbauteile nur durch partielle Kühlung erreicht werden kann.

Es gibt auch Ofenbereiche und Betriebszustände, bei denen sich aus verfahrenstechnischen Gründen eine zu starke oder auch eine mäßige Wärmeisolierung verbietet. Es gilt zu bedenken, daß nach der Läuterung des Glases die verfahrenstechnische Aufgabe darin besteht, das Glas schnell und gleichmäßig auf Verarbeitungstemperatur abzukühlen. Es hängt ganz von dem Umständen, insbesondere von dem Massendurchsatz der Anlage ab, ob die Wärmeabgabe der Abstehwanne oder der Arbeitswanne mit oder ohne Wärmeisolierung ausreicht, die vom Glas abzugebende Wärme abzuführen. Im Abstehbereich von Flachglaswannen muß man durch wärmeabstrahlende Öffnungen für eine ausreichende Wärmeabfuhr sorgen, während bei gering belasteten Hohlglaswannen trotz Isolation noch eine gesonderte Arbeitswannenbeheizung vorgesehen werden muß.

Einen Sonderfall bilden periodisch betriebene Glasschmelzöfen, wie Hafenöfen und Tageswannen. Eine zu weit getriebene Wärmeisolierung kann die Realisierung des periodischen Ofengangs behindern.

Die Hinweise zeigen, daß Wärmeisolierung bei Glasschmelzöfen nicht bedenkenlos angewendet werden darf. Jeder Anwendungsfall ist sorgfältig auf seine Wirkungen und Folgerungen zu überdenken, worauf vor allem Boggum [15] hingewiesen hat.

5.1.6.1.1 Berechnung von Wärmeisolierungen

Glasschmelzöfen sind komplizierte räumliche Gebilde, was die genaue Vorausberechnung von Isolierungen sehr erschwert. Im wesentlichen handelt es sich wie bei Wannenbecken, den Seitenwänden, dem Gewölbe, den Regenerativkammern und dgl. um flächenhafte Gebilde, die sich angenähert als eindimensionale Gebilde behandeln und berechnen lassen.

Für eine ebene, geschichtete Wand, die den heißen Innenraum mit der Temperatur ϑ_h von der Umgebung mit der Temperatur ϑ_k trennt, ergibt sich im stationären Zustand für n Schichten als Beispiel der in Bild 5.16 gezeigte Temperaturverlauf. Für die Wärmestromdichte $\dot{q}$ senkrecht durch eine Wand läßt sich schreiben:

$$\dot{q} = \frac{\vartheta_h - \vartheta_k}{\frac{1}{\alpha_h} + \frac{1}{\alpha_k} + \frac{s_1}{\lambda_1} + \frac{s_2}{\lambda_2} + \ldots + \frac{s_n}{\lambda_n}}; \qquad (5.9)$$

α_h und α_k stehen für die Wärmeübergangszahlen an der heißen bzw. der kalten Oberfläche, s bedeutet die Dicke und λ die Wärmeleitfähigkeit der jeweiligen Schicht.

Für die Materialauswahl wichtig sind die Zwischentemperaturen ϑ_2, ϑ_3 usw. Es gelten die Beziehungen

$$\vartheta_h - \vartheta_1 = \frac{\dot{q}}{\alpha_h},$$

$$\vartheta_1 - \vartheta_2 = \dot{q}\frac{s_1}{\lambda_1},$$

$$\vartheta_2 - \vartheta_3 = \dot{q}\frac{s_2}{\lambda_2},$$

$$\vartheta_i - \vartheta_{i+1} = \dot{q}\frac{s_i}{\lambda_i}.$$

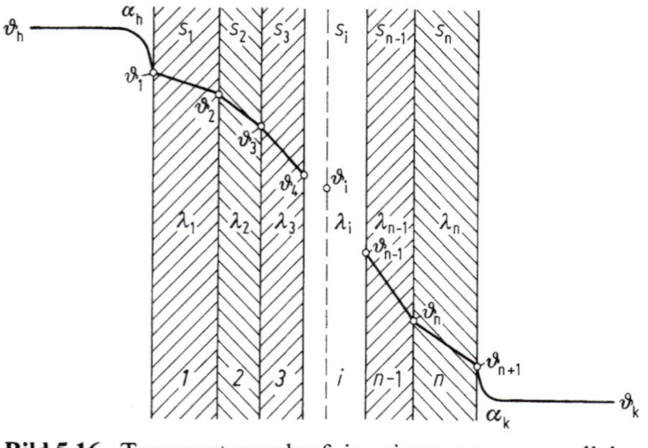

Bild 5.16. Temperaturverlauf in einer aus n parallelen Schichten zusammengesetzten Wand

Die Zwischentemperatur ϑ_i der i-ten Schicht errechnet sich aus der Beziehung

$$\vartheta_i = \vartheta_h - (\vartheta_h - \vartheta_k) \cdot \frac{\frac{1}{\alpha_h} + \frac{s_1}{\lambda_1} + \frac{s_2}{\lambda_2} + \ldots + \frac{s_{i-1}}{\lambda_{i-1}}}{\frac{1}{\alpha_h} + \frac{1}{\alpha_k} + \frac{s_1}{\lambda_1} + \frac{s_2}{\lambda_2} + \ldots + \frac{s_n}{\lambda_n}}. \qquad (5.10)$$

Die genannten Beziehungen gehen von der Voraussetzung aus, daß die einzelnen Schichten in sehr gutem (idealen) Wärmekontakt stehen. Die geometrischen Daten, wie s_1, s_2, usw. sind genau bekannt, bis zu einem gewissen Grad gilt dies auch für die Wärmeleitfähigkeit λ der einzelnen Isoliermaterialien. Besondere Überlegungen und Berechnungen erfordern die Wärmeübergangszahlen α_h und α_k.

Die Wärmeübergangszahl α_h ist aufgrund der hohen Temperaturen um ein Vielfaches größer als α_k, was zur Folge hat, daß ihr Einfluß auf $\dot{q}$ und ϑ_i gering ist. Die genaue Berechnung ist schwierig, die Angaben in der Literatur sind sehr unterschiedlich. Für den Bereich des Wannenbeckens rechnet Brüning [16] für α_h mit 232 W/(m^2 K), Hrma [17] im Spülkantenbereich mit 815 W/(m^2 K). Es ist sicher so, daß α_h im Wannenbecken stark von der Badtiefe und der Glasfarbe abhängt. Die unterschiedlichen Angaben mögen mit der Wahl der Meßorte zusammenhängen. Für den Bereich des Oberofens kann α_h mit 500 bis 1000 W/(m^2 K) angenommen werden (s. Abschn. 6.3 und 7.33).

Für die Bestimmung von α_k müssen der konvektive Anteil $\alpha_{k,K}$ und der Strahlungsanteil $\alpha_{k,Str}$ unterschieden und gesondert berechnet werden. Im Gegensatz zu α_h ist α_k bedeutend kleiner und beeinflußt damit die Temperaturverteilung und die Wärmestromdichte in der Wand nachhaltiger als α_h.

Was den konvektiven Anteil von α_k anbelangt, so läßt sich aus Ähnlichkeitsbetrachtungen der Wärmeübergang bei freier, laminarer und turbulenter Strömung an senkrechten Wänden der Höhe h mit konstanter Oberflächentemperatur nach der Beziehung

$$Nu = 0{,}517\,(Gr\,Pr)^{1/4} \qquad (5.11)$$

berechnen [18].

Nu ist die dimensionslose Kennzahl für den Wärmeübergang (Nußelt-Zahl). Es gilt $Nu = \alpha l/\lambda$, wobei α die Wärmeübergangszahl, in unserem Fall $\alpha_{k,K}$, l die Höhe der Wand und λ die Wärmeleitfähigkeit der umgebenden Luft bei $(\vartheta_{n+1} + \vartheta_k)/2$ bedeutet. *Gr* ist die Grashof-Zahl mit

$$Gr = \frac{g\,h\,l^2 \frac{\varrho_\infty - \varrho_0}{\varrho_0}}{\nu^2};$$

g bedeutet dabei die Erdbeschleunigung, h die Wandbreite, ϱ_0 die Dichte der Luft bei Wandtemperatur ϑ_{n+1}, ϱ_∞ der umgebenden Luft und ν die kinematische Zähigkeit der Luft bei $(\vartheta_{n+1} + \vartheta_k)/2$.

Pr ist die Prandtl-Zahl mit

$$Pr = \frac{\nu}{a} = \frac{\eta\,c}{\lambda},$$

wobei die Prandtl-Zahl für Luft bei Umgebungsdruck nur geringfügig von der Temperatur abhängt und mit $Pr = 0{,}67$ angenommen werden kann.

Gl. (5.11) ist in Bild 5.17 aufgetragen. In Verbindung mit den in Tabelle 5.6 angegebenen Stoffwerten für Luft lassen sich für einen konkreten Fall *Gr* und *Pr* schnell bestimmen. Aus Bild 5.17 ergibt sich dann die *Nu*-Zahl und daraus $\alpha_{k,K}$. Es

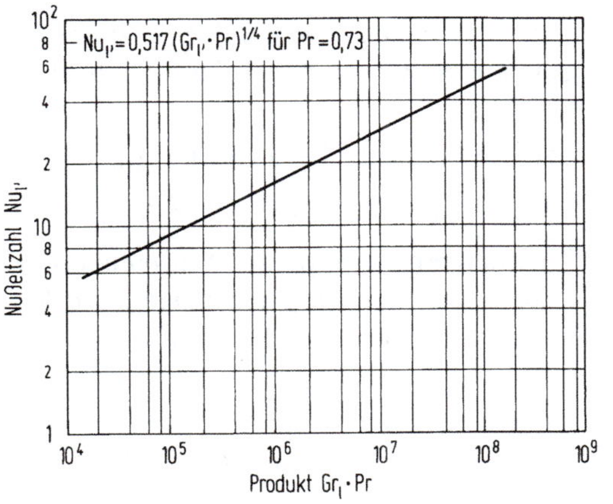

Bild 5.17. Konvektiver Wärmeübergang bei freier laminarer und turbulenter Strömung [18]

ergeben sich für $\alpha_{k,K}$ meist Werte zwischen 5 und 10 W/(m² K).

Über die Lageabhängigkeit des Wärmeübergangs bei einer ebenen Platte ist wenig bekannt. Schack [19] stützt sich auf ältere Messungen von Rosin und gibt an, daß bei waagerecht liegenden Flächen die Oberseite einen um 6% größeren und

Tabelle 5.6. Stoffwerte von trockener Luft beim Druck p = 1 bar [18]

ϑ Celsius-Temperatur
ϱ Dichte
c_p spezifische Wärmekapazität bei konstantem Druck
β Wärmeausdehnungskoeffizient
λ Wärmeleitfähigkeit
η dynamische Viskosität
ν kinematische Viskosität
a Temperaturleitfähigkeit
Pr Prandtl-Zahl

ϑ °C	ϱ kg/m³	c_p kJ/(kg K)	β $\cdot 10^{-3}$/K	λ $\cdot 10^{-3}$ W/(m K)	η $\cdot 10^{-6}$ kg/(m s)	ν $\cdot 10^{-6}$ m²/s	a $\cdot 10^{-6}$ m²/s	*Pr*
0	1,2754	1,006	3,671	24,54	17,10	13,41	19,1	0,70
20	1,1881	1,007	3,419	26,03	17,98	15,13	21,8	0,70
40	1,1120	1,008	3,200	27,49	18,81	16,92	24,5	0,69
60	1,0452	1,009	3,007	28,94	19,73	18,88	27,4	0,69
80	0,9859	1,101	2,836	30,38	20,73	21,02	30,5	0,69
100	0,9329	1,012	2,684	31,81	21,60	23,15	33,7	0,69
120	0,8854	1,014	2,547	33,23	22,43	25,33	37,0	0.68
140	0,8425	1,017	2,423	34,66	23,19	27,53	40,5	0,68
160	0,8036	1,020	2,311	36,07	24,01	29,88	44,0	0,68
180	0,7681	1,023	2,209	37,49	24,91	32,34	47,7	0,68
200	0,7356	1,026	2,115	38,91	25,70	34,94	51,6	0,68
250	0,6653	1,035	1,912	42,43	27,40	41,18	61,6	0,67
300	0,6072	1,046	1,745	45,91	29,20	48,09	72,3	0,67
350	0,5585	1,057	1,605	49,31	30,90	55,33	83,5	0,66
400	0,5170	1,069	1,485	52,57	32,55	62,95	95,1	0,66
450	0,4813	1,081	1,383	55,64	34,00	70,64	107	0,66
500	0,4502	1,093	1,293	58,48	35,50	78,86	119	0,66
600	0,3986	1,116	1,145	63,5	38,30	96,08	143	0,67
700	0,3577	1,137	1,027	67,8	40,87	114,3	166	0,69
800	0,3243	1,155	0,932	71,3	43,32	133,6	190	0,70
900	0,2967	1,171	0,852	74,3	45,65	153,9	214	0,72
1000	0,2734	1,185	0,786	76,8	47,88	175,1	237	0,74

die Unterseite einen um 6% kleineren Wärmeübergang aufweist als die vertikale Platte. Es gilt demnach

$$\alpha_{k,K}\,(\text{waagrecht, oben}) = 1{,}06\,\alpha_{k,K}$$

$$\alpha_{k,K}\,(\text{waagrecht, unten}) = 0{,}94\,\alpha_{k,K}\,.$$

Der Strahlungsanteil $\alpha_{k,Str}$ der Wärmeübergangszahl α_k berechnet sich nach den allgemein bekannten Gesetzen der Wärmestrahlung zu

$$\alpha_{k,Str} = \frac{C_s\,(T_{n+1}^4 - T_K^4)}{\left(\frac{1}{\varepsilon_{n+1}} + \frac{1}{\varepsilon_K} - 1\right)(T_{n+1} - T_K)}\,. \quad (5.12)$$

$C_s = 5{,}67\ W/(m^2 K^4)$ ist dabei die Strahlungszahl des schwarzen Körpers, ε_{n+1} und ε_K die Emissionszahlen des im Strahlungsaustausch stehenden Körpers. Für Ofenbauteile, die frei in die Umgebung abstrahlen, kann $\varepsilon_K = 1$ gesetzt werden. Damit ergibt sich

$$\alpha_{k,Str} = \varepsilon_{n+1}\,C_s\,\frac{T_{n+1}^4 - T_K^4}{T_{n+1} - T_K}\,.$$

Oft kann auch T_K^4 gegen T_{n+1}^4 vernachlässigt werden. Damit wird

$$\alpha'_{k,Str} = \varepsilon_{n+1}\,C_s\,\frac{T_{n+1}^4}{\vartheta_{n+1}}\,.$$

In Tabelle 5.7 ist die Wärmestromdichte $\dot{q}_s$ des schwarzen Körpers zusammengestellt.

Die Emissionszahlen von Schamotte, Silika und verschiedenen Metallen sind in den Tabellen 5.8 und 5.9 zusammengestellt. Leider fehlen entsprechende Daten für die verschiedenen Isolierstoffe.

Nach Ermittlungen der Wärmeübergangszahlen α gilt es, die Wärmeleitfähigkeiten λ der einzelnen Schichten zu ermitteln und in die Gl. (5.9) und (5.10) einzusetzen. Für verschiedene Isolierstoffe sind die λ-Werte in Tabelle 5.10 zusammengestellt.

Tabelle 5.7. Strahlung des „Schwarzen Körpers"

Temperatur		Strahlungsstromdichte	
ϑ °C	T K	kcal/(m² h)	W/m²
0	273	276	320,93
50	323	540	627,9
100	373	960	1 020,2
150	423	1 587	1 845,3
200	473	2 483	2 887
250	523	3 711	4 315,1
300	573	5 349	6 219,8
350	623	7 473	8 689,6
400	673	10 175	11 831
450	723	13 550	15 755
500	773	17 715	20 599
550	823	22 755	26 459
600	873	28 810	33 500
650	923	36 000	41 860
700	973	44 450	51 686
750	1023	54 340	63 186
800	1073	65 820	76 535
850	1123	78 900	91 745
900	1173	93 900	109 187
950	1223	110 950	129 013
1000	1273	130 230	151 431
1050	1323	152 030	176 780
1100	1373	176 300	205 002
1150	1423	203 370	236 479
1200	1473	233 500	271 514
1250	1523	266 900	310 351
1300	1573	303 600	353 026
1350	1623	344 100	400 119
1400	1673	388 600	451 864
1450	1723	437 200	508 376
1500	1773	490 100	569 883
1550	1823	547 900	637 098
1600	1873	610 300	709 657

Tabelle 5.8. Emissionszahlen feuerfester Steine [21]

Feuerfeste Steine	Temperatur °C	Emissionszahl ε
Silika (98% SiO_2)	1000	0,62
	1200	0,54
	1400	0,49
	1500	0,46
Schamotte	1000	0,61
(38% SiO_2,	1200	0,52
58% Al_2O_3, 0,5%	1400	0,47
Fe_2O_3)	1500	0,45

Tabelle 5.9. Emissionszahl ausgewählter Metalle

Metall	Oberflächen-Zustand	Temperatur °C	Emissionszahl ε
Eisen	rot angerostet	20	0,61
Eisen	Walzhaut	20	0,66
Eisen	blankpoliert	20	0,29
Kupfer	poliert	20	0,04
Kupfer	angelaufen	23	0,048
Kupfer	schwarz oxidiert	25	0,78
Aluminium	poliert	23	0,052
Aluminium	roh	28	0,07
Zink	verzinktes Eisenblech	28	0,23

Tabelle 5.10. Wärmeleitfähigkeit verschiedener feuerfester Isolierstoffe [20]

	Anwendungsgrenztemperatur °C	Wärmeleitfähigkeit in W/(m K)		
		bei 300 °C	bei 700 °C (600 °C)	bei 1000 °C (900 °C)
Feuerleichtsteine				
saure Feuerleichtsteine, gebrannt	1250		0,3	0,39
saure Feuerleichtsteine, chem.gebunden	1200	0,26	0,34	0,34
Schamotte-Feuerleichtsteine, zementgebunden	1100 ... 1250		0,23 ... 0,27	
Forsterit-Leichtsteine	1500		0,4 ... 0,56	
ZrO_2-Leichtsteine	oxid. 1800 ... 2400 red. 1600			0,4
Ungeformte wärmedämmende Erzeugnisse				
Schamotte-Feuerleichtbeton				
konstruktiv eingesetzt	1200	0,40	(0,42)	(0,47)
haufwerkporig	1100	0,22	(0,28)	(0,40)
Leichtbeton mit organ. Ausbrennstoff	800 ... 1600	0,16	(0,18)	(0,31)
Hohlkugelkorund-Leichtbeton	1700	0,8	(0,58)	(0,67)
Feuerleichtbeton als Spritzmasse	1250	0,30	(0,33)	(0,36)
Vermiculitplatten	< 1000		(0,1)	

5.1.6.1.2 Ausführung von Wärmeisolierungen

5.1.6.1.2.1 Wannenbecken

Die Erfahrungen der letzten Jahre haben gezeigt, daß die Seitenwände von Glasschmelzwannen von der Spiegellinie abgesehen, isoliert werden können, wenn gutes lunkerorientiertes schmelzgegossenes Material für die Palisaden verwendet und durch geschliffene Vertikalflächen dichte Vertikalfugen garantiert werden können [22]. Die Isolierplatten sind zweischichtig aufgebaut. Zum Wannenbecken hin wird als Material eine Wannensteinqualität verwendet, nach außen eine Schamotteleichtsteinqualität [15]. Bild 5.18 zeigt ein Beispiel für eine isolierte Wannenseitenwand. Der aus schmelzgegossenem Material bestehende Palisadenstein wird neuerdings auch nur mehr 200 mm dick ausgeführt. Bei Weißglas beträgt der ungekühlte Teil 200 mm, bei Farbglas genügen 150 mm.

Wichtig ist eine plane, dichte Auflage der Isolierplatte. Am besten verwendet man zum Ausgleich geringer Unebenheiten zwischen Palisaden-

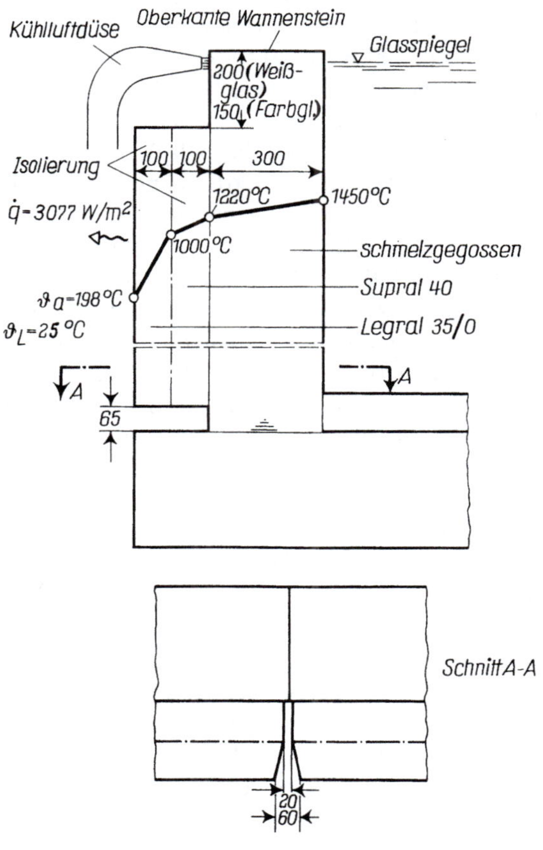

Bild 5.18. Wärmeverlust an der isolierten Glaswannenseitenwand (Glastemperatur in der Spiegellinie 1450 °C) [15]. (Maßangaben in mm)

stein und Isolierplatte einen Spezialmörtel. Die Vertikalfugen der Wannensteine werden entweder freigehalten oder bei einem zweilagigen Aufbau der Isolierplatten oben frei gehalten und unten versetzt überdeckt.

Die Wärmeverluste der Seitenwand können durch die in Bild 5.18 gezeigte Konstruktion von ≈ 12500 W/m^2 auf 3000 W/m^2 vermindert werden.

Der Verschleiß isolierter Wannenseitenwände ist, wie die Erfahrung gezeigt hat, nicht größer als bei nicht isolierter Ausführung. Die Abnutzung erfolgt gleichmäßiger. Zur Isolierung der Seitenwände von Arbeitswannen genügt eine 150 mm dicke Schamotteisolierplatte.

Ähnlich wie bei den Seitenwänden hat sich die Wärmeisolierung des Wannenbodens durchgesetzt. Um einen Bodendurchbruch mit seinen verheerenden Folgen zu vermeiden, ist besonders bei Weißglas ein mehrschichtig aufgebauter Boden notwendig. Besonders wichtig sind schmelzgegossene Abdeckplatten, die in einem Mörtelbett, oder besser in einer etwa gleichdicken Lage aus Spezialstampfmasse eingebettet sind. Auf diese Weise läßt sich eine Unterspülung der Bodenplatten und ein eventuell verstärkter Metallangriff vermeiden. Bild 5.19 zeigt den Aufbau eines wärmeisolierten Wannenbodens. Die Wärmeverluste lassen sich damit von 5100 W/m^2 auf 1900 W/m^2 und weniger vermindern. Einen großen Einfluß auf die Temperaturen und den Wärmeverlust hat die Innentemperatur (Weißglas, Farbglas) des Bodens.

Oberbauseitenwände werden ähnlich wie die Seitenwände der Arbeitswanne mit einer einlagigen Schamotteleichtsteinschicht wärmeisoliert. Wichtig ist, daß die Wand gasdicht ist und keine klaffenden Fugen aufweist, die zur Alkalikondensation und damit verbundenen Auswaschungen und Glasfehlern führen. Die Wärmeverluste der Oberbauseitenwände lassen sich damit von ≈ 11000 W/m^2 auf ≈ 2300 W/m^2 vermindern.

5.1.6.1.2.2 Gewölbe und Seitenwände

Die Wärmeisolierung des Gewölbes bringt schon aufgrund der großen Fläche eine beachtliche Verbesserung der Wärmewirtschaft des Ofens. Voraussetzung für eine Gewölbeisolierung ist die Verwendung von gut umgewandelten maßhaltigen Silikasteinen mit einem geringen Druckfließverhalten. Silikagewölbe werden heute meist 375 mm dick ausgeführt. Die Flächenpressung soll 0,2 N/mm^2 nicht übersteigen. Bei der Berechnung der Tragfähigkeit von Gewölben sind zwei Drittel der äußeren Steindicke als tragende Fläche zugrunde zu legen.

Besonders wichtig ist, das Gewölbe gasdicht zu verlegen, den Tempervorgang richtig durchzuführen und das Gewölbe nach dem Tempern abzuschlämmen. Zur Isolierung dienen eine oder zwei Silikaleichtsteinschichten, die auf einer Schicht aus einem auf Silikabasis aufgebauten Spezialkitt aufzulegen sind. Wichtig ist ein fugenloser begehbarer Verschluß der obersten Isoliersteinlage mit einer Abdichtungsmasse, um das Eindringen von Gemengestaub zu verhindern. Neuerdings werden auch Isoliermatten, die mit einer kräftigen sich überdeckenden Alufolie kaschiert sind, abgedeckt. Die Alufolie verhindert das Eindringen von Gemengestaub. Die Wärmeverluste von Gewölben lassen sich durch eine Isolierung von 4800 W/m^2 auf 2300 W/m^2 vermindern.

Die Wärmeverluste an basischen Ofenwänden, wie Brennerhälsen und Kammergewölben sind wegen der guten Wärmeleitfähigkeit des basischen Materials erheblich. Bei Steininnentemperaturen von 1550 °C ergeben sich Verluste von ≈ 15000 W/m^2. Durch eine Isolierung mit Schamotteleichtsteinen von 64 mm Dicke lassen sich die Wärmeverluste auf 5800 W/m^2 vermindern. Bei Kammergewölben kann mit bis 100 mm dicken Isolierschichten der Wärmeverlust auf ≈ 3000 W/m^2 vermindert werden.

Die großflächigen Kammerwände können durch Vorsetzen von Mauersteinen oder Platten aus Isolierbeton isoliert werden.

5.1.6.2 Kühlung des Wannenbeckens

Die Abnutzung der einzelnen Bereiche des Wannenbeckens ist sehr unterschiedlich. Am stärksten beansprucht sind die Spülkante und der Durchlaß. Um eine Löschung der Anlage durch vorzeitigen Verschleiß dieser Bauteile zu vermeiden, werden diese Bauteile gekühlt. Die Wirkung der Kühlung beruht auf der Temperaturabsenkung und der damit verbundenen Verminderung der Korrosion. Aus Bild 4.13 ist ersichtlich, daß auch die Korrosion schmelzgegossener Steine bei Temperaturen über 1400 °C stark mit der Temperatur ansteigt.

5.1.6.2.1 Wirkung der Kühlung

Im praktischen Betrieb ist eine Kühlung nur über eine Erhöhung der Wärmeübergangszahl α an der Außenseite des Steins möglich. Nach Gl. (5.9) ergibt sich für den nicht isolierten Wannenstein

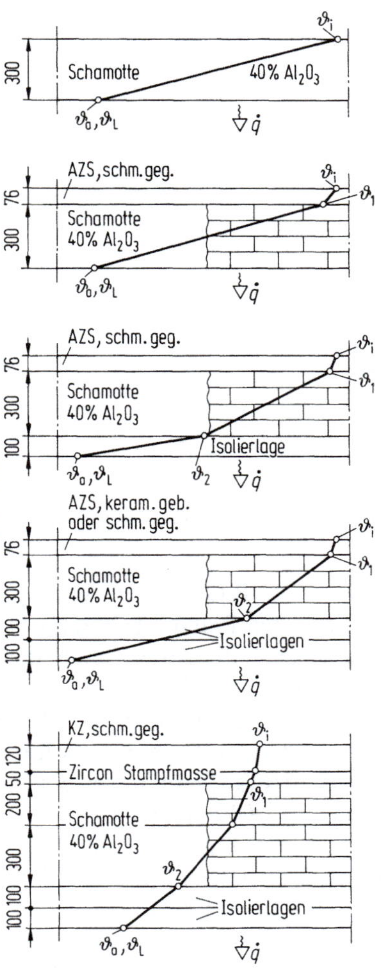

Temperatur in °C					Wärmeverlust in	
ϑ_i	ϑ_1	ϑ_2	ϑ_o	ϑ_L	W/m²	kcal/m²h
1400			260	20	5171	4446
1400	1339		252	20	4931	4240
1400	1366	770	166	20	2761	2374
1400	1377	968	142	20	1980	1614
1200	1127	685	156	45	1195	1030

AZS Aluminium-Zirconsilicat
keram. geb. keramisch gebunden
schm. geg. schmelzgegossen

Bild 5.19. Wärmeverluste an Glaswannenböden [15]

die Wärmestromdichte

$$\dot{q} = \frac{\vartheta_h - \vartheta_k}{\dfrac{1}{\alpha_h} + \dfrac{1}{\alpha_k} + \dfrac{s_l}{\lambda_l}}.$$

Berücksichtigt man, daß α_h um ein Mehrfaches größer ist als α_k dann gilt für $\vartheta_l \approx \vartheta_h$

$$\vartheta_l \approx \dot{q}\left(\frac{1}{\alpha_k} + \frac{s_l}{\lambda_l}\right) + \vartheta_k.$$

Für schmelzgegossene Wannensteine mit einer Dicke von 200 bis 300 mm ist s_l/λ_l um ein Mehrfaches größer als $1/\alpha_k$ was bedeutet, daß eine stärkere Temperaturabsenkung von ϑ_l über α_k nur in geringem Umfang möglich ist. Messungen [24] und Berechnungen haben gezeigt, daß die Absenkung nur in der Größenordnung von 10 °C liegt. Erst bei einer Verminderung der Wanddicke auf 100 mm und darunter macht sich die Kühlung stärker bemerkbar.

Daudans [25] weist darauf hin, daß die Korrosion der Wannensteine nicht ausschließlich eine Funktion der Temperatur ist, sondern auch von den Glasströmungen im Wannensteinbereich abhängt. Bei diesen Strömungen handelt es sich im wesentlichen um Konvektionsströmungen, die von der Kühlungswirkung der Wannensteine angefacht werden. Eine verstärkte Kühlung der Wannensteine kann sich somit über die Temperaturabsenkung vermindernd und über die Konvektionsströme verstärkend auf die Steinkorrosion auswirken. Daudans vermutet ein deutliches Maximum der Konvektionsströme bei 1500 bis 1550 °C. Aus dieser Gegenläufigkeit folgert, daß die zeitliche Korrosion der Wannensteine nicht konstant ist. Unter Berücksichtigung des Konvektionsströmungseinflusses wird die Korrosionsrate mit abnehmender Steindicke größer, um dann nach Erreichen der Restdicke von ≈ 100 mm und darunter stark abzunehmen.

Für den Durchlaß gelten die Zusammenhänge in dieser Form nicht, da hier die Konvektionsströme durch die Steinkühlung nicht beeinflußt werden.

5.1.6.2.2 Dimensionierung der Kühlung

In weit überwiegendem Maße wird mit Luftkühlung gearbeitet. In Höhe der Spiegellinie werden längs des Wannenbeckens Düsen angebracht, die Kühlluft aus Verteilerleitungen auf die Wannensteinoberflächen blasen (Bild 5.18). Die mit solchen Anordnungen erzielbaren Wärmeübergangszahlen sind örtlich stark verschieden. Es handelt sich um eine Staupunktströmung, die einer genauen Vorausberechnung nur schwer zugänglich ist. Die beste Kühlwirkung wird beim senkrechten Auftreffen der Luft auf den Wannenstein erzielt [16]. Allerdings ist bei dieser Anordnung der Druckverlust auch am größten [23]. Bei der Anordnung der Kühldüsen und der Abdichtung des Wannenbeckens gegenüber dem Oberbau muß darauf geachtet werden, daß die Kühlluft nicht in das Wanneninnere dringen darf. Die Wirkung der Kühlung würde damit verfälscht. Hinzu kommt eine unerwünschte Steigerung des Falschluftanteils. Beispiele für die Kühlung von Durchlaßsteinen zeigen die Bilder 3.14 und 3.15.

Größenordnungsmäßig läßt sich der bei der Luftkühlung erzielbare Wärmeübergang durch die bekannten Beziehungen für die Strömung längs einer ebenen Wand berechnen [18]. Ähnlich wie beim konvektiven Wärmeübergang sind aus der Ähnlichkeitstheorie des Wärmeübergangs Funktionen entwickelt worden, welche die maßgebenden dimensionslosen Größen, wie die Nußelt-Zahl, die Grashof-Zahl und die Prandtl-Zahl miteinander verknüpfen. Es gilt für den laminaren Bereich

$$Nu_{\text{lam}} = 0{,}664 \sqrt{Re}\, \sqrt[3]{Pr}\,, \qquad (5.13)$$

und für den turbulenten Bereich

$$Nu_{\text{turb}} = \frac{0{,}037\, Re^{0{,}8}\, Pr}{1 + 2{,}443\, Re^{-1} (Pr^{2/3} - 1)}\,. \qquad (5.14)$$

Als kennzeichnende Länge gilt die Länge der angeströmten Platte. Für die Wannensteinkühlung ist dies der Abstand zwischen der Wannensteinoberkante und der Wärmeisolierung (Bild 5.18).

Da mit laminaren und turbulenten Strömungsbereichen gerechnet werden muß, werden die Gl. (5.13) und (5.14) kombiniert. Zur leichteren Auswertung ist die Funktion

$$Nu = f(Re, Pr)$$

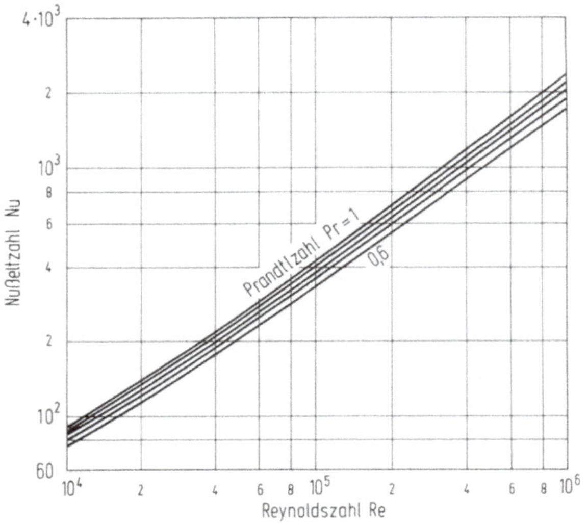

Bild 5.20. Wärmeübergang an einer längs angeströmten ebenen Wand [18]

in Diagrammform in Bild 5.20 in Abhängigkeit der jeweils vorliegenden Prandtl-Zahl aufgetragen. Die Prandtl-Zahl für Luft beträgt unter den Bedingungen der Kühlung 0,7. Die mit Luftkühlung erzielbaren Wärmeübergangszahlen betragen $\approx 200\ \text{W/(m}^2\,\text{K)}$. Die Ausströmungsgeschwindigkeiten liegen bei 30 m/s. Darüber zu gehen, hat wenig Sinn, da die Kühlungswirkung nurmehr langsam ansteigt, der Energieaufwand aber exponentiell zunimmt. Die notwendigen Kühlluftmengen werden mit 0,3 bis 0,5 m^3/s angegeben. Der Luftdruck vor den Düsen wird mit 0,005 bis 0,01 bar gewählt. Die Anordnung und Verteilung der Kühlluftkanäle müssen den örtlichen Gegebenheiten angepaßt werden. Bild 5.21 zeigt ein

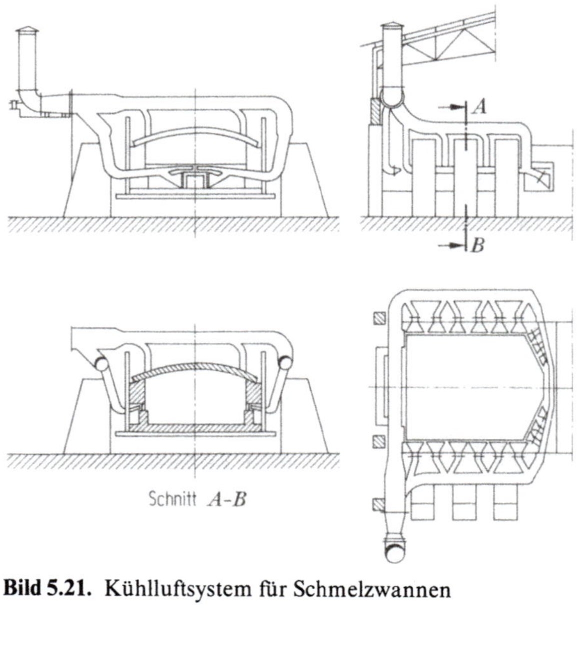

Bild 5.21. Kühlluftsystem für Schmelzwannen

älteres Beispiel eines Kühlluftsystems für eine Schmelzwanne. Heute werden die Leitungen bevorzugt zwischen Kammern und dem Wannenbecken angeordnet. Für die Gebläseleistung rechnet man durchschnittlich mit 0,6 kW/m Wannensteinlänge.

Die Kühlung soll, wie bereits erwähnt, erst in Betrieb genommen werden, wenn die Wannensteine im Spülkantenbereich eine Restdicke von 150 mm erreicht haben. Um ein Reißen der Steine durch Wärmespannungen zu vermeiden, ist die Kühlung langsam in Stufen in Betrieb zu nehmen. Bei der Durchlaßkühlung liegen die Verhältnisse anders, hier kann von Anfang an kräftig gekühlt werden.

Als Alternative zur Luftkühlung ist die Wasserkühlung zu erwähnen. Sie benötigt zwar weniger Energie und arbeitet sehr geräuscharm, doch sind die Investitionen größer und die Wirkung hängt stark vom System ab.

Eine Kühlung mit aufgesetzten Wasserkästen ist auch bei sorgfältiger Anpassung und Verwendung eines Kontaktmörtels nicht so wirksam, wie eine direkte Luftkühlung [16]. Wasserkästen sind nur dann angezeigt, wenn ein Glasdurchbruch droht. Die direkte Wasserkühlung der Steine ist kühlungsmäßig sehr wirksam. Das ff-Material wird aber leicht rissig und zermürbt, außerdem können durch das ablaufende Wasser Schäden an anderen Stellen entstehen.

In allen Fällen ist bei Wasserkühlung mit aufbereitetem Wasser und möglichst im Umlaufverfahren zu arbeiten.

Die beste Kühlung, gleich ob Luft oder Wasser, nützt nichts, wennn sie ausfällt und dies verspätet bemerkt wird. Durch entsprechende Überwachungssysteme ist dafür zu sorgen, daß ein Ausfall der Kühlung sofort angezeigt und entsprechende Maßnahmen ergriffen werden. Bei Stromausfall und Aufbau einer Notstromversorgung ist die Wannenkühlung vorrangig zu behandeln.

5.2 Meß- und Regelungstechnik

5.2.1 Temperatur [12]

Bei der Überwachung des Betriebs von Glasschmelzöfen spielt die Temperatur die entscheidende Rolle. Der Ablauf der Schmelz- und Läuterreaktionen und die Verarbeitbarkeit des Glases sind primär temperaturabhängig. Die Standfestigkeit und die Standzeit der feuerfesten Baustoffe sind nur bei Einhaltung von bestimmten Temperaturgrenzen gewährleistet. In der Praxis werden bei Glasschmelzöfen die Temperaturen mit Thermoelementen und mit Strahlungspyrometern gemessen. Der Schwerpunkt liegt bei den Thermoelementen. Strahlungspyrometer werden nur in Sonderfällen oder als Kontrollgeräte in Form des Teilstrahlungspyrometers eingesetzt.

Die Temperaturmessung mit Thermoelementen beruht auf dem Seebek-Effekt. Werden zwei Drähte aus verschiedenen Metallen oder Legierungen (Thermodrähte) an beiden Enden miteinander verbunden, so tritt an einer beliebig gewählten Trennstelle eine kleine Gleichspannung (Thermospannung) auf, wenn die beiden Verbindungsstellen verschiedenen Temperaturen ausgesetzt sind; ihre Höhe hängt von den verwendeten Werkstoffen und der Temperaturdifferenz zwischen den beiden Verbindungsstellen der Thermodrähte ab. Ist eine der Temperaturen bekannt, so ist die Thermospannung ein Maß für die andere Temperatur. Die der Meßtemperatur ausgesetzte Verbindung der Thermodrähte nennt man „Meßstelle", die andere „Vergleichsstelle". Meist wird die zur Thermospannungsmessung nötige Trennstelle in die Vergleichsstelle gelegt; die einseitig miteinander verbundenen Thermodrähte bezeichnet man als Thermopaar.

Für betriebsmäßige Temperaturmessungen werden in der Glasindustrie vorwiegend Thermopaare aus Eisen/Konstantan, Nickelchrom/Nickel, Platinrhodium/Platin und Platinrhodium 30/Platinrhodium 6, bekannt als PtRh 18, benutzt (mit den ungefähren Dauerverwendungsgrenzen von 700, 1000, 1400 und 1600 °C), deren Temperatur-Thermospannungs-Kurven (bis auf die des letztgenannten Thermopaars) in DIN 43710 genormt sind. Der Temperatur-Spannungs-Verlauf der gebräuchlichsten Thermopaare ist in Bild 5.22 und in Tabelle 5.11 angegeben.

Zum Schutz gegen aggressive Medien und mechanische Beanspruchung dienen Schutzrohre aus metallischen oder keramischen Werkstoffen. Im Kopf des Schutzrohrs, in dem das Thermopaar an Klemmen endet, verlängert man das Thermopaar mit Ausgleichsleitungen, an deren freiem Ende dann die Vergleichsstelle liegt (die weiter unten behandelt wird). Die Ausgleichsleitungen sind geeignete, isolierte und ggf. bewehrte Leitungen, die bis 200 °C der Thermospannungskurve des zugehörigen Thermoelements entsprechen, aber meist aus billigeren Werkstoffen hergestellt werden. Das

Tabelle 5.11. Meßdaten und Fehlergrenzen von Thermoelementen nach DIN 43710

Kurzzeichen des Thermopaars	+ − Cu/Konst	+ − Fe/Konst		+ − NiCr/Konst	+ − NiCr/Ni		+ − PtRh/Pt		PtRh 18	
Kennfarbe	braun	blau		schwarz	grün		weiß		weiß	
Meß-temperatur °C	Thermospannung und zulässige Abweichung in mV									
−200	−5,70	−8,15	±0,5	–	–	–	–	–	–	–
−100	−3,40	−4,6	±0,4	–	–	–	–	–	–	–
0	0	0	–	0	0	–	0	–	0	–
100	4,25	5,37		6,21	4,04		0,64		–	
200	9,20	10,95		13,38	8,14		1,44		0,16	
300	14,89	16,55	±0,4	20,95	12,24	±0,3	2,32		–	
400	20,99	22,15		28,74	16,38		3,26		0,79	
500	27,40	27,84		36,75	20,64		4,22		–	
600	34,30	33,66		44,98	24,94		5,23		1,80	
700	–	(39,72)		53,31	29,15	±0,4	6,27		–	
800	–	(46,23)	±0,8	(61,45)	33,27		7,34		3,16	
900	–	(53,15)		(69,25)	37,32		8,45		–	
1000	–	–	–	–	(41,32)		9,60	±0,05	4,84	±0,10
1100	–	–	–	–	(45,22)	±0,6	10,77		5,79	
1200	–	–	–	–	(49,02)		11,97		6,81	
1300	–	–	–	–	–	–	13,17		7,89	
1400	–	–	–	–	–	–	(14,38)		9,00	
1500	–	–	–	–	–	–	(15,58)		10,13	
1600	–	–	–	–	–	–	(16,76)		(11,26)	
1700	–	–	–	–	–	–	–	–	(12,39)	
1800	–	–	–	–	–	–	–	–	(13,52)	

Schema eines Thermoelementanschlusses (Meßkreis) ist in Bild 5.23 gezeigt.

Bei der Messung der Thermospannung und damit der Temperatur wendet man heute meist das Kompensationsverfahren an. Widerstandsänderungen haben damit keinen Einfluß mehr auf das Meßergebnis. Der zu messenden Thermospannung U_x wird eine bekannte Vergleichsspannung U_v entgegengestellt und diese solange geändert, bis ein dazwischenliegender Galvanometer stromlos und damit die Meßspannung gleich der eingestellten Vergleichsspannung ist (Bild 5.24).

Zur Überwachung der Oberofentemperatur werden Thermoelemente in der Symmetrieachse des

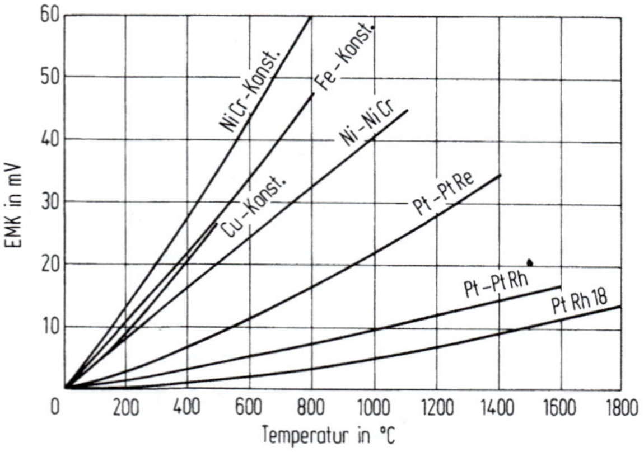

Bild 5.22. Temperatur-Spannungs-Verlauf der gebräuchlichsten Thermopaare [12]

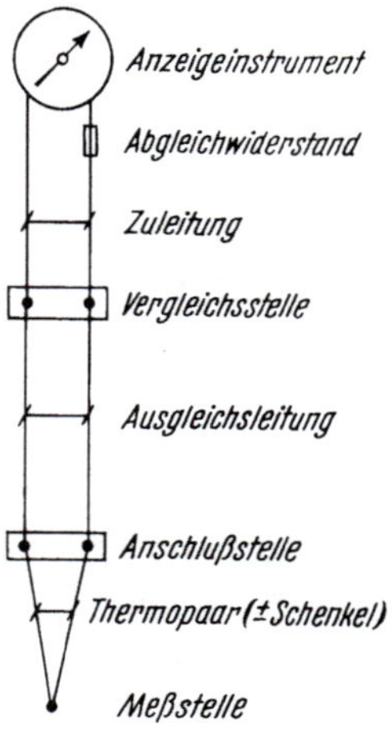

Bild 5.23. Schema eines Thermoelementanschlusses (Meßkreis) [54]

Ofens in der Schmelzwanne, der Läuterwanne und der Arbeitswanne angeordnet. Dem vorhandenen Temperaturniveau entsprechend werden Platinelemente verwendet, wobei sich das Element PtRh 18 besonders gut bewährt hat. Die Alterung dieses Thermoelementpaars bei hohen Temperaturen ist geringer als beim normalen Pt/PtRh-Thermoelement. Hinzu kommt, daß die Thermospannung unter 200 °C sehr gering ist, so daß bei geringen Genauigkeitsansprüchen eine Ausgleichsleitung entbehrlich wird. Das Thermoelement muß durch ein möglichst gasdichtes Schutzrohr vor schädlichen Einwirkungen durch Wasserstoff, alkalische Dämpfe und Ölaschen geschützt werden.

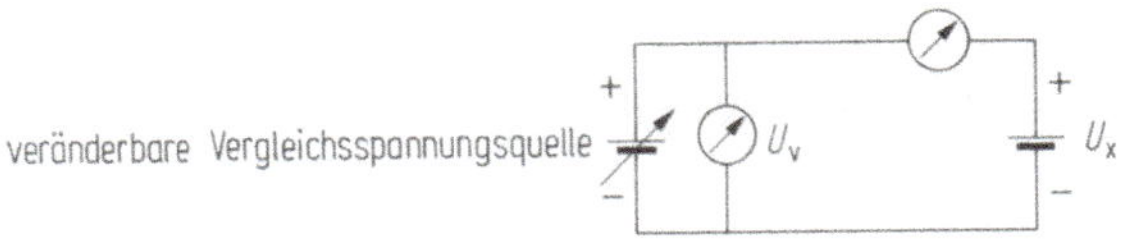

Bild 5.24. Prinzip der Kompensationsmessung

Am besten haben sich Schutzrohre aus reinem, dicht gesintertem Aluminiumoxid bewährt. Die Nutzungszeiten können mehr als ein Jahr betragen. Zu beachten ist die starke Temperaturwechselempfindlichkeit dieses Materials. Bei der Wahl des Einbauortes des Thermoelements sind die Genauigkeit der Anzeige, die Ansprechempfindlichkeit, die Überprüfbarkeit der Anzeige, die Standzeit des Elements und mögliche Rückwirkungen auf das Ofengewölbe zu beachten.

Als wichtig hat sich erwiesen, Kondensationen alkalischer Dämpfe im Bereich des Schutzrohrs zu vermeiden, da diese das Gewölbe und das Schutzrohr stark angreifen. Durch einen gasdichten Einbau (Bild 5.25 oder Bild 5.26) lassen sich Kondensationen weitgehend vermeiden.

Für den Thermoelementstein wird Silikamaterial und, bei sehr heißgehenden Öfen, dichtes Zirkonsilicat verwendet. Für das Thermoelementschutzrohr dient dichtes Sinterkorund. Der Ringspalt zwischen Thermoelementstein und Schutzrohr wird heute nicht mehr mit Silikabrocken gefüllt wie Bild 5.25 zeigt, sondern mit Zirkonsilicatmasse ausgegossen. Der Ringspalt zwischen innerem Thermoelementschutzrohr und Außenschutzrohr wird durch Umwickeln mit hochtemperaturbeständiger Korundfaser abgedichtet. Diese Konstruktion erlaubt während des Betriebs einen Wechsel des Thermoelements, gewährleistet einen weitgehend gasdichten Abschluß und schützt das

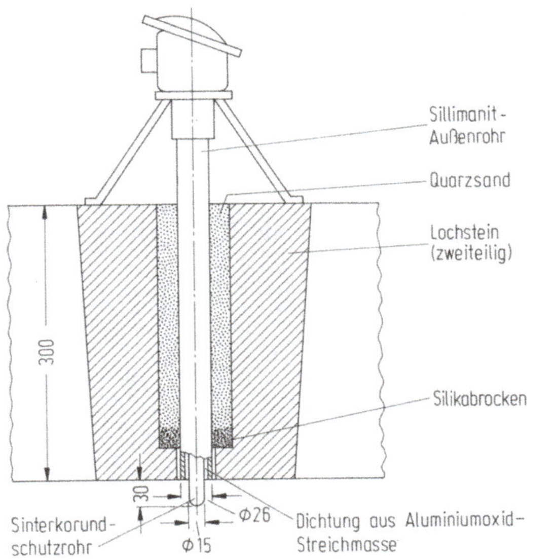

Bild 5.25. Einbau eines Thermoelements für hohe Temperaturen (veraltet) [12]. (Maßangabe in mm)

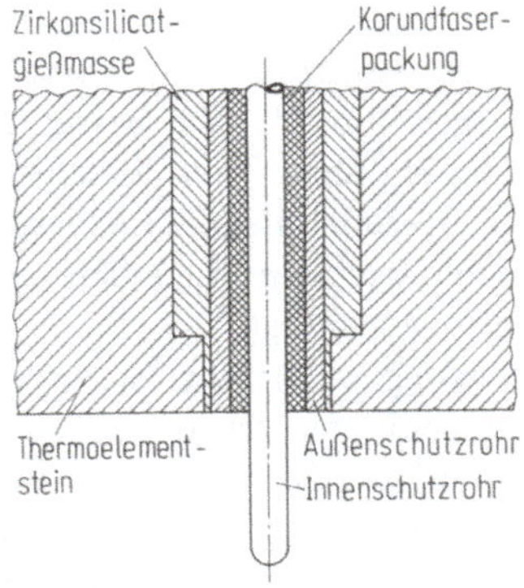

Bild 5.26. Thermoelementeinbau mit Abdichtung durch Korundfasern und Zirkonsilicatgießmasse

Innenrohr vor schroffem Temperaturwechsel (Bild 5.26). In Sonderfällen werden für das Innenschutzrohr Schutzkappen aus Platin verwendet.

Eine genaue Anzeige und gute Ansprechempfindlichkeit ist gewährleistet, wenn das Thermoelementschutzrohr 3 bis 5 cm tief in den Ofenraum hineinragt.

Legt man Wert auf einen verläßlichen Vergleichswert und eine lange Standzeit, dann hat sich der Einbau des Elements in einen Sacklochstein, der 2,5 cm in den Ofenraum hineinragt, bewährt (Bild 5.27).

Auch die besten Thermoelemente können im Laufe der Zeit durch interne Diffusionsprozesse eine Verminderung der Anzeigenspannung aufweisen. In regelmäßigen Zeitabständen (Wochen)

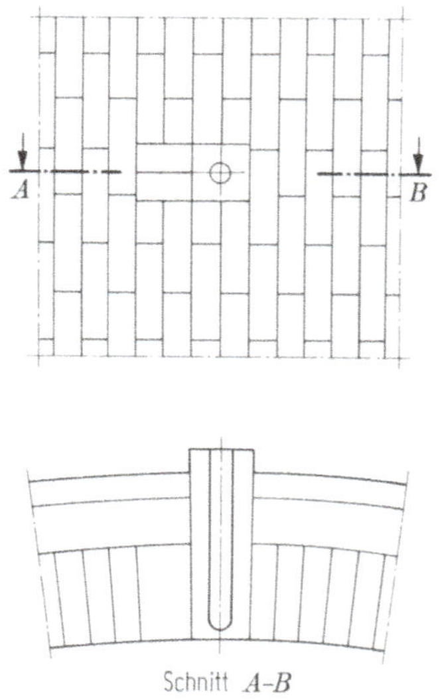

Bild 5.27. Einbau des Meßlochsteins im Gewölbe (Didier)

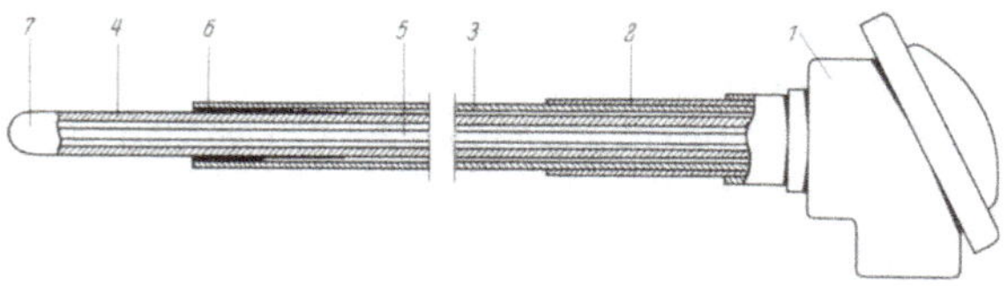

Bild 5.28. Platinschutzrohr für Glasbadthermoelemente [12]. *1* Anschlußkopf; *2* Halterohr (Stahl); *3* u. *4* Tonerderohr; *5* Kapillare; *6* Verkittung; *7* Platinmantel

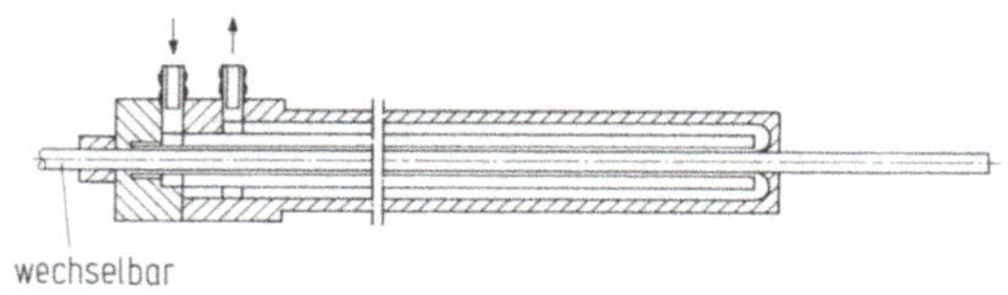

Bild 5.29. Wassergekühltes Thermoelement mit Halter

sind Nachprüfungen notwendig. Meist geschieht dies optisch mit einem Teilstrahlungspyrometer. Da Sacklochsteine wegen ihrer Größe besser anvisiert werden können als dünne Thermoelementrohre und die Standzeit zunehmende Bedeutung gewinnt, wird die Einbauweise im Sackloch nach Bild 5.27 mehr und mehr bevorzugt.

Die Temperaturmessung in Arbeitswannen ist wegen der geringeren Temperaturen einfacher als im Schmelz- und Läuterbereich. Im Prinzip wird nach dem gleichen System gearbeitet wie bei Schmelzwannen. Jede Temperaturmessung im Oberofen hängt von vielen Einflüssen ab und gibt über die Temperaturverhältnisse im Glasbad selbst nur bedingt Auskunft. Dies ist der Grund dafür, daß sich Temperaturmessungen im Glasbad als zusätzliches wertvolles Hilfsmittel sehr bewährt haben [12, 33]. Der starke Angriff der Glasschmelze auf Tonerdeschutzrohre erfordert eine Armierung mit einer Platinhülse [33]. Beschränkt man sich auf einen Vergleichswert, kann auch hier mit einem Sackloch im Wannenbodenbereich gearbeitet werden. Eine für den Einbau in das Glasbad geeignete Armatur zeigt Bild 5.28. In Sonderfällen finden wassergekühlte Fassungen Verwendung. Sie gestatten einen Wechsel des Thermoelements während der Ofenreise (Bild 5.29). Temperaturmessungen im Glasbad erlauben Rückschlüsse auf die Ausbildung und Änderung der Glasströmungen. Die Meßstellen werden ähnlich wie im Oberofen bevorzugt in der Symmetrieachse des Ofens angeordnet.

Zur Temperaturüberwachung der Regenerativkammern und zur Überwachung der Gleichmäßigkeit des Ofengangs sind Thermoelemente ebenfalls gut geeignet. Da im Kammerkopf wegen der örtlich starken Temperaturunterschiede nur Vergleichsmessungen möglich sind, beschränkt man sich meist darauf, die Temperaturen am Kammerfuß zu überwachen. Der Temperaturbereich bis maximal 700 °C erlaubt den Einsatz preiswerter, robuster NiCr-Ni-Elemente.

Die Temperaturregelung wird bei Glasschmelzöfen nur relativ selten angewendet. Bei der Bedeutung der Temperaturführung der Schmelzöfen mag diese Tatsache überraschen. Die Hauptursache ist, daß die Temperaturmessung im Oberofen nur Relativwerte liefert, die von vielen Einflüssen, die schwer eindeutig einander zugeordnet werden können, abhängen. Es hat sich daher bewährt, die wichtigsten Störeinflüsse, wie den Ofendruck und die Gemengeeinlage mit eigenen Regelkreisen konstant zu halten und über eine Festmengenregelung die Brennstoffzufuhr und die Verbrennungsluft konstant zu halten. Bei sehr hohen Ansprüchen kann man der Festmengenregelung der Brennstoffzufuhr eine Temperaturregelung aufschalten, wie dies schematisch in Bild 5.30 dargestellt ist [13]. Über einen Versuch der Temperaturregelung in einer U-Flammenwanne durch Bildung von „Temperaturmittelwerten“ mit Hilfe eines Analogrechners berichtet Thies [14].

Auf der linken Seite von Bild 5.30 ist der Brennstoffregelkreis dargestellt. Die Brennstoffmenge

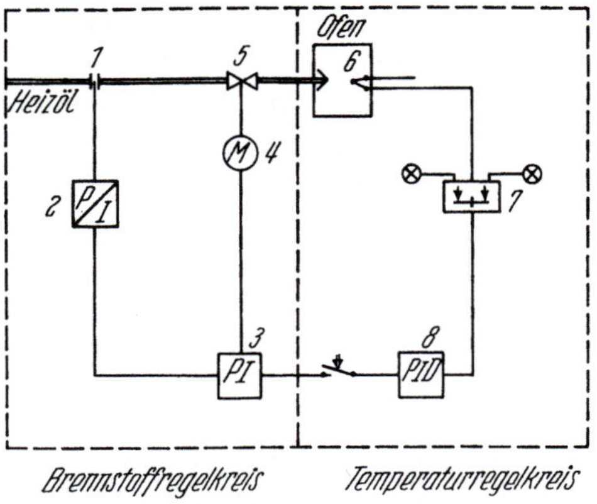

Bild 5.30. Regelschema einer temperaturgesteuerten Wanne [13]. *1* Blende Ölmenge; *2* Meßumformer; *3* PI-Regler; *4* Motor und Stellgetriebe; *5* Regelventil; *6* Meßfühler; *7* Grenzwertmelder; *8* PID-Regler

wird mit der Blende *1* gemessen. Die Öldurchflußmessung mit einer geeichten Meßstrecke ist eine Volumenstrommessung. Daher ist die Konstanthaltung der Öltemperatur eine wichtige Voraussetzung, um eine möglichst große Meßgenauigkeit zu erzielen. Im Meßumformer *2* erfolgt die Umwandlung des Wirkdrucksignals in einen elektrischen Ausgangsstrom.

Dabei wird gleichzeitig die quadratische Abhängigkeit des Wirkdrucks von der Durchflußmenge in eine lineare Funktion umgewandelt, so daß der abgegebene Strom proportional dem Öldurchfluß ist.

Im PI-Regler *3* werden Ist- und Sollwert verglichen. Das Ausgangssignal des Reglers wird auf den Stellmotor *4* gegeben, der seinerseits das Stellventil *5* betätigt. Diesem Regelkreis ist die Temperaturregelung aufgeschaltet. Der Meßfühler *6* gibt ein Signal an den Temperaturregler *8*. Dessen Ausgangssignal gelangt zum Brennstoffregler *3*.

Die Vorteile gegenüber der Brennstoffmengenfestwertregelung liegen in der selbsttätig nachgeregelten Brennstoffmenge bei plötzlichen Belastungsänderungen, in der Schonung des Ofens, in der besseren Konstanthaltung der Temperatur im Oberofen und in der höheren thermischen Belastbarkeit des Ofens. Bei höheren Ansprüchen genügt eine Brennstoffregelung nicht mehr, und es muß eine Gemischregelung vorgesehen werden.

5.2.2 Herdraumdruck

Einer genauen Herdraumdruckmessung und einer guten -regelung kommt bei Glasschmelzwannen sehr große Bedeutung zu. Sie sind Voraussetzung für das befriedigende Arbeiten anderer Regelkreise wie der Temperaturregelung und der Glasstandregelung. Die Größe der Anlagen und die unvermeidlichen Öffnungen verdeutlichen die Bedeutung eines konstanten Herdraumdrucks.

Mit der Wahl des Meßorts wird bereits eine für das Gelingen weitreichende Entscheidung getroffen. Bei Hohlglaswannen in Querbrennerbauweise wird die Druckentnahmestelle im Gewölbe der Schmelzwanne bevorzugt; bei größeren Hohlglaswannen liegt sie häufig zwischen dem 4. und 5. Brenner. An U-Flammenwannen findet man den Meßort zwischen Stirnwand und Umkehrpunkt der Flamme symmetrisch zu deren Weg. Meßstellen in der Arbeitswanne werden manchmal ebenfalls angebracht. Für Unit Melter sieht man sie meist in der Höhe des Abzugs vor. Eine allgemein gültige Regel über die zweckmäßigste Wahl des Meßorts kann nicht aufgestellt werden. Dies muß in jedem Falle gesondert entschieden werden.

An großen Wannen der Flachglasindustrie hat sich die Verlegung des Meßorts in die Abstehzone bewährt. Die Ofendruckverhältnisse in der Nähe der Ziehmaschinen werden hinsichtlich der Güte der Produktion als besonders wichtig erachtet. Druckschwankungen in der Schmelzwanne können dabei nicht vermieden werden.

In vielen Fällen wird die Druckmeßstelle im Gewölbescheitel vorgesehen, jedoch findet man auch Seitenabgriffe in Höhe des Glasspiegels. Um Druckunterschiede zwischen der linken und rechten Seite bei regenerativ arbeitenden Wannen zu vermeiden, werden Doppelabgriffe mit Verbindungsleitungen vorgesehen. In diesen Verbindungsleitungen kommt es jedoch trotz geringer Druckdifferenzen zu Gasströmungen, die Gemengebestandteile und Kondensationsprodukte mitführen, wodurch Verstopfungen eintreten können. Dies wird bei der Entnahme im Gewölbescheitel vermieden. Dagegen beeinflussen in diesem Fall die Auftriebskräfte der Gase im Ofenraum die Messung, und der Meßwert des Druckmeßgerätes muß entsprechend verschoben werden. Das Druckgefälle zwischen Gewölbescheitel und Glasniveau wird als nahezu konstant betrachtet. Bei mit Konstantflammen arbeitenden Schmelzöfen wie dem Unit Melter kann ein einfacher Seitenabgriff vorgesehen werden.

Als Entnahmerohr empfiehlt sich ein passendes Keramikrohr oder ein Rohr aus hitzebeständigem Stahl, das über ein flexibles Zwischenstück mit einer Eisenrohrleitung verbunden ist, die zum Meßgerät führt. Bei größeren Höhen- und Tem-

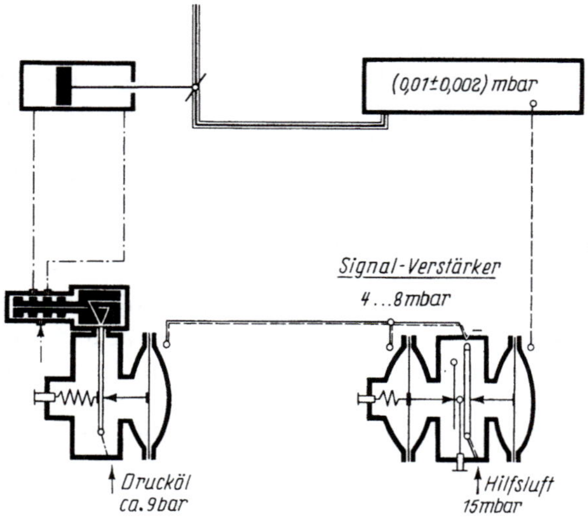

Bild 5.31. Herdraumdruckregleranordnung für erhöhte Genauigkeitsansprüche [54]

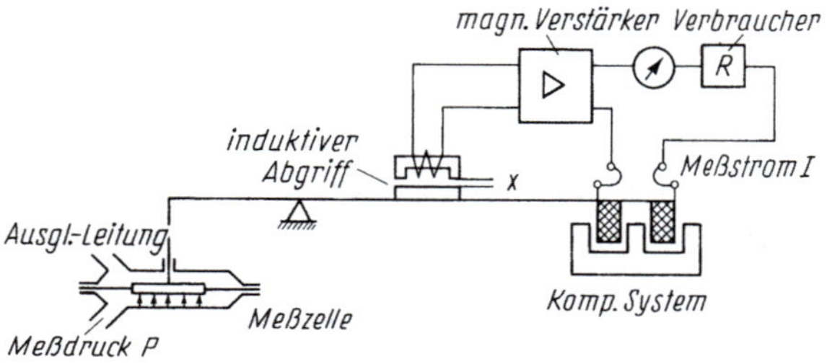

Bild 5.32. Teleperm-Meßumformer für Ofendruck [12]

peraturunterschieden muß eine Ausgleichsleitung parallel verlegt werden.

Für die Druckmessung haben sich Membrangeräte bewährt. Die früher viel verwendeten Tauchglockengeräte finden sich nur noch selten. Ein Membrandruckmeßgerät mit pneumatischer Meßsignalverstärkung zeigt Bild 5.31 [54]. Um den hohen Genauigkeitsansprüchen gerecht zu werden wird dem Herddrucksteuerwerk ein Feindruckmeßumformer als Signalverstärker vorgeschlatet. Die Zeitkonstante ist vernachlässigbar klein, so daß der Regler rein integral wirken kann, ohne in Schwingungen zu geraten. Als Genauigkeit der Regelung wird ($\pm$ 2 µbar) angegeben. Schließlich sei als rein elektrischer Meßumformer noch das Teleperm-Gerät erwähnt (Bild 5.32). Es handelt sich im Prinzip um einen Kraftvergleich zwischen Druck und dem Strom, der durch die Tauchspule eines Permanentmagnetsystems fließt. Der dadurch aufgeprägte Meßstrom (50 mA) wird Anzeiger, Schreiber und Regler zugeleitet, die als rein elektrische Geräte ausgelegt sind. Auch der Stellmotor hat elektrischen Antrieb. Die Membran mit 200 cm^2 Fläche ergibt einen Meßbereichumfang von 1 mbar, der Meßfehler ist kleiner als 1%. Als Ansprechempfindlichkeit werden 2 µbar angegeben.

5.2.3 Volumen und Brennstoff/Luft-Gemisch

Brennstoffbeheizte Glasschmelzöfen müssen Brennstoff und Verbrennungsluft in einem vom Heizwert und angestrebter Luftüberschußzahl bestimmten Mengenverhältnis zugeführt werden. Die Einhaltung des richtigen Mengenverhältnisses erfordert die meßtechnische Erfassung der zugeführten Brennstoff- und Luftmenge. Von der Einhaltung des richtigen Mengenverhältnisses hängt die richtige Schmelzführung und der Brennstoffverbrauch entscheidend ab.

Zur Erfassung der Mengenströme gibt es viele verschiedene Meßverfahren. Die größte Bedeutung haben die Differenzdruckverfahren in Form von Meßblenden und Meßdüsen. Das Meßprinzip geht aus Bild 5.33 hervor. Die Einzelheiten sind in den VDI-Durchflußmeßregeln DIN 1952 niedergelegt.

Die Norm DIN 1952 gibt folgende Grundgleichungen zur Berechnung von Durchflußströmungen in Rohren mit eingebauter Normblende an:

$$\dot{V} = \alpha\, \varepsilon\, m\, A_D \sqrt{2\,\Delta p/\varrho_1}\,,$$

$$\dot{M} = \alpha\, \varepsilon\, m\, A_D \sqrt{2\,\Delta p\, \varrho_1}\,.$$

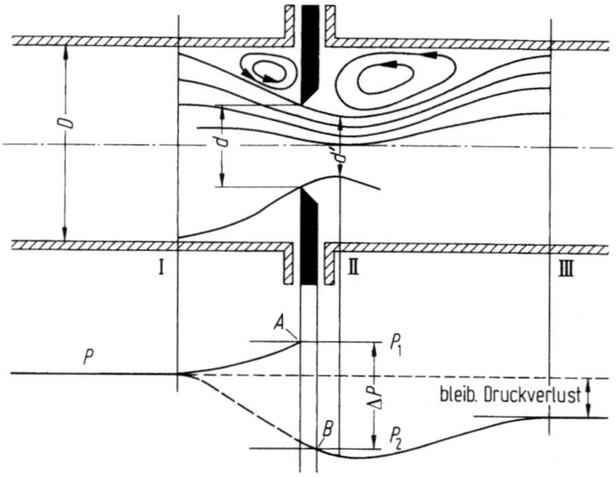

Bild 5.33. Strömungsbild und Druckverlauf bei Drosselgeräten

Darin bedeuten:

$\dot{V}$ Volumenstrom;
$\dot{M}$ Massenstrom;
ϱ_1 Dichte des Meßfluids vor der Drossel;
$\Delta p = p_1 - p_2$ Wirkdruck [Indizierung ≙ Bild 5.33];
α Durchflußzahl, abhängig von (m, Re, Geometrie);
ε Expansionszahl,
$\varepsilon = 1$ für inkompressible Fluide,
$\varepsilon < 1$ für kompressible Fluide;
A_D Querschnittsfläche des Rohrs mit Durchmesser D;
$m = (d/D)^2$ Öffnungsverhältnis;
d Öffnungsdurchmesser der Blende;
Re Reynolds-Zahl $Re = \frac{\varrho D w}{\eta}$;
η dynamische Viskosität;
ϱ Dichte;
p Absolutdruck an der Plusentnahme;
T thermodynamische Temperatur;
w Strömungsgeschwindigkeit;
Index n: Normzustand (0 °C, 1013 mbar, trocken).

Bei Gas-Durchflußmessungen sind Normblenden wegen der hohen Genauigkeit sinnvoll. Öldurchflüsse können mit Viertelkreisdüsen oder doppelt abgeschrägten Blenden gemessen werden, die auch noch bei kleinen Reynolds-Zahlen gute Meßergebnisse liefern.

Bei der Auswahl eines Verfahrens für die Gemischregelung stehen verschiedene Wege offen: Die direkte Mengenverhältnisregelung von Brennstoff und Luftmenge über einen Regler oder die indirekte Steuerung des Sollwerts eines Mengenreglers von der ungeregelten oder geregelten Führungsmenge. Im ersten Fall ist eine Anpassung der Regelcharakteristik von Brennstoff- und Verbrennungsluft-Zerteiler unumgänglich, um ein über den ganzen Stellbereich gleich gutes Regelergebnis zu erzielen. Ein guter, nicht zu kostspieliger Weg ist eine Gemischregelung, bei der die Führungsgröße geregelt und die Zweitmenge über einen Verhältnisregler nachgezogen wird. Ein Beispiel für einen solchen Verhältnisregler in Form einer elektrischen Gemischregelung mit Potentiometerschaltung und Meßumformer zeigt Bild 5.34. Diese Regelungmethode ist sehr stabil und erlaubt alle Korrekturen, z. B. für den Luftdruck, die Temperatur, den Heizwert, usw. Allerdings ist dieser zusätzliche Aufwand sehr hoch und nur in wenigen Einzelfällen gerechtfertigt. Bei kleinen und mittelgroßen Wannen wird man sich mit einer zentralen Gesamtbrennstoff-Luftmengenregelung begnügen. Bei großen Wannen wird man zusätzlich die Brennstoffmengen für die einzelnen Brenner regeln. Sind Sektionskammern vorhanden, so

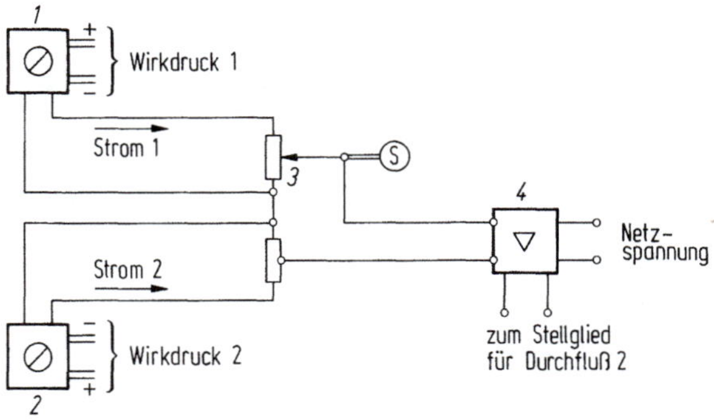

Bild 5.34. Elektrische Gemischregelung mit Potentiometerschaltung und Meßumformer [12]. *1* Meßumformer (Durchfluß 1); *2* Meßumformer (Durchfluß 2); *3* Potentiometerschaltung mit Verhältnissteller; *4* Regelverstärker (einschl. Rückführung)

läßt sich auch für die zu jedem Abschnitt gehörenden Brenner eine separate Gemischregelung aufbauen. Bei hohen Ansprüchen an die Regelgenauigkeit für einzelne Brenner oder Brennergruppen bei Ölheizung und starken Lastschwankungen reicht der verfügbare Stellbereich eines Regelventils (maximal 1:4) nicht mehr aus. Einen Ausweg bietet hier die Dosierpumpe mit einem Stellbereich über 1:10. Die Fördertoleranz innerhalb eines Dosierbereichs von 1:100 liegt bei ± 1%. Der dosierte Durchfluß ändert sich linear mit der Hubverstellung, über deren elektrische oder pneumatische Rückmeldung somit jeder Durchfluß registrierbar wird.

5.2.4 Glasstand [12]

Die genaue Überwachung und Regelung des Glasstandes ist bei Glasschmelzwannen und hier besonders bei Hohlglaswannen sehr wichtig, um die notwendige Konstanz des Glastropfengewichts zu gewährleisten. Die Glasstandsmessung wird heute fast immer mit einer Glasstandsregelung kombiniert, wobei als Stellglied die Betätigung der Einlegemaschine dient.

Da die Konstanz des Glasstandes vom Speiser her gefordert wird, ist der Einbau des Fühlers in den Speiservorherd angezeigt. Bei mehreren Speiservorherden ist der für den Glasstand repräsentative auszuwählen. Am besten bewährt haben sich elektrische Abtastsysteme mit mechanischem oder pneumatischem Antrieb. Das Schema eines Abtastsystems mit pneumatischem Antrieb zeigt Bild 5.35. Die Elektrode ist an einem pneumatischem Membranantrieb befestigt, der gegen eine Druckfeder arbeitet. Der Luftdruck und der

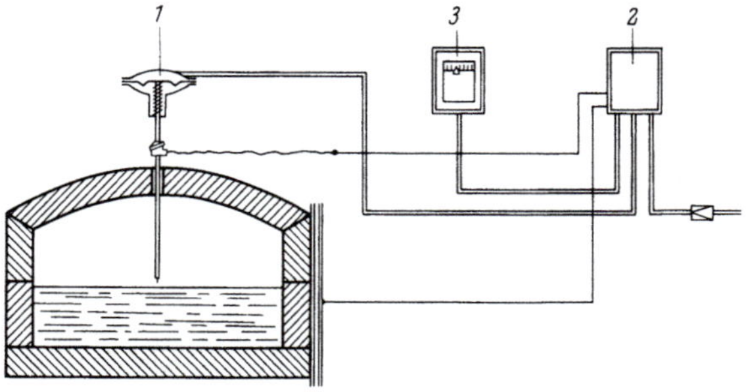

Bild 5.35. Schematische Darstellung eines Glasstandmeßgerätes mit pneumatischem Antrieb [12]. *1* Membranantrieb; *2* Elektropneumatisches Steuergerät; *3* Einheitsdruckschreiber 1,2 bis 2 bar geeicht in mm Glasstand

Weg der Elektroden hängen im Arbeitsbereich linear voneinander ab, so daß der Druck als Maß für den Glasstand benutzt werden kann. Durch geeignete Steuereinrichtungen läßt sich eine periodische Arbeitsweise erzielen. Die Meßgenauigkeit wird in Millimeter angegeben, sie beträgt ± (0,1 ... 0,2) mm [55, 56].

Die Abtastelektrode besteht aus einem Al_2O_3-Führungsrohr und einer Platinspitze. Es ist darauf zu achten, daß das Al_2O_3-Führungsrohr nicht mit den Deckensteinen des Speiservorherdes in Berührung kommt, da sonst die Gefahr besteht, daß der Berührungsstrom bereits ausreicht, den Steuervorgang auszulösen. Eine sorgfältige elektrische Isolierung in der Verankerung des Ofens ist ebenfalls notwendig. Der Kontaktstrom Elektrode zu Glasbad ist ausreichend groß zu wählen. Mit einer regelbaren Wechselspannung von 24 bis 60 V kommt man zumeist aus. Daneben sind auch Systeme mit feststehenden Elektroden vorgeschlagen worden [27].

Vor allem bei Flachglaswannen werden als Glasstandsmesser pneumatische Sonden verwendet. Am besten haben sich sogenannte Nachlaufsonden bewährt. Die Wirkungsweise geht aus Bild 5.36 hervor. Gebläseluft tritt von oben in das Rohr der Sonde ein. Der Luftstrom gabelt sich und kühlt die beiden mit Wechselstrom beheizten, temperaturabhängigen Meßwiderstände. Die aus der Düse austretende Luft staut sich am Glasspiegel, während die Luft aus dem Ausgleichsrohr über eine einstellbare Drossel in den Ofenraum entweicht. Dieser frei ausblasende Teil der Sonde verhütet, daß Schwankungen des Herdraumdrucks in die Messung des Staudrucks vor der Meßsonde eingehen. Verändert sich nun der Staudruck durch Glasstandschwankungen, so ändert sich über die wechselnde Luftmenge auch die Kühlung des Meßwiderstandes und beeinflußt die Ausgangsspannung einer elektrischen Meßbrücke. Diese steuert über einen Nullverstärker einen Stellmotor aus, so daß der ursprüngliche Sondenabstand wieder hergestellt wird. Die jeweilige Sondenstellung wird als Glasstandhöhe auf ein Registrier- und Regelgerät übertragen. Die Meßgenauigkeit wird mit ± 0,1 mm angegeben. Vorteilhaft ist, daß es sich um ein berührungsloses Meßsystem handelt.

Weitere Meßmöglichkeiten sind der Einsatz radioaktiver Strahlen und die optische Abtastung. Beide Systeme beschränken sich auf Spezialfälle.

Die Glasstandsregelung einer Schmelzwanne ist verhältnismäßig einfach. Es hat sich gezeigt, daß eine Ein/Aus-Schaltung der Einlegemaschinen für die Regelung des Glasstandes über die Gemengeeinlage genügt.

Arbeitet man mit dem Meßsystem nach Bild 5.35 dann erhält ein Membranschalter hierzu vom Speicherausgang des Steuergerätes den Steuerdruck, der dem augenblicklichen Glasstand entspricht. Dieser wird verglichen mit einem Gegendruck in einer zweiten Kammer des Membranschalters, dem Sollwert. Je nach Druckdifferenz verschiebt sich eine Trennmembran zwischen Ist- und Sollwertkammer und betätigt einen Schaltkontakt, der bei zu tiefem Glasstand die Einlegemaschine über Leistungsschütze einschaltet. Bei Regelstrecken mit größerer Totzeit gestattet ein pneumatischer PD-Verstärker im Signalweg die Erzeugung eines Differenzierimpulses mit einstellbarer Dauer.

Bei mehr als einer Einlegemaschine können die Maschinen parallel betrieben werden oder abwechselnd mit unterschiedlicher Beaufschlagungszeit, um beispielsweise Schieflagen des Gemenges

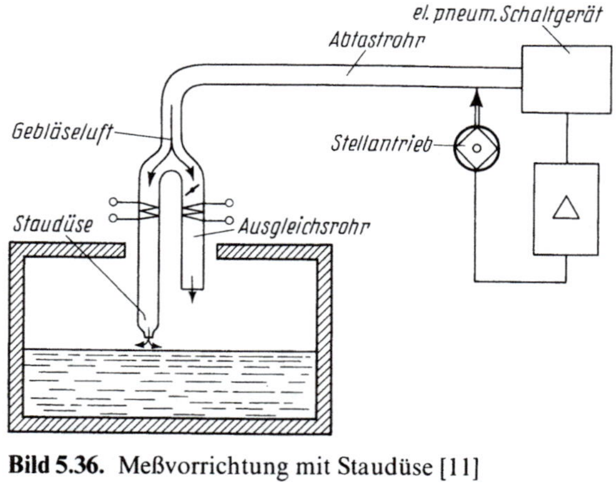

Bild 5.36. Meßvorrichtung mit Staudüse [11]

zu berücksichtigen. Voraussetzung für die einwandfreie Funktion der Glasstandsregelung ist die ungestörte gleichmäßige Zufuhr des Gemenges aus dem Bunker zur Einlegemaschine. Diese Forderung wird jedoch häufig nicht ausreichend erfüllt.

5.2.5 Abgaszusammensetzung

Bei der Überwachung der Abgaszusammensetzung geht es um die Einhaltung der für die Glasschmelze erforderlichen Ofenatmosphäre, um eine Minimierung des Brennstoffbedarfs und um die Einhaltung eventueller Emissionsauflagen. Die beiden ersten Forderungen lassen sich in der Mehrzahl der Fälle mit einer O_2-Messung im Abgas bewältigen. Bei der Emission steht das SO_2 im Vordergrund.

Die O_2-Messung soll im Bereich des Kammerkopfes erfolgen, um Verfälschungen durch Undichtigkeiten im Mauerwerk auszuschließen. Bewährte Meßsysteme sind die magnetischen O_2-Analysatoren. Die Schwierigkeiten der Praxis liegen nicht in den Geräten, sondern in den Entnahmesystemen. Wassergekühlte, sich weitgehend selbstreinigende Systeme haben sich am besten bewährt. Bei Regenerativwannen sind Meßstellumschalter zur linken und rechten Seite vorzusehen, bei Querbrennerwannen eventuell getrennte Sonden für die Schmelz- und die Läuterwanne.

In der Entwicklung sind für die O_2-Messung Zirkonoxidsonden, die als Festkörperelektrolyten arbeiten. Sie sind sehr schnell in der Anzeige und eignen sich besonders für geringe O_2-Konzentrationen. Mit diesen Systemen kann auch der O_2-Gehalt von Glasschmelzen und Metallschmelzen (Zinnbad bei Floatanlagen) meßtechnisch überwacht werden [28].

CO und CO_2-Meßgeräte haben bei Glasschmelzöfen im allgemeinen keine große Bedeutung erlangt, da die Messungen durch die Gemengegase beeinflußt werden. Die Genehmigungsbehörden schreiben heute bei großen Anlagen SO_2-Meßgeräte vor dem Schornstein vor, um die Emission zu überwachen. Geeignete Meßgeräte und Entnahmesysteme sind verfügbar. In Sonderfällen werden auch Rauchdichtemesser im Kaminbereich vorgeschrieben (Kap. 13).

5.2.6 Regelanlagen [29 – 32]

Nach Erörterung der einzelnen Meß- und Regelaufgaben an Glasschmelzöfen sollen in diesem Abschnitt kurz als Beispiel ausgeführte Regelanlagen gezeigt werden.

In Bild 5.37 ist das Regelschema einer Hohlglaswanne dargestellt, in dem die verschiedenen Regelkreise für eine „Bedingungsregelung“ zu erkennen sind. Bemerkenswert dabei ist, daß die Ölmenge für jede Brennerdüse nach ihrem Durchfluß ge-

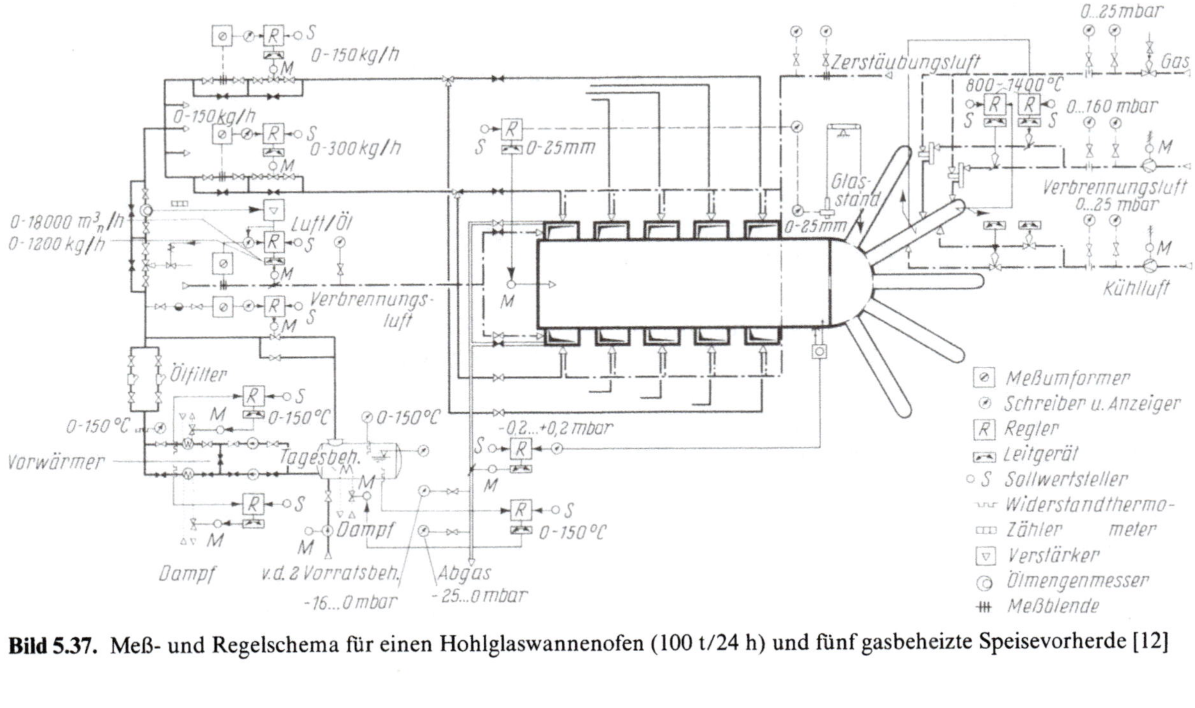

Bild 5.37. Meß- und Regelschema für einen Hohlglaswannenofen (100 t/24 h) und fünf gasbeheizte Speisevorherde [12]

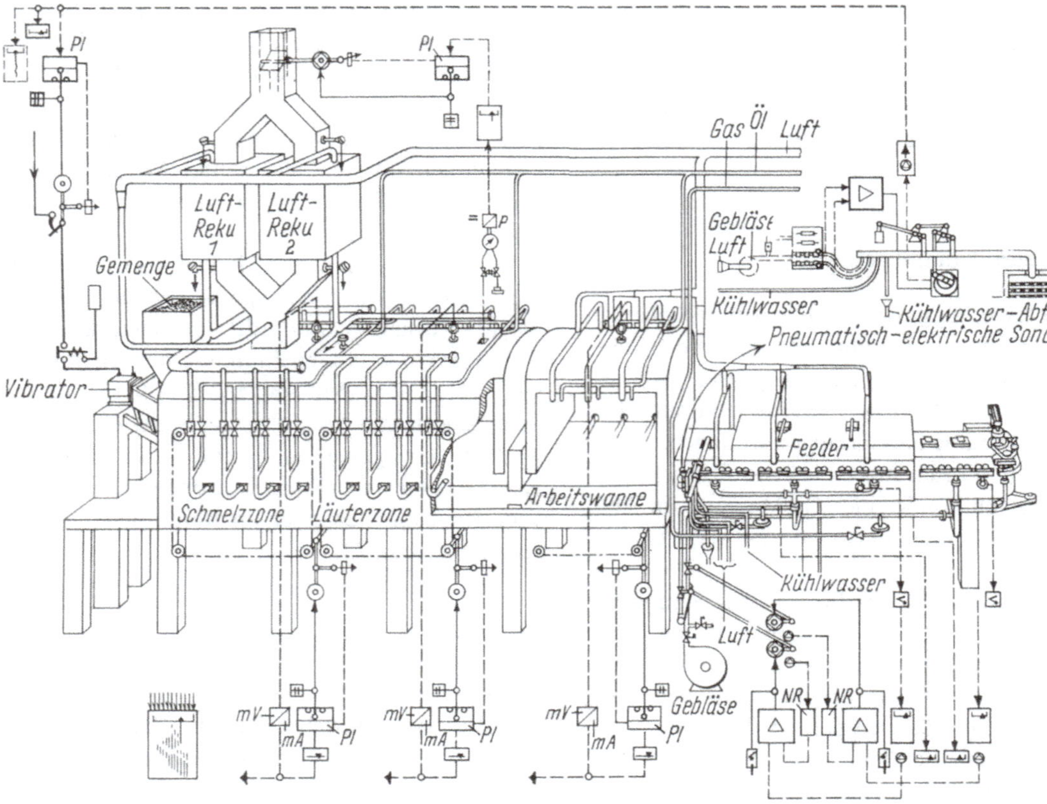

Bild 5.38. Meß- und Regelanlage für einen ölbeheizten Unit Melter mit Speiser [29]

regelt ist, um auch nach Verminderung des Düsenquerschnitts (Verkoken) die vorgeschriebene Ölmenge ohne Nachstellen halten zu können. Man hat beobachtet, daß durch diese Maßnahme die Erscheinung der Zerstäuberverkokung zurückgeht, wahrscheinlich weil sich die Düsenöffnung durch den Zwangsdurchlauf „freispült". Die Gesamtluftmenge wird im Verhältnis zur Ölmenge nachgezogen. Geregelt werden ferner Ofendruck und Glasstand. Die Temperaturregelung der Speiserrinnen ist angedeutet.

Bild 5.38 zeigt die Meß- und Regelanlage für einen ölbeheizten Unit Melter mit Speiser. Der Ofen ist in zwei Heizzonen unterteilt, die sogenannte Schmelz- und die Läuterzone. Beide Zonen erhalten zwei getrennte Regelkreise. Bei gas- und ölbeheizten Öfen, die mit rekuperativ vorgewärmter Verbrennungsluft arbeiten, bestehen die Regelkreise je Zone aus einem Temperaturregler, einem Luft/Brennstoff-Verhältnisregler und einem Reku-Schutzregler. Wird die Luft im heißen Teil der Leitung gemessen, so ist eine temperaturkorrigierte Durchflußmessung vorzusehen. Bei instabilen Versorgungsnetzen sind ferner Vordruckregler notwendig. Schwerölbeheizte Öfen, die mit Proportionalbrennern ausgerüstet sind, erhalten nur einen Temperaturregler je Zone. Das Stellglied des Reglers greift über einen gemeinsamen Seilzug auf die Einzelbrenner ein. Das Brennstoff/Luft-Verhältnis ist hierbei für jeden Brenner fest vorgegeben. Nach den in den letzten Jahren gesammelten Erkenntnissen wird in vielen Fällen mit vorgewärmter Luft gearbeitet, um einen günstigen spezifischen Brennstoffverbrauch der Anlage zu erzielen.

5.3 Umsteuern [34]

Regenerativöfen erfordern einen Feuerwechsel im vorgegebenen Zeittakt oder nach anderen geeigneten Kriterien wie Temperaturverlauf oder dergleichen. Um den Feuerwechsel von einer zur anderen Ofenseite durchzuführen, müssen die Einzelorgane der Umsteuereinrichtung in der richtigen Reihenfolge und zeitlichen Abfolge betätigt werden. Die ganze Umsteuerung der Feuerstellung ist im Grunde genommen ein zeitlich und der Abfolge nach gesteuertes Öffnen und Schließen der Absperrorgane.

5.3.1 Zeitlicher Ablauf des Umsteuervorgangs

In Bild 5.39 sind die wichtigsten Umsteuerorgane am Beispiel einer ölbeheizten Wanne gezeigt. In diesem vereinfachten Schema sind ein Ofenabschnitt mit Brennerpaar und die entsprechenden Brennstoff-, Luft- und Abgaswechselorgane dargestellt. Als Armaturen für den Brennstoff sind (Position *1*, *2* und *3*) handelsübliche Absperr- oder Dreiwegeventile eingesetzt. Auf der Luft- und Abgasseite werden unter Position *4*, *5*, *6* und *7* geeignete Absperrorgane für Verbrennungsluft bzw. Abgas verwendet.

Diese Einzelorgane müssen, um einen Feuerwechsel durchzuführen, von „auf" nach „zu" und von „zu" nach „auf" betätigt werden und dies in der richtigen zeitlichen Reihenfolge. Für die zeitliche Reihenfolge ist in erster Linie die Sicherheit während des Umsteuerns ausschlaggebend. Gefährliche Situationen können z. B. eintreten, wenn eine Verbrennung in nicht dafür vorgesehenen Räumen stattfindet, z. B. in den Kammern, bzw. wenn eine Verpuffung in den Abgaskanälen oder an der Kaminmündung auftritt. Als Hauptgrundsatz beim Umsteuern gilt: Zuerst Brennstoff absperren, dann Umsteuern der Abgas- und Luftwechselorgane, wobei die zuvor abgasseitige Kammer mit Luft zu spülen ist, bis die Verbrennungsluft den Brenner durchströmt. Erst danach kann das Brennstoffabsperrventil dieser Ofenseite geöffnet werden.

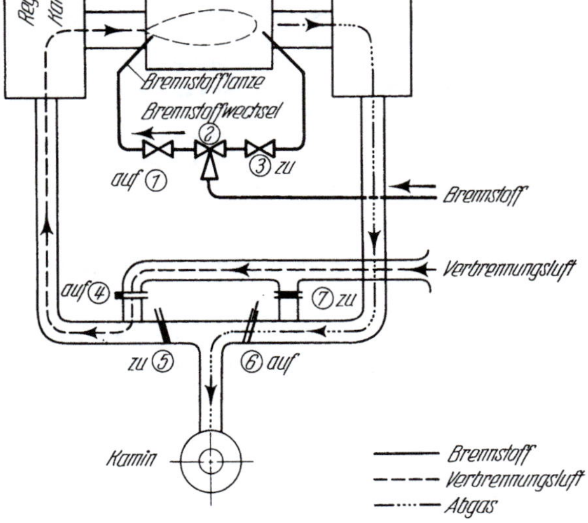

Bild 5.39. Stellung der Umsteuerorgane bei Ölfeuerung (Feuer links) [34]

Der Gesichtspunkt der Sicherheit muß ausschlaggebend sein sowohl bei der Auswahl der einzelnen Organe, die zur Umsteuereinheit zusammengestellt werden, als auch für den zeitlichen Ablauf, entweder in Form einer Anweisung an das Bedienungspersonal oder durch Programmierung der automatischen Einrichtung, die den ganzen Wechselvorgang steuert.

Um bei der Planung neuer Umsteueranlagen oder bei der Überprüfung vorhandener Anlagen eine ausreichende Sicherheit zu gewährleisten, macht man sich eine Aufstellung zur Ermittlung der Laufzeit (z. B. nach Tabelle 5.12). In dieser Aufstellung müssen sämtliche Organe, die mit dem Umsteuervorgang in Funktion treten, aufgeführt werden. Zweckmäßigerweise markiert man die einzelnen Organe und gibt ihnen entsprechende Zeichen, so wie dies z. B. in Tabelle 5.12, Spalte 4, vorgesehen ist. Weiterhin wird vermerkt, ob die Organe auf der rechten, auf der linken oder für beide Seiten gleichzeitig vorgesehen sind. Darüber hinaus können die Umsteuerorgane mit einem Faktor, entsprechend der Brennerzahl oder der Häufigkeit, mit der sie vorkommen, versehen sein.

Wenn ein Absperrventil für Heizöl (Position *1*, Zeichen B) jeweils einmal auf der rechten und linken Seite benötigt wird, so ergibt sich bei fünf Brennerpaaren der Faktor 5 usw. Da die Umsteuerventile aller Brennerpaare gemeinsam betätigt werden, ist dieser Faktor für die Laufzeit ohne Einfluß. Vermerkt sei noch, daß in Tabelle 5.12 auch Organe aufgeführt sind, die zwar, wie z. B. die Herdraumdruckregelklappe nicht für den Ablauf der Umsteuerung notwendig sind, die aber durch den Feuerwechsel beeinflußt werden. Mit Spalte 9, in der die Laufzeit der einzelnen Organe von „zu" nach „auf" vermerkt wird, kann man ohne Schwierigkeit ein Diagramm für die Umsteueranlage entwerfen.

In Bild 5.40 ist das Muster eines Zeitdiagramms nach der in Tabelle 5.12 gegebenen Aufstellung wiedergegeben. Die Darstellung dieses Diagramms wird von einzelnen Firmen und Betrieben unterschiedlich gehandhabt. Sinnvoll verwendet man die Abszisse als Zeitmaßstab, mit Teilstrichen gleich 1 s oder ½ s. Auf der Ordinate sollen sämtliche Armaturen und Organe verzeichnet sein, so wie sie im Umsteuerprozeß benötigt werden.

Tabelle 5.12. Beispiele für die Aufstellung der Umsteuerorgane mit Laufzeitangabe für Zeitdiagramme.

Position nach Bild 5.39 und Bild 5.40	Medium	Armatur/Organ	Zeichen	Zahl der Armaturen linke Seite	rechte Seite	gemeinsam	Gesamtzahl	Laufzeit in s
1	Heizöl	Absperrventil	B	1 × je Br.	1 × je Br.	–	10	1,0
2	Heizöl	Dreiwegeventil	B	–	–	1 × je Brennerpaar	5	1,0
3	Heizöl	Umlaufventil		1 × je Br.	1 × je Br.		10	1,0
		Beipaßventil		–	–	1 × je Brennerpaar	1	1,0
		Regel-Ventil-Menge	R	–	–	1 × je Brennerpaar	5	–
		Regel-Ventil-Druck		–	–	1 × je Brennerpaar	1	–
4	Zerstäubungsluft	Absperrventil mit Grundeinstellung für Spülung	Z	1 × je Br.	1 × je Br.	–	10	1,0
5	Verbrennungsluft	Absperrklappe	L	1 ×	1 ×	–	2	3,0
		Regelklappe		–	–	1 ×	1	–
6	Abgas	Absperrschieber	A	1 ×	1 ×	–	2	6,0
		Herdraumdruckregelklappe	R	–	–	1 ×	1	–
7	Steuerung allgemein	Signalgeber und Ton	S	–	–	1 ×	1	$t_1 \triangleq t_5$

Auch Signalkontakte, Blinklicht, Hupe, entsprechende Schaltvorgänge für Regelungen, z. B. Herdraumdruckregelung, Mengenregelungen, Druckregelung bei Brennstoff können mit aufgeführt sein, wenigstens soweit sie vom Umsteuervorgang berührt oder während des Wechsels beeinflußt werden.

Durch Anlegen entsprechender Felder für die einzelnen Armaturen in Richtung der Abszisse läßt sich darstellen, wann ein Organ geschlossen und wann es geöffnet ist. Bei entsprechender Breite der Felder läßt sich auch das Auf- und Zufahren der einzelnen Organe durch Schräg-Abschneiden der Felder genau darstellen, z. B. von

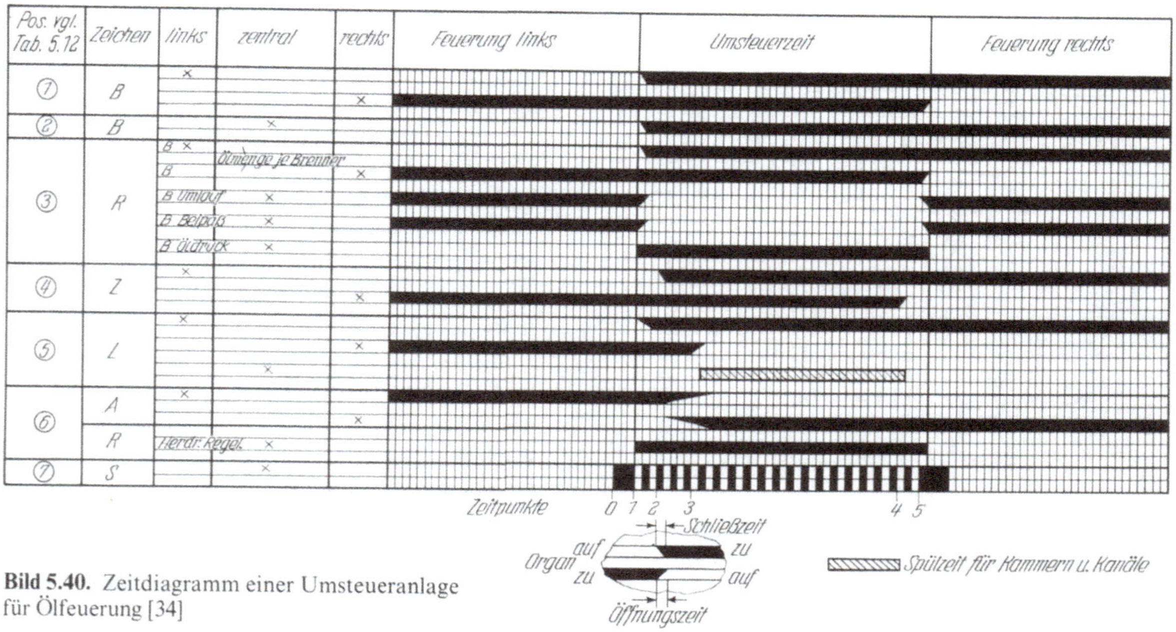

Bild 5.40. Zeitdiagramm einer Umsteueranlage für Ölfeuerung [34]

unten nach oben öffnend. Volle schwarze Felder bedeuten, Organ geschlossen oder abgeschaltet, weiße Felder Organ offen oder eingeschaltet und senkrecht markierte Felder z. B. Blinken eines Signalkontakts.

Im zeitlichen Ablauf der Umsteuerung ist zuerst der Brennstoff abzusperren, die Verbrennungsluft läuft oft noch einige Sekunden nach, um das im Ofenraum befindliche Brennstoffvolumen restlos zu verbrennen. Dann werden die Abgasschieber gewechselt und der Verbrennungsluftschieber auf der anderen Ofenseite geöffnet. In dieser Zeit kommt die ganze Strömung in den Abgaskanälen, Regenerativkammern und im Ofenraum zum Stillstand. Nach Rückmeldung der Offenstellung des entsprechenden Brennluftorgans beginnt die Spülzeit für Abgaskanäle, Regenerativkammer und Ofenraum. Die Spülzeit t_s kann in erster Näherung aus der Beziehung

$$t_s = \frac{\sum V_s}{\dot{V}_A}$$

ermittelt werden, wobei $\sum V_s$ die Summe aller zu spülenden Volumina wie Kanäle, Regenerativkammer und aktiver Ofenraum ($\sum V_s = V_K + V_{Reg} + V_{ob}$) und $\dot{V}_A$ der Abgasvolumenstrom des Ofens im Betriebszustand ist. Die Spülzeit darf nicht zu knapp bemessen sein. Die genannte Beziehung ergibt meist zu lange Zeiten. Am besten wird t_s nach Inbetriebnahme der Wanne empirisch korrigiert. Auf jeden Fall muß gewährleistet sein, daß an der entsprechenden Brennstelle Verbrennungsluft ansteht, wenn das Brennstofforgan geöffnet wird. Auf der anderen Seite soll der gesamte Wechselvorgang nicht unnötig in die Länge gezogen werden, da durch zu lange Feuerunterbrechnung Wärmeverluste und ein Temperaturabfall im Oberofen auftritt, was zu Störungen im Schmelzprozeß führen kann. Die Umsteuerzeiten betragen bei kleineren Öfen 25 bis 30 s, bei großen Öfen bis 40 s. Die Wechselzeiten betragen 20 bis 30 min. Lange Wechselzeiten führen zu stärkeren Temperaturschwankungen im Oberofen und zu einem Abfall der thermischen Wirkungsgrade der Kammern. Kurze Wechselzeiten erhöhen die Wechselverluste. Die Optimalwerte können nicht errechnet, sondern müssen empirisch gefunden werden.

5.3.2 Steuerung des Umsteuervorgangs

Die Handbetätigung der einzelnen Umsteuervorgänge ist nur bei kleinen Öfen durchführbar und heute wegen der hohen Personalkosten nur mehr in Ausnahmefällen möglich. Die erste Entwicklung der Automatisierung ging zur Betätigung der einzelnen Organe mit elektrischen oder pneumatischen Antrieben, die durch eine Folgeschaltung der einzelnen Schütze gesteuert wird. Dabei wird über Hilfskontakte des einen Schützes oder durch Endschalter am Organ die Betätigung des nächsten freigegeben. Im weiteren Verlauf wurden zentrale Schaltwalzen für den gesamten Betätigungsablauf der einzelnen Organe eingesetzt. Besonders wichtig ist dabei die Betriebssicherheit der Endschalter, die vor Ort unter erschwerten Bedingungen arbeiten. Eine Verbesserung brachte hier die Einführung der Reedkontakte, bei denen die Kontakte unter Schutzgas hermetisch von der Außenluft abgeschirmt arbeiten. Eine weitere Verbesserung bildet der Einsatz kontaktloser Steueranlagen mit Hilfe von Halbleitern an Stelle der Relaiskombinationen [35].

Der Wechselvorgang kann in Sonderfällen mit der Regelung des Glasschmelzofens [37] gekoppelt werden. Dabei kann der Feuerwechsel von der Kammertemperatur oder auch von deren Temperaturdifferenzen [38] gesteuert werden. Bei periodischem Ofenbetrieb (Hafenofen) sind diese Lösungen von Bedeutung, während sonst immer nach Zeit umgesteuert wird [39, 40].

Mehrere Öfen in einem Betrieb müssen, besonders wenn sie einen gemeinsamen Kamin haben, zeitlich aufeinander abgestimmt gewechselt werden. Für die Bedienung und Überwachung des Umsteuervorgangs haben sich Steuerpulte mit Leuchtschaltbildern bewährt. Für den Notfall muß eine Hand- oder Hilfsmotorenbetätigung, die mit einem Notstromnetz verbunden ist, vorgesehen werden.

5.4 An- und Abtempern von Glasschmelzöfen

Die hohen Betriebstemperaturen der Glasschmelzöfen, die Größe der Anlagen sowie die Wärmedehnung und Temperaturwechselempfindlichkeit des feuerfesten Materials erfordern ein zeitlich und temperaturmäßig sorgfältig abgestimmtes Antempern des Ofens von Umgebungs- auf Betriebstemperatur [41, 42].

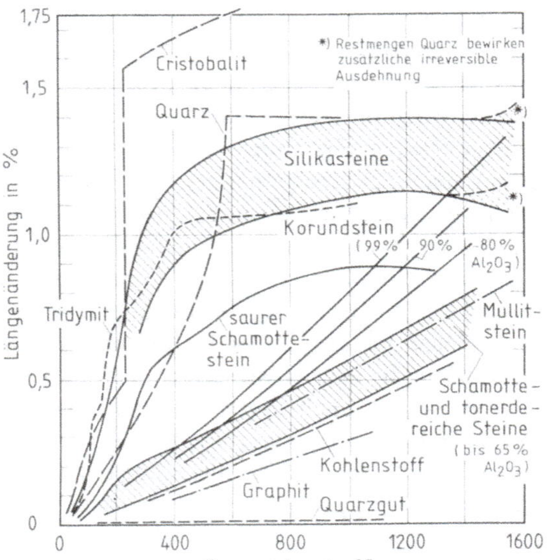

a

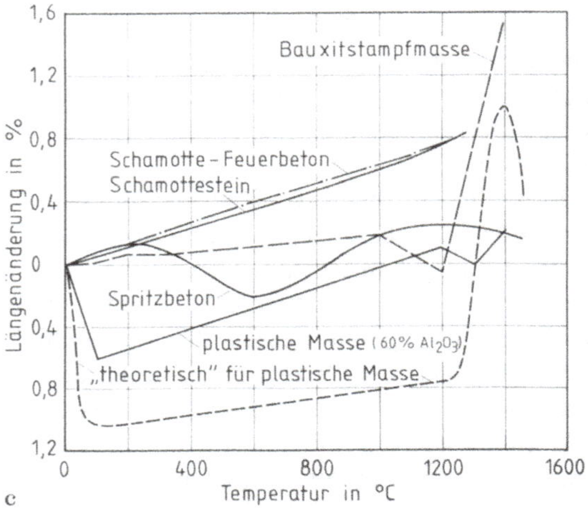

c

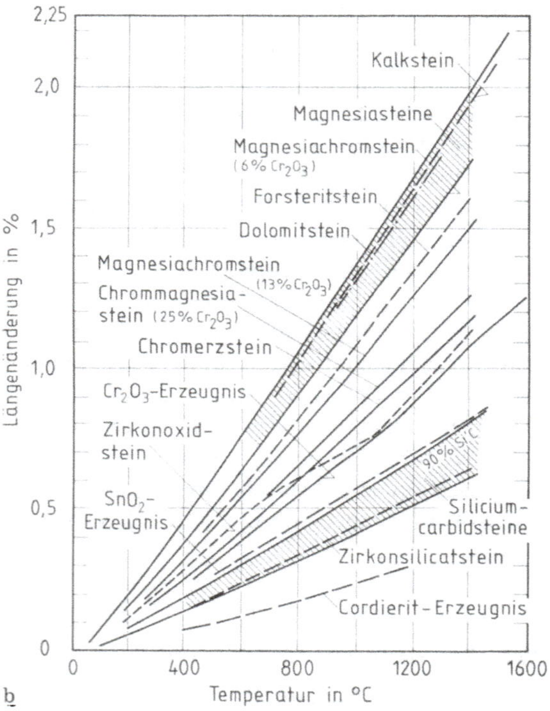

b

Bild 5.41. Lineare Wärmeausdehnung von Materialien im Glaswannenbau. **a** und **b** Unterschiedliche feuerfeste Steine; **c** ungeformte feuerfeste Erzeugnisse

5.4.1 Ausdehnungsverhalten der Steine

Voraussetzung für ein erfolgreiches Antempern ist die Kenntnis der Wärmedehnung der verwendeten feuerfesten Baustoffe. Unter dem Begriff „Wärmedehnung" werden dabei nicht nur die thermisch bedingte Ausdehnung, sondern auch die durch Kristallumwandlungen bedingten Längenänderungen verstanden. Bild 5.41 zeigt durchschnittliche Werte der Wärmeausdehnung verschiedener ff-Baustoffe. Silika dehnt sich zwischen 100 und 650 °C sehr stark aus, während Magnesit oberhalb 1000 °C die stärkste Ausdehnung aufweist. Die Kurven für schmelzgegossene KZ-Steine zeigen oberhalb 1100 °C die bekannte Unstetigkeit. Bei Schamotte ist die Ausdehnung stark von der Zusammensetzung abhängig. Saure Steine dehnen sich stärker aus als solche mit höherem Al_2O_3-Gehalt. Genaue Angaben sind von den Steinherstellern erhältlich. Bei großen kostspieligen Anlagen kann eine Bestimmung im Labor zweckmäßig sein.

5.4.2 Temperaturgradient und Wärmespannungen im feuerfesten Stein

Während des Antemperns und im Betriebszustand bilden sich in den ff-Steinen des Schmelzofens Temperaturgradienten aus, die für die Ausbildung von Wärmespannungen und Deformationen verantwortlich sind. Die Kenntnis der auftretenden Temperaturgradienten ist damit für die Praxis sehr wichtig.

Die in einem Silikagewölbestein für eine große Flachglaswanne auftretenden Temperaturgradienten sind aus Bild 5.42 zu ersehen. Bemerkenswert ist, daß bei den in Frage kommenden Temperzeiten und bei guter Beherrschung des Tempervorgangs der Temperaturverlauf im Stein praktisch linear ist und damit der Gradient örtlich konstant ist. Dies ist wichtig zu wissen, da Wärme-

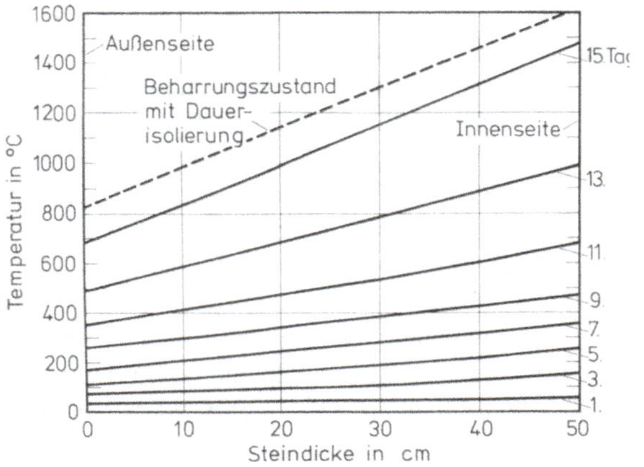

Bild 5.42. Temperatur in einem Silikatgewölbestein in Abhängigkeit von der Steindicke [46]

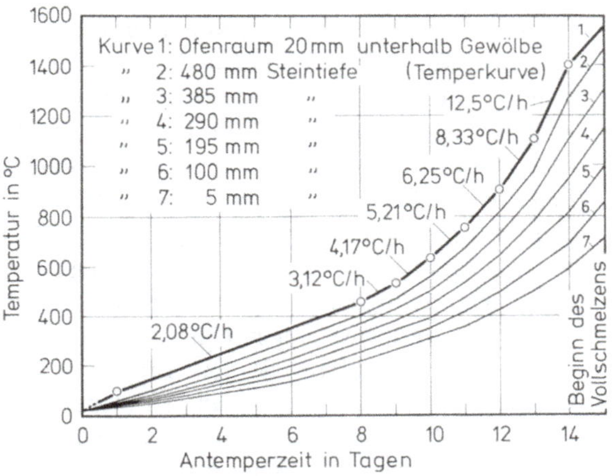

Bild 5.43. Temperaturverlauf im Gewölbestein in Abhängigkeit von der Antemperzeit [46]

Bild 5.44. „Temperisse" im oberen nicht isolierten Bereich der Palisaden [47]

Bild 5.45. Horizontale Fuge im Wannenbecken als Ausgangspunkt verstärkter Korrosion

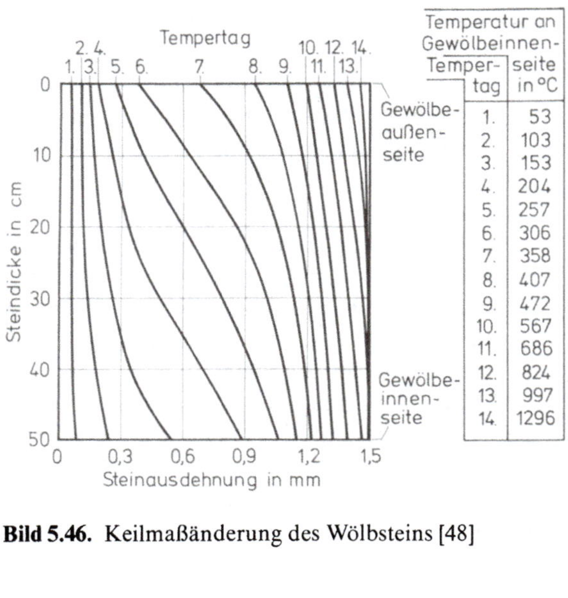

Bild 5.46. Keilmaßänderung des Wölbsteins [48]

spannungen im Stein, von äußeren Krafteinwirkungen abgesehen, bei linearem, örtlichem Temperaturverlauf nicht auftreten [43].

Für die Praxis wichtig sind vor allem die Deformationen des Steins, da diese zu klaffenden Fugen und Kantenpressungen führen können [44]. Nach Angaben von Dämmer [46] ergibt der in Bild 5.43 gezeigte Temperaturverlauf im Gewölbestein die aus Bild 5.46 ersichtlichen Keilmaßänderungen. Diese Deformationen müssen beim Tempern beachtet werden. Es gilt durch gezieltes Nachlassen des Ankers, ein unzulässiges Klaffen der Gewölbefugen zu vermeiden.

An Wannensteinen treten ähnliche Temperaturgradienten auf. Die Deformationen sind wegen der Ausdehnungsanomalie der schmelzgegossenen Zirkon-Korund-Steine und ihrer inhomogenen

Struktur schwer zu überblicken und quantitativ nachzuweisen. Hinzu kommen die von der Herstellung her bedingten Eigenspannungen. Die Beobachtung zeigt, daß Rißbildungen an Palisadensteinen bevorzugt im oberen nicht isolierten Bereich der Steine auftreten (Bild 5.44) und an den Steinen im Einschmelzbereich und in Nähe des Einlegevorbaus. Die mit dem Einlegen verbundenen zeitlichen Temperaturschwankungen können als Mitursache angesehen werden.

Eine kritische Phase ist das Einschalten der Wannensteinkühlung nach dem Antempern. Die Kühlung soll nicht schlagartig auf volle Leistung geschaltet werden. Ein langsam dosierter Anstieg über mehrere Tage verteilt kann das Reißen der Steine mit allen damit verbundenen nachteiligen Folgen verhindern. Wie nachteilig sich Risse im Durchlaßbereich auswirken, zeigt Bild 5.45.

5.4.3 Temperkurve

Voraussetzung für ein erfolgreiches Antempern ist eine der Größe und Konstruktion und dem eingesetzten ff-Material angepaßte Temperkurve. Auf der einen Seite soll die Temperung möglichst zeit- und einergiesparend durchgeführt werden, auf der anderen Seite müssen Temperschäden unbedingt vermieden werden.

Berechnungen von Sonntag [43] und Hargraeves lassen erkennen, daß von den Wärmespannungen im Stein, bedingt duch die beim Aufheizen auftretenden Abweichungen vom linearen Temperaturverlauf, sehr kurze Temperzeiten in der Größenordnung von 48 h möglich sind. Bedingt durch Unzulänglichkeiten bei der Temperung (lokale Temperaturspitzen) und Kantenpressungen beim Ausdehnen der Mauerverbände können auch bei

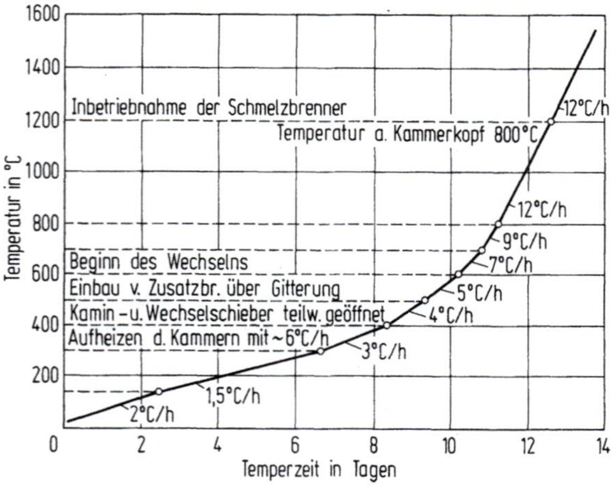

Bild 5.47. Temperkurve für eine Flachglaswanne [46]

kleinen Wannen Temperzeiten von drei bis vier Tagen nicht unterschritten werden. Dies ergibt Temperkurven, die im Silikabereich (bis 650 °C) eine Temperaturzunahme von 9 °C/h und darüber (über 650 °C) eine solche von 30 °C/h vorsehen. Aber auch diese Werte werden heute in der Praxis nicht erreicht. Man rechnet heute im Silikabereich mit 2 bis 5 °C/h und darüber (800 bis 1250 °C) mit 10 bis 12 °C/h, wobei die kleineren Werte für die großen Wannen gelten. Eine bewährte Temperkurve für eine Floatglaswanne hat Dämmer [46] in Bild 5.47 angegeben. Die Werte werden auch für moderne Hohlglaswannen kaum unterschritten.

Da für den Tempervorgang die Steindehnungen maßgebend und diese oft in bestimmten Temperaturbereichen nicht proportional zum Temperaturanstieg sind, wird beim Tempern auch mit der zulässigen Steindehnung gearbeitet. Der Wert bezieht sich dann jeweils auf den Stein mit der stärksten Dehnung bei der betreffenden Temperatur. In der Literatur [41] wird ein Wert von 0,18%/24 h angegeben.

5.4.4 Antempern

5.4.4.1 Anordnung der Temperbrenner

Was den Tempervorgang und damit die Anordnung der Temperbrenner anbelangt, so unterscheidet man zwei Verfahrensweisen

- Tempern vom Kammerfuß her,
- Tempern vom Oberofen her.

Als Vorteile des Temperns vom Kammerfuß her wird das sichere Einhalten eines Überdrucks im Oberofen, die Pufferwirkung des Kammergitterwerks, die starke Vorwärmung der Kammern und der geringere technische Aufwand angesehen, da vorhandene Gebläse (Verbrennungs- und Kühlluft) benutzt und die Rohrleitungen im Keller leicht untergebracht bzw. mitbenutzt werden können.

Als Vorteile des Temperns von oben wird die bessere Beherrschung der Temperaturverteilung im Oberofen, die erreichbare höhere Temperatur im Wannenraum und eine leichtere Überwachung der Temperbrenner angeführt.

Mit der Einführung der Heißgastemperbrenner, die mit hohem Luftüberschuß arbeiten, werden heute meist beide Verfahren miteinander kombiniert. Man beginnt mit dem Tempern vom Kammerfuß her und setzt nach Erreichen einer Ober-

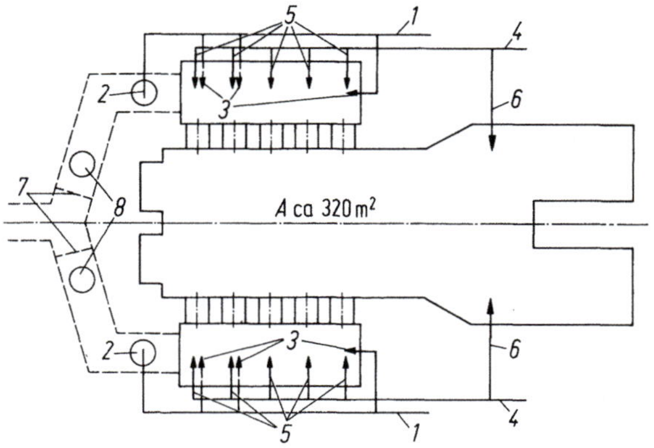

Bild 5.48. Anordnung der Temperbrenner [46]. *1* Temperltg. (Keller); *2* Gabelbr. i. Kanalöffnung; *3* Lanzenbr. u. Schlitzbögen; *4* Temperltg. (Ofenbühne); *5* Lanzenbr. ü. Gitterung; *6* Lanzenbr. i. Schwimmeröffn.; *7* Wechselschieber; *8* Luftzufuhr (Verbr. u. Kühlluftgebläse max. 115 000 m³/h)

ofentemperatur von ≈ 600 °C Temperbrenner im Oberofen ein.

Beim Tempern mit hohem Luftüberschuß hat es sich bewährt, Kamin- und Wannenanlage getrennt zu tempern. Bei einem neuerrichteten Schornstein läßt man das Antempern aus Gewährleistungsgründen stets vom Schornsteinbauer durchführen. Das Temperprogramm der Wanne und des Schornsteins müssen aber zeitlich so abgestimmt sein, daß beim Start der Wannenbrenner der Schornstein Betriebstemperatur erreicht hat.

Die Anordnung von Temperbrennern an eine Flachglaswanne zeigt Bild 5.48. Hier wird am Kammerfuß begonnen und im Oberofen weitergetempert. Der erreichte Temperaturverlauf mit Angaben über den Einsatz der einzelnen Brennergruppen zeigt Bild 5.47.

5.4.4.2 Temperbrenner [46]

Im Sammelkanal der Regenerativkammern kann man mit einfachen lanzen- oder gabelförmigen Brennern arbeiten (Bilder 5.49 und 5.50). Die notwendige Verbrennungs- und Zumischluft wird über Gebläse in den Kanal gedrückt. Eine Gitterwand hinter den Brennern dient als Zündsicherung und zur Vermischung der Gase. Aus Sicherheitsgründen müssen außerdem zugelassene und geprüfte Zündsicherungen vorgesehen werden. Für das Tempern im Oberofen dienen transportable Brenner-Mischmaschinen. Ein Beispiel hierfür zeigt Bild 5.51. Zum Tempern wird, wenn irgend möglich, Gas verwendet, auch wenn die Wanne mit Öl beheizt wird, da sich Gas leichter mischen und regulieren läßt.

5.4.4.3 Temperverlauf

Beim Tempern von unten beginnt man mit den Brennern im Sammelkanal der Regenerativkammern. Der Kaminschieber ist geschlossen, und die Wechselschieber stehen auf Mittelstellung. Der Luftdurchsatz beträgt dabei das Vier- bis Fünffache der zum normalen Schmelzbetrieb erforderlichen Luftmenge. Reicht die Heizleistung der Brenner im Sammelkanal zur Einhaltung der Temperkurve nicht mehr aus, dann werden weitere Brenner unter den Schlitzbögen und nach und nach in den Regenerativkammern gezündet.

Eine zusätzliche Beheizung erfordert die Arbeits- oder Abstehwanne. Bei einer Oberofentemperatur von ≈ 600 °C wird der Kammerschieber leicht gezogen und man beginnt mit dem Wechseln, um die Kammertemperaturen den späteren Betriebsbedingungen langsam anzupassen. Man wechselt anfangs die Kammern in kurzen Zeitabständen von 5 bis 10 min, um größere Temperaturschwankungen zu verhindern. Langsam wird dann die Wechselzeit ausgedehnt, um kurz nach

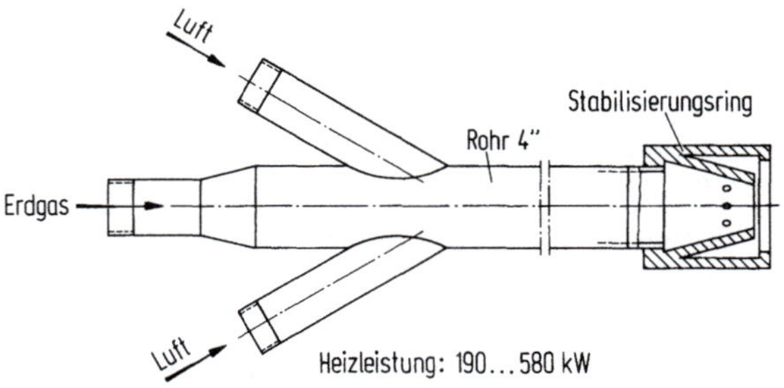

Bild 5.49. Temperbrenner für Erdgas [46]

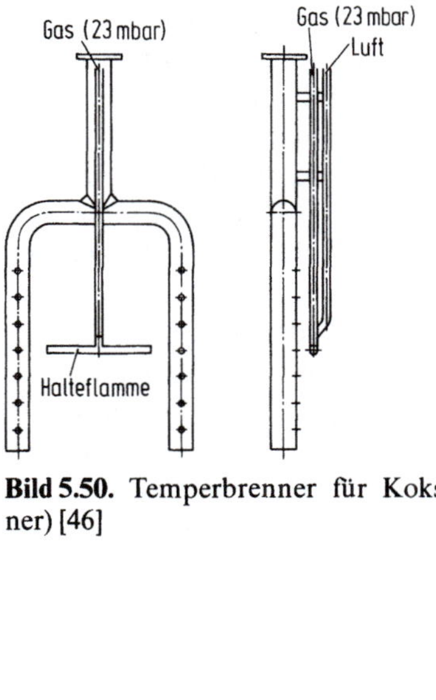

Bild 5.50. Temperbrenner für Koksofengas (Gabelbrenner) [46]

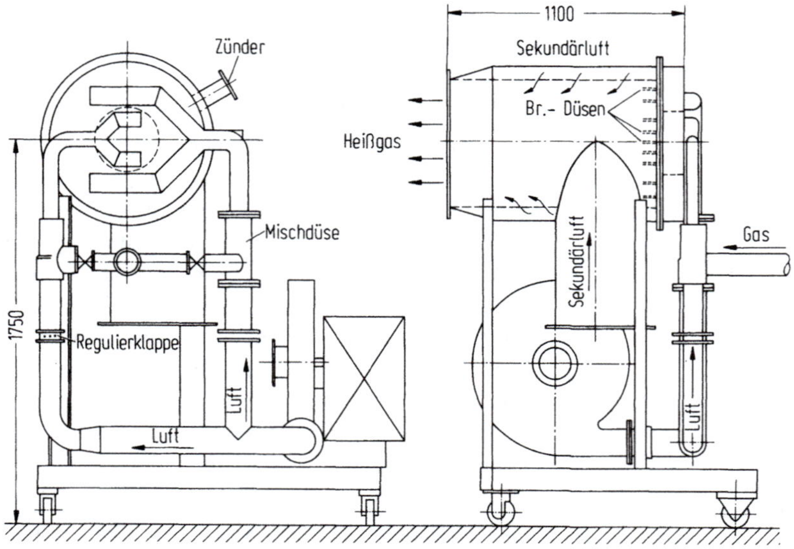

Bild 5.51. Tempergeräte (System Küppersbusch) [46]. (Maßangaben in mm)

Inbetriebnahme der Schmelzbrenner den normalen Wechselrhythmus zu erreichen. Sind im Oberofen 1200 °C erreicht, dann wird auf den Schmelzbrenner umgestellt. Um gefährliche Temperatursprünge im Oberofen und das Einziehen von Kaltluft zu vermeiden, werden nicht alle Wannenbrenner gleichzeitig, sondern nach und nach in Betrieb genommen. Das Tempern der Arbeitswanne muß so vorgenommen werden, daß sich langsam die betriebsbedingte Temperaturdifferenz zwischen Schmelzwanne und Arbeitswanne einstellt. Die Wärmestromdichte einer Wanne kurz vor dem Umschalten auf die Schmelzbrenner wird von Dämmer [48] mit 45 bis 70 kW/m^2 angegeben, wobei die kleineren Werte für die großen Flachglasanlagen gelten. Als Vorteil für das Antempern von unten wird angeführt, daß die Kammersteine schnell den Temperaturbereich durchschreiten, in dem eine Einwirkung von Wasserdampf (Hydratation) zur Zerstörung der Steine führen kann.

Das Tempern über den Oberofen wird vor allem bei kleineren Wannen und rekuperativ beheizten Anlagen angewendet. Gleichzeitig mit dem Antempern des Oberofens werden die Abgaskanäle und der Rekuperator mit Hilfsbrennern von unten nach oben angetempert. Die heißen Abgase werden durch Öffnungen über das Dach abgeführt. Im weiteren Verlauf wird der Kaminschieber gezogen und die Temperabgase von oben nach unten über den Kamin abgezogen. Sind im Oberofen 800 bis 900 °C erreicht, dann werden die Wannenbrenner in festgelegter Reihenfolge gezündet, und die Wanne wird langsam auf Betriebstemperatur gebracht. Als Vorteil des Tempervorgangs von oben wird die bessere Beherrschung der Temperaturverteilung im Oberofen durch entsprechende Verteilung der Temperbrenner angegeben. Außerdem wird eine Überhitzung der Kammern vermieden. Einer Hydratisierung des Kammerbesatzes wird durch Beaufschlagung der Kammern erst nach Erreichen einer Oberofentemperatur von 200 °C entgegengewirkt.

5.4.4.4 Beherrschung der Wärmedehnung des feuerfesten Materials

Besondere Aufmerksamkeit erfordert beim Tempern das Gewölbe, bedingt durch die Ausdehnungsanomalien der Silikasteine, der statischen Erfordernisse und der betrieblichen Notwendigkeit eines gasdichten Gewölbes.

Die Ausdehnungsanomalien selbst eines gut umgewandelten Silikasteins führen zu einer Verwölbung der Keilflanken der Steine (Bild 5.46). Durch Aufbringen einer Temperisolierung auf das Gewölbe lassen sich die Verwölbungen vermindern. Als Temperisolierung hat sich eine 2 bis 3 cm dicke Tonerdesilicatfasermatte mit einer darüber liegenden 10 cm dicken Mineralfasermatte bewährt.

Berechnet man den Temperaturverlauf aus der Keilmaßänderung und der Forderung, daß das Gewölbe an der Innenseite keine klaffenden Fugen zeigen soll, dann ergibt sich für ein großes Gewölbe die in Bild 5.52 als Kurve *1* gezeigte Änderung der Gewölbescheitelhöhe [46]. Bemerkenswert ist die starke Absenkung des Gewölbescheitels um 250 mm bei 200 °C. Da die Rechnung mit Unsicherheiten behaftet ist und bei einer solchen Absenkung Einsturzgefahr für das Gewölbe besteht, wird man sich in der Praxis mit einer bedeutend geringeren Absenkung begnügen müssen. Man sieht aber auch, daß das früher geübte starke Steigenlassen des Gewölbes nicht optimal ist. Bewährt hat sich in der Praxis ein geringfügiges Absenken entsprechend Kurve *2* in Bild 5.52.

Wichtig für eine gute Beherrschung des Gewölbetemperns ist eine geeignete Verankerung. Eine federnde Lagerung des Zugankers erleichtert die Einhaltung und Kontrolle des Gewölbeschubs (Bild 3.97). Um ein Kippen der Ankersäule und damit des Gewölbewiderlagers zu vermeiden, können Ankersäulen mit der Möglichkeit der Parallelverschiebung am Fuß eingesetzt werden.

Für große und entsprechend schwere Gewölbe hat sich die starre Ofenarmierung mit aufgehängtem Gewölbe bewährt (Bild 5.53). Der Gewölbeschub kann über kräftige Pufferfedern kontrolliert werden. Der Druckstößel (Bild 5.54) besitzt eine gerundete Auflagefläche, so daß die pendelnd aufgehängte Bramme eine Rollbewegung ausführen kann. Bei dieser Verankerungskonstruktion hat es sich aus statischen Gründen bewährt, das Gewölbe in Gurtbögen von 4 m Länge aufzuteilen.

Eine ausreichend bemessene Verankerung in Richtung der Wannenachse ist für das Halten der Ofenstirnwand und gegebenenfalls für die Stirnbrenner notwendig. Die Ankerschrauben sind hier beim Tempern ebenfalls zu kontrollieren und zu lockern, falls sich die Dehnungsfugen vorzeitig schließen. Zu Beginn des Temperns werden die Dehnungsfugen mit Steinen lose abgedeckt.

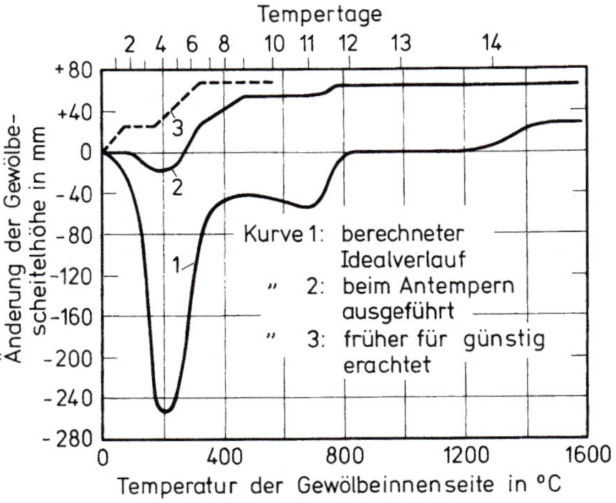

Bild 5.52. Änderung der Gewölbescheitelhöhe in Abhängigkeit von der Temperatur der Gewölbeinnenseite [46]

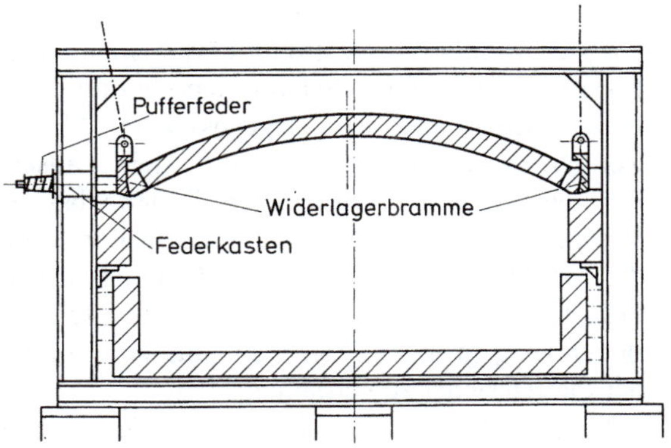

Bild 5.53. Starre Ofenarmierung mit aufgehängtem Gewölbe [46]

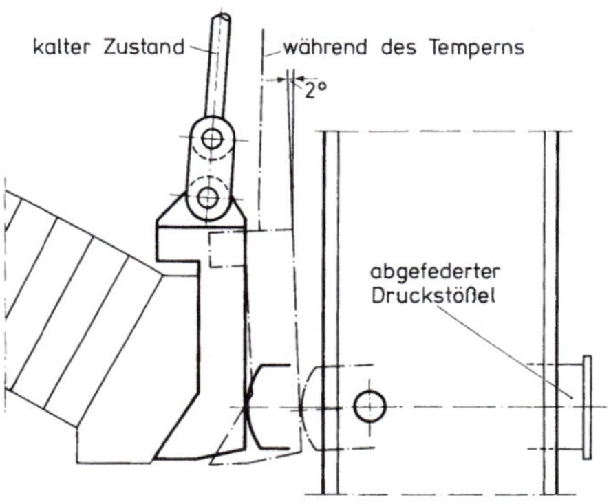

Bild 5.54. Gewölbeaufhängung mit drehbarem Widerlager [48]

Nach beendeter Wannentemperung muß die Temperwärmeisolierung des Gewölbes entfernt und durch eine Dauerisolierung ersetzt werden. Durch örtlich begrenztes Abnehmen wird eine unzulässige Auskühlung des Gewölbes vermieden und gleichzeitig bildet die noch vorhandene Temperwärmeisolierung zusammen mit der bereits aufgebrachten Dauerisolierung einen Wärmeschutz für das Personal. Nach sorgfältiger Reinigung durch Absaugen werden eventuell vorhandene Fugen durch Abschlämmen mit einem Gemisch aus Quarzsand und Quarzmehl oder durch Trockenaufbringen eines entsprechenden Gemischs geschlossen.

Im Bereich des Wannenbeckens wird vor dem Tempern das Ofeninnere einschließlich der Bodenfugen sorgfältig gereinigt und jegliche Fremdkörper, die das Schließen der Fugen behindern könnten, werden entfernt. Bei Flachglaswannen wird der gesamte Wannenboden mit Glastafeln abgedeckt, damit keine Fremdkörper mehr in die Fugen fallen können. Schamottebodensteine und Bodenplatten aus schmelzgegossenem Material werden so verlegt, daß sich die Steine allseitig frei dehnen können. Zwischen Bodenbelag und Wannenseitenwand verbleibt eine größere Fuge, die mit Platten überdeckt wird. In Längsrichtung ordnet man in Abständen von 10 bis 15 m im Bodenbelag größere Fugen an, um ein Abheben der Platten sicher zu vermeiden.

Die Lage der Wannensteine in der Arbeitswanne soll mit Rücksicht auf die Maschinenanschlüsse unverändert bleiben. Durch geeigneten Aufbau des Wannenbeckens und der Verankerung wird den Seitensteinen eine Ausdehnungsmöglichkeit in Richtung zur Schmelzwanne gegeben (Bild 5.55).

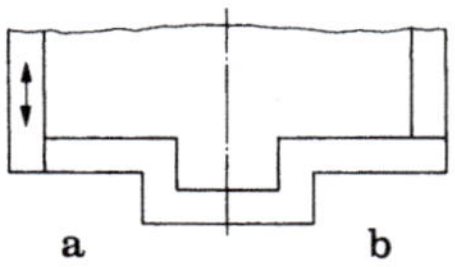

Bild 5.55. Steinausdehnung in der Wannenseitenwand. **a** Freie Ausdehnung; **b** behinderte Ausdehnung

Die Ringlagen- und Palisadensteine werden auf Einzeldehnung gestellt, oder es wird nach je fünf Palisaden eine Fuge frei gelassen, die die relative Dehnung gegenüber dem ohne Mörtel verlegten Boden berücksichtigt.

Bei der Ringlagensetzweise ist darauf zu achten, daß die einzelnen Lagen keine durchgehenden Vertikalfugen aufweisen. Es besteht sonst die Gefahr, daß die Steine beim Tempern anhaken, wodurch die Ecken abreißen können. Bei dem empfohlenen Vertikalversatz muß sichergestellt sein, daß keine klaffenden Horizontalfugen entstehen.

Bei einwärts gekehrten Bassinecken werden vielfach Hexagonalsteine eingesetzt. Der Restschub der Bassinwände drückt den Hexagonalstein aus seiner ursprünglichen Lage, ohne daß im Wannenbecken klaffende Fugen entstehen. Gegen Verdrehen wird der Stein mit Spreizdübeln gesichert (Bild 5.56).

Die Ofenbauseitenwände der Schmelz- und Läuterwanne werden fast immer freitragend gelagert. Sie sind vom Ofengewölbe, dem Wannenbecken und den Brennerhälsen durch Fugen getrennt. Das Brennermaul liegt in der Seitenwand und läuft nicht wie früher vielfach üblich im

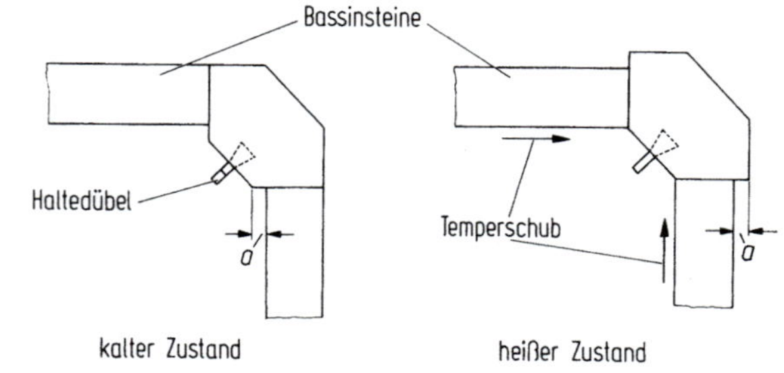

Bild 5.56. Dübel zum Halten der einwärts gekehrten Bassinecken [46]

Schmelzwannengewölbe aus. Die Fugen werden vor dem Tempern mit hochtemperaturbeständiger Isolierwatte zugestopft. Größere Öffnungen werden mit Asbesttüchern verschlossen.

Die Gewölbe der Regenerativkammern werden beim Tempern ähnlich behandelt wie das Wannengewölbe. Auch hier hat sich die Verwendung einer Temperisolierung bewährt. Wird der obere Bereich der Kammerseitenwände aus Silika, der untere aus Schamotte aufgebaut, dann dehnen sich beide Bereiche unterschiedlich stark. Der Silikabereich dehnt sich stärker als der Schamottebereich. Durch Vorsehen einer Gleitzone und getrennte Abstützung des Schamottebereichs lassen sich Treppentemperrisse vermeiden, worauf Greschat [42] hingewiesen hat. Werden die Regeneratorseitenwände aus Magnesitsteinen aufgebaut, dann hat sich das Auffangen der Horizontaldehnung in den einzelnen Steinfugen bewährt. In Längsrichtung setzt man in jede Steinlage im Abstand von 250 mm Pappstreifen von 2 bis 2,5 mm Dicke ein. In vertikaler Richtung haben sich Dehnfugen als entbehrlich erwiesen (Bild 4.15).

Besondere Maßnahmen sind beim Anschluß der Brennerhälse notwendig. Näheres darüber findet sich bei Greschat [42].

5.4.4.5 Einlegen bei angetemperter Wanne

In der älteren Literatur wird besonders für große Wannen empfohlen, die Wanne vor dem Tempern mit Scherben zu füllen. Die Seitenwände wurden frei gehalten, um ein gesteuertes Antempern der Wanne zu ermöglichen. Schon früh wurde darauf hingewiesen, daß der Wannenboden durch diese Technik stark beansprucht wird. Zu Beginn des Temperns wirken die Scherben als Wärmeisolation. Beim Zusammenschmelzen wird der Boden in kurzer Zeit auf hohe Temperatur gebracht, was Risse in den Steinen und unkontrollierte Schiebungen des Wannenbodens verursacht.

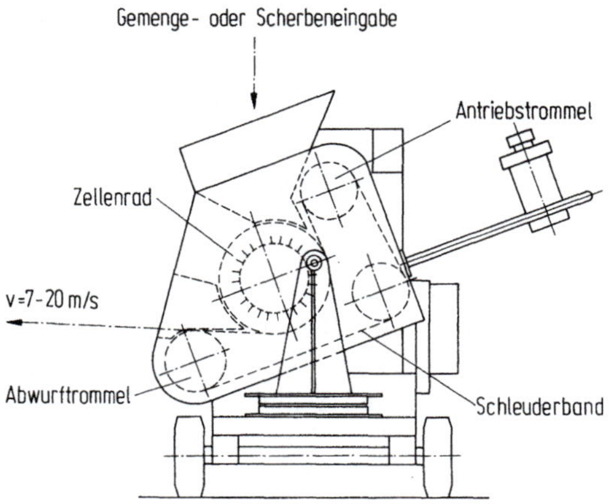

Bild 5.57. Aufbau einer Scherbenschleuder [46]

Bei großen Anlagen kam es vor, daß aus dem Schmelzbereich abfließendes Glas, das von eingebrachten Scherben stammte, die kälteren Bereiche im Abstehbereich überflutete. Dabei dehnten sich die Bodensteine so schnell aus, daß die Bodenverankerung nicht rechtzeitig nachgelassen werden konnte und abgebrannt werden mußte.

Die geschilderten Schwierigkeiten haben dazu geführt, Scherben mit einer Schleudermaschine in die getemperte Wanne zu bringen. Der Aufbau einer bewährten Schleudermaschine mit Wurfweiten von 4 bis 23 m zeigt Bild 5.57. Mit einer solchen Maschine sollte aber nur grobkörniges Material verteilt werden, damit vorzeitig Auswaschungen im Oberofenbereich durch anklebende Glasteilchen vermieden werden.

Beim Antempern scherben- und gemengefreier Wannen kann eine zu starke Erwärmung des Wannenbodens in Verbindung mit der nachfolgenden Abkühlung durch Scherben und Gemenge zu gefährlichen, klaffenden Fugen im Wannenbodenbelag führen. Durch den Einsatz von in diesem Temperaturbereich plastischen Zwischenschichten kann die gefährliche Fugenbildung und die damit verbundene Gefahr einer späteren Bodenunterspülung vermieden werden (s. auch Abschn. 3.1.2.2). Die erste Einlage darf erst dann erfolgen, wenn der Boden seine Arbeitstemperatur erreicht hat.

5.4.4.6 Meßtechnische Überwachung

Bei Temperbeginn sollte die gesamte für die Betriebsüberwachung vorgesehene Meßanlage betriebsfähig sein. Zusätzlich sind Thermoelemente im Wannenboden sowie in den Kammern und Kanälen vorzusehen. Gasdruckmeßstellen sind im Wannen-, Kammer- und Kanalbereich sehr hilfreich. Die Temperbrenner sind so mit Meßgeräten auszurüsten, daß Gas-, Luft- und Abgastemperatur und Abgasmenge genau eingestellt und geregelt werden können.

5.4.5 Abtempern von Glasschmelzöfen

Wird nur eine Teilreparatur durchgeführt oder soll der Ofen später wieder in Betrieb genommen werden, dann muß das Abtempern in geregelter Form vorgenommen werden. Hat man genug Zeit, kann man den Ofen gut abdichten und sich langsam selbst abkühlen lassen. Je nach Größe und Zustand der Wanne dauert diese Methode zu lange oder nicht lange genug. Man kann dann ähnlich wie beim Antempern eine Zeit-Temperatur-Kurve aufstellen und durch Einblasen von Luft oder durch Anstellen von Hilfsbrennern für das gezielte Abtempern sorgen. Die Verankerungen sind dem Abtempervorgang entsprechend anzuziehen.

Steine, die gut an- und vorsichtig abgetempert sind, lassen sich unbedenklich wieder verwenden, wenn sie durch die Glasschmelze nicht zu stark zerstört sind.

5.4.6 Ablassen von Schmelzwannen

Um beim Löschen einer Schmelzwanne die Entstehung eines großen Glasblocks, der nur mit Mühe und Kosten entfernt und zerkleinert werden kann, zu verhindern, wird das Glas im schmelzflüssigen Zustand abgelassen und mit Hilfe eines scharfen Wasserstrahls granuliert. Um ein weitgehend vollständiges Ablassen zu ermöglichen, wird besonders bei dunklen eisenhaltigen Gläsern das Feuer im Oberofen nicht vollständig gelöscht, sondern der meist zähe Glasblock in Bodennähe aufgeschmolzen.

Abflußöffnungen werden im unteren Bereich der Wannensteine an mehreren Stellen vorgesehen, vor allem aber an der tiefsten Stelle. Die Abflußöffnungen haben eine Größe von ca. 8 × 8 cm. Sie sind im Palisadenstein von Anfang an vorhanden und werden während des Betriebs mit einem passenden Stopfen verschlossen. Zum Ablassen wird der Stopfen nach innen gestoßen.

Mit dem Anstieg der Bodentemperatur durch Wärmeisolation und steigender Betriebstemperatur der Wanne machten sich die vorbereiteten Öffnungen durch Blasenbohren als Schwachstellen bemerkbar. In Verbindung mit der Entwicklung der Bohrtechnik an Wannensteinen laufender Wannen sind die Steine mit vorbereiteten Abflußöffnungen verlassen worden. Die Steine werden jetzt zu Beginn des Ablassens angebohrt, was noch den Vorteil hat, daß die Ablaßstellen jederzeit frei nach betrieblichen Gesichtspunkten gewählt werden können. Um das Ablassen zu erleichtern, können mehrere Bohrungen übereinander angebracht werden [49].

Das Glas wird mit einem Rinnensystem abgeleitet. Ein scharfer Wasserstrahl von 6 bis 8 bar Druck und einer Durchsatzmenge von ca. 70 m^3/h erfaßt den Glasstrom und erzeugt ein leicht zu handhabendes Glasgranulat. Die Rinnensteine zwischen Ablaßöffnung und Wasserdüsen bestehen aus Schamotte und müssen vorgewärmt werden, damit das Glas frei abfließt. Nach der Wasserzugabe werden Blechleitungen verwendet. Um den Glasstrahl regulieren und notfalls stoppen zu können, werden wassergekühlte Verschlußstopfen, die hydraulisch oder mechanisch bewegt und an den Wannenstein angepreßt werden können, verwendet. Man kann auch mit festgeschlossenen Rinnensystemen arbeiten und Schieber aus hitzebeständigem Stahl verwenden. Eine Anlage zum Ablassen von Wannen ist in Bild 5.58 schematisch dargestellt. Mit diesen Vorrichtungen können bis zu 30 t Glas/h abgelassen werden.

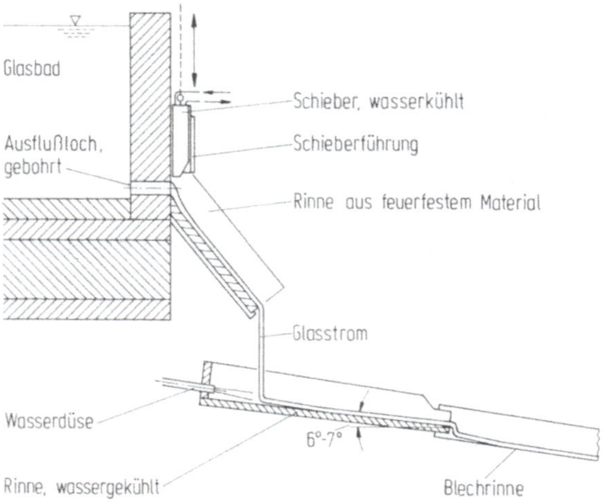

Bild 5.58. Anlage zum Ablassen von Glasschmelzwannen (Schema)

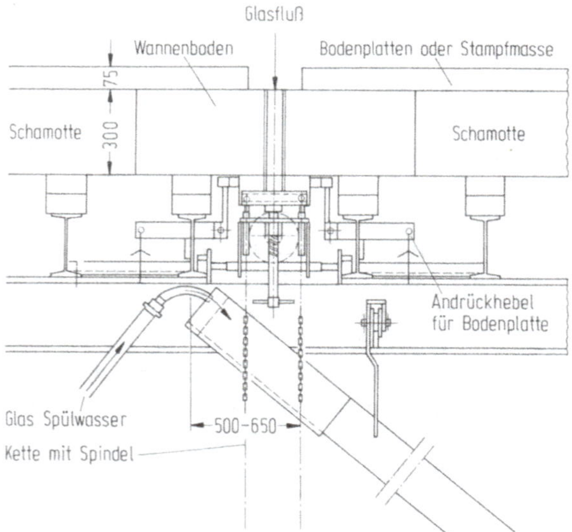

Bild 5.59. Bodenablaß für Glasschmelzwannen (Maßangaben in mm)

Bei Wannen, die aus schmelztechnischen Gründen eine Bodendrainage besitzen, kann diese Drainage auch zum Ablassen des Wannenglases benützt werden. In Bild 5.59 ist ein Beispiel für eine solche Bodendrainage gezeigt. Wichtig ist auch hier eine Regulierfähigkeit der auslaufenden Glasmenge durch einen Schieber oder durch eine elektrisch beheizbare Ausflußdüse (s. auch Abschnitt 6.5.3.1.6). Zum Granulieren dient auch hier ein Wasserstrahl.

5.5 Heißreparaturen [50, 51]

Treten an Glasschmelzwannen während des Betriebs an funktionswichtigen Bauteilen, wie Wannenbecken, Gewölbe, Brenner und dgl. Schäden auf, die den Betrieb der Anlage in Frage stellen, dann muß entschieden werden, ob die Schäden im Rahmen einer Heißreparatur oder einer Kaltreparatur beseitigt werden müssen. Da eine Kaltreparatur (Löschung) einen längeren Betriebsausfall bedingt, ist, falls möglich, die Heißreparatur vorzuziehen. Je nach dem Umfang und der Art des Schadens kann die Produktion voll weiterlaufen, oder es muß die Temperatur und eventuell auch der Glasstand abgesenkt werden.

5.5.1 Verstärkung der Kühlung

Muß die Lebensdauer der Anlage nur relativ kurzfristig verlängert werden, um beispielsweise eine Kaltreparatur um einige Monate hinauszuschieben und handelt es sich um lokale Schäden, die sich durch einen Temperaturanstieg an der Außenoberfläche bemerkbar machen, dann hilft

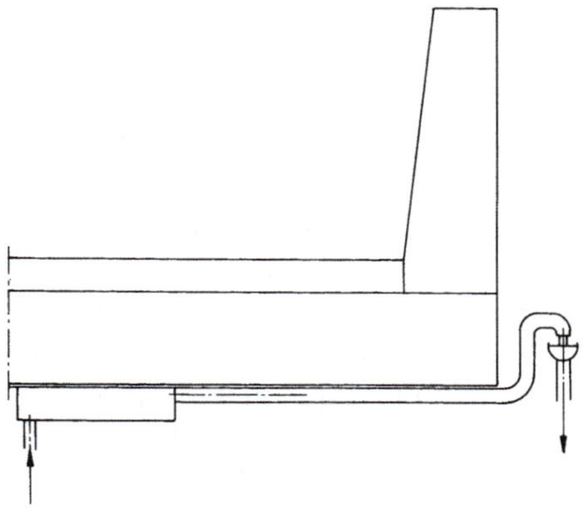

Bild 5.60. Wasserkühlkasten am Wannenboden

oft eine Verstärkung der Kühlung durch Luft oder Wasser.

Zur Luftkühlung werden transportable Gebläse unterschiedlicher Größe verwendet, die mit einem flexiblen Rohr die Kühlluft zur Schadensstelle leiten. Gebläseleistungen von 200 bis 30000 m^3/h und Rohre mit Durchmessern bis 200 mm sind notwendig. Ein Anschluß an das zentrale Kühlsystem empfiehlt sich meistens nicht, da hier der zur Verfügung stehende Druck zu gering ist.

Sind die zu kühlenden Bereiche ebenflächig und gut zugänglich, dann ist eine Wasserkühlung in Form eines Wasserkühlkastens zweckmäßig. Verwendet werden 100 bis 150 mm dicke Kühlkästen aus 3 bis 4 mm dickem Stahlblech, um ein Verwerfen der Platten und damit einen schlechten Wärmeübergang zu verhindern. Zur weiteren Verbesserung des Wärmeübergangs zwischen Stein und Kühlkasten wird empfohlen, eine chemisch abbindende SiC-haltige Masse als Kontaktschutz aufzubringen [50]. Die Wasserführung muß von unten nach oben gehen und so gestaltet sein, daß eventuell sich bildende Dampfblasen fortgespült werden. Die Temperaturerhöhung des Wassers soll auf 20 °C beschränkt werden. Bild 5.60 zeigt als Beispiel einen Wasserkühlkasten am Wannenboden. Der Kasten ist fest an die zu kühlende Stelle zu drücken, außerdem muß eine Durchlaufkontrolle vorhanden sein. Daneben finden sich auch Kühlregister, die aus verschweißten quadratischen Rohren bestehen.

5.5.2 Heißreparatursteine

Ist der Schaden so weit fortgeschritten, daß eine lokale Kühlung keine Hilfe mehr bringt, so kann die schadhafte Stelle ausgeräumt und durch geeignete neue Steine geschlossen werden. Die Wannentemperatur muß dabei im Heißbereich manchmal abgesenkt (≈ 800 °C) und die beim Abbruch entstehende Öffnung vorübergehend mit Asbest-Metallplatten vom Ofeninnern her abgedeckt werden. Als Material eignen sich hier besonders Quarzgutsteine, die aufgrund ihrer niedrigen Wärmedehnung sehr temperaturwechselbeständig sind. Daneben kommt bei hohen Ansprüchen an die Korrosionsfestigkeit auch synthetischer Mullit in Frage. Das Verhalten von Heißreparatursteinen ist in Tabelle 5.13 zusammengestellt. Bei Quarzgutsteinen ist die Verlegung ohne Mörtel zweckmäßig, Dehnungsfugen sind nicht erforderlich. Bei Mullitsteinen sind ≈ 0,5% Wärmedehnung zu berücksichtigen. Hier empfiehlt sich die Verwendung einer dünnen Mörtelschicht.

Zum Ausgleich gegenüber dem alten Mauerwerk sind wegen ihres guten Kontaktverhaltens Zirkonsilicatmassen geeignet.

Tabelle 5.13. Verhalten von Heißreparatursteinen

Material	Kontaktverhalten zum benachbarten Material	Temperatur-wechsel-beständigkeit	Bearbeit-barkeit	Anwendungs-grenze °C	Haltbarkeit
Quarzgut gebunden	wie Silika	sehr gut	sehr gut	1600	wie Silika
Zirkonsilicat	neutral	mäßig bis gut	mäßig	1650	Glaszusammen-setzung von Einfluß
Zirkoncristobalit	neutral	gut	mäßig	1650	–
Synth. Mullit; Sinter-mullit direkt gebunden	durch niedrige Glas-phase gut	gut	schlecht	1700	lange Laufzeit
Schmelzmullit direkt gebunden	gut	sehr gut	schlecht	1750	lange Laufzeit

Heißreparatursteine können in gebrannter Form oder als hydraulisch abgebundene Steine bezogen werden. Quarzgutsteine können aus Stampfmasse auch im eigenen Betrieb hergestellt werden, was bei komplizierten Formsteinen sehr vorteilhaft sein kann.

Teile, die erfahrungsgemäß im Verschleiß vorauseilen, wie Brennerdüsensteine, werden bereits beim Bau der Wanne in hochtemperaturbeständige Fasermatten eingebettet. Das Auswechseln der Steine wird damit stark erleichtert.

5.5.3 Heißreparaturmassen

Für Heißreparaturen werden Gieß-, Stampf- und Spritzmassen verwendet. Gieß- und Stampfmassen erfordern beim Einbau eine temporäre Auflage, bis eine chemische oder hydraulische Bindung zustande gekommen ist. Vorteilhaft ist, daß Öffnungen mit sehr unregelmäßigen Berandungen abgeschlossen werden können. Man kann damit auch schwer zugängliche Stellen reparieren, muß gegenüber den Heißreparatursteinen aber ein größeres Risiko der Glasverunreinigungen auf sich nehmen.

Für Schadstellen im Silikabereich empfiehlt sich der Einsatz von Quarzgut, dem als Bindemittel Wasserglas zugesetzt wird. Wird ein neutrales Verhalten gegenüber schmelzgegossenem Material und Silika verlangt (Brenner- und Seitenwandbereich), dann bieten Zirkonsilicatstampfmassen Vorteile. Es gibt Massen, die bereits bei 150 bis 200 °C chemisch abbinden.

Als temporäre Auflage wird für hydraulisch abbindende Quarzgutmassen eine mit Wasser voll getränkte Hartholzplatte empfohlen, die der zu reparierenden Stelle in der Kontur angepaßt wird. Die Schadensstelle wird von alten Stampfmassen-, Stein- und Mörtelresten gereinigt. Schadhafte Silikasteine werden entfernt (Bild 5.61). Die Schablone wird durch Drähte aus hitzebeständigem Stahl gehalten und in die Öffnung so eingebracht, daß sie mit den Drähten nach außen gegen das noch bestehende Silikamaterial gedrückt wird (Bild 5.62). Die vorbereitete Quarzgutmasse wird eingebracht und in voller Steindicke aufgestampft. Nach kurzer Zeit ist die stützende Holzplatte abgebrannt. die hydraulische Bindung der Stampfmasse muß jetzt bereits so weit fortgeschritten sein, daß sich die eingestampfte Massenplatte selbst trägt. Die Hängedrähte können nach dem Abtrennen der Holzplatte und genügender Verfestigung der Masse herausgezogen werden (Bild 5.63).

Bei den chemisch abbindenden Zirkonsilicatmassen muß eine rasche Erwärmung der Randzone erfolgen, um die notwendige Verfestigung zu erreichen. Unter diesen Bedingungen kann eine Blechplatte als Stützauflage zweckmäßiger sein [50]. Es muß allerdings die Gewähr gegeben sein, die Blechplatte nach Verfestigung der Masse wieder herausholen zu können. Ist das zu reparierende Gewölbe an vielen Stellen schadhaft, dann kann mit einer Zirkonsilicatmasse auf das gesamte Gewölbe von den Widerlagersteinen ausgehend in voller Breite eine neue Schicht aufgebracht werden. Größere Schadstellen werden nach Entfernen des stark zerschlissenen Materials mit einer entsprechend großen vorgebrannten Platte abgedeckt und die entsprechenden Randbereiche mit Stampfmasse verschlossen (Bild 5.64).

Die Reparatur eines schadhaft gewordenen Brennerbogens nach dieser Technik ist aus Bild

Bild 5.61. Schadstelle im Gewölbe [50]

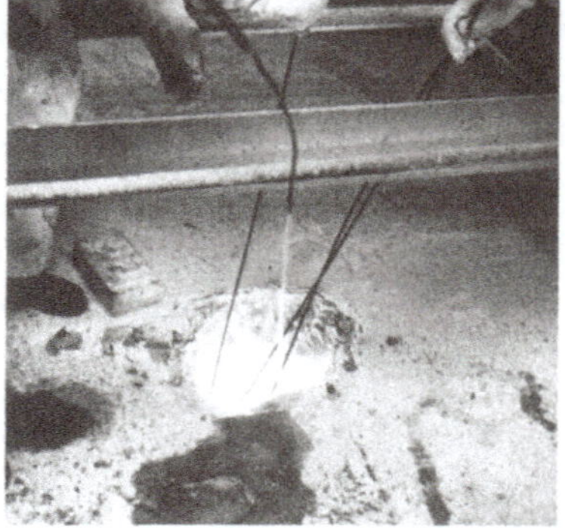

Bild 5.62. Halten der Holzschablone mit hitzebeständigem Draht [50]

Bild 5.63. Schließen der Öffnung durch eingestampfte Quarzgutmasse [50]

Bild 5.64. Auflegen einer vorgebrannten Platte

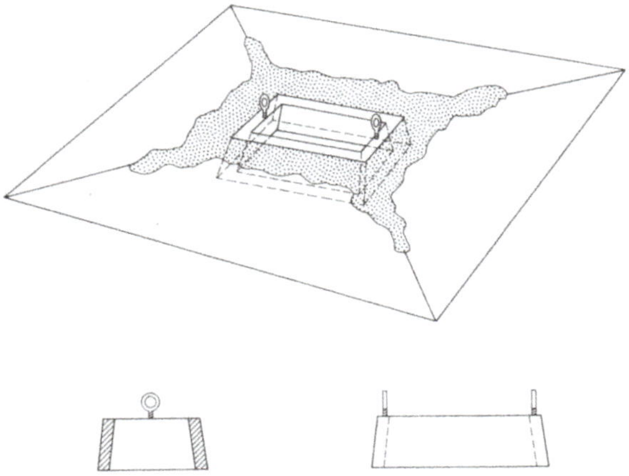

Bild 5.66. Büttenreparatur mit Holzkasten [50]

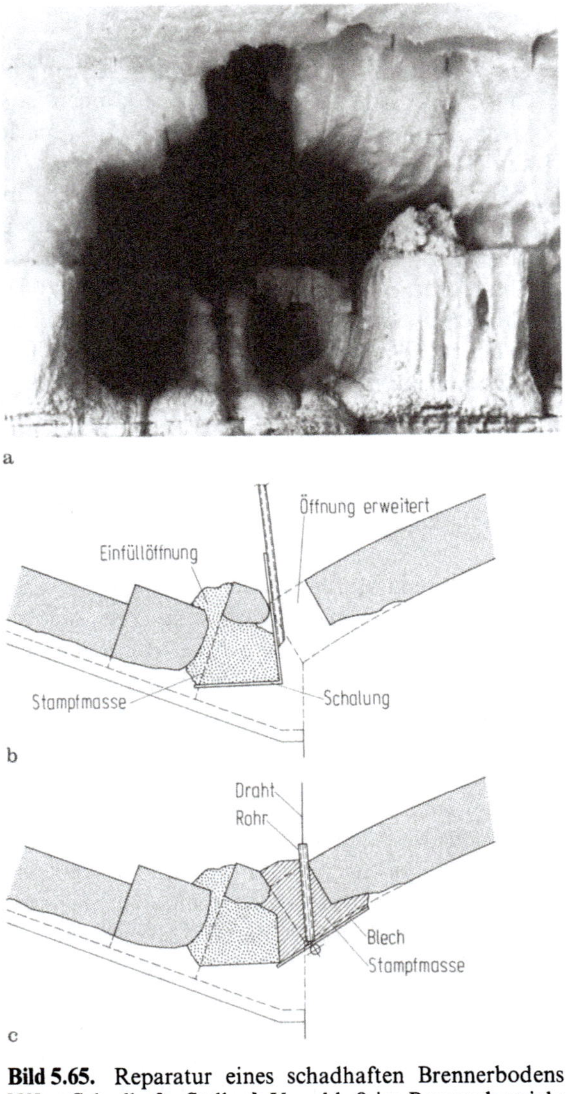

Bild 5.65. Reparatur eines schadhaften Brennerbodens [50]. **a** Schadhafte Stelle; **b** Verschluß im Brennerbereich; **c** Verschluß im Gewölbebereich

5.65 zu ersehen. Die Größe der Öffnung erforderte das Schließen in zwei Stufen. Verwendet wurde eine Zirkonstampfmasse und als Stützauflage eine gewinkelte Blechplatte.

Heißreparaturmassen eignen sich auch gut zur Reparatur verschlissener Büttenbrenner von Hafenöfen. Es hat sich bewährt, mit einem Holzkasten zu arbeiten, der von oben eingehängt wird. Die entstehende breite Fuge wird ausgestampft (Bild 5.66).

5.5.4 Spritztechnik [51]

Während Arbeiten mit Heißreparatursteinen und Heißstampfmassen vom Hüttenpersonal selbst durchgeführt werden können, erfordert die Spritztechnik Spezialgeräte, die nur Feuerfestfirmen zur Verfügung stehen. Die Anwendung der Spritztechnik kommt dann in Frage, wenn größere Schäden im Ofeninnern von außen nicht behoben werden können. Auch bei sorgfältigem Arbeiten muß mit einem Rückprall von 30 bis 50% der aufgebrachten Masse gerechnet werden. Der Rückprall fällt weitgehend ins Glasbad und führt trotz Abfemen vorübergehend zu Glasfehlern.

Zum Einsatz kommen Quarzgutmassen mit Wasserglas-, Phosphat- und Borsäurebindern. Die Masse wird in eigenen Spritzmaschinen mit dem Bindemittel versetzt und durch Schläuche zur Spritzlanze transportiert. Wasserleitungsrohre (¾ Zoll) ohne Wasserkühlmantel haben sich als Lanzen am besten bewährt.

Wichtig ist, daß die Spritzmasse gut haftet. Die Haftung der ersten Schicht ist besonders wichtig. Durch verstärkten Bindemittelzusatz kann ein gut

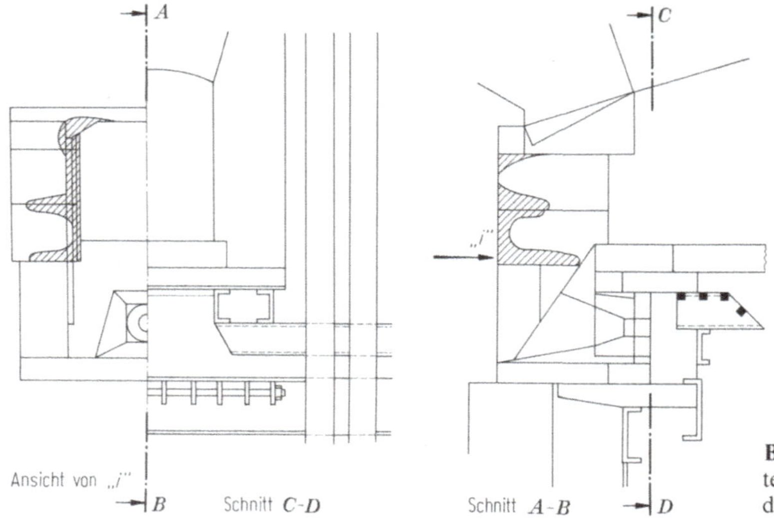

Bild 5.67. Brennerreparatur durch Spritztechnik. Darstellung der Beschädigung und der Spritzrichtung [50]

haftendes rauhes Spritzbett geschaffen werden, auf das lagenweise die Spritzmasse aufgebracht wird. Bei vertikalen Flächen sind die einzelnen Lagen relativ dünn (20 mm), bei schrägen oder waagrechten Lagen können dickere Schichten aufgebracht werden. Nach jeder Lage ist eine Wartezeit von 15 bis 30 min einzulegen, damit die Schicht abbinden und erhärten kann.

Beispiel für den erfolgreichen Einsatz der Spritztechnik zur Reparatur einer zerschlissenen Brennereinfassung zeigt Bild 5.67. Die Reparatur wurde mit einer gekrümmten Spritzlanze von unten durch den Spalt zwischen Brennerbank und Wannensteinoberkante durchgeführt.

Mit der Spritztechnik lassen sich auch Vorhänge an Flachglaswannen reparieren [50]. Schäden durch fehlerhafte Kühlung, wie beispielsweise abgeplatzte Steine, können durch Aufspritzen von Quarzgutmassen behoben werden (Bild 5.68).

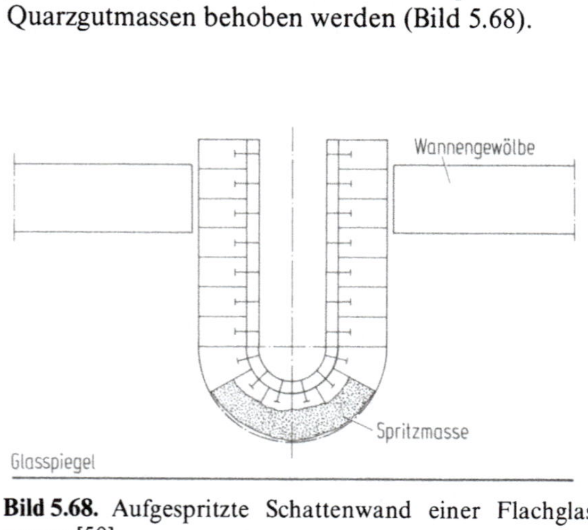

Bild 5.68. Aufgespritzte Schattenwand einer Flachglaswanne [50]

In üblicher Weise, aber mit einem der anderen Umgebung angepaßten Material können auch Trennwände von Regenerativkammern repariert werden.

Das Verschweißen von Reparaturmassen mit dem zu reparierenden Bauteil unter Zugabe von Sauerstoff (Thermit) steckt noch in den Kinderschuhen. Man kann Si-Granulat mit Sauerstoff zu schmelzflüssigem SiO_2 umwandeln. Die dabei auftretenden Temperaturen liegen über 2000 °C. Beim Einsatz in Glasschmelzöfen ist Vorsicht geboten.

5.5.5 Heißreparaturen mit schmelzgegossenen Steinen

Die Heißreparaturen mit schmelzgegossenen Steinen gehören strenggenommen in den Abschnitt „Heißreparatursteine". Da schmelzgegossene Steine sehr temperaturwechselempfindlich sind, sind besondere Maßnahmen erforderlich, die eine eigene Behandlung rechtfertigen.

Die häufigste, ja routinemäßig auftretende Heißreparatur mit schmelzgegossenen Steinen ist das Vorsetzen von Platten im oberen Drittel der Wannensteine, um dem verbleibenden Verschleiß der Steine im Spülkantenbereich zu begegnen. Das Nachsetzen erfolgt durch Abnahme der oberen Isoliersteinlage und Aufsetzen der lunkerfreien Platte auf die untere Isolieranlage oder auf eine besondere Eisenkonstruktion. Die Isoliersteinlage ist nur dann tragfähig genug, wenn sie als Sandwichplatte mit innerem Schamottekern ausgebildet ist (Bild 5.69).

Vorgesetzt wird dann, wenn der Verschleiß so weit fortgeschritten ist, daß bei normaler Kühlung an der äußeren Oberfläche mittlere Rotglut erreicht wird. Ein zu frühes Setzen behindert die Kühlung der Restpalisade und beschleunigt damit den Verschleißvorgang. Ein zu langes Warten bringt die Gefahr, daß Reste der Palisadenköpfe abbrechen und damit die Vorsetzplatten beim Einfügen durch die intensive Wärmestrahlung aus dem Ofeninnern so schnell oberflächig erhitzt werden, daß starke Wärmespannungen auftreten und die Platten reißen. Man kann den Temperaturschock durch mehrfaches Bestreichen der dem Glas zugewandten Seite mit Wasserglas dämpfen. Nach dem Vorsetzen ist die Kühlung für die Platten im Bereich der Spiegellinie nur langsam zu steigern und nicht plötzlich voll einzuschalten.

Die Temperaturwechselempfindlichkeit der schmelzgegossenen Steine erfordert eine gut überlegte Fugenabdichtung zwischen Nasenstein und Palisade. Man kann eine relativ große Fuge zwischen Wannenstein und Nasenstein belassen, diese mit einer keilförmigen Leiste verschließen und durch Einspritzen von Masse abdichten, wie dies in Bild 5.70 rechts angedeutet ist. Die Keilleiste verhindert, daß Mörtel in die Wanne fällt. Die Vorsatzplatte ist so anzuordnen, daß sie bis zur Unterkante des Nasensteins reicht. Eine andere Ausführung zeigt die linke Seite von Bild 5.70. Hier wird mit einer engen Fuge gearbeitet, die mit Mörtel ausgespritzt werden muß. Der Nasenstein hat eine Stufe, die bis über die Abdeckplatte hinausreicht. Damit wird die Zugänglichkeit erleichtert und trotzdem eine gute Abdichtung zwischen Vorsetzplatte und Nasenstein erzielt. Schwierig ist das Einbringen des Mörtels in die schmale Fuge zwischen Wannenstein und Nasenstein. Daher dürfte eine Kombination beider Versionen (Keilleiste und Nasensteinstufe) am besten sein. Die Lösung des Abdichtungsproblems ist durch die Einführung hochhitzebeständiger Fasermatten sehr erleichtert worden.

Besondere Sorgfalt erfordern Reparaturarbeiten am Durchlaß. Meist zeigt sich ein verstärkter Verschleiß am schmelzwannenseitigen Abdeckstein. Durch rechtzeitiges Pflastern der Durchlaßabdecksteine kann ein Durchbruch vermieden werden. Damit die Abdeckplatten nicht abgehoben werden, ist die Verwendung keilförmig gestalteter Platten nach Bild 5.71 zu empfehlen. Durch entsprechendes Verschieben der Platten gegeneinander ...

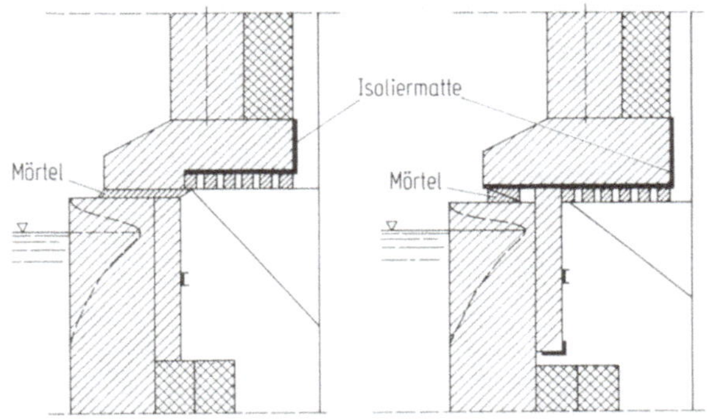

Bild 5.70. Abdichtung zwischen Wannen- und Nasenstein [52]

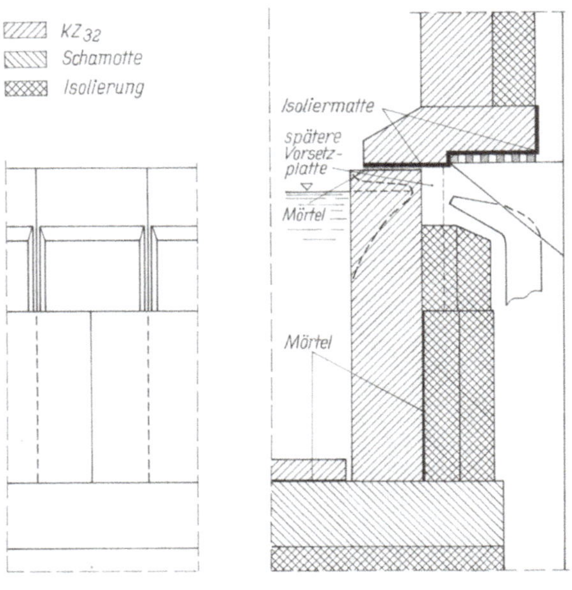

Bild 5.69. Isolierung des Wannenbeckens [52]

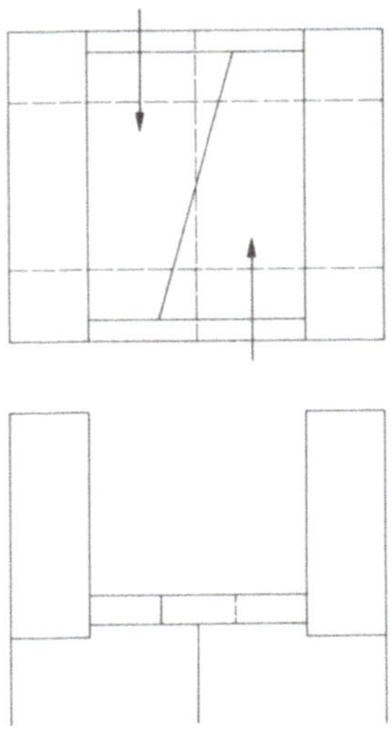

Bild 5.71. Pflastern der Durchlaßabdecksteine [52]

ander lassen sich diese verkeilen. Die Platten müssen lunkerfrei sein und dürfen nicht zu dick sein, damit die Rißgefahr verringert wird.

Eine weitere Möglichkeit bietet das vorübergehende Einfrieren des Durchlasses. Bei dieser Methode kann der schadhafte Stein ganz durch einen neuen ersetzt werden. Die Durchlaßkühlung muß den neuen Bedingungen angepaßt und langsam gesteigert werden, um die Thermospannungen gering zu halten.

5.5.6 Heißreparatur von Regenerativkammern

Leider kommt es vielfach vor, daß nach längerer Ofenreise Teile des Gitterwerks der Regenerativkammern einstürzen und damit die Verteilung der Verbrennungsluft auf die einzelnen Brenner ungenügend wird, oder der Ofendruck durch mangelhaften Zug nicht mehr auf der notwendigen Höhe gehalten werden kann. Ist dieser Zustand erreicht und eine Kaltreparatur aus anderen Gründen nicht diskutabel, dann muß die Kammer ganz oder teilweise im Rahmen einer Heißreparatur ersetzt werden.

Durch Absenken der Oberofentemperatur, Konstanz der Flammenlage über längere Zeit und Abschiebern der Brenner mit Asbestplatten oder provisorischen kleinen Zwischenmauern lassen sich im Kammerbereich Bedingungen schaffen, die ein Herausräumen der schadhaften Gitterung und das Einbringen eines Neubesatzes erlauben.

Die Wanne muß bei diesem Vorgehen längere Zeit mit kalter Verbrennungsluft betrieben werden, was bei starker zulässiger Absenkung der Ofentemperatur tragbar ist. Darf die Oberofentemperatur aus technologischen oder produktionstechnischen Gründen nicht oder nur unwesentlich abgesenkt werden, dann muß mit O_2-Zufuhr mit oder ohne Einsatz von Temperbrennern gearbeitet werden [53].

Sind Sektionalkammern vorhanden, dann läßt sich eine Störung des Wannenbetriebs gering halten oder völlig vermeiden.

6 Wannenofen, Betriebsverhalten

6.1 Gasströmungen im Oberofen

6.1.1 Querbrennerwannen

Direkte Messungen der Gasströmung im Oberofen sind schwierig und aufwendig. Man findet daher in der Literatur nur Angaben über Modellmessungen und Ergebnisse über das Verweilzeitverhalten der Brenngase.

Umfassende Messungen an einer Versuchsmeßstrecke für eine ölbeheizte Querbrennerwanne hat Ullrich durchgeführt [1]. Im Vordergrund stand dabei die Anordnung der Zerstäuber. Wird der Zerstäuber über dem Luftstrom angeordnet (Bild 6.1 a), dann ergibt sich eine starke Ausweitung der Zirkulationsströmung über dem Luftstrom. Die Strömungsgeschwindigkeiten direkt über der Badoberfläche sind relativ hoch, was eine hohe Verdampfung des Glases fördert und zu lokalen Reduktionen des Glasbades führen kann. Wird der Zerstäuber unter der Brennerbank angeordnet (Bild 6.1 b), dann wird die Zirkulationsströmung im Gewölbebereich etwas vermindert. Der Luftstrom aus dem Brenner wird durch den Zerstäuberstrahl daran gehindert, nach unten auf das Glasbad abzusinken. Die damit verbundene Abkühlung wird verhindert, und die Strömungsgeschwindigkeit unmittelbar über dem Glasbad ist ebenfalls geringer. Untersuchungen zeigten, daß die Zerstäuberanordnung über dem Luftstrom eine sehr genaue Einstellung der Strahlachse erfordert. Schon geringfügige Abweichungen und Belastungsschwankungen führen zu nachteiligen Strömungszuständen, welche die Gefahr von Badüberhitzungen und örtliche Reduktionswirkungen auf das Glasbad zur Folge haben. Bei der Zerstäuberanordnung unter dem Luftstrom sind die Ansprüche an die Justierung der Zerstäuber bedeutend geringer. Das System Zerstäuberstrahl-Verbrennungsluftstrom ist sehr stabil.

Informationen über die Strömung zwischen zwei Brennerpaaren stammen aus Untersuchungen über das Verweilzeitverhalten der Brenngase [2]. Zwischen den Flammenstrahlen zweier benachbarter Brenner bilden sich zwei gegenläufige Wirbelwalzen aus, die zu einem Queraustausch von Flammengasen in der Größenordnung von 15 bis 25% führen (Bild 6.2).

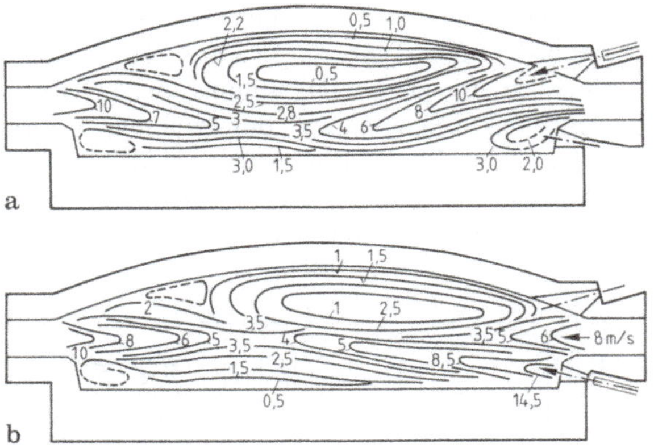

Bild 6.1. Strömung in der Vertikalebene einer Querbrennerwanne [1]. **a** Zerstäuber über dem Luftstrom; **b** Zerstäuber unter dem Luftstrom

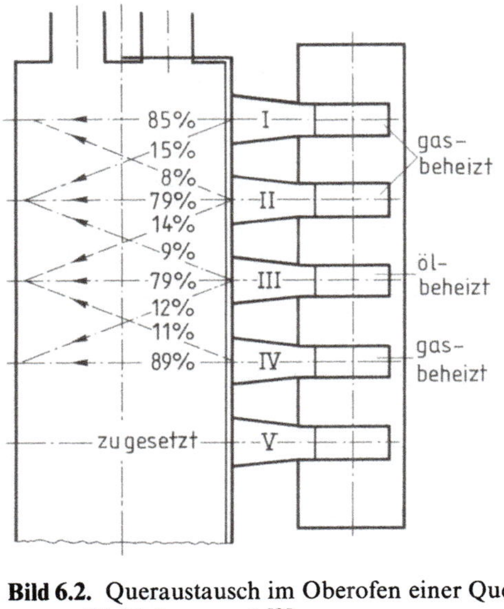

Bild 6.2. Queraustausch im Oberofen einer Querbrennerwanne (Tafelglaswanne) [2]

Der quantitative Nachweis gelang durch Eingabe von Impfsubstanz in einen Brenner und Probenahme im benachbarten Brenner. Die gemessenen Konzentrationen sind etwa eine Zehnerpotenz niedriger, als die der Hauptverteilung. Die im abklingenden Kurvenast auftretenden Minima und Maxima deuten darauf hin, daß zwischen den einzelnen Brennern mehr oder weniger stabile Strömungswalzen liegen, über die der Stoffaustausch stattfindet (Bild 6.3).

Der Queraustausch ist deutlich vom Impuls der Flamme abhängig, wie die im Bild 6.4 wiedergegebenen Ergebnisse von Verweilzeitmessungen an einer Wanne zeigen, die durch einen Brenner mit Öl und beim benachbarten mit Gas beheizt wurde. Der Anteil des Direktstroms, also des Stroms, der ohne Queraustausch in einer Brennerpaarebene strömt, nimmt mit dem Brennerimpuls zu. Dies führt dazu, daß Gasflammen mit ihrem meist geringeren Impuls den Ofenraum weitgehend gleichmäßig durchqueren, während Ölflammen durch ihren höheren Impuls mehr Abgas und umgebende Luft in den Strahl hineinreißen. Der Strahl durchquert schnell den Ofenraum, während der Rest der Luft und das Abgas sich erst langsam mit dem Strahl mischen und zum abziehenden Brenner transportiert werden.

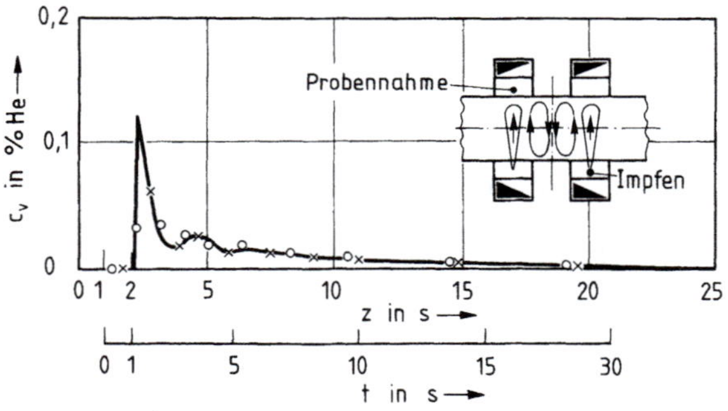

Bild 6.3. Nebenverteilung bei einer Querbrennerwanne in Abhängigkeit von der Zeit [2]

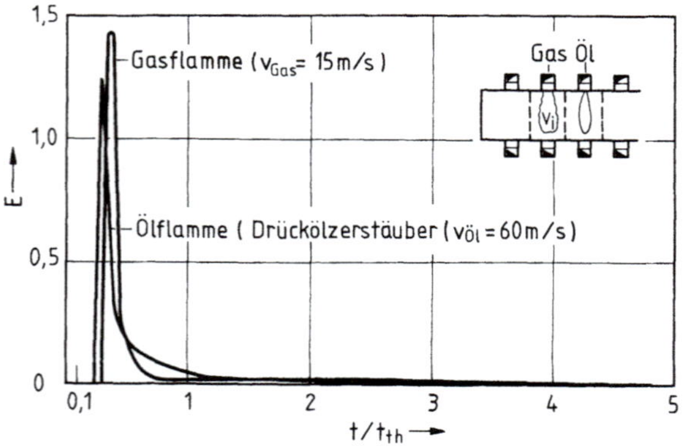

Bild 6.4. Normierte Verweilzeitverteilung einer Öl- und einer Gasflamme [2]

Aufgetragen sind in Bild 6.4 die normierten Verweilzeitverteilungen

$$E(\tau) = \frac{c(\tau)}{\int_0^\infty c(\tau)\,d\tau}$$

bei Öl- bzw. Gasbeheizung über der dimensionslosen Zeit $\tau = t/t_{th}$. Die Normierung wurde vorgenommen, um die Verweilzeitverteilung trotz stark unterschiedlicher Massendurchsätze der Feuerungssysteme Öl/Gas vergleichen zu können. Die Verweilzeitverteilung $E(t)$ ist durch die Beziehung

$$E(t) = \frac{c(t)\,\dot{V}}{n_{ind}} \tag{6.1}$$

definiert. Dabei sind $c(t)$ der gemessene zeitliche Konzentrationsverlauf der Indikatorsubstanz, $\dot{V}$ der in das System eintretende Volumenstrom, n_{ind} die Stoffmenge des zum Zeitpunkt t_0 zugegebenen Indikators. Als Normierungsgrößen werden ein gewähltes $E_0 = \int_0^\infty c(t)\,dt$ und die theoretische mittlere Verweilzeit t_{th} herangezogen. Mit V_s als Gesamtvolumen des Systems gilt

$$t_{th} = \frac{V_s}{\dot{V}}. \tag{6.2}$$

6.1.2 U-Flammenwannen

Die Strömungsverhältnisse in U-Flammenwannen sind komplizierter als die in Querbrennerwannen. Ergebnisse aus Modellmessungen zeigt Bild 6.5. Die Strömung ist hier in drei Horizontalebenen in verschiedener Höhe h (h ist eine absolute, keine bezogene Höhe) des Ofenraums dargestellt. Es treten mehrere Zirkulationswirbel auf. Das gesamte Strömungsgeschehen muß dreidimensional gesehen werden.

Dringt bei einem seitlich angeordneten Einlegevorbau Falschluft ein, dann wird der eintretende Strahl nicht mehr an die Seitenwand angesaugt, sondern strömt weitgehend gerade in die Wanne.

Treten Ausflammverluste auf, dann wird der Massen- und Impulsstrom des Brennerstrahls verkleinert und die Ansaugung von Umgebungssubstanz vermindert. Die Umbiegung der Strahlachse erfolgt weiter stromab als bei einer Wanne ohne Ausflammverluste. Der Hauptwirbel reicht bis nahe an die Rückwand.

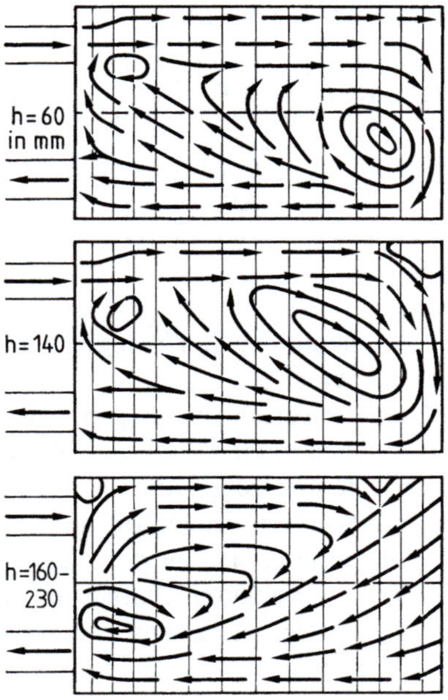

Bild 6.5. Strömungsverlauf in U-Flammenwannen [3]

Bei zum Umkehrpunkt hin geneigten Gewölben ergibt sich ein instabiler Strömungsverlauf. Durch das geringere Volumen des Oberofens im „Umkehrbereich" baut sich dort ein Überdruck auf, der den stabilisierenden Unterdruck zwischen Brennerstrahl und Seitenwand stört. Es kommt zu einem Pendeln des Brennstoffstrahls, mit allen damit verbundenen Nachteilen [3].

Eine Schrägstellung der Brennerachsen um 10° gegen die Wannenachse ergibt nur bei größerem Brennerabstand, $(b/B) > 0{,}7$ mit B als Wannenbreite und b als Abstand der Brennerachsen, eine stabile Strömung. Die Strahlausbreitung wird jetzt von der Seitenwand nicht mehr behindert, und der ausfächernde Brennerstrahl deckt das Glasbad gut ab.

Manche U-Flammenwannen neigen auch bei nicht geneigtem Gewölbe zu einer instabilen Strömung. Der Brennerstrahl pendelt im Ofenraum zwischen einer Parallelströmung zur Seitenwand und einer Schräglage zur Wannenachse. Das bei einer solchen Wanne bei den geschilderten Strömungszuständen gemessene Verweilzeitverhalten ist in Bild 6.6 als Konzentrationsverlauf der eingegebenen Impfsubstanz (He) wiedergegeben. Während bei der normalen Verteilung ein starkes Maximum auftritt, mit einem nur schwach ausgeprägten Sekundärmaximum, treten bei dem gestörten Strömungszustand zwei annähernd gleichstarke Maxima auf, die durch das Auftreten eines starken Rückstromwirbels erklärt werden können.

Im allgemeinen treten Instabilitäten um so eher auf, je geringer der Brennerabstand und um so geringer der Gesamtimpulsstrom des Systems „Zerstäuber und Verbrennungsluft" ist, wie Brüning bei verschiedenen Formen des Oberofens nachgewiesen hat (Bild 6.7) [3].

Ein Vergleich des Mischungsverhaltens zwischen Querbrennerwannen und Stirnbrennerwannen zeigt prinzipielle Unterschiede zwischen den beiden Ofenbauarten. Die intensivste Vermischung des eintretenden Stoffstroms mit dem Oberofeninhalt findet in den Stirnbrennerwannen (U-Flammenwanne und Doppeldeckenwanne) statt. Wesentlich schwächer ist die Vermischung bei ölbeheizten Querbrennerwannen und am geringsten bei gasbeheizten Querbrennerwannen. Im Bild 6.8 sind die errechneten Gesamtverteilungen $E_g(t)$ über dem Verhältnis der gemessenen Zeit zur mittleren theoretischen Zeit $(t/\bar{t}_{th})$ aufgetragen. Da die

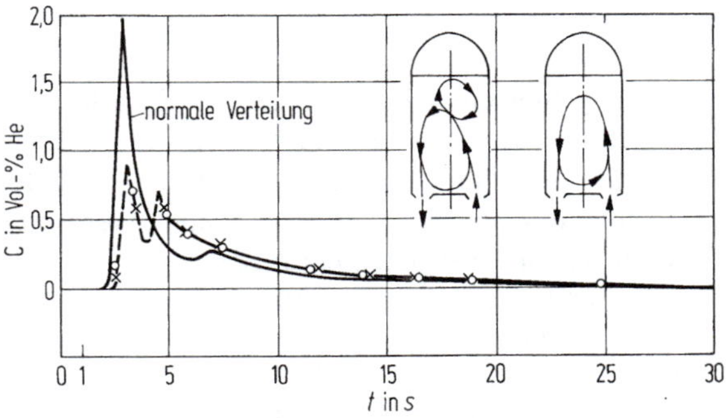

Bild 6.6. Konzentrationsverteilung einer Impfsubstanz in einer U-Flammenwanne in Abhängigkeit von der Zeit (instabile Durchströmung) [2]

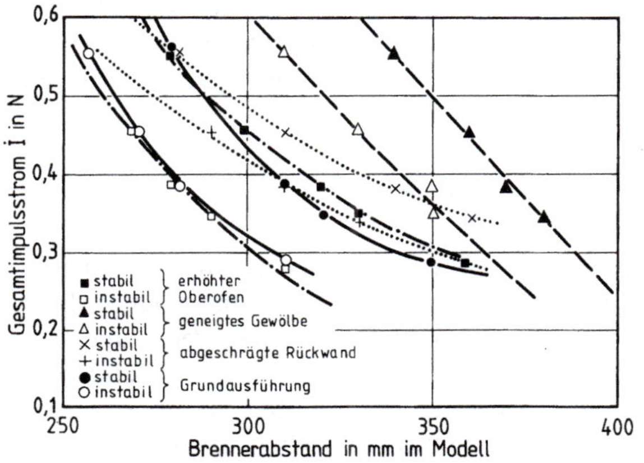

Bild 6.7. Stabilitätsdiagramm bei verschiedenen Formen des Oberofens nach Modellmessungen [3]

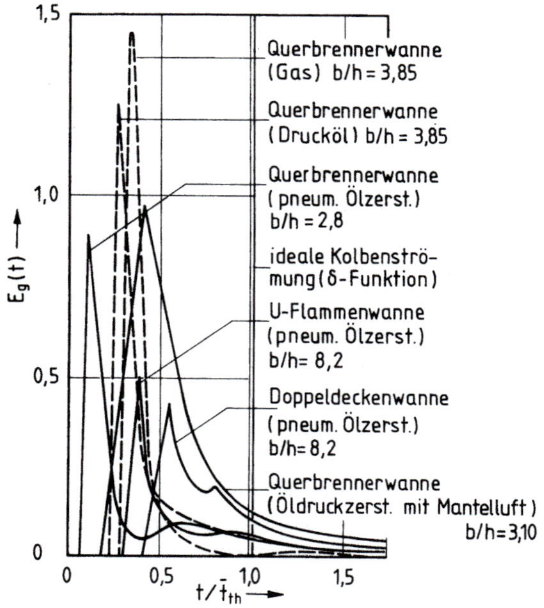

Bild 6.8. Verweilzeitverteilungen in verschiedenen Ofenanlagen [2]

direkt gemessenen Verteilungen ($E(t)$) infolge des Queraustauschs im Oberofen nicht repräsentativ für das zeitliche Verhalten des eintretenden Stoffstroms sind, wurden die errechneten Gesamtverteilungen zum Vergleich herangezogen.

Es sind die folgenden Verweilzeitverteilungen zu betrachten. Erstens die Verweilzeitverteilung $E(t)$ der Stoffmenge, die die Ofenanlage auf direktem Weg durchströmt. Das Integral über die Verteilung $E(t)$, die nach Gl. (6.1) definiert ist zu

$$E(t) = c_{i-i}(t)\frac{\dot{V}_i}{n_{He}}, \tag{6.3}$$

gibt – wie aus der Bilanzgleichung folgt – den Anteil der zum i-ten Brenner eintretenden Stoffmenge wieder, der durch den gegenüberliegenden i-ten Brenner abzieht:

$$\int_0^\infty E(t)\,dt = k_{i-i} \leqq 1\,. \tag{6.4}$$

Als zweites zu betrachten ist die Verweilzeitverteilung $E_g(t)$ des gesamten durch einen Brenner eintretenden Stoffstroms. Diese Verteilung, die berücksichigt, daß Teilmengen des eintretenden Stoffstroms mit anderer Zeitverteilung durch benachbarte Brenner abziehen, ergibt sich, da die Einzelverteilungen parallel ablaufen, als Überlagerung unter Berücksichtigung des Anteils der ausgetauschten Substanzmenge. Es gilt

$$E_g(t) = c_{i-(i-1)}(t)\frac{\dot{V}_{i-i}}{n_{He}} + c_{i-i}(t)\frac{\dot{V}_i}{n_{He}} + c_{i-(i+1)}(t)\frac{\dot{V}_{(i+1)}}{n_{He}} \tag{6.5}$$

und

$$\int_0^\infty E_g(t)\,dt \equiv 1\,. \tag{6.6}$$

Mit n_{He} ist hier die zugeführte Stoffmenge Helium als Indikator bezeichnet.

Zur Beschreibung der verschiedenen gemessenen Verteilungen wird als charakteristische Größe die mittlere Verweilzeit herangezogen, die als Schwerpunktzeit sehr stark vom Kurvenverlauf abhängig ist und als die Zeit definiert ist, zu der man sich den zur Zeit $t = 0$ eintretenden Stoffstrom das System plötzlich wieder verlassend vorstellen kann. Dieser mittleren gemessenen Verweilzeit gegenübergestellt wird die aus Oberofenvolumen und Durchsatz errechnete theoretische mittlere Verweilzeit, die von der Art der Durchströmung des Oberofens unabhängig ist und nur voraussetzt, daß das ganze Oberofenvolumen, das geometrisch den einzelnen Brennern zugeordnet ist, ausgefüllt wird. Insofern gibt das Verhältnis aus mittlerer gemessener Verweilzeit und mittlerer theoretischer Verweilzeit den Ausnutzungsgrad des Ofenraums durch die Strömung wieder.

Vergleicht man die gemessenen mittleren Aufenthaltszeiten mit den errechneten, so stellt man fest, daß bei allen Querbrennerwannen die gemessene mittlere Aufenthaltszeit zum Teil wesentlich kleiner ist als die theoretische; bei allen untersuchten Stirnbrennerwannen sind dagegen beide mittleren Aufenthaltszeiten gleich groß. Je nach Brenner liegt bei Querbrennerwannen das Verhältnis aus mittlerer gemessener und mittlerer theoretischer Aufenthaltszeit zwischen 0,60 und 0,85, d. h. nach Vorherigem, daß vom Direktstrom, der nicht am Queraustausch teilnimmt, nur 60 bis 85% des geometrisch dem Brenner zugeordneten Oberofenvolumens ausgenutzt werden.

Die Analyse der Verweilzeitverteilungen ergibt, daß der Oberofen zum Teil in Form einer Kolbenströmung mit Längsmischung durchströmt wird und zum Teil als Mischer wirkt, dem sich eine Rückströmung überlagert. Der Mischgrad ist bei stirnbeheizten Wannen am größten, was bedeutet, daß die Vermischung des frisch eintretenden Brennstoff/Luft-Gemischs mit dem Ofeninhalt bei diesen Wannen sehr intensiv ist, was vor allem auf den sehr langen Mischweg zurückzuführen ist.

6.2 Flammenausbildung im Oberofen

6.2.1 Art und Anordnung der Flammen

Glasschmelzöfen sind Herdöfen. Die Flammen streichen über das Gemenge und das Glasbad. Der direkte und indirekte Wärmeübergang Flamme/Glasbad ist eine wichtige Größe. Hohe Schmelzleistungen erfordern eine gute Badbedekkung mit der Flamme. Von Ausnahmefällen abgesehen sollen im Bereich von Gemenge und Glasbad oxidierende Bedingungen herrschen. Zeitliche und örtliche Temperaturunterschiede und -schwankungen sollen gering sein. Das für Glasschmelzöfen bevorzugt angewandte Regenerativsystem hat den Vorteil, daß durch die Flammenbeheizung auftretende Temperaturunterschiede und unterschiedliche Wärmeabgaben durch den periodischen Wechsel der Flammenrichtung, wenn auch nicht völlig ausgeglichen, so doch symmetrisch zur Wannenlängenachse werden (Bild 6.9).

Wichtige Werte sind die normierte Flammenlänge l/b_{W} und der Flammenbedeckungsgrad r.

$$r = \frac{n\, b_{\mathrm{B}}\, l}{s\, b_{\mathrm{W}}}, \tag{6.7}$$

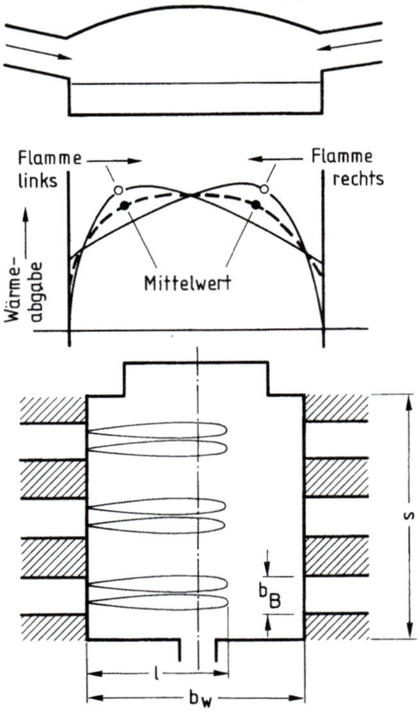

Bild 6.9. Flammenlage und Wärmeabgabe bei einer Querbrennerwanne

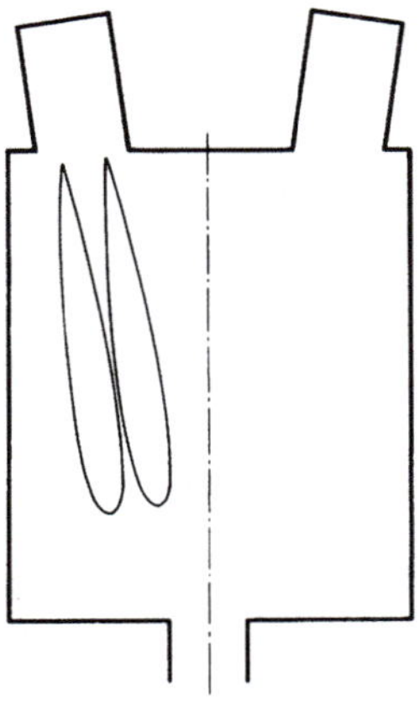

Bild 6.10. Flammenlage bei einer U-Flammenwanne

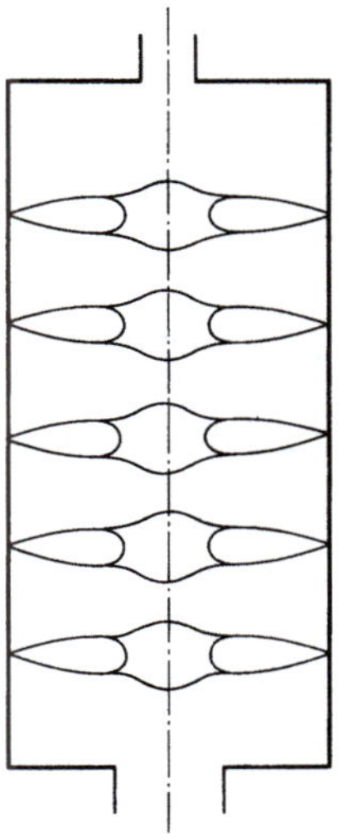

Bild 6.11. Flammenlage bei einem Unit Melter

mit einer Anzahl von n Brennern. Die Dimensionen können Bild 6.9 entnommen werden.

Bei Brennern mit unterschiedlicher Breite (b_{B}) gilt

$$r = \frac{\sum_{1}^{i} b_{\mathrm{B},i}\, l_i}{s\, b_{\mathrm{W}}}. \tag{6.8}$$

Die Werte von r liegen für Querbrennerwannen zwischen 0,2 und 0,3.

U-Flammenwannen besitzen nur ein Brennerpaar. Die periodischen Temperaturschwankungen sind damit entsprechend größer. Bei den heute meist verwendeten strahlartig brennenden Flammen gelingt es selten, sie so lang einzustellen, daß sie über den Umkehrpunkt hinausbrennen (Bild 6.10). Einen Sonderfall bilden die Rekuperativwannen nach Art des Unit Melters. Hier werden Vormischbrenner verwendet, die entweder einander gegenüber oder versetzt angeordnet sind (Bild 6.11). Die versetzte Anordnung hat sich nicht bewährt und wurde wieder aufgegeben.

Für die Flammenausbildung maßgebend ist die Mischung der Verbrennungspartner (Brennstoff, Luft) und die chemische Reaktion der Partner. Der Mischungsvorgang ist weitgehend ein strömungstechnisches Problem. Die Verbrennung ist teils ein physikalisches (Aufbereitung eines flüssigen Brennstoffs), teils ein chemisches Problem. Die hohen Temperaturen im Schmelzofen und die meist hohe Lufterwärmung wirken stark beschleunigend auf die chemischen Reaktionen und verlangsamend auf die Mischung (große Zähigkeit heißer Gase). Der beherrschende Faktor für die Flammenentwicklung ist damit die strömungsbedingte Mischung, sie läßt sich damit weitgehend über die Strömungsvorgänge verstehen und beschreiben.

6.2.2 Turbulente Diffusionsflammen [4]

6.2.2.1 Freistrahl

Das Geschwindigkeitsfeld eines aus einer Düse austretenden Freistrahls ist im Bild 6.12 oben schematisch wiedergegeben. Zu unterscheiden ist der Kernbereich, der Übergangsbereich und der Ähnlichkeitsbereich. Der Kernbereich ist gekennzeichnet durch den sich verengenden Bereich der Strömungsgeschwindigkeit in der Düsenmündung. Er reicht bis $\approx 4d_0$. Im Übergangsbereich, der bis $\approx 8d_0$ reicht, bilden sich die Radialprofile der Geschwindigkeit, Temperatur und Konzentration, die im Ähnlichkeitsbereich herrschen. Im Ähnlichkeitsbereich lassen sich die Geschwindigkeitsprofile in allen Querschnittsebenen senkrecht zur Hauptströmungsrichtung durch die gleiche Funktion beschreiben. Entsprechendes gilt für die Verteilung der Konzentration und der Temperatur. Tritt ein Fluidstrahl der Dichte ϱ_0 in eine Umgebung der Dichte ϱ_1 ein, dann gilt für die Geschwindigkeitsverteilung an der Stelle (x, y) (zweidimensionale rotationssymmetrische Betrachtungsweise):

$$u = u_0 \frac{1}{2c_i \cdot x/d_0} \sqrt{\varrho_0/\varrho_1} \cdot \exp\left[-\left(\frac{1}{c_i^2} - \frac{1}{2c_i^2}\right)(y/x)^2\right]. \quad (6.9)$$

c_i ist der Impulsübertragungsfaktor, er ist von der Reynolds-Zahl abhängig, u_0 ist die Geschwindigkeit im Düsenaustritt. Analog ergibt sich für die Verteilung der Konzentration

$$c = c_0 \frac{c_i}{2c_c^2 x/d_0} \sqrt{\varrho_0/\varrho_1} \cdot \exp\left[-\left(\frac{1}{c_c^2} - \frac{1}{2c_i^2}\right)(y/x)^2\right]. \quad (6.10)$$

Für Rohrstrahlen mit $Re \approx 10000$ gelten die in Tabelle 6.1 angegebenen Übertragungsfaktoren der Verteilungsfunktionen. Der Stoffaustausch ist somit intensiver als der Impulsaustausch. Für $y = 0$ (Strahlachse) ist der Verlauf von u_m/u_0 und c_m/c_0 in Bild 6.12 unten angegeben.

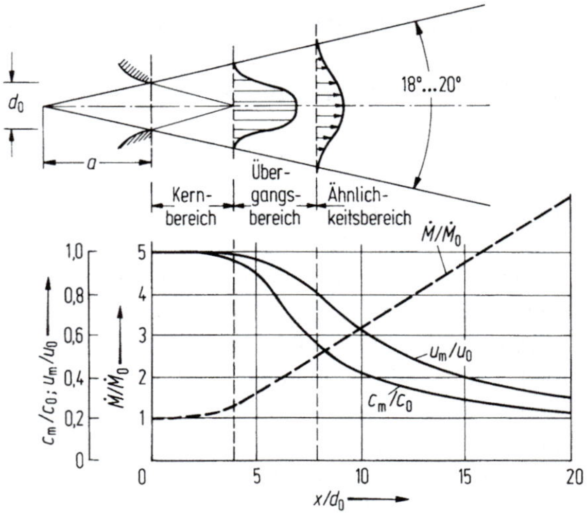

Bild 6.12. Verteilung von Masse, Geschwindigkeit und Konzentration in einem Freistrahl (Luft/Luft) in Abhängigkeit vom normierten Düsenabstand

Der Strahlwinkel beträgt 18 bis 20°. Für die Geschwindigkeit beträgt er 19° und ist definiert durch den Strahlkegelmantel, bei dem die Geschwindigkeit das 0,1fache des Achsenwertes beträgt.

Mit u_m als mittlerer Geschwindigkeit des Strahls und unter Einbeziehung der Impulserhaltung gilt für die Massenstromverteilung im Strahl

$$\frac{\dot{M}}{\dot{M}_0} = \frac{u_0}{u_m}. \quad (6.11)$$

Bezeichnet man den Durchmesser des Strahls an der Stelle x mit d, dann gilt für einen Strahlwinkel von 19°, $d = 0{,}32(x + a)$. Da für düsenferne Bereiche a klein ist gegenüber x, kann man schreiben:

$$\frac{\dot{M}}{\dot{M}_0} = 0{,}32 \frac{x}{d_0} \sqrt{\varrho_1/\varrho_0}, \quad (6.12)$$

wenn mit ϱ_1 die Dichte des Gemischs aus Strahl- und Umgebungssubstanz bezeichnet wird.

Tabelle 6.1. Übertragungsfaktoren der Verteilungsfunktionen

Stoffpaar	c_i	c_c
Stadtgas/Luft	0,076	0,088
Erdgas/Luft	0,075	0,087
Luft/Luft	0,070	0,082
CO_2/Luft	0,066	0,077

6.2.2.2 Diffusionsflamme

6.2.2.2.1 Freistrahldiffusionsflamme

Die Gl. (6.10) für die Konzentrationsverteilung in Abschn. 6.2.2.1 kann man dazu benutzen, die Länge L von drallfreien turbulenten Freistrahlgasflammen zu berechnen. Mit $x = L$ für $c = c_{st}$ (Konzentration des stöchiometrischen Gemischs) bei $y = 0$ (Strahlachse) ergibt sich unter Verwendung der einschlägigen Übertragungsfaktoren und mit ϱ_F der Dichte der Flammengase:

$$L = 5{,}3 \frac{c_0}{c_{st}} d_0 \sqrt{\frac{\varrho_0}{\varrho_F}} . \tag{6.13}$$

Die Berechnung der Flammenlänge nach dieser Beziehung gibt kürzere Flammen, als sie in der Praxis beobachtet werden. Die Ursache wird darin gesehen, daß sich die Verteilungsfunktionen auf zeitliche Mittelwerte beziehen. Tatsächlich endet die Flamme erst dort, wo zu keinem Zeitpunkt mehr eine stöchiometrische Konzentrationsverteilung auftritt. Die wahre Länge ergibt sich zu $L \approx 1{,}3\,L$ (Rechnung). Der Faktor 1,3 gilt nicht nur für die Flammenlänge, sondern auch für den Flammendurchmesser. Die Flammenlänge ist vom Volumenstrom unabhängig. Bei gegebenem Brennstoff ist der Düsendurchmesser d_0 die entscheidende Größe. Die Unabhängigkeit der Flammenlänge vom Volumenstrom ist dadurch bedingt, daß mit wachsender Geschwindigkeit auch die Geschwindigkeit des Stoffaustauschs im gleichen Maße zunimmt.

Für die Impulskraft I gilt

$$I = u_0 \dot{M}_0 = \dot{M}_0^2 \frac{4}{\pi} \frac{1}{\varrho_0 d_0^2} . \tag{6.14}$$

Es ergibt sich damit für einen konstanten Massenstrom $d_0 \sim 1/\sqrt{I}$ und aus früherem $L \sim 1/\sqrt{I}$.

Mit zunehmender Impulskraft wird die Flamme somit kürzer.

6.2.2.2.2 Diffusionsflammen in begrenzten Räumen

Befindet sich die Düse in unmittelbarer Wandnähe, dann wird das Einsaugen von Umgebungsluft einseitig stark behindert (Bild 6.13). Die Folge ist eine Verlängerung der Flammen gegenüber der freibrennenden Flamme. Es ergibt sich eine über die Verdopplung weit hinausgehende Verlängerung der Flamme entsprechend der Beziehung

$$L_{Wa} \approx 11{,}8 \left(\frac{c_0}{c_{st}}\right)^{2{,}66} d_0 \sqrt{\varrho_0/\varrho_F} , \tag{6.15}$$

mit L_{Wa} als Flammenlänge für wandnahe Brenneranordnung.

Engbenachbarte Strahlen behindern sich gegenseitig beim Einsaugen der Umgebungsluft (Bild 6.14). Daraus resultiert ebenfalls eine Verlängerung der Flamme. Im Grenzfall, beim Zusammenrücken beider Flammen, wird $d_0 = d_0 \sqrt{2}$ und damit die Flammenlänge:

$$L = 5{,}3 \sqrt{2} \frac{c_0}{c_{st}} \sqrt{\varrho_0/\varrho_F} . \tag{6.16}$$

Für drei und fünf benachbarte Strahlen ist der Einfluß des Abstandes a/d_0 auf die normierte Flammenlänge L_m/L_e aus Bild 6.15 zu ersehen [5]. L_m ist die Länge der mittleren Flamme und L_e die

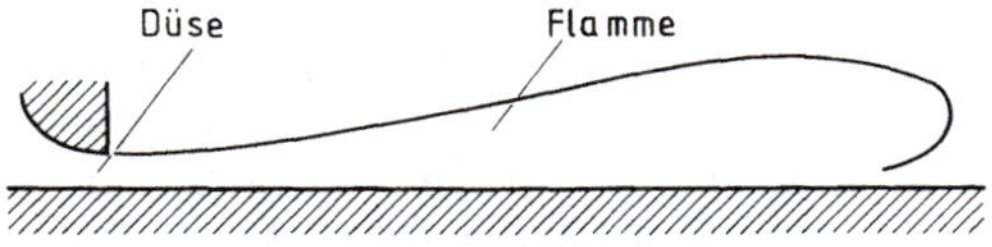

Bild 6.13. Ausbildung eines Wandstrahls

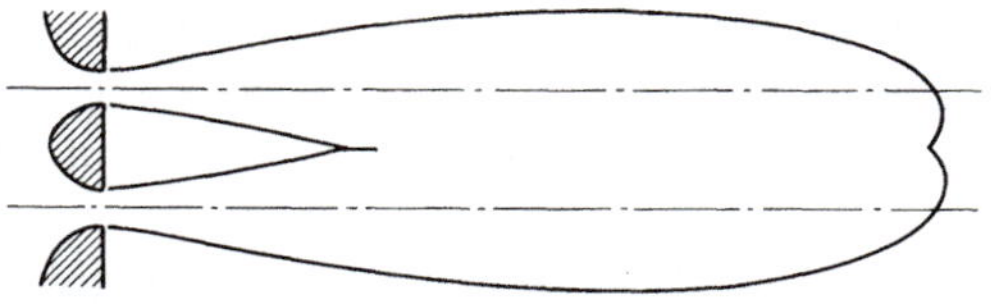

Bild 6.14. Ausbildung eines Doppelstrahls

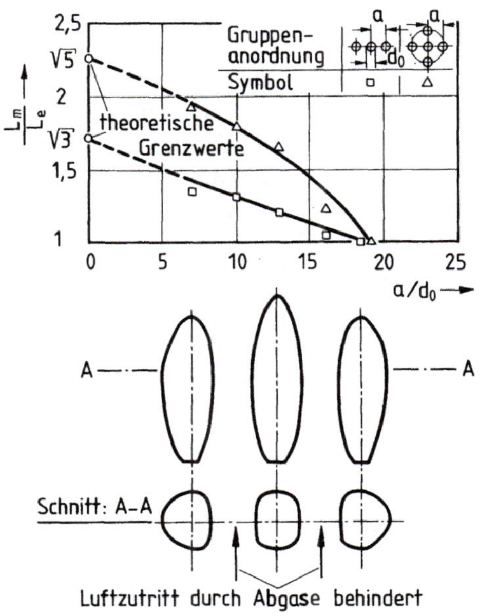

Bild 6.15. Länge und Unsymmetrie benachbarter Strahlflammen (L_e Länge einer Einzelflamme, L_m Länge der Mittelflamme einer Gruppe) [5]

Länge der Einzelflamme. Rücken die Düsenachsen bis auf weniger als 18 Düsendurchmesser zusammen, beginnen die Einzelflammen sich gegenseitig beim Einsaugen der Umgebungsluft zu behindern. Im Grenzfall ergeben sich die Verlängerungsfaktoren $\sqrt{3}$ und $\sqrt{5}$. Die Angaben gelten für Koksofengasflammen und annähernd auch für Erdgas.

Brennt der Flammenstrahl in einem zylindrisch umschlossenen Raum, dann saugt der Strahl aus der begrenzten Umgebung Substanz an. Es entsteht ein Unterdruck, der eine ringförmige Rückstromwalze zur Folge hat. Die Rückströmung setzt vom Wandbereich her ein, da hier durch die Wandreibung ein Teil der Bewegungsenergie in „Druckenergie" umgesetzt und damit der Druckgradient zum Strahlanfang am größten wird.

Ist der Raum in der Ebene des Strahleintritts geschlossen, dann reicht der Rückstromwirbel bis zum Strahlanfang. Wird in der Strahleintrittsebene Verbrennungsluft zugeführt, dann reicht der Rückstromwirbel nur bis zu dem Ende des Einsaugbereichs der Verbrennungsluft. In allen Fällen führt die Umschließung eines Flammenstrahls zu einer Verlängerung der Flamme, da Verbrennungsgase in den Strahl eingemischt werden (Bild 6.16).

Bei konstantem Strahlwinkel α_1 nimmt die Länge der Rückstromzone zu, wenn der Durchmesser des umschließenden Raums vergrößert wird. Zwischen dem Durchmesser und dem rückströmenden Massenstrom gilt die Beziehung

$$\frac{\dot{M}_{R,2}}{\dot{M}_{R,1}} = \frac{D_2}{D_1}. \qquad (6.17)$$

Der Strahlwinkel wird bei gleichbleibendem D, z. B. durch Anwendung von Drall, vergrößert. Die Rückstromzone wird verkleinert, $\dot{M}_R$ bleibt aber annähernd konstant (Bild 6.16).

Die Länge eingeschlossener Strahlen, denen die Verbrennungsluft parallel zur Strahlachse zugeführt werden, läßt sich wie die von Freistrahlen berechnen, wenn der Einfluß der Rückströmung durch den sogenannten Rückstromparameter $1/\Theta$ berücksichtigt wird (Bild 6.17). Es gilt nach Craya-Curtet:

$$\Theta = \frac{\dot{M}_0 + \dot{M}_1}{\dot{M}_0} \frac{d_0}{D} \sqrt{\varrho_0/\varrho_F}. \qquad (6.18)$$

$\dot{M}_0$ ist der Massenstrom, des aus der Düse austretenden Strahls und $\dot{M}_1$ der Massenstrom der konzentrisch zugeführten Verbrennungsluft und D der Durchmesser des strahlumschließenden Kreiszylinders. Für die Länge der umschlossenen Strahlflamme gilt somit:

$$L_e = 5{,}3 \frac{c_0}{c_{st}} d_0 \, f\left(\frac{1}{\Theta}\right). \qquad (6.19)$$

$f(1/\Theta)$ kann nach Berechnung von Θ aus Bild 6.17 entnommen werden [7]. Durch die Rückströmung wird die Flamme um das 1,1- bis 1,2fache verlängert. Die Rückströmung bewirkt außerdem eine Vergleichmäßigung der Temperaturunterschiede und eine Verbesserung der Flammenstabilität.

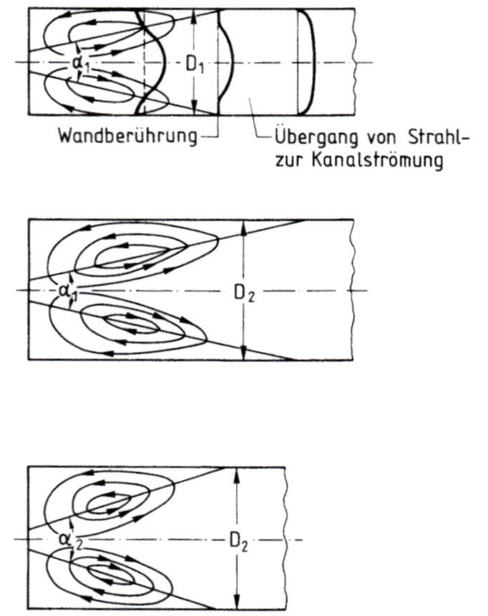

Bild 6.16. Rückströmzone bei verschiedenen Feuerraumdurchmessern und Strahlwinkeln [5]

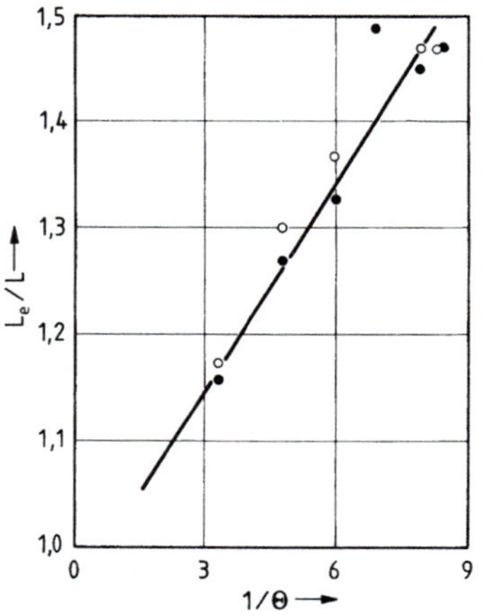

Bild 6.17. Rückströmparameter und Flammenlänge (L Länge der freibrennenden Flamme, L_e Länge der eingeschlossenen Flamme) [7]

Bei Glasschmelzöfen kommt es im Bereich des Gewölbes und seitlich neben den Flammen ebenfalls zur Ausbildung von Rückstromwirbeln (Bild 6.1). Die Bestimmung des Rückstromanteils an sieben Querbrennerwannen ergab den in Bild 6.18 gezeigten Zusammenhang mit $1/\Theta$. Der Rückstromparameter bei Querbrennerwannen beträgt somit $\approx 2{,}2$, was einer Verlängerung der Flamme etwa um den Faktor 1,1 entspricht [2].

Bei der Beheizung von Wannen mit Erdgas oder Koksofengas wird das Gas den Schmelzöfen in Düsen zugeführt, die beidseits symmetrisch im Brennerhals meist unter einem Winkel von 45° angeordnet sind. Je nach dem Impuls der Gasstrahlen wird sich eine mehr oder minder starke gegenseitige Beeinflussung ergeben (Bild 6.19). Modellversuche [6] zeigten, daß eine Addition des Strahlimpulses und der Kraft, die von der Grundströmung auf die Projektion der Außenfläche des Strahls ausgeübt wird, den gemessenen Strahlverlauf gut wiedergibt. Durch die Querausströmung kommt es zu einer kräftigen Steigerung der Turbulenz und damit der Mischung. Gegenüber einem Freistrahl ergibt sich bei höheren Brennstoffimpulsen (Bild 6.19a und b) eine Verkürzung der Flammenlänge um etwa 35%.

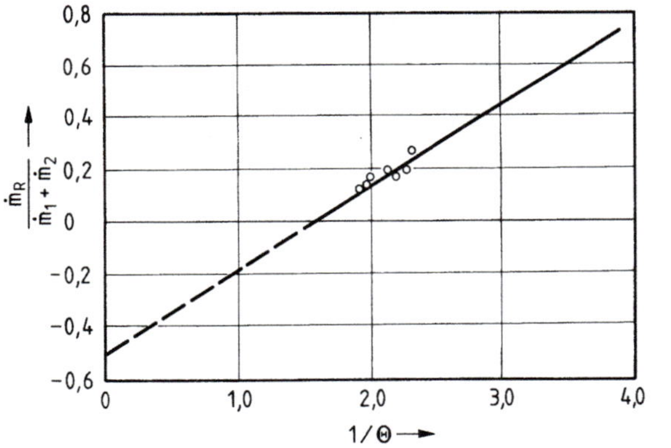

Bild 6.18. Rückströmanteil eines eingeschlossenen Strahls in Glasschmelzwannen bei Unterbankfeuerung [2]

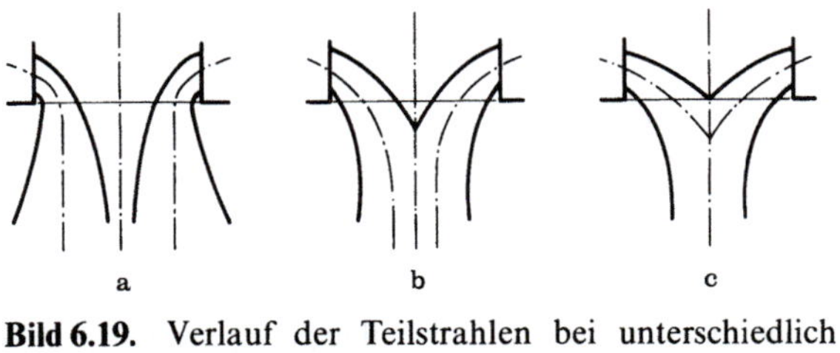

Bild 6.19. Verlauf der Teilstrahlen bei unterschiedlich großem Impuls der Brennstoffstrahlen [6]. **a** niedriger Impuls; **b** mittlerer Impuls; **c** hoher Impuls

Eine Veränderung des Anstellwinkels von 30° über 45° bis zu 60° ergibt, daß eine Vergrößerung des Anstellwinkels nicht zu einer Verkürzung, sondern zu einer Verlängerung der Flamme führt. Offenbar ist bei großem Anstellwinkel der Weg der Einzelstrahlen bis zu ihrer Vereinigung so kurz, daß sie nur wenig Luft ansaugen können. Die Ansaugung des vereinigten Strahls ist deutlich geringer, als die der beiden Einzelstrahlen.

Der Einsatz von Mehrfachdüsen (zwei oder drei Düsen übereinander) bringt bei der vorliegenden Anordnung wenig, da die Düsenabstände gering sind. Gegenüber einem Einzelstrahl gleichen Gesamtimpulses ergibt sich eine Verkürzung der Flamme um etwa 7%.

Für Strahlen, die schräg im Winkel α in eine Grundströmung eindringen, gilt die Beziehung von Patrick [9]:

$$\frac{y}{d_0} = \sqrt{\frac{\varrho_1}{\varrho_0}} \left(\frac{u_1 \sin\alpha}{u_0}\right)^{-0{,}85} \left(\frac{x}{d_0}\right)^{0{,}38} . \quad (6.19\,\mathrm{a})$$

Hierin sind x die Eindringtiefe in Strahlrichtung, y die Auslenkung der Strahlachse und d_0 der Düsendurchmesser. Bei der Geschwindigkeit u und der Dichte ϱ bezeichnet der Index 0 die Strahlsubstanz bei Düsenaustritt, der Index 1 die Grundströmung. α ist der Winkel, um den die Strahlachse gegen die Grundströmung geneigt ist.

Die Beziehung beschreibt das Strahlverhalten ohne chemische Reaktion. Für Flammen kann in erster Näherung als Strahldichte die mittlere Dichte der Flammengase eingeführt werden.

6.3 Wärmeabgabe im Oberofen

6.3.1 Ausbrandverlauf von Strahlflammen

Der Ausbrandverlauf von Strahlflammen hängt, wie bei der Berechnung der Flammenlänge bereits gezeigt wurde, stark von den äußeren Bedingungen ab. Eine erste Information über den Ausbrandverlauf liefert die sogenannte Halbwertslänge. Als Halbwertslänge bezeichnet man den Anteil der Flammenlänge, der bis zum halben Ausbrand ($\alpha = 0{,}5$) zurückgelegt wird. Bei drallfreien Flammen beträgt die Halbwertslänge etwa 0,3, bei drallbehafteten Flammen etwa 0,2. Eine genauere Berechnung ist mit der von Günther [8] angegebenen Gleichung

$$\alpha = 1 - \exp\left[0{,}3 \cdot 10^{-3} \left(\frac{x}{d_0}\right)^{1{,}9}\right] \quad (6.20)$$

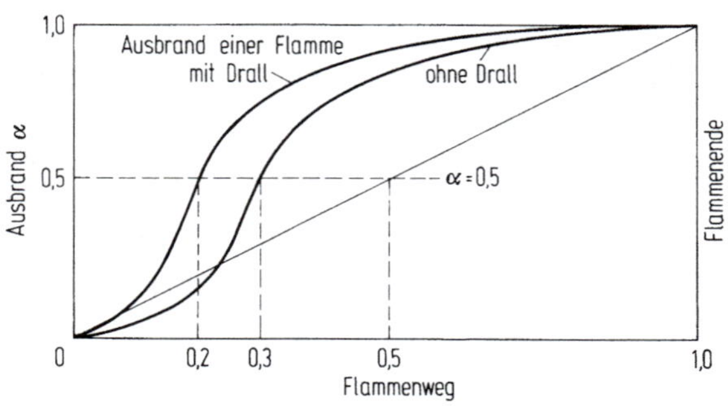

Bild 6.20. Ausbrandverlauf mit Halbwertslängen in Abhängigkeit vom Flammenweg [8]

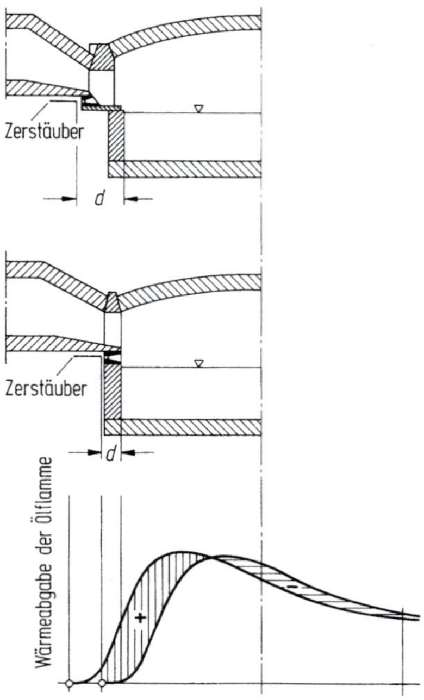

Bild 6.21. Verbesserung des Wärmeübergangs Flamme/Glasbad durch Zurücksetzen der Düsensteine [5.1]

möglich, wobei x den Flammenweg und d den Düsendurchmesser bedeuten. Die Exponentialfaktoren gelten für Erdgas. Für andere Brennstoffarten ist dieser Faktor mit $c_{st,Erdgas}/c_{st}$ zu multiplizieren.

Aus Bild 6.20 erkennt man, daß die Wärmeabgabe der Flamme erst nach $x/L \approx 0{,}1$ einsetzt. Um die vorhandene Schmelzfläche von Wannen gut auszunützen, empfiehlt es sich, die Zerstäuber mit den Düsensteinen um diesen Betrag zurückzusetzen, wie in Bild 6.21 schematisch angegeben.

6.3.2 Wärmeabgabe und Flammenlänge

Während man bei stirnbeheizten Wannen die Flamme aus technologischen Gründen möglichst lang einstellt, um im Läuterbereich genügend Wärme zur Verfügung zu haben, ist man bei Querbrennerwannen in der Einstellung der Flammenlänge freier. Die Grenzen werden hier durch die Gefahr der Überhitzung der Brennereinfassungen und der Kammern auf der Abzugseite und durch unzulässig starke Temperaturschwankungen auf der Brennerseite gezogen.

Unabhängig von diesen ofentechnischen Gegebenheiten gilt es den Einfluß der Flammenlänge auf die Wärmeabgabe an das Glasbad näher zu untersuchen. Dies ist mit einem einfachen Rechenmodell von Voss [10] durchgeführt worden.

Betrachtet wird ein Ausschnitt über die Breite B einer Querbrennerwanne. Die dort geltenden Ausbrand- und Temperaturverhältnisse sind in den Bildern 6.22a und b dargestellt. Der Schmelzofen arbeitet mit Vorwärmung der Verbrennungsluft über die mit der Temperatur ϑ_A den Oberofen verlassenden Abgase (Wirkungsgrad der Wärmerückgewinnung η_k). Das Wärmegut, d. h. hier das Gemenge bzw. das Glas, hat im betrachteten Bereich (über die Wannenbreite) die konstante Oberflächentemperatur ϑ_O. Eine Konstanz dieser Oberflächentemperatur ϑ_O über die Ofenbreite wird in der Praxis durch den periodischen Wechsel der Befeuerungsrichtung weitgehend erzielt. Die Flamme brennt senkrecht zur Transportrichtung des Gemenges bzw. des Glases.

Für die Beheizung werden ein Flammen- und ein Rauchgasbereich definiert (Bereich *1* und Bereich *2*). Die Flamme hat die Länge L_F. Der Ver-

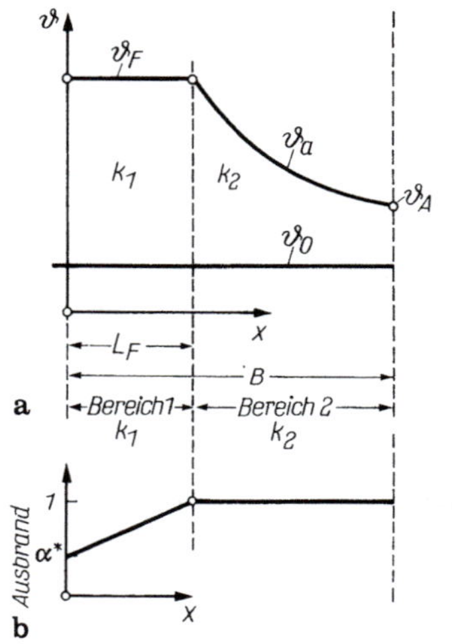

Bild 6.22. Schematische Darstellung des Temperatur- und Ausbrandverlaufs in Abhängigkeit von der Beheizungslänge B [10]. a) Temperaturverlauf; b) Ausbrandverlauf

lauf der Flammenraumtemperatur ϑ_F im Bereich *1* wurde so gewählt, daß bei linear ansteigendem Ausbrand die durch Verbrennung freiwerdende Energie der Wärmeabgabe der Flamme an die Umgebung entspricht. Das hat zur Folge, daß die Flammenraumtemperatur ϑ_F im Bereich *1* konstant bleibt. Vor dem Eintritt der Flamme in den eigentlichen Verbrennungsraum der Wanne findet eine Vorverbrennung statt (a^* in Bild 6.22b). Die Vorverbrennung bewirkt, daß die Flamme bereits mit der Temperatur ϑ_F in den Ofenraum eintritt. In Bereich *1* besteht Gleichgewicht zwischen der aus dem Brennstoff freiwerdenden und der an das Wärmgut und die Ofenwände abgegebenen Wärme.

In Bereich *2* entspricht die Abnahme der Temperatur ϑ_a der Verbrennungsgase ihrer Wärmeabgabe an die Umgebung. Der Wärmeaustausch soll nur in senkrechter Richtung zum Wärmgut erfolgen. Der auf die lineare Temperaturdifferenz bezogene Wärmeaustauschkoeffizient hat im Flammenteil der Beheizung (Bereich *1*, $0 \leqq x \leqq L_F$) die Größe k_1 und im Rauchgasteil (Bereich *2*, $L_F < x \leqq B$) die Größe k_2. Beide Koeffizienten stellen pauschale Wärmeübertragungsgrößen dar, die sich aus dem Wärmeaustausch Flamme/Wärmgut, Flamme/Gewölbe und Gewölbe/Wärmgut ergeben.

Ist die Wärmeabgabe von Flamme und Abgas gleich groß ($c = 1{,}0$) dann vermindert sich die übertragene Wärme mit zunehmender Flammenlänge (L'). Ist die Wärmeabgabe der Abgase nur halb so groß, wie die der Flamme, dann bildet sich ein optimaler Bereich bei $\approx 0{,}6\, L'$ heraus (Bild 6.23).

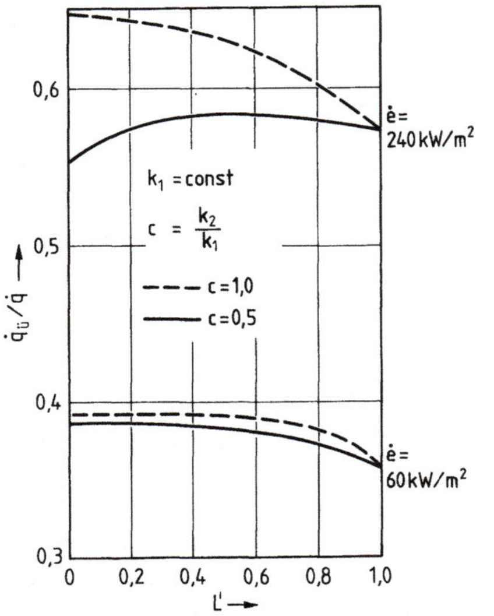

Bild 6.23. Verlauf des Wirkungsgrades in Abhängigkeit von der normierten Flammenlänge ($k_1 = 387$ W/(m² K), $a = 23{,}3$ kW/m² Gewölbeverluste, $b = 15{,}5$ W/m² Wandverluste; $\dot{e}$ Heizenergiestromdichte)

Die Auswirkung der Flammenlänge auf die übertragene Wärme hängt mit von der Heizenergiestromdichte $\dot{e}$ ab. Bei einem hochbelasteten Ofen ($\dot{e} = 240$ kW/m²) ist der Einfluß der Flammenlänge deutlich, während bei einem schwachbelasteten Ofen ($\dot{e} = 60$ kW/m²) die Auswirkung bedeutend schwächer ist (Bild 6.23).

6.3.3 Wärmeabgabe der Flamme durch Strahlung

6.3.3.1 Gasstrahlung

Im Gegensatz zu Festkörpern handelt es sich bei der Gasstrahlung nicht um die Strahlung einer Oberfläche, sondern um eine Volumenstrahlung. Die Strahlung von Gasen ist auch nicht kontinuierlich über einen breiten Bereich des Spektrums, sondern auf mehr oder wenige diskrete Wellenbereiche, sogenannte Banden, beschränkt. Die technisch wichtigsten Gase sind CO_2 und H_2O. Die Strahlungsbanden beider Gase liegen in dem in Tabelle 6.2 angegebenen Bereich.

Tabelle 6.2. Bereich der Strahlungsbanden von CO_2 und H_2O (in µm)

H_2O	CO_2
1,7 ... 2,0	2 ... 3
2,3 ... 3,4	4,0 ... 4,5
4,4 ... 8,5	13 ... 17
12,0 ... 30	

Die Intensität hängt von der Schichtdicke, dem Partialdruck sowie der Temperatur ab. Bei geringen Partialdrücken nehmen Emission und Absorption mit zunehmendem Partialdruck (Molekülzahlen) proportional zu, bei größerer Konzentration langsamer. Bei unendlicher Schichtdicke strahlt das Gas im Bereich der Strahlungsbanden wie ein schwarzer Körper. Bezieht man die Strahlungsenergie bzw. das Absorptionsvermögen einer unendlich dicken Schicht auf die Strahlungsenergie eines schwarzen Körpers gleicher Temperatur, dann ist das Kirchhoffsche Gesetz anwendbar und es gilt $\alpha(\lambda) = \varepsilon(\lambda)$, d. h. Absorptions- und Emissionsgrad sind identisch. Dann ergibt sich nach Elgeti für CO_2: $\varepsilon_\infty = 0{,}23$, für H_2O: $\varepsilon_\infty = 0{,}9$ und für CO_2 und H_2O: $\varepsilon_\infty = 0{,}98$.

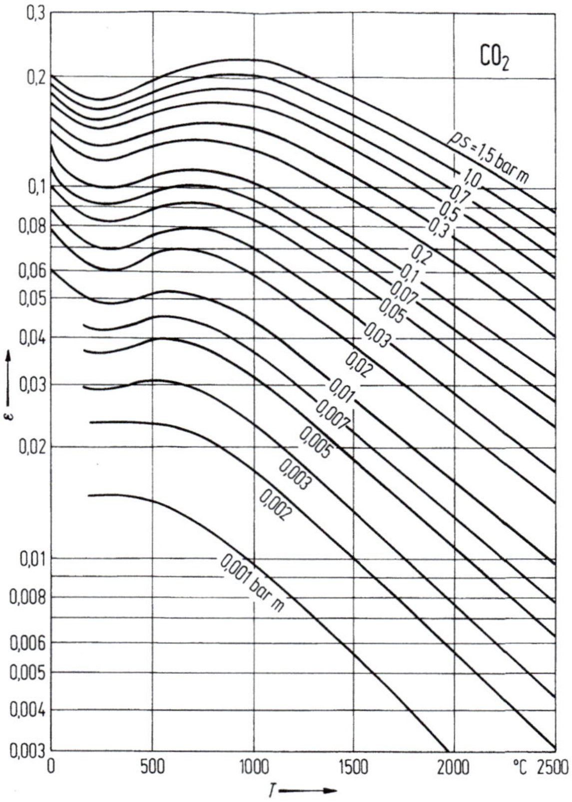

Bild 6.24. Emissionsgrad von CO_2 in Abhängigkeit von der Temperatur [11]

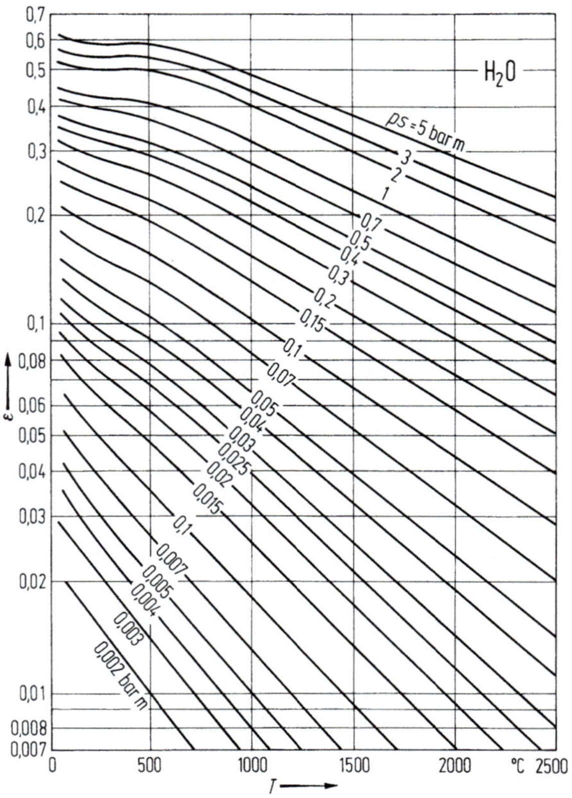

Bild 6.25. Emissionsgrad von H_2O in Abhängigkeit von der Temperatur [11]

Für α gilt dabei das Beersche Gesetz in der Form

$$\alpha(\lambda) = 1 - \exp[-\varkappa(\lambda)\, p\, s]. \tag{6.21}$$

p und s bedeuten dabei den Partialdruck und die Schichtdicke, $\varkappa(\lambda)$ wird Extinktionskoeffizient genannt.

Zur Ermittlung der Gesamtwirkung der Gasstrahlung benötigt man den Emissionsgrad ε des Gases für die gesamte in das Gas eindringende Strahlung aller Wellenlängen. Dieser Emissionsgrad, der auch Schwärzegrad genannt wird, läßt sich aus der Beziehung

$$\varepsilon_{ges} = \varepsilon_{CO_2} + \varepsilon_{H_2O} \tag{6.22}$$

ermitteln, wobei ε_{CO_2} und ε_{H_2O} aus den Diagrammen der Bilder 6.24 und 6.25 entnommen werden können, die auf Messungen von Hottel und Egbert [11] beruhen. Liegen in einem Gasgemisch CO_2 und H_2O vor, dann überdecken sich einzelne Banden, wodurch die Absorption geschwächt wird. Die Schwächung ist allerdings sehr gering, so daß auf einen Korrekturfaktor verzichtet werden kann.

Aus den Diagrammen in den Bildern 6.24 und 6.25 läßt sich die Strahlungswärmestromdichte für Graustrahlung gemäß

$$\dot{q}_{Str} = \varepsilon\, C_s \left(\frac{T}{100}\right)^4 \tag{6.23}$$

ermitteln, mit C_s als Strahlungszahl des schwarzen Körpers. Zur Berechnung der Strahlungswärmestromdichte $\dot{q}$ eines strahlenden Gases gab Schack [12] folgende empirische Formeln an:

$$\dot{q}_{CO_2} = 10{,}35\,(p\,s)^{0{,}4}\,(T/100)^{3{,}2} \text{ in kW/m}^2 \tag{6.24}$$

$$\dot{q}_{H_2O} = (46{,}4 - 84{,}7\,p\,s)\,(p\,s)^{0{,}6}\,(T/100)^{(2{,}32 - 1{,}37\sqrt[3]{p\,s})} \text{ in kW/m}^2. \tag{6.25}$$

Hierbei sind s in m und p in bar einzusetzen.

Die Festlegung der Schichtdicke s macht in der Praxis oft Schwierigkeiten. Die Berechnung von s kann nach Port [14] und Hausen angenähert aus dem gleichwertigen Durchmesser d_{gl} ermittelt werden. Es gilt mit dem Kanal-Querschnitt A_q, dem Umfang U_q dieses Querschnitts, dem Volumen V

und der Oberfläche A des Gasraums:

Für Kanäle $s = 0{,}9\, d_{gl}$ mit $d_{gl} = \frac{4A_q}{U_q}$.

Für Gasräume $s = d_{gl}$ mit $d_{gl} = \frac{4V}{A}$.

Steht eine Gasschicht mit einer graustrahlenden Festkörperoberfläche im Strahlungsaustausch, dann gilt es zu bedenken, daß das Kirchhoffsche Gesetz, nachdem der Absorptionsgrad eines Körpers gleich seinem Emisssionsgrad ist, für Gase nur dann gilt, wenn Festkörper und Gasschicht die gleiche Temperatur haben. Ist dies nicht gegeben, was in den meisten Fällen der Praxis der Fall ist, dann ergeben sich Besonderheiten, die bei der Berechnung des Strahlungsaustauschs berücksichtigt werden müssen. Nach Hausen [13] kann der Strahlungsaustausch zwischen einer graustrahlenden Wand mit dem Emissionsgrad ε_w und der Temperatur T_w und einer Gasschicht der Temperatur T_g nach der Beziehung

$$\dot{Q}_{Str} = A\, C_s\, \varepsilon_w [\varepsilon_g (T_g/100)^4 - \varepsilon_w (T_w/100)^4] \quad (6.26)$$

berechnet werden. ε_g und ε_w werden aus den Diagrammen der Bilder 6.24 und 6.25 für die jeweiligen Temperaturen (T_g, T_w) entnommen. Für s ist dabei mit einer vergrößerten Schichtdicke s^* zu rechnen, die sich nach der Beziehung

$$s^* = s/\varepsilon_w^{0,85}$$

errechnet. Mit s^* werden die Mehrfachreflexionen Wand-Gasschicht berücksichtigt. Für die Berechnung von $\dot{Q}_{Str}$ und der ε_g- und ε_w-Werte gibt es noch andere Verfahren, auf die hier aus Raumgründen nicht eingegangen werden kann.

6.3.3.2 Strahlung leuchtender Flammen

Als leuchtende Flamme bezeichnet man Flammen, die aufgrund ihres Gehalts an kleinen Festkörpern ein kontinuierliches Strahlungsspektrum besitzen. Die Art, Größe und Anzahl dieser Teilchen sind sehr unterschiedlich. Bei Diffusionsflammen sind es kleine Rußteilchen, die im Einzelnen 0,01 bis 0,05 μm Durchmesser besitzen, durch Agglomeration aber flockenartige Teilchen bilden, die 100 bis 1000 Einzelkugeln umfassen. Die Rußmenge beträgt 10 bis 30 $(g/m^3)_n$ bei einer Bildungszeit von ≈ 20 ms. Die chemische Zusammensetzung wird mit C_6H und C_8H angegeben [15]. Die Rußbildungsneigung steigt mit dem C/H-Verhältnis des Brennstoffs. Die optischen Eigenschaften von Rußwolken lassen sich nach der Theorie der trüben Medien berechnen. Das Emissionsvermögen leuchtender Flammen wird durch die strahlenden Rußteilchen stark erhöht, es können auch bei kleinen Flammenabmessungen Werte nahe $\varepsilon \approx 1$ erreicht werden. Die Voraussetzungen zur Rußbildung bestehen praktisch nur am Flammenanfang. Das hat zur Folge, daß längs der Flammenachse ein deutliches Maximum des Emissionsvermögens auftritt. Die Zusammenhänge der Rußbildung sind sehr komplex und entziehen sich heute noch weitgehend der Vorausberechnung. Eine Verstärkung der Mischung zwischen Brennstoff und Verbrennungsluft vermindert die Neigung zur Rußbildung. Alle Maßnahmen zur Verkürzung der Flamme, wie Erhöhung des Brennerimpulses, Verdrallung der Gas- und Luftströme und Vormischung von Brennstoff und Luft, führen zu einer Verminderung der Rußbildung und damit zu einer Verminderung des Emissionsgrades.

Die in der Literatur vorhandenen Angaben über die Strahlungseigenschaften und damit auch den Emissionsgrad von industriellen Flammen stammen vornehmlich von der Flammenversuchsanlage in

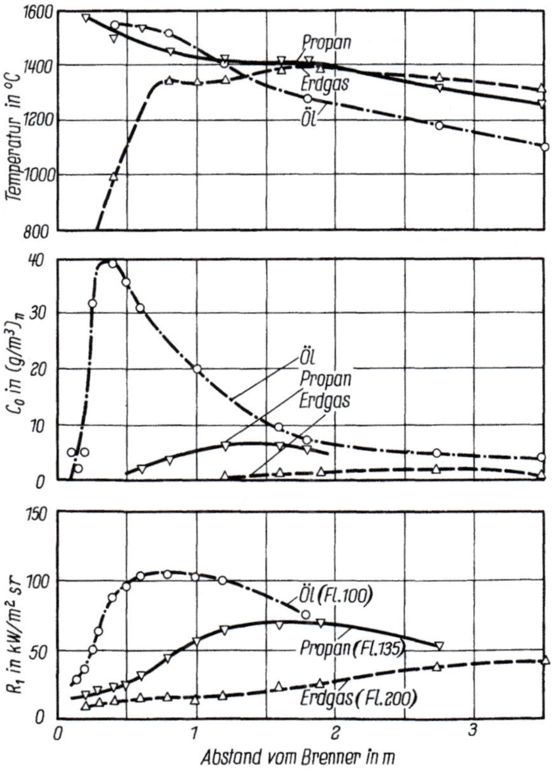

Bild 6.26. Gastemperatur, Feststoffkonzentration und Strahlungsintensität für Flammen verschiedener Brennstoffe in Abhängigkeit vom Brennerabstand [15]

Ijmuiden [15]. Wenn auch die Ergebnisse wegen der geringen Luftvorwärmung und den niedrigen Temperaturen der Brennkammerwände nur bedingt auf die Verhältnisse im Glasschmelzofen übertragen werden können, geben sie doch wertvolle Hinweise über die Zusammenhänge. Einen Vergleich von Gastemperatur, Feststoffkonzentration und Strahlungsintensität für Flammen verschiedener Brennstoffe, erlauben die in Bild 6.26 gezeigten Daten. Typisch ist die hohe Flammentemperatur der Ölflamme am Anfang und die der Erdgasflamme am Ende. Die Temperaturverteilung ist mitbedingt durch den hohen Rußgehalt der Ölflamme und die entsprechende Wärmeabstrahlung. Die Ölflamme erreicht Richtungsstrahlungsintensitäten von über 100 kW/(m^2 sr), was bei den gemessenen Gastemperaturen einem Emissionsgrad (ε) von fast 1 entspricht.

Bei einer Kombination verschiedener Brennstoffe, z.B. Heizöl und Erdgas zeigt sich, daß, ausgehend von reinem Heizölbetrieb, das Emissionsvermögen auch bei größeren Gaszusätzen nur geringfügig ververmindert wird. Erst bei Gasanteilen über 80% macht sich eine starke Entleuchtung der Flamme bemerkbar.

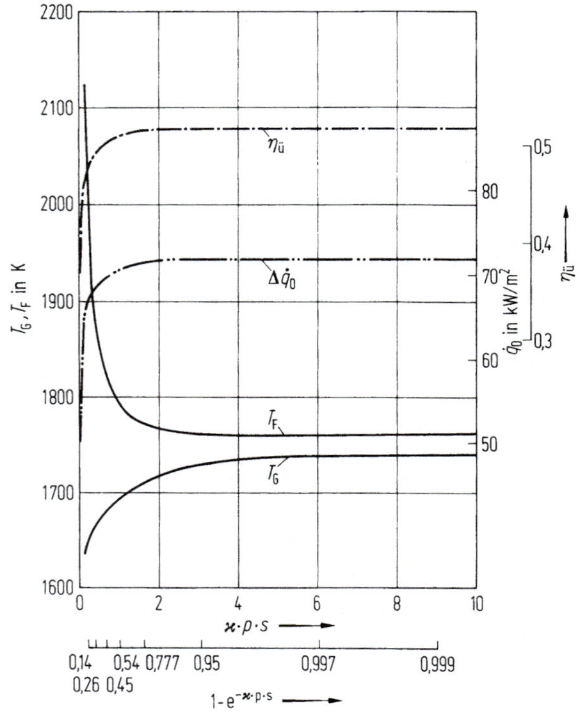

Bild 6.27. Einfluß des Emissionsgrades des Flammenraums bzw. des Produkts ($\varkappa p s$); ($T_0 = 1473$ K; $K_1 = 0{,}43 \cdot 10^{-3}$ K^{-1}; $\dot{q}_a = 23{,}3$ kW/m^2; $\dot{q}_G = 7$ kW/m^2; $\dot{q}_B = 140$ kW/m^2; $\varepsilon_0 = \varepsilon_G = 0{,}8$; $\eta_k = 0{,}59$) [10]

6.3.3.3 Wechselwirkung zwischen Flamme und Ofenraum

Die starken Unterschiede im Emissionsvermögen zwischen einer Gas- und Ölflamme lassen vermuten, daß Ölflammen zur Beheizung von Glasschmelzöfen bedeutend besser geeignet sind als Gasflammen, hinzukommt, daß die auf die zugeführte Wärme bezogene Abgasenthalpie bei gleicher Abgastemperatur bei Erdgas je nach Zusammensetzung um 3 bis 7% größer ist. Die Erfahrung hat jedoch gezeigt, daß die Unterschiede im spezifischen Energieverbrauch und in der erzielbaren Schmelzleistung nicht so groß sind, wie anfangs erwartet wurde. Allgemein wird ein Anstieg der Abgastemperaturen und damit der Kammertemperaturen bei Erdgasbetrieb gegenüber Heizöl beobachtet, und der spezifische Energieverbrauch liegt bei Erdgas um 3 bis 5% höher. Dies entspricht der vergrößerten Abgasenthalpie. Das stark unterschiedliche Strahlungsverhalten der beiden Brennstoffflammen wirkt sich somit bedeutend geringer aus, als beim Betrachten der Flammenkennwerte zu vermuten ist. Berechnungen der an das Glasbad übertragenen Wärme unter weitgehender Berücksichtigung der in Glasschmelzöfen herrschenden Bedingungen [10] haben gezeigt, daß der Emissionsgrad ε der Flamme nur im Bereich $\varepsilon < 0{,}6$ einen Einfluß auf die übertragene Wärme hat. Größere Emissionswerte bringen praktisch keine Verbesserung mehr. Bei der Berechnung von Michelfelder [16] fällt bei $\varepsilon > 0{,}6$ der Wirkungsgrad sogar wieder ab. Die Ergebnisse der Berechnung von Voss sind in Bild 6.27 wiedergegeben. Da allen Berechnungen starke Vereinfachungen zugrunde liegen, wurde der Flammenkörper als geschlossene graustrahlende Schicht in die Rechnung eingeführt. Es muß vorerst offen bleiben, ob die Rechenergebnisse bis zur letzten Konsequenz gültig sind. Deutlich ist allerdings, daß das Emissionsvermögen von Flammen unter den in Glasschmelzöfen herrschenden Bedingungen im Bereich $\varepsilon > 0{,}5$ eine bedeutend geringere Rolle spielt, als früher angenommen wurde. Als maßgebende Größe hat sich bei beiden Berechnungsmethoden der Wärmeverlust des Oberofens, vornehmlich der des Gewölbes, herausgestellt (Abschn. 7.3.3).

Wie lassen sich diese überraschenden Ergebnisse erklären? Die Erklärung ist in der Wirkung des Gewölbes als Hilfsheizfläche zu suchen. Im einzelnen sind hier folgende Effekte zu erwähnen (Bild 6.28):

a) Spiegeleffekt

Ein Teil der auf die Gewölbeoberfläche auftreffenden Strahlung wird reflektiert. damit wird die Gleichmäßigkeit der Wärmeabgabe der Flammen verbessert. Im Grenzfall wirkt sich die Reflektion wie eine Verdoppelung der Schichtdicke des Gasraums aus. Maßgebend für den Spiegeleffekt ist der Reflexionsgrad des Gewölbes. Je größer er ist, um so stärker wird der Spiegeleffekt und um so geringer der Wärmeverlust durch das Gewölbe nach außen.

b) Umsetzungseffekt

Die auf die Gewölbeoberfläche auftreffende Strahlung wird zum Teil absorbiert und entsprechend der Temperatur des Gewölbes wieder in den Ofenraum eingestrahlt. Dieser Effekt ist besonders wirkungsvoll bei heißgehenden und damit gut isolierten Gewölben und bei transparenten Flammen.

c) Speichereffekt

Bei Wechselflammen wird eine zeitlich veränderliche Einstrahlung ausgeglichen, was besonders bei U-Flammenwannen mit Ölheizung bedeutungsvoll ist. Maßgebend sind die Temperatur und Wärmekapazität des Gewölbes.

Je transparenter die Flammen und bei leuchtenden Flammen je größer die Flammenabstände sind, um so stärker macht sich die direkte und indirekte

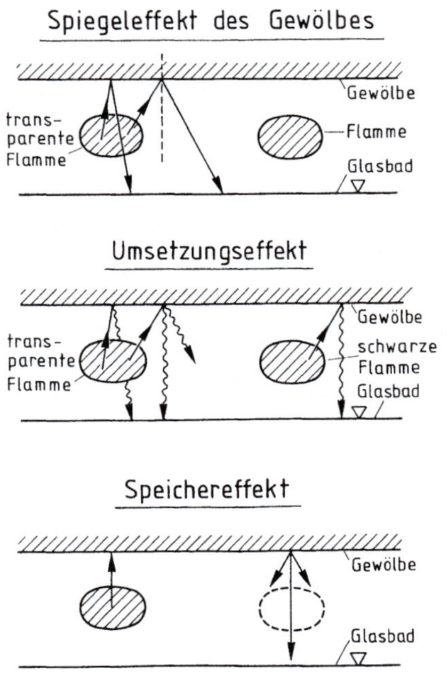

Bild 6.28. Wechselwirkung zwischen Flamme, Gewölbe und Glasbad

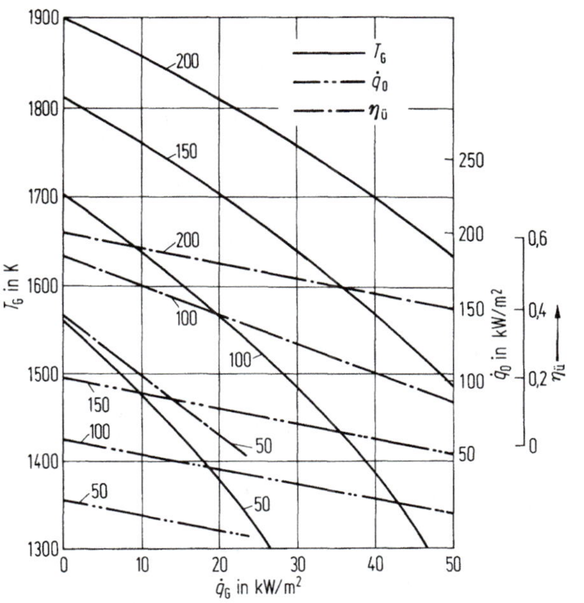

Bild 6.29. Einfluß der Wärmeverluste des Gewölbes $\dot{q}_G$. Der jeweilige Zahlenwert an den Kurven ist der Parameter $\dot{q}_B$ in 1,163 kW/m² (wärmetechnische Daten wie in Bild 6.27) [10]

Gewölbestrahlung bemerkbar. Eine gute Wärmeisolation und ein hoher Reflexionsgrad sind bei Gewölben vorteilhaft. Der überraschend starke Einfluß der Gewölbeverluste geht aus den Rechnungen von Trier und Voss [10] hervor. Eine Verminderung der Wärmeabgabe des Gewölbes in die Umgebung um etwa 30% kann eine Erhöhung der an das Glasbad übertragenen Wärme um etwa 25% bringen (Bild 6.29).

Die Verluste des Oberofens sind wie die Wärmeverluste des Gewölbes zu behandeln. Eine sorgfältige Isolierung ist somit immer zu empfehlen (Bild 6.29). In diesem Zusammenhang ist auch die Wärmeabstrahlung des Oberofens in die Brenner und andere Ofenräume, wie Arbeitswannen und Abstehwannen, zu beachten. Die Verluste liegen in der Größenordnung des Gewölbeverlustes. Durch steil einfallende gut isolierte Brennerschächte und heißgehende Düsensteine lassen sich die Brennerabstrahlungsverluste vermindern (s. Bild 3.23). Abstrahlungsverluste in der Arbeitswanne lassen sich durch die Anwendung zweihäusiger Wannen verkleinern. Bei Abstehwannen sind Vorhänge und Wanneneinschnürungen angebracht.

Abstände zwischen den Flammenstrahlen erhöhen die Wirksamkeit der Sekundärwirkung des Gewölbes, besonders bei leuchtenden Flammen. Nachteilig ist dabei die Ungleichmäßigkeit der Bad-

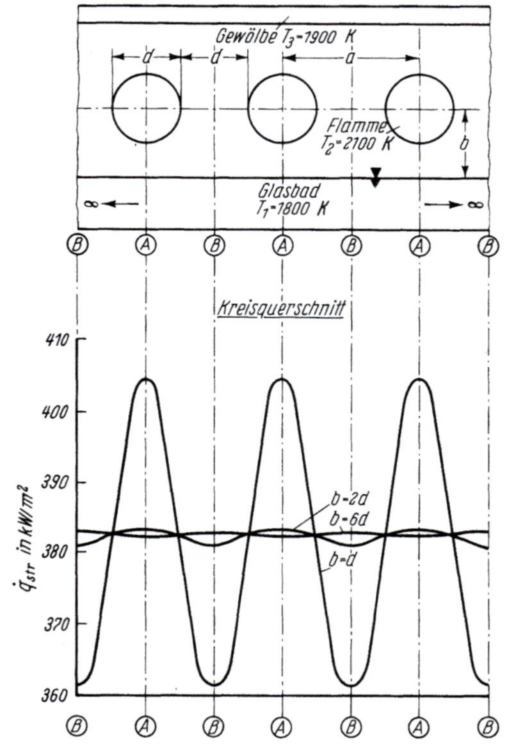

Bild 6.30. Strahlungswärmestromdichte in Abhängigkeit von der Höhe b der kreiszylindrischen Flammen über der Glasbadoberfläche [18]

beheizung. In einer Modellrechnung von Trier und Stein wurde dieser Einfluß untersucht [18]. Die Ergebnisse zeigt Bild 6.30. Mit zunehmendem Abstand von Flamme zu Glasbad nimmt die Ungleichmäßigkeit sehr schnell ab. Bei der Rechnung wurde der Einfachheit halber von schwarzstrahlenden Flammen, Gewölbe und Glasbad ausgegangen, um den Einfluß der Geometrie deutlich zu machen.

6.3.4 Konvektiver Wärmeübergang zwischen Flamme und Glasbad

Die hohen Temperaturen im Glasschmelzofen bedingen, daß beim Wärmeübergang die Strahlung stark überwiegt. Der konvektive Anteil liegt, wenn im Grenzschichtbereich Verbrennungsreaktionen auftreten, bei 6 bis 9%. Treten keine Verbrennungsreaktionen auf, dann ist mit 3 bis 5% zu rechnen. Der Wärmeübergangskoeffizient, bezogen auf eine mittlere Gastemperatur über der Grenzschicht ohne Verbrennung, beträgt $\approx 35\ \mathrm{W/(m^2\,K)}$, mit Verbrennung sind Werte von 80 bis 120 $\mathrm{W/(m^2\,K)}$ beobachtet worden. Diese Daten stützen sich auf Messungen von Germerdonk [17].

Die Arbeiten von Germerdonk wurden am Modell eines Glasschmelzofens mit und ohne Verbrennung im Oberofen durchgeführt. Die schräg auf das Glasbad auftreffenden Flammengase und die sich ausbildenden Wirbel um den eintretenden Strahl haben zur Folge, daß der konvektive Wärmeübergang örtlich sehr verschieden ist. In Bild 6.31 sind die bei drei verschiedenen Strömungsgeschwindigkeiten ermittelten Wärmeübergänge dimensionslos als Verhältnis der örtlichen Nußelt-Zahl $Nu_x = \alpha(x)\,x/\lambda$ zur mittleren Nußelt-Zahl aufgetragen. Der höchste Wärmeübergang wird im Eintrittsbereich der Flammenstrahlen beobachtet. Die Meßergebnisse mit heißem Abgas ohne Verbrennung im Oberofen lassen sich durch die Beziehung

$$Nu = 0{,}428\ \Phi^{0{,}132}\ Re^{0{,}772-0{,}669(d/L)} \qquad (6.27)$$

darstellen. Darin bedeuten Φ das Verhältnis von der Grundfläche des Feuerraums zum direkt angeströmten Anteil der Grundfläche (A_g/A_a) und (d/L) das Verhältnis des hydraulischen Durchmessers des Brennermauls zur Länge des Feuerraums $(d_{h,Br}/L)$.

Als kennzeichnende Länge diente die Breite der Wanne (Abstand der beiden Brenneröffnungen). Als mittlere Geschwindigkeit ist der Wert einzusetzen, der sich durch Division des gesamten durch den Feuerraum strömenden Gasvolumens durch den mittleren Feuerraumquerschnitt ergibt. Der Einfluß der Rückströmungen bleibt daher unberücksichtigt. Als Bezugstemperatur für die Stoffwerte ist die mittlere Feuerraumtemperatur gewählt. Die Ergebnisse für verschiedene Brennerneigungen bei heißem Abgas sind in Bild 6.32 zusammengestellt. Der starke Anstieg des konvektiven Wärmeübergangs mit der Strömungsgeschwindigkeit ist bemerkenswert.

Die Versuche mit Verbrennung im Oberofen brachten gegenüber den Versuchen mit heißer Luft eine Verdopplung bis Verdreifachung des konvektiven Wärmeübergangs, was mit Verbrennungsreaktionen in der Grenzschicht erklärt wird [17].

Beer arbeitete an der Brennstrecke der Flammenforschungsstrecke in Ijmuiden. In allen Fällen wurde mit Verbrennung, bei einigen Versuchen sogar mit O_2-angereicherter Luft gearbeitet. Seine Ergebnisse sind in der Beziehung

$$Nu = 0{,}13\ Re^{0{,}81} \qquad (6.27\,\mathrm{a})$$

zusammengefaßt [19]. Beim Vergleich dieser Beziehung mit der von Germerdonk muß beachtet werden, daß für Nu und Re eine andere charakteristische Länge verwendet wurde.

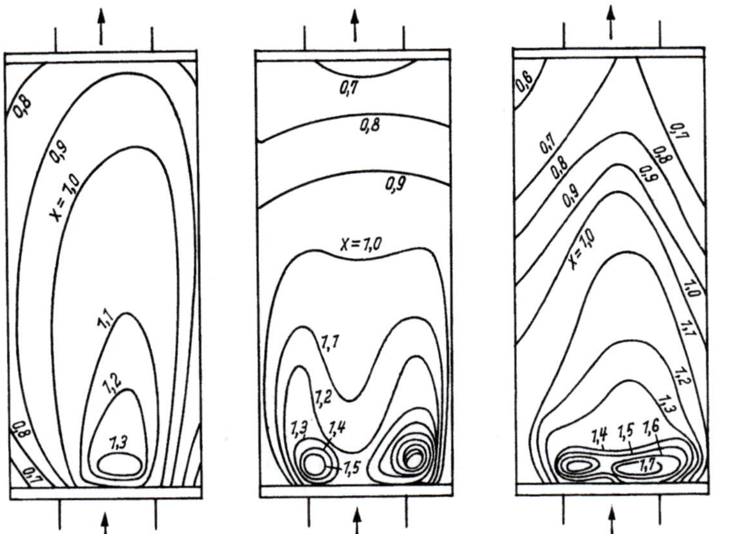

Brenner	A (Versuch 162)	F (Versuch 208)	H (Versuch 302)
Re_L	72706	81132	86479
Nu_L	1077	1543	1605
Δ	0,1088	0,1033	0,1036
Φ	2,94	10,5	20,7
ε [°]	6	21	45

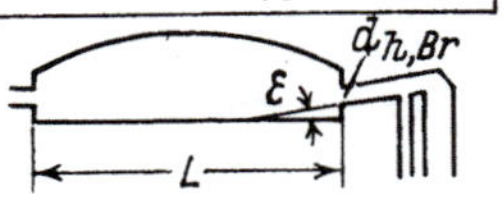

Bild 6.31. Einfluß des Brennerneigungswinkels auf die Verteilung des örtlichen Wärmeübergangs auf der Grundfläche (die Strömungsrichtung ist durch *Pfeile* gekennzeichnet) [17]

Da angenommen werden kann, daß die Dicke der Grenzschicht mit wachsendem Abstand vom Auftreffpunkt der Flamme auf der Herdfläche zunimmt, wurde von Beer [19] dieser Abstand als charakteristische Länge bei der Berechnung von *Nu* und *Re* verwendet. Als charakteristische Geschwindigkeit wurde die des Hauptstroms angesehen. Die Versuche zeigten, daß die gesamte an die Herdfläche abgegebene bzw. von dieser aufgenommenen Wärmemenge bei Verbrennung in mit Sauerstoff angereicherter Luft wesentlich erhöht werden kann und daß eine zusätzliche Neigung der Flamme gegen die Herdfläche die Wärmeübertragung verbessert. Dagegen konnte ein Einfluß des Brennstoffs (Koksofengas, Heizöl) nicht festgestellt werden.

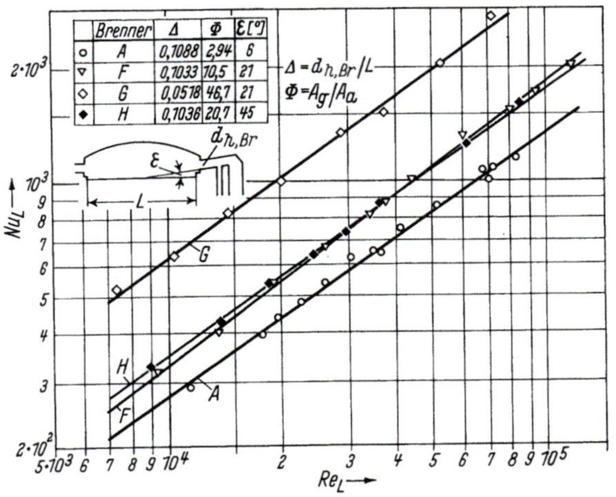

Bild 6.32. Einfluß des Brennerneigungswinkels auf die Größe der Nußelt-Zahl [17]

Einen Einfluß des Sauerstoffgehalts der Verbrennungsluft auf den Anteil der konvektiv übertragenen Wärmemenge konnte man nicht feststellen. Dies erklärt sich daraus, daß zwar bei Verbrennung mit zusätzlichem Sauerstoff in der Verbrennungsluft die Gastemperatur steigt, der Wärmeübergangskoeffizient α jedoch infolge der geringeren Abgasmenge abfällt.

Die Versuchsbedingungen von Beer dürften den heutigen Verhältnissen in Glasschmelzwannen bei Verwendung von Heizöl- und Erdgaszerstäubern besser entsprechen, als die von Germerdonk, denen Generatorgasbrenner zugrunde lagen.

6.4 Einlegen und Abschmelzen des Gemenges

Das Einlegen des Gemenges und Scherbenanteils hat auf das Verhalten einer Glasschmelzanlage großen Einfluß. Es stellt eine der wichtigsten betrieblichen Maßnahmen dar, die bereits bei der Konstruktion sorgfältig überdacht werden müssen. Vom richtigen Einlegen und Abschmelzen hängen stark die erzielbare Glasqualität, die erzielbare Schmelzleistung, der zu erwartende Wärmeenergiebedarf und die Ofenlebensdauer ab. Da das Einlegen und Abschmelzen des Gemenges eng miteinander verkoppelt sind, können die verschiedenen Einlegeverfahren und ihre Besonderheiten nur dann richtig verstanden werden, wenn die Vorgänge beim Abschmelzen klar sind. Es gilt daher vor dem Einlegen das Abschmelzen zu behandeln.

6.4.1 Abschmelzvorgang

Über die den Abschmelzvorgang bestimmenden Wärmestromdichten liegen in der Literatur nur vereinzelte Meßwerte [20–25] vor. Die Wärmestromdichte zwischen Oberofen und einschmelzendem Gemenge beträgt 45 bis 80 kW/m². Die Wärmestromdichte zwischen Gemenge und Glasbad liegt in der gleichen Größenordnung. Bei intensiven Glasströmen, wie sie in Elektrowannen auftreten, sind Werte bis 120 kW/m² möglich. Messungen liegen für diesen Fall nicht vor. Aus den hohen erzielbaren flächenbezogenen Schmelzleistungen von bis zu 5 t Glas/(m² d) bei kaltem Oberofen sind diese Werte zu erwarten.

Die Wärmestromdichten Oberofen–Gemenge sind bei normalem pulvrigem Gemenge vor der Versinterung der Oberfläche stark von der Temperatur abhängig, wie aus Strahlungsmessungen von Costa [26, 28] geschlossen werden muß. Das Gesamtabsorptionsvermögen fällt mit ansteigender Temperatur stark ab, um mit den einsetzenden Schmelzreaktionen im Oberflächenbereich wieder stark anzusteigen (Bild 6.33). Costa begründet dies mit der Strahlungsabsorption des Wassergehalts des Gemenges in der Anfangsphase und dem Absorptionsvermögen der sich bildenden Schmelzschichten. Ein grundlegend anderes, günstigeres Verhalten zeigen Gemengepellets. Das tiefe Eindringen der Strahlung in die Freiräume zwischen die einzelnen Pellets führt zu der höheren Strahlungsabsorption. Mit dem Einsetzen der Schmelzreaktionen geht dieser Vorteil der Kugelgestalt verloren, gleichzeitig beginnt sich aber die Absorption der Schmelzschichten bemerkbar zu machen.

Eine weitere, den Einschmelzvorgang bestimmende Größe ist die Wärmeleitfähigkeit des Gemenges. Umfangreiche Untersuchungen darüber haben Kröger und Eligehausen [30] angestellt. Ein aus der Vielzahl ihrer Messungen herausgegriffenes Beispiel zeigt Bild 6.34. Man erkennt, daß die Wärmeleitfähigkeit bis zum Einsetzen der ersten Schmelzreaktionen gering ist und nahezu konstant bleibt. Dann folgt ein steiler Anstieg, der mit dem Wärmetransport durch Strahlung zusammenhängt. Glas zeigt demgegenüber einen mehr stetigen Anstieg. Die Unterschiede zwischen den einzelnen Gemengen und Glasarten sind gering.

Die Wärmeleitfähigkeit von Pellets hat Costa [26] bestimmt. Aus den für Kugelschüttungen gültigen Beziehungen errechnen sich die in Bild 6.35 wiedergegebenen Zusammenhänge [25]. Die Leitfähigkeiten sind mit denen des Glases von Kröger [30] vergleichbar (Bild 6.34).

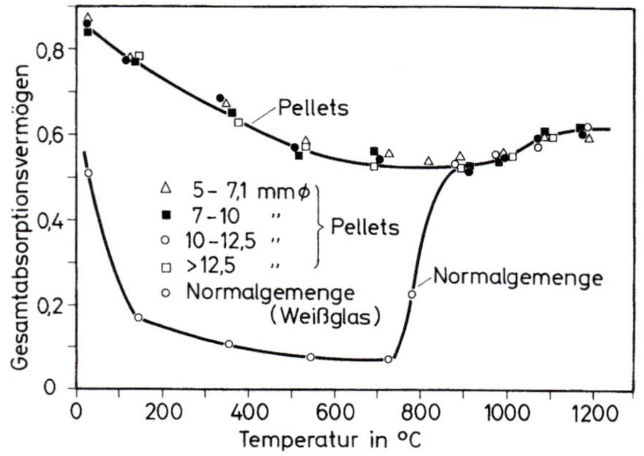

Bild 6.33. Gesamtabsorptionsvermögen in Abhängigkeit von der Temperatur bei einer Strahlertemperatur von 1000 °C [28]

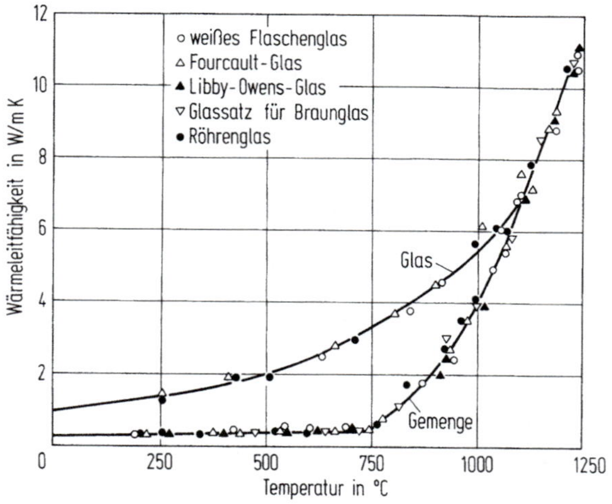

Bild 6.34. Abhängigkeit der Wärmeleitfähigkeit von der Temperatur für einige technische Gläser [30]

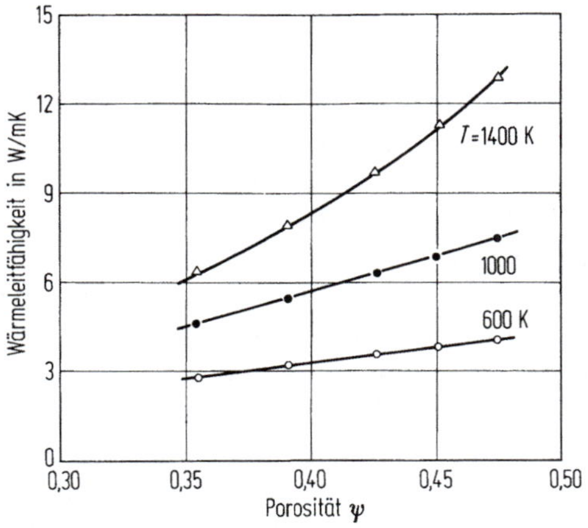

Bild 6.35. Effektive Wärmeleitfähigkeit einer Pelletschüttung in Abhängigkeit von der Porosität [29]

Der Abschmelzvorgang ist theoretisch von Fuhrmann [31] und experimentell von Daniels [22] und Costa [26] untersucht worden. Da die grundsätzlichen Zusammenhänge durch theoretische Überlegungen deutlicher herausgearbeitet werden können als durch experimentelle Untersuchungen, sollen die Ergebnisse der Arbeiten von Fuhrmann zuerst besprochen werden.

Betrachtet man das einschmelzende Gemenge als eine 10 cm dicke homogene isotrope Schicht die von beiden Seiten die Wärmestromdichte $\dot{q}_o = \dot{q}_u = 60\,\mathrm{kW/m^2}$ aufnimmt, deren Schmelze bei 800 °C einsetzt und bei der die gebildete Schmelze durch Ablaufen und umgebende Strömung (Glasströmung) abtransportiert wird, ergeben sich die aus Bild 6.36 zu ersehenden Konturen und Temperaturen über der Zeit. Bemerkenswert ist, daß nach 20 min (1200 s) die Kerntemperatur erst 150 °C erreicht hat. Der Schmelzfrontverlauf, der als der geometrische Ort der Umwandlungstemperatur über der Zeit angesehen werden kann, weist im wesentlichen fünf Bereiche auf (vgl. auch Bild 6.37).

1. Während der Aufheizzeit bleibt die ursprüngliche Schichtdicke s erhalten ($\mathrm{d}s/\mathrm{d}t = 0$) (Vorwärmphase).

2. Nach dem Schmelzbeginn ist in einem Anfangsbereich ein progressiver Verlauf der Abschmelzgeschwindigkeit zu beobachten. In diesem Bereich wird noch ein verhältnismäßig großer Anteil des an der Oberfläche zur Verfügung stehenden Wärmestroms zur Erwärmung der randnahen Zonen verwandt ($\mathrm{d}s/\mathrm{d}t > 0$; $\mathrm{d}^2s/\mathrm{d}t^2 > 0$) (Anlaufphase).

3. Nach der Anlaufperiode des Schmelzvorgangs stellt sich über einen gewissen Bereich hin ein quasistationärer Zustand ein. Der an der Oberfläche angebotene Wärmestrom wird in zeitlich ungefähr konstant bleibende Anteile zur Deckung der Umwandlungsenthalpie und zur Erwärmung des Schichtinnern aufgeteilt. In diesem Bereich kann der Schmelzvorgang hinreichend genau durch das quasistationäre Eindringen einer Schmelzfront in eine unendlich ausgedehnte Schicht beschrieben werden, da die Wärmetransportvorgänge an beiden Schichtseiten sich praktisch noch nicht beeinflussen ($\mathrm{d}s/\mathrm{d}t \approx \mathrm{const} \neq 0$) (Konstantphase).

4. Sind die Phasengrenzen so weit in die Schicht vorgedrungen, daß selbst das Gemenge in der Schichtmitte wesentlich erwärmt ist, fließt zunehmend weniger Wärme in die Schicht hinein. Da an den Phasengrenzen nach wie vor ein gleich großes Wärmeangebot besteht, steht zunehmend mehr Energie pro Zeit zur Umwandlung zur Verfügung. In diesem Gebiet kommt es daher zu einer weiteren Beschleunigung des Abschmelzvorgangs ($\mathrm{d}s/\mathrm{d}t > 0$; $\mathrm{d}^2s/\mathrm{d}t^2 > 0$) (Endphase).

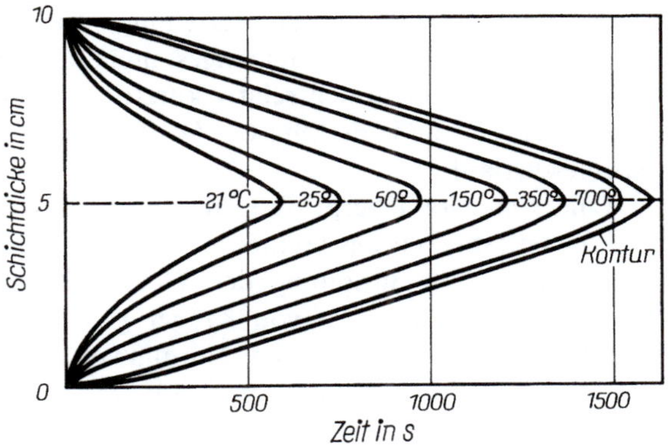

Bild 6.36. Temperaturverteilung in einer abschmelzenden Gemengeschicht (kein Reaktionsgas) [31]. $\vartheta_a = 20\,°\mathrm{C}$; $\vartheta_S = 800\,°\mathrm{C}$; $\dot{q}_o = \dot{q}_u = 60\,\mathrm{kW/m^2}$

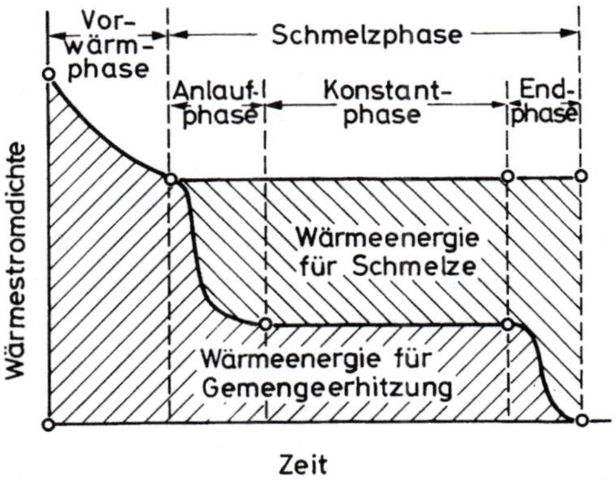

Bild 6.37. Wärmestromdichte in Abhängigkeit von der Zeit bei den einzelnen Phasen der Aufheizung einer Gemengeschicht

5. Der Punkt, an dem die Schmelzfronten schließlich aufeinandertreffen, wird geometrisch und zeitlich durch die Gemengeeigenschaften (Dichte, spezifische Wärme, Umwandlungsenthalpie) und die Höhe und Verteilung des seitlichen Wärmeangebots beeinflußt.

Eine Berechnung der einzelnen Phasen 1 bis 5 in einer geschlossenen analytischen Beziehung ist nur sehr schwer möglich. Die für den Ablauf dominierende Phase 3, die als quasistationärer Zustand bezeichnet werden kann, ist dagegen leicht mit der von Landau [33] angegebenen stationären Geschwindigkeit, mit der sich die Schmelzfront in einen Körper mit konstanter Wärmestromdichte $\dot{q}$ hineinbewegt, zu berechnen. Es gilt:

$$(\mathrm{d}s/\mathrm{d}t)_{\mathrm{stat}} = \dot{q}/\varrho\,[h_{\mathrm{R}} + c\,(\vartheta_{\mathrm{S}} - \vartheta_{\mathrm{A}})]\,. \qquad (6.28)$$

Dabei bedeuten ϱ die Dichte des Gemenges, h_{R} die spezifische Schmelzenthalpie und c die mittlere spezifische Wärmekapazität bei der Temperaturdifferenz (ϑ_{S} (Schmelze) − ϑ_{A} (Anfang)). Bemerkenswert ist an dieser Beziehung, daß die Wärmeleitfähigkeit des Gemenges nicht auftritt. Sie beeinflußt nur in den relativ kurzfristigen Anfangs- (1, 2) und Endphasen (4, 5) den Einschmelzverlauf.

Eine genauere Überprüfung des Einflusses der Wärmeleitfähigkeit des Gemenges bestätigte diese Vermutung. Eine Erhöhung der Wärmeleitfähigkeit auf das 6fache der von Kröger gemessenen Werte ergab gegenüber den Normalwerten nur eine geringe Verkürzung der Schmelzzeit (Bild 6.38). Bei hoher Wärmeleitfähigkeit verlängern sich die Phasen 1 und 2 sowie 4 und 5 gegenüber der Phase 3. Der zeitliche Verlauf der Abschmelzfront wird bauchiger. Der begrenzte Einfluß der Wärmeleitfähigkeit des Gemenges auf das Abschmelzverhalten geht auch aus Bild 6.39 hervor. Hier sind die beiden Extremzustände $\lambda \to 0$ und $\lambda \to \infty$ mit eingetragen. Der obere Teil des Bildes zeigt schematisch den zeitlichen Verlauf der Oberflächentemperatur. Bei sehr schlechter Wärmeleitfähigkeit ($\lambda \to 0$) wird die Schmelztemperatur ϑ_{S} sehr schnell erreicht. Sie bleibt über den ganzen Abschmelzvorgang konstant, wenn ein Abfließen der Schmelze vorausgesetzt wird. Bei sehr hoher Wärmeleitfähigkeit ($\lambda \to \infty$) muß, bevor Schmelzreaktionen einsetzen, die ganze Schicht auf Schmelztemperatur gebracht werden, da innerhalb der Schicht keine Temperaturgradienten auftreten. Nach Erreichen von ϑ_{S} dient die weitere Wärmezufuhr zur Durchführung der Schmelzreaktionen.

Die Wärmestromdichten sind im unteren Teil von Bild 6.39 eingetragen. Sie ergeben sich aus der Temperaturdifferenz ($\vartheta - \vartheta_{\mathrm{S}}$). Da die insgesamt zum Einschmelzen notwendige Wärmemenge von der Wärmeleitfähigkeit des Gemenges unabhängig ist, muß der Flächeninhalt in allen drei Fällen gleich groß sein.

Die den bisher herangezogenen Berechnungsergebnissen von Fuhrmann zugrunde liegende Annahme des laufenden Abtransports der gebildeten Schmelze [34] ist in Wirklichkeit nur sehr bedingt zutreffend. Geht man davon aus, daß die Wärmestromdichte an der Oberfläche durch Schaumbildung und verbleibende Restschmelze vermindert wird, dann wirkt sich dies, wie die Rechnung

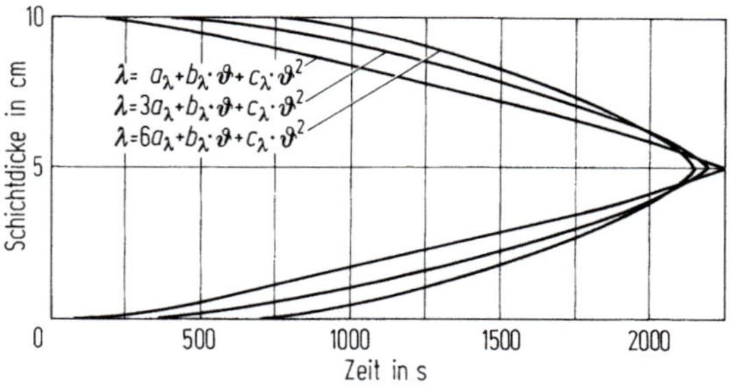

Bild 6.38. Abschmelzfronten einer Gemengeschicht bei unterschiedlicher Wärmeleitfähigkeit [31]. $\vartheta_{\mathrm{a}} = 20\,°\mathrm{C}$; $\vartheta_{\mathrm{S}} = 800\,°\mathrm{C}$; $\dot{q}_{\mathrm{o}} = \alpha_{\mathrm{o}}(\vartheta_{\mathrm{u}} - \vartheta_{\mathrm{o}})$; $\dot{q}_{\mathrm{u}} = \alpha_{\mathrm{u}}(\vartheta_{\mathrm{u}} - \vartheta_{\mathrm{o}})$; $\alpha_{\mathrm{u}} = 75\,\mathrm{W/(m^2\,K)}$

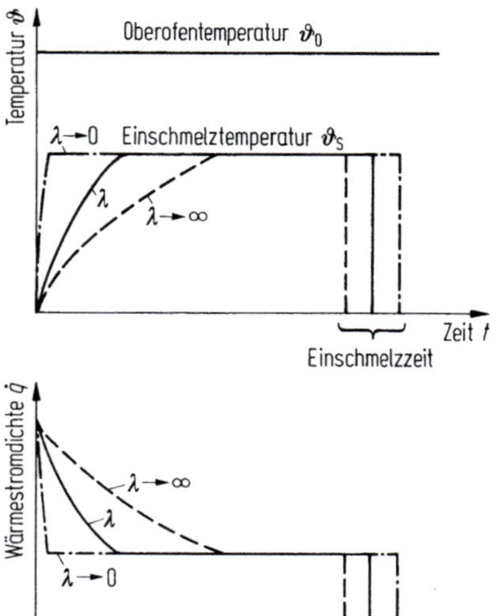

Bild 6.39. Einfluß der Wärmeleitfähigkeit der Gemengeschicht auf die Oberflächentemperatur (ϑ), die Wärmestromdichte ($\dot{q}$) und die Einschmelzzeit (t)

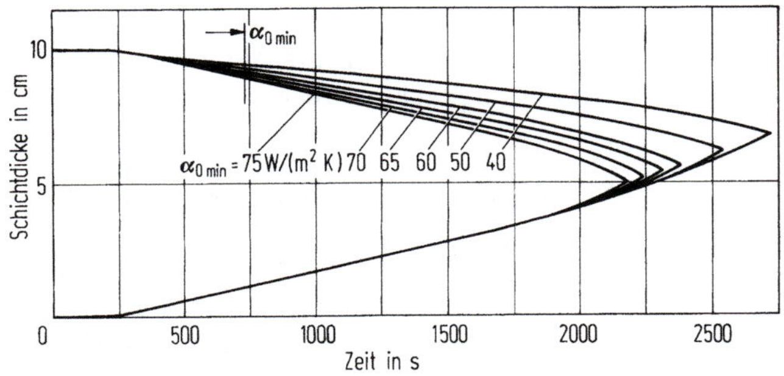

Bild 6.40. Abschmelzverlauf einer Gemengeschicht bei unterschiedlichem Wärmeübergang an der Oberfläche [31]. $\vartheta_a = 20\,°C$; $\vartheta_S = 800\,°C$; $\dot{q}_o = \alpha_o(\vartheta_u - \vartheta_o)$; $\dot{q}_u = \alpha_u(\vartheta_u - \vartheta_o)$; $\alpha_u = 75\ W/(m^2 \cdot K)$; $\alpha_o\ (t=0) = 75\ W/(m^2\,K)$

gezeigt hat, stark auf die notwendige Schmelzzeit (Bild 6.40) aus.

Bei dieser Berechnung wurde nach Schmelzbeginn eine lineare Abnahme des Wärmeübergangskoeffizienten Oberofen/Gemengeoberfläche zu bestimmten Minimalwerten α_{min} berücksichtigt.

Die bei einigen Gläsern (z. B. Braunglas) aus schmelztechnischen Gründen zum Gemenge zugegebenen brennbaren Substanzen, wie Kohle oder Öl, wirken sich wärmetechnisch wie Wärmequellen in einschmelzendem Gemenge aus. Eine Zugabe der in der Praxis vorkommenden Mengen (0,7% Kohlenstoff ergibt eine Schmelzbeschleunigung um etwa 5% der sonst notwendigen Schmelzzeit). Eine Kohlenstoffzugabe dieser Menge bedeutet energetisch ≈ 7,5% der Gemengeenthalpie bei Schmelztemperatur. Diese Kohlenstoffmenge entspricht der bei Braunglas üblichen Menge.

Die beim Erhitzen und Einschmelzen des Gemenges sich entwickelnden Gase (0,05 bis 0,2 m^3 Gas/kg Gemenge)$_n$ bewirken ebenfalls eine Veränderung der Schmelzfront. Das Gemenge schmilzt dadurch unten schneller und oben langsamer ab, da die heißen Gemengegase die durchströmten kalten Gemengeschichten unten vorwärmen und oben abkühlen. In der Summe heben sich beide Einflüsse auf, wenn die Abschmelzraten oben und unten gleich groß sind.

Ein Vergleich der von Fuhrmann errechneten Temperaturprofile mit den experimentell von Costa und Daniels ermittelten Werten zeigt erhebliche Abweichungen, besonders was den Temperaturfortschritt im Inneren anbelangt (Bild 6.41). Nach den Messungen steigt die Temperatur im inneren Bereich nach 12 min auf 600 °C. Die Ursache der Abweichung ist vermutlich in der Besonderheit der Meßmethode zu sehen. Beim verwendeten Versuchsofen befanden sich die Thermoelemente mit den notwendigen Schutzrohren zu Beginn der Gemengeeinlage auf Ofentemperatur (≈ 1400 °C). Es erfolgte eine Abkühlung durch das kalte Gemenge, bis auf Temperaturen um 300 °C. Damit konnte die eigentliche Anheizphase nicht erfaßt werden. Messungen in der Gemengeschicht eines Glasschmelzofens führen zu ähnlichen Ergebnissen wie bei Daniels [22]. Durch die unvermeidliche Vorwärmung des Meßsystems und die Schwierigkeit einer genauen Positionierung gelten ähnliche Bedenken.

Nach den Rechnungen von Fuhrmann und den Messungen von Daniels und Costa kann man sich vereinfacht den Verlauf der Primärschmelzphase bei einer beidseitig erhitzten Gemengeschicht entsprechend Bild 6.42 vorstellen.

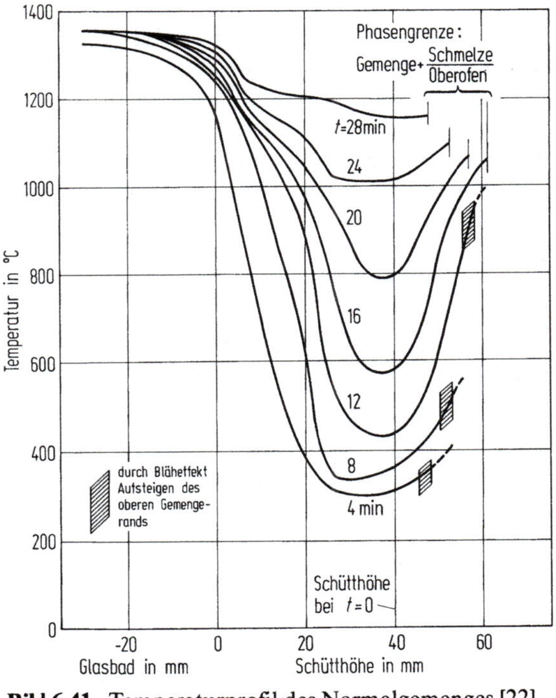

Bild 6.41. Temperaturprofil des Normalgemenges [22]

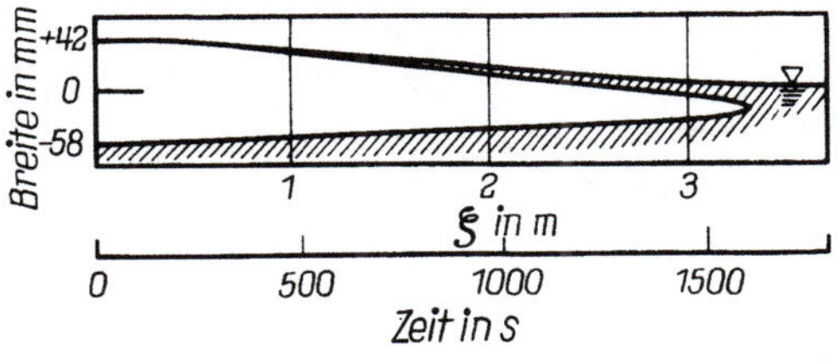

Bild 6.42. Zusammenhang zwischen Abschmelzverlauf, -zeit und Ofenposition [31]. $\vartheta_a = 20\,°C$; $\vartheta_S = 800\,°C$; $\dot{q}_o = \dot{q}_u = 45\ kW/m^2$

Für die Praxis ist das Abschmelzverhalten von besonderem Interesse, da sich auch eine anfänglich geschlossene Gemengedecke während des Einschmelzens in einzelne Inseln auflöst. Für eine Gemengeinsel mit einer Anfangsbreite von 600 mm und einer Dicke von 120 mm hat Fuhrmann u.a. das Wandern der Schmelzfront ermittelt (Bild 6.43). Die Breite verringert sich schneller als die Höhe. Aufschlußreich ist ein Vergleich des Schmelzverhaltens von Inseln und der als Grenzfall dienenden Platte. Nimmt man die Abschmelzleistung in kg Glas/(m^2 h) als Maß, dann zeigt sich, daß die ideale Platte die höchsten Abschmelzleistungen errreicht. Die Inseln liegen um 10 bis 20% ungünstiger. Die stärker gewölbten Inseln schneiden etwas besser ab als die flachen (Bild 6.44).

Pelletiertes Gemenge schmilzt, wie die Erfahrungen am Glasschmelzofen und die Messungen von Daniels [22] und Costa [26] zeigen, schneller als normales Gemenge ein. Dies hängt vor allem wie Costa gezeigt hat von dem hohen Gesamtabsorptionsvermögen einer Pelletschüttung im Temperaturbereich von 100 bis 800 °C zusammen (Bild 6.33). Der Pelletdurchmesser hat ebenfalls einen, wenn auch sekundären Einfluß. Die höchsten Wärmestromdichten treten bei einem Pelletdurchmesser von 10 bis 12 mm auf, wie aus Messungen von Costa [26] hervorgeht.

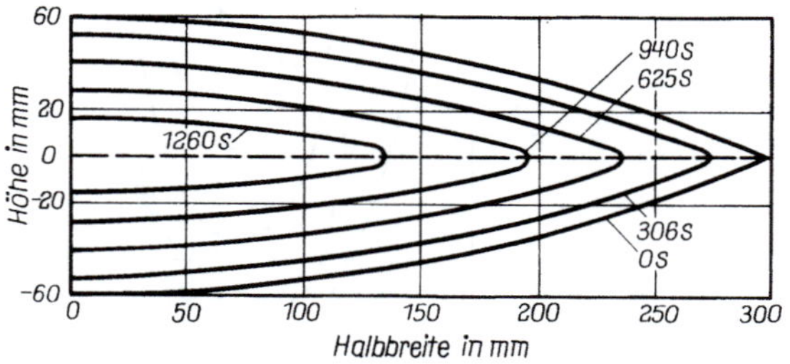

Bild 6.43. Wandern der Schmelzfront in einer Gemengeinsel [31]. $\vartheta_a = 20\,°C$; $\vartheta_S = 800\,°C$; $\dot{q}_o = \dot{q}_u = 60\ kW/m^2$

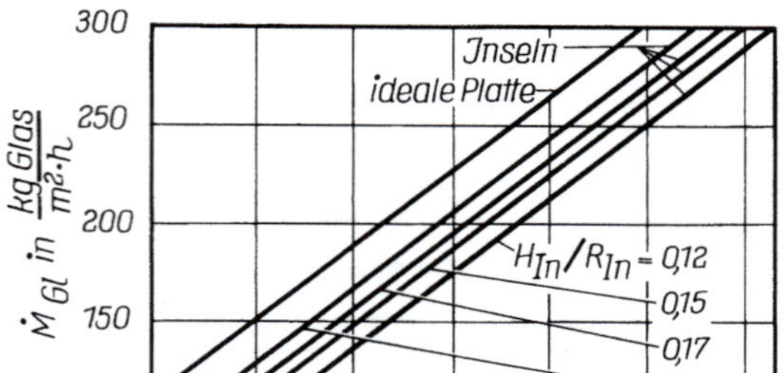

Bild 6.44. Flächenbezogene Abschmelzleistungen von Platte und Inseln (H_{In} Halbhöhe; R_{In} Halbbreite) [31]. $\vartheta_a = 20\,°C$; $\vartheta_S = 800\,°C$; $\dot{q}_o = \dot{q}_u$

6.4.2 Verstaubung und Verdampfung

Normales Gemenge neigt im Bereich zwischen der Einlage und dem Auftreten der ersten größeren Schmelzreaktion zum Verstauben, wenn im Oberflächenbereich höhere Strömungsgeschwindigkeiten herrschen, wie sie beim dichten Darüberstreichen von Gas- und Ölflammen auftreten. Die verstaubten Alkalien können bei der hohen Temperatur im Oberofen ganz oder teilweise verdampfen. Die Verstaubung und Verdampfung erfolgt bei Mehrkomponenten-Gläsern selektiv, was zu inhomogenem Glas führen kann, bzw. Korrekturen in der Gemengerezeptur erfordert.

Gefährlich sind auch die Reaktionen zwischen den verstaubten Alkalien und den feuerfesten Baustoffen des Oberofens. Es kommt zur Schlackenbildung. Die meist mit Tonerde und Zirkonoxid angereicherte Schlacke fließt in das Glasbad zurück und kann dort zu Glasfehlern führen. Hinzu kommt eine verstärkte Ablagerung im Gitterwerk der Kammern.

Durch Anfeuchten des Gemenges mit Wasser oder Natronlauge im Umfang von 3,5 bis 4% läßt sich die Verstaubungsneigung stark vermindern. In Sonderfällen (reduzierende Gemengeeinstellung und Unempfindlichkeit gegen Spuren von Schwermetallen) kann dem Gemenge auch Öl zur Bindung beigemischt werden.

Wichtig ist außerdem, die Gemengeeinlage so vorzunehmen, daß das Gemenge erst dann in den Bereich der Flamme kommt, wenn eine Versinterung der Oberfläche erfolgt ist. Dies ist bei Querbrennerwannen leichter zu erreichen als bei U-Flammenwannen. Bei Verwendung von Natronlauge sind bei großen Flachglaswannen Kondensationen und damit verbundene Verstopfungen im Mittelbereich der Regenerativkammern beobachtet worden. Dies dürfte mit einer verstärkten Alkaliverdampfung durch den hohen Dampfdruck von NaOH zusammenhängen.

6.4.3 Einlegetechniken

In der Praxis unterscheidet man die Haufeneinlage, die Strangeinlage und die Teppicheinlage. Schematisch sind diese Einlegetechniken in Bild 6.45 dargestellt.

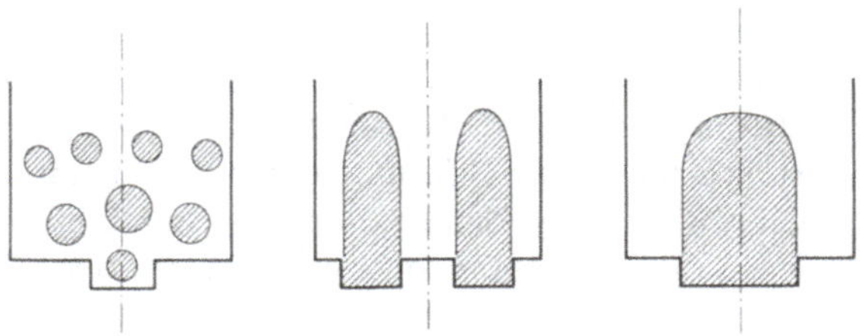

Bild 6.45. Verschiedene Einlegetechniken

Bei der Haufeneinlage handelt es sich um das alte manuelle Einlegesystem, das heute nur mehr bei Tageswannen und Hafenöfen angewendet wird. Das Gemenge wird als Haufen in den Einlegevorbau auf das Glasbad gegeben und mit Stangen in das Wanneninnere geschoben. Der entstandene Freiraum im Einlegevorbau wird mit einem neuen Gemengehaufen wieder verschlossen. Das richtige Positionieren des Haufens in der Wanne ist eine schwere Arbeit. Ist kein Einlegevorbau vorhanden, wie dies bei Tageswannen vielfach der Fall ist, wird das Gemenge über eine Kelle oder besser mit verfahrbaren Vibrationsrinnen eingegeben. Die Öffnung wird mit einer Platte aus feuerfestem Material verschlossen. Bei kontinuierlich betriebenen Wannen hat diese Einlegemethode heute keine Bedeutung mehr.

Die Gemengeeinlage in Form eines einzelnen oder mehrerer Gemengestränge ist technisch relativ einfach und wird besonders bei kleinen Öfen viel angewendet. Bei U-Flammenwannen und schmalen, direkt gefeuerten Öfen (Unit Melter) ist sie oft die einzige technisch realisierbare Methode. Schmelztechnisch und wärmetechnisch ist sie nicht voll befriedigend. Bei Kombination mehrerer Stränge sind technisch gute Lösungen möglich.

Bei der Teppicheinlage versucht man die Schmelzfläche möglichst gut zum Abschmelzen des Gemenges auszunutzen. Das Gemenge wird als breiter Teppich oder mehrerer dicht nebeneinander liegender Stränge, die zu einem Teppich verschmelzen, eingelegt. Diese heute bevorzugte Einlegetechnik beschränkt sich auf Querbrennerwannen und von der Seite beheizte Wannen.

6.4.3.1 Querbrennerwannen

Bei Querbrennerwannen findet sich heute nur noch die Streifen- oder die Teppicheinlage. Die früher geübte Haufeneinlage, die wärmetechnisch wenig günstig ist und sich schwer mechanisieren läßt, ist verschwunden.

Ein technisch relativ einfaches Verfahren ist die Verwendung von Vibrationsförderrinnen zwischen Gemengebunkerauslauf und Einlegevorbau (Bild 6.46). Die Grobeinstellung des Gemengestroms erfolgt mit einem einfachen Schieber am Bunkerauslauf, die Feineinstellung über die Einschaltintervalle, die vom Glasstandsregler aus gesteuert wird. Zum Einschieben des Gemengestrangs dienen ein Exzenterantrieb und eine wassergekühlte Vorschubleiste. Bei richtiger Einstellung und hoher Belastung der Wanne gleitet das Gemenge aufgrund der Neigung des Glasspiegels durch die Entnahmeströmung ohne besonderes Zutun selbst in die Wanne. Das kalte Gemenge bildet eine kräftige Wärmesenke, die in Verbindung mit dem thermischen Quellpunkt eine kräftige Strömungswalze unter dem abschmelzenden Gemenge bedingt. Näheres darüber s. Abschn. 6.5 „Glasströmungen“.

Bei dunklen Gläsern und schmalen Wannen muß die Vorschubleiste deutlich in das Glasbad eintauchen, um eine „Pumpwirkung“ auf das Glasbad auszuüben und damit ein zu starkes Auskühlen des Einlegevorbaus zu verhindern. Bei hellen Gläsern kommt man mit einer geringen Eintauchtiefe aus. Oft genügt hier die Schubwirkung des Gemenges.

Einlegetechnisch sehr ähnlich, aber mit anderen technischen Mitteln arbeitend, ist der Schwingeneinleger, oder von seiner Herkunft her, Gradenberger Einleger genannt. Diese Einlegemaschine arbeitet mit einer dem Böschungswinkel des Gemenges entsprechend geneigten Platte, die das aus dem Bunkerauslauf austretende Gemenge in kontinuierlichem Strom auf die Badoberfläche leitet und von dort in die Schmelzwanne vorschiebt (Bild 6.47).

Sowohl das Schwingrinnensystem wie auch der Gradenberger Einleger lassen sich aneinanderreihen. Man kommt so von der Strangeinlage zur Teppich-

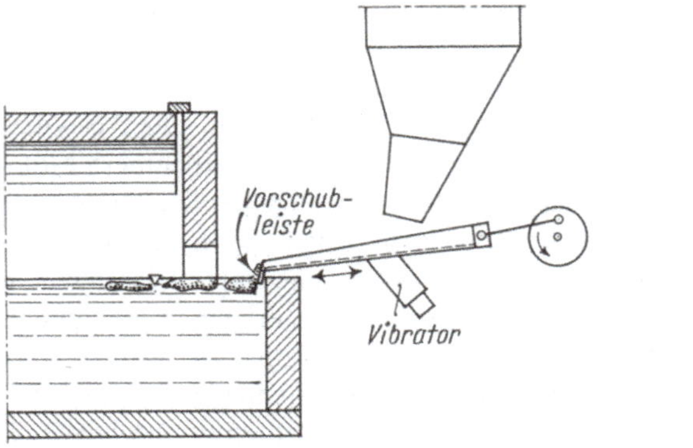

Bild 6.46. Vibrationsförderrinne mit Vorschubleiste und Exzenterantrieb

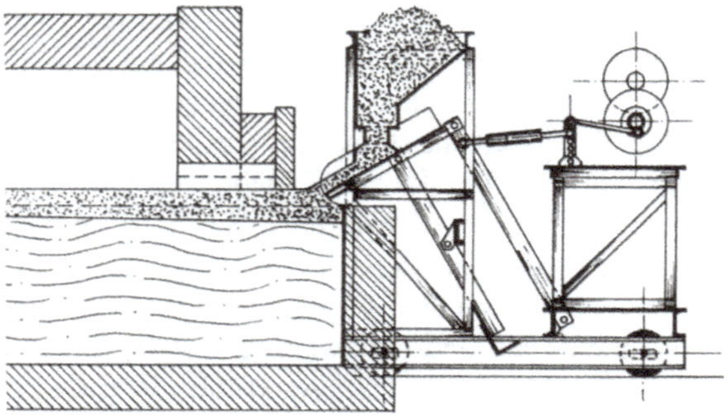

Bild 6.47. Gradenberger Einleger (Zippe)

einlage. Durch unterschiedliche Beaufschlagung der Einzeleinleger läßt sich der Gemengeteppich in seiner Lage in der Schmelzwanne beeinflussen, was betrieblich sehr vorteilhaft ist. Man kann dabei einem unsymmetrischen Abschmelzen des Gemenges in der Schmelzwanne entgegenarbeiten. Durch periodisches Ein- und Abschalten kann der Gemengeteppich in einzelne Querbahnen aufgeteilt werden, was schmelztechnisch vorteilhaft ist (Bild 6.48).

Bei Gläsern, an die sehr hohe Anforderungen an Homogenität und Blasenarmut gestellt werden, wie dies bei Spezialgläsern der Fall ist, wird eine Einlegemethode mit zwei breiten Einlegebändern, die einen sich zur Wanne hin öffnenden Winkel einschließen, angewendet [35, 36]. Als Vorteil wird hier vermerkt, daß sich innerhalb des öffnenden V-förmigen gemengefreien Glasbadbereichs eine kräftige, zum Einlegevorbau gerichtete Oberflächenströmung ausbildet. In der Endphase des Einschmelzens werden so Schaumreste und Gemengereste in den Abschmelzbereich zurückgeholt und die Gefahr eines Übergreifens in den Läuterbereich vermieden (Bild 6.49). Die oberflächennahe Rückströmung in dem V-förmigen Zwickelbereich erklärt sich aus der Senkenströmung, die in diesem Bereich besonders stark ist, da die bremsende Wirkung der einlaufenden Gemengedecke dort fehlt.

Bei der Teppicheinlage trägt die gute Ausnutzung der Schmelzwannenfläche zum Abschmelzen durch die Flammen sehr zu den erreichbaren hohen Schmelzleistungen und dem geringen Energieverbrauch bei. Einen beachtlichen Anteil daran hat aber auch die kräftige, vom Läuterbereich bis zum Einlegebereich sich erstreckende Rückströmungswalze.

Die Kühlwirkung der Gemengedecke ist maßgebend an dieser als „Wärmepumpe" wirkenden Strömungswalze beteiligt. Wird nun in einem oder zwei schmalen Bändern eingelegt, dann ist diese Strömungswalze in Stärke und Richtung nicht so definiert. Die Abschmelzungsleistung von unten wird damit geringer. Bei sehr breitem Gemengeteppich und hoher Belastung der Anlage kann die Kühlwirkung des Gemengeteppichs so stark werden, daß die Strömungswalze wegen der sich einstellenden hohen Glaszähigkeit sich nicht ausbilden kann. Die Wärmepumpe bricht zusammen. In der Praxis macht sich dies durch ein Zurückfedern des Gemenges bei der Einlage bemerkbar. In diesem Fall muß die Last zurückgenommen oder durch eine elektrische Zusatzheizung im Einlegebereich Abhilfe geschaffen werden.

Durch Verwendung eines V-förmigen Einlegevorbaus und zwei im rechten Winkel zueinander angeordneten Einlegemaschinen, die wechselseitig betrieben werden, läßt sich auch bei der Strangeinlage eine bessere Ausnützung der Schmelzfläche erreichen (Bild 6.50). Man kann hier mit einem Stößeleinleger oder mit einem Schraubeneinleger arbeiten (Bild 6.51).

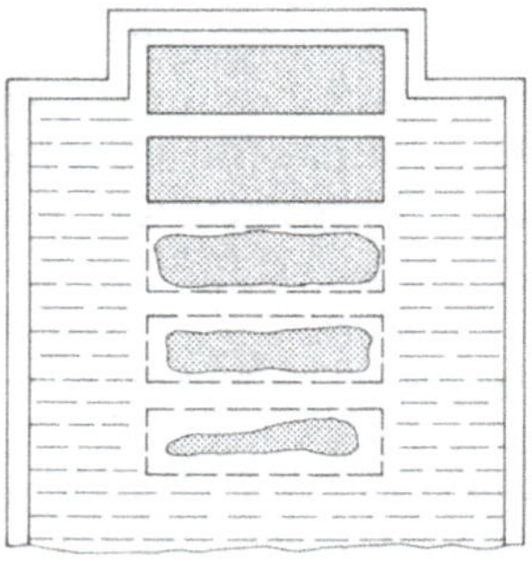

Bild 6.48. Einlegemethode mit Querbändern

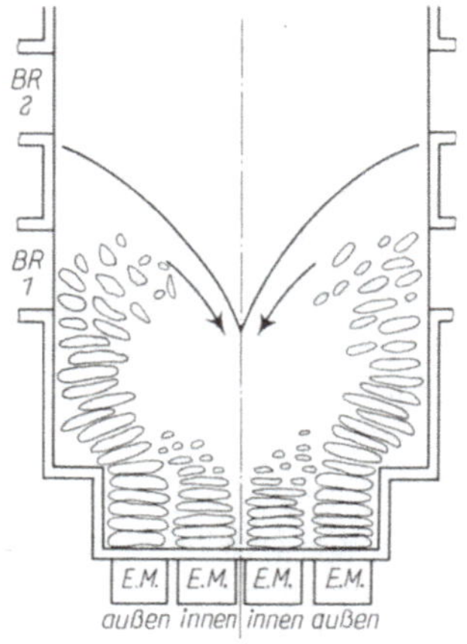

Bild 6.49. Idealvorstellungen über die Gemengelage mit vier Einlegemaschinen (Prinzipskizze) [35]

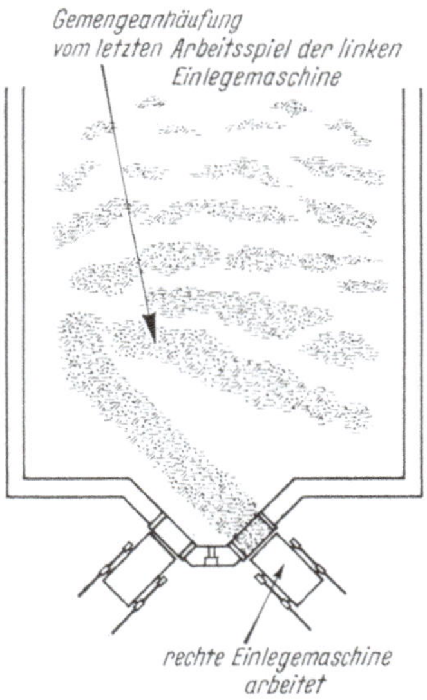

Bild 6.50. Gemengeverteilung in einzelne Bänder bzw. Haufen

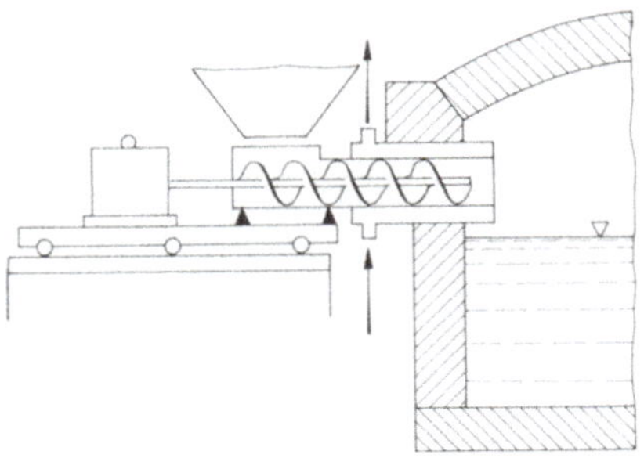

Bild 6.51. Schneckeneinleger

Vorteilhaft bei dieser Anordnung ist, daß sich eine weitgehend staubdichte Kapselung des Einlegevorbaus erzielen läßt. Schneckeneinleger können auch parallel zueinander mit und ohne Einlegevorbau eingesetzt werden (Bild 6.52).

Die Einlegeverfahren bei den großen Flachglaswannen unterscheiden sich gegenüber den Hohlglaswannen vor allem dadurch, daß auf große Gemengebunker, die einen Schichtbedarf fassen, verzichtet wird. Man ist der Auffassung, auf das Einlegen frischen (feuchten) Gemenges nicht verzichten zu können. Die Einlegemaschinen bei Flachglas weisen nur halbhohe Schurren auf, die laufend über Bänder oder Hängekübel nachgefüllt werden. Eine weitere Besonderheit, die heute aber im Schwinden ist, ist die getrennte Einlage von Gemenge und Scherben. Entsprechend der Übung bei der Haufeneinlage, den Gemengehaufen auf eine Scherbenunterlage aufzugeben, hat Univerbel seine Zellwalzen-Einlegemaschine entwickelt [37]. Angestrebt wird eine Teppicheinlage mit einer wassergekühlten Zellwalze (Bild 6.53). Die Scherben werden über eine schräge Schurre aufgegeben. Die Zellwalze dosiert nachfolgend die Gemengeschicht und schiebt beides in den Ofen. Die getrennte Einlage von Scherben und Gemenge ist heute bei großen Floatanlagen aufgegeben worden, da gegenüber der alten komplizierten Einlegemethode keine Vorteile mehr nachweisbar sind.

Wie in Abschn. 6.4.2 „Verstaubung und Verdampfung" bereits angeführt, ist der Abstand vom Einlegevorbau zum ersten Brenner sehr wichtig. Wird er zu klein gewählt, dann tritt unzulässig hohe Verstaubung auf, wird er zu groß gewählt, dann leidet die Schmelzleistung. Ein Abstand von 1,2 bis 1,8 m wird bei Behälterglaswannen als richtig angesehen.

6.4.3.2 U-Flammenwannen

Das Einlegen bei stirnbeheizten U-Flammenwannen ist bedeutend schwieriger und weniger befriedigend als bei Querbrennerwannen. Die Einlage muß seitlich von einer oder von zwei Seiten erfolgen. Dabei kann nur mit einem verhältnismäßig schmalen Gemengeband eingelegt werden. Eine bei Querbrenner-

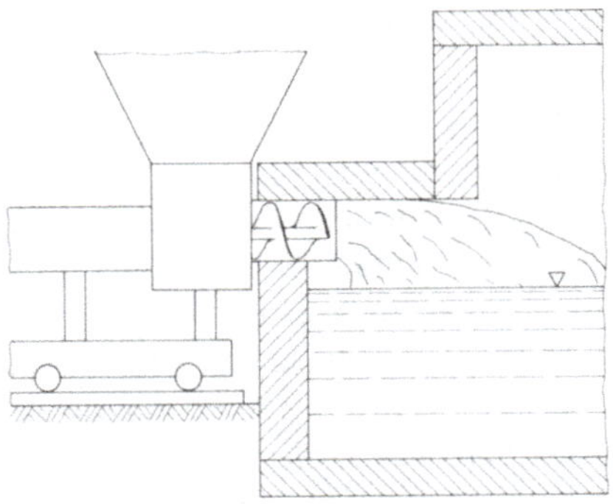

Bild 6.52. Schneckeneinleger mit Vorbau

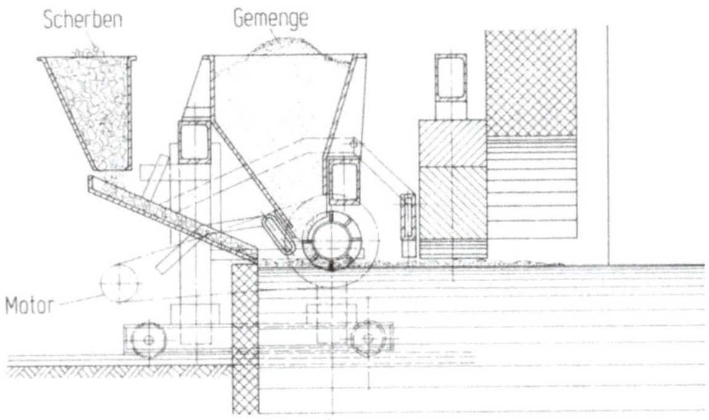

Bild 6.53. Zellenwalzen-Einlegemaschine „Univerbel"

wannen mit Teppicheinlage erzielbare Bedeckung des Einschmelzbereichs ist nicht möglich. Bei der regenerativ beheizten U-Flammenwanne kommt als weitere Erschwernis hinzu, daß je nach Feuerstellung auf der nicht von der Flamme bedeckten Badoberfläche das Gemenge weniger abschmilzt und sich dabei dort anhäuft. Man kann diesen Nachteil dadurch vermindern, daß die Feuerstellung in kurzen Zeitabständen gewechselt wird. Empfohlen wird ein Feuerwechsel nach 15 min, während man bei Querbrennerwannen 20 min als optimal betrachtet. Eine gewisse Verbesserung der Lage bringt eine Verbreiterung und Abschrägung des Einlegevorbaus in Verbindung mit einer schwenkbaren oder seitlich verschiebbaren Einlegemaschine (Bild 6.54) [36, 40].

Eine weitere Erschwernis des Einlegens bei U-Flammenwannen ist die meist zu kurze Vorsinterzone. Meist werden die Einlegevorbauten so klein gebaut, daß an der Oberfläche noch nicht vorgeschmolzenes Gemenge der mit hoher Geschwindigkeit darüber strömenden Flamme ausgesetzt ist. Verstaubung mit allen damit verbundenen Nachteilen ist die Folge. Eine Vergrößerung des Einlegevorbaus und Anordnen eines Vorsintergewölbes in Verbindung mit einer ausreichenden Befeuchtung des Gemenges sind unbedingt zu empfehlen.

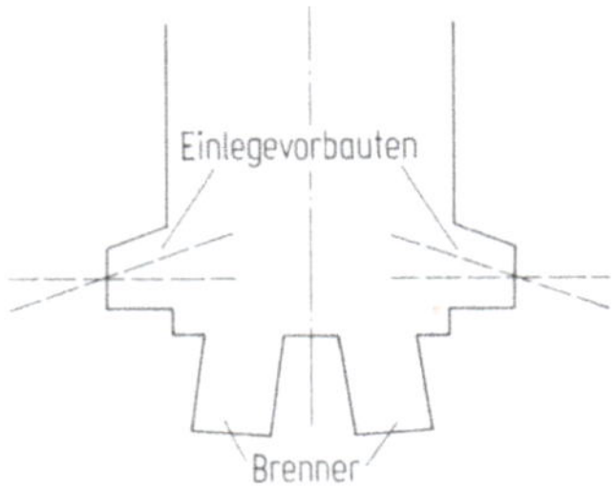

Bild 6.54. Anordnung schwenkbarer Einlegemaschinen an einer U-Flammenwanne

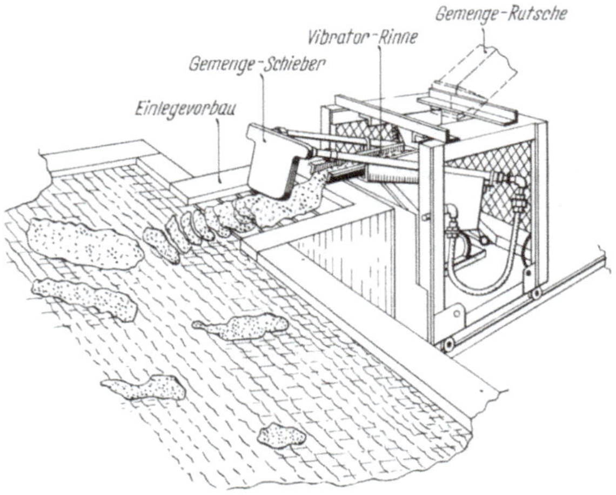

6.4.3.3 Schmale, direkt befeuerte Wannen

Kleine, schmale und direkt befeuerte Wannen nach Art des Unit Melters erfordern besondere Überlegungen bei der Wahl des Einlegesystems. Am besten hat sich dafür die Gemengeeinfaltmaschine von Hartford (Bild 6.55) bewährt. Durch das Einfalten des Gemenges und die kräftige Schubwirkung des Gemengeschiebers ist auch bei schwach ausgeprägten Konvektionsströmungen im Einschmelzbereich eine befriedigende Einlage möglich. Durch eine mäßige Verbreiterung des Einlegevorbaus in Verbindung mit einem leichten, periodischen Schwenken der Einlegemaschine läßt sich die Einschmelzzone besser ausnützen und die Schmelzleistung steigern.

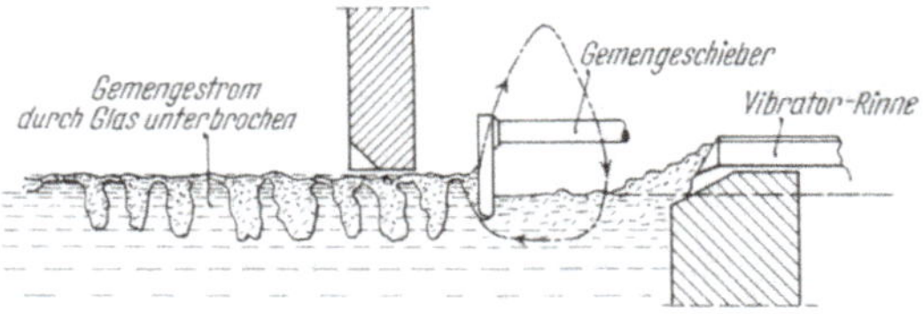

Bild 6.55. Gemengeeinfaltmaschine von Hartford

6.4.3.4 Elektrisch beheizte Wannen [38]

Das Einlegen bei Elektrowannen ist bedeutend schwieriger als bei flammenbeheizten Wannen, da eine Bedeckung der Badoberfläche ohne Mithilfe der Glasströmungen erreicht werden muß (Bild 6.56).

Für kleinere Wannen mit problemlos einschmelzendem Gemenge wie Fluoropalgläsern oder Kalk-Natron-Gläsern, und hexagonalem der Kreisform

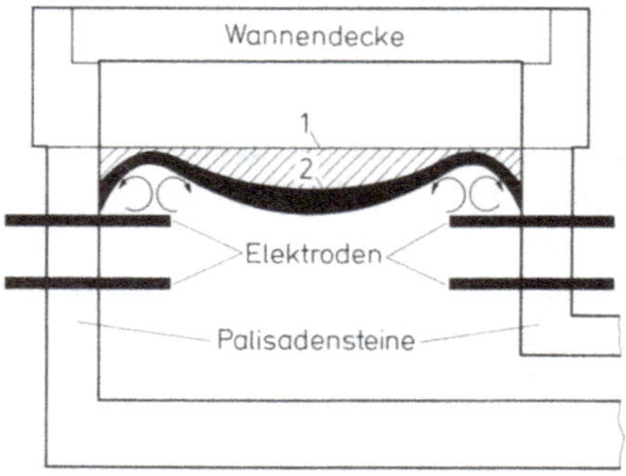

Bild 6.56. Ausbildung der Gemengedecke bei gleichmäßiger Auflage und Dreieckschaltung der Elektroden. *1* Oberfläche der Gemengedecke bei gleichmäßiger Auflage; *2* durch den Schmelzvorgang veränderte Gemengedecke [38]

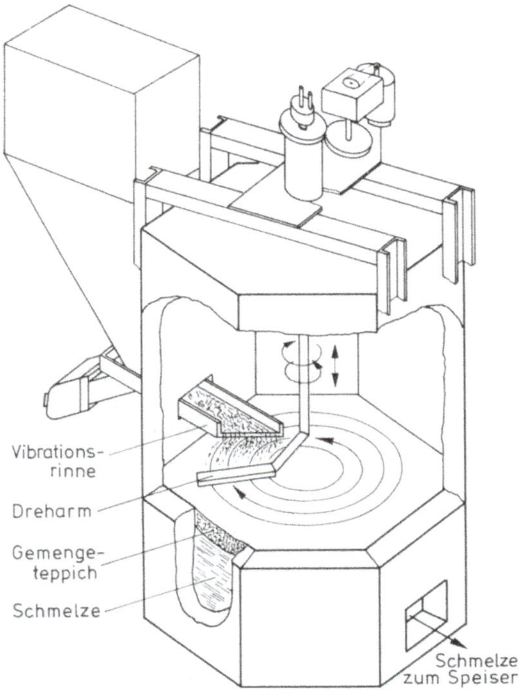

Bild 6.57. Gemengeverteilerarm [38]

nahekommendem Querschnitt kann mit einem wassergekühlten rotierenden Gemengeverteilerarm gearbeitet werden (Bild 6.57).

Müssen Gemenge eingeschmolzen werden, die stärker zum Verkrusten neigen, dann empfiehlt es sich, den Verteilerarm durch einen rotierenden Kipparm zu ersetzen, der im größeren Abstand über der Gemengedecke rotiert. Durch wahlweises Abkippen läßt sich eine berührungsfreie Beschichtung durchführen. Nachteilig ist dabei allerdings, daß jedes Abkippen mit einer Schwankung des Glasstandes verbunden ist.

Eine weitere Verbesserung bringt eine rotierende Ofendecke, die mit einer Standtasse gegenüber der Umgebung abgedichtet ist. In Reihe angeordnete „Schwingrinnen" gestatten das Auflegen ringförmiger Gemengestreifen (Bilder 6.58 und 6.59).

Bei rechteckiger Badoberfläche hat sich ein Einlegesystem bewährt, bei dem das Gemenge über einen Ausleger mit Förderband von einer Oberbauseite her der Wanne zugeführt wird. Der Ausleger wird einstellbar simultan in zwei rechtwinklig der Ofengeometrie angepaßten Richtungskomponenten verfahren, so daß seine Abwurfstelle die gesamte Badoberfläche bestreicht. Die Einlegemuster können den Erfordernissen entsprechend eingestellt werden [39]. Eine solche Einlegemaschine zeigt Bild 6.60.

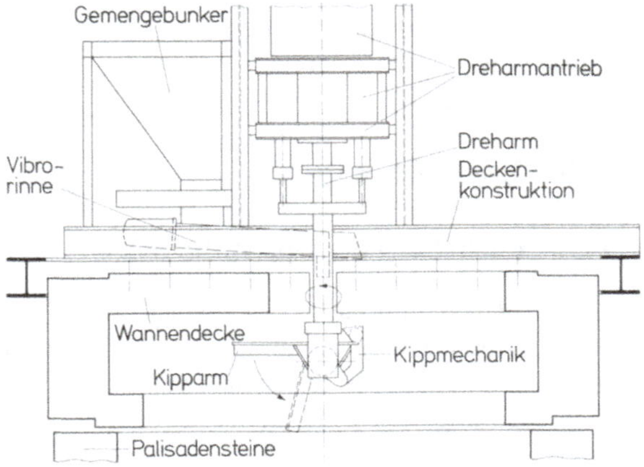

Bild 6.58. Kippbarer rotierender Gemengeverteiler [38]

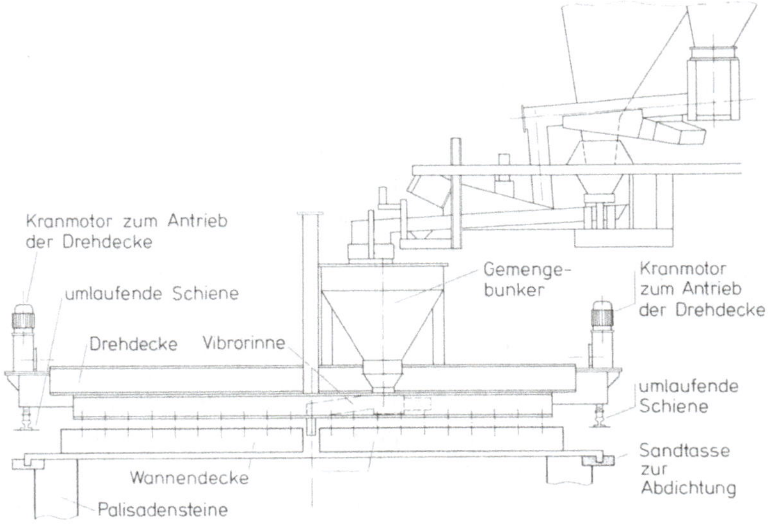

Bild 6.59. Drehdecke beim ersten Typ der neu entwickelten Einlegemaschine [38]

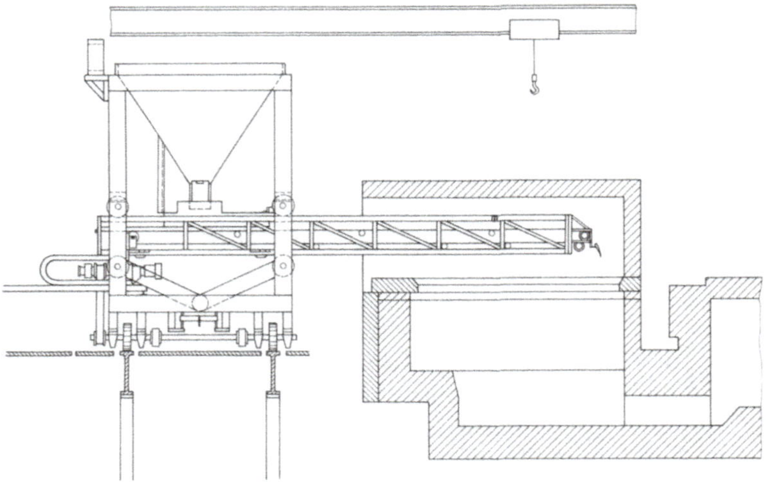

Bild 6.60. Einlegemaschine für eine rechteckige Elektroschmelzwanne mit verfahrbarem Transportband [39]

Das Verfahren setzt voraus, daß unter allen normal vorkommenden Bedingungen eine geschlossene Bedeckung der Badoberfläche erreicht werden kann. Entstehen größere freie Badoberflächen, dann besteht die Gefahr einer Überhitzung der Einlegevorrichtung.

6.5 Glasströmungen

6.5.1 Entstehung der Glasströmungen

Durch den kontinuierlichen Betrieb von Glasschmelzwannen wird laufend fertig erschmolzenes Glas entnommen und im entsprechenden Umfang Gemenge eingelegt. Es entsteht somit in der Wanne eine Entnahmeströmung.

Durch die Beheizung von oben, die Wärmeverluste des Wannenbeckens und die Vorgänge bei Abschmelzen und Läutern des Glases entsteht innerhalb des Glasbades ein inhomogenes Dichtefeld, das zu Konvektionsströmungen führt. Daneben wirken, wenn auch in geringem Umfang, äußere Kräfte, wie der Schub der Flammengase und der Einlegemaschine, auf das Glasbad ein. Sind Blasdüsen und eine elektrische Zusatzheizung vorhanden, üben diese ebenfalls Einfluß auf die Glasströmung aus.

Die geschilderten Vorgänge zusammen führen zu Glasströmungen in der Wanne, die sehr komplex sind und von konstruktiven und betrieblichen Einflüssen abhängen. Die Ausbildung des Strömungsfeldes ist für das befriedigende Arbeiten einer Wanne von großer, ja entscheidender Bedeutung. Durch die Strömungen muß sichergestellt sein, daß die einzelnen Phasen der Glasschmelze, wie das Abschmelzen des Gemenges, die Läuterung und das Abstehen des Glases, im richtigen zeitlichen Ablauf in den richtigen Bereichen der Wanne stattfinden. Da die auf der Badoberfläche schwimmenden Gemenge- und Schaumschichten einzelne Bereiche des Glasbades gegenüber der Flammenstrahlung abdecken, müssen die Wärmeverluste des Glasbades in diesen Bereichen durch die Glasströmungen gedeckt werden. Weiterhin führen die Glasströmungen durch die vorhandenen Strömungsgradienten zu einer Streckung und Stratifizierung lokaler Inhomogenitäten in der Glasschmelze. In Verbindung mit der Diffusion tragen damit die Glasströmungen auch zu einer Homogenisierung der inhomogenen Primärschmelzen entscheidend bei. Aus dieser dreifachen Aufgabe der Glasströmungen wird deren große Bedeutung für die Qualität der Glasschmelze sowie die Schmelzleistung und den Energiebedarf der Anlage deutlich. Den größten Einfluß auf die Ausbildung der Glasströmungen hat das thermisch bedingte Dichtefeld im Glasbad und die Entnahmeströmung. Der Schub der Flammengase hat bei Regenerativwannen, bedingt durch den zeitlichen Wechsel der Flammenlage, nur eine untergeordnete Bedeutung. Bei stirnbeheizten Rekuperativwannen, in denen Entnahmeströmung und Flammen immer in gleicher Richtung wirken, kann eine meist nachteilige Wirkung des Flammenschubs auf die Glasströmungen im Oberflächenbereich zustande kommen.

Daten über das gesamte Temperaturfeld und damit des Dichtefeldes in Glasschmelzwannen sind experimentell nur mit sehr großem Aufwand erhältlich. In der Literatur finden sich daher nur Angaben über beschränkte Bereiche, vornehmlich in Längsachse der Wanne. Aus der umfassendsten Arbeit

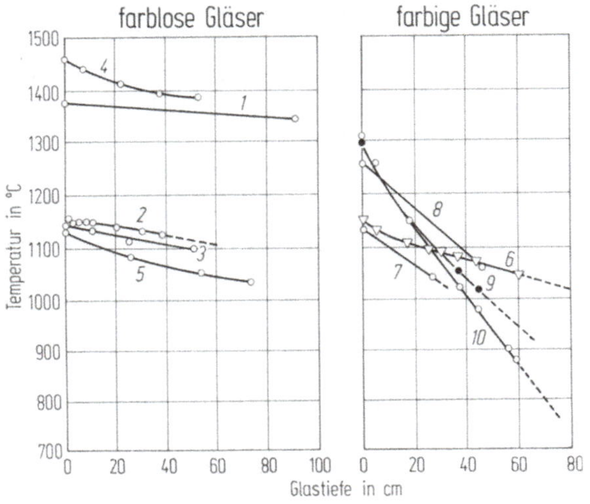

Bild 6.61. Temperaturgradient im Glasbad verschiedener Wannenöfen (nach Messungen von R. Halle) [41]. *1* Pyrexglas; *2* farbloses Beleuchtungsglas; *3* farbloses Pyrexglas (Arbeitswanne); *4* farbloses Pyrexglas (Schmelzwanne); *5* farbloses Hohlglas; *6* lichtgrünes Flaschenglas; *7* Grünglas; *8* rauchigbraunes Verschmelzglas; *9* Braunglas; *10* dunkles Grünglas

auf diesem Gebiet [42] sind in den Bildern 6.61 und 6.62 die Temperaturverteilung in einer Weißhohlglaswanne und einer Hohlglaswanne für braunes Flaschenglas gezeigt.

Der Temperaturgradient von der Oberfläche zum Wannenboden ist stark von der Glasart abhängig. Transparente Gläser wie das Weißhohlglas weisen einen Gradienten von 1,3 bis 1,5 °C/cm auf, weniger transparente Gläser, wie Braun- oder Grünglas einen Gradienten von 2,5 bis 3,5 °C/cm. Während der Gradient von Farbglas relativ gleichmäßig ist, zeigt das Weißglas im Oberflächenbereich einen starken Anstieg (Bild 6.61) im Temperaturverlauf.

Die Kenntnis der Glasströmungen in Wannen und als weiterer Schritt ihre Beeinflussung und Beherrschung durch bauliche und betriebliche Maßnahmen setzen als erstes das Verständnis der Zusammenhänge, die zum Entstehen der Strömungen führen, voraus. Die in der Praxis als Entstehungsursache für Konvektionsströme oft genannte Erklärung, wonach das Glas von Bereichen höherer Temperatur zu Bereichen niedrigerer Temperatur

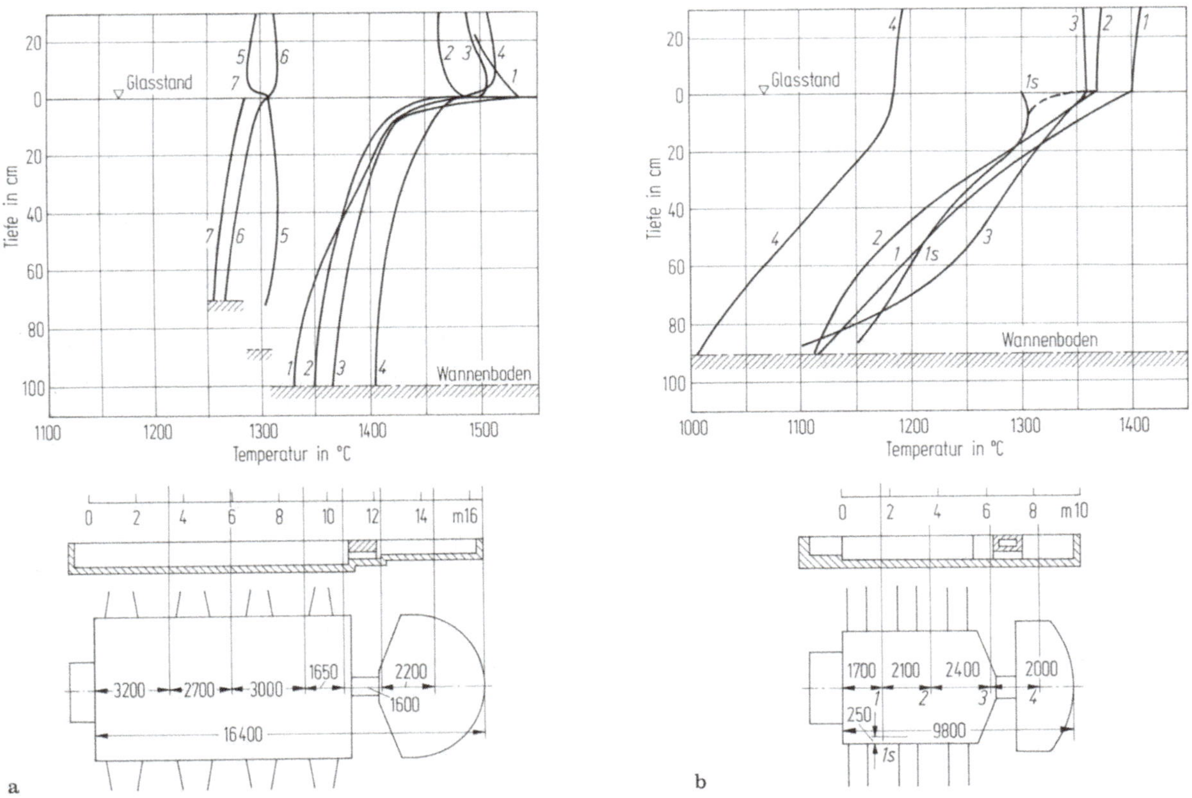

Bild 6.62. Temperaturverlauf über der Badtiefe in Wannenlängsachse [42]. **a** Weißhohlglaswanne; **b** Wanne für braunes Flaschenglas (Maßangaben in mm)

fließt, gibt den tatsächlichen Vorgang nur ungenügend wieder, da man auf diese Weise das Zurückströmen des Glases aus den kühlen Zonen der Wanne in die heißen schlecht erklären kann. Ein viel besseres Hilfsmittel, um sich das Entstehen der Glasströmungen unter verschiedenen Bedingungen klarzumachen, stellt der Vergleich des Verlaufs des hydrostatischen Drucks im Glasbad über der Badtiefe an verschiedenen Stellen der Wanne dar (Bild 6.63a bis e).

Geht man von der Voraussetzung aus, daß anfänglich die Temperatur des Glases in der Wanne überall gleich ist und kein Glas eingegeben und entnommen wird, dann ist an Stellen gleicher Badtiefe der hydrostatische Druck überall gleich. Es können dadurch innerhalb des Glasbades keine Strömungen

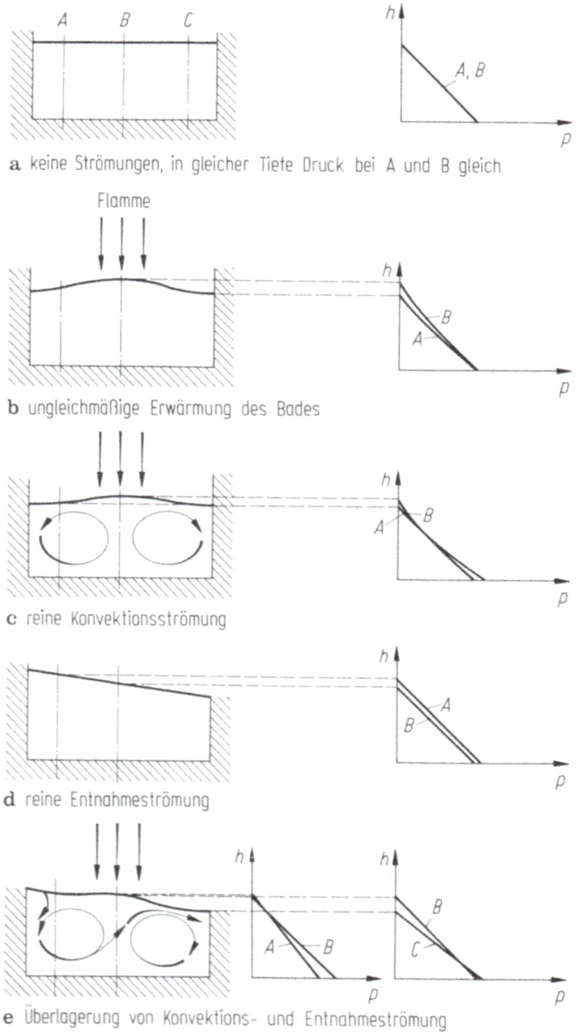

Bild 6.63a–e. Ausbildung einer Konvektions- und Entnahmeströmung in einem einfachen Wannenbecken [43]

entstehen, da die Potentialflächen genau waagrecht, parallel zur Badoberfläche verlaufen. Eine Verschiebung von Glasteilchen in waagrechter Richtung kommt nicht zustande, da nach dieser Richtung kein Potentialgefälle (Druckgefälle) besteht. Eine Verschiebung in vertikaler Richtung kommt ebenfalls ohne äußeren Antrieb nicht zustande, da aufwärtsströmenden Teilchen aus Kontinuitätsgründen ein entsprechendes Abwärtsströmen von Glasteilchen in anderen Bereichen gegenüberstehen muß. Die Summe der Potentialdifferenzen ist bei einer solchen Strömung somit ebenfalls Null.

In Bild 6.63a ist der Querschnitt durch eine senkrecht zur Zeichenebene unendlich ausgedehnte Wanne schematisch wiedergegeben. Betrachtet man eine senkrechte Testebene B in der Mitte der Wanne und parallel dazu in Randnähe eine zweite Testebene A, dann läßt sich bei überall gleicher Glastemperatur der Verlauf des hydrostatischen Drucks über der Badtiefe durch die rechts neben der Wanne eingezeichneten Gerade wiedergeben. Der Druckverlauf bei A und B ist genau gleich, und die beiden Geraden decken sich.

Beheizt man das Glas von oben her im Mittelbereich der Wanne stärker als im Randbereich, so beginnt es, sich auszudehnen, entsprechend der ungleichmäßigen Temperaturverteilung im Mittelbereich des Glasbades stärker als in den randnahen Zonen. Die anfänglich genau horizontal liegende und völlig ebene Bodenoberfläche wölbt sich in der Mitte buckelartig nach oben. Geht man von der Voraussetzung aus, daß noch keine Strömungen eingesetzt haben, dann läßt sich der Druckverlauf in Ebene A und B nach Schema b (Bild 6.63) darstellen. Der hydrostatische Druck am Wannenboden ist bei A und B gleich und unverändert geblieben, da sich das Gesamtgewicht der darüberlagernden Glassäule trotz Erwärmung nicht verändert hat. Weiter oben werden die in horizontaler Richtung auftretenden Druckabweichungen zwischen den Ebenen A und B größer, da das Gewicht der über der betrachteten Stelle liegenden Glassäule bei A und B, bedingt durch die Temperaturunterschiede im Glas und die Krümmung der Glasoberfläche, verschieden ist. Der Verlauf des hydrostatischen Drucks bei B weicht stärker von einer Geraden ab, da die oberflächennahen Bereiche des Glasbades stärker erwärmt werden als die bodennahen. Bei A ist dieser Einfluß geringer. Durch das Divergieren der Drucklinien entstehen in waagrechter Richtung zwischen A und B Druckdifferenzen, deren Größe sich mit der Badtiefe ändert. Aus dem Mittelbereich des Glasbades wird durch die Druckdifferenzen Glas in die randnahen Zonen gedrückt. Diese Strömung setzt vor allem an der Oberfläche ein, da hier die Neigung der Potentiallinien am größten ist. Das oberflächennahe Glas fließt gleichsam von der Oberfläche des Buckels ab. Durch das Abfließen des Glases wird das Gesamtgewicht der Glassäule in der Badmitte verringert, in den Randzonen erhöht, die Bodendrucke bei A und B werden verschieden, und die Folge davon ist ein Überkreuzen der Drucklinien, wie dies in Bild 6.63 c dargestellt ist. Im oberen Teil des Glasbades wird dadurch das Glas nach außen gedrängt, im unteren Bereich nach innen. Durch das Zufließen des Glases bei A von oben und gleichzeitiges Abfließen im Bodenbereich kommt es zu einem Absinken des Glases bei A und zu einem Aufsteigen bei B. Zwischen den treibenden Kräften (Temperaturunterschiede) un den ausgleichenden Kräften (Strömungen) stellt sich schließlich ein Gleichgewichtszustand ein. Während die Beheizung zu Temperaturunterschieden im Glasbad drängt, versucht die Strömung diese abzubauen. Es bildet sich eine typische Konvektionsströmung aus, die unter den vorausgesetzten symmetrischen Randbedingungen aus zwei gleich großen gegenläufigen Wirbelwalzen besteht, deren Rotationspole und Form von der Temperaturverteilung im Glasbad abhängen.

Eine einfache Entnahmeströmung und die dabei auftretende Druckverteilung gibt Bild 6.63 d wieder. Durch die Eingabe von Glas oder Gemenge auf der einen und Entnahme von Glas auf der anderen Seite kommt es zu einer Neigung der Badoberfläche und damit zu einem Fließen des Glases von A nach B. Der entsprechende Druckverlauf über der Badtiefe stellt sich hier als zwei parallel zueinander verlaufende Geraden dar. Denkt man sich die beiden in Bild 6.63 c und d dargestellten Strömungszustände überlagert, dann bekommt man in einfachster Form den Strömungsverlauf, wie er in der Längsachse einer einfachen offenen Wanne zu erwarten ist. Durch die Entnahmeströmung ergibt sich eine Parallelverschiebung der in Bild 6.63 c gezeigten Drucklinien. Die Linie A wandert entsprechend Bild 6.63 d nach oben, und es kommt bei genügend starker Quellpunktströmung eine Druckverteilung gemäß Bild 6.63 e zustande. Zwischen den beiden Konvektionswalzen wird ein Teil des Glases in einen S-förmigen Strömungsverlauf ausgetauscht. Es ist zu vermerken, daß beim Eingeben von Gemenge der schaumige mit Sandresten vermengte Anteil des einschmelzenden Glases vermöge seines geringeren spezifischen Gewichts an der Oberfläche bleibt und nur das weitgehend blasen- und sandfreie Glas in den absteigenden Bereich der Konvektionswalze gelangen kann.

Die Oberfläche der Glasmasse zeigt einen schwach S-förmigen Verlauf. Dicht vor dem Quellpunkt ist die Neigung der Badoberfläche am geringsten, was zu einer entsprechenden Verminderung der Oberflächenströmungsgeschwindigkeit führt. Nach Passieren des Quellpunktes wird die Oberflächenneigung am stärksten, und das Glas fließt hier besonders schnell ab. Die Wirkung der „thermischen Sperre“ in Form des Quellpunktes kommt dabei sehr deutlich und anschaulich heraus. Je nachdem wie stark die Entnahmeströmung im Verhältnis zur Konvektionsströmung ist, kann es zu einer Verschiebung des Strömungsbildes in Richtung Schema c oder d kommen (Bild 6.63).

Beachtenswert an dem Strömungsbild 6.63 e ist, daß das frische Glas entweder direkt über der Oberflächenströmung oder indirekt über die Konvektionsströmungswalze in Quellpunktnähe den oberflächennahen heißen Bereich des Glasbades passieren muß, was die Läuterung und wohl auch die Homogenisierung des Glases entscheidend fördert. Man hat beim Betrachten dieses Bildes den Eindruck, daß ohne Mithilfe der Konvektionsströme eine befriedigende Glasschmelze in einer Wanne überhaupt in Frage gestellt ist. Die Glasschmelze fließt im Bereich der höchsten Wannentemperaturen (Quellpunkt) besonders langsam, was das Blankschmelzen und Läutern des Glases außerordentlich erleichtert. Bei einer reinen Entnahmeströmung fließt das Glas in Oberflächennähe an allen Stellen nahezu gleich schnell und ist somit den hohen Temperaturen kürzere Zeit ausgesetzt als bei einer der Entnahmeströmung überlagerten Konvektionsströmung. Die Form und Größe der Rotationswalzen hängen, wie bei Bild 6.63 bereits betont, von der Temperaturverteilung im Glasbad ab. Reicht die direkte und indirekte Wirkung der Flammen auf die Temperaturverteilung im Glasbad nicht tief genug (Grünglas), dann werden sich, wenn keine elektrische Zusatzheizung verwendet wird, nur flache Rotationswalzen ausbilden, und es besteht die Gefahr, daß kühles, schlecht geläutertes Glas im Bereich des Gemenges so tief untersinkt, daß es direkt durch Unterwanderung des Quellpunktes über den Durchlaß in die Arbeitswanne gelangen kann.

6.5.2 Berechnung der Glasströmungen [44 – 58]

Eine Berechnung der Glasströmungen setzt die Berücksichtigung der Kontinuitäts-, der Energie- und der Impulsgleichung unter Berücksichtigung des dreidimensionalen Raums, der Randbedingungen und der Stoffwerte der Glasschmelze voraus. Eine Lösung ist bisher auch bei Einsatz leistungsfähiger Computer mit annehmbarem Zeiteinsatz nicht geglückt. Durch eine Beschränkung auf den zweidimensionalen Fall und Einführung einer effektiven Wärmeleitfähigkeit, die den Einfluß der Strahlung mit erfaßt, lassen sich bei Beschränkung auf vereinfachte Randbedingungen Ergebnisse erzielen, wie Leyens [50] gezeigt hat. Mit Einführung der Stokesschen Stromfunktion und einer mittleren konstanten Dichte des Glasbades bei der Energie- und Kontinuitätsgleichung und unter Vernachlässigung der Trägheitskräfte lassen sich die Glasströmungen in der Vertikalebene der Wannenlängsachse durch die Energiegleichung

$$\varrho c \left[\frac{\partial \vartheta}{\partial t} + v_x \frac{\partial \vartheta}{\partial x} + v_y \frac{\partial \vartheta}{\partial y} \right] = \lambda_{\text{eff}} \left[\frac{\partial^2 \vartheta}{\partial x^2} + \frac{\partial^2 \vartheta}{\partial y^2} \right] \tag{6.29}$$

und die Strömungsgleichung

$$\mu \left[\frac{\partial^4 \Psi}{\partial x^4} + 2 \frac{\partial^4 \Psi}{\partial x^2 \partial y^2} + \frac{\partial^4 \Psi}{\partial y^4} \right] + g \varrho_0 \beta \frac{\partial \vartheta}{\partial x} = 0 \tag{6.30}$$

beschreiben, wobei μ die dynamische Viskosität der Glasschmelze bedeutet, und β den Wärmeausdehnungskoeffizienten darstellt, mit

$$\beta = \frac{1}{\varrho_0} \frac{\partial \varrho}{\partial \vartheta} .$$

In beiden Gleichungen sind alle Stoffwerte als konstant vorausgesetzt. Da eine Lösung nur mit numerischen Verfahren möglich ist, können die Temperaturabhängigkeiten der Stoffwerte bei den einzelnen Rechenschritten genügend genau berücksichtigt werden.

Aus Ähnlichkeitsbetrachtungen läßt sich zeigen, daß das Strömungsfeld durch die sogenannte Rayleigh-Zahl charakterisiert werden kann

$$Ra = Gr\, Pr = \frac{g \cdot \beta\, \Delta\vartheta_{\max} L^3}{\nu a} . \tag{6.31}$$

$\Delta\vartheta_{\max}$ bedeutet die maximal auftretende Temperaturdifferenz und L die kennzeichnende Länge. Ra liegt bei Glasschmelzöfen im Größenbereich 5 bis $100 \cdot 10^3$. Man erkennt, daß Konvektionsströmungen um so stärker werden, je größer die Wärmedehnung des Glases (β), die auftretenden Temperaturdifferenzen und besonders je größer die Abmessungen der Anlage sind. Eine Zunahme der kinematischen Zähigkeit (ν) und der Temperaturleitfähigkeit (a) vermindern die Konvektionsströmungen.

Leyens [50] weist in seinen Arbeiten darauf hin, daß vornehmlich die dynamische Viskosität des Glases und weniger die Wärmeleitfähigkeit das Strömungsbild beeinflussen, da die dynamische Viskosität sich mit der Temperatur bedeutend stärker ändert, als die Wärmeleitfähigkeit (Bild 6.64). Er schlägt daher vor, die Grashof-Zahl (Gr) und nicht das Produkt aus Grashof- und Prandtl-Zahl ($Gr\, Pr = Ra$) als kennzeichnende Größe zu verwenden.

Die Grashof-Zahl lautet

$$Gr = \frac{g\, \beta\, \Delta\vartheta_{\max} L^3}{\nu^2} . \tag{6.32}$$

Gegenüber der Rayleigh-Zahl tritt hier die kinematische Zähigkeit ν im Quadrat auf, a fehlt. Eine Änderung der Zähigkeit des Glases wird von Gr somit empfindlicher registriert als dies bei der Rayleigh-Zahl der Fall ist. Die Grashof-Zahl liegt bei den für Glasschmelzöfen in Frage kommenden Bedingungen zwischen 6 und $160 \cdot 10^3$. Wie bei der Rayleigh-Zahl nimmt die Intensität der Konvektionsströme mit zunehmender Grashof-Zahl

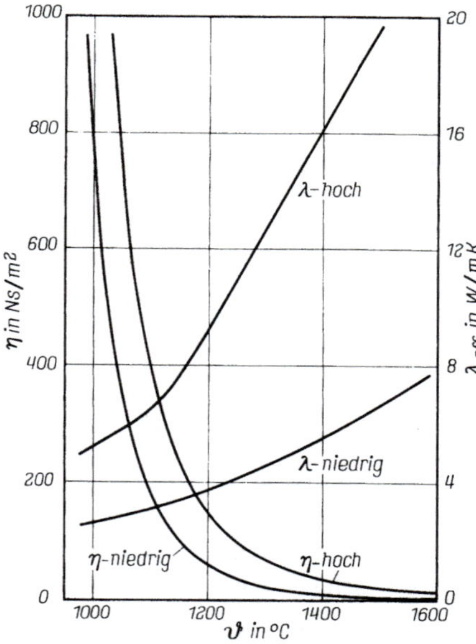

Bild 6.64. Dynamische Viskosität und effektive Wärmeleitfähigkeit von Glasschmelzen [50]

zu. Als kennzeichnende Länge kann man $L^3 = H^2 S$ setzen, wenn mit H die Badtiefe und mit S die Längenausdehnung in Strömungsrichtung bezeichnet wird.

Der heutige Wissensstand über Glasströmungen basiert vornehmlich auf Untersuchungen an physikalischen Strömungsmodellen und Berechnungen, wobei die Rechenergebnisse in den letzten Jahren viele neue Erkenntnisse gebracht haben. Die Ergebnisse der Rechnungen werden im folgenden Abschnitt im Zusammenhang mit den verschiedenen Einflußgrößen behandelt.

Strömungsmessungen an laufenden Anlagen beschränken sich meist auf Versuche mit Schwimmkörpern auf der Badoberfläche [43] sowie auf Tiefenmessungen mit radioaktiven Isotopen und Senkpendelsystemen [51, 62]. Das Senkpendelsystem liefert Daten über den Strömungszustand an einem genau definierten Ort. Der meßtechnische Aufwand ist sehr groß, so daß nur punktuelle Messungen möglich sind. Das Verfahren eignet sich damit nur zur Gewinnung von Stützstellen für die Rechnung und die Modelltechnik.

6.5.3 Beeinflussung der Glasströmungen

6.5.3.1 Abgrenzung des Schmelzbereichs vom Läuterbereich

Mit die wichtigste Aufgabe der Glasströmungen ist es, den Schmelzbereich (einschmelzendes Gemenge) vom Läuterbereich abzugrenzen, damit nur durchgeläutertes Glas in den Arbeitsbereich gelangt. Der in der Fachliteratur verwendete Begriff der „Läuterung" umfaßt die weitgehende Entgasung und Homogenisierung der Primärschmelzen. Da sich auch im Schmelzbereich einer Glasschmelzwanne Läutervorgänge in dem geschilderten Sinne abspielen, ist eine scharfe Abgrenzung in Schmelzbereich und Läuterbereich nicht möglich und nicht zulässig. Obwohl diese Einschränkung besteht, wird hier und in den anderen einschlägigen Abschnitten dieses Buches an der sich vornehmlich historisch entwickelten Unterscheidung in Schmelz- und Läuterbereich festgehalten.

Die Beheizung über der Längsachse der Wanne ist so einzustellen, daß sich im Läuterbereich des Oberofens ein deutliches Temperaturmaximum einstellt [59]. In Verbindung mit der kühlenden Wirkung des eingelegten Gemenges bildet sich dann eine Quellpunktströmung (Bild 6.65) heraus, welche ein zu weites Vordringen der Gemengedecke und des Schaums in den Läuterbereich verhindert und das frisch erschmolzene Glas nach oben in die Zone hoher Temperatur drängt. Es entsteht auf diese Weise die sogenannte thermische Sperre. Die sich dabei ausbildenden Strömungen in Längsachse der Wanne sind in Bild 6.65 angedeutet. Durch die Ebene A–A werden durch die linksdrehende Wirbelwalze die zum Abschmelzen des Gemenges von unten notwendigen Wärmemengen transportiert. Diese Wirbelwalze verhindert ein zu weites Vordringen des Gemenges zum Quellpunktbereich.

Wie stark sich die kühlende Wirkung der Gemengedecke auf die Ausbildung der Strömungswalze im Gemengebereich auswirkt, geht aus Strömungsberechnungen an der querbeheizten Wanne mit und ohne Glasentnahme hervor (Bild 6.66) [60]. Während sich bei Belastung die beiden gegenläufigen Strömungswalzen mit dem z-förmigen Strömungsweg der Durchsatzströmung deutlich ausbilden (Bild 6.67), sind die Strömungswalzen bei der gleichen Wanne ohne Glasentnahme nur schwach ausgebildet. Temperaturmessungen im Glasbad der Wanne und errechnete Temperaturprofile stimmen befriedigend überein, so daß an der grundsätzlichen Richtigkeit der Strömungsrechnung nicht zu zweifeln ist.

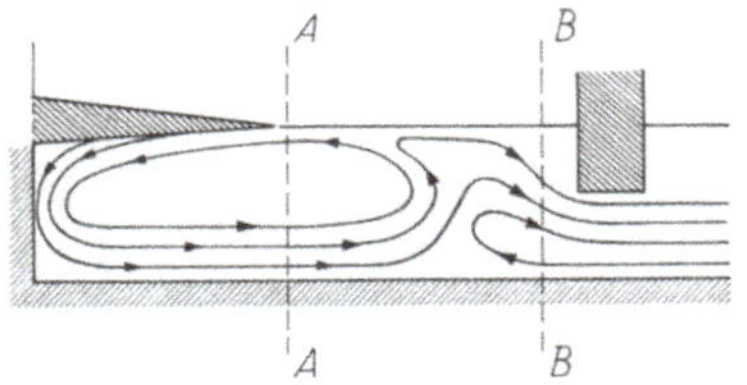

Bild 6.65. Schema der Glasströmungen in einer Durchlaßwanne (Längsschnitt, Mittelbereich) [59]

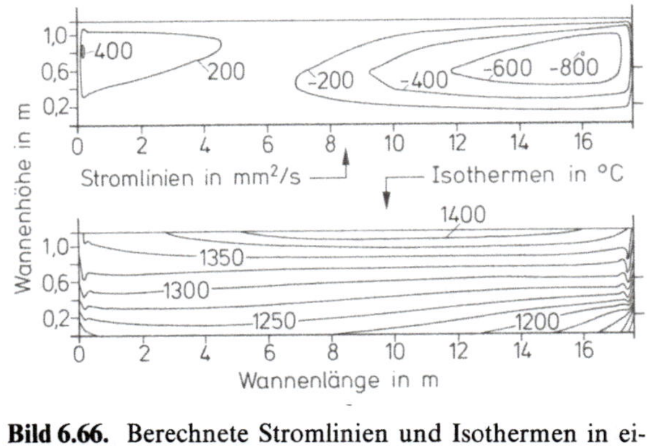

Bild 6.66. Berechnete Stromlinien und Isothermen in einer querbeheizten Glasschmelzwanne ohne Glasentnahme [60]

6.5.3.1.1 Steigerung der Durchsatzströmung

Eine Steigerung der Schmelzleistung läßt sich durch die Verstärkung der Flammenbeheizung im Oberofen nur bis zu einem gewissen Grad ermöglichen. Wird die Schmelzleistung darüber hinaus erhöht, dann wird die rechtsdrehende Strömungswalze in der Läuterzone so stark geschwächt, daß eine ausreichende Läuterung und Homogenisierung des Glases nicht mehr möglich ist. Die Ergebnisse entsprechender Rechnungen [50] sind aus Bild 6.67 zu ersehen.

Wenn auch der Einlauf des Glases in den Durchlaß wegen der Nichteinbeziehung der Arbeitswanne in die Rechnung als nicht gesichert zu betrachten ist, so zeigt ein Vergleich der Strömungszustände in Bild 6.67a und b doch, daß bei erhöhtem Durchsatz ohne entsprechend ausreichende Ausgleichsmöglichkeiten bei der Beheizung, trotz Ansteigen der Oberofentemperatur, die Temperatur des Glases im Durchlaß abfallen muß.

Messungen von Greschat [61] an einer Weißglaswanne bestätigen die Richtigkeit dieser Schlußfolgerung. Mit zunehmender Schmelzleistung fiel trotz einer Steigerung der Gewölbetemperatur die Glastemperatur im Durchlaß ab (Bild 6.68).

Neuere Arbeiten von Leyens und Smrcek [52] bestätigen die Vermutung, daß eine starke Durchsatzsteigerung, allerdings von niedrigem Niveau aus (0,7 t Glas/m^2 d), zu einer geringen Verstärkung der Hauptrotationswalze unter der Gemengedecke, aber zu einer deutlichen Einengung der Nebenwalze im Läuterbereich führt (Bild 6.69a). Die Neigung des Glases, im Läuterbereich den kürzeren Weg zum Durchlaß zu nehmen, ist deutlich zu erkennen. Die Brennstoffzufuhr wurde entsprechend der höheren Schmelzleistung gesteigert. Es handelt sich bei den Ergebnissen in Bild 6.69 zwar um zweidimensionale Strömungsberechnungen, die aber durch Aufenthaltszeitmessungen gestützt werden [52].

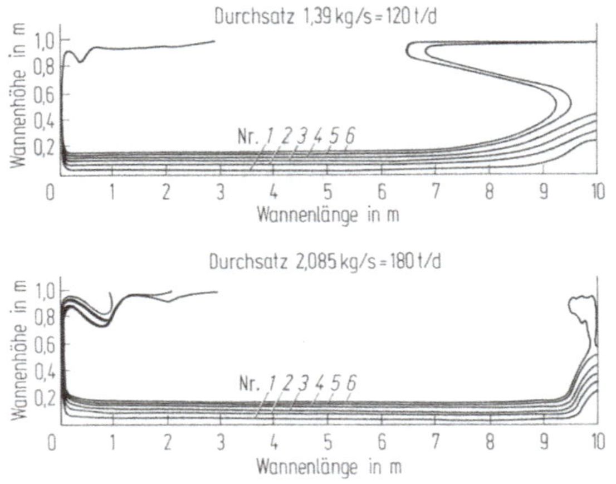

Bild 6.67. Einfluß des Durchsatzes auf die Glasströmung in der Schmelzwanne [50]

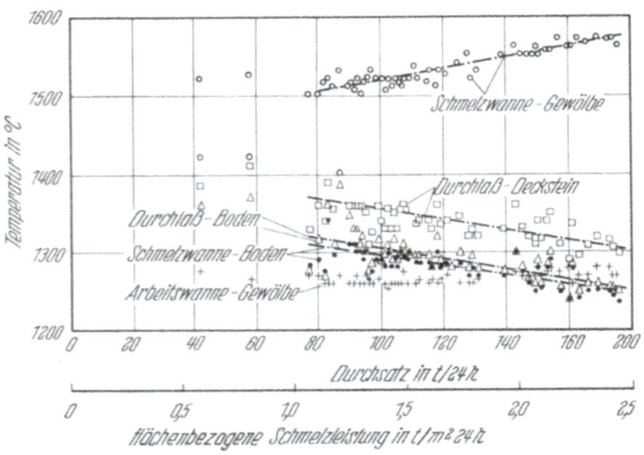

Bild 6.68. Temperaturen an verschiedenen Meßorten einer Hohlglasschmelzwanne (weißes Verpackungsglas) [61]

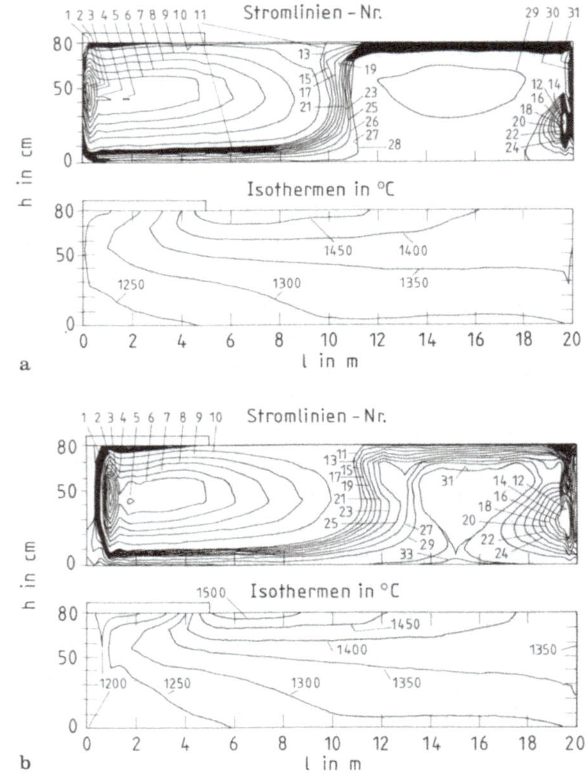

Bild 6.69. Berechnete Stromlinien und Isothermen in der Symmetrieebene der Glasschmelzwanne [52]. **a** Flächenbezogene Schmelzleistung 0,7 t Glas/m^2 d; **b** flächenbezogene Schmelzleistung 1,4 t Glas/m^2 d.

6.5.3.1.2 Elektrozusatzheizung im Läuterbereich

Durch direkte zusätzliche elektrische Beheizung (Abschn. 8.9) des Glasbades im Bereich des thermischen Quellpunktes läßt sich die rechtsdrehende Strömungswalze stabilisieren und damit die Schmelzleistung der Wanne steigern. Dieses Verfahren ist besonders wirkungsvoll bei dunklen Gläsern, bei denen die Oberofenheizung weniger stark in die Tiefe des Glasbades dringt, als bei hellen Gläsern.

Quantitative Angaben über die notwendigen elektrischen Leistungen in Abhängigkeit von der Wannenbelastung fehlen. Man kann überschlägig damit rechnen, daß $\approx 5\%$ der über Brennstoff zugeführten Energie als elektrische Energie im Läuterbereich zugeführt werden müssen, um die Schmelzleistung um $\approx 10\%$ zu steigern.

6.5.3.1.3 Elektrozusatzheizung im Einschmelzbereich

Das mit einer Schmelzleistungssteigerung verbundene Vordringen der Gemengedecke und des Schaumfeldes in den Läuterbereich und die damit verbundene Einengung des freien Badspiegels und der Beheizung des Glasbades von oben läßt sich durch direkte elektrische Beheizung der Schmelzwanne bis zu einem gewissen Grad in ähnlicher Weise verhindern wie bei der Elektrozusatzbeheizung im Läuterbereich. Der grundlegende Unterschied beider Verfahren besteht aber darin, daß eine elektrische Zusatzheizung im Einschmelzbereich die linksdrehende Wirbelwalze unter der Gemengedecke schwächt. Im Grenzfall reicht die Wirkung der Wirbelwalze nicht mehr aus, um das Gemenge vom Läuterbereich zurückzuhalten (Abschn. 8.9), und die Glasqualität fällt wegen mangelhafter Läuterung ab.

Eine elektrische Zusatzheizung im Läuterbereich ist daher im allgemeinen wirksamer, als eine solche im Einschmelzbereich. Eine Kombination beider Beheizungsarten ermöglicht die höchsten Schmelzleistungssteigerungen. Die Grenzen setzt der Energiepreis des elektrischen Stroms.

6.5.3.1.4 Einblasen von Gasen

Bis zu einem gewissen Grad läßt sich der Quellbereich einer Schmelzwanne auch durch dosiertes Einblasen von Gasen durch den Wannenboden stabilisieren. Der Haupteinsatzbereich des Gaseinblasens liegt aber mehr in der Verbesserung der Homogenisierung der Glasschmelze und weniger in der Steigerung der erzielbaren Schmelzleistung.

Die vom Wannenboden aufsteigenden Gasblasen wirken wie äußere Schubkräfte auf das umgebende Glas und unterstützen damit die Quellströmung.

Im Gegensatz zur elektrischen Zusatzheizung wirkt eine aufsteigende Blasenkette nur lokal auf das umgebende Glas. Über jeder Blasdüse bildet sich im Kern ein aufsteigender Strömungszylinder, der von einem absteigenden Strömungszylinder umgeben ist (Bild 6.70a). Werden mehrere Blasdüsen in einer oder einer Doppelreihe angeordnet, vereinigen sich die Strömungszylinder entsprechend des gewählten Abstands (Bild 6.70b).

Bei der Auslegung von Blasdüsenketten ist besonders auf den Abstand zwischen den einzelnen Düsen (l') und den Abstand der ersten und letzten Düse jeweils von der Wannenseitenwand (l'') zu achten (Bild 6.70).

Nach Pchelyakov u. a. [63] kann die Bildung von gefährlichen Abwärtsströmungen zwischen den Blasdüsen verhindert werden, wenn $l \leqq (l_1 + 0{,}3\,H)$ und $l_1 = 200$ mm gewählt werden, worin H die

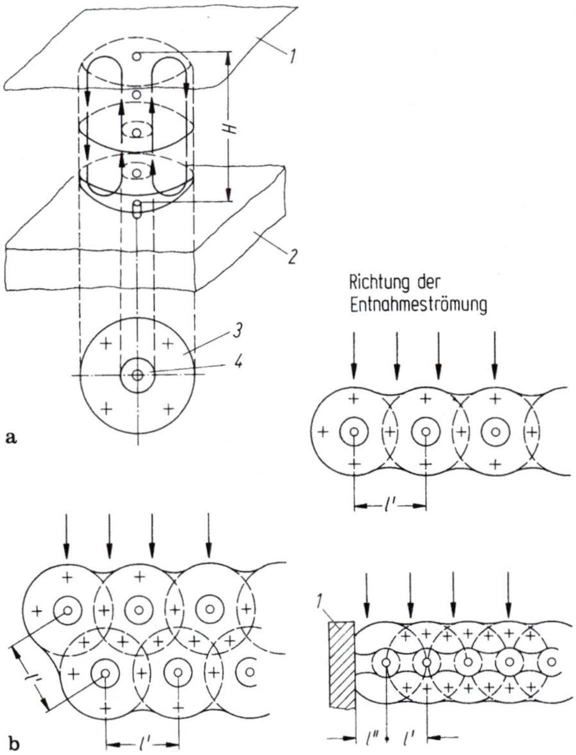

Bild 6.70. **a** Strömungszylinder mit auf- und absteigender Strömung [63]; **b** Vereinigung der Einzelzylinder zu einer geschlossenen Strömungsfront [63]. *1* Badoberfläche; *2* Wannenboden; *3* absteigender Glasbereich; *4* aufsteigender Glasbereich

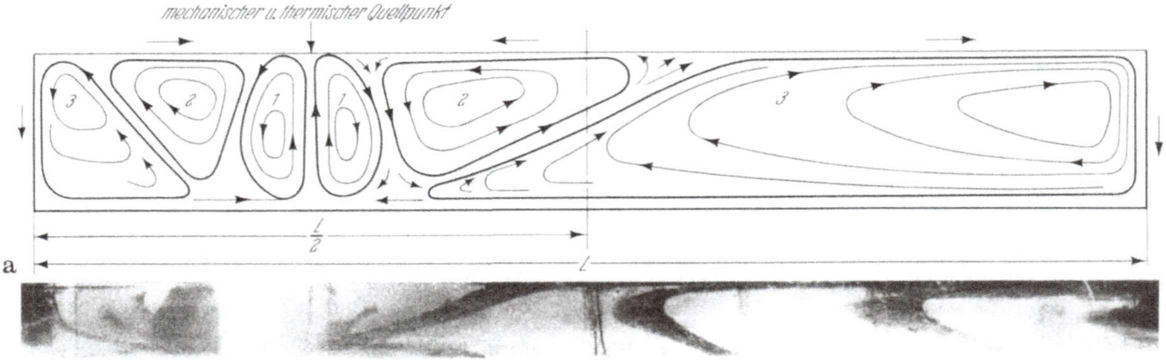

Bild 6.71. Überlagerung von thermischer und mechanischer Strömung (thermischer und mechanischer Quellpunkt fallen zusammen) [64]. **a** Stromlinienbild; **b** Aufnahme. *1* Strömungswalzen; *2* Rotationsnebenströmungen; *3* thermische Konvektionsströmungen

Tiefe des Glasbades ist. Für l'' wird angegeben: $l'' \leqq (l_2 + 0{,}2\,H)$, mit $l_2 = 130$ mm.

In der Praxis arbeitet man mit Düsenabständen zwischen 300 und 600 mm. Für tiefere Wannen gelten die größeren, für flachere Wannen die kleineren Werte. Der Abstand der ersten Düse von der Wannenseitenwand liegt in der gleichen Größenordnung. Ein zu geringer Abstand erhöht den Verschleiß des benachbarten Wannensteins. Werden zwei Reihen hintereinander angeordnet, dann beträgt der Abstand der Reihen $\approx$ 300 mm.

Im Bereich der Wannenseitenwand wird die Ausbildung der mechanisch bedingten Strömungswalzen durch die auftretende Strömungsreibung behindert. Dies hat zur Folge, daß bei hoher Wannenbelastung der Durchbruch ungenügend durchgeschmolzenen Glases im Randbereich erfolgt [65].

Wird eine Blasdüsenkette in einem Becken im Bereich des thermischen Quellpunkts angeordnet, der groß ist gegenüber den sich ausbildenden Strömungszylindern, bilden sich zwischen den thermischen Konvektionswalzen und den mechanisch induzierten Strömungszylindern „Rotationsnebenströmungen" aus, wie sie in Bild 6.71 gezeigt sind. Strömungsbilder dieser Art sind in physikalischen Strömungsmodellen nachgewiesen worden [64].

Sind mechanischer und thermischer Quellpunkt nur wenig (< 0,3 Wannenlänge) voneinander entfernt, dann wird der thermische Quellpunkt stark deformiert und in den mechanischen Quellpunkt einbezogen. Ist der Abstand größer, dann bilden sich beide Quellpunkte unabhängig voneinander aus.

Durch die Blasenkette werden die vertikalen Strömungskomponenten sehr verstärkt, und es kommt zu einem fühlbaren Temperaturausgleich. Die oberflächennahen Schichten werden abgekühlt, die tieferen erwärmt.

Zur Blasenbildung selbst ist zu sagen, daß mit steigendem Luftdruck und zunehmendem Düsendurchmesser die Blasenzahl, die Bildungsgeschwindigkeit der Blasen und die Blasengröße zunehmen. Eine Verminderung der Viskosität der Schmelze (Erhöhung der Temperatur) bewirkt eine Abnahme der Blasengröße und eine Zunahme der Blasenfrequenz. In der Praxis arbeitet man mit 10 bis 50 Blasen pro Minute. Bei den heute üblichen Blasenfrequenzen bildet sich vor dem Zerplatzen der Blase an der Oberfläche im Innern bereits die nächste Blase (Bild 6.72). Die konstruktive Auslegung einer Blasdüse und die Anordnung im Wannenboden zeigen die Bilder 6.73 und 6.74. Verwendet werden Düsensteine aus schmelzgegossenem Material, die $\approx$ 100 mm über dem Bodenbelag in das Glasbad ragen, um einen erhöhten Verschleiß des Wannenbodens durch die starken Glasströmungen im Düsenbereich zu verhindern.

Bild 6.72. Blasenausbildung an der Glasoberfläche [67]

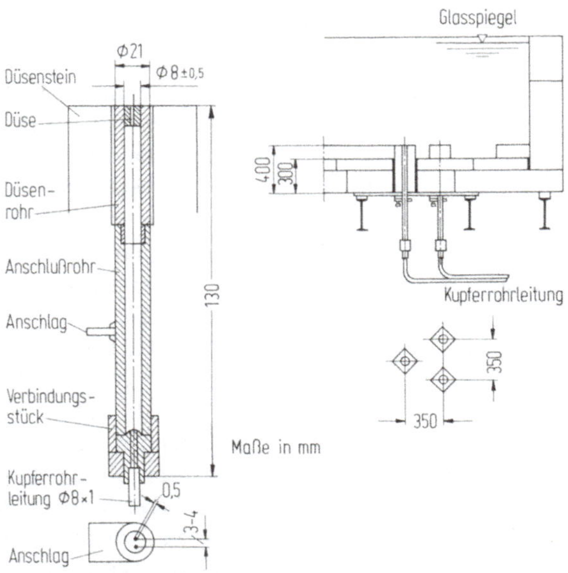

Bild 6.73. Anordnung der Düsensteine und der Blasdüsen (Maßangaben in mm)

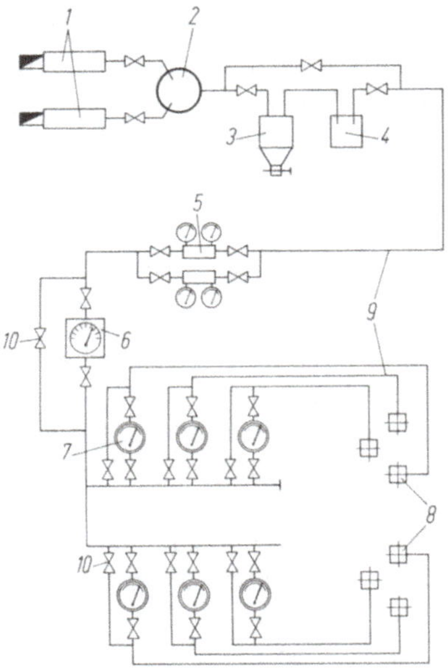

Bild 6.74. Schematischer Aufbau einer Blasanlage. *1* Kolbenverdichter (8–12 m^3/h; $p_e = 5–7$ bar); *2* Druckluftbehälter 2,5–3 m^3 für $p_e = 5–7$ bar Betriebsdruck; *3* Öl- u. Feuchtigkeitsabscheider; *4* Filter; *5* Druckregelventile; *6* Mengenmesser f. gesamte Luftmenge (l/h); *7* Mengenmesser für die einzelnen Luftdüsen (l/h); *8* Düsensteine mit Luftdüseneinsätzen; *9* Kupferrohrleitung (8 mm Φ und 1 mm Wandstärke); *10* Absperrventil; p_e = Überdruck

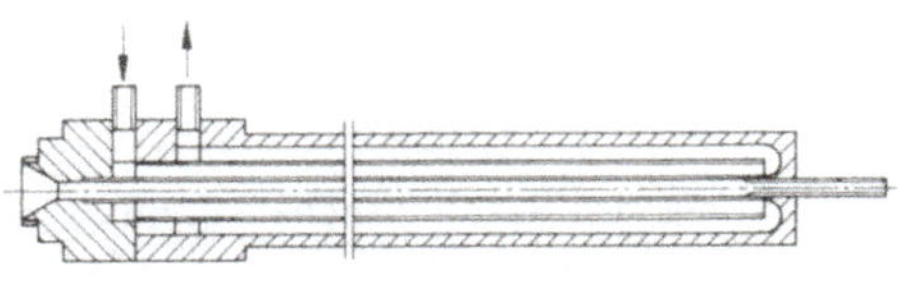

Bild 6.75. Wassergekühlte Blasdüse mit Halter

Die Düsensteine sind mit Bohrungen versehen, durch die Rohre aus hitzebeständigem Stahl von 20 mm Außen- und 8 mm Innendurchmesser bis an die Innenfläche der Düsensteine eingeführt werden. Die Blasendüsen selbst befinden sich in einem Einsatzstück aus Sillimanit, das in das Stahlrohr eingesetzt wird. Die Düse selbst bilden ein oder zwei Bohrungen von 0,5 mm Durchmesser. Es werden auch Düseneinsätze mit einer Vielzahl meist konzentrisch angeordneter Bohrungen empfohlen. In einem Beispiel finden 24 Bohrungen mit einem Durchmesser von 0,7 mm Anwendung [66].

Man arbeitet mit Betriebsdrücken von 0,5 bis 2,0 bar. Der Luftdurchsatz einer Düse wird mit 80 bis 200 dm^3/h angegeben. Um der Gefahr der Bildung von Stickstoffblasen in der Glasschmelze vorzubeugen, wird vielfach als Gas für die Blasdüsen Sauerstoff verwendet. Bei Verwendung von Druckluft aus dem Hüttennetz ist durch den Einbau von Ölabscheidern auf weitgehende Ölfreiheit zu achten, damit die Düsen nicht durch verkokendes Öl verstopfen.

Der Aufbau einer Blasanlage ist schematisch in Bild 6.74 dargestellt. Als Mengenmesser (6) haben sich kleine Rotameter bewährt. Ähnlich wie bei den Thermoelementen werden auch hier wassergekühlte Blasdüsenhalter verwendet, die ein Auswechseln während des Betriebs gestatten (Bild 6.75).

Die Blasdüsen werden mit Beginn des Schmelzens an der getemperten Wanne in Betrieb genommen. Die gewünschte Blasenzahl wird nach dem Vollschmelzen und Einstellung der Wannentemperaturen eingestellt.

Der in Bild 6.71 gezeigte Strömungsverlauf macht verständlich, daß mit dem Einblasen von Gasen durch den Wannenboden vorsichtig verfahren werden muß. Wird zu intensiv geblasen, dann kann bei hoher Wannenbelastung über die Rotationsnebenströmung Schaum oder noch nicht ganz durchgeschmolzenes Gemenge in die aufsteigende Strömungswalze eingemischt werden, was zu Produktionsstörungen führen kann. Eine zu hohe Blasenfrequenz führt dazu, daß vor dem Aufplatzen der Blase sich im inneren Bereich neue Blasen bilden (Bild 6.72). Die Folge sind Gaseinschlüsse, die ebenfalls zu Produktionsstörungen führen können. Die besten Ergebnisse mit dem Einblasen von Gasen werden bei dunklen Gläsern durch Verbesserung der Glashomogenität erzielt. Über die erreichbaren Schmelzleistungssteigerungen sind die Meinungen geteilt. Sie können mit 10 bis 20% im günstigsten Fall angesetzt werden. Die besten Ergebnisse werden erzielt, wenn die Blasenkette mit dem thermischen Quellpunkt der Wanne zusammenfällt.

6.5.3.1.5 Einbau von Wällen

Durch den Einbau eines Walls zwischen dem Schmelz- und Läuterteil einer Schmelzwanne lassen sich beide Bereiche bei richtiger Dimensionierung wirkungsvoll trennen und die Ausbildung der für die Glasqualität gefährlichen Kurzschlußströmung sowie das Eindringen von verunreinigtem Bodenglas in den Durchlaß verhindern. Die Verwendung eines Walls scheiterte lange Zeit daran, daß kein feuerfestes Material verfügbar war, das dem Glasangriff bei den vorliegenden Temperaturen ausreichend gewachsen war. Mit der Entwicklung der schmelzgegossenen KZ-Steine hat sich das Bild gewandelt. Auch dieser Stein läßt für diese Beanspruchung noch viele Wünsche offen, doch hat er dazu geführt, daß Wallkonstruktionen zunehmend Eingang finden. Erfahrungsberichte sind in der Literatur aber immer noch spärlich zu finden [68].

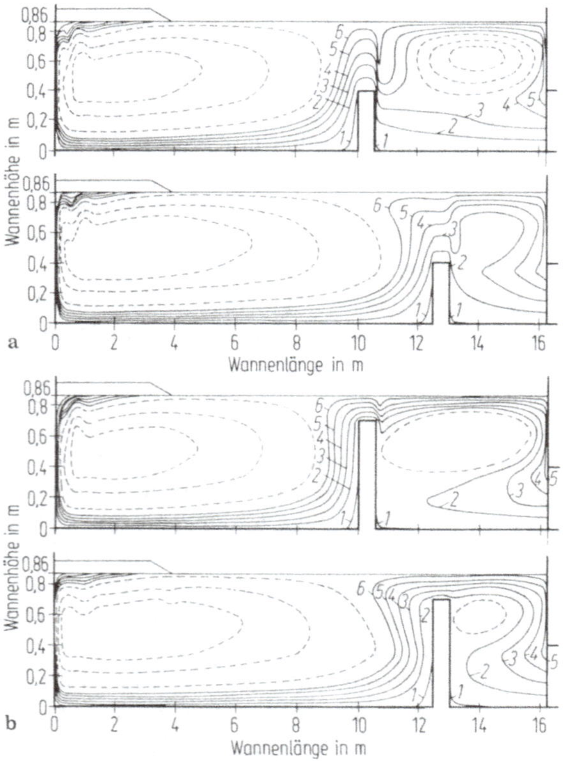

Bild 6.76. Glasströmungen bei unterschiedlicher Wallhöhe [69]. **a** Niedriger Wall; **b** hoher Wall (Durchsatz $\dot{M} = 1{,}5$ kg/s = 130 t/d für Wannenbreite $b = 5{,}20$ m)

Leyens und Woelk haben mit ihrem Rechenmodell auch die Wirkung eines Walls auf die Glasströmungen untersucht [69]. Die sich bei einem niedrigen und einem hohen Wall ergebenden Glasströmungen in Wannenlängsachse sind in Bild 6.76 dargestellt. Durch den Wall wird das erschmolzene Glas nach oben in die Bereiche hoher Temperatur gedrängt und damit die Läuterung ohne Zweifel verbessert. Ein hoher Wall mit der Höhe $h = 0{,}8\ H$ (H = Badhöhe) erfüllt diese Aufgabe besser als ein niedriger. Wichtig ist, daß das Glas im Quellpunktbereich, der vor dem Wall liegen muß, so stark erwärmt wird, daß in Verbindung mit der Erwärmung beim Überströmen des Walls das Glas im Läuterbereich nicht absackt, sondern im Oberflächenbereich verbleibt. Blasdüsen oder eine Elektrozusatzheizung im Quellpunktbereich unterstützen die Wirkung eines Walls sehr. Leider wird damit auch die Beanspruchung des Walls erhöht.

Die Kombination von Blasdüsen vor dem Wall mit einem relativ niedrigen Wall ($h \leqq 0{,}6\ H$) kann dazu führen, daß sich die für Blasdüsen typischen Rotationsnebenwalzen über dem Wall ausbilden (Bild 6.77), was zur Folge hat, daß die Entnahmeströmung nach unten in kältere Bereiche der Wanne abgedrängt wird.

6.5.3.1.6 Einbau von Drainagen im Wannenboden

Durch den Angriff der Glasschmelze und die Vorgänge im Oberofen kommt es zu einem Angriff auf die feuerfesten Baustoffe. Je nach Art und Angriffsort können die Korrosionsprodukte von der Glasschmelze nicht vollständig gelöst werden. Vor allem bei Verwendung schmelzgegossener Korund-Zirkon-Steine kann es im Bereich des Wannenbodens zu Ablagerungen primär oder sekundär gebildeter Kristalle oder Schlieren kommen, die im Glas als Steinchen oder Schlierenbänder (cat scratches) störend in Erscheinung treten. Besonders unangenehm machen sich diese Erscheinungen bei Wirtschaftsglaswannen bemerkbar. Hier muß auf eine visuell einwandfreie Glasqualität Wert gelegt werden. Hinzu kommt, daß

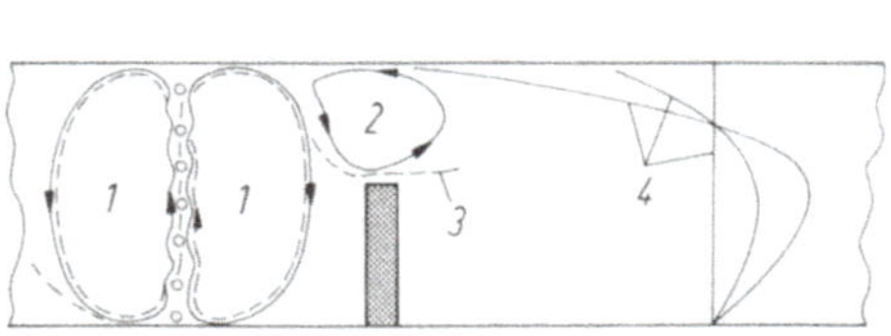

Bild 6.77. Ausbildung der Rotationsnebenströmung auf Barriere [65]. *1* Rotationswalzen; *2* Rotations-Nebenströmung; *3* Entnahmeströmung; *4* Farbspuren

Schlieren bei dünnwandigen Artikeln besonders störend sind.

Abhilfe bringt hier eine richtig dimensionierte und angeordnete Bodendrainage. Ziel dieser Maßnahme ist, das bodennahe mit Korund- und Zirkonmaterial verunreinigte Glas abzuziehen und auf diese Weise von der Produktion fernzuhalten. Als geeigneter Ort für eine solche Drainage hat sich der Bereich vor oder im Durchlaß erwiesen (s. Bild 2.3, Abschn. 2.4.1). Bewährt hat sich der Einsatz eines Lochsteins, dessen Bohrung mit Platin ausgekleidet ist, um einen stärkeren Verschleiß im Bohrungsbereich durch das auslaufende Glas zu verhindern. Das kontinuierliche Drainieren hat sich besser bewährt als das periodische. Die abzuziehende Glasmenge hängt von den Umständen ab. 3 bis 6% der Schmelzleistung können als normal angesehen werden.

Mit einer einfachen Platindüse gelingt es meist nicht, kontinuierlich die gewünschte Menge abzuziehen. Durch die zunehmende Erwärmung des Drainagebereichs steigt die Durchflußmenge mit der Zeit an. Durch Einsatz einer elektrisch beheizten Auslaufdüse, in Verbindung mit einer Kühlungsmöglichkeit, läßt sich der angestrebte Massendurchfluß zeitlich konstant einstellen. Für einen Durchsatz von 50 kg Glas/h hat sich ein Platinrohr von 18 mm Innendurchmesser bewährt. Als Ausflußdüse kann eine elektrisch beheizte Platte aus hitzebeständigem Stahl mit einer Düsenbohrung von 8 bis 10 mm verwendet werden. Die Stahlplatte wird gegen den Düsenstein gedrückt. Für die elektrische Heizleistung sind 1,5 bis 2,0 kW ausreichend (siehe Bild 5.59).

6.5.3.1.7 Badtiefe, Glasfarbe und Isolierung des Wannenbeckens

Die Auffassungen über den Einfluß der Badtiefe und der Isolierung des Wannenbeckens auf die Glasströmung sind nicht einheitlich, was mit dem noch begrenzten Wissenstand auf diesem Gebiet zusammenhängt. Als gesichert kann gelten, daß die Konvektionsströmungen bei tiefen Wannen intensiver sind als bei flachen Wannen. Dies folgert bereits unmittelbar aus der als kennzeichnend erkannten Grashofschen Kennzahl (Abschn. 6.5.2), in welche die Abmessungen der Wannen mit der 3. Potenz eingehen. Mit der Intensivierung der Konvektionsströmungen werden die Strömungsgeschwindigkeiten erhöht. Das größere Volumen des Glasbades führt zu einer besseren Durchmischung des Glasbades und damit zur Dämpfung von zeitlichen und örtlichen Schwankungen in der Gemengezusammensetzung oder der Scherben. Neuere Arbeiten von Leyens und Smrcek haben dies bestätigt. Die zweidimensionale Berechnung der Stromlinien und Isothermen in der Symmetrieachse einer Glasschmelzwanne, die durch Aufenthaltszeitmessungen an einer laufenden Wanne bestätigt wurden [52], ergaben die in Bild 6.78 wiedergegebenen Ergebnisse. Eine Verminderung der Badtiefe von 0,8 m auf 0,4 m führte zu einer deutlichen Schwächung der Konvektionswalze unter der Gemengedecke, während die Strömungswalze im Läuterbereich sich nur geringfügig änderte. Um die gleiche Schmelzleistung zu erzielen, mußte die Gemengedecke verlängert werden. Der Wärmetransport durch Konvektion im Schmelzbereich unter der Gemengedecke hat sich stark vermindert, was zu einer Verminderung des Energieverbrauchs, aber auch zu einer Labilität der Gemengelage führen kann (s. Abschn. 7.3.3.2.7). Die rechnerische Durchlaufzeit des Glases hat sich vermindert, aber nicht so stark wie das Volumen des Glasbades.

Eine gute Isolierung des Wannenbodens vermindert die vertikalen Temperaturunterschiede

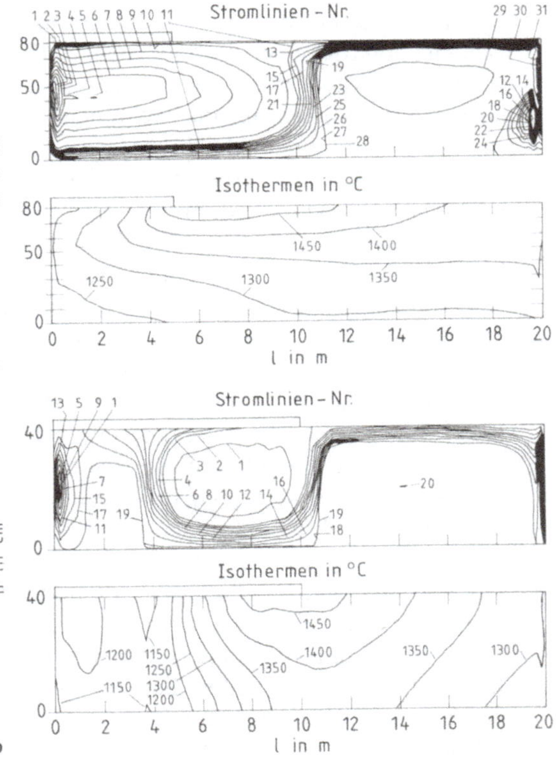

Bild 6.78. Berechnete Stromlinien und Isothermen in der Symmetrieebene der Glasschmelzwanne [52]. **a** Badtiefe 0,8 m; **b** Badtiefe 0,4 m

des Glasbades. Die horizontalen Temperaturunterschiede, die durch die Gemengedecke und den Läuterbereich gegeben sind, bleiben erhalten. Die bremsenden Zähigkeitskräfte werden insgesamt vermindert, was zu einer Verstärkung der Strömungswalze unter der Gemengedecke führt. Der Quellpunkt wird zum Durchlaß hin verschoben. Die Isolierung des Wannenbodens führt somit zu ähnlichen Erscheinungen wie eine Vertiefung des Glasbades.

Die Glasfarbe wirkt sich auf eine Veränderung der effektiven Wärmeleitfähigkeit aus, wenn man damit implizit eine Erhöhung des Eisengehalts verbindet, wie dies bei Hohlgläsern der Fall ist. Bleiben die Temperatur-Viskosität-Relationen erhalten, was in erster Näherung der Fall ist, dann ergeben sich nach den vorliegenden Rechenergebnissen in beiden Fällen (Weißglas, Farbglas) ähnliche Strömungsbilder. Die Strömungsgeschwindigkeiten sind bei Farbglas, bedingt durch die höheren Zähigkeiten, geringer.

6.5.3.1.8 Strömung im Seitenbereich der Wanne

Die Berechnung der Glasströmungen hat sich bisher auf die Symmetrieachse der Wanne beschränken müssen, da eine dreidimensionale Berechnung praktisch noch nicht möglich ist. Der vorhandene Wissensstand für den Seitenwandbereich beschränkt sich daher auf Beobachtungen an physikalischen Strömungsmodellen.

Bedingt durch die Wärmeverluste der Wannenseitenwand ist das Glasbad im Randbereich kühler als im Mittelbereich, was zu Konvektionsströmungen quer zur Wannenachse führt. Diesen Konvektionsströmungen überlagern sich die geschilderten Strömungen in der Längsachse. Bei starker Abkühlung des Glasbades durch die Gemengeeinlage beobachtete Lennertz [65] eine kurz unterhalb der Oberfläche gelegene zur Seitenwand gerichtete Querströmung an der Oberfläche, aber auch eine zum kalten Gemengeteppich hin gerichtete thermisch bedingte Rückströmung; war die Abkühlung der Gemengedecke durch geringe Ausdehnung oder dgl. gering, so wurden in Oberflächennähe und an der Oberfläche selbst zu den kühlen Seitenwänden hin gerichtete, thermisch bedingte Querströmungen beobachtet. Bei der heute weit verbreiteten Teilisolierung der Wannenseitenwand muß somit damit gerechnet werden, daß die Querströmungen nur noch eine lokale Bedeutung besitzen. Ein Nachweis für diese Auffassung kann jedoch nicht erbracht werden.

Die vielfach an Wannensteinen beobachteten Erosionslinien konnten bis heute zur Aufklärung der Strömungen im Glasbad noch nicht befriedigend beitragen.

6.5.3.2 Abgrenzung des Arbeits- und Abstehbereichs

Das erschmolzene und geläuterte Glas muß vor der Abgabe an die Maschinen abgekühlt und auf eine für die Verarbeitung geeignete Temperatur gebracht werden. In Hohlglaswannen erfüllt diese Aufgabe die Arbeitswanne oder ein Verteilerkopf, in Flachglaswannen die Abstehwanne.

Wird die Arbeitswanne, wie dies früher bei offenen Wannen der Fall war, unmittelbar an die Läuterwanne angeschlossen, dann bildet sich von der Läuterwanne ausgehend eine kräftige, rechtsdrehende Strömungswalze, die bis tief in die Arbeitswanne hineinragt. die Folge davon ist, daß bedeutend (im Bild 6.79 doppelt soviel) mehr Glas an die Arbeitswanne abgegeben wird als zur Verarbeitung kommt. Der Rest strömt zurück und muß wieder auf Läutertemperatur gebracht werden, was Energie kostet und die Läuterung nachteilig beeinflussen kann.

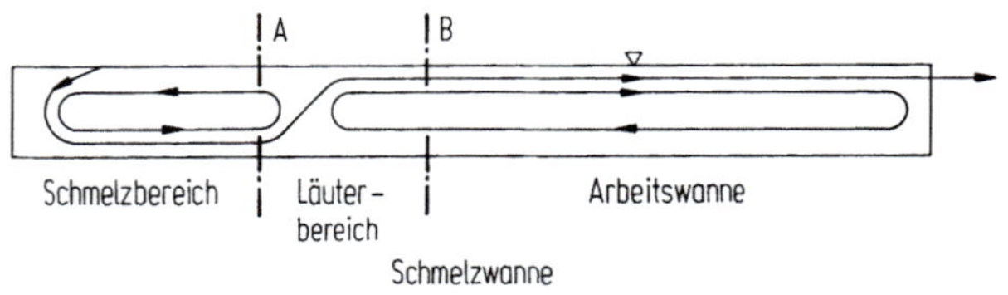

Bild 6.79. Schema der Glasströmung in einer offenen Wanne

Die nachteilige Bedeutung von Rückströmungen hat man früh erkannt. In Hohlglas- und Spezialglaswannen gelang es mit dem Durchlaß eine Konstruktion zu finden, um die Rückströmungen zu bremsen und im Extremfall, in Form des versenkten Durchlasses (Abschn. 6.5.3.3), weitgehend zu verhindern.

Die völlige Unterdrückung des Rückstroms aus der Arbeitswanne in den Läuterbereich der Schmelzwanne kann sich in besonderen Fällen aber auch nachteilig für den Wannenbetrieb auswirken. Werden an die Qualität des Glases, insbesondere an die Schlierenarmut, hohe Anforderungen gestellt, wie dies bei Wirtschaftsgläsern der Fall ist, dann kann ein mäßiger Rückstrom das Eindringen von schlieren- und steinchenhaltigem Glas aus dem Bodenbereich (Glassumpf) verhindern.

Die bessere Lösung ist in solchen Fällen aber immer der Einbau einer Drainage (s. Abschn. 6.5.3.1.6) und nicht das Aufrechterhalten eines schwer beherrschbaren Rückstroms.

Bei Flachglaswannen ist man der Auffassung, einen Durchlaß aus Homogenitätsgründen nicht einsetzen zu können. Die für ein gutes Flachglas notwendige parallele ungestörte Schichtstruktur des Glases wird durch das Hindurchzwängen des Glases durch eine enge Öffnung, wie sie ein Durchlaß bildet, gestört. Man hat daher andere Konstruktionen entwickelt, die aber bei weitem nicht so wirksam sind wie ein Durchlaß. Dies hat dazu geführt, daß der spezifische Energieverbrauch von Flachglaswannen lange Zeit bedeutend höher lag als der von Hohlglaswannen und auch heute noch nicht an die Werte der Hohlglasindustrie heranreicht.

Zur strömungsmäßigen Abgrenzung der Abstehwanne von der Schmelzwanne werden Schwellen verwendet, die eine gewisse Ähnlichkeit in Konstruktion und Wirkung mit den Wällen bei Hohlglaswannen (Abschn. 6.5.3.1.5) haben. Von Plumat [70] vorgeschlagene Versionen sind in Bild 6.80 wiedergegeben.

In ähnlicher Weise wie Schwellen wirken Schwimmer. Da für Schwimmer nur Schamottemassen verwendet werden können, die im Glas schwimmen und keine schmelzgegossenen feuerfesten Baustoffe, werden Schwimmer wegen der schnellen Auflösung und möglicher Verunreinigung des Glases nicht mehr verwendet. In Verbindung mit einer stärkeren Einschnürung der Wannenbreite werden wassergekühlte Stahlrohre verwendet, die ähnlich wie Schwimmer in den oberflächennahen Bereich des Glasbades eintauchen und durch ihre Kühlwirkung eine tieferreichende Absperrwirkung ausüben [71]. Die Anordnung eines Doppelkühlers im Wannenquerschnitt zeigt Bild 6.81, die Anordnung im Längsschnitt, kombiniert mit einer Schwelle, Bild 6.82.

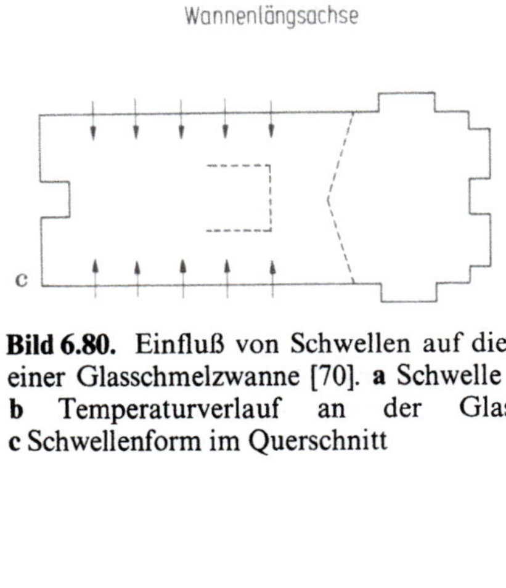

Bild 6.80. Einfluß von Schwellen auf die Strömungen in einer Glasschmelzwanne [70]. **a** Schwelle im Rückstrom; **b** Temperaturverlauf an der Glasbadoberfläche; **c** Schwellenform im Querschnitt

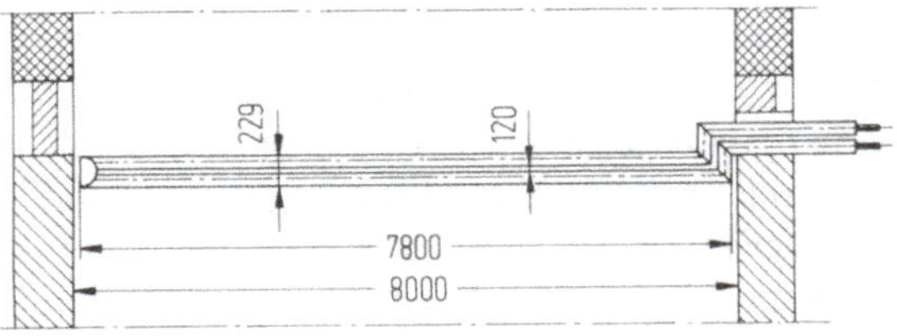

Bild 6.81. Anordnung einer Wasserkühlschlange zwischen Schmelz- und Abstehwanne in einer Flachglaswanne [71]. (Maßangaben in mm)

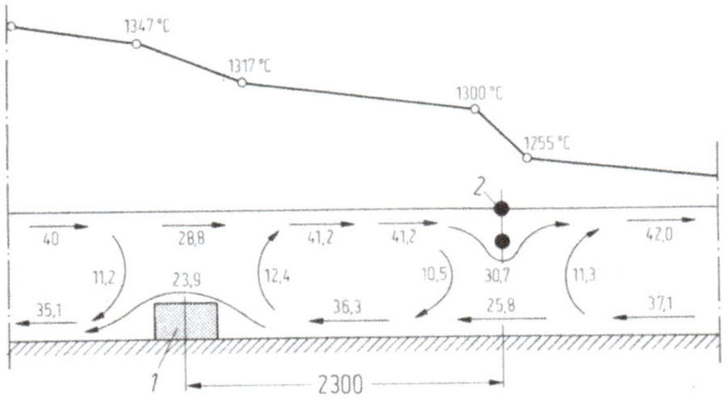

Bild 6.82. Volumenströme (m^3/h) und Temperaturen (°C) einer Flachglaswanne im Bereich der Abgrenzung zwischen Schmelz- und Abstehwanne [71]. *1* Schwelle; *2* Kühler

6.5.3.3 Strömung im Durchlaß von Hohlglaswannen

Die Ausbildung der Strömung im Durchlaß von Hohlglaswannen ist für die Praxis sehr wichtig. Im Vordergrund steht die mechanische Beanspruchung durch Erosion und die Größe einer eventuell vorhandenen Rückströmung. Die vorhandenen Daten beschränken sich auf gerade Durchlässe, die mit Strömungsmodellen und rechnerischen Überlegungen gewonnen wurden.

Aufgrund der Dichteverteilung hat Peyches [72] für den zweidimensionalen Fall die Strömung im Durchlaß berechnet und eine analytische Beziehung angegeben. Naruse [73] hat mit Hilfe von Modellmessungen und Rechnungen die Formel von Peyches verbessert. Die Beziehungen von

Peyches und Naruse haben Rawson, Burley und Moult mit modernen numerischen Methoden für eine zweidimensionale Strömung überprüft und eine qualitative Übereinstimmung festgestellt [75].

Bezeichnet man die Höhe des Durchlaßquerschnitts mit h_0, die Länge mit l_0, die mittlere Temperaturdifferenz zwischen Ein- und Austritt mit $\Delta\vartheta$, die Viskosität mit η, die kinematische Viskosität mit ν, die Wärmedehnung (volumetrisch) mit β und die von der Mitte des Durchlasses nach oben verlaufende Höhenkoordinate mit y, dann ergibt sich für die konvektionsbedingte Strömung folgende Geschwindigkeitsverteilung $v_K(y)$:

$$v_K(y) = \frac{-g\,\beta\,\Delta\vartheta}{6\,\nu\,l_0}\,y\left(y^2 - \frac{h_0^2}{4}\right). \tag{6.33}$$

Für die Geschwindigkeitsverteilung bei durchsatzbedingter Strömung $v_D(y)$ ergibt sich mit $\dot{M}$ als mittlerem durchgesetzten Massenstrom im Durchlaß, mit ϱ als Glasdichte und b als Durchlaßbreite die Beziehung nach Naruse (6.34):

$$v_D(y) = \frac{-3\dot{M}}{4\varrho\,b\,(h_0/2)^3}\left(y^2 - \frac{h_0^2}{4}\right). \tag{6.34}$$

Für den Gesamtstrom kann man die Geschwindigkeitsverteilung $v(y)$ durch

$$v(y) = v_K + v_D \tag{6.35}$$

annähern. Bei der Entwicklung der Gln. (6.33) und (6.34) wird von der Vereinfachung ausgegangen, daß der Reibungseinfluß der Seitenbegrenzungen des Durchlasses vernachlässigt werden kann. Stanek [76] gibt einen Korrekturfaktor für diesen Einfluß an. Weiterhin wird bei der Berechnung von einer konstanten Glaszähigkeit innerhalb des Durchlaßkanals ausgegangen. Die in physikalischen Modellen mehrfach auftretenden Geschwindigkeitsmaxima im oberen Bereich des Durchlasses werden damit in den Gln. (6.33) und (6.34) stark gedämpft wiedergegeben (Bild 6.83).

6.5.3.4 Strömung in Arbeits- und Abstehwannen

Über die Glasströmungen in Arbeitswannen liegen nur wenige Unterlagen vor. Bekannt durch Beobachtungen an gelöschten Wannen ist das Aufsteigen des heißen aus der Schmelzwanne kommenden Glases nach Durchtritt durch den Durchlaß (Bild 6.84). Diese Erscheinung hat Schild [77] schon frühzeitig an physikalischen Strömungsmodellen beobachtet. Das aufsteigende Glas erzeugt eine Strömungswalze, die als Schildscher Roller bezeichnet wird.

Im Gegensatz zu den Hohlglaswannen ist die Strömung in Abstehwannen von Tafelglaswannen mehrfach eingehend untersucht worden [78, 80, 81], da die Glasverteilung zu, vor und in den Ziehmaschinen die Qualität des Ziehglases stark beeinflußt. Der ausgleichende Vorherd mit Speiser der Hohlglaswanne fehlt hier, seine Aufgabe muß die Abstehwanne mitübernehmen.

Kennzeichnend für alle Flachglaswannen sind die Skimmerbuchten zwischen Schmelzwanne und Verteilerkreuz bzw. Zulaufkanal zum Überlauf. Diese Buchten haben die Aufgabe, das im Kontakt mit den feuerfesten Material verunreinigte Randglas durch Verstärkung der Querströmungen vom Zulauf zu den Maschinen abzuhalten (Bild 6.85). Zum Teil geraten die Verunreinigungen in

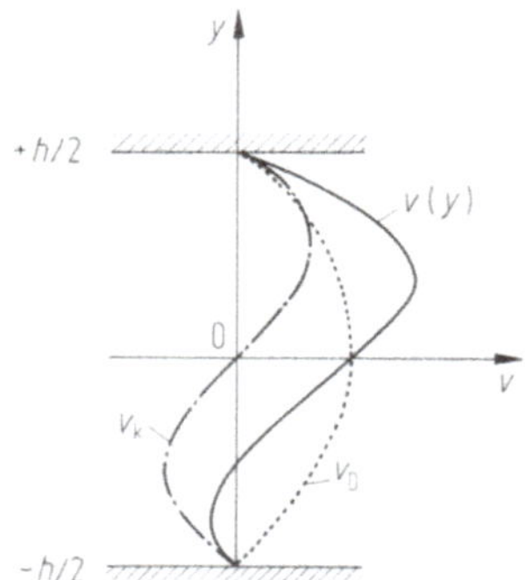

Bild 6.83. Strömungsprofil im Durchlaß (Geschwindigkeitsverteilung $v(y)$; v_K konvektiver Anteil; v_D durchsatzbedingter Anteil)

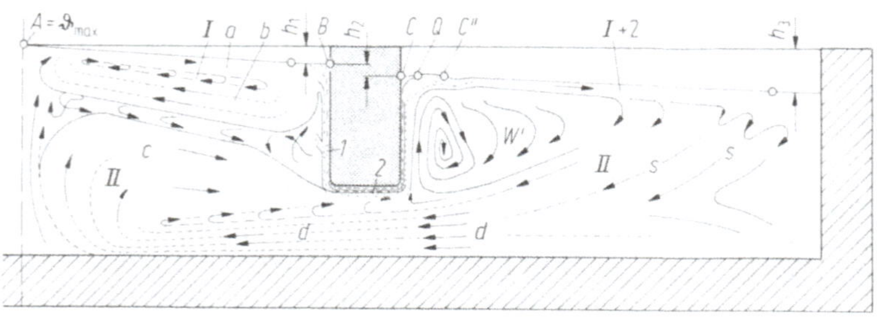

Bild 6.84. Thermische Strömungen in der Mittelzone einer Wanne beiderseits eines Brückendurchlasses [77]

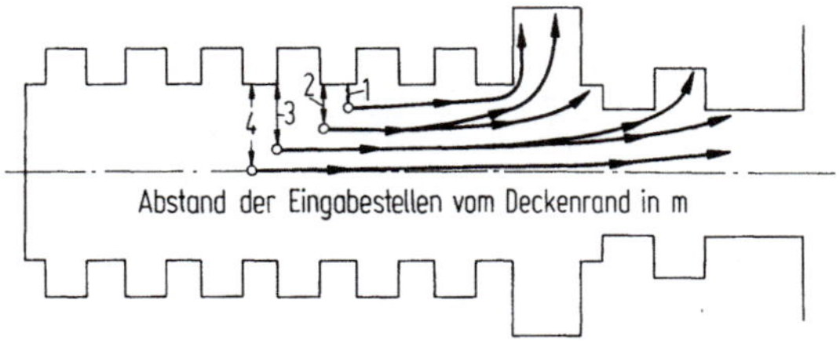

Bild 6.85. Verlauf der Oberflächenströmung im Bereich der Skimmerbuchten [82]

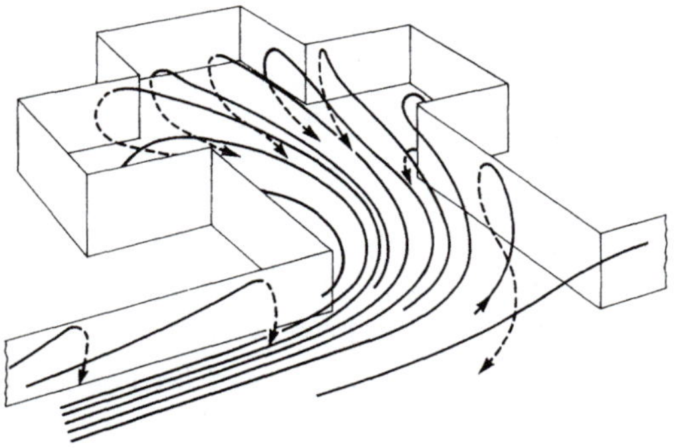

Bild 6.86. Räumliches Strömungsbild im Zieharm einer 9-Maschinen-Fourcault-Wanne [78]

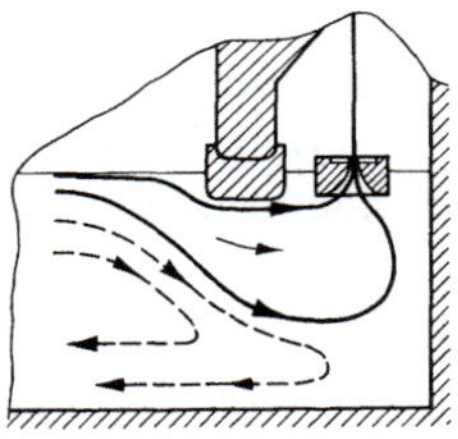

Bild 6.87. Schema des Strömungsverlaufs in einer Tafelglasziehmaschine (Fourcault) [81]

die Rückströmung, zum Teil sammeln sie sich an der Oberfläche an und erfordern ein Abfehmen. Empfohlen wird auch eine Dauerdrainage des Oberflächenglases.

Die Skimmerbuchten mögen notwendig sein, um die erforderliche Glasqualität zu erzielen, im Hinblick auf den Energieverbrauch der Anlage sind sie sicher nachteillig.

Die Glasströmung im Verteilerkreuz von Fourcault-Wannen wird als Fächerströmung bezeichnet [78], da sie bei richtiger Einstellung des Ofens sich den Belastungen der Ziehmaschinen entsprechend gleichmäßig auf die einzelnen Maschinen verteilt (Bild 6.86). Die Strömung in der Ziehmaschine selbst ist schematisch in Bild 6.87 wiedergegeben.

6.5.3.5 Glasströmungen in Elektrowannen

Die Glasströmungen in Elektrowannen unterscheiden sich grundlegend von den flammenbeheizten Anlagen, soweit es sich um Wannen mit kaltem Oberofen handelt. Bei diesem Ofen wirken Schwerkraft und Konvektionsströmung in gleicher Richtung. Eine Behandlung dieser Strömungen findet sich in Kap. 8 „Elektrowannen".

6.6 Homogenisierung und Läuterung der Glasschmelze

Wie im vorigen Abschnitt bereits erwähnt wurde, leisten die Glasströmungen einen wichtigen Beitrag zur Homogenisierung der Glasschmelze. die Wirkung ist allerdings nur eine indirekte, da die große Zähigkeit des Glases und die geringen Strömungsgeschwindigkeiten dazu führen, daß keine Turbulenz und damit keine konvektive Durchmischung auftritt. Es gelten die Gesetze der „schleichenden Strömung". Der einzige Vorgang, der zu einem Konzentrationsausgleich und damit zu einer Auflösung der Schlieren führt, ist die Diffusion. Es ist die Aufgabe der Strömung, die in der Schmelze eventuell vorhandenen Schlieren so zu deformieren und damit die für einen Konzentrationsausgleich erforderlichen Diffusionszeiten so zu vermindern, daß sie in der Größenordnung der Verweilzeiten liegen.

Aussagen über die Homogenisierungswirkung schleichender Strömungen erfordern somit eine Betrachtung der Deformationsvorgänge. Als einer der ersten hat sich Geffcken [83] mit diesem Problem beschäftigt. Er konnte nachweisen, daß durch eine Scherströmung eine wirkungsvolle Deformation vorhandener Schlieren zustande kommt (Bild 6.88). Die Schlierendeformation nach Bild 6.88 führt zu einem Anwachsen des Konzentrationsgefälles in der Richtung, in der sich die Schliere verjüngt (Bild 6.89).

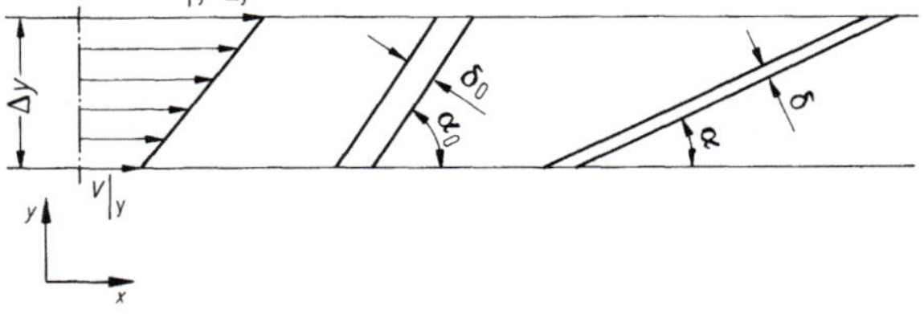

Bild 6.88. Schlierendeformation bei Scherströmung und geradliniger Bewegung [83]

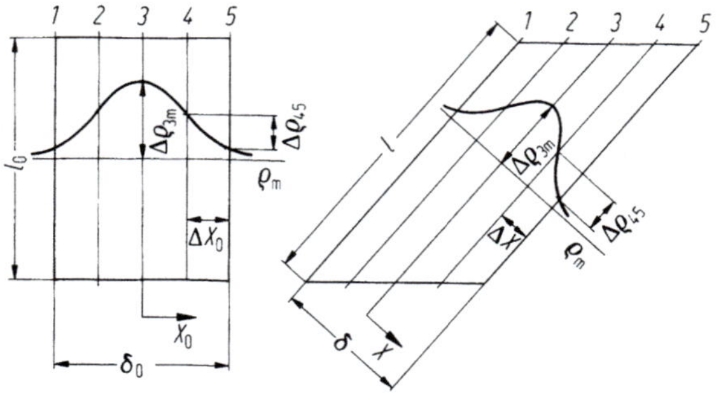

Bild 6.89. Einfluß der Schlierendeformation auf den Konzentrationsverlauf [83]. (*1* bis *5*: Linien gleicher Konzentration)

Während des Deformationsvorgangs rücken die Linien gleicher Konzentration 1 bis 5 (Bild 6.89) im gleichen Verhältnis zusammen, wie die Schlierendicke abnimmt:

$$\frac{x}{x_0} = \frac{\delta}{\delta_0}. \tag{6.36}$$

Der Diffusionsprozeß wird damit progressiv beschleunigt und die Zeit, die für einen Konzentrationsausgleich benötigt wird, wird stark herabgesetzt. Cooper [85] wies nach, daß Schlierendeformationen auch bei Veränderung des Strömungsquerschnitts auftreten, unabhängig davon, ob Scherströmungen vorhanden sind (Bild 6.90). Rhiel [86, 87] konnte nachweisen, daß die von Geffcken [83] und Cooper [84] angegebenen Beziehungen Sonderfälle einer allgemeinen gültigen Deformationsgleichung sind. Durch Lösen der für die beiden Arten der Schlierendeformation gültigen Differentialgleichung ergibt sich

$$\frac{\delta}{\delta_0} = \left[\left(\frac{A_0}{A}\right)^2 \frac{1 + \cot^2 \alpha_0}{1 + [(A_0/A)^2(\cot \alpha_0 + b_0\, t)]^2}\right]^{1/2}. \tag{6.37}$$

Die Ausgangswerte (für $t = 0$), wie die Schlierendicke δ_0, der Strömungsquerschnitt A_0, der Winkel α_0 der Schliere zur Strömungsrichtung und der Scherströmungsgradient $b_0 = \partial v/\partial y$ sind mit dem Index „0" gekennzeichnet, t bedeutet die Zeit.

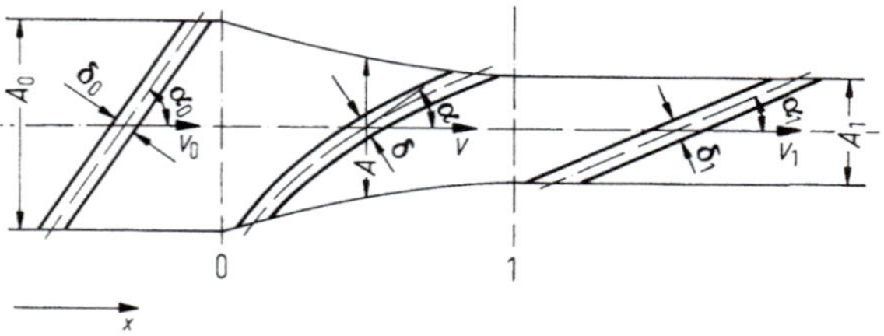

Bild 6.90. Schlierungsdeformation bei Verengung des Strömungsquerschnitts [86]

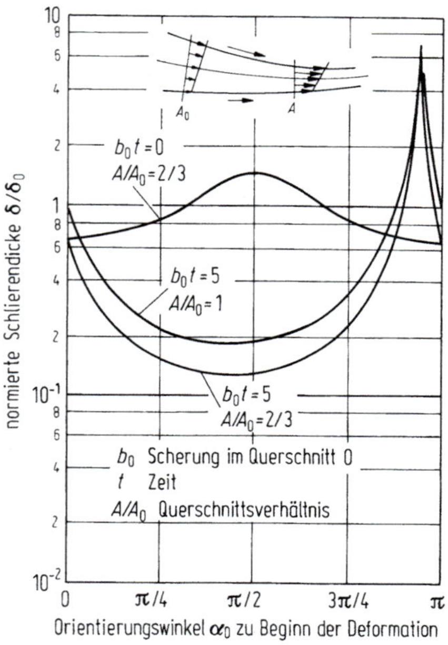

Bild 6.91. Schlierendeformation bei Scherströmung und gleichzeitiger Verengung des Strömungsquerschnitts [86]

Der Zusammenhang, den die allgemeine Deformationsgleichung beschreibt, ist graphisch für eine Querschnittsverengung im Bild 6.91 wiedergegeben. Eine Querschnittsverengung führt zu einer Verstärkung und umgekehrt eine Querschnittserweiterung zu einer Verminderung der Scherwirkung. Die Schlierendeformation aus Scherströmung und sich änderndem Strömungsquerschnitt ergibt sich nicht aus der Summe der Einzeleffekte. Steht z. B. die Schliere zu Beginn der Verformung senkrecht zur Strömungsrichtung, so führt eine Querschnittsverengung zu einer Zunahme der Schlierendicke. Überlagert sich eine Scherströmung, so wird die Schliere in Strömungsrichtung ausgezogen, so daß die Verengung des Strömungsquerschnitts dann eine Schlierenverjüngung bewirkt. Der Konzentrationsausgleich in der Schliere senkrecht zu seiner Linearausdehnung wird durch die Beziehung

$$\frac{\partial \varrho}{\partial t} = D \frac{\partial^2 \varrho}{\partial x^2} \tag{6.38}$$

beschrieben, wenn der Diffusionskoeffizient D als von der Konzentration unabhängig betrachtet wird, was in 2. Näherung zulässig ist. Transformiert man Gl. (6.38) mit Hilfe von

$$z = \frac{\int_0^t D \left(\frac{\delta_0}{\delta(t)}\right)^2 \mathrm{d}t}{\delta_0^2} \tag{6.39}$$

und der Substitution

$$\xi = \frac{x}{\delta} = \frac{x_0}{\delta_0}, \tag{6.40}$$

dann läßt sich die Diffusionsgleichung schreiben:

$$\frac{\partial \varrho}{\partial z} = \frac{\partial^2 \varrho}{\partial \xi^2}. \tag{6.41}$$

Geht man von einer Rechteckverteilung der Anfangskonzentration aus (Bild 6.92), so ergibt sich für die normierte Überkonzentration $\Delta\varrho/\Delta\varrho_0$ in der Mitte der Schliere ($\xi = 0$):

$$\frac{\Delta\varrho}{\Delta\varrho_0} = \operatorname{erf}\left(\frac{1}{4\sqrt{z}}\right). \tag{6.42}$$

Für die Praxis interessiert die Schlierendeformation und die Intensität der Diffusion an bestimmten Stellen der Wanne nur sehr bedingt. Man möchte primär wissen, wie die Homogenisierung sich längs des Weges eines kleinen Substanzpartikels in Abhängigkeit von Wannenkonstruktion und -betrieb darstellt. Das bedeutet, daß der Verlauf der Größe z oder genauer der normierten Überkonzentration $\Delta\varrho/\Delta\varrho_0$ längs der einzelnen Strompfade in der Wanne bestimmt werden muß. Dies setzt die Kenntnis der Strömungs- und Temperaturfelder in der Wanne voraus. Es läßt sich nach Leyens und Rhiel [88] somit eine Homogenisierungskennzahl (H_k) definieren. Wählt man als feste Bezugsgröße eine Anfangsschlierendicke $\delta_0 = 1$ mm und beträgt die Aufenthaltszeit eines Substanzteilchens längs des Strömungspfades i in der Wanne t_i, dann gilt für diesen Strömungspfad die Homogenisierungskennzahl

$$H_{k,i} = \Delta\varrho/\Delta\varrho_0|_{\delta_0 = 1\,\mathrm{mm},\, t = t_i}, \tag{6.43}$$

und mit den Gln. (6.39) und (6.42)

$$H_{k,i} = \operatorname{erf} \frac{1}{4\sqrt{\dfrac{\int_0^t D(\delta_0/\delta(t))^2\,\mathrm{d}t}{\delta_0^2}}}. \tag{6.44}$$

Rhiel hat für das Strömungsmodell von Leyens [50], das unter vereinfachenden Bedingungen für die Mittelebene einer Wanne gilt, die Homogenisierungskennzahl für verschiedene Stromlinien berechnet. Als Schliere wurde eine Tonerdeschliere (Al_2O_3) zugrunde gelegt mit einem Diffusionskoeffizient der Tonerde, der sich wie folgt berechnen läßt:

$$D/(\mathrm{m^2\,s^{-1}}) = 10^{-6} \exp\left(-4{,}228 - \frac{16\,830}{T/(\mathrm{K})}\right). \tag{6.45}$$

Der den Berechnungen zugrunde liegende Strömungsverlauf ist im Bild 6.93 dargestellt. Eine Berechnung der Schlierendeformation in der Schmelzwanne längs der Stromlinie *2* ergab den in Bild 6.94 gezeigten Verlauf. Man erkennt die starke Deformation in der Anfangsphase, bedingt durch die starke Scherströmung im linken absteigenden Ast der linken Strömungswalze unter der Gemengedecke. Es wurde daher von der Voraussetzung ausgegangen, daß die Schliere im Einschmelzbereich unter der Gemengedecke entsteht. Berechnet man jetzt in Abhängigkeit von der Ein-

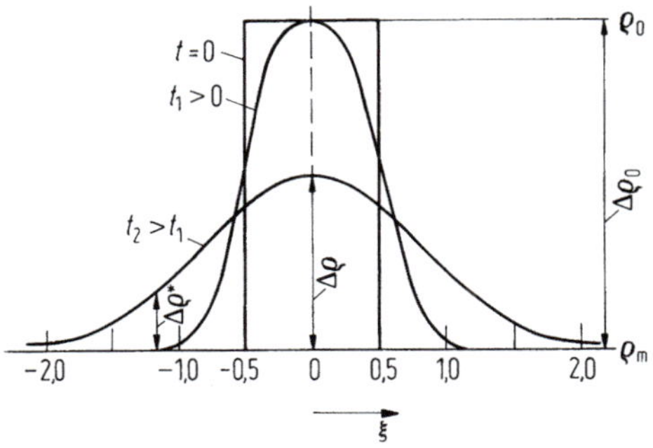

Bild 6.92. Konzentrationsverlauf bei einer Rechteckverteilung der Anfangskonzentration [86]

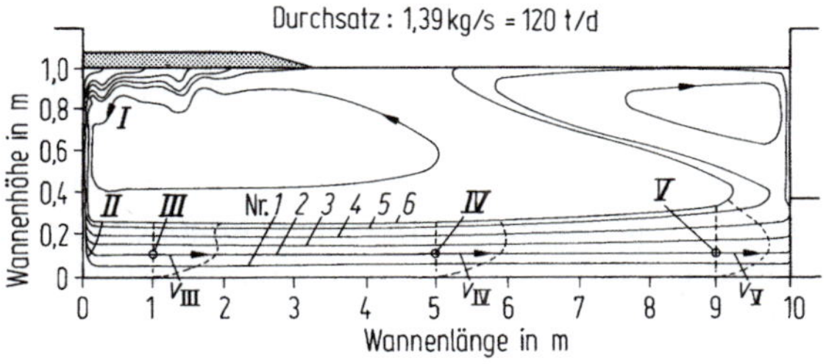

Bild 6.93. Stromlinien in einer Symmetrieebene der Glasschmelzwanne [86]

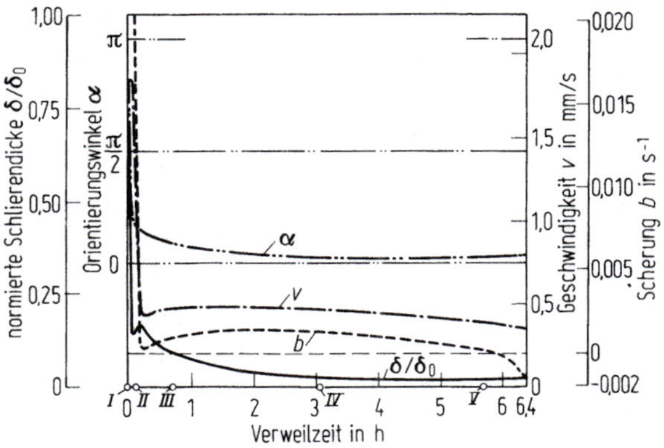

Bild 6.94. Schlierendeformation in der Schmelzwanne auf der Stromlinie *2* [86]

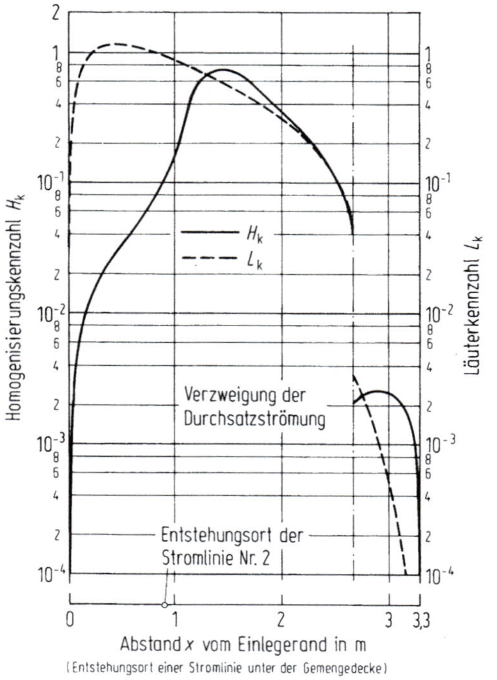

Bild 6.95. Läuterkennzahl und Homogenisierungskennzahl [86]

legestelle die Homogenisierungskennzahl, dann ergibt sich der im Bild 6.95 gezeigte Zusammenhang.

Randnahe Stromlinien weisen eine geringe Geschwindigkeit und hohe Scherungen auf. Dies bedingt eine schnelle Abnahme der Überkonzentration und damit eine gute Homogenisierung. Entscheidend sind die Strömungsverhältnisse unterhalb der linken Hauptwalze. Mit zunehmendem Abstand vom Wannenboden werden die Scherung und die Verweilzeit geringer. Entsprechend größer und damit ungünstiger wird die Homogenisierungskennzahl H_k.

Da sich bei dem gewählten Strömungsmodell die Stromlinien vor dem Durchlaß teilen, läßt sich dort zwischen diesen Stromlinien eine Schnittstelle definieren, für die folgendes gilt:

Alle links dieser Schnittstelle abschmelzenden Teilchen gehen direkt zum Durchlaß, während die Teilchen rechts davon den Weg entlang der freien Glasbadoberfläche nehmen. Der längere Strömungsweg und die damit verbundene lange Verweilzeit sowie die hohen Temperaturen an der Badoberfläche beschleunigen die Diffusion und führen damit zu einer Verminderung der Homogenisierungskennzahl. Das zunächst geringfügige Anwachsen der Überkonzentration für die rechts neben der Schnittstelle entstehenden Stromlinien ist darauf zurückzuführen, daß die Scherung zur freien Glasbadoberfläche hin infolge fehlender Schubspannung gegen Null geht. Die nachfolgende Abnahme ist durch die hohe Scherung der in der Nähe der Seitenwand zum Durchlaß verlaufenden Stromlinie zu erklären.

6.7 Mischungsverhalten von Glasschmelzwannen

6.7.1 Experimentelle Ergebnisse

Die Überlagerung von Durchsatzströmung und Konvektionsströmung, verbunden mit von der Geometrie her bedingten Besonderheiten der Strömung des Glases in Glasschmelzwannen führt zu einem komplexen Mischungsverhalten, das nur in den Grundzügen beschrieben werden kann, wenn die Gesamtheit der Anlagen zur Diskussion steht. Für die Praxis wichtig sind Angaben über das Mischungsverhalten, wenn der Gemengesatz gewollt oder ungewollt geändert wird, wenn der Scherbenanteil sich ändert oder beim Umfärben. In der Summe gibt das Mischungsverhalten von Anlagen auch Hinweise über die Glasströmungen, Wirbelbildungen und Totwasserbereiche.

Das Mischungsverhalten kann experimentell über die Eingabe von Testsubstanzen untersucht werden oder durch Beobachtung des Betriebsverhaltens der Anlagen bei Gemengeänderungen. Vom Grundsätzlichen her hat das Mischungsverhalten des Glasbades einer Schmelzwanne Analogien zum Mischungsverhalten der Gase im Oberofen (Abschn. 6.1). Dies hat zur Folge, daß die mathematischen Beziehungen im Grundaufbau gleich sind.

Das Mischungsverhalten ist mit Testsubstanzen in der Praxis mehrfach untersucht worden. Als Beispiel sind in Bild 6.96 die mit Isotopen gemessene Verweilzeitverteilung $C'(\tau)$, die Übergangsfunktion $C(\tau)$, auch Spülungskurve genannt, und zum Vergleich der Mischungsverlauf eines idealen Mischers $e^{-\tau}$ eingetragen. Die Meßdaten stammen von einer Querflammenwanne mit Elektrozusatzheizung, einer Schmelzfläche von 133 m^2 und einer – sehr niedrigen – Schmelzleistung von 0,8 $t/(m^2d)$ [52, 53, 62]. Auf der Abszisse ist die gemessene (t) und die normierte Zeit $\tau = t/t'$ von der Eingabe der Substanz an gerechnet aufgetragen, wobei t' die mittlere von der Verweilzeitverteilung unabhängige Aufenthaltszeit ist. Sie ist

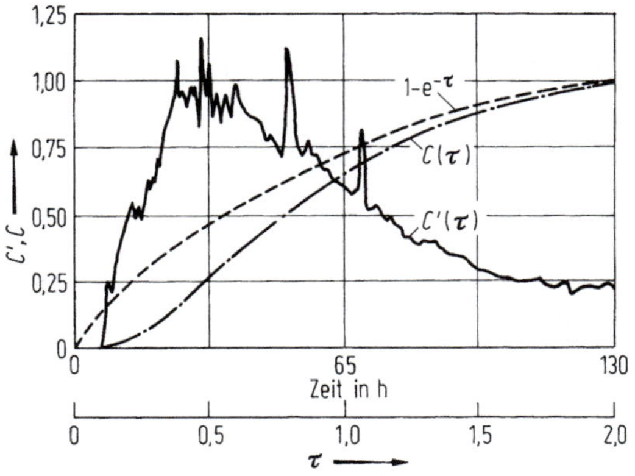

Bild 6.96. Mit Isotopen gemessene Verweilzeit $C'(\tau)$ und Übergangsfunktion $C(\tau)$ einer Querbrennerwanne [52, 53]

gleich dem Quotienten aus Wannenvolumen und durchgesetztem Volumenstrom ($t' = V/\dot{V}$). Auf der Ordinate sind $C'(\tau)$ und $C(\tau)$ im Entnahmebereich (Speiser) aufgetragen. Es gilt:

$$C'(\tau) = (c_\tau - c_0)\frac{V}{M_c}. \tag{6.46}$$

Anstelle der Bezeichnungen für $C'(\tau)$ und $C(\tau)$ finden sich in der Literatur besonders bei Mischvorgängen in Gasen die Bezeichnungen $E(\tau)$ und $F(\tau)$. Im Abschn. 6.1, in dem analoge Formeln auftreten, wird daher die Bezeichnung $E(\tau)$ und in diesem Abschnitt die Bezeichnungen $C'(\tau)$ und $C(\tau)$ verwendet, wobei c_0 die Konzentration der Substanz in der Wanne zur Zeit $\tau = 0$ (vor der Eingabe) und c_τ die Konzentration der Substanz in der Probe zur Zeit τ bei der Entnahme und V/M_c das Verhältnis Wannenvolumen zur Masse der Testsubstanz bedeuten. $C'(\tau)$ gibt die Konzentration als Mehrfaches der Konzentration an, welche sich einstellen würde, wenn die Testsubstanz sich unmittelbar nach der Eingabe gleichmäßig über den ganzen Wanneninhalt verteilen würde. Man erkennt den steilen Anstieg nach einer gewissen Verzögerungszeit und den Konzentrationsabfall nach Durchschreiten des Maximums. Aus dem Kurvenverlauf der Verweilzeitverteilung $C'(\tau)$ lassen sich Rückschlüsse über das Strömungsgeschehen in der Wanne ziehen. Je kürzer die Totzeit T ist, um so schneller fließt ein Teil der Glasmasse durch die Wanne. Im Mittel gilt $T \approx 0{,}1\, t'$. Eine elektrische Zusatzheizung, die als Barriere wirkt, bremst die Durchlaufzeit, während eine Blasdüsenkette beschleunigend wirken kann [52].

Durch Integration von C' erhält man die sogenannte Übergangsfunktion oder Spülkurve

$$C(\tau) = \int_0^\tau C'(\tau)\, d\tau. \tag{6.47}$$

Sie entspricht dem Integral der Verweilzeitverteilung über der Zeit und gibt den gesamten Anteil der Schmelze an, die bis zur Zeit τ die Wanne verlassen hat.

Wird zur Zeit t bzw. $\tau = 0$ die Konzentrationsänderung nicht nur kurzfristig sondern dauernd vorgenommen, empfiehlt sich entsprechend Gl. (6.46) die Einführung der dimensionslosen Konzentration $\hat{C}(\tau)$. Es gilt:

$$\hat{C}(\tau) = \frac{c(\tau) - c_0}{c_\infty - c_0}. \tag{6.48}$$

Wobei $c(\tau)$ die sich bei Entnahme zur Zeit τ ergebende Konzentration der Testsubstanz, c_0 die Anfangskonzentration und c_∞ die sich nach unendlich langer Zeit bei der Entnahme einstellende Konzentration im Gemenge (auf Glas umgerechnet) nach Vornahme der Änderung bedeuten. Beispiele für eine dimensionslose Konzentration $\hat{C}(\tau)$ finden sich in der Literatur selten, da langfristige Gemengeänderungen meist mit Umfärbevorgängen verbunden sind, bei denen aus verschiedenen Gründen übersteuert wird (s. Abschn. 6.8).

6.7.2 Verhalten idealisierter Mischer

Aus den an laufenden Wannen gewonnenen experimentellen Daten über den zeitlichen Verlauf der Konzentrationen von Testsubstanzen läßt sich nur bedingt auf das Mischungs- und Strömungsgeschehen in Wannen schließen. Man hat, auch bei C', integrale Werte vor sich, die bei der Analyse nach den Einzelvorgängen nicht eindeutig sind. Obwohl diese Einschränkungen bestehen, lassen sich trotzdem verwertbare Rückschlüsse ziehen.

Die zwei gedanklich und auch formelmäßig einfachsten Mischungsvorgänge in Gefäßen sind die Kolbenströmung und der ideale Mischer. Im ersten Fall (Bild 6.97a) findet keinerlei Vermischung zwischen der neu ankommenden Substanz und der im Gefäß befindlichen statt, im zweiten Fall (Bild 6.97b) ereignet sich das andere Extrem, die neu ankommende Substanz vermischt sich völlig mit der im Gefäß vorhandenen. Die sich für beide Fälle ergebenden Antwortkurven $\hat{c}(t)$ sind in Bild 6.98 mit eingetragen. Für einen

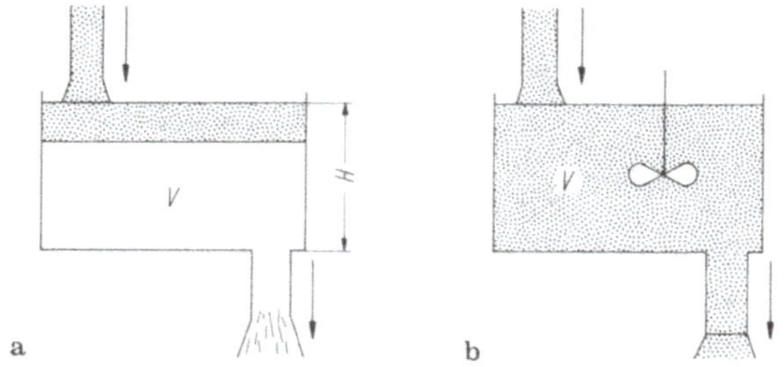

Bild 6.97. Einfache Mischungsvorgänge in Gefäßen. **a** Gefäß ohne Vermischung (Kolbenströmung); **b** Gefäß mit idealer Vermischung

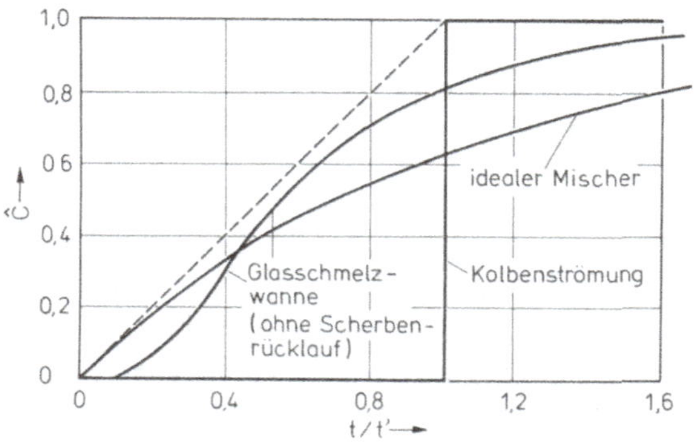

Bild 6.98. Antwortkurven [92]

idealen Mischer 1. Ordnung (nur ein Mischgefäß) gilt

$$\hat{C}(t) = 1 - \exp(-t/t') . \tag{6.49}$$

Wird der Impuls nur kurzfristig gegeben, dann gilt für den zeitlichen Verlauf der Konzentrationskurve an der Entnahmestelle

$$\hat{C}'(t) = \frac{d\hat{C}(t)}{dt} = \frac{1}{t'} \exp(-t/t') . \tag{6.50}$$

Die Mischungscharakteristik einer Glasschmelzwanne, ausgedrückt durch $\hat{C}(t)$, braucht nicht immer für alle t kleiner als die eines idealen Mischers mit einem Gefäß zu sein. Es kommen Überschneidungen vor wie sie in Bild 6.98 angedeutet sind. Dies ist durchaus verständlich, wenn man sich daran erinnert, daß die eingegebene Substanz sich bevorzugt im Mittelbereich der Wanne zur Entnahme bewegt und weite Bereiche den Charakter von Totwassern besitzen. Man kann dieses Verhalten mit dem Vorliegen von Mischern höherer Ordnung, bei denen mehrere Gefäße hintereinander geschaltet sind, oder mit einem idealen Mischer 1. Ordnung mit Zeitverzögerung und Totwasserbereich erklären.

Für Mischer mit mehreren (n) hintereinandergeschalteten Mischgefäßen gibt Cooper [92] für $\hat{C}(\tau)$ die Beziehung

$$\hat{C}(\tau) = 1 - \sum_{j=1}^{n} \frac{(n^{t/t'})^{j-1}}{(j-1)!} \exp(-n\, t/t') . \tag{6.51}$$

Für einen kurzzeitigen Impuls ergibt sich durch Differentiation

$$\hat{C}'(\tau) = \frac{n^n (t/t')^{n-1} \exp(-n\, t/t')}{(n-1)!} . \tag{6.52}$$

Die Anzahl der Zellen kann man benützen um einen Mischungskoeffizienten M_{comb} gemäß

$$M_{\text{comb}} = \frac{1}{\sqrt{n}} \tag{6.53}$$

zu definieren.

Wie aus Bild 6.99 zu erkennen, wird der Anstieg der Konzentration mit zunehmender Zahl der Mischzellen immer steiler und geht im Grenzfall bei unendlich vielen Mischzellen in die Kolbenströmung über.

Geht man von einem idealen Mischer mit einem Anteil Kolbenströmung und Totwasserbereich aus, dann ergibt sich für $\hat{C}(t)$ die Beziehung

$$\hat{C}(t) = 1 - \exp\left[-\frac{V}{V_M}\left(\frac{t}{t'} - \frac{V_K}{V}\right)\right] . \tag{6.54}$$

V_K/V ist dabei ein Maß für den Einfluß der Kolbenströmung. Vom Gesamtvolumen V verhält sich die Strömung im Teilvolumen V_K wie eine Kolbenströmung. Durch das Glied V_K/V kommt

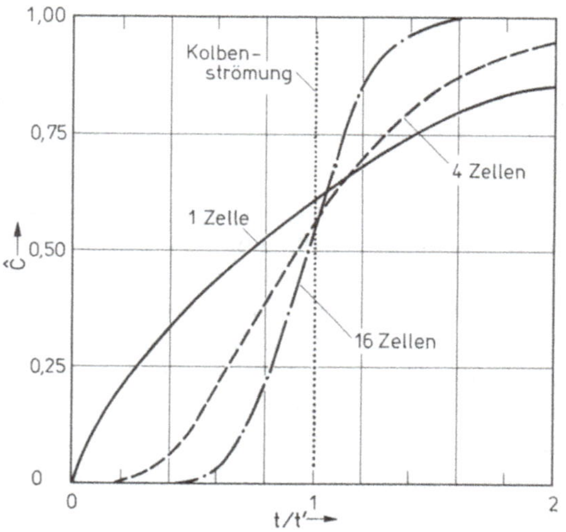

Bild 6.99. Mischungsverhalten von Mehrzellenmischern [92]

für $\hat{C}(t)$ eine Zeitverzögerung zustande. V_M/V kennzeichnet den Anteil des idealen Mischers, bezogen auf das Gesamtvolumen. Da $t' = V/\dot{V}$ und $\dot{V}$ für Kolbenströmungsbereich und Idealmischerbereich gleich groß sind, kann man schreiben

$$\frac{V_M}{V} = \frac{t_M}{t'} \quad \text{und} \quad \frac{V_K}{V} = \frac{t_K}{t'}. \tag{6.55}$$

Hoetink [93] hat Aufenthaltszeitmessungen an einer Fernsehwanne durchgeführt und dabei die Zeiten für t_M und t_K bestimmt. Bei Ausschluß des Scherbenrücklaufs ergab sich bei $t'_{ges} = 50$ h für $t_M = 40$ h und $t_K = 6$ h

$$\hat{C}(t) = 1 - \exp\left(-\frac{t/(\mathrm{h}) - 6}{40}\right). \tag{6.56}$$

Mit einem Scherbenrücklauf von 50% ergab sich

$$\hat{C}(t) = 1 - \exp\left(-\frac{t/(h) - 10}{100}\right), \tag{6.57}$$

bei $t_K = (4 + 6)$ h mit einem mittleren Aufenthalt der Scherben im Bunker von 4 h. t_M ist mit 100 h bedeutend größer als bei Ausschluß der Scherben. Ein Scherbenrücklauf vermindert somit den Konzentrationsanstieg fühlbar. Im Prinzip läßt sich der einzellige Mischertyp mit Kolbenströmungsanteil auch mit einem mehrzelligen Mischtyp kombinieren wie Joosen [94] gezeigt hat. Die Berechnung wird dann aber bedeutend komplizierter.

Zu beachten ist auch der Anteil der Laminarströmung auf das Mischverhalten. Hierauf hat Cooper [92] hingewiesen. Für Berechnungen in der Praxis dürfte der einzellige Mischer mit Zeitverzögerung ausreichen.

6.7.3 Mischungsverhalten bei zufälligen Schwankungen der Gemenge- und Scherbenzusammensetzung

In der Praxis läßt es sich nicht vermeiden, daß die Gemengezusammensetzung für eine Wanne zufälligen Schwankungen unterliegt. Werden Fremdscherben verwendet, dann werden diese Schwankungen noch ausgeprägter. Es ist von Bedeutung zu wissen, wie sich solche zufälligen Schwankungen der Eingabebedingungen auf die Zusammensetzung des entnommenen Glases auswirken. Mit diesem Problem hat sich Nölle [95] beschäftigt.

Unter der Voraussetzung, daß jede einzelne Gemengecharge in sich homogen ist, die Zu-

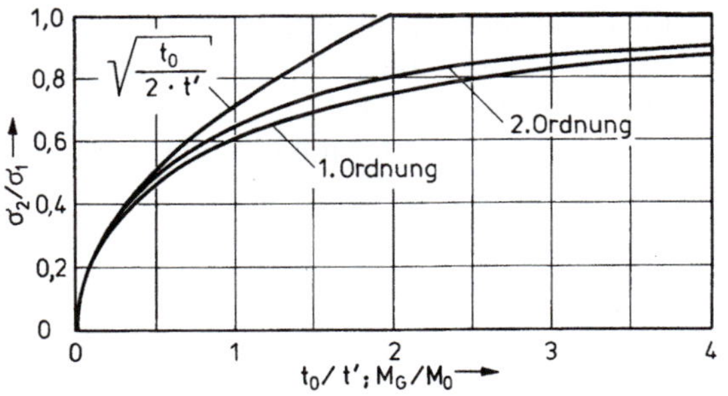

Bild 6.100. Verhältnis der Standardabweichungen σ_2/σ_1 bei verschiedenen Mischern in Abhängigkeit von den Massenverhältnissen [95]

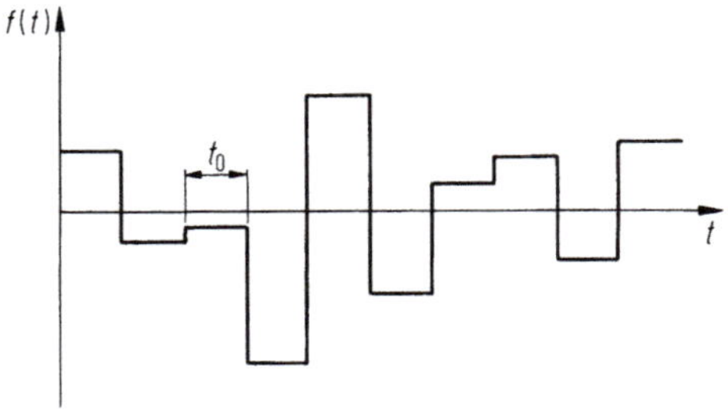

Bild 6.101. Eingangszeitfunktion $f(t)$ der einzelnen Gemengechargen. t_0 ist die Zeit für das Einbringen einer Charge [95]

sammensetzung von Gemengecharge zu Gemengecharge aber zufällig schwankt, die Eingabezeit für eine Charge t_0 ist und die sich aus dem Gemenge ergebende Glaszusammensetzung um einen Mittelwert σ_1 schwankt (Bild 6.100), ist mit einer Eingangsfunktion entsprechend Bild 6.101 zu rechnen. Folge dieser Zusammensetzungsschwankungen im Gemengebereich sind zeitliche Schwankungen (Ausgangszeitfunktion) des entnommenen Glases. Die zufälligen Veränderungen der Zusammensetzung des entnommenen Glases lassen sich nicht exakt vorhersagen; berechnen aber läßt sich die Standardabweichung σ_2 dieser Schwankungen, wenn über das Mischungsverhalten der Wanne Aussagen gemacht werden können mit der Theorie der stochastischen Prozesse. Über den Frequenzgang des Systems (hier der Wanne) kann aus dem Frequenzspektrum des Eingangsprozesses das Frequenzspektrum des Ausgangsprozesses berechnet werden. Obwohl der mathematische Aufwand erheblich ist, ergeben sich einfache überschaubare Ergebnisse.

Für einen Mischer 1. Ordnung ergibt sich

$$\left(\frac{\sigma_2}{\sigma_1}\right)^2\Bigg|_1 = 1 - \frac{t'}{t_0}[1 - \exp(-t_0/t')], \tag{6.58}$$

t' ist dabei wieder die mittlere Aufenthaltszeit entsprechend $t' = V/\dot{V}$ oder $t' = M_0/\dot{M}$ mit M_0 für die Masse des Wanneninhalts.

Für einen Mischer 2. Ordnung ergibt sich

$$\left(\frac{\sigma_2}{\sigma_1}\right)^2\Bigg|_2 = \left[1 + \frac{1}{2}\exp\left(-2\frac{t_0}{t'}\right)\right] - \frac{3}{4}\frac{t'}{t_0}\left[1 - \exp\left(-2\frac{t_0}{t'}\right)\right]. \tag{6.59}$$

Für beide Mischersysteme ist

$$\lim_{(t_0/t')\to 0}\left(\frac{\sigma_2}{\sigma_1}\right)^2 = \frac{1}{2}\frac{t_0}{t'}. \tag{6.60}$$

Für Mischer höherer Ordnung ergeben sich für kleine (t_0/t') anstelle des Faktors 1/2 die Faktoren 0,56 für $n = 3$ und 0,62 für $n = 4$. Angenähert gilt für $t_0 < 2t'$

$$\frac{\sigma_2}{\sigma_1} = \sqrt{\frac{1}{2}\frac{t_0}{t'}}, \tag{6.61}$$

oder, wenn man sich daran erinnert, daß

$$\dot{M} = \frac{M_G}{t_0} = \frac{M_0}{t'}$$

ist, mit M_G für die Masse einer Gemengecharge

$$\frac{\sigma_2}{\sigma_1} = \sqrt{\frac{M_G}{2M_0}}. \tag{6.62}$$

Aus Bild 6.101 läßt sich ablesen, daß für kleine (t_0/t') die Mischungscharakteristik des Systems (Wanne) einen geringen, im Grenzbereich sogar verschwindend geringen Einfluß ausübt, was für die Praxis wichtig ist, da damit die Gültigkeit der Zusammenhänge unterstrichen wird. Lokale Unterschiede (Schlieren), die für die Praxis wichtig, ja entscheidend sind, können mit diesen Betrachtungen allerdings nicht erfaßt werden.

Ein Scherbenanteil s eines geschlossenen Scherbenkreislaufs (Eigenscherben) ohne Totzeit läßt sich mit den oben angegebenen Beziehungen mit erfassen, wenn t' durch

$$t'_s = \frac{t'}{1-s} \tag{6.63}$$

ersetzt wird.

Aus der Beziehung (6.63) folgt, daß Schwankungen in der Zusammensetzung des Gemenges sich nur sehr gedämpft auf die Zusammensetzung des Glases auswirken. Bei einem Wanneninhalt von 40 t, einer Gemengecharge von 200 kg und einem Schmelzverlust von 23% ergibt sich für das Verhältnis σ_2/σ_1 ein Faktor von 0,024.

6.8 Umfärben von Glasschmelzwannen

Aus betrieblichen und wirtschaftlichen Gründen ergibt sich die Notwendigkeit, Glasschmelzwannen von einer Glasart auf eine andere umzustellen. In der Mehrzahl der Fälle handelt es sich dabei um die weitgehende Beibehaltung des Grundglases und nur um die Änderung der Glasfarbe. Dies gilt vornehmlich für Behälterglas, in zunehmendem Umfang aber auch für Flachglas. Bei Spezialgläsern steht die Änderung der Glasart im Vordergrund.

Da während der Änderung der Glasart oder der Glasfarbe keine verkaufsfähige Ware hergestellt werden kann, ist man bestrebt, die Änderung in möglichst kurzer Zeit durchzuführen und ein Ablaufglas zu erhalten, das unter Beachtung besonderer Vorsichtsmaßnahmen wieder eingelegt werden kann. Vornehmlich auf empirischer Grundlage haben sich Umfärbepraktiken entwickelt, über die in diesem Abschnitt berichtet werden soll.

6.8.1 Ablassen und Neuaufschmelzen

Die Umstellung von einer Glasart auf eine andere kann relativ leicht und sicher durch Ablassen der Wanne und Neuaufschmelzen mit der neuen Glasart vorgenommen werden. Ein Zwischenspülen der Wanne mit Scherben kann in Sonderfällen bei geometrisch komplizierten Anlagen oder zum Schäumen neigenden Gläsern von Vorteil sein. Es ergeben sich nur in geringem Umfang Fehlfarben.

Nachteilig ist bei diesem Vorgehen der große Zeitbedarf und die thermische Belastung der Bodenpartien der Wanne. Bei großen Anlagen fällt es in der Praxis schwer, die anfallende Glasmenge abzutransportieren und zu lagern. Mit der Zunahme der Wannengröße, vor allem beim Behälterglas und beim Flachglas, wird die Methode des Ablassens und Neuaufschmelzens nur noch bei kleineren Spezialglas- oder Wirtschaftsglaswannen geübt. Wannenanlagen, die nach diesem Verfahren umgefärbt werden sollen, sind von Anfang an mit ausreichenden und gut zugänglichen Ablaßvorrichtungen auszurüsten. Für den Abtransport und die Lagerung der Glasscherben sind geeignete Anlagen und Lagerplätze vorzusehen. Auch für das Wiederaufschmelzen durch leistungsfähige Scherben- und Gemengeeinlegemaschinen ist Sorge zu tragen.

6.8.2 Kontinuierliches Umfärben bei laufendem Betrieb

Die zunehmende bessere Beherrschung des Schmelzbetriebs, die Größe der heute verwendeten Schmelzwannen und die Notwendigkeit, die Umstellung möglichst schnell zu vollziehen, hat dazu geführt, daß moderne große Behälterglas- und Flachglaswannen kontinuierlich bei laufendem Betrieb umgefärbt werden. Wichtig ist in diesem Zusammenhang das Schmelz- und Mischungsverhalten der Wannenanlage zu kennen.

6.8.2.1 Mischungscharakteristika von Glasschmelzwannen [96 – 100]

Aufbauend auf den Angaben in Abschn. 6.7 werden hier nochmals kurz die verschiedenen grundsätzlichen Mischercharakteristiken angegeben (Bild 6.102).

Beim idealen Mischer mit einem Mischgefäß erfolgt die Annäherung an den neuen Zustand sofort nach Eingabe des neuen Gemenges. Der Endzustand wird theoretisch erst nach unendlich langer Zeit erreicht. Der zeitliche Verlauf der Konzentration c der geänderten Komponente wird durch die Beziehung

$$\hat{C}(t) = \frac{c - c_1}{c_2 - c_1} = 1 - \exp\left(-\frac{t}{t'}\right) \tag{6.64}$$

erreicht, wenn c_1 die ursprüngliche Eingangskonzentration und c_2 die geänderte Eingangskonzentration bedeutet. t' ist das Verhältnis des Wannenvolumens zum Volumenstrom der Glasentnahme und t die Zeit.

Liegt eine Kolbenströmung vor, dann schiebt die neue Glasschmelze die alte, ohne daß eine Vermischung auftritt, aus der Wanne heraus. Die Konzentration c_1 springt ohne Übergang nach der Zeit

$$t = t'$$

auf c_2. Man kann sich diesen Zustand wie in Abschn. 6.7 gezeigt, durch die Hintereinanderschaltung unendlich vieler, aber unendlich kleiner idealer Mischer realisiert denken.

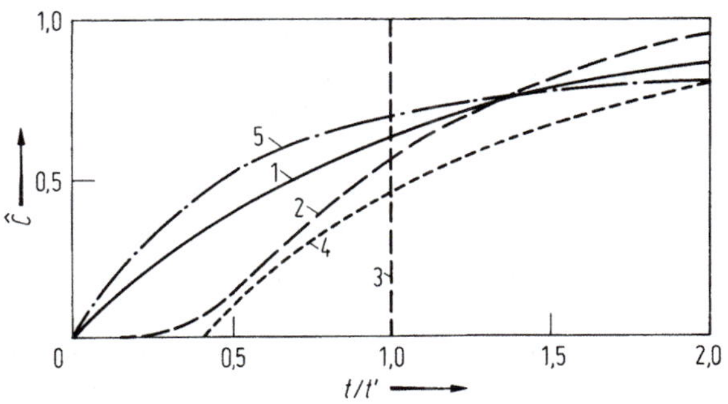

Bild 6.102. Verlauf der Vermischung bei verschiedenen Mischtypen und Kombinationen in Abhängigkeit von der normierten Zeit. *1* Idealer Mischer (ein Gefäß); *2* idealer Mischer (zwei hintereinandergeschaltete Gefäße); *3* Kolbenströmung (unendlich viele unendlich kleine Gefäße hintereinander geschaltet); *4* idealer Mischer (ein Gefäß) mit vorgeschalteter Kolbenströmung; *5* Mischer mit Totwasser

Einen weiteren Grenzfall stellt der ideale Mischer mit Totwasser dar. Bei diesem Mischertyp beteiligt sich nur ein Teil der Wanne am Mischvorgang, der Rest bleibt weitgehend unbeteiligt. In Bild 6.102 sind die geschilderten Mischertypen anhand des sich ergebenden zeitlichen Mischungsverlaufs wiedergegeben.

Die Praxis hat gezeigt, daß Glasschmelzwannen ein Mischungsverhalten zeigen, das sich aus der Kombination der drei geschilderten Mischertypen realisiert. Die Gewichtung der einzelnen Mischertypen hängt von der Konstruktion und der Betriebsweise der Anlage ab. Im allgemeinen ist der Totwassereinfluß gering und man kann mit einer Kombination von Kolbenströmung und Idealmischer rechnen. Vielfach kommt man bereits dem wahren Mischungsverhalten mit der Vorstellung einer Hintereinanderschaltung von zwei oder drei Idealmischern nahe.

6.8.2.2 Beeinflussung des Umfärbevorgangs

Für den Praktiker stellt sich die Frage, wie durch betriebliche Maßnahmen der Mischungsvorgang in der Wanne und damit der Umfärbevorgang beschleunigt werden kann.

Aus Bild 6.102 geht hervor, daß die Kolbenströmung am schnellsten zum Ziele führt. Leider läßt sie sich durch betriebliche Maßnahmen nicht erzwingen. Bis zu einem gewissen Grad ergibt sich eine Kolbenströmung, wenn man das spezifische Gewicht des neuen Glases höher einstellt als das des alten. Eine solche Maßnahme führt aber erfahrungsgemäß zur Ausbildung von stark schlierigem Glas, das bei der Verarbeitung große

Schwierigkeiten bereitet. Von dieser Maßnahme wird daher nur in Ausnahmefällen Gebrauch gemacht. Beispiele für diese Methode gibt Tooley [101].

Eine Annäherung an die Kolbenströmung bringt die Hintereinanderschaltung von mehreren Rührkesseln. In der Praxis bedeutet dies den Einsatz von Rührern in der Abstehwanne oder in der Arbeitswanne. Dieses Vorgehen ist möglich und wird auch manchmal praktiziert. Der Einsatz von Blasdüsen und elektrischer Zusatzheizung wirkt in die gleiche Richtung.

Eine sehr wirkungsvolle und leicht durchzuführende Maßnahme ist die zeitlich gesteuerte Überfärbung. Vergrößert man zu Beginn der Umfärbephase die Konzentrationsdifferenz $c_2 - c_1$ um den Faktor B, dann gilt

$$\frac{c - c_1}{c_2 - c_1} = B\left[1 - \exp\left(-\frac{t}{t'}\right)\right]. \qquad (6.65)$$

Die Beschleunigung des Umfärbevorgangs durch die „Überfärbung" des Gemenges ist aus Bild 6.103 ersichtlich. Zahlenmäßig ergeben sich für ein t/t'-Verhältnis von 2 die in Tabelle 6.3 angegebenen Zeitverkürzungen. Um eine Überfärbung der Glasschmelze zu vermeiden, wird man die Überfärbung des Gemenges bei $\hat{C} \approx 0{,}9$ stark abbauen, oder ganz unterlassen. Das Verfahren der Überfärbung kann nur dann angewandt werden, wenn die gewünschte Farbveränderung durch Zugabe von bisher gar nicht oder weniger vorhandenen Gemengekomponenten bewirkt werden kann, z.B. Umfärbung von Weiß auf Grün. Besteht die Umfärbung im Fortlassen einer Komponente (Grün auf Weiß) dann ist das Überfärbeverfahren nicht anwendbar.

Tabelle 6.3. Verkürzungsfaktoren bei Überfärbung

B	t/t'
1	2
2	0,69
3	0,41
4	0,29

In manchen Fällen empfiehlt es sich bei einer Änderung des Glassatzes mit der Gemengezusammensetzung kurzfristig zu überkompensieren, um auf diese Weise schneller das angestrebte Ziel zu erreichen [93]. Nach der Schmelze eines bleifreien Glases wurde z.B. die Schmelze eines Glases mit 8,8% PbO angestrebt. Die Änderung wurde mit einem Gemengesatz für ein Glas mit einem Pb-Gehalt von 18,4% eingeleitet und nach 100 h auf 10,9% umgestellt. Der Scherbenrücklauf betrug 50%. Die Schmelzleistung betrug 96 t Glas/h, die Aufenthaltszeit der Rücklaufscherben im Bunker 4 h. Mit einer Verzögerungszeit von 6 h konnte das Mischungsverhalten mit dem eines idealen Mischers in der Anfangsphase gut nachgebildet werden (Bild 6.104) (vgl. Gl. 6.56 u. 6.57).

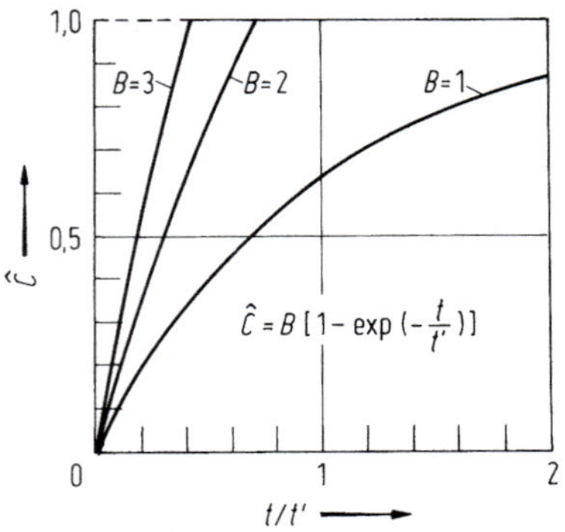

Bild 6.103. Umfärbekurven eines Rührkessels für unterschiedliche Überfärbungen [96]

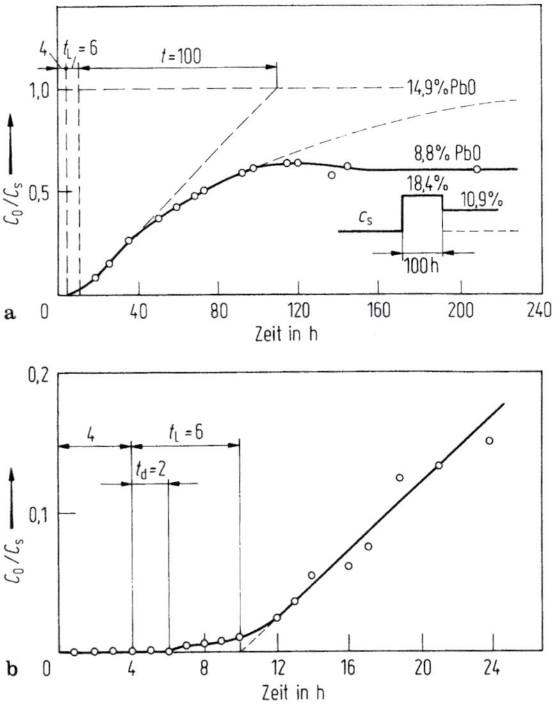

Bild 6.104 a und **b.** Mischungsverlauf in einer Wanne mit 200 t Inhalt bei Übergang von einem bleifreien Glas auf ein bleihaltiges (nach Hoetink [93])

Eine wichtige, den Umfärbevorgang beschleunigende Größe ist das Verhältnis t/t'. Ein hoher Durchsatz führt zu einer Verminderung von t' und bei konstantem B auch zu einer Verminderung von t. Eine hohe Wannenbelastung beschleunigt somit den Umfärbevorgang.

6.8.2.3 Praxis des Umfärbevorgangs

Da das Ablassen, Spülen und Neuaufschmelzen der weniger geübte Sonderfall ist und keine prinzipiellen Schwierigkeiten verursacht, soll im folgenden nur das Umfärben im laufenden Betrieb behandelt werden.

Wie bereits erwähnt, bringt eine hohe Schmelzleistung und eine Verbesserung der Vermischung in der Wanne durch Blasdüsen oder Elektrozusatzheizung eine Beschleunigung des Umfärbevorgangs. Stärkere Dichteänderungen sind wegen der Gefahr der Schlierenbildung zu vermeiden.

Da der Umfärbevorgang wegen der Unterschiede der einzelnen Gläser in der Redoxzahl und der chemischen Zusammensetzung nicht nur eine Konzentrationsänderung der Farbkomponenten ist, kann der gesamte Änderungsvorgang in einzelne, zeitlich gestaffelte Phasen aufgegliedert werden. Der eigentliche Umfärbevorgang ist dann nur noch ein Teil, meist die Endphase, des Änderungsvorgangs. Die Maschinenführer können sich so der Änderung der Verarbeitungseigenschaften des Glases besser anpassen, da sie in kleinen einzelnen Schritten erfolgt.

Besonders wichtig ist hier die Schwefellöslichkeit der Glasschmelze. Aus den Arbeiten von Budd [102] und Manring [103] ist bekannt, daß der Sauerstoffpartialdruck der Schmelze, ausgedrückt im Verhältnis $Fe^{2+}/(Fe^{2+} + Fe^{3+})$, einen starken Einfluß auf die Schwefellöslichkeit ausübt und im Bereich oxidierend und reduzierend ein Minimum aufweist (Bild 6.105). Dies bedeutet in der Praxis, daß man bei einem Übergang von einem oxidierend eingestellten (Weiß- oder Grünglas) auf ein reduzierend eingestelltes (Braunglas) Glas und umgekehrt mit einer starken SO_2-Entbindung und daher mit starker Schaumbildung rechnen muß [104]. Umfärbungen von reduzierten auf oxidierte Gläser lassen geringere Schwierigkeiten erwarten als umgekehrt, da das oxidierte Glas, das auf dem alten Glas einschmilzt, aufsteigende Reboilblasen wegen der höheren Schwefellöslichkeit absorbiert und damit auflösen kann. Das oxidierte Glas soll daher spezifisch leichter als das in der Wanne vorhandene reduzierende Glas sein. Im umgekehrten Fall ist mit einer verstärkten Schaumbildung zu rechnen. Durch Einstellung reduzierender Bedingungen über dem Glasbad läßt sich SO_2-haltiger Schaum relativ leicht auflösen. Durch Berücksichtigung des Verweilzeitverhaltens der Wanne läßt sich die Umfärbezeit minimieren [104]. Über die auftretenden Lösungsmechanismen berichtet Mulfinger [105]. Über die Praxis beim Umfärben in Wannen wird im Abschn. 6.8.2.3.1 berichtet.

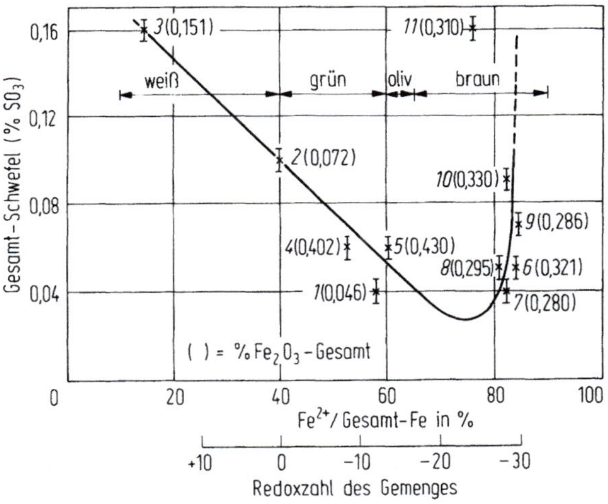

Bild 6.105. SO_3-Löslichkeit im Glas als Funktion des Reduktions-Oxidations-Zustands [102, 103]. Glasfarben: *1* weiß (red.); *2* weiß; *3* halbgrün; *4* grün; *5* grün (schaumig); *6* oliv; *7* braun, hell; *8* braun, normal; *9* braun, dunkel; *10* braun, dunkel; *11* braun, sehr dunkel

6.8.2.3.1 Beispiele für Umfärbungen

6.8.2.3.1.1 Behälterglas [98, 100]

Weiß auf Braun (Kohlegelb)

Der gesamte Änderungsvorgang kann beispielsweise in fünf Schritten vorgenommen werden. Der erste Schritt besteht in einer Erhöhung der Schmelzleistung. Der Wanneninhalt soll in 24 h umgesetzt werden, was $t/t' = 1$ bedeutet. Vermischungshilfen, wie Blasendüsen, sind instandzusetzen und in Betrieb zu nehmen.

Die weiteren drei Schritte umfassen eine Anpassung der chemischen Zusammensetzung des alten Glases an das Zielglas und eine Verminderung der Redoxzahl durch Verminderung des Sulfatanteils im Gemenge und falls vorhanden, das Herausnehmen aller oxidierenden Gemengeanteile wie Salpeter und Arsenik.

Mit dem fünften Schritt wird der Farbwechsel von Weiß auf Braun vollzogen. Die Redoxzahl sinkt jetzt auf Werte von (− 30) und das Glas neigt zur Schaumbildung. Zum Ausgleich der oxidierenden Wirkung der Blasendüsen muß der Kohlezusatz auf 10% über normal erhöht werden. Eine Übersteuerung durch Pyrit empfiehlt sich nicht, da sonst die Neigung zum Schäumen zu groß wird. Eine solche Umfärbung kann in 100 h vollzogen werden, wobei bereits nach 90 h verkaufsfähige Ware produziert wird.

Braun auf Weiß

Die einzelnen Schritte der Gemengeänderung sind analog wie beim Übergang von Weiß auf Braun. Der Fe_2O_3-Gehalt wird schrittweise von 0,33 auf 0,12 Gew.-% reduziert und der Sulfatanteil erhöht. Für einen solchen Umfärbevorgang sind 120 h anzusetzen, wobei berücksichtigt werden muß, daß bei der Nennung und Wertung von Umfärbezeiten, außer den Leistungsdaten der Anlage, auch die Beurteilung der Qualität des erschmolzenen Glases von großem Einfluß ist.

Grün auf Braun

Wie bei den vorhergehenden Beispielen wird auch hier eine schrittweise Annäherung der chemischen Zusammensetzung von Grün nach Braun vorgenommen. Durch Sulfatreduzierung wird die Redoxzahl des Glases auf die des Zielglases abgesenkt. Zur Beschleunigung des Farbwechsels kann im letzten Schritt eine Kohleüberdosierung von 40% vorgenommen werden. Nach 60 h können verkaufsfähige Glasbehälter erreicht werden.

Braun auf Grün

Bei dieser Umfärbung empfiehlt es sich, nicht schrittweise vorzugehen, sondern den Vorgang in einem Schritt zu vollziehen, um eine Eisenanreicherung und damit die Entstehung des unerwünschten graubraunen Farbstichs zu vermeiden. Zur Beschleunigung empfiehlt es sich, eine Überdosierung des Chromerzanteils bis maximal zur dreifachen Menge vorzunehmen. Gleichzeitig gilt es, den Sulfatanteil in Abständen von einigen Stunden auf die bei Grünglas erforderliche Menge anzuheben. Der Umfärbevorgang kann in 40 h vollzogen werden.

Weiß auf Grün

Diese Umfärbung ist unproblematisch, da es sich in beiden Fällen im oxidierend eingestellte Gläser handelt, und die Einstellung der neuen Farbe durch einen Farbstoß zu Beginn des Umfärbevorgangs beschleunigt werden kann. Neben dem erhöhten Eisengehalt erfolgt die Grünfärbung mit Chromerz. Es gilt zu beachten, daß bei höheren Chromerzzusätzen das einschmelzende Gemenge sehr steif wird. Der Farbstoß mit Chromerzzusatz muß daher auf das 3,5fache des Normalsatzes für Grünglas beschränkt werden. Die Umfärbezeiten betragen bei kleineren Behälterglaswannen 8 bis 12 h.

Bei Umfärbungen von Weiß auf Halbweiß ist ein Farbstoß nicht möglich, da sonst die Gefahr von Überfärbungen besteht. Es empfiehlt sich, vor dem Einlegen des neuen Gemenges, die Entfärbung so weit zurückzunehmen, daß ein gerade noch vertretbares Weiß entsteht. Darüber hinaus wird dem Gemenge der Koksgehalt, der im nichtweißen Gemenge vorhanden ist, zugegeben. Das Fe^{3+}/Fe^{2+}-Verhältnis verschiebt sich zur Fe^{2+}-Seite und es entsteht der für das Halbweiß gewünschte Blaustich. Bei kleinen Wannen ist nach $\approx$ 15 h die angestrebte Halbweißfarbe erreicht.

Grün auf Weiß

Farbmäßig ist diese Umstellung am langwierigsten, da für eine Umstellung von Dunkel auf Hell nur sehr bedingt eine Überdosierung vorgenommen werden kann. Um den Farbwechsel zu erzielen, müßten Fe_2O_3 und Cr_2O_3 praktisch vollständig entfernt werden. Die Umfärbung selbst ist einfach und besteht in der vollständigen Eingabe von Weißglasgemenge. Ist der Fe_2O_3-Gehalt auf 0,1% und der Cr_2O_3-Gehalt auf $< 0{,}005\%$ abgesunken, wird ein Entfärbestoß gegeben. Es wird die 1,5 bis 2,5fache Menge Entfärbung des normalen Weißglases gegeben. Die gesamte Umfärbung dauert 160 bis 200 h. Das ist eine sehr lange Zeit und es ist zu überlegen, ob in diesem Fall nicht ein Ablassen und ein Neuaufschmelzen wirtschaftlicher ist, besonders da bei allen Wannen noch nach längerer Zeit periodisch Farbabweichungen beobachtet werden.

Umfärbungen von Grün auf Halbweiß dauern ebenfalls relativ lange (100 bis 120 h), da hier nur ein Teil der Eisenfarbe erhalten bleibt und der Chromgehalt völlig entfernt werden muß. Um den Farbwechsel zu beschleunigen, wird zu Anfang der Umfärbung weißes Gemenge ohne jeden Farbzusatz eingesetzt. Das Weißglasgemenge muß etwa dem 2,5fachen des Wanneninhalts entsprechen. Ein Mehr führt zu einem zu hellen Glas. Besondere Maßnahmen sind bei Grünfärbungen notwendig, die einen zusätzlichen Nickelgehalt aufweisen (lichtgrün).

6.8.2.3.1.2 Flachglas [99]

Die Umfärbung von Flachglaswannen wird gegenüber Behälterglaswannen bedeutend seltener vor-

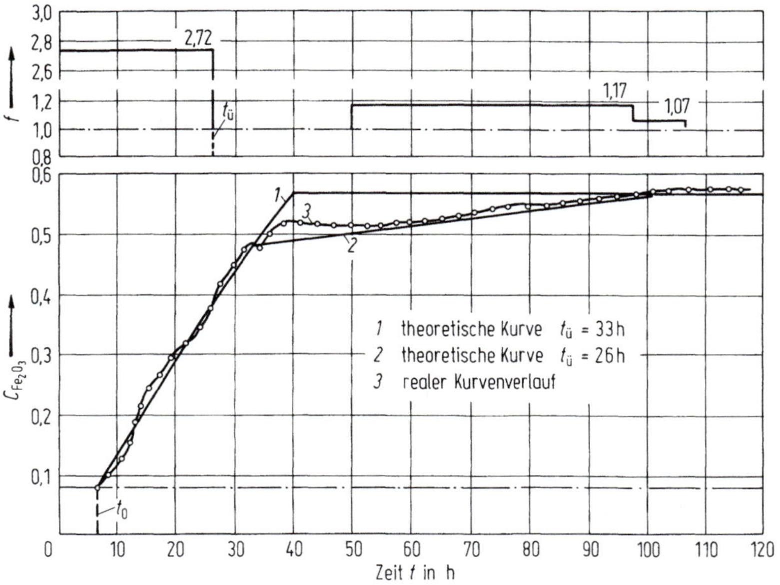

Bild 6.106. Umfärbekurven einer Flachglaswanne

genommen. Erstens ist der Bedarf an gefärbtem Flachglas, gemessen am ungefärbten, bedeutend geringer als bei Hohlglas, zum zweiten bedingen die großen Wannen eine erhebliche Menge von fehlgefärbtem Glas.

Eine Umfärbung von Weiß auf Grün (Fe_2O_3-Gehalt $\approx$ 0,6%) läßt sich durch Überdosierung der Farbkomponente relativ leicht erzielen. Die Umkehrung von Grün auf Weiß wird dagegen im laufenden Betrieb nicht vorgenommen, da die Zeiten zu lang werden. Es empfiehlt sich, die Farbperiode auf das Ende der Wannenreise zu legen, man kann so den Umfärbevorgang von Grün auf Weiß vermeiden. Im Grenzfall empfiehlt sich ein teilweises Ablassen der Wanne.

In Bild 6.106 sind die für eine Floatglaswanne gewählten theoretischen Umfärbekurven und der sich einstellende reale Kurvenverlauf des Fe_2O_3-Gehalts angegeben. Die Wanne wurde bei der Berechnung der Mischkurven im vorderen Teil durch ein Gefäß mit Kolbenströmung und im hinteren Teil durch ein Gefäß mit idealer Mischung ersetzt. Man erkennt, daß man sich durch gezielte Überdosierung relativ schnell der gewünschten Farblage nähern kann. Insgesamt wurden 110 h benötigt.

6.9 Verhalten der feuerfesten Baustoffe im Kontakt mit der Glasschmelze

Für die Praxis ist das Verhalten der feuerfesten Baustoffe in den einzelnen Bereichen des Glasschmelzofens sehr wichtig. Leider ist man auch heute noch hier weitgehend auf die Empirie und daraus abgeleitete allgemeine Grundlinien angewiesen. Laborversuche geben nur bedingt über das Verhalten im Ofen selbst Aufschluß. Die sich im Ofen über Jahre erstreckende Einwirkung der Gase bzw. der Glasschmelze in Verbindung mit den hohen Temperaturen läßt sich in Kurzzeitversuchen nur angenähert nachahmen. Von einer quantitativen Erfassung ist man noch weit entfernt. Erste Versuche einer quantitativen Behandlung finden sich beim Kontakt der Steine mit der Glasschmelze [106]. Bedingt durch die notwendigen starken Vereinfachungen können die Ansätze nur zum tieferen Verständnis der Zusammenhänge beitragen, zur quantitativen Berechnung sind sie nur in Sonderfällen geeignet.

6.9.1 Korrosion von Wannensteinen durch Diffusion ohne Konvektion

Primärer Vorgang der Korrosion ist die Löslichkeit des Steins oder einzelner Bestandteile desselben in der Glasschmelze. Die Löslichkeit ist ein Diffusionsvorgang, der sich im einfachsten Fall eindimensional ohne Vorhandensein einer Konvektion (Strömung) durch die Beziehung

$$\frac{\partial c}{\partial t} = D \frac{\partial^2 c}{\partial x^2} \qquad (6.66)$$

beschreiben läßt, wenn D der als konstant vorausgesetzte Diffusionskoeffizient, c die örtliche Kon-

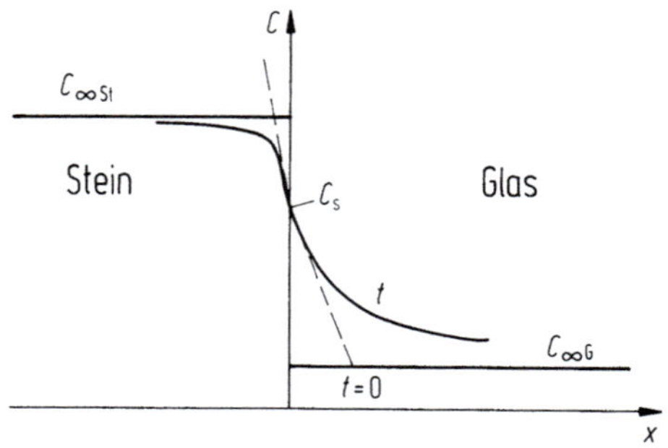

Bild 6.107. Konzentrationsprofile Stein-Glasschmelze (schematisch)

zentration der in Lösung gehenden Substanz und x die Wegkoordinate bedeuten. Wählt man die Randbedingungen entsprechend Bild 6.107, dann ergibt sich die Lösung, wenn von einer Verschiebung der Phasengrenze durch den Lösungsvorgang abgesehen wird, zu

$$c(x, t) = c_s - c_{G,\infty}\,\Phi\left(\frac{x}{\sqrt{4Dt}}\right), \tag{6.67}$$

c_s bedeutet dabei die zeitlich konstante Konzentration (Sättigungskonzentration) in der Phasengrenze, Φ das Gaußsche Fehlerintegral. Für das Konzentrationsgefälle an der Stelle $x = 0$ gegenüber der Glasschmelze ergibt sich

$$\left(\frac{\partial c}{\partial x}\right)_{x=0} = -\frac{c_{G,\infty}}{\sqrt{\pi D t}}. \tag{6.68}$$

Der für den Lösungsvorgang maßgebende Konzentrationsgradient an der Phasengrenze ist damit zeitabhängig. Mit zunehmender Zeit wird $\partial c/\partial x$ kleiner. Es baut sich eine Grenzschicht auf, welche den korrosionsbestimmten Lösungsvorgang mehr und mehr verlangsamt.

Wählt man die Konzentration c_s an der Phasengrenze als willkürlichen Nullpunkt der Konzentration, dann kann der Ausdruck $\sqrt{\pi D t}$ als „Grenzschichtdicke" der Diffusion aufgefaßt werden. Sie wird als Nernstsche Diffusionsgrenzschicht δ_N bezeichnet, und es gilt

$$\left(\frac{\partial c}{\partial x}\right)_{x=0} = \frac{c_{G,\infty}}{\delta_N}. \tag{6.69}$$

6.9.2 Korrosion von Wannensteinen durch Diffusion und erzwungene Konvektion

Die Verhältnisse entsprechen besser der Wirklichkeit, wenn dem Diffusionsvorgang eine erzwungene laminare Konvektionsströmung parallel zur

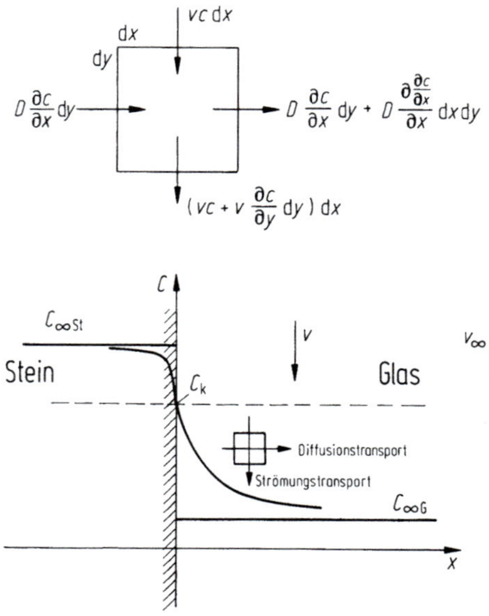

Bild 6.108. Transportvorgänge bei erzwungener Strömung

Phasengrenze und senkrecht zur Diffusionsrichtung überlagert wird. Von besonderem Interesse (Bild 6.108) ist dabei der sich nach einer gewissen Zeit einstellende stationäre Zustand $\partial c/\partial t = 0$. Im stationären Zustand muß Gleichgewicht herrschen, damit wird

$$D\,\frac{\partial^2 c}{\partial x^2} = v\,\frac{\partial c}{\partial y}. \tag{6.70}$$

An der Wand ist $v = 0$ und damit $(\partial c/\partial x)_{x=0}$ konstant. Auch unter diesen Bedingungen bildet sich somit eine Diffusionsgrenzschicht aus, die diesmal aber zeitlich konstant ist.

Analog zur Diffusionsgrenzschicht kann mit

$$\left(\frac{\partial v}{\partial x}\right)_{x=0} = \frac{v_\infty}{\delta_{Pr}} \tag{6.71}$$

eine Strömungsgrenzschicht δ_{Pr} definiert werden, die als Prandtlsche Strömungsgrenzschicht bezeichnet wird.

In der Strömungslehre gilt für laminare erzwungene Strömungen der Zusammenhang [108]

$$\delta_N = \delta_{Pr}\sqrt[3]{\frac{D}{\nu}}, \tag{6.72}$$

wobei ν die kinematische Zähigkeit des Strömungsmediums bezeichnet. Während für Gase $\nu/D \approx 1$ ist, die beiden Grenzschichten also annähernd gleich dick sind, beträgt bei Glasschmelzen (bei $\approx 1400\,°C$) $\nu/D \approx 10^7$ bis 10^9, was bedeutet, daß die Diffusionsgrenzschicht nur etwa 0,002mal so dick ist wie die Strömungsgrenzschicht (Bild 6.109).

Dies bedeutet, daß die Strömung die Diffusionsgrenzschicht nur sehr wenig angreifen kann, eine Tatsache, welche das Schmelzen von Glas im keramischen Becken überhaupt erst ermöglicht. Ohne diese Besonderheit wäre die Herstellung befriedigend homogener Gläser in Schmelzöfen ausreichender Lebensdauer nicht möglich. Als Maß für die Korrosionsgeschwindigkeit dient die Massenstromdichte der abgetragenen Substanz $\dot{m}_K$. Mit c_s als Sättigungskonzentration gilt

$$\dot{m}_K = D\left(\frac{\partial c}{\partial x}\right)_{x=0} = D\frac{c_s - c_\infty}{\delta_N} \qquad (6.73)$$

und nach Gl. (6.72)

$$\dot{m}_K = D\frac{c_s - c_\infty}{\delta_{Pr}\sqrt[3]{D/\nu}}. \qquad (6.74)$$

In der Strömungslehre gilt für erzwungene Konvektion [109, 110]

$$\delta_{Pr} = \frac{3y}{\sqrt{v_\infty\, y/\nu}}, \qquad (6.75)$$

wenn mit y die Länge der Anlaufstrecke und mit ν die kinematische Zähigkeit der Flüssigkeit bezeichnet wird. Die Prandtlsche Grenzschichtdicke δ_{Pr} ist somit am Anlaufpunkt der Strömung Null und wächst mit der Länge der Anlaufstrecke. In Gl. (6.74) eingesetzt, ergibt sich für die Massenstromdichte der durch Korrosion abgetragenen Substanz

$$\dot{m}_K = \frac{1}{3}(c_s - c_\infty)\sqrt{\frac{v_\infty}{y}}\sqrt[3]{\frac{D^2}{\sqrt{\nu}}}. \qquad (6.76)$$

Der Angriff oder die Steinkorrosion ist theoretisch bei $y = 0$ unendlich groß und fällt dann mit größer werdendem Abstand (y) (Bild 6.110). Ein Angriff wird durch eine erhöhte Zähigkeit (ν) sehr stark vermindert. Angriffe dieser Art bilden sich an den Seitensteinen des Durchlasses aus, die durch die Glasströmung bogenförmig abgetragen werden (Bild 6.111). Das Glas strömt parallel zur Seitenfläche des Steins. Mit zunehmender Wegstrecke baut sich eine in der Dicke zunehmende Strömungs- und Diffusionsgrenzschicht auf, welche den Angriff des Glases auf den Stein mehr und mehr bremst. Gleichung (6.76) ist für quantitative Berechnungen sicher nur sehr bedingt geeignet, läßt den Grundmechanismus aber gut erkennen.

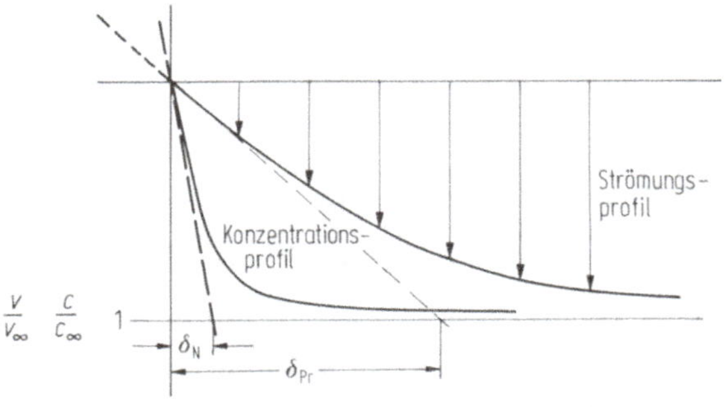

Bild 6.109. Strömungs- und Konzentrationsprofil sowie Strömungs- und Diffusionsgrenzschicht

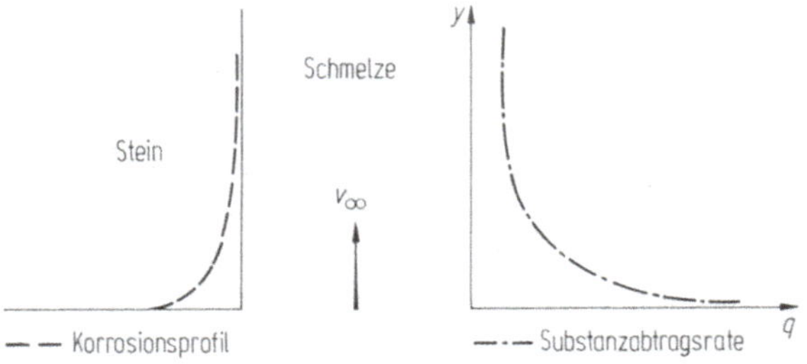

Bild 6.110. Substanzabtrag bei erzwungener Strömung

Bild 6.111. Durchlaß einer Hohlglaswanne, von der Schmelzwanne aus gesehen (nach Löschung der Anlage)

6.9.3 Korrosion von Wannensteinen durch Diffusion und Dichtekonvektion

Im Bereich der Wannenseitensteine ist neben der vornehmlich horizontal gerichteten Entnahmeströmung in vertikaler Richtung mit einer thermisch oder durch Substanzaufnahme bedingten Dichtekonvektion zu rechnen. Für die Dichtekonvektion gilt der Zusammenhang [111]

$$\delta_N = 1{,}83\, y\, Gr^{-1/4}\, Pr^{-1/4}. \qquad (6.77)$$

Gr ist dabei die Grashof-Zahl.

Für sie gilt

$$Gr = \frac{y^3 g}{\nu^2} \frac{\Delta\varrho}{\varrho}.$$

Mit $Pr = \nu/D$ ergibt sich dann

$$\dot{m}_K = \frac{c_s - c_\infty}{1{,}83} \left(\frac{g\Delta\varrho}{\varrho}\right)^{1/4} \left(\frac{D^3}{y\,\nu}\right)^{1/4}. \quad (6.78)$$

Die Korrosionsrate nimmt somit mit der Dichtedifferenz $\Delta\varrho$ zu und mit dem Strömungsweg y ab.

Bei Kalk-Natron-Gläsern nimmt die Dichte des Kontaktglases durch die Tonerdeaufnahme aus dem Stein zu. Verstärkt durch die Abkühlung ist die Dichteströmung somit von oben nach unten gerichtet (Bild 6.112a). Der Angriff auf den Stein wird nach unten daher geringer. Die Abnahme der Temperatur nach unten verstärkt diese Tendenz. Bei Bleigläsern wird das Glas durch die Kontaktaufnahme leichter. Es kann dann eine alle anderen Einflüsse überspielende Dichteströmung nach oben entstehen. Das Abnützungsprofil der Steine kehrt sich um, was eine in der Praxis vorkommende Erscheinung (Bild 6.112b) darstellt.

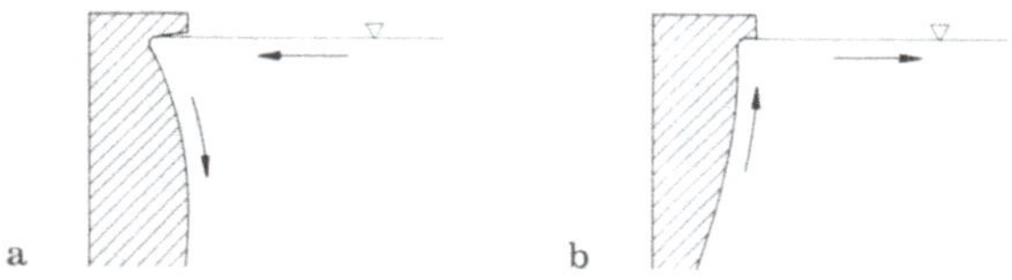

Bild 6.112. Korrosionsprofile in Glaswannen. **a** Kalk-Natron-Glas (Schlackenglas schwerer als Mutterglas); **b** Bleiglas (Schlackenglas leichter als Mutterglas)

6.9.4 Einfluß von Oberflächen- und Grenzflächenspannungen

Die in der Praxis beobachtete starke Steinkorrosion im Bereich der Spülkante kann sowohl mit den in den Abschn. 6.9.1 und 6.9.2 behandelten Korrosionen als auch durch Zwangs- und Dichtekonvektion nicht erklärt werden. Man weiß heute, daß es Strömungen im Bereich der Grenzfläche sind, welche zu diesen hohen Korrosionsraten führen. Den Motor bilden Oberflächen- und Grenzflächenspannungen. Man kann sich die Vorgänge wie folgt klarmachen:

Bringt man auf eine Flüssigkeit (I) eine zweite (II) mit unterschiedlicher Oberflächenspannung, dann entsteht ein positiver oder negativer Spreitungsdruck (Bild 6.113). Es gilt $p = \sigma_1 - (\sigma_2 + \gamma_{1,2})$. Ist $\sigma_1 > \sigma_2 + \gamma_{1,2}$ dann spreitet die Flüssigkeit (I) so

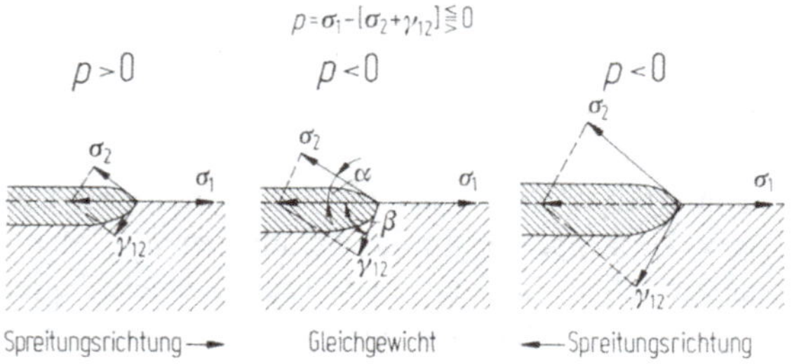

Bild 6.113. Schematische Darstellung des Spreitungsdrucks [107]

lange, bis Gleichgewicht erreicht ist. Dies gilt für Flüssigkeiten, die miteinander nicht mischbar sind. Sind die Flüssigkeiten miteinander mischbar, dann ändern sich σ_2 und $\gamma_{1,2}$ mit der Zeit. Es kommt zu einer Drehung des Vektors und damit zur Einleitung der entsprechenden Rotation mit Wirbelbildung [106].

6.9.4.1 Spülkantenerosion

An der Spülkante von Wannensteinen bilden das Mutterglas und das Kontaktglas zwei grenzflächenaktive Substanzen. Die Oberflächenspannung und die Dichte des Kontaktglases sind im allgemeinen wegen der Tonerdeaufnahme größer als die des Mutterglases. Außerdem ist eine beschränkte Löslichkeit vorhanden. Im zeitlichen Verlauf spielen sich die in Bild 6.114 dargestellten Vorgänge ab [106, 112, 113].

Durch die Entstehung des Kontaktglases bildet sich analog zu Bild 6.114 eine Dreiphasengrenze. Das einsetzende in Lösunggehen des Mutterglases in dem Kontaktglas führt zu einer Wirbelbildung, das Kontaktglas wird im Bereich des Meniskus nach unten abgedrängt und frisches reaktives Glas wird zur Steinoberfläche herangeführt. Dieser fortlaufende Umnetzungsvorgang zerstört die sich aufbauende Diffusionsgrenzschicht und führt damit zu einer starken Korrosionsrate.

Eine Grenzflächenkonvektion findet auch dann statt, wenn durch Aufnahme von Steinsubstanz die

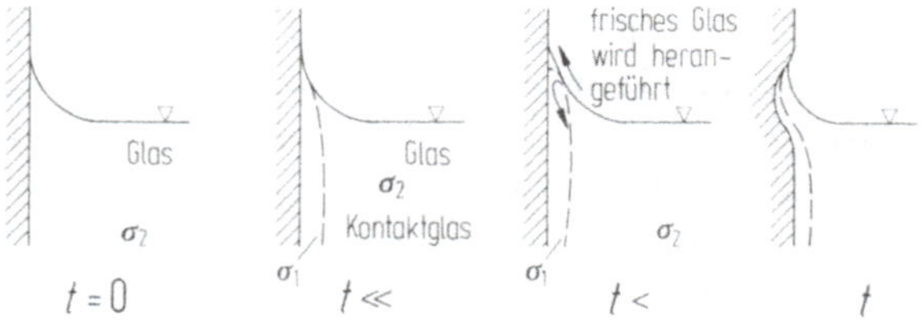

Bild 6.114. Entstehung der Spülkantenerosion in einzelnen Zeitschritten

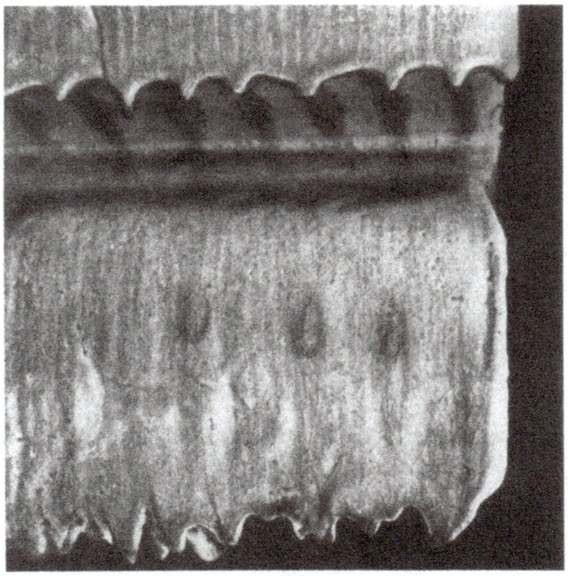

Bild 6.115. „Spülkante" eines Wannensteins mit starker Zapfenbildung [112]

Oberflächenspannung des Glases vermindert wird. Lediglich der das Kontaktglas heraustransportierende Wirbel ändert seine Drehrichtung. Maßgebend für die Spülkantenkorrosion ist somit die Änderung der Oberflächenspannung und indirekt über die Geschwindigkeit der ablaufenden Vorgänge die Zähigkeit des Glases und hier vor allem des Kontaktglases.

Gelegentlich bleiben am oberen Ende der Spülkanten Tropfen zurück, die als gesättigte Lösung entweder selbst abfließen oder bei einer späteren Meniskusbewegung durch die Grenzflächenkonvektion erfaßt werden, wobei sie wegen ihres hohen Feststoffgehalts zur Verstärkung der allgemeinen Grenzflächenkonvektion beitragen. Löffler hat diese Tropfen auch als „Fensterchen" bezeichnet (Bild 6.115) [112].

Die mathematische Beschreibung der Spülkantenerosion ist bedeutend schwieriger als die der konzentrationsbedingten Strömungskorrosion. Hrma [114–116, 120] gibt für die Korrosionsgeschwindigkeit bei freier Grenzflächenkonvektion eine Beziehung für die Substanzabtragsrate an, die noch der Überprüfung bedarf.

In der Literatur, insbesondere in der Hydrodynamik, wird jede mit der Änderung von Grenzflächenspannungskräften zusammenhängende Dynamik als „Marangoni-Effekt" bezeichnet [117]. Die dimensionslose Maragoni-Kennzahl kann als charakteristische Größe angesehen werden für die treibende Kräfte, die eventuell zu einer Grenzflächenkonvektion führen können. Für konzentrationsbedingte Änderungen der Grenzflächenspannung lautet sie

$$Ma(c) = \Delta\sigma \, l/\eta \, D, \qquad (6.79)$$

wobei σ die Ober- oder Grenzflächenspannung, l die charakteristische Länge bedeutet.

Jebsen [118] hat den Begriff der Schlierenwirbelphänomene für die Erscheinung geprägt, die zur Grenzflächenkonvektion führt.

6.9.4.2 Blasenbohren, Lochfraß

An feuerfesten Steinen, die an einer horizontalen Fläche so mit der Glasschmelze in Kontakt stehen, daß die Schmelze sich unten und das feuerfeste Material sich oben befindet, wird ein Korrosionsbild beobachtet (Bild 6.116), das als Blasenbohren

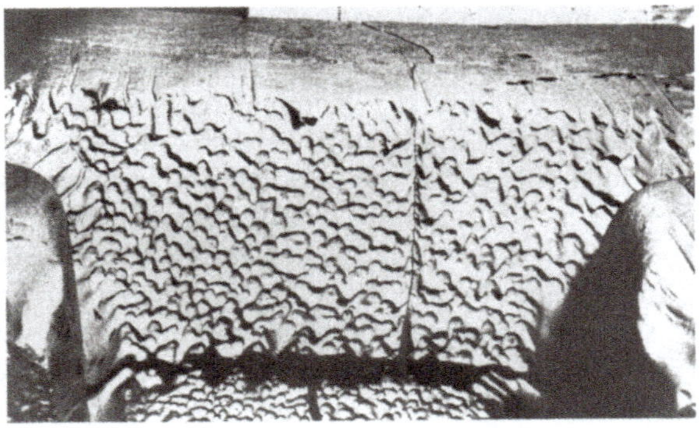

Bild 6.116. Blick auf die Unterseite eines KZ-schmelzgegossenen Durchlaßdecksteins. Angriff durch Blasenbohren

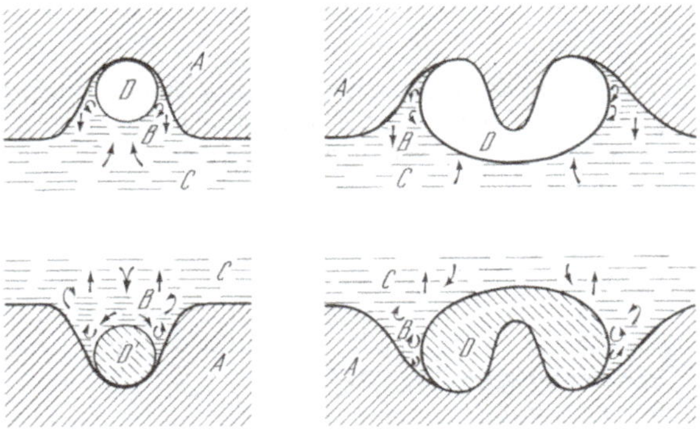

Bild 6.117. Schematische Darstellung der bevorzugten Korrosion in vertikaler Richtung durch Grenzflächenkonvektion um kleine und große Gasblasen und Flüssigkeitstropfen (Zapfenbildung bei großen Blasen und Tropfen). *A* Festkörper, *C* korrodierende Flüssigkeit bzw. Schmelze, *B* Lösung aus *A* und *C*, *D* Gasblase, *D'* mit *C* nicht vollständig mischbarer Flüssigkeitstropfen

oder Lochfraß bezeichnet wird. Die Ursache des Lochfraßes läßt sich wie die der Spülkantenkorrosion auf die Wirkung der Grenzflächenkorrosion zurückführen (Bild 6.117 oben). Entsteht durch eine Porosität im Stein oder durch eine Gasausscheidung aus der Schmelze in der Grenzzone Schmelze/Stein eine Gasblase, dann bilden die Benetzungsflanken der Gasblase eine Dreiphasengrenze, ähnlich wie dies in der Spülkante der Fall ist. Der Angriff erfolgt verstärkt in diesem Bereich, und die Blase dringt immer tiefer in den Stein ein. Bei großen Blasen ist der Angriff im Zentralbereich, bedingt durch die sich ausbildende und wenig angegriffene Diffusionsgrenzschicht, bedeutend langsamer als im Flankenbereich. Diese Bereiche eilen in der Korrosion vor, und es kommt zur Ausbildung eines Zapfens, der so groß werden kann, daß er durch die Blase hindurch in die Glasschmelze reicht und dann dort der Einwirkung der Grenzflächenkonvektion zum Opfer fällt.

Substanzen, die schwerer als Glas sind, in der Glasschmelze nur schwach löslich sind (Metalle) und bei den in Frage kommenden Temperaturen flüssig sind, sinken im Glasbad zu Boden. Es bilden sich kugel- oder fladenförmige Schmelzen aus, die aufgrund ihrer relativ hohen Oberflächenspannung einen Zwickel zwischen Glas und Feuerfestmaterial bilden. In diesem Zwickelbereich entsteht ebenfalls eine Grenzflächenkonvektion, welche zu einem Einbohren der Substanz in den Boden führt (Bild 6.117 unten) [119].

Brückner hat aus Versuchen der rotierenden Scheibe die Korrosionsraten unter der Wirkung verschiedener Konvektionsströmungen bestimmt (Tabelle 6.4) [120]. Es zeigte sich, daß die Grenzflächenkonvektion an der Spülkante die Dichtekonvektion stark überwiegt. Besonders stark ist die Grenzflächenkonvektion beim Metalltropfenbohren. Es werden bei 1440 °C Korrosionsraten von 7 bis $9 \cdot 10^{-2}$ mm/h erreicht.

Tabelle 6.4. Korrosionsraten in mm/h eines schmelzgegossenen KZ-Steins (ZAC 1711) durch eine Hohlglasschmelze unter der Wirkung verschiedener Konvektionsströmungen [15]

Art der Konvektionsströmung	Temperatur in °C	
	1400	1500
Erzwungene Konvektion $v = 1$ m/h	$20 \cdot 10^{-3}$	
Dichtekonvektion (Mittelwert über die Lauflänge)	$0{,}8 \ldots 0{,}9 \cdot 10^{-3}$	$11 \ldots 16 \cdot 10^{-3}$
Grenzflächenkonvektion an der „Spülkante"	$8{,}5 \cdot 10^{-3}$	$60 \ldots 100 \cdot 10^{-3}$

6.9.5 Möglichkeiten zur Verminderung der Korrosion

Die geschilderten und teilweise quantitativ faßbaren Zusammenhänge geben Hinweise über Möglichkeiten zur Verminderung der Korrosion.

Die wichtigsten Einflüsse sind:

- Reduzierung der Oberflächenspannungsdifferenz Glasschmelze/gelöstes ff-Material.
- Reduzierung der Dichtedifferenz Glasschmelze/gelöstes ff-Material.
- Erhöhung der Zähigkeit des gelösten ff-Materials.
- Verringerung der Sättigungskonzentration c_s und Erhöhung der Konzentration der entsprechenden wirksamen Komponente c_∞ der Glasschmelze.

6.10 Verhalten der feuerfesten Baustoffe im Oberofen und im Abgasbereich des Schmelzofens

Der Angriff und die Veränderungen, dem die feuerfesten Baustoffe im Oberofen und im Abgasbereich des Schmelzofens unterliegen, sind sehr vielfältig. Die Korrosion läßt sich hier nur sehr bedingt auf Diffusion und Löslichkeit in der einfachen eindimensionalen Form zurückführen, wie dies bei den Wannensteinen der Fall ist. Damit ist eine mathematische Beschreibung und Quantifizierung der Haupteinflüsse nicht möglich. Man ist auf die Beschreibung des chemisch-physikalischen Vorgangs angewiesen.

Entsprechend seinen unterschiedlichen Aufgaben und Beanspruchungen werden für den Aufbau des Oberofens unterschiedliche feuerfeste Baustoffe und Mörtel verwendet (s. auch Kap. 4). Bei der Auswahl und dem Einsatz dieser Baustoffe gilt zu beachten, daß chemisch verschiedene Substanzen unter Eutektikabildung im Berührungsbereich bereits bei Temperaturen reagieren und zu Schmelzflüssen führen können, die weit unter den Beanspruchungstemperaturen der Stoffe selbst liegen. Diese Erscheinung wird auch als eutektische Korrosion [121] bezeichnet. Das bekannteste

Beispiel ist das System $SiO_2-Al_2O_2-Na_2O$, das bereits bei 800 °C ein Eutektikum besitzt. Je reiner die Ausgangssteine sind, um so stärker reagieren sie mit einer Schmelzpunkterniedrigung auf Eindiffundieren von Fremdstoffen. Wird z.B. ein Schamottestein über einem Silikastein angeordnet, dann kommt es bei den Temperaturen des Glasschmelzofens unter Vermittlung alkalireicher Reaktionsteilnehmer schnell zu einer Schlackenbildung, die zu einer nachhaltigen Zerstörung des Silikasteins führt. Bei umgekehrter Anordnung wird es ebenfalls zur Zerstörung durch Schlackenbildung kommen, sie ist aber nicht so nachhaltig, da die bevorzugt nach unten fließende Schlacke den weniger reinen Schamottestein nicht so stark angreift. Es ist verständlich, daß poröse Steine durch eine nachhaltigere Aufnahme der Schlacke auch stärker als dichte Steine angegriffen werden. Läßt sich das Zusammentreffen von zwei stark unterschiedlichen Steinen nicht vermeiden, wie dies bei Silika und schmelzgegossenen KZ-Steinen der Fall ist, dann kann das Einfügen einer Zwischenschicht, die gegenüber beiden Partnern verträglicher ist und auftretende Schlacken aufsaugt, Abhilfe bringen (Abschn. 4.3.3).

Während ein großer Fehlgriff bei der Steinauswahl und beim Einsetzen der Steine heute kaum noch vorkommt, wird bei der Anwendung der verschiedenen Mörtelsorten noch viel gesündigt. Ein unpassender Mörtel führt genauso zu einer eutektischen Korrosion, wie zwei unpassend zusammengefügte Steine. Da den Mörteln ihre Zusammensetzung viel schwerer anzusehen ist als den entsprechenden Steinen, hat man sich zwischen Hersteller und Anwender zu einer Einfärbung des wichtigen Silikamörtels mit grüner Farbe verständigt. Die anderen Mörtel sind nur über Farbe und Aufschrift der Verpackung gekennzeichnet.

Die zweite nicht minder wichtige Korrosionsursache im Oberofen und in den Regenerativkammern ist die Bildung korrosiver Kondensate. Die alkalihaltige Ofenatmosphäre, verbunden mit den Gemengegasen und dem Schwefel aus Brennstoff und Gemenge, führt in den kühleren Bereichen des Oberofens und in den mittleren und unteren Lagen der Regenerativkammern zur Kondensation von Sulfaten. Die Kondensation kann flächig in relativ kühlen Zonen des Einschmelzbereichs oder in Spalten und Undichtigkeiten des Oberofens führenden Stellen stattfinden. Die flüssigen Sulfate reagieren fast mit allen vorkommenden feuerfesten Baustoffen korrosiv und bilden Schlackenflüsse, die je nach Lage und Anordnung abtropfen, wobei sich durch selektive Verdampfung mit zunehmender Temperatur die Zusammensetzung stark ändern kann. Der Angriff erfolgt bevorzugt über die Korngrenzen und Zwickelbereiche des Steines.

In den heißen, über der Kondensationstemperatur der Sulfate liegenden Bereichen kommt es nur dann zu Kondensationen, wenn die Porosität der Steine so groß ist, daß die Sulfate innerhalb des Steins bis zu den Bereichen vordringen können, die Kondensationstemperatur besitzen. Dies ist z.B. in den Silikasteinen von Schmelzwannengewölben der Fall. Die Infiltrationszone dichtet den Stein nach außen hin ab, so daß die Korrosion weitgehend zum Stillstand kommt. Besteht jedoch über offenen Fugen ein laufender Antransport von Sulfat mit nachfolgender Kondensation, dann entstehen die sogenannten Spechthöhlen (Korrosionsbereiche). Die Schlacke tropft als Stalaktit nach innen in die Wanne ab.

Weitere Korrosionsursachen sind Kristallumwandlungen unter dem Einfluß von Temperatur, Zeit und Alkalien. Bekannt ist der Zerfall von Mullit unter Bildung von Korund. Die Kristallumwandlungen führen im Reaktionsbereich zu einer Änderung der Wärmedehnung und damit zu Rißbildungen und Abplatzungen. Ähnliche Erscheinungen können bei dicken schmelzgegossenen Steinen auftreten, wenn sie von einer Oberfläche her einem periodischen Temperaturwechsel im Bereich der Ausdehnungsanomalie ausgesetzt sind.

Daneben gibt es noch viele andere, weniger häufig auftretende Korrosionsursachen wie das Ausschwitzen von Schmelzphase bei thermisch zu hoch beanspruchten oder fehlerhaft hergestellten schmelzgegossenen KZ-Steinen und die Bildung stark eisenhaltiger Schlacke bei thermischer Überbeanspruchung von Teilen der Ofenverankerung.

Eine weitere, indirekte Korrosionsursache ist die Verdampfung einzelner Komponenten des Steins. Ein Beispiel sind die Magnesit-Chrom-Steine im sehr heiß gehenden Bereich der oberen Lagen von Regenerativkammern bei Erdgasbeheizung. Das Chromoxid verdampft und bildet Alkalichromate, die in den kälteren Bereichen der Kammern wieder kondensieren. Der Verlust an Chromoxid führt im Laufe der Zeit zu einer Zermürbung des Steingefüges.

7 Mathematische Modelle von Glasschmelzwannen

Die Erweiterung des Wissensstandes über das betriebliche Verhalten, die Wärmeökonomie, die Glasqualität usw. von Glasschmelzwannen ist über gezielte Beobachtungen und Versuche an laufenden Anlagen, durch physikalische Modelle und über mathemtische Modelle möglich.

Der heutige Wissensstand basiert vornehmlich auf Beobachtungen und Versuchen an laufenden Anlagen. Die langen Laufzeiten, das hohe betriebliche Risiko und die schlechte meßtechnische Zugänglichkeit dieser Anlagen engt die empirischen Methoden mehr und mehr ein. Man versucht auf anderen Wegen Informationen zu gewinnen.

Physikalische Modelle setzen die Möglichkeit voraus, mit Hilfe der Ähnlichkeitstheorie Modelle der Großanlagen zu bauen, die ein Verhalten zeigen, das Aufschlüsse über das Verhalten der Großanlage gestattet. Für Glasschmelzöfen ist diese Methode mit beschränktem Erfolg bei Glasströmungen versucht worden. Was den Feuerraum anbelangt, müssen sich physikalische Modelle auf die Gasströmungen beschränken, da der Wärmeübergang nur sehr begrenzt nachgebildet werden kann. Dies hängt vornehmlich mit der Dominanz der Strahlung zusammen.

Mathematische Modelle setzen voraus, daß die dominanten Vorgänge in der Anlage sich mit einem mathematischen Gleichungssystem nachbilden lassen, das im Hinblick auf die zu untersuchenden Parameter lösbar ist. Die Entwicklung leistungsfähiger Rechner hat in der Technik zu einem großen Aufschwung der mathematischen Modelle geführt. Beim Glasschmelzofen besteht die große Schwierigkeit, die Feuerung und das Glasbad mit seinen komplexen Strömungen in einem lösbaren Gleichungssystem abzubilden. Ohne teilweise radikale Vereinfachungen und Einführung empirisch gewonnener Kenngrößen ist dies heute noch nicht gelungen. Von Interesse sind hier die Feuermodelle, die Glasströmungsmodelle und die Glasschmelzwannenmodelle.

7.1 Feuerungsmodelle [1]

Bei den Feuerungsmodellen geht es fast immer darum, einen Zusammenhang zwischen der Freisetzung der chemisch gebundenen Energie in der Verbrennung, den Strömungsvorgängen, der Wärmestromverteilung und dem Wärmeübergang besonders auf das Nutzgut herzustellen. Je nach dem zu treibenden Aufwand in der geforderten Genauigkeit sind verschiedene Modelltypen zu unterscheiden (Bild 7.1).

Beim Modelltyp 1 geht man von der Annahme aus, daß sich die Vorgänge innerhalb der Brennerkammer hinreichend genau mit jeweils einem repräsentativen Wert beschreiben lassen. Man geht

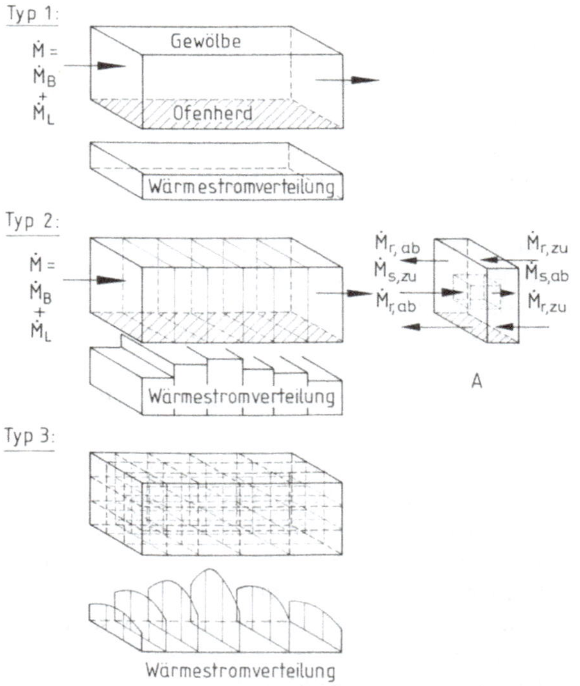

Bild 7.1. Schematische Darstellung der Brennkammerunterteilung bei den verschiedenen Modelltypen sowie der jeweils berechneten Wärmestromverteilung an der Wärmesenke im Ofenherd. $A \triangleq$ Gasvolumenelement für einen speziellen Fall von Modeltyp 2 [1]

von der Vorstellung eines ideal durchmischten Rührkessels aus, in dem die Gase durch konstante Größen wie Druck, Temperatur, Strömungsgeschwindigkeit usw. gekennzeichnet werden können. Kennzeichnend für diese Betrachtungsweise sind die Rechenmodelle von Jeschar, Pötke und Schupe [2, 3].

Beim Modelltyp 2 wird der Brennraum meist längs der Hauptströmungsrichtung in einzelne Teilräume zerlegt. Es gelingt, bei dieser Darstellung die Wärmestromverteilung in Längsrichtung zu bestimmen.

Eine weitere Verfeinerung der Aussage, allerdings mit einem erheblich größeren Rechenaufwand, stellt der Modelltyp 3 dar. Bei diesem Typ wird versucht, die räumliche Verteilung der Feldgrößen insbesondere der Wärmeströme zu ermitteln.

In der Praxis hängt es vom Einzelfall ab, welcher Rechenaufwand zur Lösung der Aufgabe getrieben werden muß.

7.2 Glasströmungsmodelle

Die rechnerische Erfassung der Strömung des Glases in Schmelz- und Läuterwanne ist bisher nur in sehr begrenztem Umfang gelungen, wie in Kap. 6 eingehend dargelegt wurde. Die ausreichend genaue Fixierung der Randbedingungen, insbesondere vom Einschmelzbereich, läßt noch viele Wünsche offen. Aussagefähige dreidimensionale Modelle scheiterten bisher an dem extrem hohen Rechenaufwand. Einen guten Überblick über den Stand der Arbeiten auf dem Gebiet der Glasströmung geben [46, 47, 50, 60] in Kap. 6.

7.3 Glasschmelzwannenmodelle

7.3.1 Übersicht

Ein befriedigendes Glasschmelzwannenmodell muß die Vorgänge im Feuerungsteil (Oberofen) und im Glasbad erfassen. Es muß also ein gekoppeltes Feuerungs- und Glasströmungsmodell sein, wobei die Qualität des erschmolzenen Glases durch Kennzeichnung der Läuter- und Homogenisierungsvorgänge mit erfaßt werden muß. Man erkennt daraus die großen Schwierigkeiten, die sich der Aufstellung eines mathematischen Modells einer Glasschmelzwanne entgegenstellen. Die bisher bekannt gewordenen Modelle arbeiten mit großen Vereinfachungen besonders im Bereich der Glasströmungen. Läuterung und Homogenisierung und damit die Glasqualität werden nur in einem Fall, wenn auch sehr stark vereinfacht, behandelt.

Das Modell von Mase und Sasagawa [4] geht von einer zweidimensionalen Berechnung der Glasströmungen aus. Der Oberofen wird als Berandungsgröße miteingeführt. Über weitergehende Aussagen, wie Einfluß der Belastung auf den Energieverbrauch, finden sich keine Angaben. Eine verbesserte Version, die speziell das Abschmelzen des Gemenges mit erfaßt, wurde 1980 vorgelegt. Leider gestattet die vorliegende Veröffentlichung keine weitergehenden Schlüsse [5].

Das Modell von McConnel und Goodson [6] geht feuerungsmäßig vom Modelltyp 2 aus. Die Glasströmungen werden pauschal als zwei gegenläufige Strömungswalzen angenommen. Ein Ansatz für die Glasqualität fehlt. Weiterführende Angaben über mit dem Modell zu erzielende Ergebnisse finden sich nur in sehr allgemeiner Form, so daß hier nicht näher darauf eingegangen werden kann.

Das Modell von Trier und Voss [7] verwendet feuerungsmäßig eine Reihe parallel geschalteter Modelltypen 1 und glasströmungsmäßig pauschale Vorgaben über die wärmetechnische Wirkung der Glasströmung und eine Zeitbedingung für den Läuterbereich zur – wenn auch pauschalen – Fixierung der Glasqualität. Die für den Praktiker wichtigen Aussagen des Modells werden dargelegt. Es empfiehlt sich daher, gründlicher auf dieses Modell einzugehen.

7.3.2 Glasschmelzwannenmodell von Trier und Voss, Aufbau [7 – 10]

Die Temperaturmessungen im einschmelzenden Gemenge und theoretische Überlegungen (s. dazu auch Abschn. 6.4) deuten darauf hin, daß die Oberflächentemperatur des Gemenges nach dem Eintritt in den Ofen rasch ansteigt, dann aber über längere Zeit sich nur wenig ändert. Mit dem Abschmelzen des Gemenges steigt die Badoberflächentemperatur wieder an und erreicht als Maximalwert die Läutertemperatur. Der Verlauf der Oberflächentemperatur kann somit angenähert entsprechend Bild 7.2 angenommen werden.

Mit dem in Bild 7.2 eingetragenen Temperaturverlauf g läßt sich ein Ansatzpunkt für ein umfassendes Gleichungssystem für den Ofen finden.

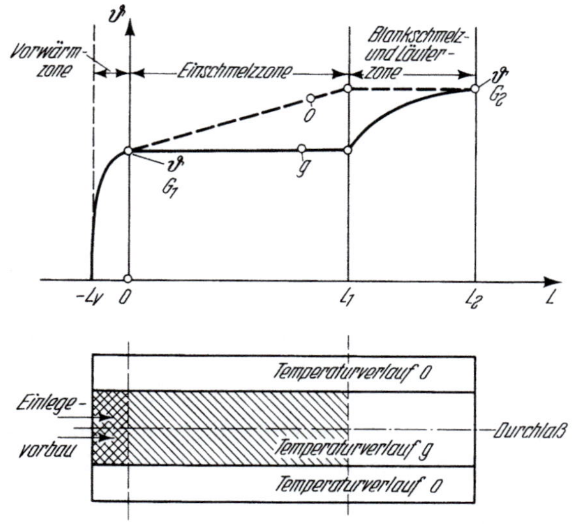

Bild 7.2. Angenommene Oberflächentemperaturverteilung über der Längsachse der Schmelzwanne [7]

Da es aus verschiedenen Gründen nicht zweckmäßig ist, die gesamte Wannenbreite mit Gemenge zu bedecken, sind zur Aufstellung des Gleichungssystems noch Annahmen über den Temperaturverlauf der freien, nicht mit Gemenge bedeckten Badoberfläche notwendig. Man kommt hier leider nicht ohne eine gewisse Willkür aus. Als Fixpunkt dient lediglich, daß, bedingt durch interne Misch- und Austauschvorgänge, diese für L_2 gleich $\vartheta_{G,2}$ ist. Zur Erleichterung der Rechnung werden die Temperatur für $L = 0$ ebenfalls gleich $\vartheta_{G,1}$ gesetzt und zwischen 0 und L_1 ein linearer Anstieg und zwischen L_1 und L_2 Temperaturkonstanz angenommen.

Diese Temperaturannahmen widersprechen nicht der Voraussetzung (Abschn. 7.3.3), daß Temperaturen nicht willkürlich gewählt werden dürfen. Der Temperatur $\vartheta_{G,1}$ kommt der Charakter eines Haltepunktes beispielweise der Oberflächentemperatur schmelzenden Eises gleich. $\vartheta_{G,2}$ ist ein technologisch bedingter Wert; er kennzeichnet die Temperatur, die zum Erreichen einer ausreichend homogenen Glasschmelze in Verbindung mit der Schmelzzeit t_s, über die noch gesprochen wird, notwendig ist. Der zeitliche und örtliche Verlauf der Temperatur zwischen den Grenzen $\vartheta_{G,1}$ und $\vartheta_{G,2}$ ergibt sich aus den Gesetzen des instationären Wärmeübergangs. Der mit „o“ gekennzeichnete Temperaturverlauf (Bild 7.2) ist weniger präzise definiert und ergibt sich unter plausiblen Annahmen in Anlehnung an den mit „g“ gekennzeichneten Temperaturverlauf.

Was die Oberofen- bzw. Flammentemperatur anbelangt, so werden in erster Näherung ein linearer Ausbrand und bei über der Wannenbreite konstanten Wärmeübergangsbedingungen eine daraus resultierende konstante Temperatur der Flammengase angenommen (Bild 7.3).

Die Flamme soll vorerst die Bad- und Gemengeoberfläche völlig abdecken und einen direkten Wärmeaustausch zwischen Gewölbe und Glasbad verhindern, während im Abschn. 7.3.3.2 die Strahlungseigenschaften des Gewölbes durch die Flamme mit berücksichtigt werden. Diese und die folgenden Annahmen werden getroffen, um die Rechnung zu erleichtern. Sie sind nicht prinzipieller Natur und können jederzeit verfeinert werden. Dies gilt auch für die Ausbrandkurve der Flamme.

Nimmt man für den Wärmeübergang zwischen Flamme und Gemenge einen im Bereich des linearen Temperaturverlaufs ($0 < L < L_1$) gültigen Wärmeübergangskoeffizienten k an, dann kann man für einen 1 m breiten, über die Breite der Wanne reichenden Streifen im Einschmelzbereich folgende Bilanz für die einzelnen auf die

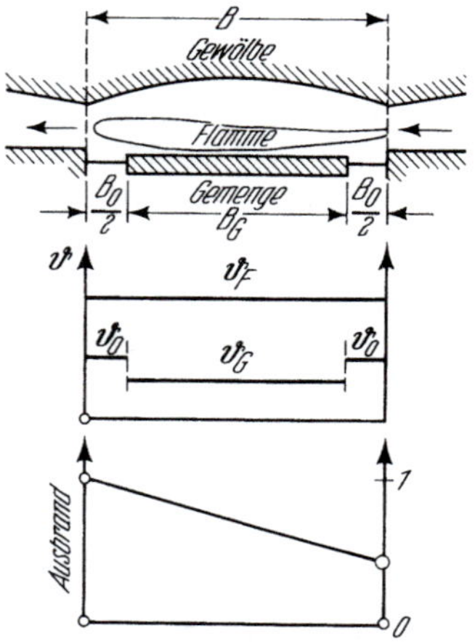

Bild 7.3. Temperatur- und Ausbrandverlauf über der Wannenbreite [7]

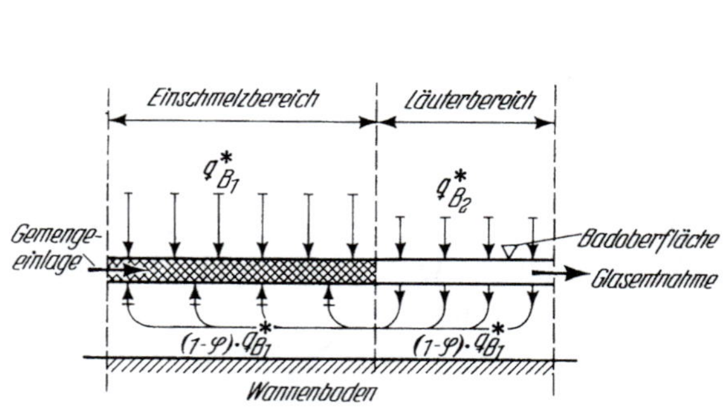

Bild 7.4. Schema der Wärmezufuhr

Länge bezogenen Wärmeströme $\dot{q}$ aufstellen

$$\underbrace{\dot{q}_B + \dot{q}_L}_{\substack{\text{Zugeführt über}\\\text{Brennstoff und}\\\text{Verbrennungs-}\\\text{luft in W/h}}} = \underbrace{\dot{M}_A c_A \vartheta_F}_{\substack{\text{mit den}\\\text{Abgasen im}\\\text{Unterofen}}} + \underbrace{(\vartheta_F - \vartheta_{G,1})\, B_G\, k}_{\text{an das Gemenge}}$$

$$+ \underbrace{\left[\vartheta_F - \left(\frac{\vartheta_{G,2} + \vartheta_{G,1}}{2}\right)\right] B_0\, k}_{\substack{\text{an freie Oberfläche zwischen den}\\\text{Gemengestreifen}}} + \underbrace{\dot{q}_a}_{\substack{\text{Ge-}\\\text{wölbe-}\\\text{verluste}}}$$

$$+ \underbrace{2\dot{q}_b}_{\substack{\text{Verluste}\\\text{der Seiten-}\\\text{wände}}} + \underbrace{2\dot{q}_b \frac{B}{L_1}}_{\substack{\text{Verluste}\\\text{der beiden}\\\text{Stirnwände}}}. \tag{7.1}$$

Für die im Einschmelzbereich ($0 < L < L_1$) insgesamt in der Zeit an das Gemenge abgeführten Wärmeströme gilt

$$\dot{Q}_G\, \varphi = G\, \vartheta_{G,1}\, \varphi = (\vartheta_F - \vartheta_{G,1})\, k\, B_G\, L_1. \tag{7.2}$$

Der Faktor φ berücksichtigt dabei, daß das Gemenge nur zum Teil von oben, zum Teil aber auch von unten abgeschmolzen wird. Da durch das einschmelzende Gemenge keine Wärme nach unten in das Glasbad abgegeben werden kann, soll im Bereich ($L_1 < L < L_2$) mehr Wärme eingestrahlt werden, als zur Erwärmung des Glases von $\vartheta_{G,1}$ auf $\vartheta_{G,2}$ notwendig ist. Der Überschuß entspreche dem Anteil ($1 - \varphi$) des Bereichs ($0 < L < L_1$) (Bild 7.4). Diese Annahme ist nicht so willkürlich, wie sie im ersten Moment erscheint. In der Wirklichkeit sind es die Glasströmungen, die vom Läuterbereich aus die Wärme unter die Gemengedecke tragen. Die durch die freien Flächen ($B_0\, L$) einstrahlende Wärme soll die Verlustwärme des Wannenbeckens decken. Diese Annahme ist einseitig, da aus diesem Bereich Wärme sicher auch direkt in das einschmelzende Gemenge fließt. Einer späteren feineren Aufteilung dieses Betrages steht jedoch grundsätzlich nichts im Wege.

Für den Blankschmelz- und Läuterbereich läßt sich ganz analog die Energiebilanz (7.3) und die Wärmeaustauschgleichung (7.4) aufstellen. Hier muß allerdings die Veränderlichkeit von ϑ_G beachtet werden.

$$\underbrace{\dot{q}_B + \dot{q}_L}_{\substack{\text{Zugeführt}\\\text{über Brennstoff}\\\text{und Verbren-}\\\text{nungsluft}\\\text{(kW/m)}}} = \underbrace{\dot{M}_A c_A \vartheta_F}_{\substack{\text{mit den}\\\text{Abgasen in}\\\text{Unterofen}}} + \underbrace{(\vartheta_F - \vartheta_G)\, B_G\, k}_{\text{an das Glas}} \tag{7.3}$$

$$+ \underbrace{(\vartheta_F - \vartheta_{G,2})\, B_0\, k}_{\substack{\text{an freie Oberfläche}\\\text{zwischen den}\\\text{„Gemengestreifen"}}} + \underbrace{\dot{q}_a}_{\substack{\text{Gewölbe-}\\\text{verluste}}} + \underbrace{2\dot{q}_b}_{\substack{\text{Verluste}\\\text{der Seiten-}\\\text{wände}}}$$

$$\xi\, G \frac{d\vartheta_G}{dL} = \underbrace{(\vartheta_F - \vartheta_G)\, B_G\, k\,.}_{\substack{\text{im Läuterbereich an das}\\\text{Glas abgegebener}\\\text{längenbezogener}\\\text{Wärmestrom (kW/m)}}} \tag{7.4}$$

Aus den Gln. (7.1) bis (7.4) läßt sich durch Eliminieren und Zusammenfassen die folgende Gl. (7.5) gewinnen:

$$\frac{G}{A k} \left\{ \frac{\xi \left[\frac{\dot{q}_B}{B} \frac{K_1 (1 - \eta_k)}{(1 - C)} + \frac{k}{(1 - C)} \right]}{\left[\frac{\dot{q}_B}{B} K_1 (1 - \eta_k) + k\, C \right]} \left(\cdot \ln \frac{\frac{\dot{q}_B}{B} [1 - K_1 (1 - \eta_k)\, \vartheta_{G,1}] + k\, C (\vartheta_{G,2} - \vartheta_{G,1}) - \frac{\dot{q}_a}{B} - \frac{2\dot{q}_b}{B}}{\frac{\dot{q}_B}{B} [1 - K_1 (1 - \eta_k)\, \vartheta_{G,2}] - \frac{\dot{q}_a}{B} - \frac{2\dot{q}_b}{B}} \right) \right.$$

$$\left. + \frac{\frac{\varphi}{(1 - C)} \vartheta_{G,1} \left[\frac{\dot{q}_B}{B} K_1 (1 - \eta_k) + k \right] + \frac{2 \dot{q}_b' A k}{L_2 G}}{\frac{\dot{q}_B}{B} [1 - K_1 \vartheta_{G,1} (1 - \eta_k)] - \frac{k C}{2} (\vartheta_{G,1} - \vartheta_{G,2}) - \frac{\dot{q}_a}{B} - \frac{2\dot{q}_b}{B}} \right\} = 1 \tag{7.5}$$

C bedeutet dabei entsprechend $B(1 - C) = B_G$ den Anteil der nicht mit Gemenge bedeckten Badoberfläche (Bild 7.3). Einzelheiten des Rechnungsgangs finden sich im Anhang der Literaturstelle [7].

Bisher wurde noch nicht berücksichtigt, daß zum Erschmelzen eines guten Glases nicht nur eine bestimmte Temperatur $\vartheta_{G,2}$ notwendig ist, sondern auch eine bestimmte Schmelzzeit. Um diesen Einfluß zu berücksichtigen, werde die Bedingung eingeführt, daß die notwendige Zeit für die Erwärmung des eingeschmolzenen Gemenges von $\vartheta_{G,1}$ auf $\vartheta_{G,2}$ t_S beträgt, wobei für t_S eine beliebig wählbare Zeit, z. B. 1 h, eingesetzt werden kann. Aus dieser Bedingung resultieren die Beziehungen (7.6) und (7.7)

$$t_S = \frac{dB(1-C)(L_2-L_1)}{\dot{V}_G} \quad \text{in h,} \tag{7.6}$$

$$\frac{t_S}{d} = \frac{\xi(\varrho \cdot c)_{Glas}}{k} \frac{\frac{\dot{q}_B}{B}\frac{K_1(1-\eta_k)}{(1-C)} + \frac{k}{(1-C)}}{\frac{\dot{q}_B}{B}K_1(1-\eta_k) + kC}(1-C)$$
$$\cdot \ln\left(\frac{\frac{\dot{q}_B}{B}[1-K_1(1-\eta_k)\,\vartheta_{G,1}] + kC(\vartheta_{G,2}-\vartheta_{G,1}) - \frac{\dot{q}_a}{B} - \frac{2\dot{q}_b}{B}}{\frac{\dot{q}_B}{B}[1-K_1(1-\eta_k)\,\vartheta_{G,2}] - \frac{\dot{q}_a}{B} - \frac{2\dot{q}_b}{B}}\right). \tag{7.7}$$

Da die notwendige Schmelzzeit t_S in erster Linie auch von $\vartheta_{G,2}$ abhängt, liegt es nahe, beide Größen funktionell miteinander zu verbinden und entsprechend in die Gleichungen einzuführen. Das ist prinzipiell möglich. Es soll hier aber davon abgesehen werden, da möglichst übersichtliche Gleichungen angestrebt werden und es schwer fällt, eine die Wirklichkeit richtig wiedergebende Gleichung zu finden. Hier wäre aber die Stelle, wo Gemengeart (Körnung) und Glasqualität (Gispengehalt) in die Gleichung eingeführt werden könnten.

Zur Berechnung der Gewölbeinnentemperatur $\vartheta_{S,i}$ müssen die Gleichungen dahingehend modifiziert werden, daß anstelle der bisher eingeführten Gesamt-Oberofenverluste $\dot{q}_a$ jetzt der Wärmestrom $\dot{q}_S$ durch das Gewölbe und zusätzlich noch die Seitenwandverluste berücksichtigt werden, da die Oberofenverluste nur zum Teil auf das Gewölbe entfallen. Man erhält für die Gewölbeinnentemperatur im Bereich $0 < L < L_1$ eines isolierten Gewölbes die Gl. (7.8)

$$\vartheta_{S,i} = \vartheta_F\left(1 - \frac{1}{1 + \frac{\alpha_0 d_1}{\lambda_1} + \frac{\alpha_0 d_2}{\lambda_2} + \frac{\alpha_0}{\alpha_u}}\right), \tag{7.8}$$

wobei ϑ_F aus Gl. (7.9) ermittelt wird: (7.9)

$$\vartheta_F = \frac{\frac{\dot{q}_B}{B} + k(1-C)\,\vartheta_{G,1} + \frac{1}{2}kC\,(\vartheta_{G,1}+\vartheta_{G,2}) - \frac{2\dot{q}_B}{B}}{\frac{\dot{q}_B}{B}K_1(1-\eta_k) + k + \frac{1}{\frac{1}{\alpha_0} + \frac{d_1}{\lambda_1} + \frac{d_2}{\lambda_2} + \frac{1}{\alpha_u}}}.$$

Im Läuterbereich $L_1 < L < L_2$ wird sich rechnerisch die höchste Temperatur bei $L = L_2$ einstellen, wo die Temperatur im Bad definitionsgemäß einheitlich $\vartheta_{G,2}$ sein soll. Die Gewölbeinnentemperatur an der Stelle $L = L_2$ erhält man ebenfalls aus Gl. (7.8), wobei für ϑ_F der Wert an der Stelle L_2 eingesetzt werden muß, der seinerseits aus dem modifizierten Gleichungssystem zu berechnen ist.

Bei dieser vereinfachten Rechnung geht man davon aus, daß ein unmittelbarer Wärmeaustausch Gewölbe–Glasbad durch eine dichte Flammendecke verhindert wird. Außerdem ist der räumlich diffuse Charakter des Strahlungswärmeaustauschs unberücksichtigt geblieben. Es wird nur der Wärmeaustausch senkrecht zur Badfläche berücksichtigt. Die unter den vereinfachten Bedingungen errechnete Gewölbetemperatur stellt daher mehr eine Rechengröße als eine wirkliche Temperatur dar. Im Abschn. 7.3.3.2 wird diese Vereinfachung fallen gelassen.

Für das Bereichslängenverhältnis L_1/L_2 ergibt sich in Abhängigkeit von Läuterzeit, Gemengebedeckung, spezifischer (genauer: flächenbezogener) Schmelzleistung und Schichtdicke die Beziehung (7.10):

$$\frac{L_1}{L_2} = 1 - \frac{s}{(1-C)}\,\frac{t_S}{d}\,\frac{1}{24\varrho_{Glas}}. \tag{7.10}$$

Mit überraschend wenig und gut begründbaren Annahmen ist es somit möglich, ein einfaches Gleichungssystem zu entwickeln, welches das Zusammenspiel der wichtigsten Größen eines Wannenofens aus wärmetechnischer Sicht heraus erlaubt und in erster Näherung das darstellt, was man als mathematisches Modell des Wannenofens bezeichnen kann.

Überprüft man die erhaltenen Beziehungen (7.5) und (7.7) auf ihren Aufbau, dann fallen als erstes die Größen $G/(Ak)$ und $\dot{q}_B/B$ ins Auge. Bei $G/(Ak)$ handelt es sich um eine dimensionslose Wärmeaustauschgröße, die für alle instationären Temperaturausgleichsvorgänge typisch ist. G hat dabei den Charakter eines „Wasserwertes". Es besteht eine gewisse Verwandtschaft mit der spezifischen Schmelzleistung G/A, die eine der wichtigsten Kenngrößen für die Wannendimensionierung ist. Für die wärmetechnische Kennzeichnung ist $G/(Ak)$ aufgrund seines dimensionslosen Charakters und der Einbeziehung der Wärmedurchgangskoeffizient k aber besser geeignet. Gewisse Schwierigkeiten bereitet hier ohne Zweifel die Bestimmung von k. Über Gl. (7.5) ist die Berechnung aber ohne weiteres möglich. Die zweite wichtige Größe ist $\dot{q}_B/B$, also die bezogene Wärmeenergiebelastung der Anlage. Diese Größe ist sinnfällig und wird eigenartigerweise in der Praxis wenig verwendet. Indirekt wird sie durch Kombination der Größen spezifischer Energieverbrauch in kJ/kg Glas und flächenbezogene Schmelzleistung in kg Glas/(m^2 24 h) verwendet.

Überraschen mag, daß die Oberofentemperatur, eine Größe, die bekanntlich sehr komplex ist und schwer definiert werden kann, in den Endgleichungen nicht vorkommt. Die Temperaturen $\vartheta_{G,1}$ und $\vartheta_{G,2}$ sind keine Oberofentemperaturen, sie sind technologische Größen, wobei vor allem $\vartheta_{G,2}$ die Glasqualität und die notwendige Aufenthaltszeit t_S mit beeinflußt. Es ist möglich, über ϑ_F die „Flammengas"temperatur aus den Ausgangsgleichungen zu gewinnen, eine Größe, welche dem alten Begriff „Oberofentemperatur" nahe kommt. Um auf die Gewölbetemperatur zu kommen, die den Vorzug hat, klar definiert und auch meßbar zu sein, wurden die Ausgangsgleichungen durch Einführung des Gewölbewiderstandes modifiziert.

Wichtig für den Betrieb ist auch ohne Zweifel die Schichtdicke d des Glases bzw. des Gemenges, die Einschub- oder Vorschubgeschwindigkeit v und der Anteil der nicht gemengebedeckten Herdfläche C.

Von Bedeutung für den spezifischen Energieverbrauch sind ebenfalls der Gesamtenergieverbrauch für das Einschmelzen des Gemenges und die Läuterung des Glases, die Oberofenverluste $\dot{q}_a$ (ohne Wärmeverluste des Wannenbeckens) und der Kammerwirkungsgrad η_k.

7.3.3 Glasschmelzwannenmodell von Trier und Voss, Ergebnisse

7.3.3.1 Brennstoffwärmezufuhr, spezifischer Energieverbrauch, flächenbezogene Schmelzleistung, Badtiefe

Mit Hilfe der entwickelten Gleichungen wurden Beispiele gerechnet und graphisch dargestellt. Es sind dabei folgende der Praxis entsprechende Parameter gewählt worden:
$\vartheta_{G,1} = 1000\ °C$, $\vartheta_{G,2} = 1500\ °C$, $k = 0{,}2\ kW/(m^2\ K)$, $K_1 = 0{,}43 \cdot 10^{-3}\ K^{-1}$, $\eta_k = 0{,}65$, $\varphi = 0{,}5$ bzw. $\xi = 2$, $t_S = 60$ min und $c_{m\,Glas} = 1{,}7$ kJ/(kg K) (einschließlich Reaktionswärmen und Enthalpie der Gemengegase).

In den Gln. (7.5) und (7.7) tritt immer wieder das Glied $K_1\ (1 - \eta_k)$ auf, in keinem Fall erscheinen K_1 und η_k als alleinstehende Größen. Es kommt also vor allem dem Produkt $K_1\ (1 - \eta_k)$ ausschlaggebende Bedeutung zu. Die für eine normale stöchiometrische Verbrennung ($K_1 = 0{,}43 \cdot 10^{-3}\ K^{-1}$) bei einem Kammerwirkungsgrad von $\eta_k = 0{,}65$ errechneten Ergebnisse gelten also gleichermaßen für eine Verbrennung mit auf 30% Sauerstoff angereicherter Verbrennungsluft ($K_1 = 0{,}302 \cdot 10^{-3}\ K^{-1}$) bei einem Kammerwirkungsgrad von $\eta_k = 0{,}5$, da für beide Fälle $K_1\ (1 - \eta_k)$ den gleichen Wert hat. Bei der Sauerstoffanreicherung der Verbrennungsluft ist hierbei nur die dadurch bedingte Verminderung der Abgasmenge bei gleicher Brennstoffenergiedichte berücksichtigt.

In der Literatur findet sich häufig der Zusammenhang Wärmezufuhr zu Schmelzleistung. Wählt man hier die Größen $\dot{q}_B/B$ und G/A, was für diesen Zusammenhang nur eine Maßstabsänderung gegenüber der Beziehung $Q = A + BS$ bedeutet, dann erhält man aus den Gl. (7.5) und (7.7) unter Variation weiterer Parameter die Darstellungen in den Bildern 7.5 und 7.6. Es ergeben sich leicht nach oben gekrümmte Kurven, die sich unter analogen Bedingungen gut mit den empirisch gewonnenen decken. Während eine Änderung der Oberofenverluste eine Parallelverschiebung hervorruft (gleichbleibender Einfluß von $\dot{q}_a$ bei wachsender flächenbezogener Schmelzleistung), wirkt sich die Veränderung des Gemengebedeckungsgrades C oder des Kammerwirkungsgrades η_k als eine Drehung aus (mit wachsender flächenbezogener Schmelzleistung größer werdender Einfluß von C und η_k).

Wie aus Bild 7.6 hervorgeht, macht sich eine Vergrößerung des Kammerwirkungsgrades im glei-

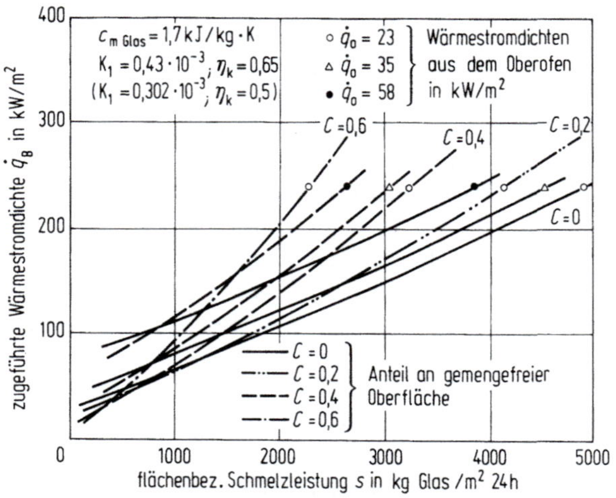

Bild 7.5. Zugeführte Wärmestromdichte $\dot{q}_B$ in Abhängigkeit von der flächenbezogenen Schmelzleistung s bei unterschiedlichem Gemengebedeckungsgrad C [7]

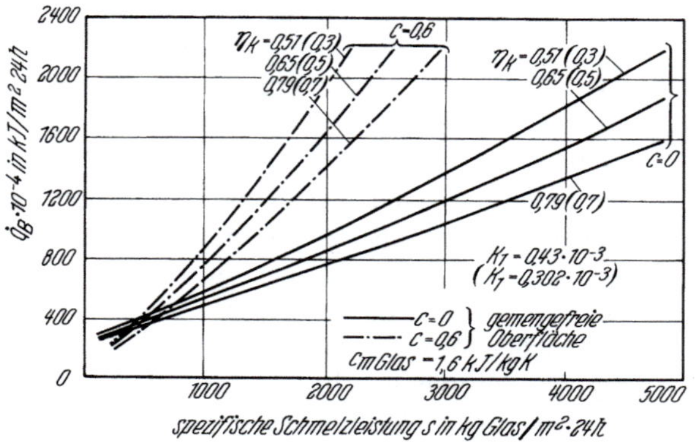

Bild 7.6. Zugeführte Wärmestromdichte $\dot{q}_B$ in Abhängigkeit von der flächenbezogenen Schmelzleistung s bei unterschiedlichem Kammerwirkungsgrad η_k [7]

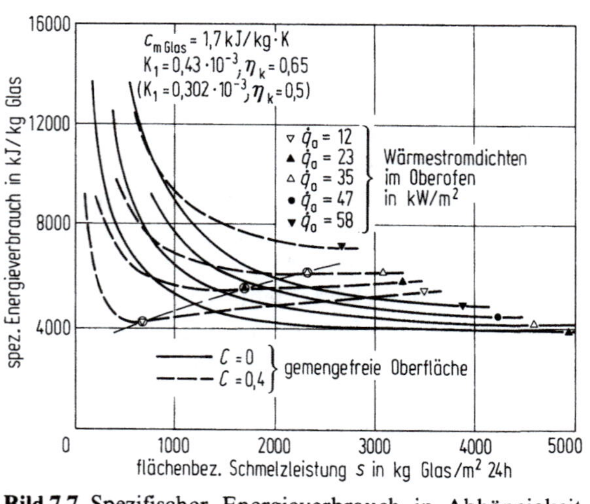

Bild 7.7 Spezifischer Energieverbrauch in Abhängigkeit von der flächenbezogenen Schmelzleistung s (berechnete Werte) [7]

chen Sinn bemerkbar wie eine Erhöhung der prozentualen Gemengebedeckung. Die in Klammern gesetzten Zahlen beziehen sich auf eine O_2-Anreicherung der Verbrennungsluft auf 30% ($K_1 = 0{,}302 \cdot 10^{-3}\,K^{-1}$).

Beliebt ist auch die Darstellung des Zusammenhangs zwischen spezifischer Brennstoffwärme (spezifischer Energieverbrauch) und flächenbezogener Schmelzleistung (Bild 7.7). Es ergibt sich hier der bekannte hyperbolische Zusammenhang. Einen Vergleich mit allerdings älteren empirisch gewonnenen entsprechenden Daten erlaubt Bild 7.8. Die empirischen Werte liegen allgemein etwas höher als die errechneten. Dies ist jedoch verständlich, wenn man berücksichtigt, daß sich die Daten im Bild 7.8 auf die gesamte Anlage einschließlich Arbeitswanne und Vorwärmzone beziehen, während die Rechnung nur die sogenannte Schmelzwanne unter Ausschluß der allerdings kleinen Vorwärmzone berücksichtigt. Interessant und bisher noch nicht theoretisch fundiert nachgewiesen ist die Ausbildung eines Minimums für den spezifischen Energieverbrauch. Dieses Minimum prägt sich vor allem bei niedrig belasteten, gut isolierten und mit geringer Gemengebedeckung arbeitenden Anlagen aus.

Eine physikalische Erklärung dieser Erscheinung läßt sich jedoch unter Berücksichtigung der Verminderung des spezifischen Energieverbrauchs mit zunehmender Schmelzleistung und der lokalen Schmelzleistungssteigerung im Gemengebereich

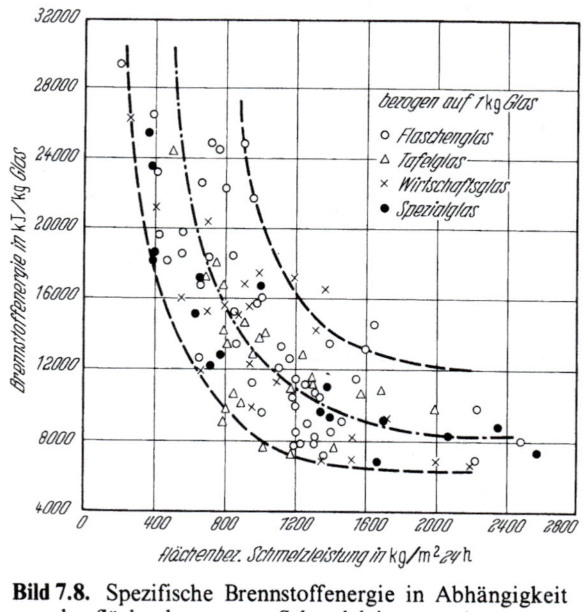

Bild 7.8. Spezifische Brennstoffenergie in Abhängigkeit von der flächenbezogenen Schmelzleistung s (gemessene Werte) [7]

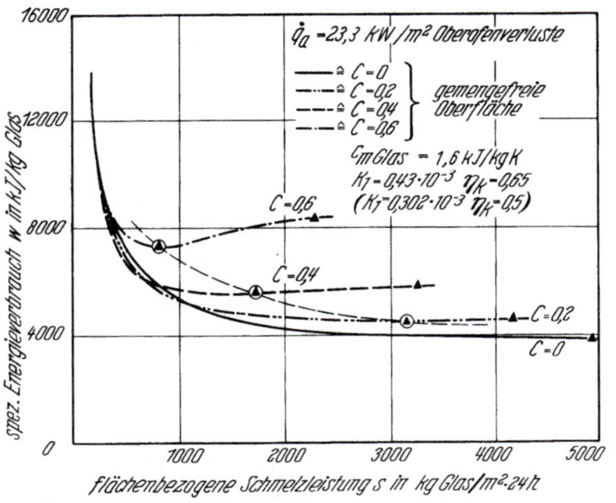

Bild 7.9. Spezifischer Energieverbrauch in Abhängigkeit von der flächenbezogenen Schmelzleistung s (konstante Oberofenverluste) [7]

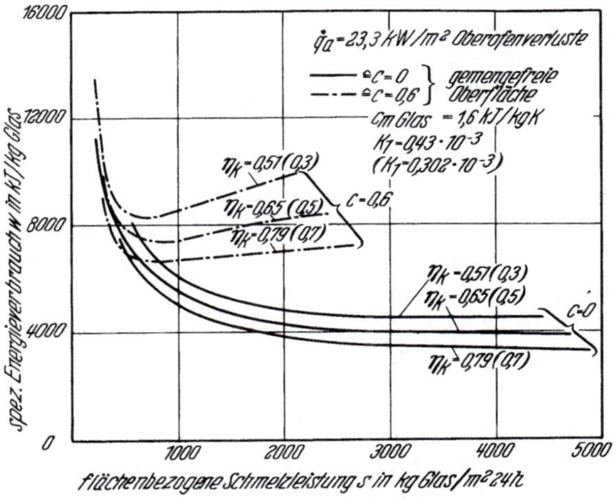

Bild 7.10. Spezifischer Energieverbrauch in Abhängigkeit von der flächenbezogenen Schmelzleistung s (Einfluß des Kammerwirkungsgrades) [7]

der mäßig bedeckten Anlage gegenüber der einer ideal bedeckten Anlage finden und wird später dargelegt.

Der Einfluß der Badbedeckung mit Gemenge auf den spezifischen Energieverbrauch der Anlage geht besonders deutlich aus Bild 7.9 hervor. Bedenkt man, daß eine schon gute Haufeneinlage bei $C = 0{,}6$ (40% der Schmelzfläche ist mit Gemenge bedeckt) liegt und eine ausgefeilte Dünnschichteinlage auf $C = 0{,}2$ kommt, dann erkennt man besonders bei höherer spezifischer Schmelzleistung den günstigen Einfluß einer guten Gemengebedeckung auf den spezifischen Brennstoffverbrauch. Überraschend ist, daß bei flächenbezogenen Schmelzleistungen unter 1 t Glas/(m² 24 h) die weniger gut bedeckten Anlagen besser abschneiden als die ideal bedeckte.

Wie wichtig gerade bei mit schlechter Gemengebedeckung ($C = 0{,}6$) arbeitenden Wannen ein guter Kammerwirkungsgrad ist, läßt sich aus Bild 7.10 abschätzen. Während bei idealer Bedeckung und einer flächenbezogenen Schmelzleistung von z. B. 2 t Glas/(m² 24 h) eine Verbesserung des Kammerwirkungsgrades von 0,51 auf 0,79 eine Verringerung des spezifischen Energieverbrauchs um 1090 kJ/kg Glas bringt, beträgt bei $C = 0{,}6$ die Verminderung 2500 kJ/kg Glas. Gute Energieverbrauchswerte lassen sich bei größer werdender flächenbezogener Schmelzleistung überhaupt nur bei guter Gemengebedeckung erreichen.

Der Einfluß der Art des erschmolzenen Glases auf den spezifischen Energieverbrauch und die flächenbezogene Schmelzleistung läßt sich über die unterschiedlichen spezifischen Wärmen c_m der ent-

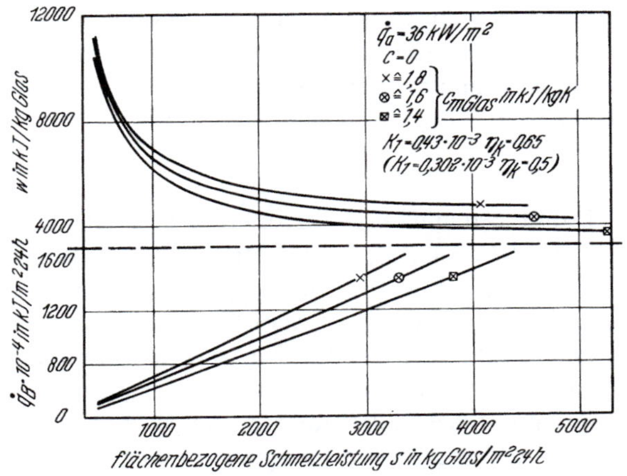

Bild 7.11. Spezifischer Energieverbrauch w und Wärmezufuhr $\dot{q}_B$ in Abhängigkeit von der flächenbezogenen Schmelzleistung [7]

sprechenden Gläser erfassen und ist in Bild 7.11 dargestellt. c_m charakterisiert den Gesamtwärmeverbrauch (einschließlich Reaktionswärmen und Enthalpie der Gemengegase) während des Einschmelzens des Gemenges und der anschließenden Läuterung und Erhitzung des Glases auf 1500 °C. $c_m = 1{,}9$ kJ/(kg K) entspricht einem Tafelglas, der Wert 1,67 einem normalen Wirtschaftsglas; bei Geräteglas und Bleikristall ist für c_m der Wert 1,47 einzusetzen. Erst bei größeren spezifischen Schmelzleistungen fallen die unterschiedlichen Werte von c_m stark ins Gewicht. Durch sein großes spezifisches Gewicht schneidet Bleikristallglas im spezifischen Energieverbrauch (auf 1 kg Glas bezogen) besonders gut ab, was eine nicht ganz objektive

Beurteilung in sich schließt, da bei kaufmännischen Überlegungen meist nicht das Gewicht, sondern das Volumen des Glases eine Rolle spielt.

Bild 7.11 gibt im gewissen Umfang auch den Einfluß eines erhöhten Altglasanteils am Gemenge wieder. Den bisherigen Betrachtungen liegt eine gleichmäßige Brennstoffenergiestromdichte $\dot{q}_B$ über der gesamten Länge der Wanne und prozentual gleichem Abschmelzen des Gemengeteppichs von seiner Ober- und Unterseite ($\varphi = 0,5$) zugrunde.

Wählt man die Brennstoffenergiestromdichte in der Schmelzzone der Wanne verschieden von der Brennstoffenergiestromdichte in der Läuterzone und variiert zudem noch das Verhältnis der Anteile der Abschmelzleistungen von der Ober- und Unterseite des Gemengeteppichs, dann lassen sich eine Vielzahl von Betriebszuständen untersuchen und miteinander vergleichen.

Bezeichnet man die Brennstoffenergiestromdichte im Läuterbereich der Wanne mit $\dot{q}_{B2}$, dann sei die Brennstoffenergiestromdichte $\dot{q}_{B1}$ der Schmelzzone um den Faktor m davon verschieden.

Es gilt

$$\dot{q}_{B1} = m\,\dot{q}_{B2}. \tag{7.11}$$

Damit bedeutet $m > 1$ größere Energiedichte im Schmelzbereich als im Läuterbereich der Wanne. Führt man diese Beziehung in die Ausgangsgleichung ein, dann erhält man für die angegebenen Parameter die in Bild 7.12 gezeigten Zusammenhänge. Bemerkenswert ist, daß mit zunehmender Brennstoffenergiestromdichte im Einschmelzbereich der spezifische Energieverbrauch abnimmt. Dies entspricht fast immer den Erfahrungen der Praxis. Mit zunehmender Brennstoffenergiestromdichte, also Belastung der Anlage, läßt dieser Einfluß nach.

Als weitere Variante wurde der prozentuale Anteil des Abschmelzens des Gemengeteppichs von seiner Unterseite (Glasbadseite) über 50% ($\varphi = 0,5$), 30% ($\varphi = 0,7$) und 10% ($\varphi = 0,9$) variiert. Die für das Abschmelzen von unten her notwendige Wärme wird im Läuterbereich in das Glasbad zusätzlich eingestrahlt und über Glasströmungen in den Schmelzbereich der Wanne transportiert (Bild 7.4). Die Berechnung dieses Einflusses zeigt das überraschende Ergebnis (Bild 7.12), daß ein verstärktes Abschmelzen von unten (kleiner werdendes φ) zu einem höheren spezifischen Brennstoffverbrauch führt. Mit zunehmender Energiedichte wird diese Tendenz immer schwächer. Die Ursache dieses im ersten Moment überraschenden Verhaltens ist, daß die zum Abschmelzen von unten notwendige Wärme auf dem Umweg über den Läuterbereich ($L_2 - L_1$) herangeführt werden muß (Bild 7.4), was wärmewirtschaftlich nachteilig ist.

Aus technologischen Gründen darf dieser Gedanke jedoch nicht konsequent bis zum Extremfall fehlender Abschmelzleistung von der Unterseite verfolgt werden. Zur Aufrechterhaltung des technologischen Ablaufs der Glasschmelze in einem Wannenofen ist ein schwimmfähiges Gemenge notwendig. An der Grenzfläche Gemenge/Glasbad kommt es zu einer Abkühlung des Glasbades, wodurch der Gemengevorstrom abgebremst wird. Da besonders bei geschlossener Gemengedecke nur wenig Wärme direkt von den Flammen in das Glasbad unterhalb des Gemenges gelangt, käme es bei fehlendem Wärmerückstrom aus dem Läuterbereich zum Einfrieren des Glasbades im Einschmelzbereich.

Aus diesem Grunde ist also ein Wärmetransport vom Läuterbereich her unter die Gemengedecke im Einschmelzbereich notwendig. Hiermit verbunden ist dann aber auch der Wärmeübergang vom Glas an das Gemenge und damit auch ein Abschmelzen des Gemenges von der Unterseite her.

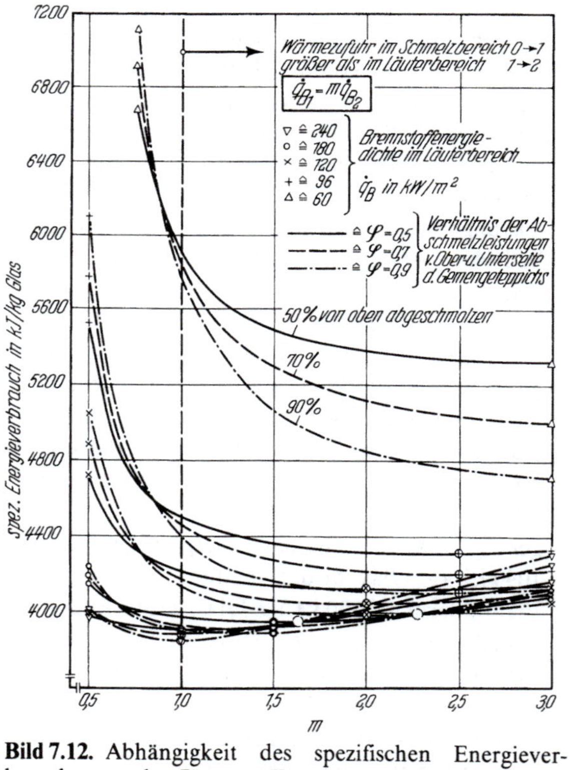

Bild 7.12. Abhängigkeit des spezifischen Energieverbrauchs von der Brennstoffenergiestromdichteverteilung m; 80% des Schmelzbereichs mit Gemenge bedeckt ($C = 0,2$) [8]

Die Größe dieses notwendigen Wärmerückstroms ist u. a. von der Wannengröße, der Schmelzleistung und der Glasfarbe abhängig und kann heute im einzelnen noch nicht angegeben werden. Es bedarf dazu noch genauerer Untersuchungen des Wärmeübergangs Glas/Gemenge und der auftretenden Glasströmungen.

Der Faktor φ erfaßt bis zu einem gewissen Grad den Einfluß der Badtiefe. Demnach wären flache Wannen wärmetechnisch günstiger als tiefe. Dies gilt sicher nur bedingt. Weitere Berechnungen zeigen, daß die Angaben in Bild 7.12 nur für gering bis mäßig belastete Anlagen gelten. Bei hoch belasteten Anlagen wie Behälterglaswannen wird der Einfluß von φ auf den spezifischen Wärmeverbrauch geringer und kehrt sich sogar um. Hier sind tiefe Wannen wärmetechnisch günstiger als flache.

Eine Abstufung der Badtiefe im Sinne einer gegenüber dem Schmelzbereich vertieften Läuterwanne ist wärmetechnisch günstig, dies bestätigen neuere Ergebnisse.

7.3.3.2 Strahlungseigenschaften des Oberofens, Kammerwirkungsgrad, Gewölbetemperatur

Den in Abschn. 7.3.2 dargestellten Berechnungen liegt ein der Temperaturdifferenz und den pauschalen Wärmedurchgangskoeffizienten k_1 und k_2 proportionaler Wärmeübergang aus dem Ofenraum zur Badoberfläche zugrunde. Um den Einfluß der Strahlungseigenschaften der aus dem Wärmeaustausch beteiligten Partner erstens auf den Wärmeübertragungsmechanismus im Glasschmelzwannenofen allgemein und zweitens speziell im Zusammenhang mit den technologischen Besonderheiten der kontinuierlichen Glasschmelze noch genauer und vor allem in ihren Auswirkungen einzeln zu erfassen, muß mathematisch ein Durchgriff zum „Gewölbe" realisiert werden. Das bedeutet die Notwendigkeit einer Erweiterung des Bilanzraums an seiner Oberseite bis zum Gewölbe hin.

Die erweiterte Rechnung basiert auf den Verhältnissen des in Bild 7.13 gezeigten Schemas eines

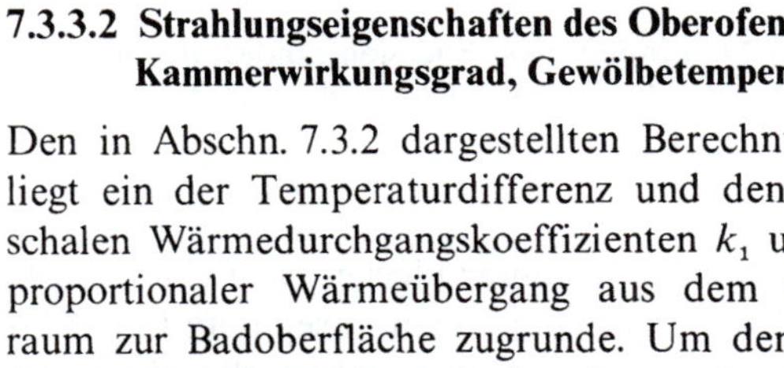

Bild 7.13. Schematische Darstellung des Wärmeübergangs im Oberofen [8]

Schnitts durch den Verbrennungsraum einer Querbrennerwanne senkrecht zur Wannenlängsachse über die Wannenbreite B. Die Flammen brennen in periodischem Wechsel von beispielsweise 20 min senkrecht zur Längsachse der Wanne von links nach rechts bzw. von rechts nach links über die Wannenbreite B und damit senkrecht zur Transportrichtung des dem Ofen zugeführten Gemenges bzw. des sich bildenden Glases.

Die Badoberflächentemperatur T_O, die Gewölbeinnentemperatur T_G und die Flammenraumtemperatur T_F werden jeweils über die Wannenbreite, nicht aber über die Wannenlänge, als konstant eingeführt. Durch den periodischen Wechsel der Flammenrichtung wird in der Praxis diese Konstanz im betrachteten Bereich mit guter Näherung erreicht. Der Ausbrand der Flamme ist linear zu ihrer Strömungsrichtung so angesetzt, daß sich unter den gegebenen Bedingungen eine konstante Flammenraumtemperatur T_F ergibt und die Flamme beim Verlassen des Oberofens ausgebrannt ist. Gewölbe, Flammenraum und Badoberfläche werden als graue Strahler betrachtet. Entsprechend werden Emissionsgrade ε_G für das Gewölbe, ε_O für die Badoberfläche und $\varepsilon_F = 1 - \exp(-h\varkappa)$ für den Flammenraum mit der Höhe h zugeordnet. Der Extinktionskoeffizient $\varkappa$ wird als Variable eingeführt. Über das zur Berechnung von ε_F eingeführte Produkt $h\,\varkappa$ wird die Verbrennungsraumhöhe h mit berücksichtigt.

Da in Glasschmelzwannenöfen ein Hochtemperaturschmelzprozeß vorliegt, wird der konvektive Wärmeübergang gegenüber dem Strahlungswärmeaustausch vernachlässigt. Berücksichtigt wird nur die vertikale Richtungsstrahlung. Berücksichtigt werden ebenfalls die Wärmeverluste des Gewölbes $\dot{q}_G$ und die Wärmeverluste $\dot{q}_a$ der übrigen, den Verbrennungsraum begrenzenden Wände.

Die mit den Abgasen den Verbrennungsraum verlassende Wärme $\dot{q}_A$ wird über einen Regenerator mit dem Wirkungsgrad η_k teilweise wieder an die dem System zugeführte Verbrennungsluft abgegeben ($\dot{q}_L$) und damit in das System zurückgeführt. Die Brennstoffenergiestromdichte beträgt $\dot{q}_B$, die an das Glasbad übertragene Wärmestromdichte $\dot{q}_O$.

Unter Berücksichtigung der Absorption der Flammengase und der Vielfachreflexionen an Gewölbe und Badoberfläche werden Ausdrücke für die Wärmeströme Flammenraum → Bad, Gewölbe → Bad, Flammenraum → Gewölbe, Bad → Gewölbe sowie Bad- und Gewölbeabstrahlung aufgestellt und daraus Bestimmungsgleichungen für die an das Bad übertragene Wärmestromdichte $\dot{q}_O$ und die Gewölbeverluste $\dot{q}_G$ ermittelt.

Die Gleichungen selbst finden sich in der Originalarbeit [10].

7.3.3.2.1 Einfluß des Emissionsgrades des Flammenraumes ε_F

Der Emissionsgrad des Flammenraums ist durch den Ausdruck $\varepsilon_F = 1 - \exp(-h\,\varkappa)$ definiert, wobei h die Schichtdicke der Flamme und $\varkappa$ der Extinktionskoeffizient sind. Mit wachsendem Wert $h\,\varkappa$ wird ε_F größer.

Wichtig ist, daß Schichtdicke und Extinktionskoeffizient als Produkt in die Bestimmungsgleichung für ε_F eingehen und somit Schichtdicke und Extinktionskoeffizient gleich starken Einfluß auf die Strahlungszahl der Flamme haben. Dies bedeutet wiederum, daß bei Flammen mit niedrigem Extinktionskoeffizienten durch Vergrößerung der Flammendicke der Emissionsgrad wirkungsvoll angehoben werden kann. Hinsichtlich der Wärmeübertragung ist es günstig, wenn Flammen mit geringem Rußgehalt (kleines $\varkappa$) schon bei ihrem Eintritt in den Ofenraum über der Schmelze ein möglichst großes Volumen (großes h) haben.

Wählt man die Zahlenwerte der im Rechenmodell berücksichtigten Einflußparameter entsprechend den bei Glasschmelzöfen vorliegenden Bedingungen aus, dann ergeben sich die in Bild 7.14 dargestellten Zusammenhänge.

Im Bereich kleiner ε_F zwischen 0,2 und 0,5 können durch eine Steigerung des Flammenemissionsgrades ε_F die an das Bad übertragene Wärmemenge und die Brennstoffausnutzung stark gesteigert werden. Ab $\varepsilon_F = 0{,}5$ bis 0,6 bringt für den Fall einer geschlossenen Flammendecke (für den dieses Diagramm gilt) eine weitere Steigerung von ε_F kaum noch einen Gewinn hinsichtlich der Brennstoffausnutzung. Mit steigendem ε_F steigt die Gewölbetemperatur weiter an, ohne daß dabei die an das Bad abgegebene Wärmemenge wesentlich vergrößert wird. Gleichzeitig mit ansteigendem Emissionsgrad des Flammenraums wird dieser vom Bad aus gesehen immer „undurchsichtiger" für Flammenstrahlung aus badferneren Flammenschichten und für die vom Gewölbe in Richtung Bad abgehende Sekundärstrahlung.

Bei gut geschlossener Flammendecke über dem Bad wird damit bei größer werdendem Emissionsgrad des Flammenraums die Hilfsheizflächenwirkung des Gewölbes trotz steigender Gewölbetemperatur immer mehr abgeblockt. Bei stark strahlenden Ölflammen wird deswegen bewußt auf eine

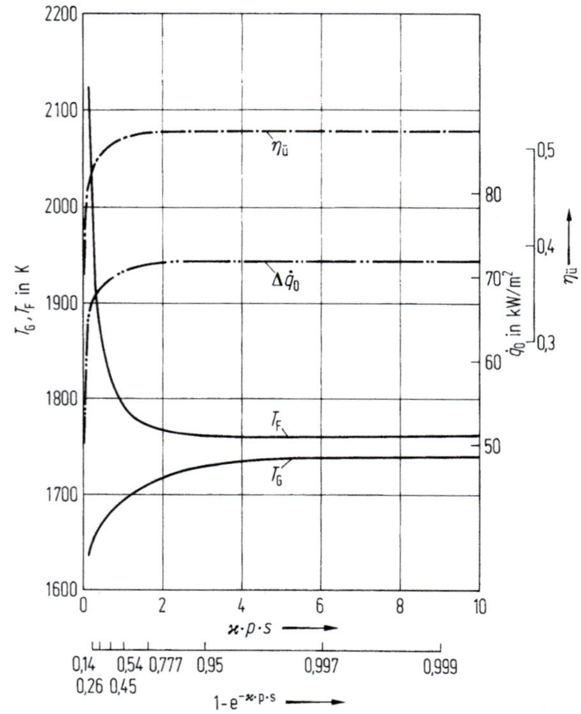

Bild 7.14. Einfluß des Emissionsgrades des Flammenraums bzw. des Produkts ($\varkappa\,p\,s$); wärmetechnische Daten s. Bild 6.27 [10]

geschlossene Flammendecke verzichtet. Durch Aufteilung der Ölflammen in separate Einzelflammen wird allen Gewölbepunkten die Möglichkeit eröffnet, in Wärmeaustausch mit der Badoberfläche zu treten. Der Abstand Flamme – Gewölbe muß zur Schaffung dieser Möglichkeit dabei um so größer sein, je dicker die Flammen und je kleiner der Abstand zwischen den Flammen ist.

7.3.3.2.2 Einfluß der Wärmeverluste des Gewölbes

Hinsichtlich einer optimalen Brennstoffausnutzung ist durch Isolation die Wärmedämmung der Oberofenwände so weit zu steigern, wie es der Widerstand des verwendeten feuerfesten Materials gegen Temperatur oder Glasangriff gerade noch zuläßt.

Der Einfluß der Wärmeverluste des Gewölbes ist in Bild 7.15 dargestellt. Steigende Wärmeverluste führen bei gleichbleibender Brennstoffzufuhr zu einer Verminderung der an das Glasbad übertragenen Wärme und damit zu einem Absinken der spezifischen Schmelzleistung. Gleichzeitig wird mit steigenden Wärmeverlusten der Brennstoff zunehmend schlechter ausgenutzt. Brennstoffmäßig niedrig belastete Öfen reagieren hinsichtlich des Wirkungsgrades $\eta_ü$ besonders empfindlich auf eine Veränderung der Gewölbewärmeverluste.

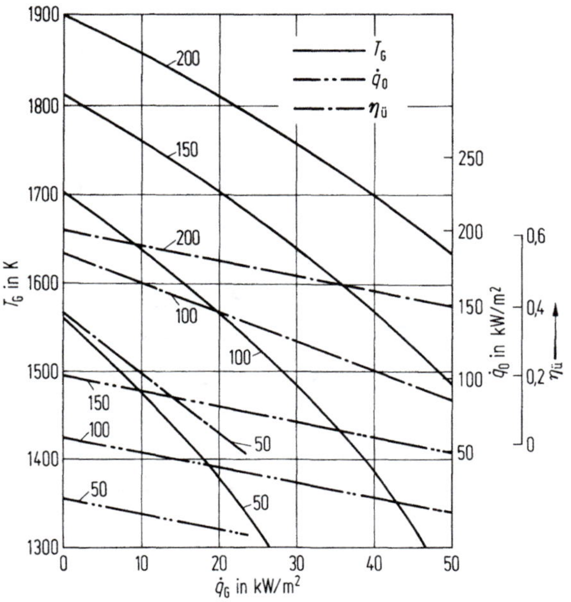

Bild 7.15. Einfluß der Wärmeverluste des Gewölbes $\dot{q}_G$. Der jeweilige Zahlenwert an den Kurven ist der Parameter $\dot{q}_B$ in 1,163 kW/m² (wärmetechnische Daten s. Bild 6.27) [10]

Starken Einfluß haben die Gewölbeverluste auch auf die sich einstellende Gewölbetemperatur. Bei gleichbleibender Brennstoffzufuhr sinkt im betrachteten Beispiel die Gewölbetemperatur im Mittel um 40 °C, wenn sich die Gewölbeverluste um 5,8 kW/m² vergrößern. Damit verbunden ist dann je nach Brennstoffbelastung des Ofens eine Absenkung der Brennstoffausnutzung um 5 bis 10%. Hinsichtlich der Brennstoffausnutzung sollten also die Gewölbeverluste soweit wie möglich gesenkt werden.

Wie Bild 7.15 zeigt, können schlecht isolierte Wannen mit großen Gewölbeverlusten durch Steigerung der Brennstoffzufuhr auf gleiche Werte für die an das Bad übertragene Wärme $\dot{q}_O$ und damit auf gleiche Schmelzleistung kommen wie gut isolierte Wannen. Der Wirkungsgrad für die Brennstoffausnutzung und damit der spezifische Energieverbrauch für die Glasschmelze werden bei der schlecht isolierten Wanne jedoch immer deutlich ungünstiger als bei der gut isolierten Wanne sein.

7.3.3.2.3 Einfluß des Emissionsgrades des Gewölbes ε_G

Eine Verkleinerung des Gewölbeemissionsgrades hat drei Folgen:

- Vergrößerung des am Gewölbe reflektierten Anteils der Flammenstrahlung;
- Verringerung der Gewölbewärmeverluste bei gleichbleibender Brennstoffzufuhr;
- Möglichkeit, bei gleich bleibender Gewölbetemperatur mehr Brennstoffenergie im Ofenraum freisetzen zu können.

Bei kleiner werdendem Emissionsgrad des Gewölbes nimmt der aufgrund der Gewölbeeigentemperatur abgestrahlte Energiebetrag in Richtung Bad ab, der am Gewölbe reflektierte Anteil der Flammenstrahlung nimmt dabei gleichzeitig zu.

Der Einfluß des Emissionsgrades des Gewölbes ε_G ist in Bild 7.16 dargestellt. Gibt man die Wärmeverluste als konstant vor, dann bleiben der Wirkungsgrad für die Brennstoffausnutzung $\eta_ü$ und die an das Bad übertragene Wärme $\dot{q}_O$ bei einer alleinigen Änderung von ε_G unverändert.

Bemerkenswert ist bei gleichbleibender Brennstoffzufuhr die Zunahme der Gewölbetemperatur mit steigendem ε_G. Diese Tatsache ist technologisch bedeutungsvoll, da aus Materialgründen die Gewölbetemperatur nicht beliebig gesteigert werden darf. Der Temperaturanstieg setzt bei größerem Emissionsgrad des Gewölbes der zulässigen Brennstoffbelastung des Ofens eine frühere Grenze als bei kleinerer Strahlungszahl des Gewölbes.

Bei kleiner werdendem ε_G kommt es bei gleichbleibender Brennstoffzufuhr zu einem Abfall der Gewölbetemperatur. Sinkt der Emissionsgrad des Gewölbes unter den Wert 0,4, dann fällt bei gleich-

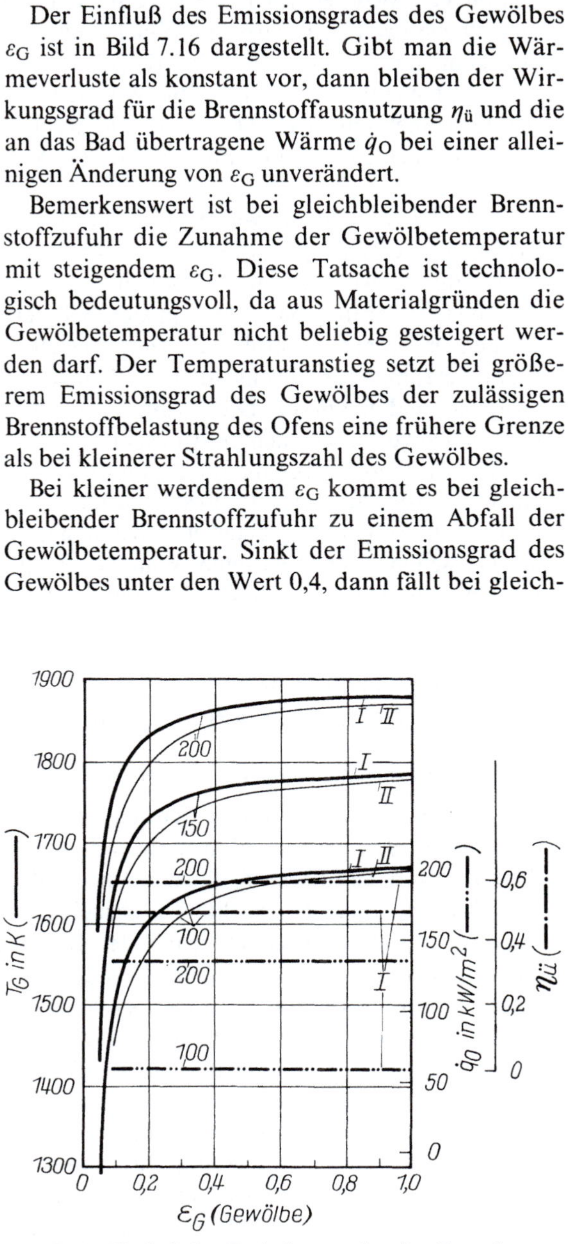

Bild 7.16. Einfluß des Emissionsgrades des Gewölbes ε_G. Der jeweilige Zahlenwert an den Kurven ist der Parameter $\dot{q}_B$ in 1,163 kW/m². Außerdem gilt der Kurvenparameter $\dot{q}_G$ für: Kurven I = 5,8 kW/m²; Kurven II = 8,1 kW/m²; $\varepsilon_O = \varepsilon_F = 0{,}8$; $T_O = 1473$ K; $\eta_k = 0{,}59$; $\dot{q}_a = 23{,}3$ kW/m²; $K_1 = 0{,}43 \cdot 10^{-3}$ K^{-1} [10]

bleibender Brennstoffzufuhr die Gewölbetemperatur besonders stark ab. Dadurch sinken bei gleichbleibender Brennstoffzufuhr zum Ofen die Gewölbewärmeverluste, die Brennstoffausnutzung wird größer.

Die eingetragenen Kurven gelten für jeweils konstante Wärmeverluste des Gewölbes. Diese Wärmeverluste verändern jedoch ihren Wert bei sich änderndem Gewölbetemperatur. Berechnet sich der Gewölbeverlust für ein Silikagewölbe bei einer Gewölbeinnentemperatur von 1500 K (1227 °C) zu etwa 5,8 kW/m², dann steigen die Wärmeverluste des Gewölbes auf etwa 7,6 kW/m² an, wenn die Gewölbeinnentemperatur auf 1873 K (1600 °C) ansteigt.

In Bild 7.16 sind deswegen für verschiedene Brennstoffenergiedichten die Kurven für 5,8 und 8,1 kW/m² Gewölbewärmeverluste eingezeichnet. Bei einer Änderung von ε_G bewegt sich bei gleichbleibender Brennstoffzufuhr die sich einstellende Gewölbetemperatur jeweils in dem Zwickelraum zwischen beiden Kurven. Dies bringt wenig Änderung in den vorher gemachten Aussagen.

Der Wirkungsgradgewinn durch die Möglichkeit einer Vergrößerung der Brennstoffzufuhr ist bei brennstoffmäßig niedrig belasteten Wannen größer als bei schon hoch belasteten Wannen. Zunutze machen kann man sich diese Erhöhung der Brennstoffausnutzung allerdings nur dann, wenn eine Wanne vorliegt, bei der bei einer Erhöhung der Brennstoffzufuhr nicht gleichzeitig auch die feuerungsabhängigen Verluste stark ansteigen.

7.3.3.2.4 Einfluß der Badoberflächentemperatur ϑ_O

Der Einfluß der Badoberflächentemperatur auf die in Richtung Bad gehende Wärmestromdichte, der Wirkungsgrad der Brennstoffausnutzung und die Gewölbetemperatur ist in Bild 7.17 gezeigt. Sehr stark wirkt sich eine Veränderung der Badoberflächentemperatur auf die sich einstellende Gewölbetemperatur aus. Über Wannenbereichen mit höherer Badoberflächentemperatur (Schaumbereich) stellt sich bei gleicher Brennstoffzufuhr eine höhere Gewölbetemperatur ein als im Falle einer niedrigeren Badoberflächentemperatur (Gemengebereich). Dies hat zur Folge, daß die Temperaturdifferenz zwischen Badoberfläche und Gewölbe ihren Wert mit steigender Badoberflächentemperatur nicht sehr ändert unter der Voraussetzung, daß die Brennstoffzufuhr zum Ofen gleich bleibt. In Wannenbereichen mit niedriger Badoberflächentemperatur kann bei gleich hoch sich einstellender Gewölbetemperatur wesentlich mehr Brennstoffenergie freigesetzt werden als in Bereichen mit hoher Badoberflächentemperatur. Aufgrund des größeren Brennstoffenergieangebots führt dies dann in Wannenbereichen mit niedriger Badoberflächentemperatur (Gemengebereich) zu höheren Wärmestromdichten zum Bad hin als in Bereichen mit hoher Badoberflächentemperatur (Schaumbereich).

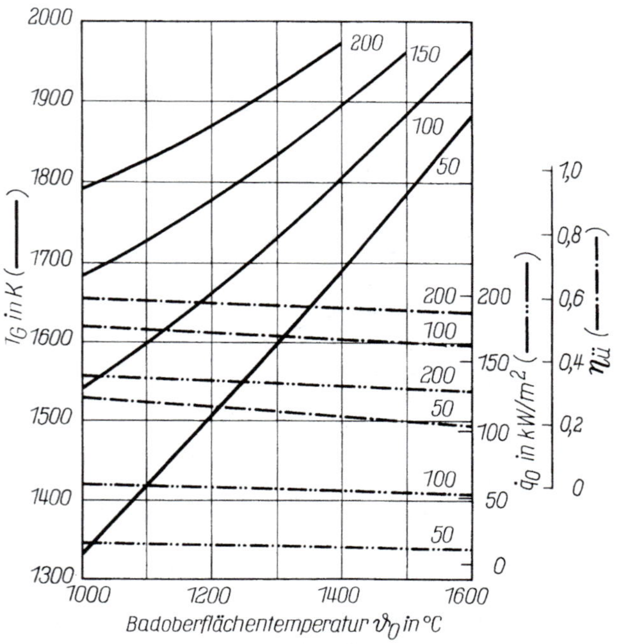

Bild 7.17. Einfluß der Badoberflächentemperatur ϑ_O. Der jeweilige Zahlenwert an den Kurven ist der Kurvenparameter $\dot{q}_B$ in 1,163 kW/m². Ferner gilt: $\varepsilon_G = 0{,}8$; $\dot{q}_G = 7{,}0$ kW/m². Die anderen wärmetechnischen Daten entsprechen denen in Bild 7.16 [10]

Soll beispielsweise eine Gewölbetemperatur von 1800 K nicht überschritten werden, dann dürfen im berechneten Beispiel bei einer Badoberflächentemperatur von 1030 °C dem Ofen 240 kW/m² mit dem Brennstoff zugeführt werden, bei 1520 °C Badoberflächentemperatur jedoch nur noch 60 kW/m². Die Brennstoffausnutzung $\eta_ü$ sinkt dabei von 61% im Wannenbereich mit 1030 °C Badoberflächentemperatur auf 20% im Wannenbereich mit 1520 °C Badoberflächentemperatur. Um für die Gesamtwanne zu einer guten Brennstoffausnutzung zu kommen, sollte deswegen in Wannenbereichen mit niedriger Badoberflächentemperatur möglichst viel des Gesamtbrennstoffs zugeführt werden (Gemengebereich).

7.3.3.2.5 Einfluß des Emissionsgrades des Bades ε_O

Eine Vergrößerung des Emissionsgrades der Badoberfläche hat wärmetechnisch den gleichen Effekt wie eine Absenkung der Badoberflächentemperatur. In Bild 7.18 sind die sich einstellenden Werte für die Gewölbetemperatur, den Wirkungsgrad der Brennstoffausnutzung und die Wärmestromdichte zum Glasbad hin über den veränderlichen Emissionsgrad ε_O der Badoberfläche aufgetragen.

Mit größer werdendem ε_O nimmt das Bad einen immer größeren Anteil der aus dem Ofenraum eingestrahlten Wärmemenge auf. Dabei steigt der Wirkungsgrad für die Brennstoffausnutzung. Bei einer festliegenden Brennstoffenergiestromdichte von beispielsweise 120 kW/m² erhöht sich die Brennstoffausnutzung $\eta_{ü}$ um etwa 6%, wenn ε_O von 0,2 auf 0,8 ansteigt.

Sehr stark ist der Einfluß des Emissionsgrades der Badoberfläche auf die sich einstellende Gewölbetemperatur. Mit größer werdendem ε_O wird der an der Badoberfläche reflektierte Anteil der Flammenstrahlung immer kleiner, so daß sich bei gleicher Brennstoffzufuhr in Bereichen mit großem ε_O eine weitaus geringere Gewölbetemperatur einstellt als in Bereichen mit niedrigem ε_O. Dieser Temperaturabfall mit wachsendem ε_O ist im Bereich kleinerer Strahlungszahlen ε_O besonders stark ausgeprägt. Unter der Voraussetzung gleicher Badoberflächentemperatur kann deswegen in Bereichen mit großem ε_O ohne die Gefahr einer Überhitzung des Gewölbes wesentlich mehr Brennstoff zugeführt werden als in Bereichen mit niedrigerer Badoberflächenemission. Dies führt unter der Voraussetzung eines vollständigen Ausbrands der Flammen im Oberofen und ausreichend bemessener Kammern für die Bereiche mit hohem ε_O und kleiner Badoberflächentemperatur (Gemengebereich) zu einer starken Erhöhung des an das Bad übertragenen Wärmestroms unter gleichzeitiger Erhöhung der Brennstoffausnutzung.

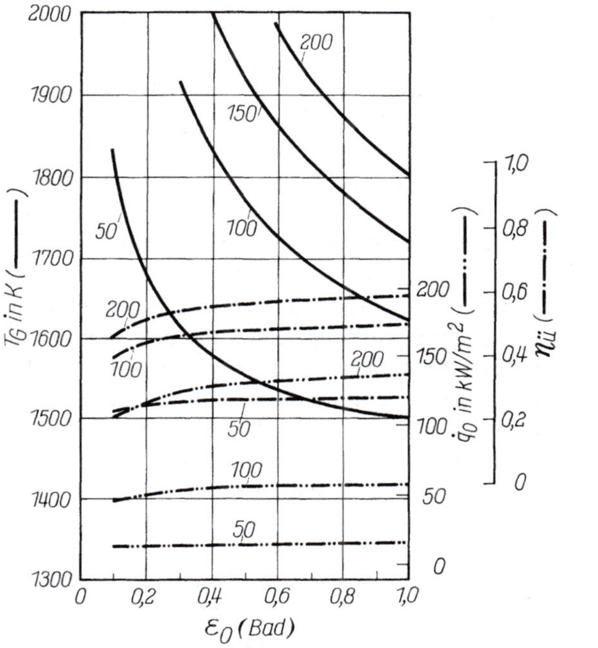

Bild 7.18. Einfluß des Emissionsgrades der Badoberfläche ε_O. Der jeweilige Zahlenwert an den Kurven ist der Kurvenparameter $\dot{q}_B$ in 1,163 kW/m²; $\dot{q}_G=5,8$ kW/m². Die anderen wärmetechnischen Daten entsprechen denen in Bild 7.16 [10]

7.3.3.2.6 Einfluß des Kammerwirkungsgrades η_k

Durch die teilweise Übernahme der Abgaswärme durch die Verbrennungsluft werden nicht nur der Abgasverlust reduziert, sondern gleichzeitig auch die Flammentemperatur erhöht und damit die Wärmeübertragungsbedingungen verbessert. Der Einfluß des Kammerwirkungsgrades auf die an das Bad übertragene Wärmemenge, den Wirkungsgrad der Brennstoffausnutzung und die sich einstellende Gewölbetemperatur ist in Bild 7.19 dargestellt. Bei gleichbleibender Brennstoffzufuhr steigen mit zunehmendem Kammerwirkungsgrad die an das Glasbad übertragene Wärmemenge und der Wirkungsgrad der Brennstoffausnutzung an.

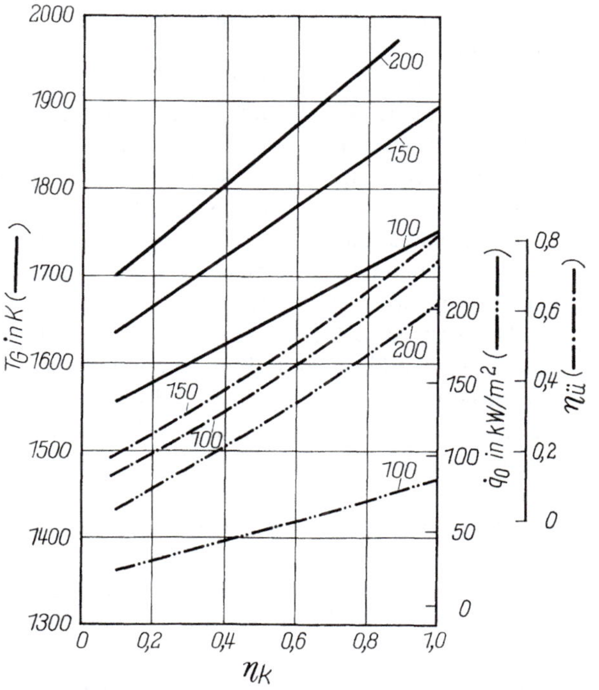

Bild 7.19. Einfluß des Kammerwirkungsgrades η_k. Der jeweilige Zahlenwert an den Kurven ist der Kurvenparameter $\dot{q}_B$ in 1,163 kW/m²; die anderen wärmetechnischen Daten entsprechen denen in Bild 7.16 [10]

Nicht außer acht lassen darf man allerdings, daß bei gleichbleibender Brennstoffzufuhr mit wachsendem Kammerwirkungsgrad auch die Gewölbetemperatur ansteigt. Im berechneten Beispiel entspricht einer maximal zulässigen Gewölbetemperatur von z. B. 1600 °C bei dem brennstoffmäßig sehr hoch belasteten Ofen mit 240 kW/m² Brennstoffenergiestromdichte ein Kammerwirkungsgrad von 60%, wie er bei modernen Regeneratoren erreicht und z. T. überschritten wird. Bei noch größerem Kammerwirkungsgrad kann die Brennstoffbelastung des Ofens reduziert werden, ohne daß die Gewölbetemperatur absinkt. Gleichzeitig steigt dabei der Wirkungsgrad der Brennstoffausnutzung an. Dies führt zu einer Verbesserung der Wirtschaftlichkeit der Anlage.

7.3.3.2.7 Einfluß der prozentualen Abschmelzleistung von der Ober- und Unterseite des Gemengeteppichs (Faktor φ)

Der Faktor φ berücksichtigt im Rechenmodell, daß das in den Ofen eingeschobene Gemenge nur zum Teil von seiner Oberseite her, zum Teil aber auch von seiner mit dem Glasbad in Kontakt stehenden Unterseite her abgeschmolzen wird. φ kann Werte zwischen 0 und 1 annehmen, wobei mit größer werdendem φ die prozentuale Abschmelzleistung von der Oberseite des Gemengeteppichs her zunimmt (s. Bild 7.20).

Da durch die einschmelzende Gemengeschicht hindurch keine Wärme nach unten in das Glasbad abgegeben wird, muß bei einem kontinuierlich arbeitenden Ofen die für die Abschmelzleistung von unten erforderliche Wärme über Glasströmungen vom gemengefreien Blankschmelz- und Läuterbereich her unter die Gemengedecke im Schmelzbereich transportiert werden.

Da φ ein Maß für diesen Wärmetransport darstellt, werden über den Faktor φ pauschal auch die innerhalb der Glasschmelze vorliegenden Strömungsverhältnisse, insbesondere die Rückströmung vom Läuterbereich in den Schmelzbereich, berücksichtigt.

Der Einfluß des Faktors φ auf die bezüglich der Gesamtwanne sich einstellenden Werte für die flächenbezogene Schmelzleistung s, den spezifischen Energieverbrauch w, die Brennstoffzufuhr und den Wirkungsgrad der Brennstoffausnutzung ist für gleiche Parameterwerte wie in Bild 7.21 für $\eta_k = 0{,}65$ und unterschiedlich hohe Werte für die geforderte Gewölbetemperatur in Bild 7.20 dargestellt.

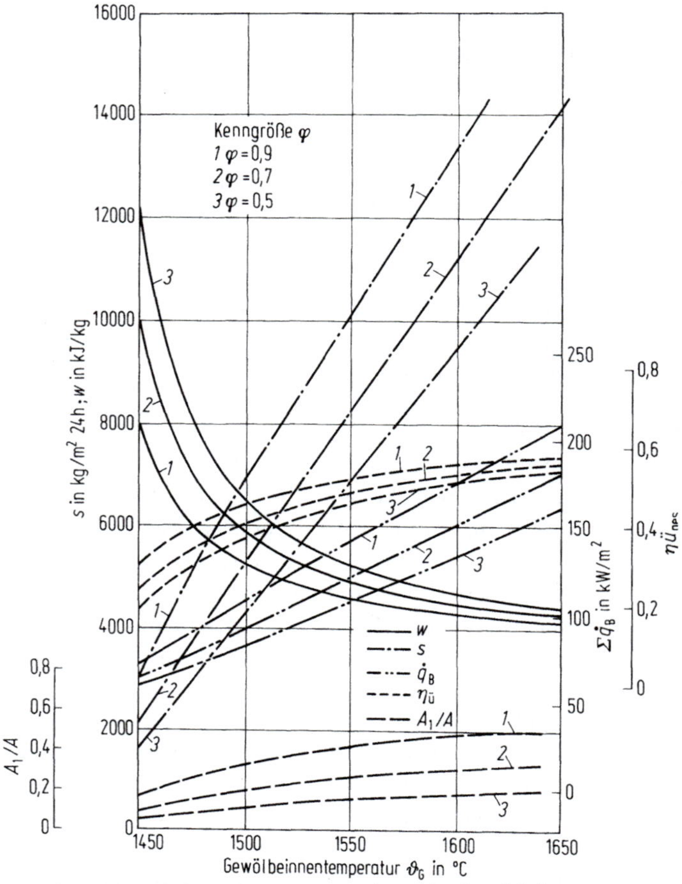

Bild 7.20. Einfluß der prozentualen Abschmelzleistung von der Ober- und Unterseite des Gemengeteppichs (Faktor φ) [10]

Für unterschiedliche φ bleiben die Kurventendenzen erhalten. Für alle Gewölbetemperaturen nimmt mit größer werdendem Faktor φ, d. h. mit zunehmend größer werdender prozentualer Abschmelzleistung von der Oberseite des Gemengeteppichs her, die flächenbezogene Schmelzleistung s zu. Dabei vergrößert sich der gemengebedeckte Schmelzbereich A_1 und die zur Erreichung der geforderten Gewölbetemperatur mögliche Brennstoffenergiestromdichte $\dot{q}_B$, da aufgrund des relativ großen Emissionsgrades der Gemengeoberfläche im Schmelzbereich dort die größte Brennstoffenergiestromdichte angeboten werden kann.

Je größer die prozentuale Abschmelzleistung von der Oberseite des Gemengeteppichs her ist, d. h. je geringer der Anteil der zum Abschmelzen benötigten Wärme ist, die den wärmetechnisch ungünstigeren Umweg über den Läuterbereich nehmen muß, um so größer wird der Wirkungsgrad für die Brennstoffausnutzung und um so geringer wird der spezifische Energieverbrauch für die Glasschmelze.

7.3.3.3 Ergebnisse für die Wanne als Ganzes

Zum wärmetechnischen Vergleich verschiedener Betriebszustände wurden längs der Wannenmittelachse unterschiedlich hohe, für die einzelnen Betriebszustände jedoch konstante Gewölbetemperaturen vorgeschrieben und berechnet, welche Brennstoffverteilung zur Erzielung der jeweils gewünschten Temperaturverteilung realisiert werden muß. Gleichzeitig wurden der zugehörige Verlauf der Wärmestromdichte $\dot{q}_O$ zum Bad hin und der Verlauf des Wirkungsgrades der Brennstoffausnutzung $\eta_ü$ längs der Wannenachse ermittelt. Der mittlere Wirkungsgrad für die Gesamtwanne setzt sich aus der Summe der Einzelwirkungsgrade in den unterschiedlichen Wannenbereichen zusammen, wobei die Wertigkeit der Einzelwirkungsgrade über die Größe ihrer Gültigkeitsbereiche aufsummiert werden muß. Dieser bereichsbezogene Wirkungsgrad für die Brennstoffausnutzung ist im gemengebedeckten Einschmelzbereich am größten, durchläuft im Schaumbereich ein Minimum und steigt gegen Ende der Wanne wieder an, vorausgesetzt, der Kammerwirkungsgrad ist in diesen Bereichen überall gleich groß.

Trägt man die sich ergebenden Daten für die Gesamtwanne nicht über der Längsachse des Ofens auf, sondern bildet die für die Gesamtanlage geltenden Mittelwerte, dann erhält man Bild 7.21. Mit zunehmender geforderter Gewölbetemperatur muß dem Ofen mehr Brennstoff zugeführt werden. Dabei vergrößern sich die flächenbezogene Schmelzleistung s der Wanne und die Fläche des gemengebedeckten Schmelzbereichs A_1/A.

Die flächenbezogene Schmelzleistung s der Wanne nimmt für alle Kammerwirkungsgrade nahezu linear mit der Gewölbetemperatur zu. Im hier berechneten Beispiel führt für die gewählte Parameterkonstellation eine Steigerung der konstanten Gewölbetemperatur über die Wannenlängsachse von 1550 auf 1600 °C zu einer Steigerung der flächenbezogenen Schmelzleistung von 2 auf 2,7 t/(m² d).

Unter der Voraussetzung gleichbleibenden Kammerwirkungsgrades sinkt der spezifische Energieverbrauch für die Glasschmelze mit zunehmender Gewölbetemperatur und zunehmender flächenbezogener Schmelzleistung. Hinsichtlich der Absenkung des spezifischen Energieverbrauchs für die Glasschmelze ist eine Steigerung der Gewölbetem-

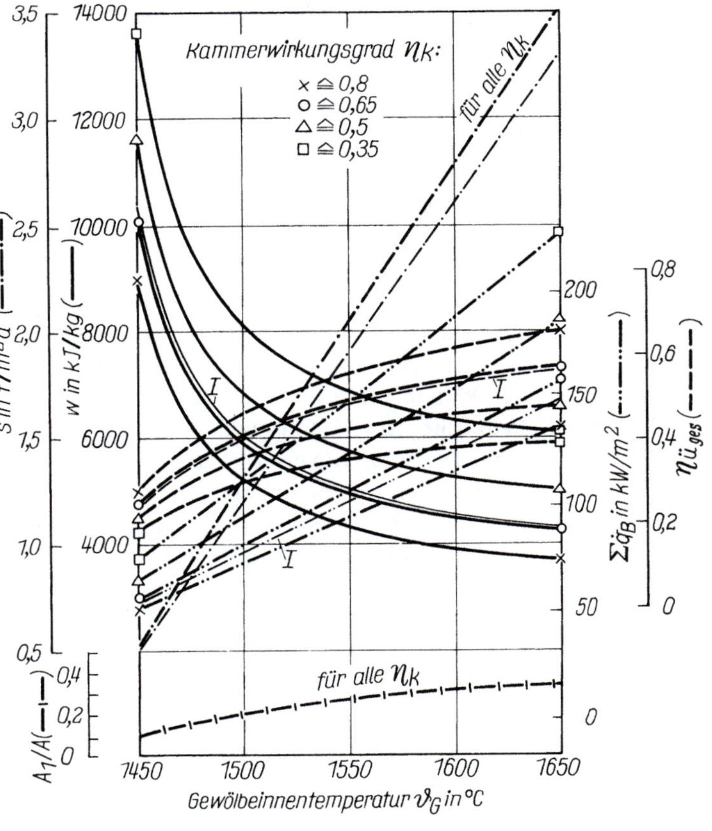

Bild 7.21. Flächenbezogene Schmelzleistung und wärmetechnische Daten für die Gesamtwanne. $\varepsilon_G = \varepsilon_F = 0{,}8$; ε_O (Gemenge) $= 0{,}8$; ε_O (Läuterbereich) = linear ansteigend von 0,4 bei L_1 auf 0,8 bei L_2; $T_{O1} = 1473$ K; $T_{O2} = 1773$ K nach Bild 7.7; $(\dot{q}_G + \dot{q}_a) = 50$ kW/m²; $\varphi = 0{,}7$; $K_1 = 0{,}43 \cdot 10^{-3}$ K⁻¹. Die dünner eingezeichneten Kurven gelten für den Fall, daß für $\eta_K = 0{,}65$ die Gewölbetemperatur im Schmelzbereich jeweils 70 K niedriger ist als im Läuterbereich der Wanne [10]

peratur bei thermisch niedrig belasteten Wannen wirkungsvoller als bei thermisch bereits hoch belasteten Wannen, d. h. die Abnahme des spezifischen Energieverbrauchs mit steigender flächenbezogener Schmelzleistung ist im Bereich kleiner flächenbezogener Schmelzleistungen besonders stark.

In sehr deutlicher Weise wirkt sich der Kammerwirkungsgrad auf den spezifischen Energieverbrauch aus. Bei gleichbleibender Gewölbetemperatur sinkt mit zunehmendem Kammerwirkungsgrad η_k der spezifische Energieverbrauch für die Glasschmelze bei gleichbleibender flächenbezogener Schmelzleistung der Wanne. Der Schritt von $\eta_k = 0{,}65$ auf 0,8 bringt zwar nicht mehr genausoviel wie der Schritt von $\eta_k = 0{,}35$ auf 0,5, ist aber immer noch deutlich ausgeprägt. Bei einer flächenbezogenen Schmelzleistung von 3,5 t/(m² d) würde sich im hier angeführten Beispiel bei einer Vergrößerung des Kammerwirkungsgrades von 0,35 auf 0,8 eine Brennstoffersparnis von rund 40% einstellen.

Die in Bild 7.21 etwas dünner eingezeichneten Kurven beziehen sich auf den Fall, daß für $\eta_k = 0{,}65$ die Gewölbetemperatur im Schmelzbereich der Wanne jeweils 70 °C niedriger ist als im Blankschmelz- und Läuterbereich der Wanne. Die absoluten Werte stellen sich dabei zwar etwas tiefer ein, die Tendenz der Kurven bleibt jedoch voll erhalten.

Der in Bild 7.21 ausgewiesene stetige Abfall des spezifischen Energieverbrauchs bis in Bereiche sehr hoher flächenbezogener Schmelzleistung stellt sich in praxi nur dann ein, wenn die feuerungsabhängigen Wärmeverluste nicht zu groß und die Kammern ausreichend groß bemessen sind. Wird an einer bestehenden Anlage mit wachsender flächenbezogener Schmelzleistung und entsprechend anwachsender Brennstoffzufuhr und Abgasmenge der Kammerwirkungsgrad schlechter, dann wird im Bereich sehr großer flächenbezogener Schmelzleistung auch der spezifische Energieverbrauch wieder größer.

Der Anstieg der Kurve für die flächenbezogene Schmelzleistung s in Abhängigkeit von der Gewölbetemperatur (Bild 7.21) wird geringer, wenn bei einem Anstieg der Gewölbetemperatur auch ein Anstieg der Oberflächentemperatur des einschmelzenden Gemenges und der Endtemperatur des Glases an der Badoberfläche vor der Schattenwand eingerechnet wird.

7.3.3.3.1 Anwendung des Rechenmodells für Wirtschaftlichkeitsbetrachtungen

Die in den Abschn. 7.3.3.2.6 und 7.3.3.3 dargestellten Zusammenhänge zeigen u. a., welch große Bedeutung hinsichtlich der Wirtschaftlichkeit eines Glasschmelzwannenofens der Wärmerückgewinnung zugemessen werden muß. Gleichzeitig erhebt sich jedoch auch die Frage, welche zusätzlichen Investitionskosten von der baulichen Seite her aufgebracht werden müssen, um den Kammerwirkungsgrad in der gewünschten Weise zu erhöhen.

Um diese Rentabilitätsfrage entscheiden zu können, muß der finanzielle Gewinn bei der durch die Vergrößerung des Kammerwirkungsgrades erzielten Brennstoffersparnis unter Beibehaltung der Schmelzleistung den zusätzlichen Investitionskosten für die größeren Kammern gegenübergestellt werden. Aus dem Rechenmodell erhält man die für unterschiedliche Kammerwirkungsgrade sich einstellenden spezifischen Energieverbrauchswerte für die Glasschmelze. Parallel dazu muß die Kammergröße ermittelt werden, die bei den im speziellen Fall vorliegenden und im Rechenmodell berücksichtigten Betriebsdaten zum jeweils gewünschten Kammerwirkungsgrad führt.

Für die in Bild 7.21 eingerechnete Parameterkonstellation sind in Bild 7.22 für eine geforderte konstante Gewölbeinnentemperatur von 1580 °C in Abhängigkeit vom Kammerwirkungsgrad η_k zwischen 0,4 und 0,8 der für die einzelnen Kammerwirkungsgrade gültige spezifische Energieverbrauch w für die Glasschmelze, die notwendige Brennstoffenergiestromdichte $\dot{q}_B$ und der Wirkungsgrad für die Brennstoffausnutzung $\eta_ü$ aufgetragen.

Für die gewählte Parameterkonstellation ergibt sich eine flächenbezogene Schmelzleistung von 2,5 t/(m² d). Wählt man die Breite des Glasbades mit 7 m und setzt ein Längen-/Breiten-Verhältnis der Wanne von 1,6 voraus, dann ergibt sich eine Badfläche von 78,4 m² und damit eine Gesamtschmelzleistung von etwa 195 t/d.

Über eine Verbrennungsrechnung werden die bei den einzelnen Kammerwirkungsgraden entstehenden Abgasströme in m³/h und die zur Verbrennung notwendige, im Regenerator vorzuwärmende Verbrennungsluftmenge bestimmt. Es müssen nun Kammergrößen gefunden werden, die mit den nach dem Rechenmodell bestimmten Abgas- und Luftmengen zum dabei eingerechneten Kammerwirkungsgrad η_k führen.

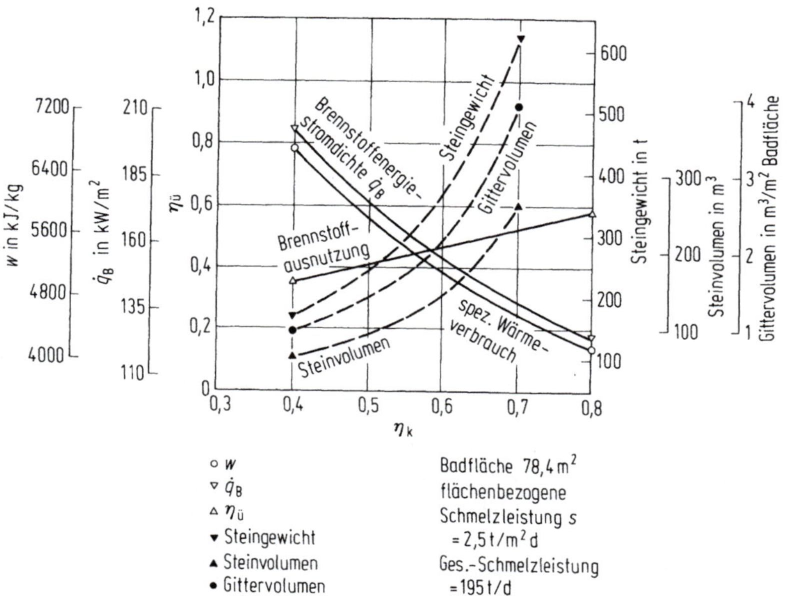

Bild 7.22. Einfluß des Kammerwirkungsgrades η_k auf Kammergröße und spezifischen Energieverbrauch *w*. Parameterkonstellation wie in Bild 7.15. Steingewicht und Steinvolumen beziehen sich auf beide Ofenseiten [10]

Legt man Gittersetzart, Steinmaterial, Kanalweite, Steinabmessungen sowie Eintrittstemperaturen von Abgas und Frischluft in die Gitterung fest, so ergeben sich in Abhängigkeit vom gewünschten Kammerwirkungsgrad η_k beispielsweise die in Bild 7.22 gezeigten Werte für Steinvolumen, Steingewicht und bezogenes Gittervolumen. Alle drei Größen nehmen mit ansteigendem Kammerwirkungsgrad progressiv zu. Kammerwirkungsgrade von 80% können kaum noch mit vernünftigen Investitionskosten erzielt werden. Dies liegt an der niedrigeren spezifischen Wärme der Luft im Vergleich zum Abgas. Auch bei noch so hoher Luftvorwärmung (im Extremfall auf Abgaseintrittstemperatur) kann die Luft nur bis zu einem bestimmten Prozentsatz die vom Abgas in den Regenerator eingebrachte Wärme übernehmen.

Für die eigentliche Wirtschaftlichkeitsbetrachtung müssen für eine bestimmte Schmelzleistung die bei unterschiedlichen Kammerwirkungsgraden η_k anfallenden Ölkosten/Jahr den Aufbaukosten für die Regeneratoren bei unterschiedlichen Kammerwirkungsgraden η_k (Steinmaterial, Lohnkosten, Kapitaldienst usw.) gegenübergestellt werden. Mit steigendem Kammerwirkungsgrad sinken bei gleichbleibender Schmelzleistung der Wanne die Brennstoffkosten/Jahr, während die zur Erzielung des gewünschten Kammerwirkungsgrades aufzubringenden Kosten für die Regenerativkammern mit dem Kammerwirkungsgrad progressiv ansteigen. Bei kleinen Ausgangswerten für η_k bringt eine Steigerung des Kammerwirkungsgrades besonders viel. Eine relativ hohe Brennstoffkosteneinsparung steht hierbei relativ niedrigen zusätzlichen Steinkosten gegenüber.

Die Verhältnisse drehen sich um, wenn ein schon großer Kammerwirkungsgrad noch weiter gesteigert werden soll. Echte Rentabilität stellt sich dann nur ein, wenn eine über die Ofenreise hinausgehende Gitterstandzeit vorausgesetzt werden kann.

7.3.3.3.2 Einfluß einer Elektrozusatzheizung

Durch entsprechende Erweiterungen kann das Rechenmodell auch dazu verwendet werden, die wärmetechnischen Besonderheiten der Elektrozusatzheizung zu untersuchen. Auf dieses umfangreiche Spezialgebiet soll hier nicht näher eingegangen werden. Es muß auf die Spezialliteratur verwiesen werden [9].

8 Elektrowannen

Glasschmelzöfen können indirekt über Heizelemente und direkt über den Stromdurchgang durch die Glasschmelze beheizt werden. Die indirekte Heizung hat nur bei sehr kleinen Schmelzwannen und bei Hafenöfen Eingang gefunden oder zur Beheizung von Einzelbereichen wie Arbeitswannen. Die direkte Beheizung beruht auf der ionischen Leitfähigkeit von Glasschmelzen, die stark von der chemischen Zusammensetzung des Glases, besonders seinem Alkali- und Erdalkaligehalt abhängig ist.

Es gibt vollelektrisch betriebene Schmelzwannen, Schmelzwannen, die mit vergleichbaren Energiebeiträgen elektrisch und mit fossilen Brennstoffen beheizt werden (Mixed-Melter) und Wannen, die überwiegend mit fossilen Brennstoffen beheizt werden unter Verwendung einer Elektrozusatzheizung.

Da in der Bundesrepublik Deutschland die Wärmeeinheit über den elektrischen Strom bedeutend teurer ist als über fossile Brennstoffe, ist die Verwendung von elektrischem Strom zu Schmelzzwecken dann wirtschaftlich, wenn damit besondere Vorteile verbunden sind. Das ist im allgemeinen immer dann der Fall, wenn Gläser zu erschmelzen sind, die stark zum Verdampfen neigende Komponenten aufweisen und wenn hohe Schmelzleistungen bei wenig strahlungsdurchlässigen Gläsern gefordert werden.

Von Bedeutung ist auch die Größe der Schmelzöfen. Da kleine flammenbeheizte Anlagen bedeutend schlechtere Wirkungsgrade haben als große, bei Elektroschmelzöfen dieser Einfluß aber viel geringer ist, kann ein kleiner elektrisch betriebener Schmelzofen trotz hoher Stromkosten wirtschaftlicher arbeiten als ein flammenbeheizter.

Elektrisch beheizte Öfen haben gegenüber konventionell beheizten Öfen geringere Investitionskosten und höhere Betriebskosten. In Ländern mit stark jahreszeitlich schwankendem Stromangebot, wie z. B. in der Schweiz, werden gemischt beheizte Schmelzöfen eingesetzt, die im Herbst und Winter bevorzugt mit fossilen Brennstoffen und im Frühjahr und Sommer (Schneeschmelze) bevorzugt mit elektrischem Strom beheizt werden.

Die Möglichkeit, eine Glasschmelze im direkten Stromdurchgang zu beheizen, wurde früh erkannt. Völker hat 1900 bereits ein entsprechendes Patent [1] angemeldet. Lange Jahre bildeten die mit den Elektroden verbundenen Schwierigkeiten wie Verfärbung der Glasschmelze das Haupthindernis einer breiteren Anwendung. Erst durch Entwicklung der Molybdänelektrode zu Beginn der 50er Jahre gelang der Durchbruch zur breiten Anwendung der Elektroschmelze. Die zunehmende Verschiebung der Kosten zuungunsten der fossilen Brennstoffe und zugunsten des elektrischen Stroms, verbunden mit dem sich verstärkenden Druck, die Umweltbelastung durch Staub- und Schadgasemissionen zu vermindern, führen zu einer verstärkten Anwendung der elektrischen Glasschmelze.

8.1 Elektrische Eigenschaften von Glasschmelzen

8.1.1 Elektrische Leitfähigkeit

Die elektrische Leitfähigkeit von Glasschmelzen beruht vornehmlich auf dem Ladungstransport durch Ionen. Die am schwächsten in das Glasnetzwerk eingebauten Ionen sind die Alkali-Ionen (Netzwerkwandler), sie sind damit die Träger des elektrischen Stroms. Kieselglas und Boratglas besitzen nur wenige Alkali-Ionen, die elektrische Leitfähigkeit dieser Gläser ist daher vergleichsweise gering.

Bei den Alkalisilicatgläsern beeinflußt neben der Menge der Ionen die Stärke der Ionenbindung und die Größe der Ionen die Leitfähigkeit. Gegenüber dem Na^+-Ion ist das K^+-Ion zwar schwächer gebunden, durch seinen größeren Radius ist die Wanderung aber mit einem größeren Widerstand verbunden. Li^+-Ionen sind demgegenüber zwar kleiner als Na^+-Ionen, durch ihre feste Bindung ist ihre Wanderung aber stärker erschwert als die der Na^+-Ionen. Das Na^+-Ion trägt damit am stärksten zur elektrischen Leitfähigkeit von Glasschmelzen bei. Bei Mischalkaligläsern ergeben sich komplizierte Zusammenhänge, die zu Minima der elektrischen Leitfähigkeit führen können.

Die Beweglichkeit der Ionen in Glasschmelzen nimmt mit steigender Temperatur und abnehmender Zähigkeit zu. Dies führt dazu, daß die elektrische Leitfähigkeit von Glasschmelzen mit der Temperatur stark zunimmt. Ist der Widerstand eines Leiters R, seine Querschnittsfläche A und seine Länge l, dann läßt sich mit

$$\varrho_{el} = \frac{RA}{l} \tag{8.1}$$

ein spezifischer Widerstand definieren. Beispiele für den spezifischen elektrischen Widerstand ϱ_{el} verschiedener Glasschmelzen in Abhängigkeit von der Temperatur sind in den Bildern 8.1 und 8.2

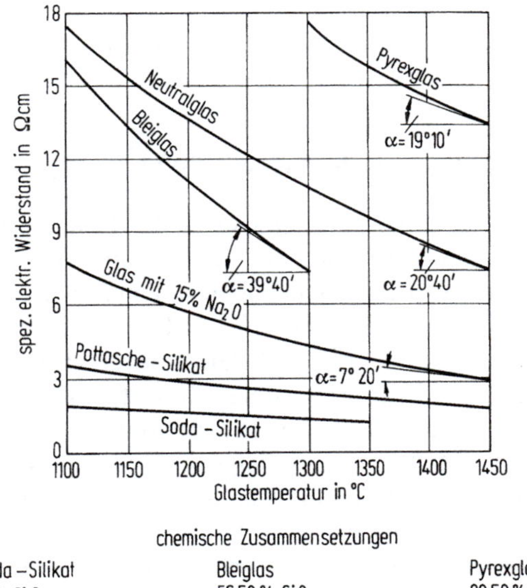

chemische Zusammensetzungen

Soda-Silikat
76% SiO_2
24% Na_2O

Pottasche-Silikat
71% SiO_2
29% K_2O

Glas mit 15% Na_2O
71,60% SiO_2
0,48% Al_2O_3
0,14% Fe_2O_3
10,70% CaO
2,02% MgO
15,00% Na_2O

Bleiglas
56,50% SiO_2
0,13% Al_2O_3
5,40% Na_2O
8,60% K_2O
29,50% PbO

Neutralglas
67,50% SiO_2
6,53% Al_2O_3
7,93% B_2O_3
3,64% K_2O
6,77% Na_2O
6,82% CaO
0,08% Fe_2O_3
0,70% ZnO
0,10% MgO

Pyrexglas
80,50% SiO_2
2,05% Al_2O_3
11,90% B_2O_3
3,91% Na_2O
1,03% K_2O
0,40% CaO
0,18% Fe_2O_3
0,04% MgO

Bild 8.1. Spezifischer elektrischer Widerstand verschiedener Gläser [2]

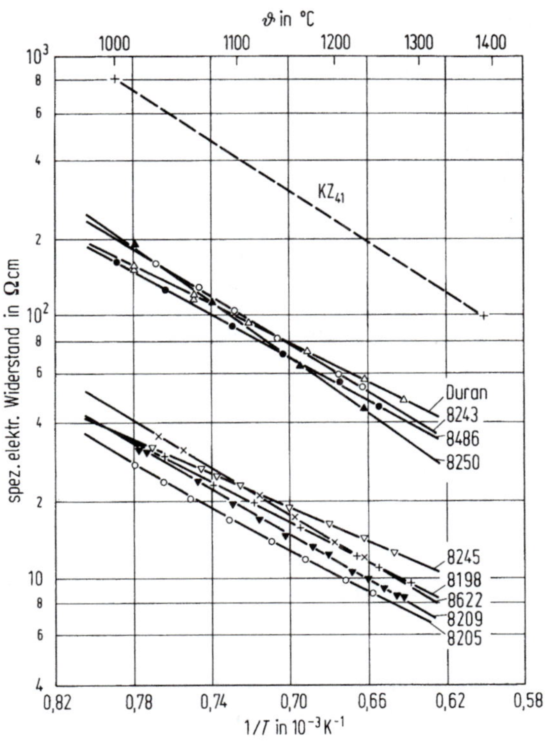

Bild 8.2. Spezifischer Widerstand verschiedener Gläser nach Baucke [3]. KZ_{41} = schmelzgegossener Korund-Zirkondioxid-Stein mit 41% Zirkondioxid

eingetragen. Man erkennt, daß zwischen den einzelnen Gläsern sehr große Unterschiede bestehen, die mehr als eine Zehnerpotenz betragen. Die chemische Zusammensetzung der in den Bildern benannten Gläser ist Tabelle 8.1 zu entnehmen.

Die Ermittlung des spezifischen Widerstandes oder seines Kehrwertes, also der elektrischen Leitfähigkeit, aus der Zusammensetzung ist in voll befriedigender Weise bisher nicht gelungen. Versuche in dieser Richtung stammen von Sasek und Meissnerova [5]. Sie beruhen auf der Beziehung für die elektrische Leitfähigkeit:

$$\log|\varkappa_{el}| = a + \frac{b}{T/(K)}. \tag{8.2}$$

a und b sind von der Zusammensetzung abhängige Konstanten und T die thermodynamische Temperatur.

Für Gläser des Zusammensetzungsbereichs (in Gew.-%): 13 ... 16 Na_2O, 0 ... 0,5 K_2O, 2,5 ... 4,5 MgO, 7,0 ... 8,5 CaO, 0,5 ... 3,0 Al_2O_3, 0,05 ... 0,5 Fe_2O_3 und 69,45 ... 76,0 SiO_2 geben sie für den Temperaturbereich zwischen 1273 und 1673 K für

Tabelle 8.1. Chemische Zusammensetzung (Massengehalt in %) der untersuchten Gläser (Bild 8.2) nach [3]

Glas-nummer	SiO_2	B_2O_3	Al_2O_3	Li_2O	Na_2O	K_2O	CaO	MgO	BaO	ZnO	CeO_2	PbO	TiO_2
Duran 50	80,60	12,80	2,30	–	3,60	0,60	–	–	–	–	–	–	–
8198	66,50	–	3,80	0,25	7,20	7,20	–	–	12,40	–	–	1,70	–
8205	62,50	–	3,50	–	7,90	9,40	2,90	1,00	1,40	–	–	11,20	–
8209	62,30	–	3,30	–	8,80	6,90	2,70	1,70	13,00	–	0,20	–	0,60
8243	67,50	21,30	3,00	–	3,10	4,70	–	–	0,30	–	–	–	–
8245	69,00	17,00	5,20	0,50	7,00	0,10	–	–	–	0,80	–	–	–
8250	68,80	18,50	3,00	0,60	0,90	7,50	–	–	–	0,60	–	–	–
8486	75,60	11,00	3,80	–	4,00	1,00	1,20	–	3,00	–	–	–	–
8622	57,00	1,30	–	–	3,60	9,50	3,80	–	–	–	–	24,50	–

a und b die Beziehungen

$$a = 0{,}505 + 0{,}025\,(Na_2O) + 0{,}08\,(K_2O) + 0{,}035\,(MgO) + 0{,}056\,(CaO) + 0{,}004\,(Al_2O_3) + 0{,}013\,(Fe_2O_3)\,, \quad (8.3\,a)$$

$$b = -3530 + 72{,}72\,(Na_2O) - 120{,}8\,(K_2O) - 40{,}5\,(MgO) - 74{,}27\,(CaO) - 11{,}28\,(Al_2O_3) + 8{,}0\,(Fe_2O_3) \quad (8.3\,b)$$

an. In die Beziehungen sind die Anteile, z.B. (MgO), in Gew.-% einzusetzen. $\varkappa_{el}$ ergibt sich dann in $(\Omega\,cm)^{-1}$.

Werte für a und b finden sich auch bei Baucke und Frank [3].

Die elektrolytischen Besonderheiten der Glasschmelze führen dazu, daß zur elektrischen Beheizung nur Wechselstrom verwendet werden kann, da Gleichstrom zu Ablagerungen und zur Blasenbildung an den Elektrodenoberflächen führt und der Stromfluß eine Aktivierungsenergie erfordert. Für die Berechnung des elektrischen Widerstandes (Impedanz Z) einer Glasschmelze gilt in Verbindung mit dem ohmschen Gesetz die Beziehung

$$Z = \frac{\hat{U}}{\hat{I}} = \sqrt{R^2 + \left(\omega L - \frac{1}{\omega C}\right)^2}\,. \quad (8.4)$$

Hierbei sind $\hat{U}$ und $\hat{I}$ die Scheitelwerte von Spannung und Strom, R der ohmsche Widerstand (Wirkwiderstand der Leitung), ω die Kreisfrequenz, L die Induktivität und C die Kapazität des Systems. Bei Verwendung von 50-Hz-Wechselstrom und Glasschmelzen der üblichen Abmessungen können ω und C vernachlässigt werden, so daß sich das einfache, für Gleichstrom gültige ohmsche Gesetz

$$\frac{\hat{U}}{\hat{I}} = \frac{U_{eff}}{I_{eff}} = R \quad (8.5)$$

ergibt. Bei Verwendung von Frequenzen über 1 kHz ist im Bereich der Zuleitungen und des Transformators L zu berücksichtigen. Das hat zur Folge, daß sich eine Phasenverschiebung zwischen U und I ergibt, und bei der Berechnung der Wirkleistung P der $\cos\varphi$ berücksichtigt werden muß. Es ergibt sich dann

$$P = U_{eff}\, I_{eff} \cos\varphi\,. \quad (8.6)$$

Durch Zuschalten von Kondensatoren [6] kann $\cos\varphi$ den Wert 1 erreichen.

8.1.2 Thermische Instabilität [4, 10, 57]

Die Abnahme des elektrischen Widerstandes von Glasschmelzen mit der Temperatur kann bei kleinen Störungen von außen zu einer lokalen oder das gesamte System erfassenden Zunahme der Leistungsaufnahme und damit zu einer erneuten Temperaturzunahme führen. Man bezeichnet dieses Verhalten als thermische Instabilität.

Als Maß für die Neigung eines Glases zur thermischen Instabilität bei der elektrischen Glasschmelze wird in der Literatur überwiegend die Änderung seines elektrischen Widerstandes mit der Temperatur bezeichnet, also

$$\frac{d\varrho_{el}}{dT} = \varrho'_{el}\,. \quad (8.7)$$

Gläser mit großen Änderungen neigen stärker zu Instabilitäten als Gläser mit geringer Änderung.

Andrusieczko [7] weist mit einer gewissen Berechtigung darauf hin, daß für das Verhalten in der Praxis nicht ϱ'_{el} maßgebend ist, sondern das Verhältnis der Leistungsänderung zur aufgenommenen Leistung. Damit wird bei gleichbleibender Stromstärke

$$\frac{dP/dT}{P} = \frac{\varrho'_{el}}{\varrho_{el}}\,. \quad (8.8)$$

Anhand von Beispielen zeigt er, daß die Relation $\varrho'_{el}/\varrho_{el}$ eine von ϱ'_{el} abweichende Charakteristik aufweisen kann.

Während die Betrachtung der Instabilität über ϱ'_{el} nur das Glas mit seine elektrischen Eigenschaften, losgelöst vom Schmelzofen beinhaltet, umfaßt das Verhältnis $\varrho'_{el}/\varrho_{el}$ bereits implizit den Anwendungsfall im Ofen, nämlich die eingesetzte elektrische Leistung. Die thermischen Eigenschaften des Glases bleiben bei dieser Betrachtung aber immer noch unberücksichtigt.

Bei den bisherigen Betrachtungen wurde nur die elektrische Leitfähigkeit der Glasschmelze berücksichtigt. Für die thermische Stabilität ist jedoch nicht nur die Energieaufnahme, sondern auch die Energieabgabe von Bedeutung. Für die thermische Instabilität eines lokalen Volumenbereichs kann man schreiben

$$\frac{dP/dT}{dq/dT} = D, \tag{8.9}$$

wenn mit dP/dT die Änderung der elektrischen Leistungsaufnahme mit der Temperatur T und mit dq/dT die Änderung der Wärmeabgabe mit der Temperatur in einem Volumenelement bezeichnet werden. Für $D > 1$ ist der Volumenbereich thermisch instabil, für $D < 1$ ist er stabil.

Für die elektrische Leistung P eines stromdurchflossenen Volumenelements gilt

$$P = \frac{I^2}{A^2}\varrho_{el} \quad \text{und} \quad \frac{dP}{dT} = \frac{I^2}{A^2}\varrho'_{el}\,. \tag{8.10}$$

Für die elektrische Stromdichte gilt $i = I/A$. Bezeichnet man mit T_u die Umgebungstemperatur und mit l die lineare Ausdehnung des betrachteten Volumenbereichs der Temperatur T, dann wird für die Wärmeabgabe q des Volumenelements

$$q = \frac{T - T_u}{l}\left[(\lambda_L + \lambda_{Str})\frac{A}{V} + \alpha\right], \tag{8.11}$$

wobei mit λ_L die Wärmeleitfähigkeit der Schmelze, mit λ_{Str} die Strahlungsleitfähigkeit und mit α der Wärmeübergangskoeffizient, der für den konvektiven Anteil maßgebend ist, bezeichnet werden. V ist der Volumenbereich und A die Oberfläche des Volumenbereichs. Damit gilt für die Änderung der volumetrischen Wärmestromdichte

$$\frac{dq}{dT} = \frac{(\lambda_L + \lambda_{Str})\cdot\dfrac{A}{V} + \alpha}{l}\,. \tag{8.12}$$

Tabelle 8.2. Mittlere freie Weglänge der Strahlungsquanten F (in cm)

	Temperatur in K					
	1300	1400	1500	1600	1700	1800
Wirtschaftsglas	4,16	3,92	4,32	4,78	4,96	5,17
Fensterglas	5,71	5,00	3,74	3,29	3,52	3,49
Grünglas (Eisengrün)	0,424	0,380	0,345	0,308	0,332	0,334
Röntgenschutzglas	1,43	1,103	0,691	0,508	0,594	0,537

Nach den Arbeiten von Genzel [8] gilt mit guter Näherung

$$\lambda_{Str} = \frac{16}{3}\sigma n^2 T^3 F. \tag{8.13}$$

F bedeutet dabei die mittlere freie Weglänge der Strahlungsquanten, n den Brechungsindex und σ die Strahlungskonstante. Für verschiedene Gläser und Temperaturbereiche kann F aus Tabelle 8.2 entnommen werden. Für den Instabilitätsfaktor D (Gl. (8.9)) kann man somit schreiben

$$D = \frac{i^2\varrho'_{el}\,l}{\left(\lambda_L + \dfrac{16}{3}\sigma n^2 T^3 F\right)\dfrac{A}{V} + \alpha}\,. \tag{8.14}$$

Im Bereich des Glasbades einer Glasschmelzwanne ist λ_L bedeutend kleiner als λ_{Str}, wie aus Bild 8.3 hervorgeht. Im allgemeinen wird auch der konvektive Anteil gegenüber der Strahlung vernachlässigt werden können. Für einen Würfel mit der Kantenlänge l gilt $A/V = 6/l$. Damit ergibt sich bei Dominanz der Wärmestrahlung für die thermische Instabilität der dimensionslose Ausdruck

$$D_{Str} = \frac{i^2\varrho'_{el}\,l^2}{32\,\sigma n^2 T^3 F}\,. \tag{8.15}$$

D_{Str} hat den Charakter einer thermischen Kennzahl. Die thermische Stabilität $1/D_{Str}$ nimmt mit steigender Temperatur und großer freier Weglänge (helles Glas) stark zu. Sie nimmt ab mit der Stromdichte (i^2), dem Gradienten des spezifischen elektrischen Widerstandes ϱ'_{el} des Glases und der geometrischen Ausdehnung des betrachteten Bereichs $(l)^2$. Hilbig [10] kommt zu einer analog aufgebauten Gleichung.

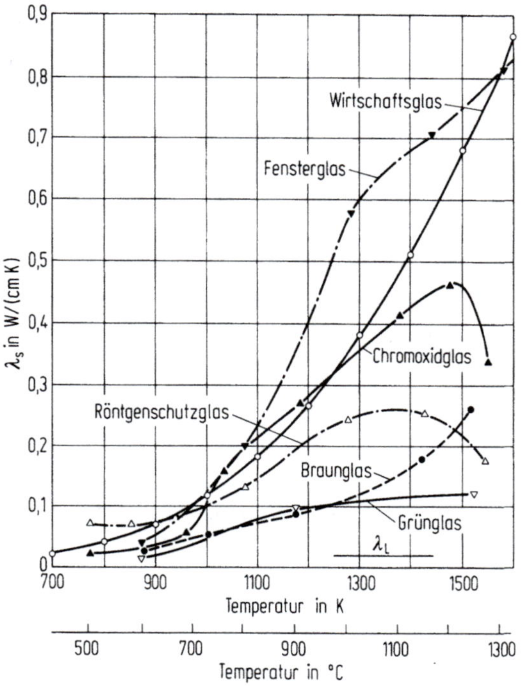

Bild 8.3. Verlauf der Strahlungsleitfähigkeit einiger Gläser mit der Temperatur. λ_L mittlerer Wert der echten Wärmeleitfähigkeit, wie er bei niedrigen Temperaturen bekannt ist (zum Vergleich) [8]

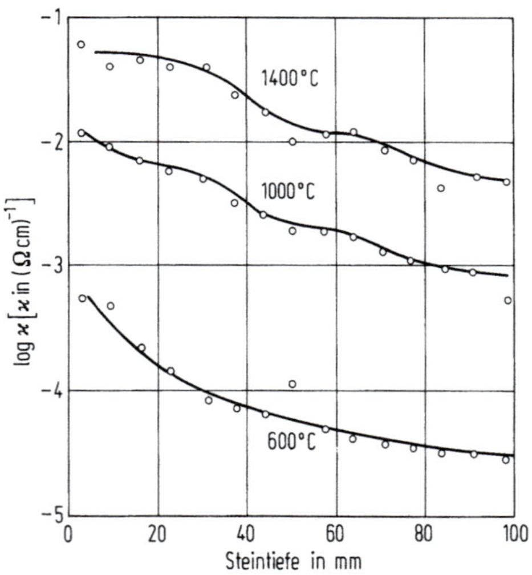

Bild 8.4. Elektrische Leitfähigkeit des gebrauchten KZ_{41}-Steins in Abhängigkeit von der Entfernung zur Grenzfläche Glas/Wannenstein [9]

Für die reine Wärmeleitung, wie sie bei sehr dunklen Gläsern und vor allem im Feuerfestbereich gilt, ergibt sich [4]

$$D_{ff} = \frac{i^2 \varrho'_{el} l^2}{6 \lambda_L}. \tag{8.16}$$

Nach Untersuchungen von Hammerschmidt und Hausner [9] ist bekannt, daß schmelzgegossene Wannensteine, und hier besonders die mit Glas infiltrierten heißen Randbereiche der Steine, eine erhebliche elektrische Leitfähigkeit besitzen (Bild 8.4). Der Temperaturgradient von ϱ_{el} einiger schmelzgegossener Steine hat die gleiche Größenordnung wie der von Glasschmelzen. Demgegenüber beschränkt sich die Wärmeabgabefähigkeit vornehmlich auf die Wärmeleitung, hinzu kommt, daß der konvektive Anteil Null ist.

Im Bereich der feuerfesten Steine besteht damit in Nähe der Elektroden, wo hohe Stromdichten auftreten, die Möglichkeit, daß lokal thermische Instabilitäten entstehen. Die Gefahr des Auftretens thermischer Instabilitäten liegt somit wegen des dominanten Einflusses von T^3 oft im Bereich niedriger Temperaturen mit relativ hohen Stromdichten [4]. Das gefährliche dieser lokal auftretenden Instabilitäten ist, daß sie auch bei stromgeregelten Schmelzwannen nach außen direkt nicht in Erscheinung zu treten brauchen.

Es ist durchaus möglich, daß in schmelzgegossenem Feuerfestmaterial im Elektrodenbereich lokale Instabilitäten auftreten können, wenn durch äußere Einflüsse, wie der Ausfall einer Elektrodenkühlung, der vorhandene Gleichgewichtszustand gestört wird.

Schumacher [57] hat in einer neueren Arbeit die Stabilitätsbetrachtungen bei Elektrowannen aufgegriffen und weiterentwickelt und dabei vor allem die Stabilitätsgrenzen untersucht.

Mit

$$\varrho'_{el} = \frac{E_a}{RT^2} \varrho_{el}$$

ergibt sich für

$$\frac{dP}{dT} = \frac{E_a}{RT^2} P,$$

wenn mit E_a/R die Aktivierungsenergie der Glasschmelze bezeichnet wird. Für ein energetisch stabiles System gilt

$$\frac{dP}{dT} - \frac{dq}{dT} = 0 \quad \text{und} \quad P = q,$$

da für ein Volumelement im energetisch stabilen Bereich die zugeführte Wärme gleich der abgeführten sein muß. Darüber hinaus muß bei einer Temperaturänderung die Stabilität gewahrt bleiben. Damit ergibt sich mit einer gegenüber Gl. 8.13 modifizierten Strahlungsleitfähigkeit λ_{Str}

$$0=\frac{A}{l\,v}\left[\frac{E}{R\,T^2}\,[\lambda_{\mathrm{L}}(T-T_{\mathrm{u}}) + \frac{\lambda_{\mathrm{Str}}}{4}\,(T^4-T_{\mathrm{u}}^4)] - \lambda_{\mathrm{L}} - \lambda_{\mathrm{Str}}\,T^3\right].$$

Für den Fall reiner Strahlung ergibt sich

$$\frac{E}{R\,T^2}\,\frac{T^4-T_{\mathrm{u}}^4}{4}=T^3\,.$$

Bemerkenswert ist an dieser Gleichung, daß die Temperaturen T und T_{u} in diesem Fall nur von der Aktivierungsenergie E/R des Glases abhängen, die nach den von Baucke und Frank [3] untersuchten Gläsern zwischen 6400 und 12200 K liegt.

Für $E/R = 8300$ K ergibt sich die in Bild 8.4A als Kurve *1* eingetragene Linie. Es ergibt sich eine instabile Zone in einem relativ niedrigen Temperaturbereich.

Im Falle reiner Wärmeleitung ($\lambda_{\mathrm{Str}} \to 0$) ergibt sich

$$\frac{E}{R}\,(T-T_{\mathrm{u}})=T^2\,,$$

welche sich in Bild 8.4A als Kurve *5* darstellt. Damit reicht der Instabilitätsbereich schon weit in Temperaturzonen hinein, wie sie in der Praxis vorkommen. Die Kurve *2* gilt für Weißglas und die Kurve *3* für Grünglas.

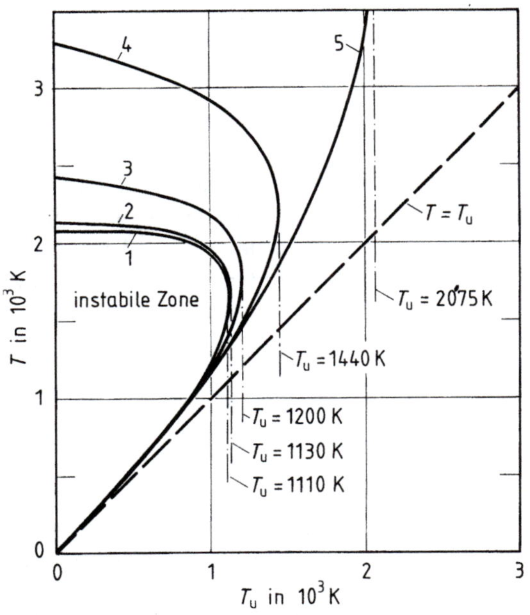

Bild 8.4 A. Stabilitätsgrenzen bei elektrischer Widerstandsheizung [57]. *1* reine Strahlung, *2* bis *4* Strahlung und Leitung, *5* reine Leitung

Die Ergebnisse dieser Berechnung zeigen ebenfalls, daß die Gefahr von thermischen Instabilitäten nur bei wenig strahlungsdurchlässigen Gläsern besteht. Gefährlich können heißgehende Bereiche feuerfester Steine werden, die eine relativ hohe elektrische Leitfähigkeit und eine hohe Aktivierungsenergie besitzen.

8.2 Energieabgabe der Elektroden in Glasschmelzen [11]

Die Kenntnis des Widerstandes einer Heizstrecke ist für die Auslegung der elektrischen Anlage von großer Bedeutung.

Im allgemeinen handelt es sich bei der Starkstromtechnik um räumlich konzentrierte Lastwiderstände, in denen der Stromverlauf ohne Schwierigkeiten überblickt werden kann. Es sei hier nur an Heizspiralen, Heizstäbe und dgl. erinnert. Beim Glasbad handelt es sich dagegen um ein ausgedehntes Medium. Der Stromfluß von einer Elektrode zur anderen erfolgt in einer räumlich ausgedehnten Weise, wobei die Stromdichte örtlich sehr unterschiedlich sein kann. Die Vorausbestimmung der örtlichen Stromdichteverteilung und der Stromwiderstand der Anordnung wird damit ein zentrales Problem [11].

Analog zu den Bedingungen in der Strömungslehre bilden auch in der Elektrotechnik die Potentiallinien und die Strömungslinien ein orthogonales Netz. Der Strom fließt in Richtung der Potentialdifferenz und ist der lokalen Potentialänderung proportional. In einfachen Fällen läßt sich das Potentialfeld abschätzen und damit das Stromdichtefeld in den Grundzügen vorausbestimmen.

Nach den Grundgesetzen der Elektrostatik und der Elektrodynamik gelten für die Ausbildung des Strom-Potentiallinienfeldes:

- Die Stromlinien beginnen und enden senkrecht auf der Elektrodenoberfläche.
- Der Abstand der Stromlinien entspricht der Fläche, durch die ein konstanter Strom fließt.
- Die Potentiallinien schneiden die Stromlinien orthogonal (rechtwinklig).

In einem rechtwinkligen Behälter, dessen Querschnitt über die Länge konstant ist und an dessen beiden Enden je eine über die ganze Querschnittsfläche sich erstreckende Plattenelektrode angeordnet ist, lassen sich das Potentialfeld und die Stromdichteverteilung leicht angeben, wenn der spezifische elektrische Widerstand des Mediums als örtlich und zeitlich konstant angesehen werden kann (Bild 8.5a). Bei einer Behälterlänge l, einer Querschnittsfläche A und einem spezifischen elektrischen Widerstand ϱ_{el} ergibt sich für den Wirkwiderstand R:

$$R = \varrho_{el} \frac{l}{A} \,. \tag{8.17}$$

Eine solche Beckengestalt und Elektrodenanordnung kann somit als Widerstand im üblichen Sinne der Elektrotechnik betrachtet werden. Bei diesen Überlegungen wurde weiter stillschweigend vorausgesetzt, daß die Baustoffe des Beckens den elektrischen Strom nicht leiten, also ideale Isolatoren sind.

Werden die Plattenelektroden verkleinert, z. B. auf ein Viertel der Stromfläche, dann kommt es zu einer Verdichtung der Stromlinien und damit zur Erhöhung der Stromdichte im Bereich der Elektroden. Die Rückseite der Elektroden trägt auch bei dieser Anordnung zum Stromtransport praktisch nicht bei (Bild 8.5b).

Ähnliche Verhältnisse, nur in entsprechend modifizierter Form, ergeben sich bei Verwendung von Stabelektroden. Wegen der relativ kleinen Elektrodenoberfläche ist hier die Verdichtung im Elektrodenbereich besonders ausgeprägt (Bild 8.5c und d).

Für die Praxis ist es besonders wichtig, die in einem Volumenelement der Glasschmelze durch den Stromdurchgang freiwerdende Wärme zu kennen. Für die pro Volumen freigesetzte elektrische Leistung gilt $p = i\,e$ wobei $i = I/A$ die Stromdichte und e die elektrische Feldstärke ist. Nach dem ohmschen Gesetz gilt $i = e/\varrho_{el}$, damit wird die pro Volumenelement freigesetzte elektrische Leistung (Leistungsdichte) p zu:

$$p = \frac{I^2}{A^2} \varrho_{el} \,. \tag{8.18}$$

Beträgt z. B. in einer Elektrodenanordnung gemäß Bild 8.5b das Flächenverhältnis des Beckenquerschnitts zur Elektrodenfläche n, dann ist das Verhältnis der Leistungsdichten (Elektrodenbereich zu Beckenbereich)

$$\frac{p_E}{p_B} = n^2 . \tag{8.19}$$

Bei einem Flächenverhältnis von 1/10 ist das Leistungsdichteverhältnis 100. Man erkennt damit sofort die hohe Energiedichte im Bereich von Elektroden. Für einfache Beckengeometrien und Elektrodenfigurationen läßt sich $p = f(x, y, z)$ errechnen [12–18].

Betrachtet man zwei parallel zueinander im Abstand b angeordnete Stabelektroden, die sich in einem unbegrenzten Glasbad mit konstantem spezifischen elektrischen Widerstand ϱ_{el} befinden, dann läßt sich die entsprechende längenbezogene Leistungsverteilung längs der x-Achse leicht berechnen. Fließt insgesamt der Strom I, dann gilt

$$\bar{p} = \frac{I^2 \varrho_{el}}{(b/2)^2 \pi^2} \left(\frac{1}{1 - (2x/b)^2} \right)^2 . \tag{8.20}$$

Die höchste Stromdichte tritt an der inneren Oberfläche der Elektroden auf. Beträgt der Radius der Elektrode $d/2$, dann gilt an der inneren Elektrodenoberfläche $x_i = (b - d)/2$ und an der äußeren Elektrodenoberfläche $x_a = (b + d)/2$ (siehe Bild 8.6).

Der Gesamtwiderstand dieser Anordnung errechnet sich zu

$$R = \frac{\varrho_{el} \ln(2b/d)}{\pi\, l} \,, \tag{8.21}$$

worin l die Länge der parallel angeordneten Elektroden ist. Aus der Beziehung (8.20) und Bild 8.6 folgt, daß die Rückseite der Elektroden geringer belastet ist als die Vorderseite. Ist die Glas-

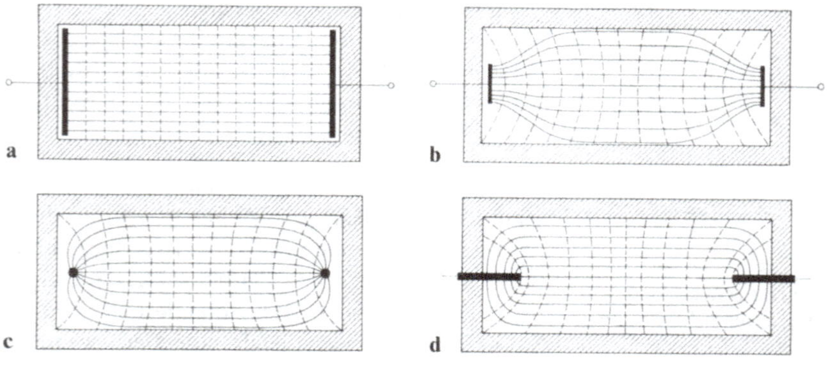

Bild 8.5. Strom-Potentiallinienverläufe [11]. **a** In einem idealen Schmelzbehälter; **b** bei kleinen Plattenelektroden; **c** bei vertikalen Stabelektroden; **d** bei rechtwinklig zur Wand liegenden Stabelektroden

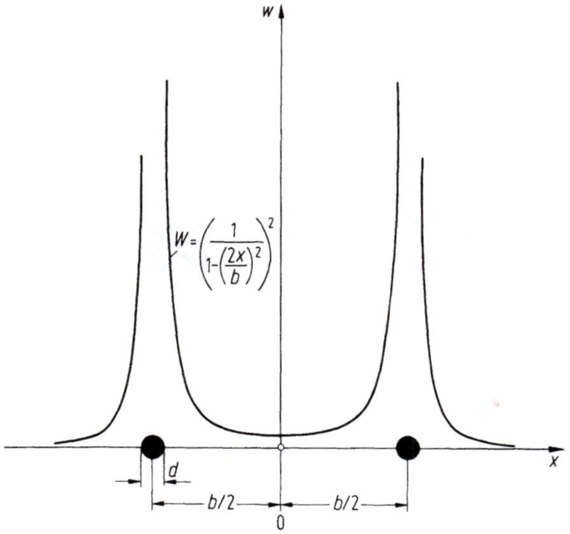

Bild 8.6. Energiedichteverteilung zwischen zwei Stabelektroden in einer unbegrenzten Glasschmelze

schmelze durch Wände begrenzt, wie dies in Bild 8.5 der Fall ist, dann werden die Unterschiede zwischen vorne und hinten noch ausgeprägter. In der Praxis kann bei vertikalen Stabelektroden ein Drittel der Rückseite als „inaktiv" betrachtet werden. Bei Plattenelektroden ist es die ganze Rückseite. Die Leistungsdichteverteilung zwischen den Elektroden ist sattelförmig. Bei größerem Elektrodenabstand und nicht zu dicken Elektroden ist ein breiter Mittelbereich mit annähernd konstanter Leistungsdichteverteilung vorhanden. Vornehmlich bedingt durch die Berandung (Seitenwände, Boden) und die Temperaturverteilung im Glasbad ist die Leistungsdichteverteilung über die Elektrodenlänge keinesfalls konstant. Bei kurzen, vertikal angeordneten Elektroden ist die Stromdichte im Kopfbereich etwa doppelt so groß wie im Bodenbereich. Bei horizontal angeordneten Elektroden sind die Unterschiede noch größer, hier kann das Gesamtstromdichteverhältnis 1:4 betragen.

Die Vorausberechnung der Potentialverteilung bei berandetem Glasbad und mehreren Elektroden ist nur in Sonderfällen und auch dann nur mit erheblichem mathematischen Aufwand möglich wie Gailhbaud [19–22] gezeigt hat. In der Praxis ist man auf Versuche im Elektrolyttank oder bei geringeren Ansprüchen mit Leitfähigkeitspapier angewiesen.

8.3 Schaltung von Elektroden [23]

Die Schaltung der Elektroden kann auf die verschiedenste Art und Weise erfolgen. Maßgebend für die Auswahl der geeigneten Schaltung sind die Geometrie des Ofens, die Anpassung der zu erwartenden Stromdichtefelder an die technologische Zielsetzung, die gleichmäßige Belastung des Netzes und das Vermeiden hoher Betriebsspannungen.

8.3.1 Reihenschaltung von Heizkreisen

Durch eine Reihenschaltung von Heizkreisen nach Bild 8.7 lassen sich auch bei großen Heizstrecken, wie sie bei einer Elektrozusatzheizung im Quellpunktbereich einer großen Wanne gegeben sind, unzulässig hohe Betriebsspannungen vermeiden [23]. Bei der Schaltung nach Bild 8.7a werden drei Einzeltrafos an eine Phase des Netzes angeschlossen, was eine ungleichmäßige Belastung des Netzes bei höheren Anschlußleistungen verursachen kann. Um diesen Nachteil zu vermeiden, empfiehlt sich die Verteilung des Trafos auf die einzelnen Phasen des Drehstromnetzes (Bild 8.7b).

Anstelle der drei Einzeltrafos kann auch ein Drehstromtrafo in Δ-Schaltung eingesetzt werden. Eine individuelle Steuerung der Einzelheizkreise ist dann aber nicht mehr möglich (Bild 8.7c).

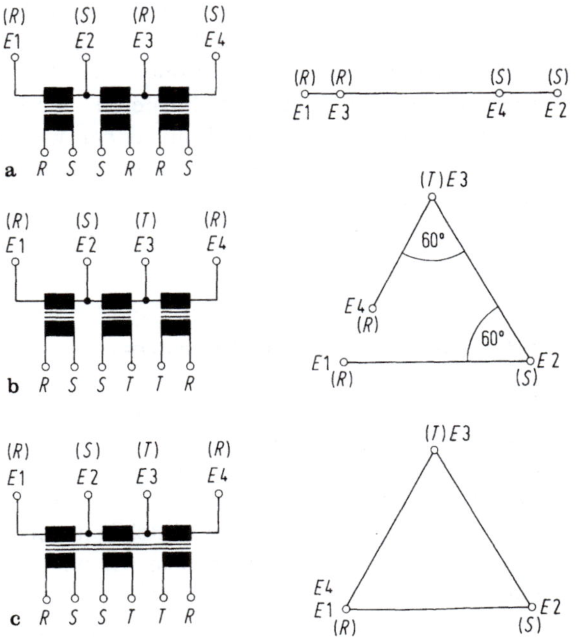

Bild 8.7 a – c. Reihenschaltung von Heizkreisen [23]

Im Prinzip kann die Schaltung nach Bild 8.7c auch bei nicht geradliniger Anordnung der Elektroden angewendet werden.

8.3.2 Parallelschaltung von Heizkreisen

Besteht das Ziel, großräumig in einem Glasbad eine homogene einheitliche Temperaturverteilung zu erzeugen, dann empfiehlt sich die Prüfung einer Parallelschaltung der Elektroden nach Bild 8.8. Das gleichmäßigste Temperaturfeld ergeben Plattenelektroden, die im Betrieb allerdings nicht ersetzt werden können. Mit kurzen, parallel geschalteten Stabelektroden läßt sich das Ziel auch annähern mit der Möglichkeit, die Elektroden während des Betriebs zu ersetzen.

Ist die zu beheizende Fläche groß, dann kann eine Kombination von Parallel- und Reihenschaltung von Vorteil sein, wie sie in Bild 8.9 gezeigt ist.

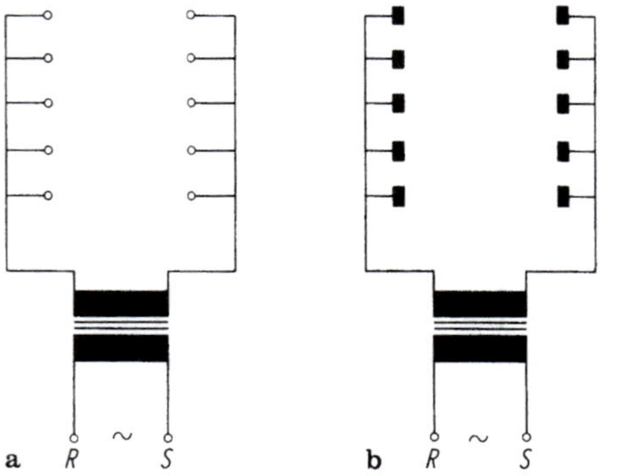

Bild 8.8. Parallel geschaltete Elektrodenheizkreise. **a** Stabelektroden; **b** Plattenelektroden [23]

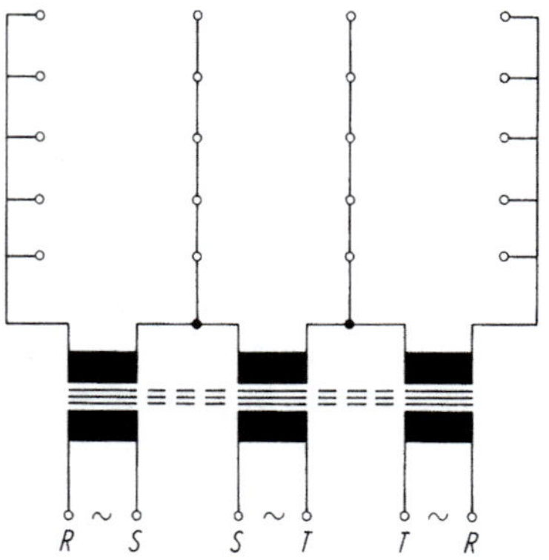

Bild 8.9. Drei Blöcke parallel geschalteter Elektroden in Reihenschaltung (Δ) [23]

8.3.3 Dreieckschaltung bei Drehstrom

Bei Dreieckanordnung der Elektroden mit direktem Anschluß an einen Dreiphasentransformator lassen sich auf engem Raum hohe elektrische Leistungen ins Glasbad einbringen. Bei größeren Wannen können mehrere Dreiecke in einer Reihe angebracht werden, man kann so eine wirkungsvolle thermische Barriere aufbauen (Bild 8.10).

Die hohe Energiedichte und die gegenseitige Beeinflussung der einzelnen Dreiecke können zu einer Destabilisierung mit in der Folge auftretenden heißen hochbelasteten Strompfaden führen. Für Gläser, die zum Destabilisieren (Abschn. 8.1.2) neigen, ist diese Schaltung daher weniger geeignet. Es sind dies vor allem dunkle, wenig strahlungsdurchlässige Gläser, deren elektrische Leitfähigkeit sich stark mit der Temperatur ändert.

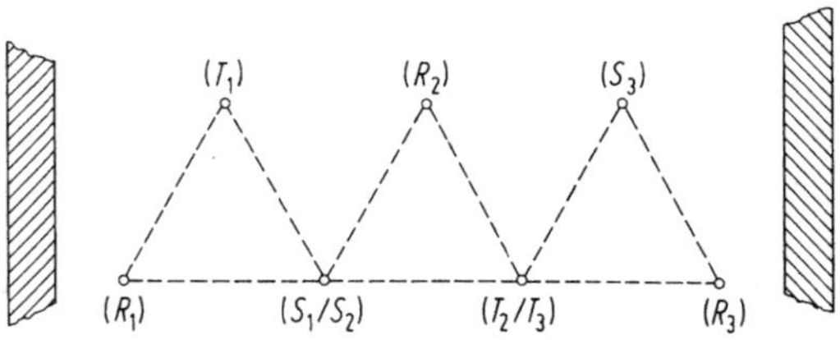

Bild 8.10. Reihenschaltung von Dreieck-Elektrodenanordnungen [23]

8.3.4 Sternschaltung bei Drehstrom

Eine ideale Beaufschlagung entsprechend der Sternschaltung läßt sich bei Glasschmelzen fast nie erreichen, da zwischen den Eckelektroden immer ein direkter Strompfad im Sinne einer Dreieckschaltung besteht. Die Mittelelektrode hat daher bei Glasschmelzbeheizungen nur noch eine untergeordnete Bedeutung (Bild 8.11a). In der Praxis findet sich daher vielfach ein einphasig angeschlossener Stern. Die Mittelelektrode ist bei

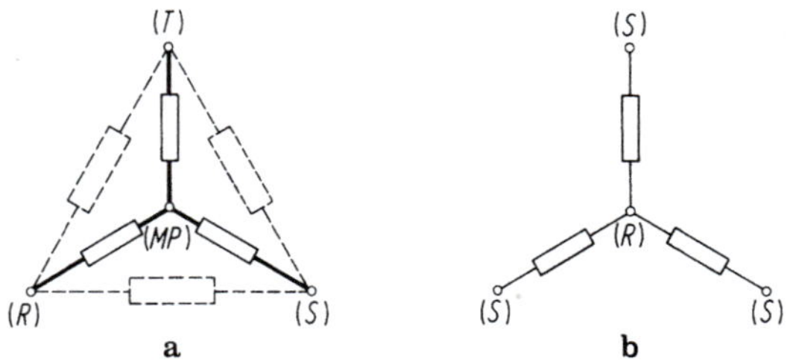

Bild 8.11. Sternanordnung von Elektroden [23]. **a** An Drehstrom angeschlossen; **b** einphasig angeschlossen [23]

dieser Schaltung allerdings dreimal so stark belastet wie die Außenelektroden. Schaltungen dieser Art eignen sich für vieleckige Wannen mit symmetrischem Grundriß.

8.3.5 Sonderschaltungen

Will man sechs Elektroden anordnen, weil man für die Wanne einen sechseckigen Querschnitt gewählt hat, oder will man drei Elektrodenpaare übereinander anordnen, dann kann die Umwandlung des Drehstroms mit drei Phasen in einen Sechsphasenstrom von Vorteil sein. Als Beispiel für einen Sechsphasenanschluß sei die SVUS-Wanne [24] angeführt (Bild 8.12).

Hat man eine Wanne mit quadratischem Querschnitt oder will man eine Elektrodenkette aus mehreren Quadraten aufbauen, dann empfiehlt sich die Verwendung eines Zweiphasenstroms der mit einer Scott-Schaltung aus dem Dreiphasennetz hergestellt werden kann (Bild 8.13) [25]. Schaltet man die Elektroden diagonal, dann läßt sich ein quadratisches Becken sehr gleichmäßig beheizen.

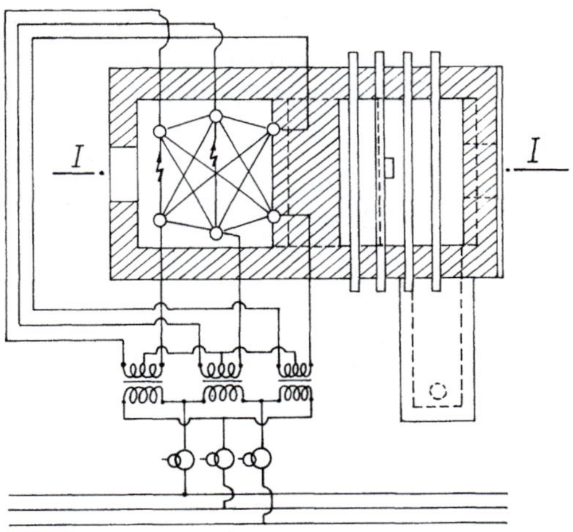

Bild 8.12. SVUS-Wanne mit Sechsphasenanschluß der Elektroden [24]

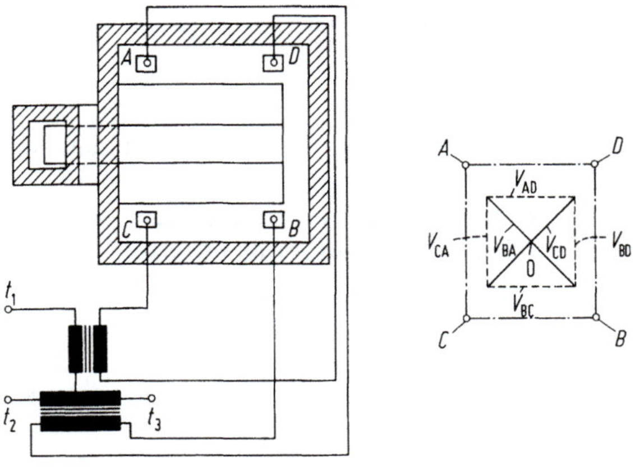

Bild 8.13. Scott-Schaltung zur Umwandlung in Zweiphasenstrom [25]

8.4 Elektrischer Widerstand verschiedener Elektrodenanordnungen

Für die Konstruktion elektrischer Glasschmelzöfen und die Auslegung der erforderlichen Transformatoren ist es wichtig, den zu erwartenden Ersatzwiderstand zwischen den Elektroden zu kennen. Eine genaue Vorausbestimmung ist wegen der unterschiedlichen Elektrodenanordnungen und des Einflusses des Temperaturfeldes im Glasbad auf die Leitfähigkeit des Glases nicht möglich. Für einfache Grenzfälle ist eine rechnerische Behandlung möglich, wie Andrusieczko [26] und Gailhbaud [19–22] gezeigt haben. Diese Rechnungen können nur bedingt gültige Ergebnisse liefern. Da auch diese Angaben für den Praktiker hilfreich sein können, werden im folgenden ausgewählte Beispiele aus [26] und [19–22] gebracht.

8.4.1 Parallel angeordnete Stabelektroden ohne Badbegrenzung bei Einphasenschaltung

8.4.1.1 Zwei parallel angeordnete Stabelektroden

Ist die Länge der Elektroden sehr groß gegenüber dem Durchmesser, ergibt sich bei einem spezifischen elektrischen Widerstand der Schmelze von ϱ_{el} für den Ersatzwiderstand des Elektrodenpaars

$$R = \frac{\varrho_{el}}{\pi l} \ln \frac{2b}{d}. \qquad (8.22)$$

Hierin sind d der Elektrodendurchmesser und b der Elektrodenabstand (Bild 8.14).

8.4.1.2 Vier parallel angeordnete Stabelektroden

Werden zwei Elektrodenpaare gemäß Bild 8.15 miteinander kombiniert und an Einphasenwechsel-

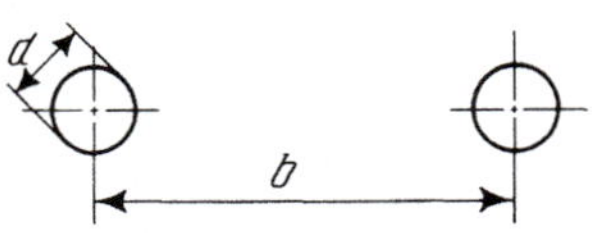

Bild 8.14. Anordnung von zwei Elektroden [14]

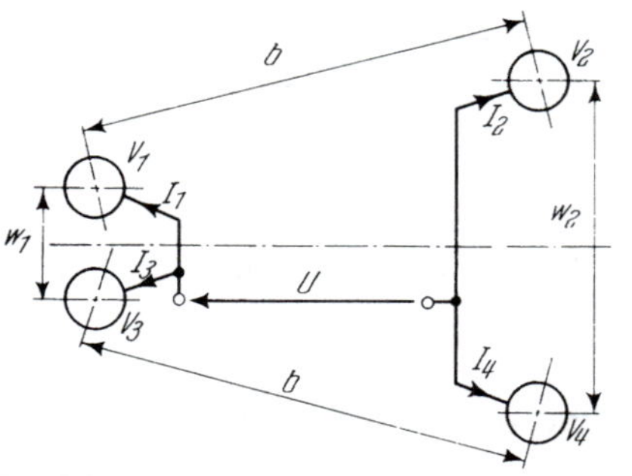

Bild 8.15. Anordnung von vier Elektroden [14]

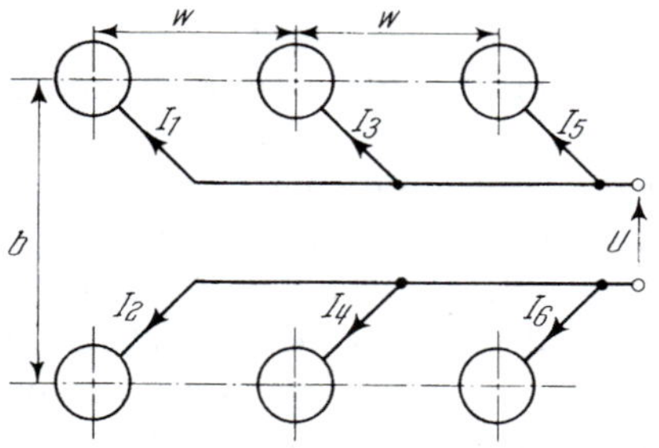

Bild 8.16. Anordnung von sechs Elektroden [14]

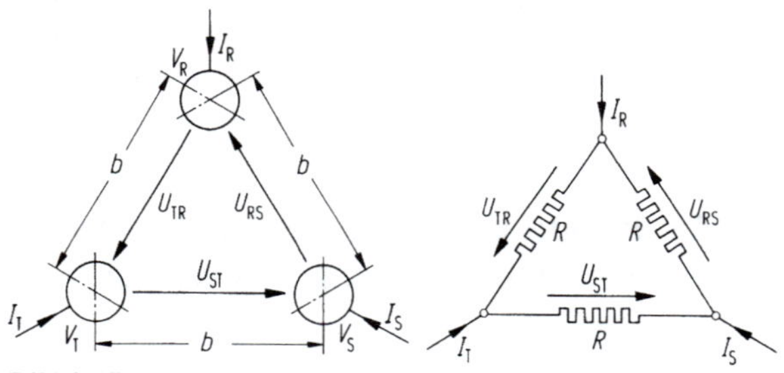

Bild 8.17. Anordnung von drei Elektroden bei Drehstrom mit Ersatzschaltbild [14]

strom geschaltet, dann errechnet sich der Ersatzwiderstand dieses Systems zu

$$R_{1,2} = R_{3,4} = \frac{\varrho_{el}}{\pi\, l} \ln \frac{2b}{d} \sqrt{1 + \frac{b^2}{w_1\, w_2}}\,. \tag{8.23}$$

8.4.1.3 Sechs parallel angeordnete Stabelektroden

Werden in analoger Weise drei Elektrodenpaare gemäß Bild 8.16 miteinander kombiniert und an Einphasenwechselstrom geschaltet, dann ergeben sich zur Ermittlung der Ersatzwiderstände folgende Beziehungen

8.4.2 Parallel angeordnete Stabelektroden ohne Badbegrenzung bei Dreiphasenschaltung

8.4.2.1 Drei parallel angeordnete Elektroden bei Dreieckschaltung

Für die in Bild 8.17 gezeigte Elektrodenanordnung bei Dreieckschaltung läßt sich für die Widerstände des Ersatzschaltbildes angeben:

$$R = \frac{3}{2} \frac{\varrho_{el}}{\pi\, l} \ln \frac{2b}{d}\,. \tag{8.26}$$

Der elektrische Widerstand ist in diesem Falle 1,5mal größer als bei der Anordnung von zwei Elektroden bei Einphasenstrom.

8.4.2.2 Drei parallel in Reihe angeordnete Elektroden

Werden drei an Drehstrom angeschlossene Elektroden in Reihe gemäß Bild 8.18 angeordnet, dann lassen sich die Widerstände R_{RS} und R_{RT} wie folgt angeben

$$R_{ST} = R_{RS} = \frac{3}{2} \frac{\varrho_{el}}{\pi\, l} \ln \frac{\sqrt[3]{4}\, b}{d} \tag{8.27a}$$

bzw.

$$R_{RT} = R_{RS} \frac{\ln \dfrac{4b}{d}}{\ln \dfrac{b}{d}}\,. \tag{8.27b}$$

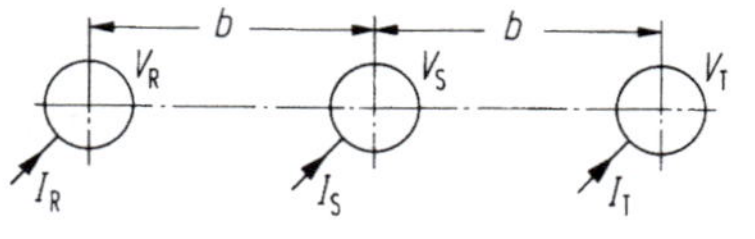

Bild 8.18. Anordnung von drei Elektroden in einer Ebene bei Drehstrom mit Ersatzschaltbild [14]

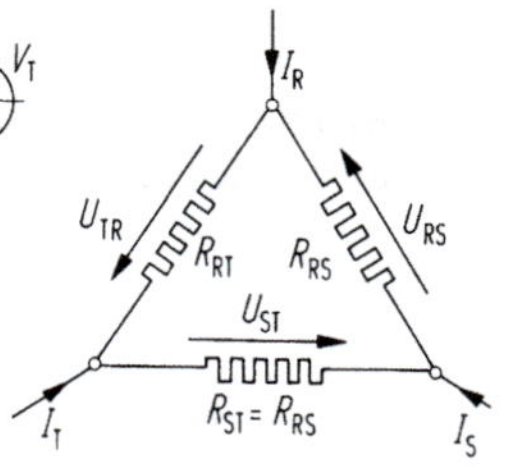

Diese Anordnung führt zu einer unsymmetrischen Phasenbelastung, die meist unerwünscht ist. Diesen Nachteil kann man ausgleichen, wenn vier Elektroden in Reihe angeordnet werden.

$$R_{1,2} = R_{5,6} = \frac{\ln\left(b\sqrt{b^2 + (2w)^2}/d\, w\right) \ln(2b/d) - 2\left[\ln\left(\sqrt{b^2 + w^2}/w\right)\right]^2}{\ln\left[2b\, w/\left(d\sqrt{b^2 + w^2}\right)\right]} \tag{8.24}$$

und

$$R_{3,4} = R_{1,2} \frac{\ln\left(2b\, w/\left(d\sqrt{b^2 + w^2}\right)\right)}{\ln\left[b\, w\sqrt{b^2 + (2w)^2}/d\,(b^2 + w^2)\right]}\,. \tag{8.25}$$

8.4.2.3 Vier parallel in Reihe angeordnete Elektroden

Bei dieser Anordnung (Bild 8.19) läßt sich eine symmetrische Phasenbelastung erreichen, wenn der Abstand der beiden Mittelelektroden kleiner gewählt wird als der der Randelektroden. Die Abstandsbedingung für die symmetrische Phasenbelastung geht aus Bild 8.20 hervor. Da die Berechnung der Widerstände R_{12}, R_{24}, R_{34} und R_{13} schwierig ist, wird nur die Berechnung des Ersatzwiderstandes R'_{12} und des Widerstandes R_{23} angegeben, es ist

$$R'_{12} = \frac{\varrho_{el}}{\pi l} \ln \frac{2 b_{12} b_{13}}{d \sqrt{b_{14} b_{23}}} \tag{8.28a}$$

und

$$R_{23} = 2 R'_{12} \frac{\ln \frac{2 b_{23}}{d} \ln \frac{2 b_{14}}{d} - \left[\ln \frac{b_{13}}{b_{12}} \right]^2}{\ln \frac{2 b_{14}}{d} \ln \frac{2 b_{12}^2 b_{23}^2}{d b_{23}^2 b_{14}} + \left[\ln \frac{b_{13}}{b_{12}} \right]^2} \tag{8.28b}$$

bei symmetrischer Anordnung gilt

$$b_{14} = b_{12} + b_{23} .$$

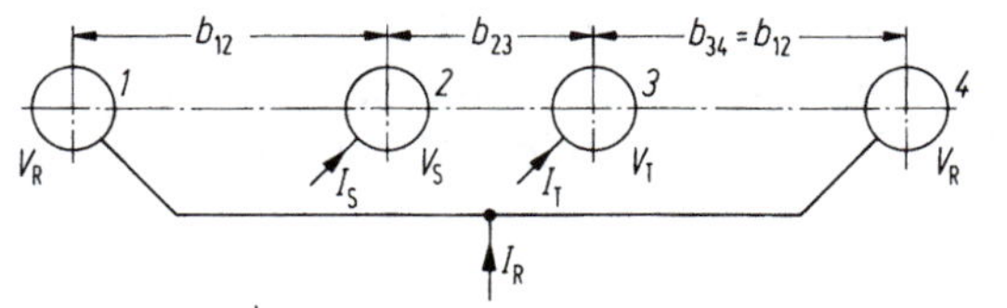

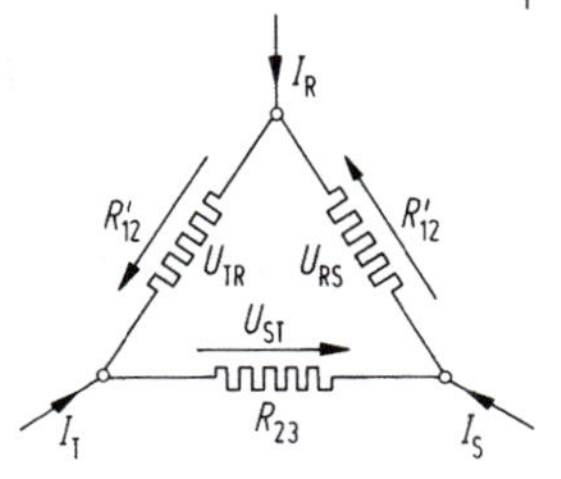

Bild 8.19. Anordnung von vier Elektroden bei Drehstrom mit Ersatzschaltbild [14]

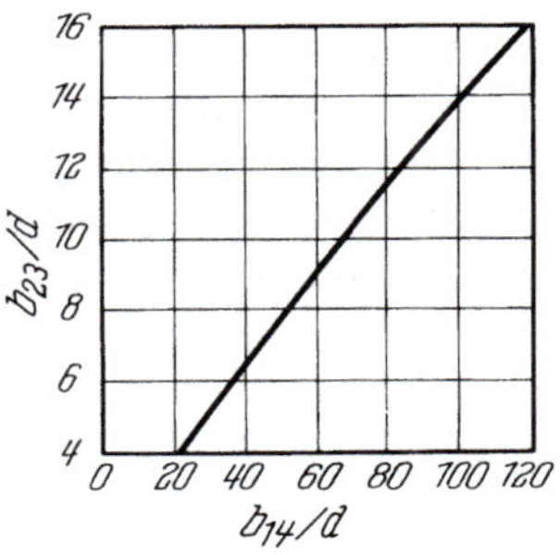

Bild 8.20. Bedingung der symmetrischen Phasenbelastung [14]

8.4.3 Parallel angeordnete Stabelektroden im begrenzten Glasbad

8.4.3.1 Zwei parallel angeordnete Stabelektroden

Ist das Glasbad nach oben und unten durch den Spiegel und den Boden begrenzt, sonst aber unendlich ausgedehnt, dann kann bei der Anordnung nach Bild 8.21 der Widerstand durch die Beziehung

$$R = \frac{\varrho_{el}}{\pi l} \ln \left(\frac{2b}{d} \sqrt{1 + \frac{b^2}{4 h_1 h_2}} \right) \tag{8.29}$$

angegeben werden. Gegenüber dem auch nach oben und unten unendlich ausgedehnten Bad ergibt sich somit eine Erhöhung des Widerstandes um den Betrag

$$\ln \sqrt{1 + \frac{b^2}{4 h_1 h_2}} .$$

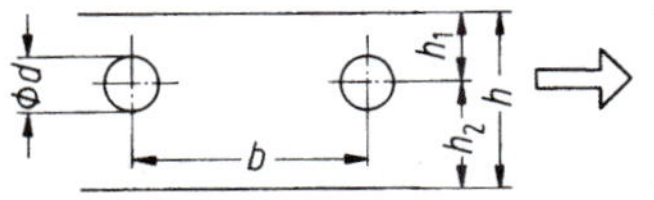

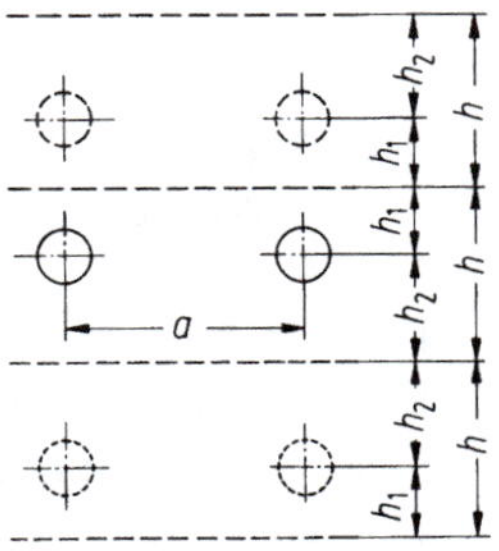

Bild 8.21. Elektrodenanordnung bei begrenztem Glasbad [13]

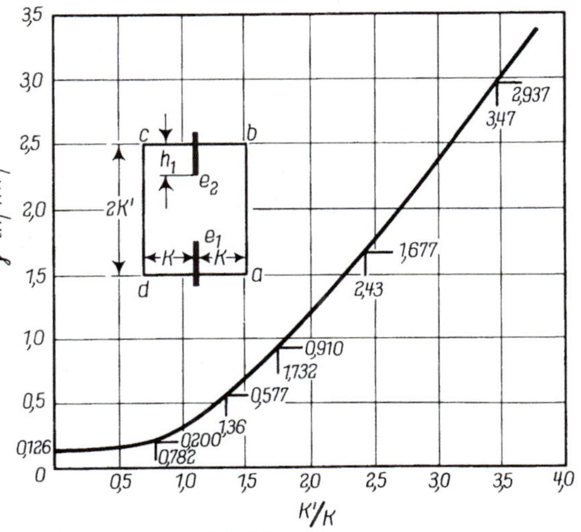

Bild 8.22. Größe der Hilfsfunktion zur Berechnung des Widerstandes von zwei Elektroden in einer Wanne [20]

8.4.3.2 Zwei gleichgerichtete, einander gegenüber angeordnete Stabelektroden

Die Berechnung dieses Falls (Bild 8.22) stammt von Gailhbaud [20]. Die Berechnung erfordert die

Einführung einer Hilfsfunktion $\gamma - \ln|kK'|$. Sie kann für gegebene geometrische Anordnungen aus dem Diagramm in Bild 8.22 entnommen werden. Es gilt:

$$R = R_1 + \frac{2\varrho_{el}}{\pi h}\left(\gamma - \ln|K'k| + \ln|K'/h| - \frac{0{,}2\,h_1^2}{h^2}\right), \tag{8.30}$$

mit h_1 als Eintauchtiefe der Elektroden und h als Badtiefe. Für R_1 gilt

$$R_1 = \frac{\varrho_{el}}{\pi h_1}\ln\left|\frac{4h_1 + d}{(d_1\,e)/2}\right|,$$

mit $e = 2{,}7183$. Die Rechnung geht von zylindrischen Elektroden aus. Da sich bereits nach kurzer Zeit die Elektrode abnützt und annähernd die Gestalt eines Ellipsoids annimmt, empfiehlt Gailhbaud für abgenützte Elektroden die Beziehung

$$R_1 = \frac{\varrho_{el}}{\pi h_1}\ln\left(\frac{4h_1}{d}\right). \tag{8.31}$$

Bei dieser Anordnung können an den Elektrodenspitzen sehr hohe Strombelastungen auftreten.

8.4.3.3 Rechteckig angeordnete Bodenelektroden für Zweiphasenschaltung

Für rechteckige Elektrodenanordnungen (Bild 8.23) eignet sich die im Abschn. 8.3.5 beschriebene Scott-Schaltung. Man erreicht damit eine sehr gleichmäßige Beheizung des Glasbades. Für diese Elektrodenanordnung gibt Gailhbaud die Widerstandsformel an. Sie lautet:

$$R = R_1 + \frac{\varrho_{el}}{\pi h}\ln\left|\frac{b}{h}\right| + \frac{\varrho_{el}}{h}F\left(\frac{b}{L}\right). \tag{8.32}$$

Für R_1 gilt die in Abschn. 8.4.3.2 genannte Beziehung, die Funktion F kann aus Bild 8.24 für das vorliegende Abstandsverhältnis b/L entnommen werden.

8.4.3.4 Im Dreieck angeordnete Bodenelektroden für Dreiphasenstrom

Für drei- oder sechseckige Wannen eignet sich eine Anordnung der Elektroden in Form eines gleichschenkligen Dreiecks. Wannen dieser Art werden mit Drehstrom betrieben (Bild 8.25). Für

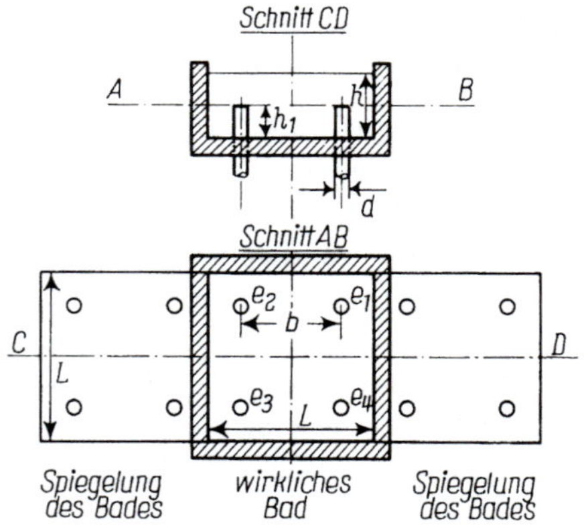

Bild 8.23. Anordnung der Elektroden in einer quadratischen Wanne [19]

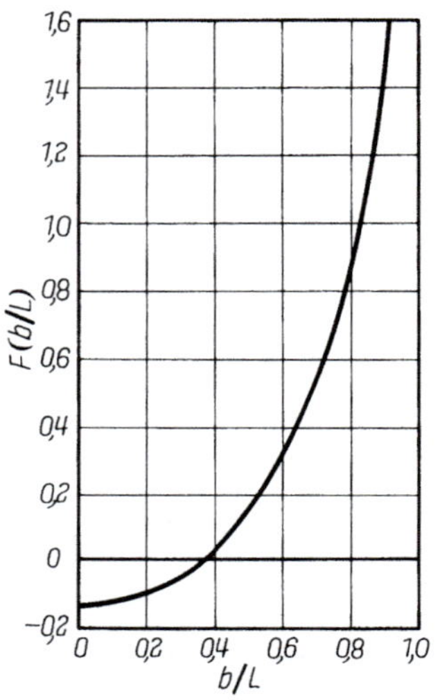

Bild 8.24. Funktion F in Abhängigkeit des Abstandsverhältnisses b/L [19]

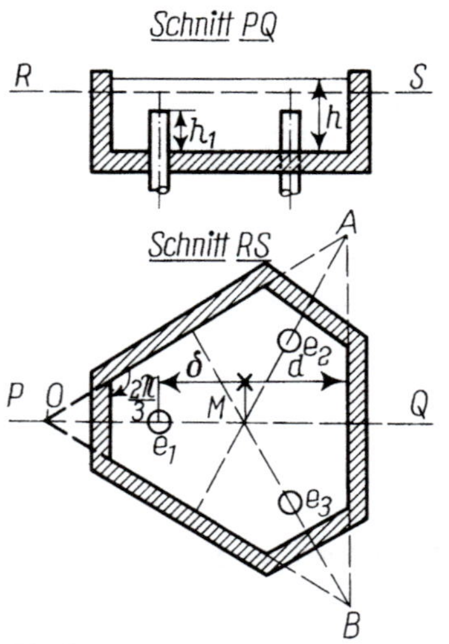

Bild 8.25. Glasschmelzofen mit dreieckigem Querschnitt [19]

diese Anordnung gibt Gailhbaud [19] die Beziehung

$$R = \frac{3}{2} R_1 + \frac{3}{2} \frac{\varrho_{el}}{\pi h} \left(\ln \left| \frac{d}{h} \right| + 1{,}441 - 5 \ln \left| 2 - \frac{\delta}{d} \right| \right). \quad (8.33)$$

Die Bedeutung der einzelnen Bezeichnungen geht aus Bild 8.25 hervor. Für R_1 gilt die im Abschn. 8.4.3.2 angegebene Beziehung.

8.5 Elektrodenmaterialien

Die Entwicklung der elektrischen Glasschmelze ist größtenteils mit dem Auffinden und der Entwicklung geeigneter Elektrodenmaterialien verbunden. Die an ein Elektrodenmaterial zu stellenden Anforderungen und Kriterien sind:

a) Resistenz gegenüber Glasschmelzen und ff-Materialien, unabhängig vom Sauerstoffpartialdruck und der Strombelastung bis 1700 °C;
b) oxidationsbeständig an Luft bei mindestens 800 °C;
c) elektrische Leitfähigkeit, die der von Metallen vergleichbar ist;
d) ausreichende mechanische Festigkeit bis 1700 °C;
e) ausreichende Temperaturwechselbeständigkeit;
f) den Metallen vergleichbare Bearbeitbarkeit;
g) wirtschaftlich tragbarer Preis.

Das ideale Elektrodenmaterial, das alle Wünsche erfüllt, ist noch nicht gefunden worden und wird wohl auch nicht gefunden werden. Es müssen Konzessionen gemacht werden, was bedeutet, daß je nach dem Anwendungsbereich und den dort herrschenden technischen und wirtschaftlichen Bedingungen verschiedene Elektrodenmaterialien gewählt werden müssen.

In der Anfangszeit der Entwicklung der elektrischen Glasschmelze wurden Elektroden aus reinen Metallen, wie Eisen und Nickel und deren Legierungen verwendet, die zur ausreichenden mechanischen Beständigkeit intensiv gekühlt werden mußten. Heute haben diese Materialien von Ausnahmefällen abgesehen als Elektrodenmaterialien keine Bedeutung mehr. Im Vordergrund stehen heute Molybdän, Platin und Zinnoxid, bis zu einem gewissen Grad noch Graphit.

8.5.1 Molybdän

Molybdän ist ein hochwarmfestes Metall, dessen Schmelzpunkt bei 2610 °C liegt. Es erfüllt die Forderungen a) und b) bedingt, die Forderungen c) bis g) in ausreichendem Maße. Es ist das heute am häufigsten verwendete Elektrodenmaterial. Die Entwicklung dieses für die Glasschmelze in vielen Fällen verwendbaren Materials hat der elektrischen Glasschmelze zu seiner heutigen Verbreitung verholfen.

Die physikalischen Eigenschaften von Molybdän wie es für Elektroden verwendet wird, sind in Tabelle 8.3 zusammengestellt. Der elektrische Widerstand von Molybdän beträgt bei Raumtemperatur das Dreifache, bei 1500 °C aber bereits das Dreißigfache von Kupfer.

Tabelle 8.3. Physikalische Eigenschaften von Molybdän

Schmelzpunkt	°C	2630 ± 40
Dampfdruck	mbar	$8{,}5 \cdot 10^{-9}$ bei 1500 °C $10{,}7 \cdot 10^{-7}$ bei 1800 °C $5{,}5 \cdot 10^{-5}$ bei 2000 °C
Spezifische Wärme	J/(g K)	0,27 bei 20 °C 0,31 bei 1000 °C 0,33 bei 1400 °C
Wärmeleitfähigkeit	W/(m K)	152 bei 20 °C 103 bei 1000 °C 66 bei 1600 °C
Lineare Wärmedehnung	10^{-6}/K	5,3 bei 20 °C
Spezifischer Elektrischer Widerstand	μΩ cm	5 bei 20 °C 27 bei 1000 °C 43 bei 1500 °C 60 bei 2000 °C

Molybdänelektroden eignen sich bevorzugt für reduzierend eingestellte Gläser. Gefährlich sind die Glaskomponenten wie Blei, Arsen, Antimon und bedingt auch SO^{2-}. Die genannten Metalle stehen in der Spannungsreihe über dem Molybdän. Vorhandene Oxide dieser Metalle werden selbst wenn kein Strom anliegt bis zum Metall reduziert. Bereits ein PbO-Gehalt um 1% führt an Molybdänelektroden zu deutlicher Korrosion. Durch besondere elektrische Schaltungen (Bild 8.26) soll sich der Bleiangriff auf Molybdänelektroden [24, 25] vermindern lassen. In der Praxis hat sich der Einsatz von Molybdän als Elektrodenmaterial als unbedenklich erwiesen, wenn folgende Richtwerte für

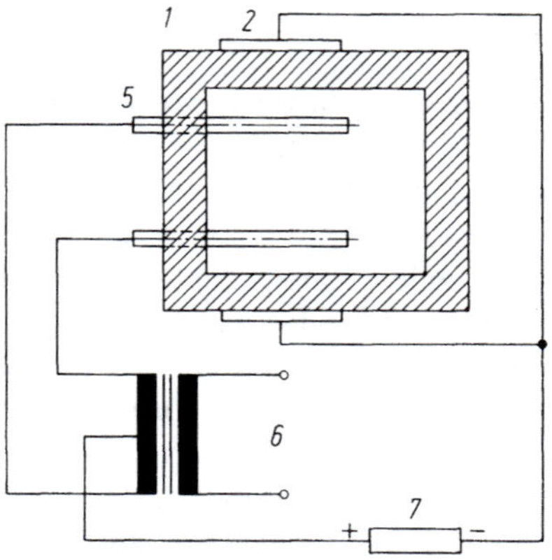

Bild 8.26. Elektrodenschutz durch angelegte Gleichspannung

die Gemengezusammensetzung nicht überschritten werden:

$As_2O_3 + Sb_3O_4 < 0{,}25$ kg/1000 kg Sand,
Na_2SO_4 < 5 kg/1000 kg Sand,
$NaNO_3$ < 3 kg/1000 kg Sand.

Durch die Reduktion der genannten Metalle bilden sich auf der Elektrodenoberfläche Molybdänoxide. Unter reduzierenden Bedingungen bildet sich bei SO_3-ionenhaltigen Gläsern MoS_2 als Korrosionsprodukt. Bei Kalk-Natron-Gläsern, die Antimon enthalten, scheiden sich an der Elektrodenoberfläche metallische Antimontröpfchen sowie Calcium-Molybdat-Kristalle aus. Das Antimon reagiert mit dem Molybdän zu Mo_3Sb_7, das von der Schmelze weggespült wird. Nach Ladr und Mitarbeitern [27] bildet sich auf der Oberfläche von Molybdänelektroden eine Schutzschicht aus SiO_2, wenn die Elektroden zusätzlich zum Versorgungsnetz mit dem positiven Pol einer Gleichstromquelle verbunden werden und der negative Pol an die Wandungen der Schmelzbehälter gelegt wird. Der elektrische Widerstand zwischen den Heizelektroden verändert sich dabei mit der Dicke der entstandenen Korrosionsschutzschicht. Das Beispiel in Bild 8.26 zeigt die Elektroden *5*, das Wannenbecken aus schmelzgegossenem Material *1*, an das der negative Pol der Gleichstromquelle *7* über die beiden gegenüberliegend angeordneten Nickelplatten *2* angelegt ist. Die Gleichspannung wird der Sekundärwicklung des Speisetransformators *6* für die beiden Elektroden aufgeschaltet. Bei einer Glasbadtemperatur von 1350 °C wurde in Abhängigkeit von der Gleichstrombelastung der Molybdänelektroden die sich einstellende Elektrodenkorrosion gemessen. Die geringste Korrosionsrate wurde bei einer Gleichstromdichte von 1,3 mA/cm², bezogen auf die Elektrodenoberfläche, festgestellt.

Molybdän löst sich als Oxid geringfügig in Glasschmelzen. In Kalk-Natron-Gläsern wird eine schwache Gelbfärbung hervorgerufen, die im allgemeinen aber so gering ist, daß sie auch bei Weißgläsern nicht stört. Verunreinigungen des Elektrodenmaterials können bei der Auflösung des Molybdäns im Glas eine besonders starke Färbung erzeugen. Daher wird für Glasschmelzelektroden ein Material mit mindestens 99,93% Mo-Gehalt gefordert. Besonders wichtig ist der Kohlenstoffgehalt, ein zu hoher Gehalt verschlechtert nicht nur die mechanischen Eigenschaften, sondern verursacht auch Blasenbildung, die besonders bei Elektroden für Speiserrinnen sehr gefährlich ist. O_2- und N_2-Gehalte wirken im gleichen Sinne. Molybdän, das die in Tabelle 8.4 angegebenen Verunreinigungen nicht überschreitet, ist als Elektrodenmaterial geeignet. Es handelt sich hierbei um pulvermetallurgisch hergestelltes Molybdän. Vakuumgeschmolzenes Molybdän ist teilweise reiner, aber teurer. Größere Erfahrungen mit diesem Material sind aus der Glasindustrie bisher nicht bekannt geworden. Eine schwach reduzierend eingestellte Glasschmelze greift Molybdänelektroden bedeutend weniger an als eine oxidierend eingestellte.

Die maximal zulässige Stromdichte von Molybdänelektroden wird mit 2 bis 3 A/cm² angegeben. Zur Verminderung des Verschleißes empfiehlt es sich, 2 A/cm² nicht zu überschreiten. Bei alkaliarmen Gläsern sind die Strombelastungen bedeutend geringer.

Der Einsatz von Molybdänelektroden wird in der Praxis dadurch erschwert, daß Molybdän bei Kontakt mit Luft ab 400 °C flüchtige Oxide bildet. Mit steigender Temperatur nimmt der Gewichtsverlust an Luft sehr schnell zu und führt zur völligen Zerstörung (Bild 8.27). Es ist daher notwendig,

Tabelle 8.4. Obergrenze der für Molybdän-Glaselektroden zulässigen Verunreinigungen

Element	Verunreinigungen (ppm)
C	max. 50
Si	80
Al	30
Ca	10
Mg	10
W	200
O_2	max. 40
H_2	10/20
N_2	max. 20

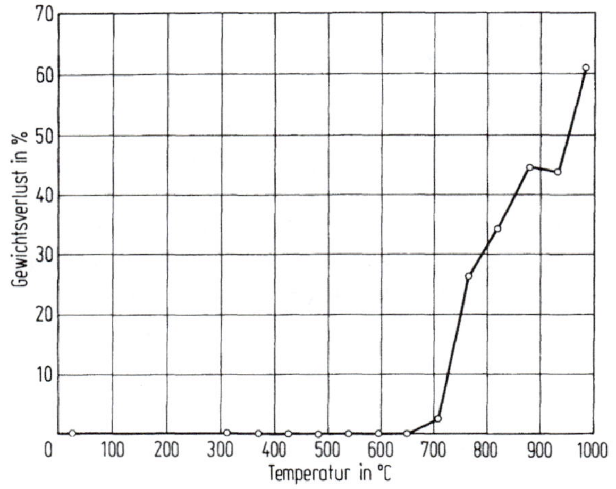

Bild 8.27. Gewichtsverlust von Molybdän in Abhängigkeit von der Temperatur (nach Molybdän-Dienst Nr. 18, Nov. 1962)

die nicht von der Glasschmelze bedeckten Bereiche der Elektrode so stark zu kühlen, daß die Temperatur unter 400 °C bleibt oder der Zutritt des Luftsauerstoffs mit Sicherheit vermieden wird. Bei der Konstruktion und dem Betrieb des Elektrodenhalters muß auf diesen Zusammenhang Rücksicht genommen werden (Abschn. 8.7).

Molybdänelektroden werden heute meist als Stabelektroden, seltener als Plattenelektroden eingesetzt. Bei Stabelektroden ist der Durchmesserbereich zwischen 32 und 50 mm gebräuchlich. Die Tendenz geht zu dickeren Stäben. Die lieferbaren Stablängen liegen zwischen 1 und 2 m. Sie können mit stumpfen Enden oder mit Ansatzgewinde geliefert werden. Die Verwendung von Gewinden ist vorteilhaft, da damit ein Nachschieben möglich wird. Es muß allerdings darauf geachtet werden, daß der elektrische Widerstand der Gewindeverbindung nicht zu hoch ist. Sorgfältig geschnittene Normgewinde, die frei von Verunreinigungen sind, erfüllen die Forderung. Zum Erleichtern des Einschraubens können geringe Mengen Schmiermittel verwendet werden, die aber bleifrei sein müssen.

Bei Plattenelektroden werden Bleche mit Dicken zwischen 2 und 20 mm und Größen bis zu 1 m² verwendet. Als Stromzuführung zu den Platten wird ein Molybdänstab verwendet, der in geeigneter Weise mit der Platte verbunden ist.

8.5.2 Graphit

Vor Entwicklung der Molybdänelektroden war Graphit das bevorzugte Elektrodenmaterial. Vorteilhaft bei Graphitelektroden ist die geringe Dichte von $1{,}6 \cdot 10^{-3}$ kg/m³. Die Dichtedifferenz gegenüber der Glasschmelze ist damit bedeutend geringer als bei Molybdän, was die Verwendung großer waagrecht angeordneter Elektroden erleichtert. Abgebrochene Elektrodenteile schwimmen wegen ihrer geringeren Dichte im Glas auf und können entfernt werden. Nachteilig ist die Beschränkung auf reduzierend eingestellte Gläser (Braunglas), die Neigung zur Verfärbung des Glases und die geringe zulässige Oberflächenstrombelastung von 0,2 bis 1 A/cm². Graphitelektroden werden heute bei der elektrischen Glasschmelze nur noch in Ausnahmefällen verwendet.

8.5.3 Zinnoxid

Bei Zinnoxid handelt es sich im Gegensatz zu Molybdän um ein oxidkeramisches Material, das widerstandsfähig gegenüber oxidierenden Einflüssen ist. Bis zu einem gewissen Grad vermag es somit die Lücke auszufüllen, die bei Molybdän besteht. Nachteilig ist dabei jedoch, daß der elektrische Widerstand sehr stark temperaturabhängig ist. Er nimmt mit der Temperatur sehr stark ab, während der von Molybdän zunimmt. Bei niedrigen Temperaturen ist der elektrische Widerstand sehr groß, was die Kontaktierung der Anschlüsse erschwert und die Gefahr einer zu starken Erwärmung der Elektroden in sich birgt. Der Durchbruch zur praktischen Anwendung wurde erreicht, als es gelang, durch As-, Ta-, Si- und andere Oxidzusätze den spezifischen elektrischen Widerstand zu vermindern. Durch Auf- und Abtempern in inerten Atmosphären läßt sich der spezifische elektrische Widerstand des dotierten Materials stark vermindern (Bild 8.28).

Die Herstellung von Zinnoxidelektroden ist schwierig. Es kann heute erst in Blöcken oder dicken Stäben ($\varnothing \approx 12$ cm) hergestellt werden. Das hat in der Praxis den Nachteil, daß abgenützte Elektroden nicht durch einfaches Nachschieben wie bei Stabelektroden ersetzt werden können. Die Elektrodenblöcke müssen so ausgelegt werden, daß der Betrieb auch bei Ausfall von Elektroden mit den restlichen weitergeführt werden kann. Bei der Ausbildung und beim Einbau sollte so vorgegangen werden, daß sich die wirksame Elektrodenoberfläche durch Abnützung wenig ändert.

Die Dichte von Zinnoxid-Elektrodenmaterial beträgt $\approx 6{,}2 \cdot 10^{-3}$ kg/m³. Die Temperaturwechselempfindlichkeit ist hoch und die Zugfestigkeit gering. Die physikalischen Eigenschaften sind in Tabelle 8.5 zusammengestellt.

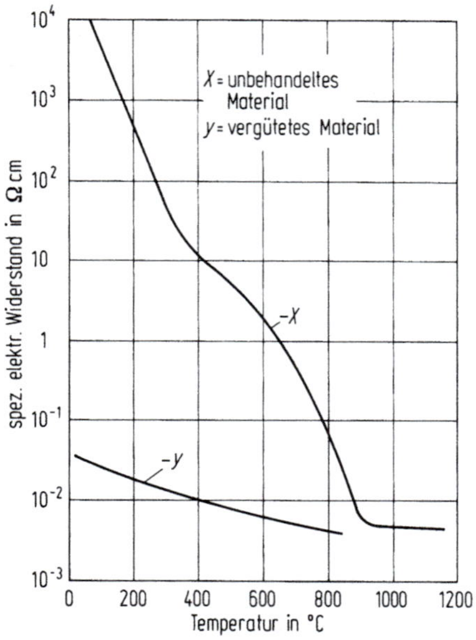

Bild 8.28. Spezifischer elektrischer Widerstand von unbehandelten und vergüteten SnO_2-Elektroden [23, 28]

Tabelle 8.5. Physikalische Eigenschaften isostatisch gepreßter Zinnoxidelektroden

SnO_2	%	98
Rohdichte	g/cm³	6,45
Scheinbare Porosität	%	7
Wahre Dichte	g/cm³	6,94
Biegefestigkeit bei 20 °C	MN/m²	63
1000 °C		10
1100 °C		10
1200 °C		9
1300 °C		9
1400 °C		13
Wärmeausdehnungskoeffizient		
0 ... 1000 °C	10^{-6} K⁻¹	5,3

Zinnoxidelektroden eignen sich für die Schmelze von Bleiglas. Temperaturen von 1350 °C dürfen aber nicht überschritten werden, da dann die Korrosionsrate stark ansteigt. Die Stromdichtebelastung der aktiven Elektrodenoberfläche darf den Bereich 0,5 bis 0,7 A/cm² nicht überschreiten, da dann die Korrosionsrate ebenfalls stark ansteigt. Bei längerem Stromausfall (> 30 min) darf die Elektrode nur langsam wieder belastet werden, da sonst der Temperaturanstieg so schnell erfolgt, daß die Elektrodensteine reißen.

Zinnoxidelektroden können nach dem Schlickergießverfahren und der Methode des isostatischen Pressens hergestellt werden. Das Pressen ergibt dichtere Steine. In beiden Fällen müssen die Elektrodensteine noch bei höheren Temperaturen gesintert werden. Da SnO_2 schlechte Sintereigenschaften besitzt, müssen Sinterhilfsstoffe zugesetzt werden.

Die geschilderten vornehmlich technischen und betrieblichen Schwierigkeiten haben der Zinnoxidelektrode bisher nicht die Verbreitung der Molybdänelektrode gebracht. Es besteht das Bestreben, die Molybdänelektrode durch Weiterentwicklung und elektrische Kunstschaltungen auch für oxidierende Gläser einsatzfähig zu machen. Zinnoxidelektroden sind teurer als Molybdänelektroden.

8.5.4 Platin

Für hohe Ansprüche an die Glasqualität (optische Gläser) werden Elektroden aus Platin oder Platin-Rhodium-Legierung verwendet. Da bei Einsatz von Wechselstrom (50 Hz) eine störende kolloidale Zerstäubung des Platins auftritt, empfiehlt sich eine Mittelfrequenz von etwa 10 kHz. In diesem Frequenzbereich tritt die Zerstäubung nicht mehr auf. Die eigentliche Ursache des Platinangriffs sind die reduzierend wirkenden Metalle der Glasschmelze. Pt-Elektroden sind gegen reduzierende Einflüsse ebenfalls sehr empfindlich. Die thermische Belastbarkeit von Pt-Elektroden ist relativ hoch. Stromdichten bis 2 A/cm² sind bei Einsatz der angegebenen Mittelfrequenz anwendbar. Bei richtigem Einsatz ist die Abnutzung gering, so daß trotz der hohen Kosten ein wirtschaftlicher Einsatz möglich ist.

8.6 Anordnung der Elektroden

Von der geeigneten, der jeweiligen Anforderung angepaßten Elektrodenanordnung hängt viel ab. Die Stromdichteverteilung, die Wärmeabgabe und die sich dementsprechend ausbildenden Glasströmungen beeinflussen die Glasqualität und die Abnutzung und Lebensdauer der Elektroden. Weiterhin sind die Beanspruchung des feuerfesten Materials und die Einbau- und Wartungsbedingungen zu beachten.

8.6.1 Waagrechter Einbau von Stabelektroden

Waagrechte Stabelektroden werden mit Erfolg dort eingesetzt, wo in einer Horizontalebene des Glasbades eine Temperaturerhöhung gewünscht wird. Bei gegenüberliegenden Elektroden oder Elektrodenpaaren ergibt sich eine flächige Verteilung der

Stromdichte und damit eine mehr gleichmäßige Verteilung der erzeugten Wärme im Glasbad, die bei sehr breiten Wannen oft nicht intensiv genug ist. Der Abstand der Elektroden muß aber genügend groß sein, damit die vorderen Bereiche der Elektroden keiner zu hohen Stromdichte ausgesetzt sind (Bild 8.5 d). Der freie Abstand der Spitzen voneinander sollte mehr als zwei Elektrodenlängen betragen.

Waagrecht angeordnete Elektroden unterliegen einer Biegebeanspruchung. Besonders die schweren Molybdänelektroden können sich bei hoher Temperaturbeanspruchung nach unten biegen und im Extremfall abbrechen, das Verhältnis Länge zu Durchmesser muß kleiner 20 sein. In Sonderfällen hat sich der Einbau von Rohrelektroden bewährt [30]. Auch ein Drehen der Elektroden um 180° in angemessenen Zeitabständen wird empfohlen.

Im Kopfbereich der Elektrode bildet sich eine starke Glasströmung aus. Im Bereich der Fassung und besonders unter der Elektrode sind die Glasströmungen gering (Bild 8.29). Die Glasströmungen führen zu einer muldenförmigen Abnutzung der Wannensteine über der Elektrode, besonders in Verbindung mit dem Blasenbohren (Bild 8.31).

Der Einbau und die Wartung von waagrechten Elektroden sind bei Schachtöfen und bei U-Flammenwannen (E-Zusatzheizung) einfach. Bei Querbrennerwannen stören die Brennerarmaturen und die Regenerativkammern, so daß waagrechte Elektroden selten eingebaut werden.

8.6.2 Senkrechter Einbau von Stabelektroden

Mit einer Gruppe von Vertikalelektroden lassen sich im Glasbad räumlich konzentriert hohe Wärmeleistungen erzielen. Eine solche Anordnung eignet sich daher gut zur Erzeugung einer thermischen Sperre bei Wannen mit elektrischer Zusatzheizung. Um die Elektroden herum bildet sich eine intensive bis zum Bodenbereich reichende Konvektionsströmung. Bei kurzen Elektroden besteht die Gefahr einer zu hohen Beanspruchung des feuerfesten Materials. Bei langen Elektroden besteht die Gefahr des Verbiegens und Abbrechens. Sie ist jedoch geringer als bei waagrechter Anordnung. Der Elektrodenabstand muß so groß gewählt werden, daß auch beim Verbiegen kein Kurzschluß entstehen kann (Bild 8.29 b).

Der Einbau von Bodenelektroden erfordert mehr Erfahrung als der von Seitenelektroden, und die Gefahr eines Wannendurchbruchs ist größer. Bei vollelektrischen Schmelzöfen finden sich Bodenelektroden weniger häufig, bei Elektrozusatzheizung sind sie dagegen weit verbreitet, da der Wannenboden zugänglich ist und meist eine Konzentration der Wärme in der Tiefe des Glasbades angestrebt wird.

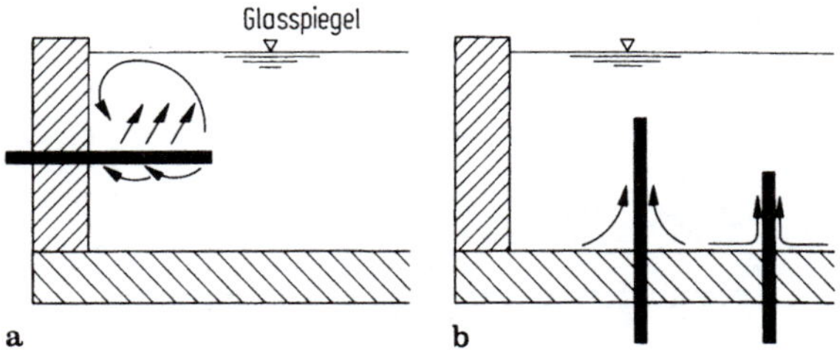

Bild 8.29. Glasströmungen bei waagrechten und senkrechten Elektroden. **a** Starke Konvektionsströmung an der Spitze, geringe Strömung in Nähe des Wannensteins, geringe Strömung unterhalb der Elektrode; **b** tief eingeführte Elektrode, mäßige Bodenströmung; flach eingeführte Elektrode, starke Bodenströmung

8.6.3 Plattenelektroden

Plattenelektroden werden immer vertikal an der Seitenwand angeordnet. Man erzielt damit eine sehr gleichmäßige Verteilung der Stromdichte und damit der Wärme (Bild 8.5 a). Die Abnutzung der Elektrode ist gering. Dies gilt besonders für Molybdänelektroden im Kontakt mit Borosilicatgläsern. Gravierender Nachteil ist, daß eine Erneuerung der Elektrode während des Betriebs nicht möglich ist. Die Wanne muß gelöscht und im heißen Zustand drainiert werden. Die Abnutzung der Wannensteine ist gering. Beim An- und Abtempern der Wanne sind bei Molybdänelektroden Schutzmaßnahmen notwendig, damit die Elektroden nicht mit dem Luftsauerstoff in Berührung kommen.

8.7 Elektrodenhalter

8.7.1 Stabelektroden

Der richtigen Auslegung und konstruktiven Durchbildung der Elektrodenhalter kommt große Bedeutung zu. Neben der mechanischen Fixierung hat die Fassung die Aufgabe, eine elektrische Isolierung der Elektrode von ff-Material und vor allem von der Ofenverankerung zu gewährleisten. Bei Metallelektroden kommt als weitere wichtige Aufgabe die Kühlung der Elektrode und der Schutz vor Umgebungsluft bei höheren Temperaturen hinzu.

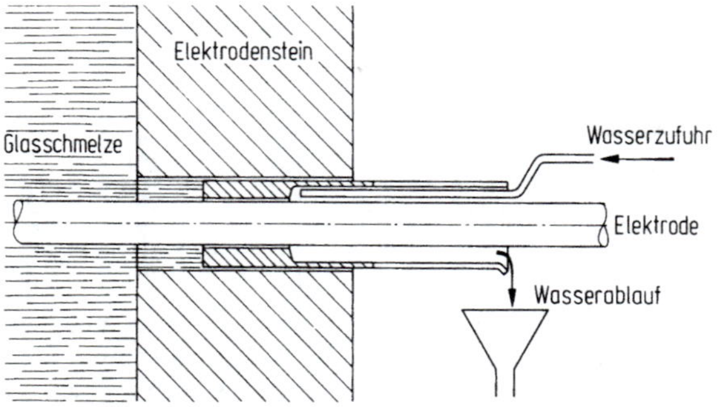

Bild 8.30. Fassung für waagrecht angeordnete Elektroden

Eine Halterung für waagrecht angeordnete Molybdänelektroden zeigt Bild 8.30. Als Führung dient ein dickwandiges Rohrstück mit tiefeingefrästem Kragen, an das ein dünnwandiges Rohrstück angeschweißt ist. Es hat sich als zweckmäßig erwiesen, das Rohrstück mit Kragen so lang zu machen, daß die Schweißnaht außerhalb des Elektrodensteins zu liegen kommt. Tief im Stein liegende Nähte neigen zum Reißen [32]. Die Bohrung im dickwandigen Rohrstück wird zur Glasseite hin leicht konisch gedreht, damit das Versiegeln der Elektrode durch Einziehen von Glasschmelze erleichtert wird. Mit einem von oben zugeführten Rohr wird Kühlwasser auf die Elektroden gesprüht. Das ablaufende Wasser wird über eine Beobachtungsstrecke in einen Fangtrichter gegeben. Um Ablagerungen zu vermeiden, wird die Verwendung aufbereiteten Wassers im Umlaufverfahren empfohlen. Im Mittel kann mit einem Kühlwasserbedarf von ≈ 7 l/min gerechnet werden bei einer Temperaturzunahme von ≈ 10 °C. Für die Elektrodenfassung muß eine Chrom-Nickel-Legierung verwendet werden, da die Entstehung von Molybdänoxiden, die normale Baustähle stark angreifen, nicht vermieden werden kann. Geeignete Legierungen sind Iconell oder Nimonec 90 mit 57% Ni, 20,5% Cr, 17,0% Co, 2,6% Ti und 1,65% Al.

Neben den direkt durch Wasseraufgabe auf die Elektrode gekühlten Elektrodenhaltern gibt es auch Systeme mit indirekter Kühlung. Bei diesen Systemen sind im Halterkopf Kanäle für das Kühlwasser eingefräst. Als Vorteil dieses Systems wird eine gegenüber der direkten Kühlung definiertere Wasserführung angegeben. Die Erfahrung hat gezeigt, daß für die Mehrzahl der Fälle die direkte Kühlung intensiver und einfacher ist. In Sonderfällen, besonders wenn der offene Wasserrücklauf nicht toleriert werden kann, ist die indirekte Kühlung angezeigt. Für Kleinwannen sind auch Elektrodenhalter mit eingeschraubten Elektroden verwendet worden [31].

Die Kühlleistung einer Elektrodenfassung muß so ausgelegt werden, daß sie die Wärmeableitung der Elektrode garantiert und die elektrische Leistung, die durch den elektrischen Widerstand der Elektrode bedingt ist, sicher abführen kann. Die Größenordnung der notwendigen Kühlleistung beträgt 2 bis 6 kW/h. Weit vorgeschobene Halter erfordern eine höhere Kühlleistung, als zurückgezogene. Die Zusammenhänge haben Endress und Mommertz untersucht [33]. Zur Kontrolle der Elektrodentemperatur im Halsbereich kann ein Thermoelement eingebaut werden. Der Wert ist umstritten [32].

Im Wannenstein werden einfache zylindrische Bohrungen zur Aufnahme der Halterung und der Elektrode sowie Bohrungen mit oder ohne abgestuften Durchmesser verwendet. Die Bohrung wird bis auf einen kleinen glasseitigen Rest nicht völlig durchgeführt. Erst nach dem Antempern wird die Bohrung durchstoßen und die Elektrode eingeführt.

Man vermeidet auf diese Weise die Notwendigkeit, die Elektroden während des Antemperns vor dem Luftsauerstoff zu schützen. Die abgestufte Bohrung wird bevorzugt. Der Durchmesser der Bohrung im Bereich der Molybdänelektrode muß 4 bis 10 mm größer als der Elektrodendurchmesser gewählt werden, damit eine gute Abdichtung durch das eindringende Glas sichergestellt ist. Die Elektrode wird bei abgestellter Kühlung tiefer als der Einbau vorsieht eingeführt und dann zurückgezogen. Damit kann das Glas bis zur Elektrodenfassung geholt werden. Nach Anstellung der Kühlung erstarrt das Glas und schützt die Elektrode vor Luftzutritt. Verbleibt zwischen Fassung und Elektrode ein Luftraum, dann setzt in diesem Bereich die Oxidation des Molybdäns ein. Die Elektrode wird stark geschwächt und bricht bei nächster Gelegenheit ab. Der Abstand zwischen der Vorderkante des Elektrodensteins und der Vorderkante der Elektrodenhalterung muß 5 bis 10 cm betragen. Mit zunehmender Steinabnützung muß daher der Halter entsprechend zurückgezogen werden. Der damit entstehende Ringspalt zwischen Steinbohrung und Elektrode bildet oft den Ausgangspunkt einer starken voreilenden Steinkorrosion durch Blasenbohren (Bild 8.31). Diese Beobachtung spricht für die Verwendung einer abgestuften Elektrodenbohrung, um den Ringspalt möglichst eng zu halten. Um der verstärkten Korrosion entgegenzuwirken, werden die Elektrodensteine oft dicker gewählt als die übrigen Wannensteine.

Bild 8.31. Verschleißbild der Elektrodensteine der oberen Ringlage nach 20 Monaten [41]

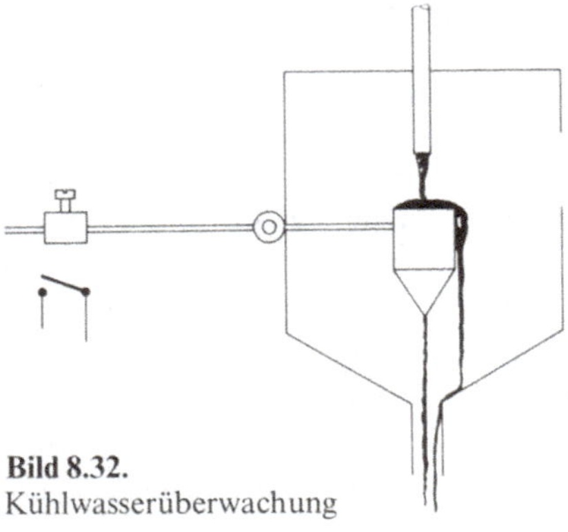

Bild 8.32.
Kühlwasserüberwachung

Bei Unterbrechung der Kühlwasserzufuhr spricht das Thermoelement oft verzögert an. Um einen kritischen Zustand zu vermeiden, sind automatische Kühlwassermelder entwickelt worden. Ein Beispiel für eine einfache aber robuste und bewährte Konstruktion zeigt Bild 8.32. Das normalerweise mit Wasser gefüllte Auffangbecken entleert sich und schließt durch Drehung einen Signalschalter [32].

Für das Wannenbecken und für die Elektrodensteine werden fast immer schmelzgegossene Steine verwendet, die empfindlich gegenüber Thermospannungen sind. Um die Kühlwirkung des Elektrodenhalters auf den Stein zu vermindern, wird vielfach die Fassung mit einer Matte aus feuerfesten Isolierfasern umwickelt. Geschieht dies nicht, dann entstehen in kurzer Zeit radiale Risse im Elektrodenstein. Die Matte dient gleichzeitig zur elektrischen Isolierung. Wird zum Nachsetzen einer neuen Elektrode die Kühlung abgestellt, dann hat es sich bewährt, die Elektrodenhalter nach Beendigung des Setzens vor Einschalten der Wasserkühlung einige Minuten mit Luft zu kühlen. Man vermindert auf diese Weise die im Elektrodenstein entstehenden Wärmespannungen.

Elektrodenhalter für vertikal angeordnete Molybdänelektroden sind im Prinzip wie die für horizontale Anordnung gebaut. Bei offenen Wasserkühlsystemen muß darauf geachtet werden, daß eventuell auftretende Dampfblasen gefahrlos abgeführt werden können (Bild 8.33).

Daneben gibt es auch Halter mit doppeltem Kühlsystem. Die Aufteilung in zwei Kühlsysteme, eines für die Elektrode und eines für den Elektrodenstein zeigt Bild 8.34.

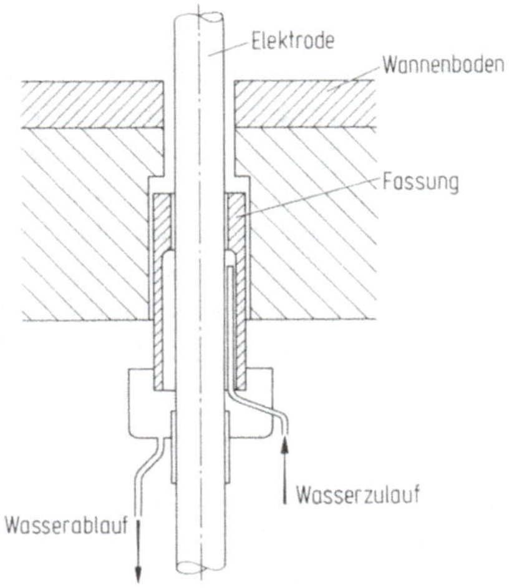

Bild 8.33. Fassung für vertikal angeordnete Elektroden

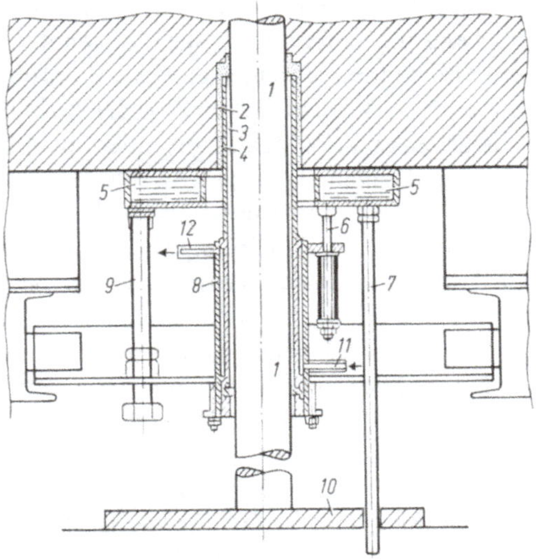

Bild 8.34. Halter für nachschiebbare Mo-Elektroden mit außen liegendem Kühlsystem. *1* Elektrode, *2* Außenspalt, *3* Innenspalt, *4* Elektrodenfassung, *5* Elektrodensteinkühlung, *6* Haltebolzen für Elektrode, *7* Wasserzufuhr und -abfuhr, *8* Kühlmantel für Elektrode, *9* Andrückbolzen, *10* Fußplatte, *11* Wasserzufuhr, *12* Wasserabfuhr

8.7.2 Plattenelektroden

Die Fassungen für Plattenelektroden unterscheiden sich aus konstruktiven Gründen grundlegend von denen der Stabelektroden. Ein Beispiel für eine der vielen Plattenhalterungen zeigt Bild 8.35. Die Stromzuführung erfolgt über den Außenmantel des aus zwei konzentrischen Rohren bestehenden wassergekühlten Halters. Diese Elektroden müssen im kalten Zustand der Wanne eingebaut und damit während des Antemperns sorgfältig gegen den Zutritt von Luftsauerstoff geschützt werden.

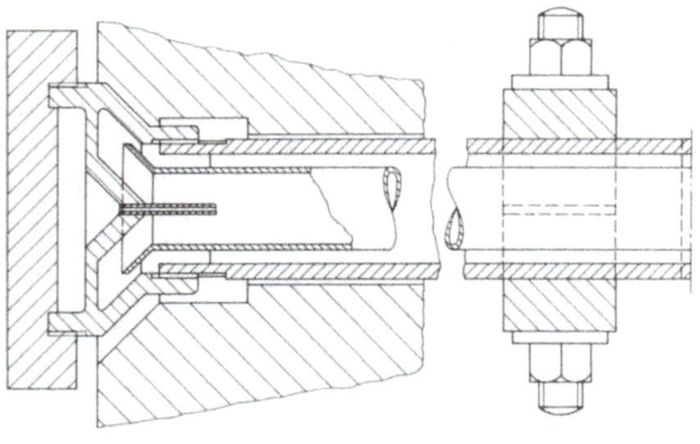

Bild 8.35. Plattenelektrode mit aufgeschraubtem wassergekühlten Halter

8.7.3 Zinnoxidelektroden

Bei Zinnoxidelektroden erübrigen sich Halter wie sie für Molybdänelektroden üblich sind, da diese Elektroden in den Wannenstein direkt eingefügt werden. Auf eine besondere Kühlung kann und muß verzichtet werden, da eine gute elektrische Leitfähigkeit nur bei höheren Temperaturen besteht, ein Luftzutritt ungefährlich ist und Wärmespannungen gering gehalten werden müssen. Besondere Maßnahmen erfordert hier die ausreichende Kontaktierung des Elektrodensteins mit der Stromleitung. Ein Beispiel für eine Anschlußkonstruktion zeigt Bild 8.36. Die überstehende Elektrode wird mit einem Silberblech umfaßt und mit einer Zange gefaßt [34]. Eine andere Möglichkeit besteht in der Verwendung eines Silberstabs, der bei Betriebstemperatur schmilzt [35]. Schwierigkeiten können bei dieser Konstruktion später entstehen, wenn die Elektrode so stark abgenutzt ist, daß die Silberkammer freigelegt wird. Empfohlen werden auch Silberbleche, die entweder zwischen zwei Elektrodenblöcke geklemmt oder zwischen Elektrode und einem konisch eingepaßten Block aus Zinnoxid angeordnet werden. Beim Antempern müssen reduzierende Einwirkungen auf die Zinnoxidelektrode vermieden werden, was am besten durch Überziehen der Elektrodenoberfläche mit aufgeschlämmtem Glasmehl geschieht. Bei höheren Temperaturen bildet sich dann während des Antemperns eine den Stein schützende Glasur.

Ein weiteres Beispiel für den Einsatz von Zinnoxidelektroden zeigt Bild 8.37. Die Elektrode besitzt eine große zylindrische Bohrung in die paßgenau ein Zinnoxidstopfen paßt. Zwischen Stopfen und Hauptelektrode befindet sich ein dünnes zylindrisches Silberblech. Die Kontaktierung erfolgt über eine große Endplatte unter Mithilfe des Silberblechs. Die Endplatte soll mit zum Nachschieben der Elektrode dienen [52].

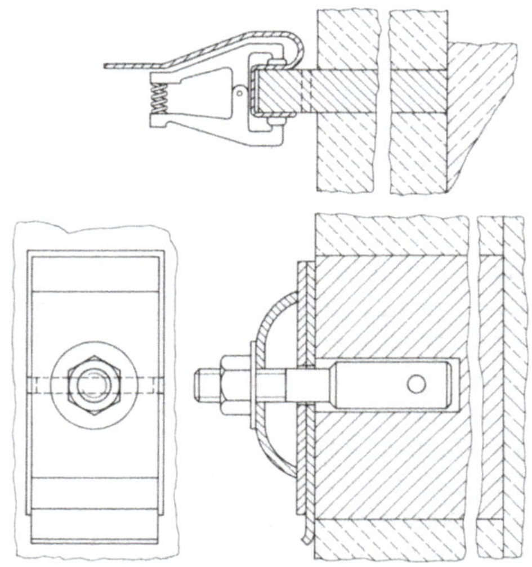

Bild 8.36. Anschlüsse für SnO_2-Elektroden nach Corning [33]

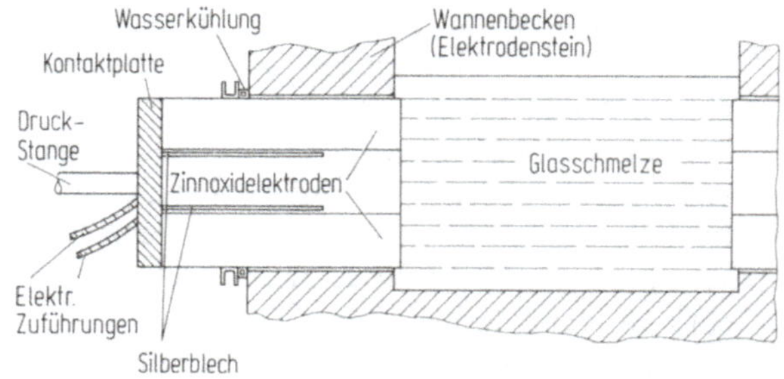

Bild 8.37. Typischer Querschnitt durch einen Ofen mit Zinnoxidelektroden [52]

8.8 Konstruktion und Betriebsverhalten von Elektrowannen

8.8.1 Konstruktion

In der Anfangszeit der elektrischen Glasschmelze arbeitete man mit Ofenkonstruktionen, die denen der flammenbeheizten Anlagen ähnlich sind. Die Wannen hatten eine große Badoberfläche, von der nur ein kleiner Teil mit Gemenge bedeckt war [2]. Auch bei abgesenkter Ofentemperatur war die Wärmeabstrahlung des Glasbades und damit der Stromverbrauch hoch. Die Nachteile dieser als „hot top" bezeichneten Öfen führten zur Entwicklung des „cold top" Ofens. Die Badoberfläche wurde bei diesem Ofen im Verhältnis zur Badtiefe stark verkleinert und weitgehend völlig mit Gemenge abgedeckt. Die Wärmeverluste konnten damit entscheidend vermindert werden.

Während bei den flammenbeheizten Öfen und den „hot-top"-Elektrowannen die Schmelze vom Einschmelzen der Rohstoffe bis zur Läuterung im wesentlichen waagerecht strömt, wird bei dem „cold-top"-System die Schmelze in vertikaler Richtung vollzogen. Diese Systeme werden auch als Schachtöfen bezeichnet. Die Vertikalschmelze bringt es mit sich, daß das Zusammenspiel zwischen Konvektionsströmung und Entnahmeströmung sich entscheidend ändert.

Während bei flammenbeheizten Öfen die Konvektionsströmung über die Ausbildung eines Quellbereichs die Läuterung stark unterstützt, ist dies beim Schachtofensystem nicht der Fall. Die Konvektionsströmungen sind bei Schachtöfen zum Teil sehr intensiv und wirken homogenisierend, es besteht aber die Gefahr, daß nicht ausreichend geläutertes Glas in den Entnahmebereich gerät [36]. Der richtigen Anordnung und Belastung der Elektroden kommt beim Schachtofen daher große Bedeutung zu. Bei richtiger Konstruktion und Elektrodenanordnung soll sich auch bei Elektrowannen eine Kolbenströmung erreichen lassen [37].

Eine der ersten Elektrowannen mit kaltem Oberofen war die Wanne von Gell [38, 39]. Die Wanne war noch flach und erinnert in ihrem Aufbau an die flammenbeheizten Anlagen (Bild 8.38). Als Elektroden dienten Plattenelektroden aus Molybdän. Der Angriff des erschmolzenen Borosilicatglases auf das Molybdän ist gering, so daß die Plattenelektroden mit Erfolg eingesetzt werden konnten. Verwendet wurde die bereits in Abschn. 8.3.5 beschriebene Scott-Schaltung. Die Schmelzleistung der Anlage wird mit 10,8 t/d, die flächenbezogene

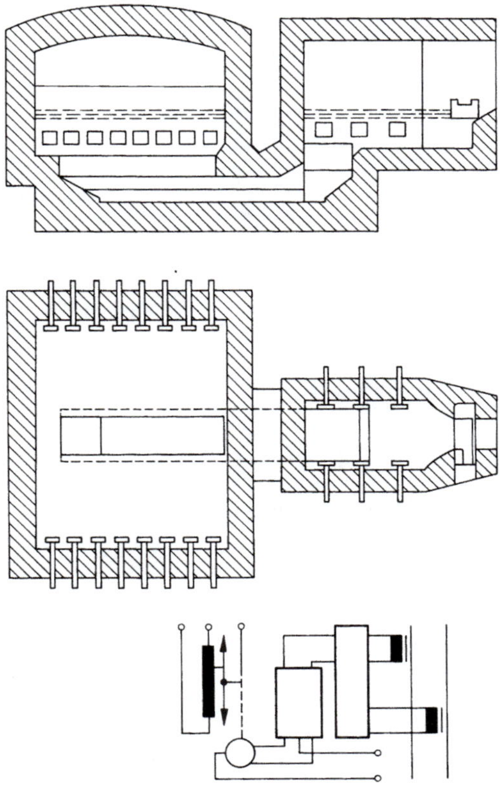

Bild 8.38. Gell-Wanne mit Plattenelektroden [38]

Schmelzleistung mit 1,6 t/(m² d) bzw. auf Volumen bezogen mit 2,2 t/(m³ d) angegeben. Bei Elektrowannen, insbesondere vom Schachtofenprinzip, ist der Bezug der Schmelzleistung auf das Schachtvolumen sinnvoller als der Bezug auf die Badfläche.

Ein typischer Vertreter des Schachtofenprinzips ist die Elektrowanne von Sorg [40]. Es handelt sich hier um einen Schachtofen mit sechseckigem Querschnitt und zwei Ebenen von waagrecht angeordneten Molybdänelektroden. Bild 8.39 zeigt den Aufriß der Anlage und Bild 8.40 den Grundriß. Die Schmelzfläche wird mit 1,4 m², die Badtiefe mit 1,42 m angegeben. Die besten Schmelzergebnisse stellen sich ein, wenn die Elektroenergie zu einem Drittel auf die obere Elektrodenebene und zu zwei Drittel auf die zweite Ebene verteilt wird. Der sechseckige Querschnitt bringt bei Drehstrom eine sehr gleichmäßige Verteilung der Stromdichte über dem Schachtquerschnitt.

Das Gemenge wird über eine Schwingrinne zugeführt und mit einem rotierenden Arm über die Badoberfläche verteilt. Die Niveauhöhe des Glasspiegels im Speiser hängt stark vom Einschmelz-

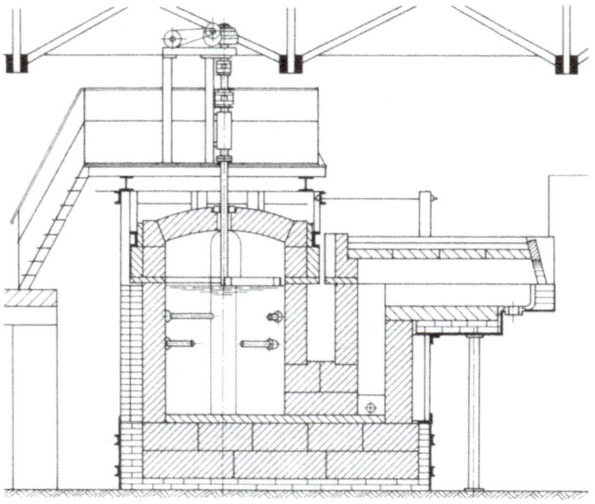

Bild 8.39. Elektrowanne von Sorg [40]

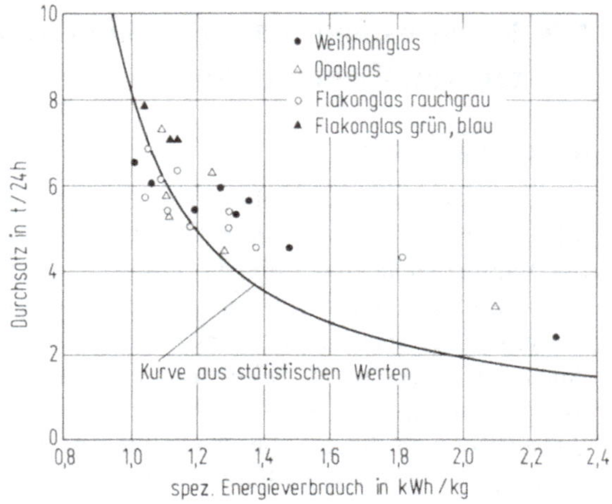

Bild 8.41. Zusammenhang zwischen Energieverbrauch und Schmelzleistung [40]

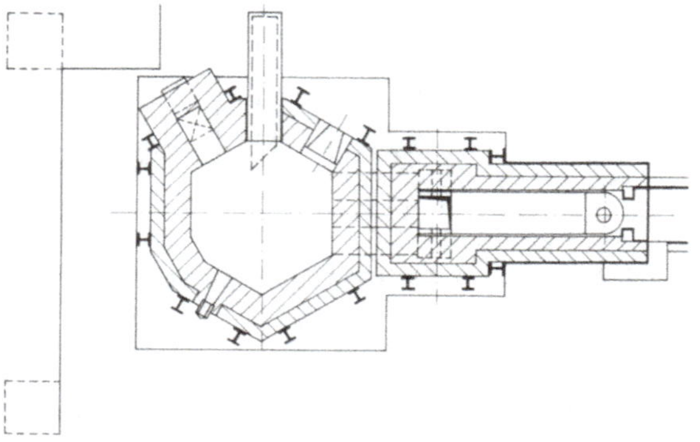

Bild 8.40. Grundriß der Anlage

verhalten des jeweiligen Gemenges ab. Bei schwerschmelzenden Gemengen und hohen Belastungen nimmt die Dicke der Gemengeschicht zu und der Glasstand im Speiser ab. Die Niveaudifferenz im Speiser läßt sich ausgleichen durch Anpassen der Höhe des Dreharms an die Belastung. Die maximale Schmelzleistung der Anlage beträgt bei Weißhohlglas 8 t Glas/d. Die installierte Leistung beträgt 375 kW. Die volumenbezogene Schmelzleistung beträgt 4 t Glas/m³. Der spezifische Energieverbrauch ist stark von der Schmelzleistung abhängig. Mit zunehmender Belastung nimmt der spezifische Energieverbrauch ab (Bild 8.41).

Eine Weiterentwicklung dieses Typs zum Schmelzen von Borosilicatglas zeigt Bild 8.42 [41]. Die Badtiefe im Schachtbereich wurde hier auf 2,3 m vergrößert. Die Schmelzleistung beträgt 55 t Glas/d bei einer flächenbezogenen Schmelzleistung von 2,75 t Glas/(m² d). Das Glas wird zu Marbeln verarbeitet, die dann auf Spezialwannenöfen zu Glasfäden gezogen werden. Das Gewölbe ist als Hängegewölbe ausgebildet. Die Oberofenhöhe beträgt 0,4 m. Für die Bassinsteine wurde schmelzgegossenes Chrom-Korund-Material in der maximal verfügbaren Länge von 1,20 verwendet, um die gefährliche Horizontalfuge möglichst tief anordnen zu können. Lediglich die oberste Ringlage wurde mit einer Höhe von 0,2 m aus einem gut temperaturwechselbeständigem Material gefertigt. Der Angriff auf diese Ringlage ist bei Elektrowannen dieser Bauart erfahrungsgemäß gering.

Starken voreilenden Angriff zeigen die Elektrodensteine im Bereich oberhalb der Elektrodenbohrung (Bild 8.31). Es wird vermutet, daß in dem Ringspalt zwischen Elektrode und Steinbohrung Blasenbohren (s. Abschn. 6.9.4.1) einsetzt. Das Blasenbohren kann dabei durch zusätzliche elektrisch bedingte Aufheizvorgänge verstärkt werden (s. Abschn. 8.1.2). Im vorliegenden Fall war die Vorderkante der gekühlten Elektrodenhalter 40 mm von der Vorderkante der Bassinsteine zurückgezogen.

Die Verwendung von Horizontalelektroden in mehreren Ebenen zur Verteilung der Schmelzenergie bei vertikal abschmelzenden Öfen wird von einigen Autoren abgelehnt. Sie empfehlen den Einsatz von Vertikalelektroden bei mäßiger Badtiefe. In Verbindung mit der Vergleichmäßigung der Energieverteilung soll eine bessere Beherrschung der Glasströmungen möglich sein [37].

Eine für eine Vertikalschmelze relativ flache Wanne, die für die Schmelze von Hohlglas und Borosilicatglas geeignet sein soll, gibt Stanek [42] an. Im eigentlichen Schmelzteil ist nur eine Elektrodenebene vorhanden. Im Durchlaßbereich sind weitere Elektroden angeordnet (Bild 8.43). Die

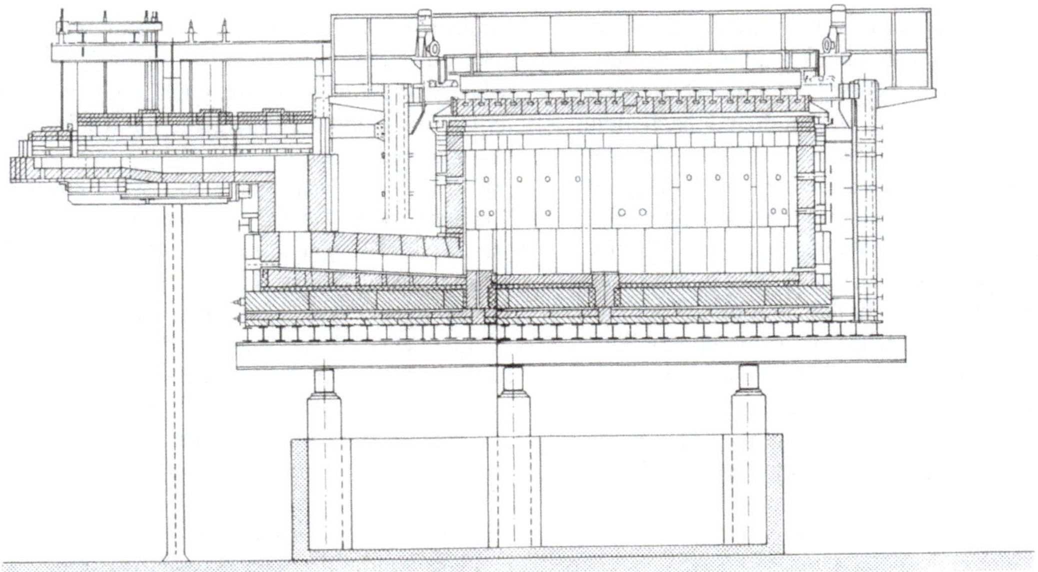

Bild 8.42. Elektrowanne zum Erschmelzen von Borosilicatglas [41]

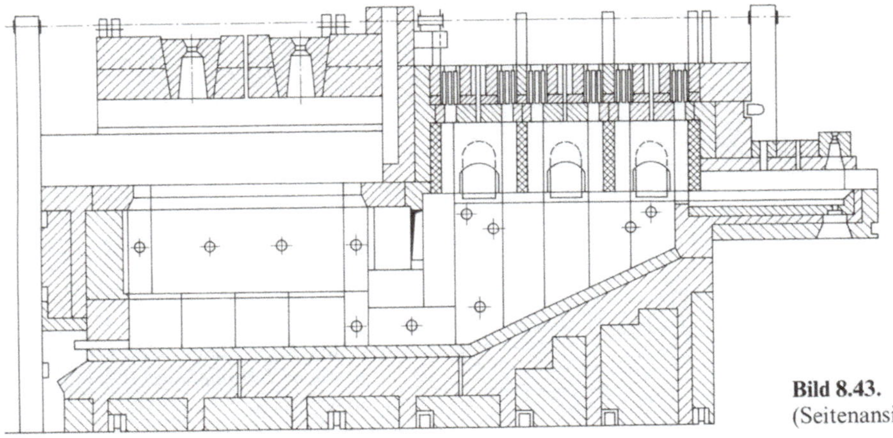

Bild 8.43. Elektrowanne nach Staněk (Seitenansicht) [42]

Schmelzleistung wird bei Borosilicat mit 6 t Glas/d, der spezifische Energieverbrauch mit 1,7 kWh/kg angegeben. Zum Aufbau der Wanne werden Quarzgutsteine verwendet. Die Elektroden im Arbeitswannenbereich sind als Erdungselektroden geschaltet, um jede Gefahr für die Arbeit an den Glasentnahmestellen auszuschalten. Die drei Heizsysteme (Schmelzteile, Durchfluß und Arbeitsteile) sind elektrisch voneinander unabhängig und getrennt regelbar mittels Dreiphasen-Induktivumformern.

Eine Sonderstellung bei den Elektrowannen nehmen die Schmelzöfen mit Mischheizung (Mixed Melter) ein. Sie können je zur Hälfte mit fossilen Brennstoffen und mit Elektroenergie beheizt wer-

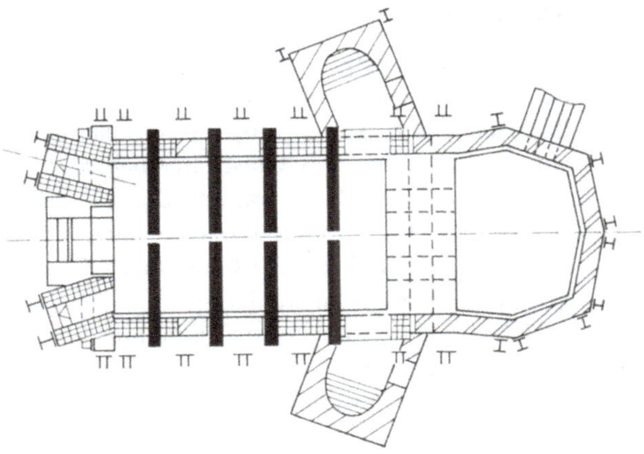

Bild 8.44. Wanne mit waagrecht angeordneten Graphitelektroden [45]

den. Das Verhältnis der beiden Energieträger kann den Bedürfnissen entsprechend zugunsten der fossilen oder der Elektroenergie verändert werden. Wannen dieser Art sind während und nach dem Krieg in der Schweiz entwickelt worden. Da damals die Molybdänelektroden noch nicht verfügbar waren, wurden Graphitelektroden verwendet. Für die Beheizung sind zwei Brenner und vier Elektrodenpaare vorgesehen (Bild 8.44). Der Vorteil dieser Konstruktionen liegt in der Flexibilität der Anpassung an das vorhandene Energieangebot [45].

Eine Ofenkonstruktion mit Molybdänbodenelektroden ist in Bild 8.45 dargestellt. Diese Wanne besitzt einen geteilten Oberofen. Der Schmelzteil kann vollelektrisch mit abgedeckter Badoberfläche betrieben werden, der Läuterteil mit Flammenbeheizung und Elektroenergie [46].

lastungen Schwierigkeiten, da dann die Gemengedecke aufbricht, der Oberofen zu heiß geht und große Abstrahlungsverluste nach oben auftreten. Der Oberofen und die Einlegemaschine können dabei Schaden nehmen.

Bei mäßigen Ansprüchen an die Glasqualität (Behälterglas) wird eine Spannweite in der Schmelzleistung von 1:2 genannt. Bei hohen Ansprüchen liegt die Spannweite bei 1:1,2 [37].

Entsprechend der unterschiedlichen Wärmestromdichteverteilung, bedingt durch die Anzahl und Anordnung der Elektroden, schmilzt die Gemengedecke ungleichmäßig ab und bricht lokal auf. Die Einlegevorrichtungen (Abschn. 6.4.3.4) von Elektrowannen müssen auf diese Besonderheiten Rücksicht nehmen.

Für das Betriebsverhalten und letztlich auch für die Blasenarmut des Glases wichtig ist das Entgasungsverhalten des einschmelzenden Gemenges.

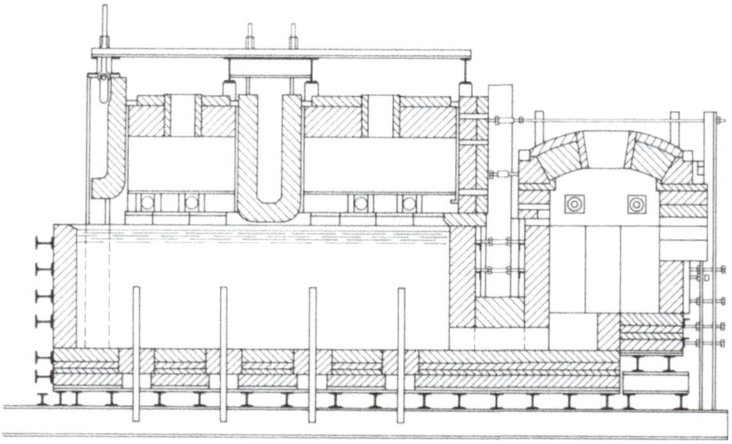

Bild 8.45. Mixed Melter mit zweihäusigem Verbrennungsraum [46]

8.8.2 Betriebsverhalten von Elektroöfen

8.8.2.1 Schmelzverhalten

Elektrowannen zeigen ein anderes Betriebsverhalten als flammenbeheizte Öfen. Während bei einer flammenbeheizten Anlage die Grenzleistung meist von der Läuterung des Glases her begrenzt wird, ist dies bei einer Elektrowanne die Einschmelzleistung. Der begrenzende Faktor ist hier der Wärmeübergang zwischen dem Glasbad und der aufgelegten Gemengeschicht [37].

Der Wärmetransport vom Glasbad ins Gemenge ist nur im begrenzten Umfang regelbar, was zur Folge hat, daß Elektrowannen Belastungsschwankungen nicht in dem Umfang angepaßt werden können, wie dies bei flammenbeheizten Anlagen möglich ist. Häufig machen gerade geringe Be-

Durch den kalten Oberofen kann es bei Elektrowannen zu einem Verkrusten oder zu einer Versiegelung der einschmelzenden Gemengeschicht kommen. Die entstehenden Gemengegase können nicht mehr unbehindert entweichen. Es entsteht zwischen Glasschmelze und Gemengeschicht ein erhöhter Partialdruck von CO_2, H_2O usw., was zur Folge hat, daß die Entgasung während der Läuterung behindert ist und ein mit Blasen und Gispen durchsetztes Glas entsteht.

Ein Versiegeln der Gemengedecke kann entstehen, wenn der Scherbenanteil des Gemenges über 30% ansteigt oder wenn die Primärschmelzenbildung vor der Karbonatzersetzung einsetzt. Es bildet sich zwischen Gemengeschicht und Glasbad eine wärmeisolierende Schaumschicht, welche bewirkt, daß die Schmelzleistung der Anlage stark absinkt. Eine Verbesserung ist möglich durch Verminderung der Viskosität der Primärschmelzen (Fluorzusatz) oder Ersatz der Karbonate durch Oxide oder Hydrate (Ersatz von Soda durch Natronlauge).

Ein Verkrusten des Gemenges wird bei hohem Wassergehalt des Gemenges und bei stark tonerdehaltigen Gemengen beobachtet. Durch lokales Offenhalten der Gemengeschicht kann Abhilfe geschaffen werden. Ziel ist dabei, das seitliche Entweichen der Gemengegase zu erreichen. Bei sehr stark tonerdehaltigem Gemenge bleibt als einzige Lösung die Verwendung von Oberofenbrennern und damit der teilweise Abgang vom kalten Oberofen. Bei geringeren Tonerdegehalten bringt ein erhöhter Einsatz von Tonerdehydrat eine Verbesserung des Schmelzverhaltens. Um Überraschungen bei Neukonstruktionen und neuen Gemengeversätzen zu vermeiden, empfiehlt es sich, Probeschmelzen im Betriebsmaßstab durchzuführen. Eine Abwandlung der Rohstoffe bringt erfahrungsgemäß die besten Ergebnisse.

Wichtig ist auch das zur Anwendung kommende Einlegesystem. Näheres darüber s. Abschn. 6.4.3.

8.8.2.2 Meß- und Regelgeräte

Die bei Elektrowannen zu überwachenden Werte sind Temperatur, Strom, Spannung, Leistung und Glasstand. Die Temperaturmessung ist bei Elektrowannen für die Ofenführung nicht so dominant wie bei brennstoffbeheizten Öfen. Eine Messung im Oberofen gibt nur Informationen über die Ausbildung der Gemengedecke.

Messungen im Glasbad befriedigen auf die Dauer nicht, da bedingt durch die starken Glasströmungen die Schutzrohre schnell zerstört werden. Am besten haben sich Thermoelemente bewährt, die in Sacklöchern der Wannensteine eingesetzt sind. Man erhält auf diese Weise aber nur Vergleichswerte. In Sonderfällen kann über Tauchmessungen ein Widerstandsvergleich und damit indirekt eine Messung der miltleren Glastemperatur erfolgen.

Strom, Spannung und aufgenommene Leistung werden mit den heute in der Elektrotechnik üblichen Geräten gemessen. Sie bilden die wichtigsten Überwachungsgrößen. Die früher viel verwendeten Regeltransformatoren und Transduktoren sind vielfach von sogenannten Wechselstromstellern, die ohne bewegliche Teile auskommen und klein bauen, verdrängt worden. Bei diesen Wechselstromstellern werden zwei Thyristoren antiparallel

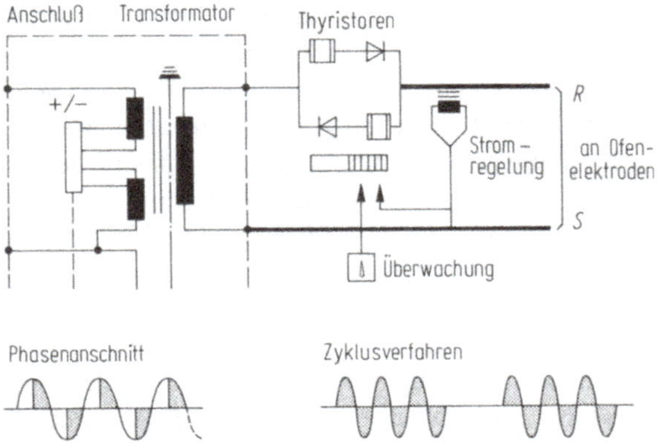

Bild 8.46. Schaltschema eines Wechselstromstellers [47]

geschaltet wie Bild 8.46 zeigt. Man kann nach dem Zyklusverfahren oder nach dem Phasenanschnittverfahren arbeiten [47]. Für die Beheizung von Elektrodenstrecken im Glasbad eignet sich am besten die Phasenanschnittsteuerung. Die Leistungsregelung wird durch Anschneiden jeder Halbwelle erreicht. Diese Steuerung kann mit einer Strombegrenzung versehen werden, was für Elektrodenheizstrecken wichtig ist. Die Gefahr einer „Netzverschmutzung" muß beachtet werden. Wie in Abschn. 8.5.1 angegeben, läßt sich der Verschleiß von Molybdänelektroden durch Anlegen einer geringen Gleichstromspannung, die zu einem Strom von 1,3 mA/cm^2 Elektrodenoberfläche führt, vermindern. Die Plusspannung muß dabei an den Elektroden, die Minusspannung am Glasbad liegen. Die Einhaltung vor allem der Polarität dieser Gleichspannung ist sehr wichtig. Liegen die Elektroden am Minuspol, dann ist neben dem erhöhten Elektrodenverschleiß auch mit Glasfehlern durch Blasen zu rechnen [44].

In der Praxis können sich Strom, Leistung und eventuell geringfügig auch die Spannungen durch Widerstandsänderungen im Bereich der Elektrodenheizstrecke ändern.

Änderungen im Durchsatz bringen Temperaturänderungen und damit Widerstandsänderungen mit sich. Die Änderungen dürfen den normalen Arbeitsbereich nicht überschreiten.

Fehler im Gemenge (Änderung des Alkaligehalts), Erdschluß über das Feuerfest-Material führen zu schnellen Widerstandsänderungen. Eine langsame Widerstandszunahme über Wochen läßt eine Korrosion und damit Abnützung der Elektroden vermuten. Möglich sind aber auch Formveränderungen der Elektroden. Bei übereinander angeordneten Elektroden vermindert das Verbiegen der oberen Elektrode den elektrischen Widerstand.

Durch Verbiegen der unteren Elektrode vergrößert er sich. Durch Drehen der Elektroden kann man sich über eventuelle Verbiegung Klarheit verschaffen. Starker Verschleiß des feuerfesten Materials kann durch Vergrößerung der Glasmassen zu einer mäßigen Verminderung des Widerstandes führen.

Plötzliche starke Änderung des Widerstandes deutet auf einen Elektrodenbruch hin.

8.8.2.2.1 Temperaturmessung

Die Überwachung der Schmelz- und Läutertemperaturen in elektrisch beheizten Glasschmelzöfen weicht stark von der flammenbeheizter Glasschmelzöfen ab. Die Beobachtung der Gemengelage im Oberofen ist zur Prozeßführung nur bedingt geeignet. Die Temperaturmessung im Glasbad erfordert wegen der starken Heizströme besondere Maßnahmen.

Die keramischen Schutzrohre der Thermoelemente haben bei Betriebstemperatur eine, wenn auch geringe, elektrische Leitfähigkeit. Bedingt durch die große Wannenoberfläche, die gegen Erde liegt, und trotz der galvanischen Trennung, die durch den Versorgungstransformator für die Elektroden vorhanden ist, steht meistens eine Spannung gegen Erde an. Diese Spannung kann am Thermoelement gegen Erde gemessen werden und führt unter Umständen, je nach Schaltung des Schreibers zu Fehlmessungen. Die Erdung des Thermoelementschenkels führt meist nicht zum Ziel. Erfolgreicher ist dagegen das Zwischenschalten eines Tiefpaßfilters, der vom Hersteller passend zum Schreiber geliefert wird (Bild 8.47).

Weitere Fehlermöglichkeiten sind Einstreuungen, die durch parallel mit Starkstromleitungen verlegte Meßleitungen auftreten, besonders bei Elektrodenzuleitungen zu einer Elektrode, bei der sich die magnetische Wirkung nach außen nicht aufheben kann. Kritisch ist es, wenn höhere Frequenzen bei hohen Strömen zum Einsatz kommen.

Um diesen Störungen primär zu begegnen, haben sich für die Fortleitung des Elektrodenstroms Induktionsheizungskabel bewährt. Sie ermöglichen eine relativ verlustarme Energiefortleitung und haben somit eine geringe magnetische Wirkung nach außen. Als Zuleitung zum Hochstrom- oder Trenntransformator werden Innen- und Außenleiter angeschlossen. Bei der Verwendung als Elektrodenzuleitung zu den räumlich getrennten Elektroden wird jeweils ein Kabel verlegt, wobei der Innenleiter als Elektrodenzuleitungskabel dient und der Außenleiter als Abschirmung verwendet wird (Bild 8.48). Für die Abschirmung werden beide Enden der Ummantelung auf Erde gelegt. Der nun im Außenleiter fließende Strom läßt das Kabel magnetisch neutral wirken. Zusätzlich ergibt sich noch ein Sicherheitsvorteil, da bei Beschädigungen nicht der stromführende, sondern der auf Erde liegende Außenleiter Berührung bekommt. Abhilfe gibt dann auch der bereits angesprochene Tiefpaßfilter.

Auch bietet sich der Einsatz von Meßumformern an, die in unmittelbarer Nähe der Meßstelle installiert werden und einen eingeprägten Strom liefern. Weiterhin sollte beim Bau von Meßanlagen darauf geachtet werden, daß Starkstrom- und Meßanlagen räumlich getrennt installiert werden. Zu- und Ableitungen müssen ebenfalls getrennt verlegt werden. Die normale Verlegungsart der Starkstromkabel in Kabelkanälen und die getrennte Verlegung von Meßleitungen in Rohren beinhaltet schon eine Abschirmung gegen Fremdeinflüsse. Will man ganz sicher gehen, kann auch eine abgeschirmte Meßleitung verwendet werden. Für die nachträgliche Abschirmung können Reißverschlußummantelungen angebracht werden. Werden zum

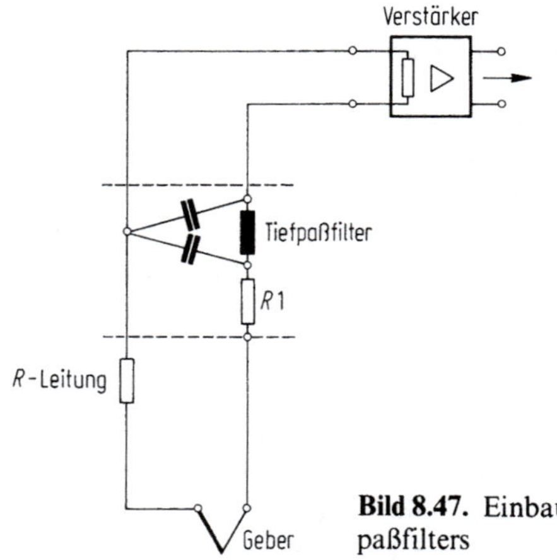

Bild 8.47. Einbau eines Tiefpaßfilters

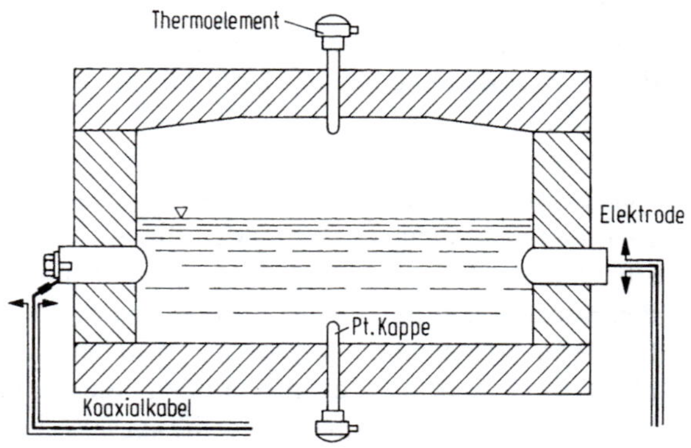

Bild 8.48. Elektrodenanschlußkabel mit Abschirmung

besseren Schutz der Thermoelementschutzrohre Platinkappen verwendet, dann muß darauf geachtet werden, daß die Platinkappen keine Elektrodenfunktion bekommen und durch Aufheizung Fehlmessungen zustande kommen. Beim Einbau ist ein Masseschluß zu vermeiden.

Will man Thermoelemente grundsätzlich vermeiden, dann kann mit einseitig geschlossenen Molybdänrohren gearbeitet werden, die durch die Wannensteine eingeführt und deren heißes geschlossenes Ende mit einem Pyrometer anvisiert wird. Um das Molybdänrohr vor Oxidation zu bewahren, muß mit Schutzgas gearbeitet werden. In besonderem Maße gilt hier die Forderung, daß das Molybdänrohr keine Elektrodenfunktion bekommt. Eine Temperaturmessung dieser Art ist schwierig und empfiehlt sich nur in Ausnahmefällen.

Da die elektrische Leitfähigkeit von Glasschmelzen stark temperaturabhängig ist, kann man die sich zwischen Elektroden ausbildende Spannung als Maß für die Glasbadtemperatur benützen. Voraussetzung ist dafür allerdings die Konstanz der aktiven Elektrodenoberfläche. Die Prinzipschaltung für eine zur Temperaturmessung verwendbare Spannungsmessung zeigt Bild 8.49. R_e ist dabei der Widerstand eines Elektrodenpaars, R_n ist ein bekannter Vergleichswiderstand und G ist die Spannungsquelle. Mißt man den Spannungsabfall U zwischen den beiden Elektroden (R_e), dann gilt die einfache Beziehung

$$R_e = R_n\, U_x / U_n . \tag{8.34}$$

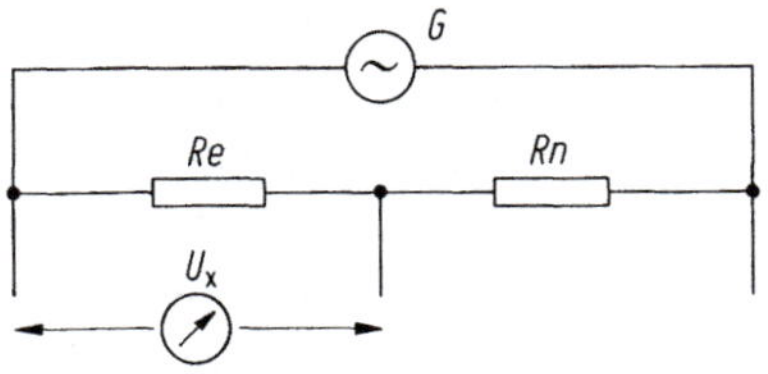

Bild 8.49. Schema einer Temperaturmessung über dem Spannungsabfall eines Elektrodenpaars

Aus der Temperaturleitfähigkeitscharakteristik des Glases und den geometrischen Bedingungen läßt sich die Glastemperatur ermitteln oder zumindest eine für die Überwachung des Ofenbetriebs geeignete Führungsgröße gewinnen. Stanek [42] gibt die Genauigkeit dieser Meßmethode mit 0,3 bis 1,5% an. Das geschilderte Meßverfahren kann auch zur Überwachung der Konstanz der Glaszusammensetzung und damit der Gemengebereitung verwendet werden, worauf Ross und Stewart [48] hinweisen. Sie definieren einen Leitfähigkeitsfaktor, der sehr sensibel auf Veränderungen im Alkaligehalt des Gemenges anspricht.

Über die Stromaufnahme der Elektroden und die anliegenden Spannungen kann man ebenfalls mit der Leitfähigkeit der Glasschmelze auf die mittlere Glastemperatur schließen. Eine weitere Möglichkeit der Temperaturmessung stellt die lokale Potentialmessung dar, wie in Abschn. 8.8.2.2 erwähnt.

8.8.2.2.2 Glasstand

Die Konstanthaltung des Glasstandes innerhalb enger Toleranzen ist bei Elektrowannen bedeutend schwieriger als bei flammenbeheizten Wannen. Das Gemenge schwimmt meist nicht völlig frei auf der Oberfläche, sondern neigt je nach Zusammensetzung dazu, an der Bassinwand anzubacken. Hinzu kommt, daß die dickere Gemengedecke je nach Entgasungsgrad eine veränderliche Dichte besitzt. Gelingt keine kontinuierliche Gemengeeingabe, dann werden durch die periodische Gemengeaufgabe periodische Glasstandsschwankungen erzeugt. Um alle diese ungünstigen Einflüsse zu mindern und auf eine erträgliche Glasstandstoleranz zu kommen, bedarf es vieler Kleinarbeit.

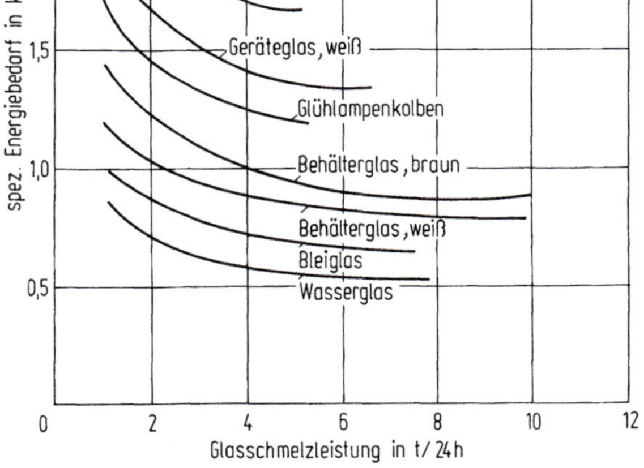

Bild 8.50. Spezifischer Energiebedarf von Elektrodenwannen in Abhängigkeit von der Schmelzleistung [49]

Besondere Aufmerksamkeit erfordert bei der Elektroschmelze die Einlegetechnik. Das Bad sollte immer möglichst gleichmäßig mit Gemenge abgedeckt sein, wobei im Randbereich ein schmaler Ringspalt verbleiben soll.

Der Energiebedarf von elektrischen Glasschmelzöfen hängt, ähnlich wie der von brennstoffbeheizten Öfen von der Ofengröße, von der Ofenbelastung, der Glasart und der Wärmeisolation ab. Nach Finger [49] gelten die in Bild 8.50 dargestellten Zusammenhänge. Die Werte liegen nach heutigen Erfahrungen etwas zu niedrig. Bei den Wärmeverlusten kann die Elektrodenkühlung (Molybdänelektroden) mit 8 bis 10% angesetzt werden. Nähere Angaben über die Wärmebilanz einer Elektrowanne finden sich bei Illig [50].

8.9 Glasschmelzwannen mit Elektrozusatzheizung

Die elektrische Zusatzheizung (EZH) ermöglicht die Schmelzleistung und/oder die Glasqualität brennstoffbeheizter Glasschmelzwannen zu steigern. Besteht die Notwendigkeit, die verdampfungsbedingte Staubemission von Schmelzwannen zu vermindern, dann kann über eine Zurücknahme der Brennstoffbeheizung und den Einsatz einer elektrischen Zusatzheizung die Schmelzleistung gehalten werden. Ein weiteres Einsatzgebiet zeichnet sich bei Schmelzwannen ab, die mit einem hohen Scherbenanteil gefahren werden müssen.

Wird bei brennstoffbeheizten Wannen die Schmelzleistung mehr und mehr gesteigert, dann treten bei Erreichen einer bestimmten Last in relativ engen Grenzen Gispen und im weiteren Verlauf Inhomogenitäten auf. Dieser Lastzustand wird als Grenzlast der Wanne bezeichnet (Bild 8.51). Die EZH gibt die Möglichkeit, auftretende Belastungs-

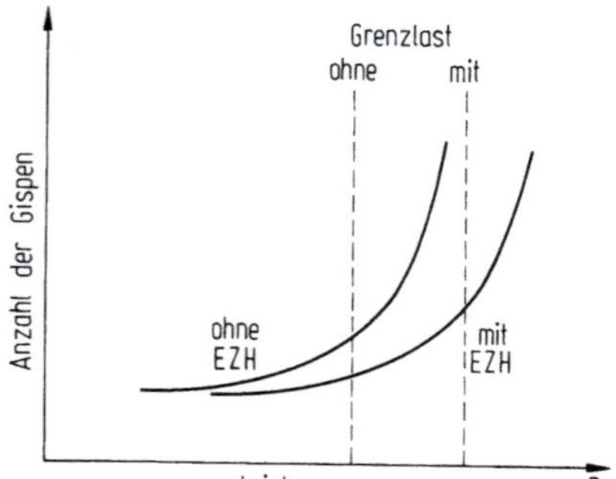

Bild 8.51. Einfluß der EZH auf die Grenzlast einer brennstoffbeheizten Wanne

spitzen mit einer relativ kleinen und damit auf die Mittellast bezogenen Wanne wirtschaftlich bewältigen zu können. Auch vom Wannenalter bedingte Beeinträchtigungen der Glasqualität lassen sich manchmal mit einer Elektrozusatzheizung (EZH) beheben.

Die EZH bietet den großen Vorteil, daß die Wärme gezielt im Glasbad selbst erzeugt werden kann. Je nach den Gegebenheiten kann die Wärme im Läuterbereich oder im Schmelzbereich oder in beiden Bereichen gleichzeitig erzeugt werden. Bei dunklen Gläsern mit geringer Strahlungsdurchlässigkeit kann eine EZH im Einschmelzbereich sehr hilfreich sein. Insgesamt ermöglicht eine EZH einen sehr flexiblen Betrieb. Nachteilig sind die nicht unerheblichen Investitionskosten und besonders die gegenüber fossilen Brennstoffen hohen Energiekosten. Die Wirtschaftlichkeit muß daher im Einzelfall genau geprüft werden.

Eine Schmelzwanne mit Elektrozusatzheizung ist keine Elektrowanne, die mit einer flammenbeheizten Anlage gleichsam parallel läuft. Je nach der Anordnung der Zusatzheizung wird ein Teil der für Schmelze und Läuterung notwendigen Energie durch elektrischen Strom gedeckt. Im Gegensatz zur Flammenbeheizung ist der Wärmeverlust bei der Elektrozusatzheizung gering (Elektrodenkühlung) und vom Temperaturniveau weitgehend unabhängig. Eine Erwärmung des Glases von 1400 auf 1500 °C erfordert praktisch die gleiche Elektroenergiemenge wie eine Erwärmung von 800 auf 900 °C. Diese Besonderheit bringt es mit sich, daß vom energetischen Standpunkt aus eine EZH im Läuterbereich im allgemeinen günstiger ist als eine EZH im Einschmelzbereich. Schematisch sind diese Zusammenhänge in Bild 8.52 dargestellt. Der Wirkungsgrad der Flammenbeheizung ist stark vom Temperaturniveau im Oberofen und vor allem von der Temperaturdifferenz Flamme – Glasbad bzw. Flamme – Gemenge abhängig. Da die Flammenbeheizung im Läuterbereich besonders verlustreich ist, ist eine Elektrozusatzheizung im Läuterbereich energetisch besonders günstig.

Eine gezielte Wärmezufuhr durch eine Elektrozusatzheizung im Bereich der Ebene B–B (Bild 8.53) verbessert die Läuterung und Entgasung der Schmelze. Eine Elektrozusatzheizung im Einschmelzbereich unter der Gemengedecke (Ebene A–A) verbessert die Abschmelzleistung, führt bei stärkerer Wärmezufuhr aber zu einer Schwächung der links drehenden Rotationswalze.

Die Mulde im Bereich der Glasoberfläche (Ebene A–A), die unter normalen Bedingungen für

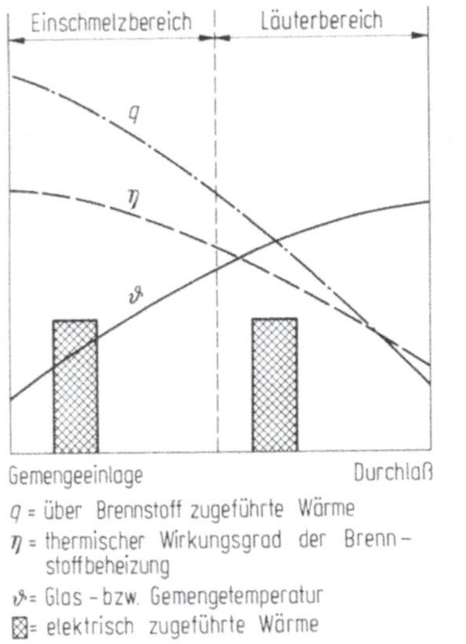

Bild 8.52. Zusammenspiel zwischen EZH und Flammenbeheizung

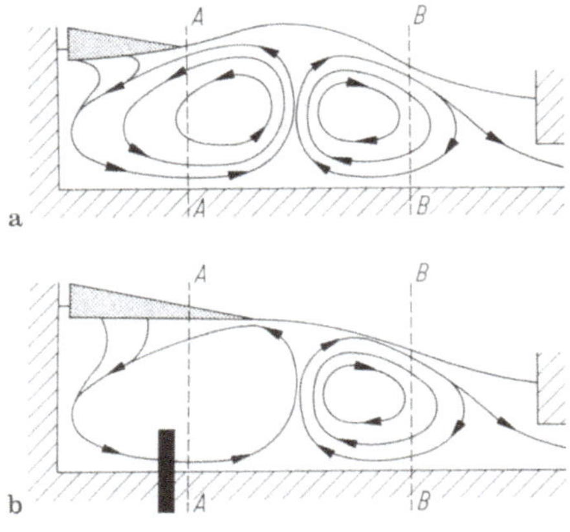

Bild 8.53. Schema der Konvektionsströmungen. **a** Ohne EZH; **b** mit starker EZH im Schmelzbereich

eine stabile Lage der Gemengedecke sorgt, verflacht sich durch die Verminderung der Temperaturdifferenz zwischen Quellbereich und Einschmelzbereich. Die linke Strömungswalze wird geschwächt und drängt damit die Gemengedecke nicht mehr so stark zurück. Hinzu kommt, daß die erhöhte Schmelzleistung zu einer verstärkten Neigung der Glasoberfläche vom Einlegebereich zum Entnahmebereich führt. Alle diese Einflüsse führen dazu, daß bei starker Elektrozusatzheizung im Gemengebereich die Gefahr besteht, daß die Gemengedecke nach vorn in den Läuterbereich abgetrieben wird (Bild 8.53b). Diese Erscheinung ist dem Praktiker wohl bekannt. Die betrieblich besten Voraussetzungen bietet eine Elektrozusatzheizung im Läuter- und im Schmelzbereich mit getrennter Einstellmöglichkeit. Man kann auf diese Weise die optimalen Voraussetzungen für eine hohe Schmelzleistung bei guter Glasqualität schaffen.

In Bild 8.53a ist der Strömungszustand bei stabiler Gemengelage und in Bild 8.53b bei labiler Gemengelage schematisch wiedergegeben. Bei stabiler Gemengelage gleitet die Gemengedecke auf der geneigten Badoberfläche (Entnahmeströmung) in die Wanne. Die Aufwölbung der Badoberfläche im Quellpunktbereich, verbunden mit der links drehenden Strömungswalze, hält das Gemenge in der Oberflächenmulde. Die Kräfte müssen so ausgeglichen sein, daß die Gemengedecke nicht schneller als es die Abschmelzleistung erlaubt einläuft. Beim Strömungszustand nach Bild 8.53b besteht die Gefahr, daß die Gemengedecke aus der schwach ausgeprägten Oberflächenmulde herausgleitet, und damit nichtdurchgeschmolzenes Glas in den Läuterbereich gerät.

Mit zunehmender Leistung der EZH wird im allgemeinen der Wirkungsgrad für die erzielte Mehrschmelze günstiger, woraus besonders Gneist, Hohmann und Walter [51] hingewiesen haben. Die dort entwickelten theoretischen Ableitungen, mit denen die Werte der Praxis verglichen werden, gehen von der Voraussetzung aus, daß, gegenüber reiner Flammenbeheizung, bei Verwendung einer EZH die Temperatur des Glases unabhängig von der Leistung der EZH um einen konstanten Betrag ($\Delta\vartheta \approx 40\,°C$) größer ist. Diese Annahme ist sicher nicht immer zutreffend. Nimmt man $\Delta\vartheta$ proportional mit der EZH-Leistung an, was sicher die Verhältnisse besser kennzeichnet, dann verschiebt sich das Bild. Die Wirkungsgradzunahme mit Steigerung der EZH wird dann stark abgeschwächt. Ross und Stewart [48] geben sogar eine Zunahme des Energiebedarfs mit zunehmender Leistung der EHZ an (Tabelle 8.6).

Die energetischen Zusammenhänge lassen sich rechnerisch behandeln. Es zeigt sich dabei, daß je

Tabelle 8.6. Größe der EZH-Leistung und erforderliche Leistung für die pro Tag zusätzlich erschmolzene Tonne Glas

Glasart	EZH-Leistung kW	Erforderliche Leistung kW/t Glas
Weißglas	0 ... 1000	25
	1000 ... 2000	30
	2000 ... 2800	35
Braunglas	0 ... 500	20
	500 ... 1000	25
	1000 ... 2000	30

nach Anordnung und Belastung der Elektroden und vor allem in Abhängigkeit vom Strömungszustand in der Wanne der Energieaufwand für die mit EZH zusätzlich erschmolzenen Tonnage sehr unterschiedlich sein kann. Näheres darüber findet sich in Abschn. 7.3.3.3.2.

Die in der Praxis verwendeten und erprobten Elektrodenanordnungen und -schaltungen sind sehr vielfältig. Man kann unterscheiden zwischen einer EZH im Läuterbereich, einer EZH im Einschmelzbereich und Kombinationen zwischen beiden Systemen. Die Schaltungsmöglichkeiten sollen möglichst flexibel sein, um sich unterschiedlichen Betriebsbedingungen anpassen zu können.

Ein Beispiel für eine Schmelz- und Läuter-EZH, die unabhängig voneinander von getrennten Trafos gesteuert werden, zeigt Bild 8.54. Eine Anordnung dieser Art hat sich an einer Spezialglaswanne mit einer Schmelzleistung von 130 t Glas/d bei einer Gesamtleistung der EZH von 1500 kW bewährt. Für die Bodenelektroden empfehlen sich 50 mm dicke Molybdänstäbe, die bis 20 cm unter die Badoberfläche geschoben werden.

Für eine Weißhohlglaswanne mit einer flächenbezogenen Schmelzleistung von über 3 t/m² d hat sich eine kombinierte Anordnung von Schmelz-

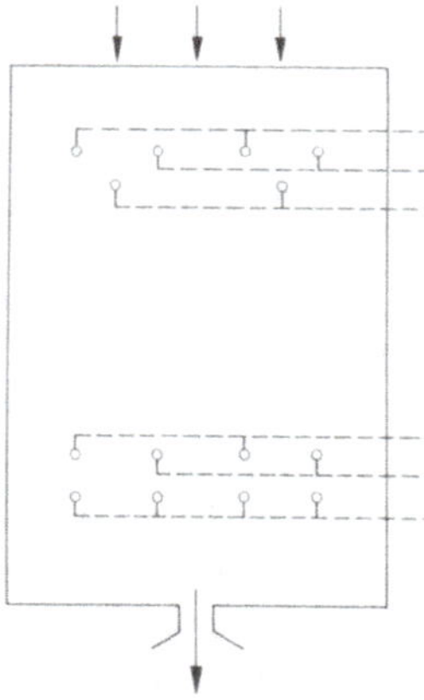

Bild 8.54. Vertikal eingebaute Bodenelektroden im Schmelz- und Läuterbereich

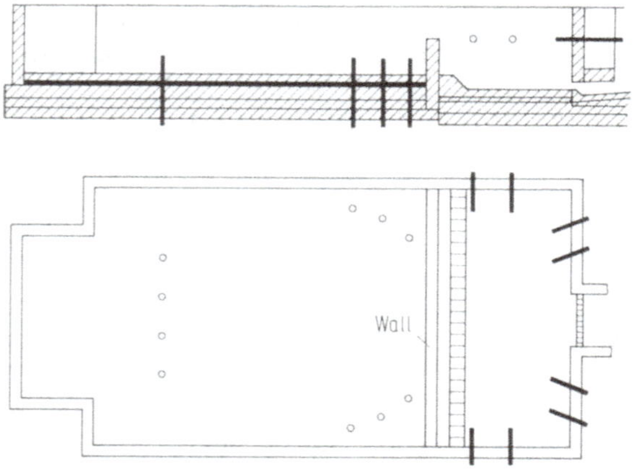

Bild 8.55. Kombinierte Anordnung von Boden- und Seitenelektroden in einer Weißglaswanne [56]

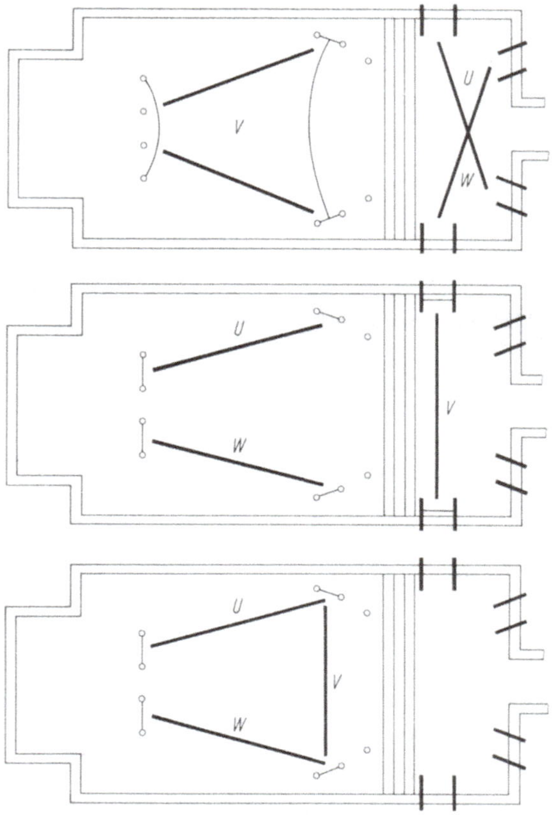

Bild 8.56. Schaltungsbeispiele [56]

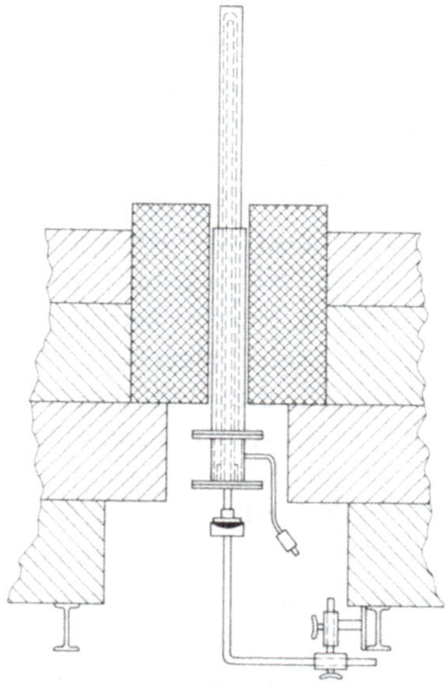

Bild 8.57. Bodenthermoelement

und Läuterzusatzheizung bewährt (Bild 8.55). Die Elektroden können unterschiedlich geschaltet werden. Bild 8.56 zeigt ein Schaltungsbeispiel.

Das Auffinden optimaler Betriebszustände und Schaltungen wird durch Einbau von Bodenthermoelementen, die tief in das Glasbad reichen, sehr erleichtert. Mindestens ein solches Element sollte 1 m von dem Durchfluß entfernt angeordnet sein. Noch besser sind zwei oder drei solcher Elemente längs der Wannenachse (Bild 8.57).

8.10 Sicherheitstechnische Maßnahmen [54]

8.10.1 Bestehende Vorschriften

Glasschmelzöfen sind genehmigungsbedürftige Anlagen im Sinne des Bundes-Emissionsschutzgesetzes. Bei elektrisch beheizten Schmelzöfen und bei Öfen mit Elektrozusatzheizungen sind die Bestimmungen für das Errichten von Starkstromanlagen mit Nennspannungen bis 1000 V, sowie die Bestimmungen für industrielle Elektrowärmeanlagen zu beachten.

Bedingt durch die notwendige Wasserkühlung der Elektrodenhalter ist der Bereich einer E-Wanne oder einer Schmelzwanne mit Elektrozusatzheizung als „Feuchtraum" einzustufen, in dem die Sicherheit der Betriebsmittel durch Feuchtigkeit oder Kondenswasser beeinträchtigt werden kann.

Erschwerend kommen die im Ofenbereich herrschenden hohen Temperaturen von über 35 °C hinzu, in denen durch die erhöhte Schweißbildung der elektrische Widerstand des menschlichen Körpers herabgesetzt ist. Es handelt sich im Sinne der sicherheitstechnischen Bestimmungen also auch um „heiße Räume".

8.10.2 Maßnahmen zur Abwehr von Gefahren

Die Kabel jeder Elektrode müssen einzeln verlegt werden. Auf eine einwandfreie Isolierung von Kabel und Elektrodenhalterung gegenüber der Ofenverankerung ist zu achten. Gell [53] empfiehlt für die Ofenverankerung eine doppelte Isolierung, sowohl gegenüber dem Ofen als auch gegenüber der Erde. Gegen zufällige Berührung unter Spannung stehender Teile sind Schutzmatten aus Glas- oder Mineralfasergeweben vorzusehen, wobei auf ausreichende Wärmeabfuhr oder Kühlung zu achten ist. Die Bereiche der Elektrodenanschlüsse, das sind je nach Ofenkonstruktion der Wannenboden oder die Wannenseitenwände, sind als abgeschlossene elektrische Betriebsräume herzurichten. Das bedeutet: diese Bereiche sind hermetisch abzusperren und das Zugangstor ist unter Verschluß zu halten. Zutritt haben nur Fachpersonal und unterwiesenes Personal. Der Gefahrenbereich ist mit deutlich sichtbaren Hinweis- und Warnschildern zu versehen.

Da bei elektrisch beheizten Glasschmelzöfen ein vollständiger Berührungsschutz stromführender Bauteile nicht durchführbar ist, sind andere Maßnahmen zu treffen, wie isolierender Standort, isolierende Fußbekleidung und isoliertes Werkzeug. Die Glasentnahmebereiche sind wenn irgend möglich weit von der nächsten Elektrode anzuordnen, um eine geringe Spannung gegen Erde zu erreichen. Das gilt auch für alle Bereiche des Glasbades, in denen Proben entnommen oder Schieber betätigt werden müssen. Aber auch die anstehende Restspannung von 30 bis 40 V erfordert Arbeitsbühnen, die aus trockenen Holzbohlen und -rosten aufgebaut sind. Das Personal muß trockene Handschuhe und Holzschuhe tragen. Muß mit Wasserschläuchen gearbeitet werden, dann sind rußfreie Schläuche zu verwenden. Kühlwasserleitungen sind durch Isolierstrecken vom Einsatzort elektrisch zu trennen. Ein Widerstand von 30 000 Ω wird als ausreichend angesehen. Dies erfordert bei einer 25 mm dicken Leitung eine Isolationslänge von ≈ 2 m.

Wartungsarbeiten an Teilen, die im Betrieb unter Spannung stehen, wie Verschraubungen lösen oder festziehen, Nachschieben der Elektroden usw., dürfen nur im spannungsfreien Zustand ausgeführt werden. Der Hauptschalter ist frei zu schalten und gegen Wiedereinschalten zu sichern. Zusätzlich ist die Spannungsfreiheit festzustellen. Auch diese Arbeiten sind mit Standortisolierung und persönlichem Körperschutz durchzuführen. Die Arbeiten dürfen nur durch geeignete und unterwiesene Personen durchgeführt werden. Ein qualifizierter Mitarbeiter hat die Arbeiten zu beaufsichtigen.

Die Einhaltung und der Fortbestand der getroffenen Sicherheitsmaßnahmen ist durch laufende Kontrollen zu überwachen. Dazu gehören z. B.: Erdschlußüberprüfung mit Erdschlußpotentiometern; Überprüfung der Standortisolierungen mit Ermittlung des Standortwiderstandes, Überprüfung der Potentialfreiheit des Stroms, der in die Elektroden geht; Funktionsprüfung der Notabschaltung und Überprüfung des Spannungsmessers.

9 Tageswannen

Die Tageswanne ist ein Ofentyp, der, was Konstruktion und Betriebsweise anbelangt, zwischen einer kontinuierlich betriebenen Glasschmelzwanne und dem periodisch arbeitenden Hafenofen steht. Die Tageswanne entstand aus dem Bedürfnis, eine kleinere Glasmenge möglichst ohne Einführung des Schichtbetriebs herstellen zu können, ohne die Nachteile des Hafenofens wie Hafenwechsel und enge Temperaturbegrenzung in Kauf nehmen zu müssen. Aus diesen Forderungen heraus entstand der eigenständige Ofentyp Tageswanne, der eine gesonderte Behandlung rechtfertigt.

Die Tageswanne wird wie der Hafenofen periodisch betrieben, in konstruktiver Hinsicht handelt es sich aber um eine echte Wanne. Das Schmelzbecken ist aus einzelnen Blöcken aufgebaut, die außen kühl und innen heiß sind. Man kann damit Schmelz- und Läutertemperaturen anwenden, die dem Hafenofen mit seinem allseits dem Feuer ausgesetzten Hafen verschlossen sind. Das bedeutet, daß auch schwer schmelzbare Gläser in der Tageswanne hergestellt werden können. Wie sich später noch ergibt, liegt das Haupteinsatzgebiet der Tageswanne in der Herstellung von Sondergläsern, die nur in kleineren Mengen benötigt und meist von Hand ausgearbeitet werden [1].

9.1 Temperatur- und Schmelzführung

Die Schmelzführung einer Tageswanne entspricht der eines Hafenofens. Fast immer wird im 24-h-Rhythmus gearbeitet. Nach dem Ausarbeiten folgen das Hochheizen, die Einlagen, die Schmelze und Läuterung, das Blasen und das Abstehen. Den Temperaturgang verschiedener Tageswannen zeigt Bild 9.1. Die einzelnen Einlagen machen sich temperaturmäßig nicht so deutlich bemerkbar wie bei Hafenöfen, da die einzelnen Einlagen häufiger erfolgen und sich eine einzelne Einlage aufgrund der größeren Fläche weniger auswirkt.

Neuerdings sind auch Tageswannen bekannt geworden, die einen von Schmelz- und Läuterbereich getrennten Ausarbeitungsbereich aufweisen. Beide Bereiche sind durch einen Überlauf getrennt. Es ist

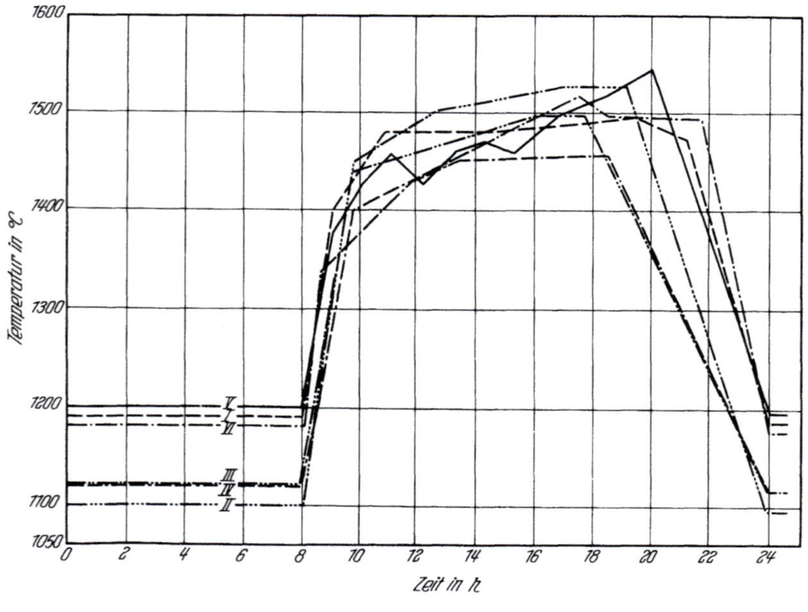

Bild 9.1. Temperaturgang verschiedener Tageswannen [2]. Die Ziffern I bis VI entsprechen den Angaben in Bild 9.2.

auf diese Weise möglich, kontinuierlich zu schmelzen und zu läutern und periodisch auszuarbeiten, was betrieblich und schmelztechnisch vorteilhaft ist.

9.2 Feuerführung

Entsprechend den unterschiedlichen Größen und Schmelzbedingungen von Tageswannen gibt es sehr stark voneinander abweichende Ofenkonstruktionen (Bild 9.2). Es finden sich regenerativ und rekuperativ arbeitende Anlagen, wobei die Rekuperativwanne bevorzugt wird.

Wanne I ist eine Längsbrennerwanne mit trapezförmigem Grundriß. Als Brennstoff dient leichtes Heizöl, das seitlich in die Brenner über Winkelzerstäuber eingegeben wird. Unter der Wanne sind zwei Rekuperatoren angeordnet. Die Arbeitsöffnungen, die auch zur Einlage dienen, sind an beiden Längsseiten angeordnet.

Die Wannen II, III und IV sind Doppeldeckenwannen mit nach oben umschlagender Flamme. Vorteilhaft ist bei dieser Anordnung, daß an der Stirnseite noch Arbeitsöffnungen angebracht werden können. Bei kleinen Wannen kann bei umschlagender Flamme auf die Doppeldecke, die konstruktiv schwierig ist und Glasfehler verursachen kann, verzichtet werden. Ein Beispiel dieser Konstruktion ist Wanne V (Bild 9.2). Bei Wanne VI sind die Abzüge in den Seitenwänden angeordnet. Die Brenner werden damit besser zugänglich, als Nachteil stehen nicht mehr beide Seitenwände voll für die Entnahmeöffnungen zur Verfügung.

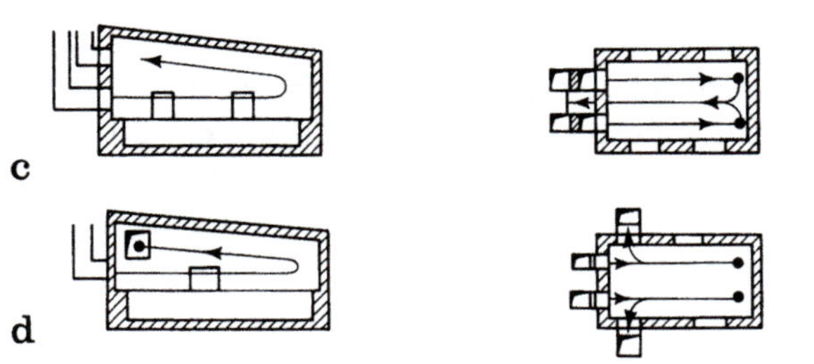

Bild 9.2. Verschiedene Tageswannen [2]. **a** Wanne I, Längsbrennerwanne; **b** Wanne II bis IV, Doppeldeckenwannen; **c** Wanne V, Stirnbrennerwanne mit U-Flamme, Abzug in der Stirnwand; **d** Wanne VI, Stirnbrennerwanne mit U-Flamme, Abzüge in den Seitenwänden

Die Dimensionierung des Feuerraums und die Einstellung der Flammen sind bei Tageswannen schwieriger als beim Hafenofen und der kontinuierlich arbeitenden Wanne. Die starke Veränderung des Glasstandes in Verbindung mit den periodisch sich ändernden Belastungen der Brennstoffzerstäuber verursacht Schwierigkeiten. Die höchsten Heizbelastungen fallen in dem durch das Glasbad und das Gemenge eingeengten Feuerungsraum an. Umgekehrt steht bei geringer Brennstoffzufuhr (Ausarbeitung) der größte Ofenraum zur Verfügung. Die Konstruktionen mit Doppeldecke sind ofenraummäßig am schwierigsten, da sich hier die Spiegelschwankungen des Glasbades relativ stark auswirken. Wenn möglich sollte man auf eine Doppeldecke verzichten. In der Praxis hat sich bei gefüllter Wanne eine Feuerraumhöhe von 0,7 bis 0,8 m bewährt. Der Abstand der Flamme vom Gemenge soll dabei 0,3 bis 0,35 m betragen.

Wichtig ist, daß die verwendeten Brenner eine gute Regelfähigkeit besitzen. Notfalls kann man mit Doppelbrennern arbeiten, von denen einer während des Ausarbeitens abgeschaltet wird.

9.3 Brennstoffverbrauch

Der Brennstoffverbrauch von Tageswannen ist, wie bei allen periodisch arbeitenden Öfen relativ hoch. Das nach dem Ausarbeiten in der Wanne verbleibende Restglas (40 bis 50% des Wanneninhalts) muß jedesmal wieder hochgeheizt werden. Die Angaben in der Literatur werden auf die Schmelzfläche oder auf die entnommene Glasmenge bezogen. Da der Ausarbeitungsgrad von Anlage zu Anlage schwankt, empfiehlt sich der Bezug auf die Herdfläche (Bild 9.3). Für den Brennstofftagesbedarf in kg Heizöl/(m^2 h) ergab sich bei der eingehenden Untersuchung von Starzinsky [2] die Beziehung

$$\dot{M}_{B,d} = \dot{m}_{B,0} A - c A^2. \tag{9.1}$$

Hierbei sind: $\dot{m}_{B,0} = 700$ kg/(m^2 d), A die Herdfläche und $c = 58$ kg/(m^4 d). Die Beziehung gilt entsprechend umgerechnet auch für Erdgas.

Zur Luftvorwärmung werden im zunehmenden Umfang konfektionierte Stahlrekuperatoren verwendet. Sie sind billiger und im Betrieb zuverläs-

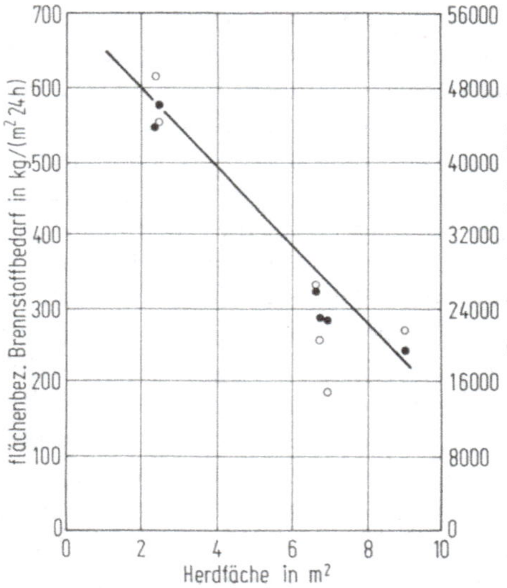

Bild 9.3. Zusammenhang zwischen flächenbezogenem Brennstofftagesbedarf, spezifischem Energieverbrauch und Herdfläche [2]

siger als die keramischen Rekuperatoren. Man begnügt sich mit Luftvorwärmungen von 450 bis 500 °C und nimmt Abgastemperaturen von 900 °C in Kauf.

9.4 Schmelzleistung

Die bei Tageswannen erzielbaren flächenbezogenen Schmelzleistungen liegen zwischen 0,4 und 0,8 t/m² d. Sie entsprechen damit den bei Hafenöfen erzielbaren Werten. Man muß allerdings berücksichtigen, daß die reine Schmelzfläche bei Hafenöfen viel kleiner ist als bei Tageswannen. Die höheren Schmelztemperaturen bei Tageswannen werden vermutlich, was die Schmelzleistung anbelangt, bei Hafenöfen durch die zusätzliche Wärmezufuhr durch die Hafenwände kompensiert. Auch der spezifische Energieverbrauch entspricht größenordnungsmäßig ebenfalls dem von Hafenöfen.

9.5 Glasqualität

Die mit Tageswannen erzielbare Glasqualität im Hinblick auf Homogenität war Gegenstand eingehender Untersuchungen. Vergleiche werden hier vornehmlich mit der in Hafenöfen erreichbaren Glasqualität gezogen. Mit vergleichbaren Gläsern (Kaliglas, Bleiglas, Kalk-Natron-Glas) schneidet der Vergleich zuungunsten der Tageswanne ab.

Bild 9.4. Gerissenes Wannenbecken aus schmelzflüssig gegossenen Korund-Zirkonoxid-Steinen [2]

Die Ursachen werden im Ablauf des Schlackenglases des Oberofens und der Schwierigkeit bei Tageswannen, mit Entnahmeringen zu arbeiten, gesehen. Der periodische Betrieb der Tageswannen bringt es mit sich, daß in der Anheizphase im Bereich des Gewölbes und der Seitenwände Kondensate auftreten, die zur Schlackenbildung beitragen. Während beim Hafenofen dieses Schlackenglas nicht in die Glasschmelze gelangt, fließt oder tropft es bei der Tageswanne in die Glasschmelze. Durch den periodischen Betrieb werden die Wannensteine stark beansprucht. Es entsteht eine rissige Oberfläche (Bild 9.4). In die Fugen dringen aggressive Primärschmelzen ein, die beim Ausarbeiten austreten und Steinsubstanz heraustragen. Die bei Hafenöfen üblichen Ringe können bei Tageswannen nicht eingesetzt werden, da sie durch die hohen Schmelz- und Läutertemperaturen dicht sintern und ihre Schwimmfähigkeit verlieren würden.

Die geschilderten Umstände führen dazu, daß die Glasqualität einer Tageswanne zur Herstellung dünnwandiger hochwertiger Wirtschaftsgläser nicht ausreicht. Besonders Wannen mit Zwischengewölben leiden durch ablaufendes Kondensat. Während beim Hafenofen das beste Glas 3 bis 4 h nach Beginn des Ausarbeitens erreicht wird und danach ein deutlicher Abfall eintritt, erreicht die Tageswanne nach ≈ 6 h das beste Glas. In dieser Phase kann die Qualität des Hafenglases sogar überschritten werden.

9.6 Feuerfeste Baustoffe

Für das Gewölbe und die Seitenwände hat sich Silika am besten bewährt. Auf den Einbau von

Tropfkanten ist zu achten, damit das Schlackenglas nicht über die Seitenwände läuft und möglichst noch während der Schmelz- und Läuterzeit in das Glasbad gelangt und aufgelöst werden kann.

Für die Brenner, Abzüge und das Wannenbekken empfiehlt sich schmelzgegossenes KZ-Material. Dieses Material ist gegen Abschreckung empfindlich und neigt zum Reißen. Die kalten, frisch eingelegten Gemengehaufen sind daher von den Wannensteinen fernzuhalten. Weiterhin muß der Oberofendruck sorgfältig eingestellt werden, so daß möglichst wenig Kaltluft durch die Arbeitsöffnungen eindringen kann. Im Bereich der Arbeitsöffnungen sollen die schmelzgegossenen Wannensteine durch keramisch gebundene Platten abgedeckt werden. Eine gute Isolierung des Ofens vermindert den Energieverbrauch und schützt die Steine vor schroffem Temperaturwechsel.

10 Hafenöfen

Beim Glasschmelzofen wird das Glas in besonderen Schmelzgefäßen, den Häfen erschmolzen. In einem Ofen sind meist mehrere Häfen aufgestellt. Während sich in einer Wanne an einer Stelle immer der gleiche Vorgang, z. B. Schmelzen, Läutern, Abstehen abspielt, müssen sich im Hafen die einzelnen glastechnologischen Vorgänge nacheinander in einer bestimmten Zeitfolge abspielen. Von der Schmelze her handelt es sich also um eine periodische Arbeitsweise. Der Ofen selbst kann aber kontinuierlich oder periodisch beheizt werden. Arbeitet man mit offenem Hafen, wie dies in Deutschland ausschließlich der Fall ist, dann werden Ofen und Hafen im gleichen Rhythmus betrieben. Man erhält einen periodischen Ofenbetrieb, wobei man aus organisatorischen und arbeitsrechtlichen Gründen eine Arbeitsperiode von 24 h einhält.

Arbeitet man mit „gedeckten" Häfen, die mit der Arbeitsöffnung eine Einheit bilden, dann läßt sich der Ofenraum vom „Hafenraum" trennen. Durch entsprechendes Öffnen und Schließen der jeweiligen Arbeitsöffnungen läßt sich bei periodischem Schmelzbetrieb ein kontinuierlicher Ofenbetrieb kombinieren. Die Hauben der Häfen behindern aber den Wärmeübergang zwischen Flamme und Glasschmelze sehr. Die Arbeitsperioden des Hafens dauern damit ein Mehrfaches von 24 h; außerdem eignet sich diese Schmelztechnik nur für Gläser mit niedriger Schmelz- und Läutertemperatur. Für stark zum Verdampfen neigende Gläser kann diese Arbeitsweise aber Vorteile bringen. Im Ausland (Frankreich, England) arbeitet man nach diesem System, in der Bundesrepublik Deutschland wird es nicht angewendet.

Gegenüber der Wanne hat der Hafenofen den Vorteil, daß sich auch kleine Glasmengen wirtschaftlich herstellen lassen. Es können mehrere verschiedene Gläser in einem Ofen erschmolzen werden. Bei richtiger Ofenkonstruktion und Betriebsführung läßt sich ein sehr homogenes Glas herstellen. Weiterer Vorteil ist, daß der 24-h-Rhythmus bei der Ausarbeitung des Glases keinen Schichtbetrieb erfordert.

Nachteilig ist der relativ hohe spezifische Energieverbrauch, da eine Mechanisierung bei der Aus- und Verarbeitung nur sehr begrenzt möglich ist. Die Schmelz- und Läutertemperaturen sind, bedingt durch das Hafenmaterial, nach oben begrenzt. Die periodische Betriebsweise des Ofens und die manuelle Aus- und Verarbeitung des Glases erfordert ein geschultes Personal.

10.1 Konstruktion [1]

Im Laufe der Jahre haben sich verschiedene Bauarten herausgebildet. Die Wahl kann nur nach sorgfältigem Abwägen aller Besonderheiten getroffen werden. Maßgebende Kriterien sind: Art des zur Verfügung stehenden Brennstoffs, Art der herzustellenden Artikel (groß, klein, dickwandig, dünnwandig), Anzahl der unterzubringenden Arbeitsstellen, Glasarten und Qualitätsansprüche. Was die Feuerführung anbelangt, so muß auf eine weiche Flamme geachtet werden, damit die Häfen nicht über Gebühr beansprucht werden. Außerdem muß eine gute Regelfähigkeit gegeben sein, um sich dem periodischen Betrieb anpassen zu können. Der Hafenofen ist die älteste Bauart des Glasschmelzofens. Einige Konstruktionen stammen noch aus der Zeit, als Generatorgas der einzige in Glashütten verwendete Brennstoff war. Ein gutes Beispiel dafür ist der Büttenofen (Bild 10.1), der sehr kompakt gebaut ist und regenerativ mit Gas- und Luftvorwärmung betrieben wurde. Es handelt sich hier um einen Herdbrennerofen, dem man ansieht, daß er aus einem Ofen entwickelt wurde, bei dem Gasgenerator und Schmelzofen noch eine bauliche Einheit bildeten. Um die Herdbrenner herum gruppieren sich in einem Oval die Häfen und um den Ofen die Arbeitsbühne. Schwächster Punkt dieses Ofens sind die Büttenbrenner, die durch einlaufendes Herdglas und die hohen Tem-

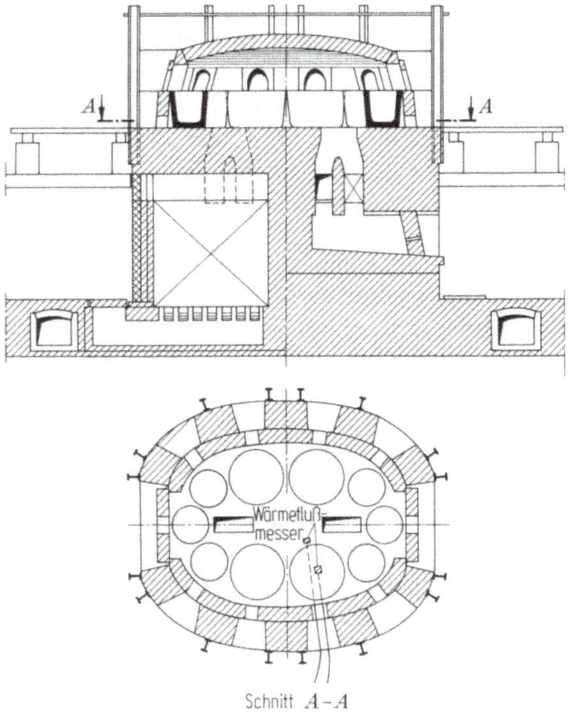

Bild 10.1. Büttenofen [4]

peraturen von Flamme und Abgas schnell verschleißen und häufig repariert werden müssen. Der Ofenherd ist schwach nach innen geneigt, um bei einem Hafenbruch einen sicheren Ablauf des Herdglases in die Glastasche zu ermöglichen. Die Häfen selbst stehen auf einer Schicht Schamottekrösel, die im Standbereich des Hafens auf den Herd geschüttet werden. Die Häfen selbst sind leicht nach außen geneigt, um dem Glasmacher die Entnahme des Glases zu erleichtern.

An beiden Kopfseiten des Ofens sind sogenannte Hafentore angebracht. Es handelt sich hier um Mauerteile, die für sich verankert sind und leicht entfernt werden können. Über diese Tore werden beim Hafenwechsel die alten korrodierten Häfen ausgetragen und die neuen vorgetemperten eingesetzt. Mit dem Verschwinden des Generatorgases ist auch der Büttenofen, von wenigen Ausnahmen abgesehen, verschwunden. Die noch vorhandenen Büttenöfen sind auf Erdgasbeheizung umgestellt worden. Man verzichtet auf eine Vorwärmung des Gases und führt dieses von der Seite oder von unten in die Bütte ein.

Ein weiterer noch heute verwendeter Ofentyp, der dem Büttenofen nahesteht, ist der Rundofen, im Ausland auch Schwaller- oder Hermannsen-Ofen genannt (Bild 10.2). Dieser Ofen besitzt einen Zentralbrenner, der entweder als Herd- oder als Turmbrenner ausgebildet ist. Die Häfen sind kreisrund um den Zentralbrenner angeordnet. Die Abzüge befinden sich im Herd, dicht an der Ringmauer. Die Flamme breitet sich fächerartig horizontal nach allen Seiten aus und soll möglichst die Häfen noch an der kalten Außenseite umspülen. Der Ofen wird als Rekuperativofen gebaut und erreicht wegen der langen Flammen günstige Energieverbrauchswerte. Er wird am besten mit Stadt- oder Erdgas beheizt, das von unten oder seitlich in den Zentralbrenner eingeführt wird. Auch Öl- und Flüssiggasbeheizung wurden versucht [2, 3].

Rundöfen sind mit bis zu 16 Häfen gebaut worden. Allerdings läßt sich die Herdfläche nur gut ausnützen, wenn man die Zahl der Häfen auf 6 bis 10 begrenzt. Bei größeren Öfen wird zum Schaden der Wirtschaftlichkeit das unausgenützte Mittelfeld sehr groß. Ein großer Vorteil des Rundofens ist, daß sich um den Ofen herum viele Werkstellen anbringen lassen. Der Rundofen ist daher für die Herstellung von Kelchgläsern sehr geeignet.

Der Rundofen besitzt zwei oder vier Rekuperatoren, die als Keramik- oder als Metallkuperatoren gebaut sein können. Über die getrennte Einstellung der Rekuperatoren läßt sich die Flammenausbildung im Oberofen beeinflussen. Nachteilig sind beim Ausarbeiten die vielen geöffneten Entnahmeöffnungen, die eine sehr genaue Einstellung des Ofendrucks erfordern, um das Einziehen von Kaltluft in Grenzen zu halten. Die Abzüge befinden

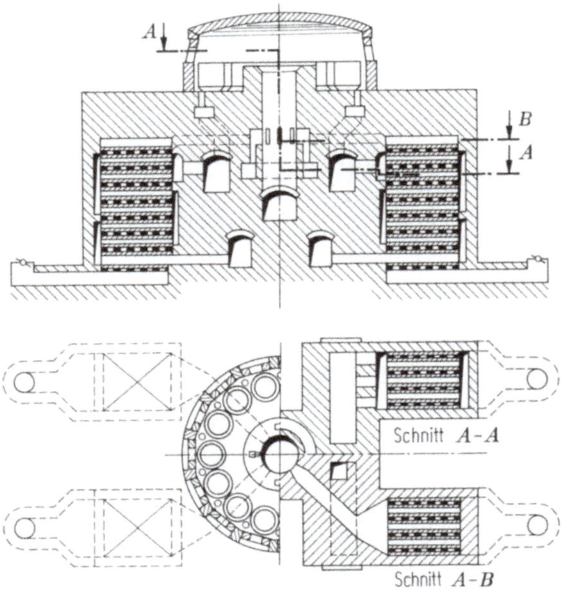

Bild 10.2. Rundofen [1]

sich, wie bereits erwähnt, hinter der Ringmauer in der Nähe der Entnahmeöffnungen.

Der Rundofen kann auch als Halbrundofen gebaut werden. Man erhält auf diese Weise eine kleinere Einheit. Nachteilig ist bei dieser Konstruktion, daß die Außenflächen im Verhältnis zur Hafenzahl größer werden, was sich in einem erhöhten Energieverbrauch bemerkbar macht.

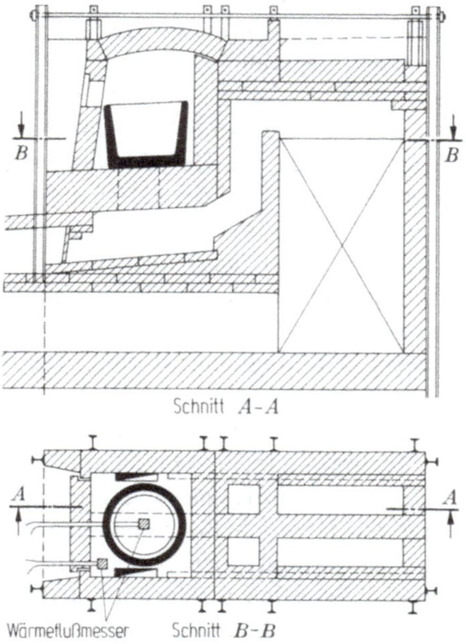

Bild 10.3. Einhafen-Zellenofen [4]

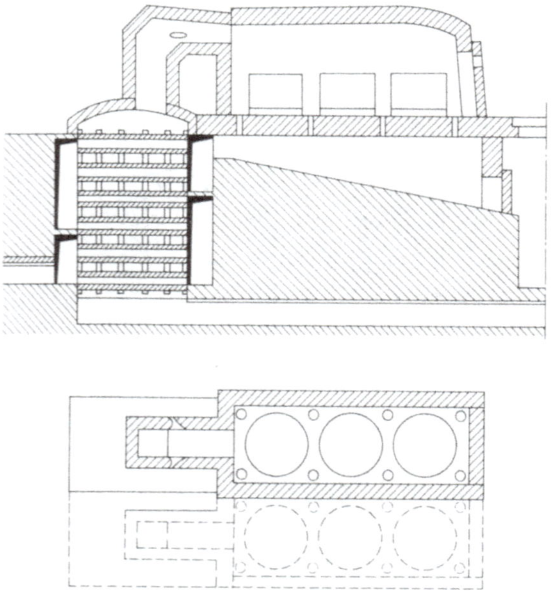

Bild 10.4. Längsflammenofen mit nach unten ziehender Flamme [1]

Eine weitere Spielart, die, wie der Büttenofen, noch mit Herdbrennern arbeitet, aber relativ gut auf Stadtgas oder Erdgasbeheizung umgestellt werden kann, ist der Einhafen-Zellenofen mit überschlagender Flamme (Bild 10.3). Bei diesem Ofentyp, der regenerativ betrieben wird, sind zu beiden Seiten des Hafens Öffnungen im Herd, die wechselweise als Brenner oder als Abzug dienen. Der Ofen ist sehr kompakt gebaut und kann reihenförmig angeordnet werden. Er eignet sich zur Ausarbeitung von schwereren Artikeln, wie Stangenglas. Nach dem gleichen Grundaufbau können auch Vierhafenöfen gebaut werden. Die Häfen sind dann im Quadrat angeordnet. Hafenöfen der beschriebenen Art werden auch zur Herstellung von optischem Glas verwendet.

Will man Konstantflammen einsetzen, empfiehlt sich der Längsflammenofen mit nach unten abziehender Flamme (Bild 10.4). Es handelt sich hier um einen seitenbeheizten Hohlglasofen, der als Kleinanlage in Frage kommt. In Doppelausführung kann man bis zu sechs Häfen unterbringen. Die Hafenzahl ist auf sechs beschränkt, da es schwerfällt, mit einer Flamme mehr als drei in einer Reihe stehenden Häfen gleichmäßig zu beheizen. Der Ofen arbeitet rekuperativ, Brenner und Abzüge liegen unsymmetrisch. Die Abgase strömen durch eine Glastasche, die unterhalb des Ofens liegt. Als Brennstoff kommen Öl oder Erdgas in Frage.

10.2 Betriebsweise

Hafenöfen mit offenen Häfen arbeiten periodisch mit einer Periodendauer von 24 h. Das Gemenge wird durch Öffnungen der Ringmauer mit einer Kelle oder maschinell mit einer Schurre oder Vibrationsrinne in die Häfen eingelegt. Da das Gemenge voluminöser ist als das geschmolzene Glas und der Hafen aus wirtschaftlichen Gründen gut gefüllt sein muß, muß mehrmals eingelegt werden. Der Temperaturverlauf, die Art und die Dauer der einzelnen Phasen für ein Kalk-Natron-Glas sind aus Bild 10.5 zu ersehen. Die einzelnen Phasen des Ofengangs sind in Bild 10.6 dargestellt. Die Länge der eingezeichneten Pfeile deutet Größe und Richtung des Wärmestroms an. Bei a) beginnt die Einschmelzphase. Das Feuer wird scharf eingestellt, um das Einschmelzen zu beschleunigen. Eine Gefahr für eine Überhitzung des Hafens besteht hier nicht, da die kühlere Restglasmenge und das kalte

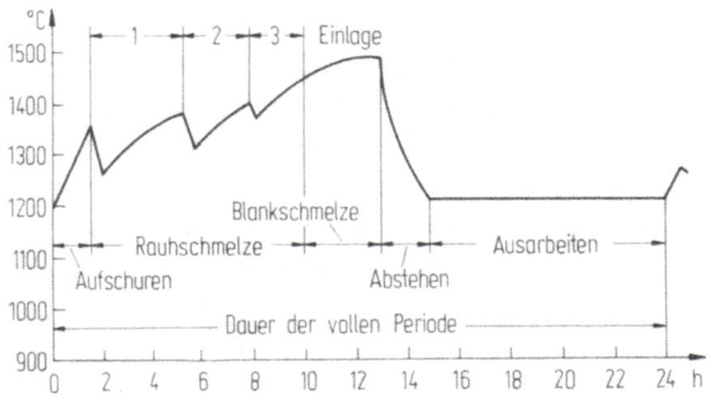

Bild 10.5. Temperaturverlauf im Hafenofen während einer Betriebsperiode

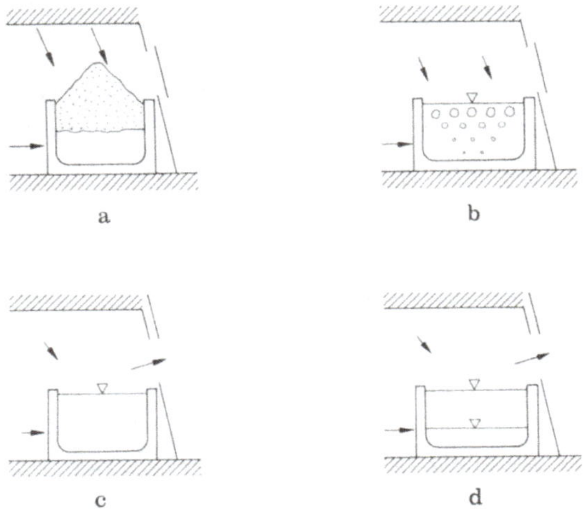

Bild 10.6. Arbeitsphasen eines Hafenofens mit offenem Hafen. **a** Einschmelzen (Rauhschmelze); **b** Entgasen und Homogenisieren (Blankschmelze); **c** Abstehen; **d** Ausarbeiten

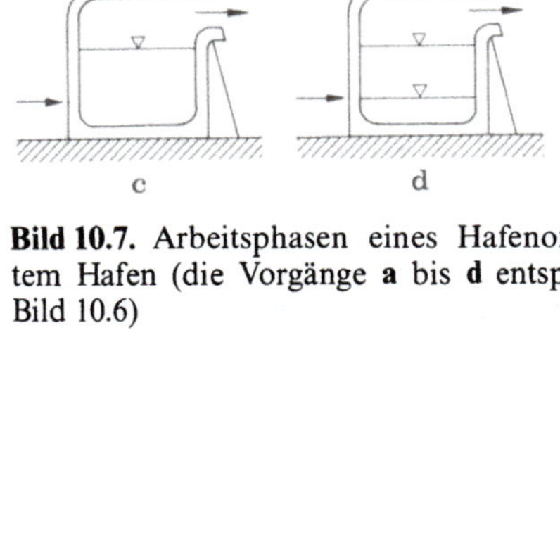

Bild 10.7. Arbeitsphasen eines Hafenofens mit gedecktem Hafen (die Vorgänge **a** bis **d** entsprechen denen in Bild 10.6)

Gemenge den Hafen kühlen. Nach Beendigung der Rauhschmelze schließt sich die Feinschmelze mit der Entgasung und dem Homogenisieren an. Der Ofen hat jetzt seine Maximaltemperatur erreicht. Das Feuer muß zurückgenommen werden, um einen Hafenbruch zu vermeiden. Bei Überhitzung der Hafenwand besteht zudem die Gefahr, daß die Hafenglasur sich in stärkerem Umfang in der Glasschmelze löst und zu Glasfehlern führt. Die Homogenisierung des Glases geschieht durch tiefes Eintauchen eines Stückchen feuchten Holzes. Das Homogenisieren oder auch das „Bülwern", wie es genannt wird, darf nicht zu heftig vorgenommen werden, vor allem ist ein zu starkes Anschlagen des Rings an die Hafenwand zu vermeiden.

An die Blankschmelze schließt sich die Abstehphase an. Es besteht jetzt die Aufgabe, das Glas durch Wärmeentzug auf Ausarbeitungstemperatur zu bringen. Durch weitere Zurücknahme oder gar Abstellung des Feuers und durch Öffnen der Arbeitsöffnungen wird diese Phase beschleunigt. Ist die Ausarbeitungstemperatur erreicht, dann ist die Ofenbeheizung so einzustellen, daß eine weitgehend konstante Temperatur erreicht wird.

Die Arbeitsweise in einem Hafenofen mit gedecktem Hafen ist aus Bild 10.7 zu ersehen. Die Beheizung des Ofenraums bleibt hier zeitlich konstant. Die Temperatureinstellung im Hafen erfolgt nur durch Öffnen und Schließen der Ausarbeitungsöffnung. Wärmezufuhr und Wärmeabgabe des Hafens müssen hier so aufeinander abgestimmt sein, daß bei geschlossener Arbeitsöffnung die Schmelz- und Läutertemperatur erreicht wird und sich beim Öffnen die Ausarbeitungstemperatur einstellt. Das Verfahren eignet sich vornehmlich für hoch bleihaltige Gläser mit niedriger Schmelz- und Läutertemperatur.

Um gutes, schlierenarmes Glas ausarbeiten zu können, hat jeder Hafen mindestens einen Ring (meist aus Quarzgut-Schlickerguß), der an der Glasoberfläche schwimmt, um die Entnahmestelle von Schlackenglas und Restglas bei der Entnahme freizuhalten. Der Ring muß aus einem Material sein, das im Glas schwimmt, es soll selbst wenig Verunreinigungen erzeugen, mechanisch widerstandsfähig sein, um auch beim „Bülwern" keinen Schaden zu nehmen, darüber hinaus muß eine gute Temperaturwechselbeständigkeit gegeben sein. Die Feuerführung des Ofens muß die Funktion der Ringe unterstützen (Bild 10.8). Der Hafen darf bei der Schmelze und Läuterung nicht überhitzt werden, damit die Glasur nicht zu stark in das Glas geht. Die Hafenränder und Hafenseitenwände

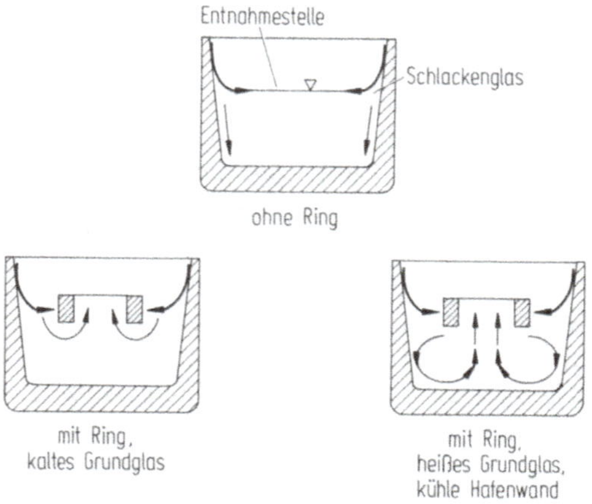

Bild 10.8. Funktion des Rings bei der Hafenschmelze.

sollen während des Ausarbeitens relativ kühl gehalten werden und der Glastemperatur entsprechen. Das Randglas muß mit dem Ring sicher von der Entnahmestelle ferngehalten werden. Der Hafen muß während der Ausarbeitung warm stehen, damit das gute schlierenarme Kernglas nach oben zur Entnahmestelle kommt.

Öfen, bei denen die Hafen von unten her warmstehen, haben eine gute „Grundhitze". Die einzelnen Hafenkonstruktionen zeigen hier verschiedenes Verhalten, wie durch Messungen nachgewiesen werden konnte [4]. Mit Hilfe eines frei auf dem Ofengesäß und eines zwischen Hafen und Ofengesäß eingebauten Wärmestrommessers konnten bei einzelnen Hafenöfen Wärmeströme und Temperaturverläufe ermittelt werden (Bilder 10.9 und 10.10).

Die in einem Büttenofen gemessenen Temperaturen zeigt Bild 10.9. Das im Ofengewölbe eingebaute Thermoelement zeigte bei dieser Messung um 50 bis 60 K zu wenig an, wie durch Vergleich mit einem Teilstrahlungspyrometer festgestellt werden konnte. Der tatsächliche Temperaturverlauf im Oberofen fällt damit nahezu mit dem des freiliegenden Wärmestrommessers zusammen. Wegen der übersichtlicheren Darstellung der Kurven wurde darauf verzichtet, die Gewölbetemperatur zu berichtigen. Der in der Nähe der rechten Bütte auf dem Ofengesäß liegende Wärmestrommesser (Bild 10.1) zeigt die durch die Beheizung und die Gemengeeinlagen verursachten Schwankungen im Temperaturverlauf in außerordentlich empfindlicher Weise an. Innerhalb der Aufheiz- und Schmelzperiode wird mit steigender Ofentemperatur Wärme im Gesäß gespeichert. Nach Beendigung der Rauhschmelze sind am Gesäß etwa 1440 °C erreicht, das Blasen und Läutern des Glases wird bei gedrosselter Beheizung vorgenommen. Die dabei verkürzte Flamme ruft bemerkenswerte Temperaturunterschiede hervor; auf der Feuerseite steigt die Temperatur schnell an, in der Nähe der abziehenden Bütte fällt sie schnell ab. Man hat es hier also offensichtlich bei gedrosselter Gas- und Luftzufuhr mit einer kürzeren schärfer mischenden Flamme zu tun als bei stärkerer Beaufschlagung der Büttenbrenner.

In der Abstehperiode ohne Feuer und bei teilweise geöffneten Arbeitslöchern sinkt die Temperatur durch den Strahlungsaustausch im Ofenraum schnell ab, wobei sich jetzt der Wärmefluß umkehrt und infolge der großen Speicherwirkung des Gesäßes Wärme in den Ofenraum zurückgegeben wird. Diese Wärmeabgabe bleibt mit Ausnahme der kurzen Perioden, in denen durch Feuerwechsel oder verstärkte Beheizung die Flammeneinstrah-

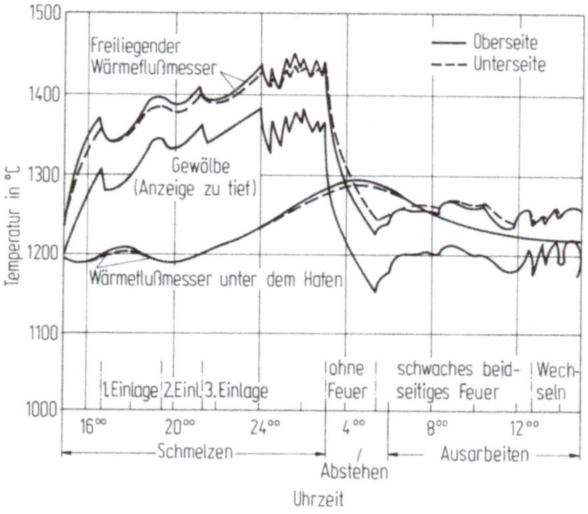

Bild 10.9. Temperaturverlauf im Büttenofen [4]

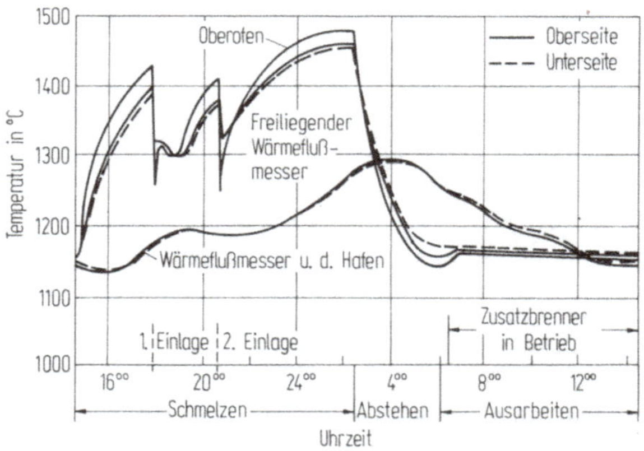

Bild 10.10. Temperaturverlauf im Rundofen [4]

lung auf die Oberseite des Wärmestrommessers verstärkt wird, in der gesamten Ausarbeitungsperiode erhalten.

Der unter dem Hafen eingebaute Wärmestrommesser zeigt nur nach der ersten Einlage und mit dem Fortschreiten der Schmelze bis zur Läuterung einen Wärmeverlust aus dem Hafen in das Ofengesäß an. Die zweite und die dritte Einlage machen sich im Wärmefluß nicht bemerkbar. Das Maximum der Temperatur unter dem Hafen wird 1½ h nach beendeter Läuterung während des Abstehens erreicht.

In der Arbeitszeit zwischen 6.00 Uhr und 13.00 Uhr fällt die Temperatur im Ofengesäß unter dem Hafen um ca. 60 K ab. Ein direkter Wärmeaustausch zwischen Hafen und Ofengesäß ist dabei nicht festzustellen. Es ist anzunehmen, daß der Temperaturabfall durch den Wärmeverlust des Gesäßes in Richtung zur Außenwand des Ofens verursacht wird. Der Wärmeverlust entspricht in diesem Zeitraum offensichtlich demjenigen, den der Hafen selbst durch die Glasentnahme und die Abkühlung des Glases erleidet.

Bild 10.10 gibt den zeitlichen Verlauf der Temperaturen der auf dem Ofengesäß liegenden und unter einem der Häfen eingebauten Wärmestrommesser in einem Rundofen wieder. Vergleichsweise ist der Temperaturverlauf des über dem Hafen im Gewölbe liegenden Thermoelements eingezeichnet. Zwischen Gewölbe und Ofengesäß treten nur sehr geringe Temperaturunterschiede auf. Während der Schmelze und Läuterung wird das Ofengesäß vom Ofenraum her aufgeheizt. Kurzzeitige Umkehrungen in diesem Verhalten treten nur während des zweimaligen Einlegens infolge der damit verbundenen schroffen Abkühlung des Oberofens auf. Am Ende der Läuterung wird im freien Ofengesäß eine maximale Temperatur von 1460 °C erreicht. Sie liegt nur um 15 K unter der im Gewölbe bei gedrosselter Beheizung gemessenen. In der feuerlosen dreieinhalbstündigen Abstehperiode fällt die Ofentemperatur schnell ab, wobei das freiliegende Ofengesäß Wärme an den Oberofen abgibt. Bemerkenswert gleichmäßig bleiben die Temperaturen während des Ausarbeitens im Oberofen und auf dem Ofengesäß, das auch noch während der ganzen Ausarbeitungsperiode in geringem Umfang Wärme an den Oberofen abgibt.

Unter dem Hafen ist während der Schmelze nur ein verhältnismäßig geringer Wärmefluß in das Gesäß festzustellen. Die Temperatur fällt unter dem Hafen zunächst noch ab, vermutlich wegen der Scherbeneinlage, wobei für etwa eine Stunde noch Wärme aus dem Gesäß an den Hafen abgegeben wird. Nach dem Einlegen des Gemenges werden etwa drei Stunden benötigt, bis die Temperatur unter dem Hafen die vor dem Einlegen erreichte Höhe wieder überschreitet, wobei auch bei langsamem Anstieg die Temperatur von Ofengesäß und Hafenboden für eine weitere Stunde gleichmäßig ansteigt und keine meßbaren Unterschiede auftreten. Dieses Verhalten deutet auf eine geringe Strahlungswärmeabgabe der nicht leuchtenden Ferngasflamme hin. Erst nach Beendigung der Rauhschmelze gelangt über den Glasinhalt des Hafens mehr Wärme in das Gesäß als über die Aufheizung durch die Flamme bzw. die Abgase.

Eine Stunde vor Beginn des Ausarbeitens liegt die Temperatur unter dem Hafen um etwa 140 K höher als im Ofenraum. Innerhalb der Ausarbeitungsperiode fällt sie ziemlich gleichmäßig auf die im Ofenraum herrschende Temperatur ab, wobei das Gesäß Wärme an den Hafen abgibt. Man hat damit den erstrebten Zustand erreicht. Die Temperatur unter dem Hafen liegt höher bzw. am Ende der Arbeitszeit noch immer fast genau so hoch wie im Ofenraum selbst. Ein Wärmeverlust aus dem Hafen in das Gesäß findet nicht statt, vielmehr wird von unten her dem Glas Wärme zugeführt.

10.3 Wärmetechnik

Gegenüber der Wanne ist der Hafenofen wärmetechnisch stark benachteiligt. Die periodische Betriebsweise bringt es mit sich, daß große Teile des Ofens laufend aufgeheizt und wieder abgekühlt werden müssen. Bei der kontinuierlich arbeitenden Wanne fallen diese Verluste ganz weg, da von gewissen, meist durch Laständerungen bedingten, Temperaturänderungen und den Besonderheiten des Regenerativsystems abgesehen, alle Ofenteile zeitlich konstante Temperaturen aufweisen. Hinzu kommt, daß die Wärmeisolation bei einem periodisch arbeitenden System nicht so weit getrieben werden darf, daß die periodische Fahrweise behindert oder unmöglich gemacht wird.

Der kontinuierlich arbeitende Ofen mit gedecktem Hafen (Kappenhafen) bringt trotz der kontinuierlichen Feuerführung keine Verbesserung. Bei diesem System müssen durch Öffnen der Arbeitsöffnung auch bei heißem Ofen die Ausarbeitungstemperaturen erzwungen werden. Der schlechte Wärmeübergang Flamme/Glas, bedingt durch die Kappe des Hafens, führt zu einer starken Verlangsamung des Ofengangs, womit die Schmelzleistung stark vermindert und der spezifische Energieverbrauch stark erhöht wird. Die Luftvorwärmung kann beim Hafenofen nie die Werte einer Wanne erreichen, da auch ein großes Gitterwerk während der Ausarbeitung stark auskühlt und der nachfolgende Vorgang des Hochheizens des Ofens wegen der hohen Wärmekapazität des Gitterwerks zu lange dauert. Hier kommt die bereits geschilderte Einschränkung bei erzwungener Periodik zum Ausdruck. Rekuperatoren, insbesondere Stahlrekuperatoren sind infolge ihrer geringeren thermischen Trägheit in dieser Hinsicht bedeutend besser, hier ist aus Materialgründen die Vorwärmtemperatur begrenzt. Keramische Rekuperatoren bieten hier thermisch einen besseren Kompromiß, leider vertragen sie auf die Dauer die laufenden Temperaturänderungen schlecht. Sie „arbeiten" durch die thermische Dehnung und Schrumpfung und werden undicht. Undichtigkeiten bei Rekuperatoren können, wenn sie ein größeres Ausmaß annehmen, den gesamten Ofenbetrieb zum Erliegen bringen, da dann der Kamin dem Ofen die Verbrennungsluft wegnimmt.

Eine weitere Erschwernis für den Hafenofen ist die Begrenzung der Ausarbeitung des Hafens. Schon aus arbeitszeitlichen Gründen und aus Gründen der Glasqualität können bestenfalls 75% des Hafeninhalts ausgearbeitet werden. Bei hohen Qualitätsansprüchen und dünnwandigen Artikeln geht die Ausarbeitung noch weiter zurück und erreicht Werte um 35 bis 40%. Durch entsprechende Kombination der Artikel unterschiedlicher Größe und unterschiedlicher Qualitätsansprüche läßt sich die Ausarbeitung steigern. Werte von 65 oder 75% können aber selten erreicht werden.

Alle die geschilderten Einflüsse führen dazu, daß der Hafenofen ein Mehrfaches des spezifischen Energieverbrauchs von Wannen aufweist. Gängige Werte liegen im Bereich zwischen 20 000 und 40 000 kJ/kg Glas. Am besten schneidet noch der Rundofen ab. Daten sind in Bild 10.11 zusammengestellt. Der Vergleich von Energieverbrauchswerten verschiedener Öfen erfordert eine Normierung auf die Ausarbeitung, sonst ergeben sich Fehlurteile.

Die Schmelzleistungen von Hafenöfen liegen je nach Ofengröße zwischen 500 und 5000 kg/24 h. Die Gesamtherdflächen bewegen sich zwischen 4 und 18 m². Der Anteil der Glasspiegelfläche in Prozent der Herdfläche beträgt 33 bis 48. Große Öfen weisen niedrigere spezifische Energieverbräuche als kleine Öfen auf.

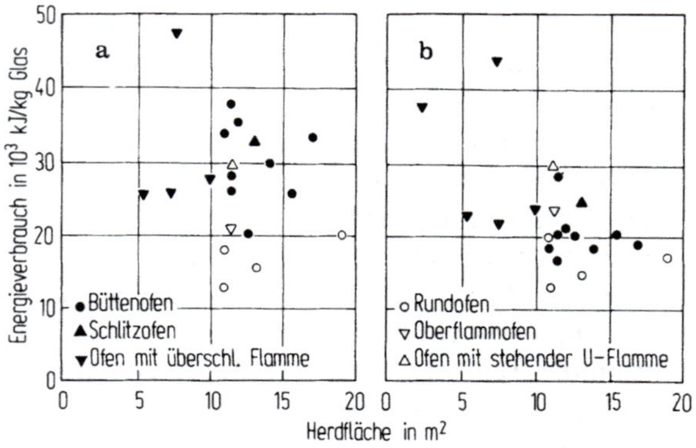

Bild 10.11. Spezifischer Energieverbrauch (kJ/kg Glas) für Hafenöfen; *links:* tatsächliche Werte; *rechts:* auf gleichmäßige Ausarbeitung von 75% des theoretischen Hafeninhalts umgerechnete Werte [1]

Wärmebilanzen findet man bei Hafenöfen selten. Bedingt durch den periodischen Betrieb ist ihre Erstellung schwierig, aufwendig und unsicher. Entweder handelt es sich um Pauschalangaben oder die einzelnen Phasen des Ofenbetriebs müssen für sich erfaßt werden, was besonders durch die sich zeitlich ändernden Speicherwärmen des Ofens schwierig ist [1].

10.4 Elektrisch beheizte Hafenöfen [6]

Eine Sonderstellung unter den Hafenöfen nehmen die elektrisch beheizten ein. Zur Verwendung kommen Heizelemente auf der Basis von Molybdändisilizid. Die Konstruktion der Öfen ist im wesentlichen von den Betriebserfordernissen dieser Heizelemente bestimmt. Verwendet werden haarnadelförmige Elemente, die frei nach unten hängend in Nischen der Ofenwände untergebracht sind. Die Öfen werden als Einhafenöfen gebaut. Die Elemente sind so angeordnet, daß eine direkte Abstrahlung nach außen durch die Entnahmeöffnung verhindert wird. Die Nischen müssen so tief sein, daß eine mechanische Beschädigung oder eine Verschmutzung der Heizleiter vermieden wird. Damit die Nischen auch nach längerer Ofenreise noch paßgenau sind, ist die Verwendung von Steinen mit Nut und Feder angezeigt. In Bild 10.12 ist ein Beispiel für die Konstruktion eines solchen Ofens gezeigt.

Um alkalihaltige Ablagerungen im Halterbereich der Heizelemente zu vermeiden, die zu Kurzschlüssen führen können, werden die Heizelemente im Halterbereich mit Luft gespült (Bild 10.13). Die

Tabelle 10.1. Betriebsdaten eines elektrisch beheizten Hafenofens mit einer Zyklusdauer von 24 h

Arbeits-periode	Temperatur °C	Spannung V	Leistung kW
Ausarbeiten	1180	111	53
Schmelzen	1180 ... 1425	196	166
Läutern	1425	157	107

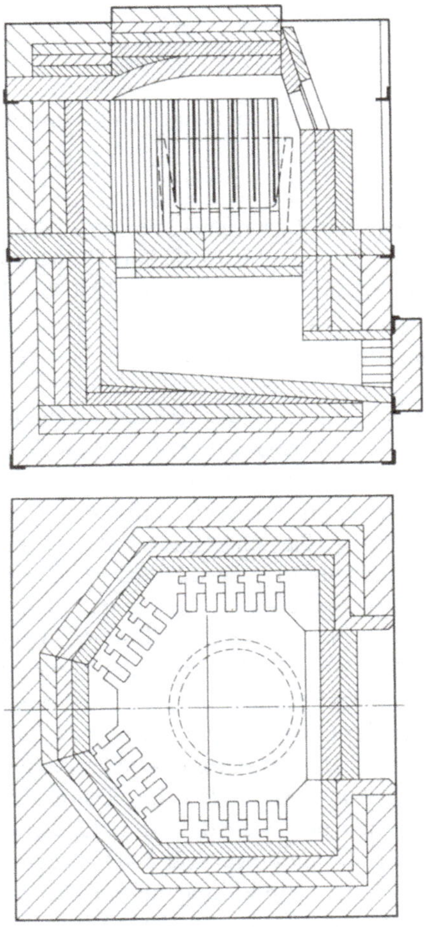

Bild 10.12. Einhafenofen mit elektrischer Widerstandsbeheizung [6]

Spülluft wird nach unten über die Glastasche abgesaugt. Man erhält auf diese Weise gleichzeitig die für den Betrieb des Ofens notwendige Grundhitze.

Der elektrische Widerstand von Molybdändisilizid steigt mit der Temperatur stark an. Um eine Überlastung der elektrischen Anschlüsse in der Anheizphase zu vermeiden, muß der verwendete Transformator Anzapfungen mit abgestuften Spannungen besitzen. Die Daten eines Einhafenofens zur Schmelze von Bleiglas sind in Tabelle 10.1 zusammengestellt. Vorhanden sind 21 Heizelemente mit einer Nennleistung von je 6,2 kW. Der spezifische Energieverbrauch der Anlage wird mit 2,4 kWh/kg ausgearbeitetes Glas angegeben.

Die Glasqualität der beschriebenen Öfen soll gemessen an den flammenbeheizten Anlagen sehr gut sein. Das Glas ist durch die gute gleichmäßige Durchwärmung des Hafens auch bei hohen Ausarbeitungsgraden sehr gut. Die Standzeit des Hafens soll mehr als doppelt so lange sein. Die Bedienung wird stark vereinfacht, wenn das Schmelzprogramm für ein bestimmtes Glas festliegt.

Elektrisch beheizte Hafenöfen haben sich bisher vornehmlich wegen der hohen Stromkosten wenig eingeführt. Bedingt durch die stark gestiegenen Kosten für die fossilen Brennstoffe und die zunehmende Bedeutung der Abgasemissionen, die besonders bei Bleigläsern stark ins Gewicht fällt, finden die elektrisch beheizten Anlagen zunehmendes Interesse.

10.5 Feuerfeste Baustoffe

Die feuerfesten Baustoffe müssen beim Hafenofen zum Teil nach anderen Gesichtspunkten ausgewählt werden, als bei Wannen. Es empfiehlt sich daher eine gesonderte Behandlung.

Im Vordergrund steht hier der Hafen. Er entscheidet mit seinem Verhalten über eventuell auftretende Glasfehler und bestimmt die Abstände

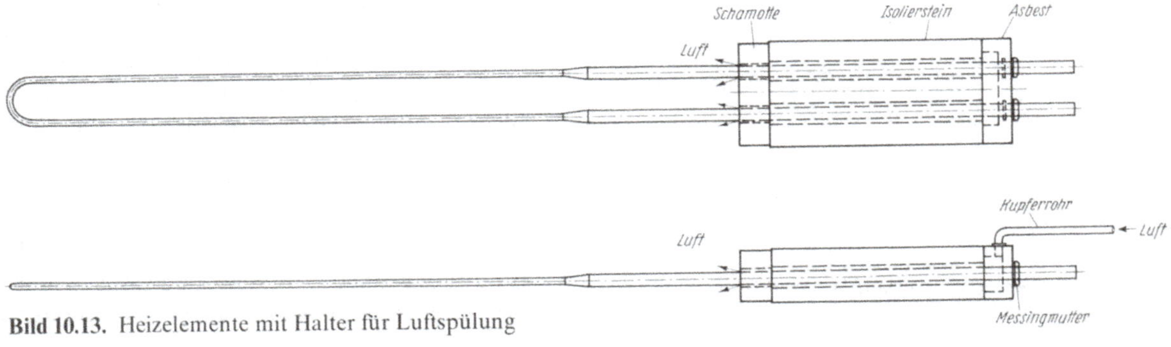

Bild 10.13. Heizelemente mit Halter für Luftspülung

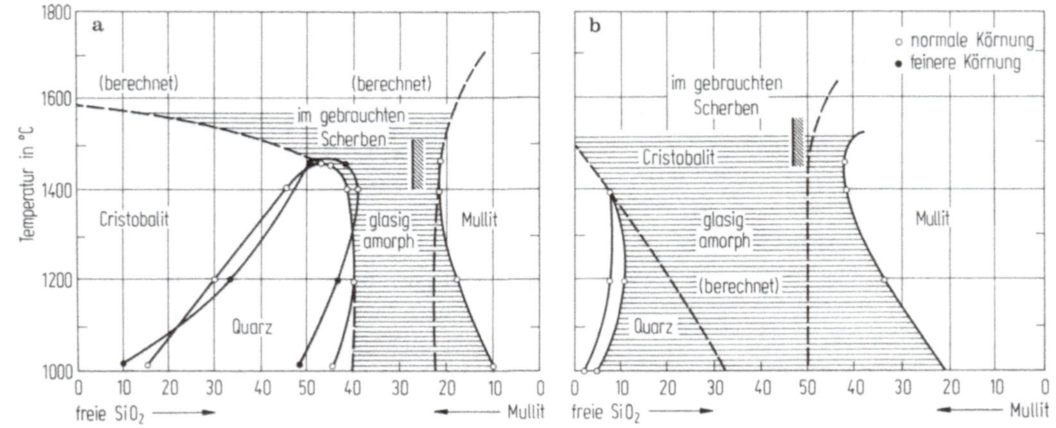

Bild 10.14. Mineralgehalt saurer (**a**) und basischer (**b**) Hafenmassen in Abhängigkeit von der Temperatur (nach Köhler und Bartsch)

des aufwendigen Eintragens neuer Häfen. Die Häfen müssen schnelles Erhitzen und Abkühlen aushalten können und eine hohe Druckfeuerbeständigkeit bei geringer Fließneigung aufweisen. Die Korrosionsfestigkeit gegenüber der Glasschmelze soll hoch sein, bei gleichzeitigem guten Auflösungsverhalten. Die Forderungen sind zum Teil konträr und nur bedingt erfüllbar.

Zur Schmelze von Kalk-Natron- und Bleigläsern eignet sich besonders der sogenannte saure Hafen, der aus kieselsäurereichem Ton, vermischt mit zerkleinerter Schamotte und Scherben gebrauchter Häfen, hergestellt wird. Er ist bis 1500 °C beständig und löst sich gutartig in der Glasschmelze auf.

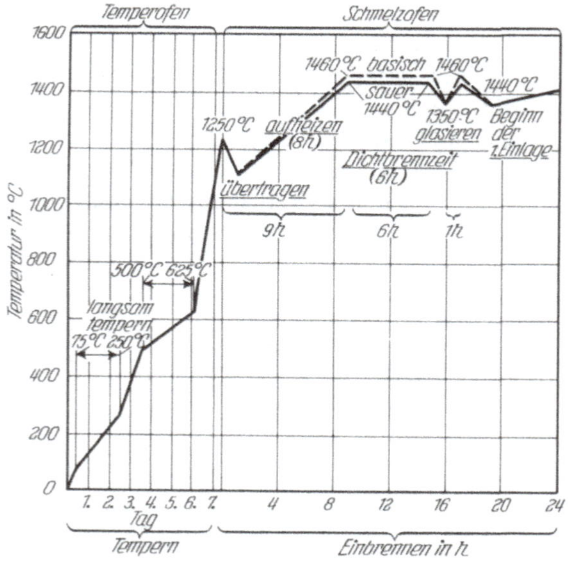

Bild 10.15. Temperaturverlauf während des Temperns und Dichtbrennen eines Hafens [5]

Die mineralogische Zusammensetzung in Abhängigkeit von der Temperatur ist in Bild 10.14a dargestellt. Man erkennt, daß erst über 1440 °C der glasig amorphe Anteil stark zunimmt. Beim Antempern sind die Quarzumwandlungen zu beachten.

Für technische Gläser eignet sich der sogenannte basische Hafen. Er wird aus tonerdereichen Tonen und entsprechender Schamotte und Hafenscherben hergestellt. Der mineralogische Aufbau geht aus Bild 10.14b hervor. Basische Häfen erlauben eine erhebliche Überschreitung der für saure Häfen zulässigen Schmelztemperaturen. Sie neigen aber zu Deformationen. Nach längerem Einsatz neigen basische Häfen zum Dichtbrennen. Sie werden damit sehr temperaturempfindlich und neigen beim Einlegen des Gemenges zur Rißbildung.

Häfen müssen sehr sorgfältig oxidierend getempert und gebrannt werden [5]. Im Temperofen werden die Häfen über sieben Tage unter Beachtung der Quarzumwandlungen auf 1200 °C getempert (Bild 10.15). Um Rißbildung durch Kaltluft zu vermeiden, ist der Temperofen mit schwachem Überdruck zu betreiben. Eine reduzierende Feuerführung ist sorgfältig zu vermeiden, da es sonst zu Kohlenstoffablagerungen im Gefüge der Hafenmasse kommt, die später beulenförmig aufbricht. Die getemperten Häfen werden vorsichtig zum Hafenofen transportiert und eingesetzt. Jetzt beginnt der Brennprozeß (Bild 10.15). Die Ofentemperatur wird innerhalb von 8 bis 10 h auf 1460 °C bei basischen Häfen und 1440 °C bei sauren Häfen gesteigert. Man muß sorgfältig darauf achten, daß nicht nur die Hafenränder sondern auch der Hafenboden Temperaturen von 1440 bzw. 1420 °C erreicht. Brennzeit und Brenntemperatur müssen so gewählt werden, daß die Porosität des Hafenmaterials Werte unter 20% erreicht. Nur dann ist später die Gewähr dafür gegeben, daß der Hafen dem Angriff der Glasschmelze standhalten kann und keine Glasfehler durch Hafenmaterial entstehen. Sind die geforderten Temperaturen erreicht, dann wird die Oberfläche des Hafens sorgfältig glasiert. Man gibt zerkleinerte Scherben in den Hafen. Sind diese geschmolzen, dann kann mit dem Glasieren begonnen werden. Die Glasur schützt den Hafen später vor zu starkem Temperaturwechsel und dichtet das Gefüge gegenüber der Ofenatmosphäre ab.

Hafen und Ring sind gemeinsam zu tempern und dichtzubrennen. Um ein Ankleben des Rings am Hafenboden zu vermeiden, empfiehlt es sich, den Ring auf kleine Schamotteklötzchen oder Sandhäufchen zu setzen.

Scherben und Gemenge sind so einzulegen, daß das Material langsam vom Einlegekegel abrieselt. Damit wird eine starke Abschreckung der Hafenwand vermieden.

Die Standzeiten von Häfen liegen zwischen 12 und 20 Wochen. Bei Bleigläsern werden die niedrigeren, bei Kaligläsern die höheren Werte erreicht. Sie sind in den einzelnen Hütten oft sehr unterschiedlich. Betriebsweise und Qualitätsansprüche an das Glas beeinflussen die Standzeiten.

Häfen und Ringe bestanden früher aus dem gleichen Material. Seit einigen Jahren hat sich für die Ringe schlickergegossenes Quarzgutmaterial durchgesetzt. Die hohe Temperaturwechselbeständigkeit dieses Materials verbunden mit einem gutartigen Auflösungsverhalten hat seine Verbreitung gefördert. Am besten halten die Ringe, die mit dem Hafen angetempert werden. Nachgesetzte Ringe haben meist eine kürzere Standzeit.

Das wichtigste Bauteil des Hafenofens ist das Gesäß, auf dem die Häfen stehen, die Brennereinfassungen und die Abgasabzüge. Dies gilt besonders für Öfen mit Herdbrennern. Diese Bauteile müssen den hohen Flammen- und Abgastemperaturen gewachsen sein und dem Herdglas ausreichend Widerstand leisten. Die frühere Standardkonstruktion mit vier Plattenlagen, wobei die erste und zweite Lage aus einer hochwertigen tonerdereichen Schamotte bestand, ist heute verlassen worden. Es hat sich bewährt, die oberste Lage aus schmelzgegossenen Platten aufzubauen und erst bei der zweiten Lage mit einer hochwertigen hochtonerdehaltigen Schamotte zu beginnen.

Für das Gewölbe wird Silika verwendet und für die Ringmauern gute Schamotte. Für Kanäle und Kammerbesatz ist ebenfalls Schamotte geeignet. Besondere Vorsicht ist bei keramischen Rekuperatoren geboten. Hier sind temperaturwechselbeständige Sillimanitqualitäten angezeigt.

11 Verbrennung und Brennstoffe

11.1 Grundlagen [1, 2, 3]

Unter Verbrennung versteht man in der Technik die chemische Reaktion zwischen einem Brennstoff und Sauerstoff, im allgemeinen mit dem Sauerstoff der Luft. Als Brennstoffe haben für den Glasschmelzofen nur die flüssigen und gasförmigen Brennstoffe Bedeutung, die aus Kohlenwasserstoffen H_2, CO, CH_4, C_3H_8, C_mH_n bestehen. Als brennbare Verunreinigung ist der Schwefel zu erwähnen. Alle Verbrennungsrechnungen basieren daher auf den Verbrennungsgleichungen der genannten Gase und Verbindungen. Die Ausgangs- und Endverbindungen sind in Tabelle 11.1 zusammengestellt. Zur Berechnung müssen die Molmassen der in Frage kommenden Verbindungen beachtet werden. Sie sind in Tabelle 11.2 zusammengestellt.

Eine Verbrennung kann nur dann vollständig und ohne verbleibende Restluft ablaufen, wenn das theoretisch notwendige stöchiometrische Brennstoff/Luft-Verhältnis vorliegt. Berücksichtigt man, daß 1 kmol eines idealen Gases unter Normalbedingungen (0 °C und 1 bar) einen Raum von 22,414 m^3 einnimmt und der Sauerstoffgehalt der Luft 21% beträgt, dann lassen sich aus den Verbrennungsgleichungen von Tabelle 11.1 der für die stöchiometrische Verbrennung notwendige Luftbedarf l_{st} und die entstehende Abgasmenge v_{st} errechnen (Tabelle 11.3).

Der Luftbedarf ist das Verhältnis von Luft- zu Brennstoffmassenstrom

$$l = \frac{\dot{M}_L}{\dot{M}_B}. \tag{11.1}$$

Da bei der Verbrennung auch Wasserdampf entsteht, der bei Abkühlung ganz oder teilweise kondensiert, muß zwischen der trockenen, H_2O-freien Abgasmenge $v_{st,trocken}$ und v_{st} unterschieden werden.

Die stöchiometrische Abgasmenge v_{st} ist definiert als das Verhältnis von Abgas- zu Brennstoffmassenstrom bei stöchiometrischer Verbrennung:

$$v_{st} = \frac{\dot{M}_{A,st}}{\dot{M}_B}. \tag{11.2}$$

Tabelle 11.1. Verbrennungsgleichungen

C	+	O_2	= CO_2	2 CO	+	O_2	= 2 CO
12		32	44 kg	2 · 28		32	2 · 44 kg
0		22,4	22,4 m^3/kmol	2 · 22,4		22,4	2 · 22,4 m^3/kmol
1		1	1 kmol	2		1	2 kmol
S	+	O_2	= SO_2	2 H_2	+	O_2	= 2 H_2O
32		32	64 kg	2 · 2		32	2 · 18 kg
0		22,4	22,4 m^3/kmol	2 · 22,4		22,4	2 · 22,4 m^3/kmol
1		1	1 kmol	2		1	2 kmol
CH_4	+	2 O_2	= CO_2 + 2 H_2O	C_3H_8	+	5 O_2	= 3 CO_2 + 4 H_2O
16		2 · 32	44 + 2 · 18 kg	44	+	5 · 32	3 · 44 + 4 · 18 kg
22,4	+	2 · 22,4	22,4 + 2 · 22,4 m^3/kmol	22,4	+	5 · 22,4	3 · 22,4 + 4 · 22,4 m^3/kmol
1		2	1 2 kmol	1		5	3 4 kmol

C_mH_n	+	(m + n/4) O_2	=	m CO_2	+ n/2 H_2O
12m+n		32 m + 8 n		44 m	9 n kg
22,4		(m + n/4) 22,4		m · 22,4	n · 11,2 m^3/kmol
1		m + n/4		m	n/4 kmol

Tabelle 11.2. Molmassen der für die Verbrennung wichtigen Stoffe. Das molare Normvolumen eines idealen Gases ist $V_{mn} = 22{,}4\ m^3/kmol$

Bezeichnung	Formelzeichen	Molmasse M (abgerundet) kg/kmol	Spezif. Volumen $V = V_{mn}/M$ m^3/kg
Wasserstoff	H_2	2	11,2
Sauerstoff	O_2	32	0,7
Stickstoff, chem. rein	N_2	28	0,8
Stickstoff der Luft	–	–	0,796
Kohlenstoff	C	12	–
Schwefel	S	32	–
Schweflige Säure	SO_2	64	0,35
Kohlenmonoxid	CO	28	0,80
Kohlensäure	CO_2	44	0,509
Methan	CH_4	16	1,4
Äthylen	C_2H_4	28	0,8
Äthan	C_2H_6	30	0,747
Propan	C_3H_8	44	0,509
Butan	C_4H_{10}	58	0,386
Wasserdampf	H_2O	18	1,244

11.1.1 Luftüberschuß

In der Technik werden Feuerungen, von Sonderfällen abgesehen, immer mit Luftüberschuß betrieben, da nur dann eine weitgehende Ausnützung der Brennstoffenergie möglich ist. Ein vollständiger Ausbrand ist in der zur Verfügung stehenden Zeit nur möglich, wenn die Luft im Überschuß zugeführt wird.

Bezeichnet man mit l den auf den Brennstoffmassenstrom bezogenen Luftmassenstrom, dann wird das Verhältnis

$$\frac{\dot{M}_L}{\dot{M}_{L,st}} = \frac{l}{l_{st}} = \lambda$$

mit λ bezeichnet und Luftzahl genannt. $(\lambda - 1) = (l - l_{st})/l_{st}$ wird Luftüberschußzahl und $(l - l_{st})$ auch einfach Luftüberschuß genannt. Die Luftzahl wird bei Feuerungen so klein gehalten, daß eben noch ein voll befriedigender Ausbrand erreicht wird, da ein großer Luftüberschuß ein größeres Abgasvolumen und damit größere Abgasverluste bedeutet.

Bei gasförmigen Brennstoffen werden Werte von $\lambda = 1{,}05$ bis 1,0 erreicht, bei Heizöl $\lambda = 1{,}1$ bis 1,2. Die Überwachung einer Feuerung besteht zum großen Teil in der Überwachung und Konstanthaltung der als richtig und zweckmäßig erkannten Luftzahl. Da eine direkte meßtechnische Erfassung von λ nicht möglich ist, wählt man als Kontrolle die Überwachung mit einer als Leitgröße dienenden leicht meßbaren Abgaskomponente. In der Praxis ist dies die Kohlensäure (CO_2) oder der Sauerstoff (O_2).

Früher, als die Sauerstoffmeßtechnik noch nicht so vervollkommnet war, überwachte man den CO_2-Gehalt. Der CO_2-Gehalt erreicht bei stöchiometrischer Verbrennung einen Maximalwert. Er nimmt nach beiden Seiten bei Luftmangel und bei Luftüberschuß ab. Bei Glasschmelzöfen kommt als weiterer Nachteil die Verfälschung durch die CO_2-haltigen Gemengegase hinzu. Aus den geschilderten Gründen wird daher die O_2-Messung zur Überwachung des Luftfaktors bevorzugt.

Die entstehende Rauchgasmenge v findet man aus der Beziehung

$$v = v_{st} + (\lambda - 1)\, l_{st}\,. \tag{11.3}$$

Für den Sauerstoffgehalt $V_{O_2,A}$ in Vol.-% in den Abgasen gilt mit

$$\frac{v - v_{st}}{v} = \frac{V_{O_2,A}}{V_{O_2,L}}\,. \tag{11.4}$$

Aus beiden Gleichungen ergibt sich

$$\lambda = 1 + \frac{v_{st}}{l_{st}}\, \frac{V_{O_2,A}}{V_{O_2,L} - V_{O_2,A}}\,. \tag{11.5}$$

Tabelle 11.3. Verbrennung mit theoretischem Luftbedarf, bezogen auf 1 m^3 Brennstoff im Normzustand

Stoff	Stöchiometrischer Luftbedarf l_{st}	Stöchiometrische Abgasmenge					
		CO_2	SO_2	N_2	H_2O	$v_{st,tr}$	v_{st}
CO	2,38	1,0	–	1,88	–	2,88	
H_2	2,38	–	–	1,88	1,0	1,88	2,88
CH_4	9,51	1,0	–	7,51	2,0	8,51	10,51
C_2H_4	14,27	2,0	–	11,27	2,0	13,27	15,27
C_2H_6	16,67	2,0	–	13,17	3,0	15,17	18,17
C_3H_8	23,81	3,0	–	18,81	4,0	21,81	25,81
C_4H_{10}	30,95	4,0	–	24,45	5,0	28,45	33,45
H_2S	7,13	–	1,0	5,63	1,0	6,63	7,63

Tabelle 11.4. Heizwerte der wichtigsten brennbaren Elemente

	H_o kJ/kg	H_o kJ/m$_n^3$	H_o kJ/mol	H_u kJ/kg	H_u kJ/m$_n^3$	H_u kJ/mol
C	33 810	–	406 000	33 810	–	406 000
CO	10 130	12 640	283 320	10 130	12 640	283 320
H_2	141 910	12 760	286 040	119 570	10 760	241 010
CH_4	55 580	39 840	890 570	49 930	35 780	800 550
C_2H_4	50 760	63 990	1 422 900	47 540	59 930	1 332 880
C_2H_6	51 940	70 390	1 560 170	47 420	64 320	1 425 120
C_3H_8	50 390	101 780	2 220 560	46 330	93 530	2 040 520
C_4H_{10}	49 550	133 960	2 875 100	45 700	123 500	2 653 800
S	9 250	–	295 960	9 250	–	295 960
H_2S	16 700	25 700	569 160	15 400	23 690	524 130

Bei genauen Messungen an Glasschmelzöfen gilt es zu beachten, daß die Abgasmenge nicht nur Rauchgase der Feuerung, sondern je nach Lage zum Einschmelzbereich mehr oder weniger große Mengen an Gemengegasen enthält. Auf die gesamte Abgasmenge bezogen, können die Gemengegase 10%, im Einschmelzbereich sogar noch höhere Werte erreichen. Eine Berechnung der Luftzahl λ nach (11.3) kann daher zu Fehlern führen. Bezeichnet man die bezogene Gemengegasmenge analog zu v_{st} mit v_G, dann ergibt sich für die Luftzahl

$$\lambda = 1 + \frac{v_{st} + v_G}{l_{st}} \, \frac{V_{O_2,A}}{V_{O_2,L} - V_{O_2,A}} . \qquad (11.5\,a)$$

Der Zusammenhang zwischen λ und $V_{O_2,A}$ und der Einfluß eines Gemengegasanteils ($v_G/l_{st} = 0{,}1$) ist in Bild 11.1 dargestellt. Die Berechnungen gelten für Heizöl ($v_{st}/l_{st} = 0{,}94$). Die Einflüsse sind nicht sehr stark, aber doch deutlich fühlbar.

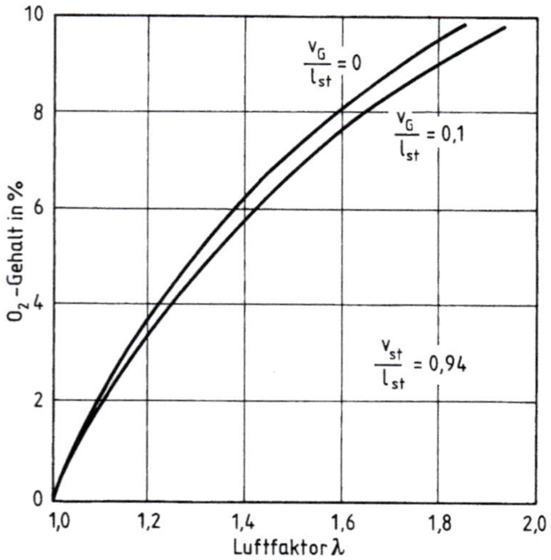

Bild 11.1. Einfluß der Gemengegase (v_G) auf die Luftzahl

11.1.2 Wärmeentwicklung

Die der Verbrennung zugrunde liegenden Reaktionen (Tabelle 11.1) sind stark exotherm. Darauf beruht die Verwendung als Wärmequellen. Einen Überblick über die Heizwerte der wichtigsten brennbaren Elemente gibt Tabelle 11.4. Man unterscheidet zwischen dem Brennwert H_o und dem Heizwert H_u.

Der Brennwert (früher: oberer Heizwert) ist die Wärmemenge, die bei der vollständigen Verbrennung mit Luft von 1 m³ trockenem Gas, gerechnet im Normalzustand, frei wird, wenn die Verbrennungsprodukte auf die Ausgangsbedingungen von 1,01325 bar und +25 °C zurückgeführt werden und das bei der Verbrennung von freiem und gebundenem Wasserstoff gebildete Wasser in flüssigem Zustand vorliegt.

Da der Brennwert unmittelbar mit einem eichfähigen Kalorimeter gemessen werden kann, wird er in der Gaswirtschaft zu Abrechnungszwecken herangezogen.

Der Heizwert (früher: unterer Heizwert) entspricht der Definition des Brennwerts, jedoch vermindert um die Verdampfungswärme, die zur Verdampfung des bei der Verbrennung gebildeten Wassers erforderlich ist. Danach entspricht die bei Verbrennung nutzbare Wärmemenge dem Heizwert, da das Verbrennungsprodukt Wasser im allgemeinen mit dem heißen Abgas dampfförmig abgeführt wird. Für überschlägige Rechnungen gilt, daß der Heizwert um jeweils etwa 10% niedriger ist als der Brennwert.

Erfolgt die Verbrennung adiabatisch ohne Dissoziation, dann ergibt sich die theoretische Verbrennungstemperatur zu

$$\vartheta_{th} = \frac{H_u}{v_{st}\, c_p} . \qquad (11.6)$$

In der Realität der technischen Anlagen ist während der Verbrennung mit Wärmeverlusten q_v und bei Temperaturen über 1500 °C mit Dissoziationen q_{diss} zu rechnen, ihre Einflüsse vermindern die erreichbare Verbrennungstemperatur. Es gilt

$$\vartheta_V = \frac{H_u - q_v - q_{diss}}{v_{st}\, c_p}. \qquad (11.7)$$

Zur Berechnung der Dissoziation sind die Gleichgewichtszustände der herrschenden Zusammensetzung zu berechnen. Ab einer gewissen Temperatur halten sich die Verbrennungsreaktionen und die Trennungsreaktionen die Waage. Im Endeffekt laufen die Reaktionen nicht mehr voll durch. Im allgemeinen geht die Dissoziationswärme q_{diss} dem Prozeß nicht verloren, da nach dem Ausbrand durch weitere Abkühlung der Rauchgase die Reaktionen voll durchlaufen.

Die Verbrennungstemperatur hängt nicht nur vom Brennstoff, sondern in starkem Maße von der Ausgangstemperatur der Partner (Luftvorwärmung, Brennstoffvorwärmung) und von der Luftzahl ab. Es gilt:

$$\vartheta_V = \frac{H_u + l_{st}\, c_{p,L}\, \vartheta_L + c_{p,B}\, \vartheta_B - q_v - q_{diss}}{v_{st}\, c_{p,A}}. \qquad (11.8)$$

Für v gilt Gl. (11.3), für v_{st} Gl. (11.2).

Aus Bild 11.2 ist der starke Einfluß der Luftzahl und der Vorwärmtemperatur auf die Verbrennungstemperatur zu erkennen. Die entsprechende Darstellung für verschiedene Brennstoffe bei $\lambda = 1{,}1$ gibt Bild 11.3.

Eine ähnliche, vielfach anzutreffende Darstellung ist das h, ϑ-Diagramm. h bedeutet hier die spezifische Enthalpie der Verbrennungsgase gemäß $h = c_p\, \vartheta$. Bild 11.4 gibt ein h, ϑ-Diagramm für die Abgase von Heizöl. Auf der Abszisse ist die erreichbare adiabate Verbrennungstemperatur und auf der Ordinate die spezifische Enthalpie der Rauchgase in Abhängigkeit von Luftzahl und

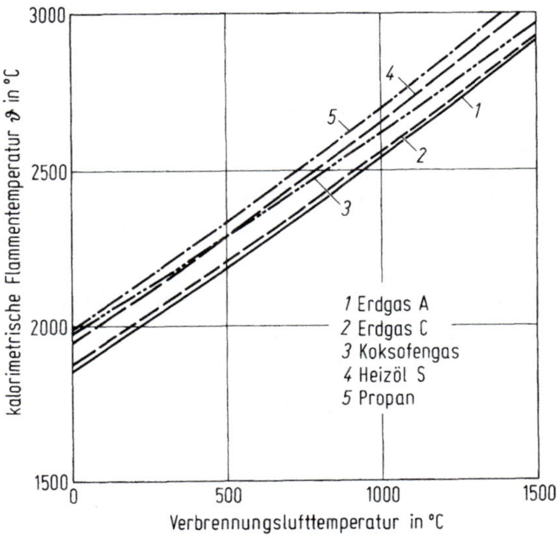

Bild 11.3. Kalorimetrische Flammentemperatur verschiedener Brennstoffe abhängig von der Verbrennungslufttemperatur

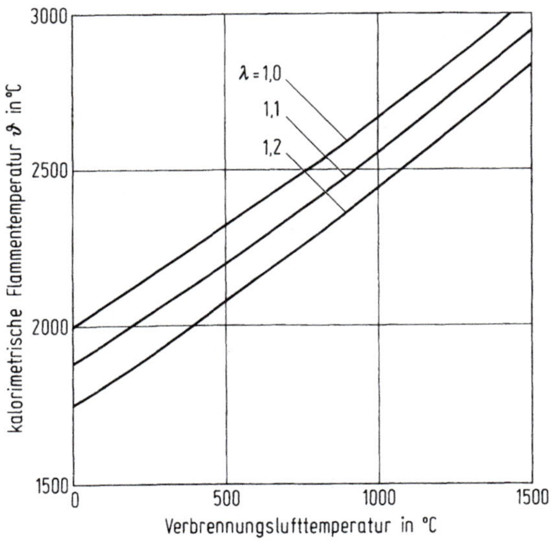

Bild 11.2. Kalorimetrische Flammentemperatur des Erdgases (Gruppe A) in Abhängigkeit von der Verbrennungslufttemperatur und der Luftzahl

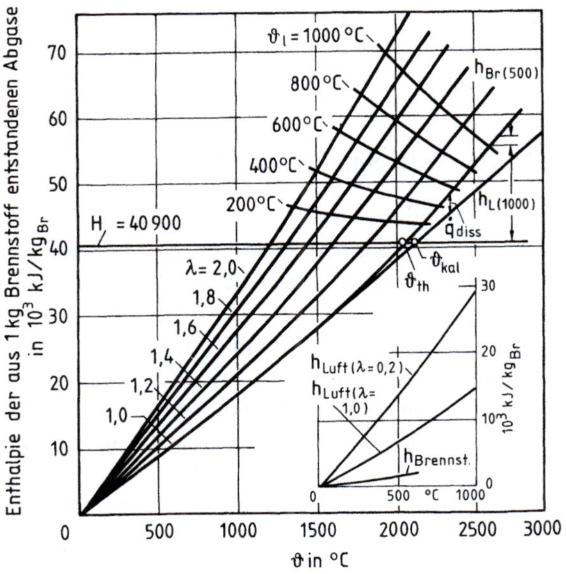

Bild 11.4. *h*, ϑ-Diagramm für die Abgase von Heizöl [2]

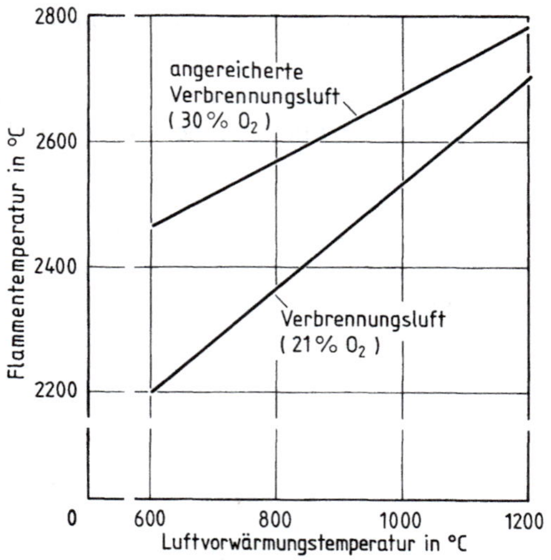

Bild 11.5. Einfluß der Luftvorwärmung und des O_2-Gehalts auf die adiabatische Flammentemperatur bei Verbrennung von schwerem Heizöl ohne Berücksichtigung der Dissoziation

eventueller Vorwärmtemperatur der Verbrennungsluft aufgetragen. Der Einfluß der Dissoziation (q_{diss}) ist berücksichtigt. Man erkennt auch hier den starken Einfluß der Luftzahl und der Vorwärmtemperatur auf die erreichbare Verbrennungstemperatur.

In Sonderfällen arbeitet man mit O_2 angereicherter Luft. Durch die Verminderung des Stickstoffballastes lassen sich damit höhere Verbrennungstemperaturen erreichen. In Bild 11.5 sind diese Zusammenhänge in Abhängigkeit von der Luftvorwärmung für Luft (21% O_2) und mit O_2 angereicherte Luft (30% O_2) angegeben. In der Praxis werden diese Temperaturen aber nicht erreicht, da Dissoziation und Wärmeabgabe die Verbrennungstemperatur absenken.

11.1.3 Verbrennungsablauf

In Verbindung mit dem Verbrennungsablauf tauchen die Begriffe Zündgrenzen, Zündtemperatur, Flammengeschwindigkeit und Wobbe-Index auf.

Eine Zündung von Brennstoff/Luft-Gemisch ist nur dann möglich, wenn ihre Zusammensetzung zwischen zwei Grenzwerten, den Zündgrenzen, liegt. Erfolgt bei einem Brennstoff/Luft-Gemisch eine Zündung außerhalb der Grenzen, dann gibt es nur eine örtlich begrenzte kurzfristige Reaktion. Für die Weiterführung der Startreaktionen steht nicht genügend Energie zur Verfügung, die Flamme erlischt.

Tabelle 11.5. Zündgrenzen von Gasen und Dämpfen in Luft und Sauerstoff bei Atmosphärendruck (Gasbestandteile in Vol.-%) [1]

Zündgrenze		In Luft (20 °C)		In Sauerstoff (20 °C)	
		untere	obere	untere	obere
Wasserstoff	H_3	4,1	74,0	4,5	95
Kohlenmonoxid	CO	12,5	74,0	13	96
Methan	CH_4	5,3	14	5	60
Äthan	C_3H_4	3,2	12,5	3,9	50,5
Propan	C_3H_6	2,4	9,5	–	–
Butan	C_4H_{10}	1,85	8,4	–	–
Pentan	C_5H_{12}	1,4	7,8	–	–
Äthylen	C_2H_4	3,0	29	3,0	80
Acetylen	C_2H_2	2,5	80	2,8	93

Für die wichtigsten Elementargase sind in Tabelle 11.5 Zündgrenzen angegeben. Man erkennt, daß zwischen den einzelnen Gasen große Unterschiede bestehen.

Mit zunehmender Temperatur wird der Zündbereich breiter, da weniger Fremdenergie für die Zündung benötigt wird. Für die untere Zündgrenze bei der Temperatur ϑ (°C) gilt nach Zabedakis [7] für das Verhältnis der temperaturabhängigen Gasanteile einer Gemischkomponente:

$$\frac{U(\vartheta)}{U(25\,°C)} = 1 - 0{,}000721\,(\vartheta/(°C) - 25) \tag{11.9a}$$

und für die Gasanteile an der oberen Zündgrenze

$$\frac{O(\vartheta)}{O(25\,°C)} = 1 + 0{,}000721\,(\vartheta/(°C) - 25)\,. \tag{11.9b}$$

Diese Beziehungen gelten weitgehend für die Kohlenwasserstoffe.

Steigt die Temperatur weiter an, dann tritt Selbstzündung ein. Diese Temperatur wird als Zündtemperatur bezeichnet. Für die Praxis ist dieser Wert bei Verwendung von Gas/Luft-Gemischen oder Vormischbrennern wichtig. Die Zündtemperaturen werden nach DIN 51794 ermittelt. Für die wichtigsten Elementargase sind sie in Tabelle 11.6 zusammengestellt. Die Unterschiede zwischen den einzelnen Gasen sind nicht sehr groß. Eine Ausnahme machen lediglich n-C_5H_{12} und n-C_6H_{18} Die niedrigsten Zündtemperaturen werden bei geringem Luftmangel erreichet.

Die laminare Flammengeschwindigkeit – auch Zündgeschwindigkeit genannt – wird definiert als

Tabelle 11.6. Zündtemperaturen von stöchiometrischen Brennstoff/Luft-Gemischen bei Atmosphärendruck [2]

Brennstoff	Zündtemperatur in °C
H_2	560
CO	605
CH_4	610
C_2H_6	425
C_3H_8	470
n-C_5H_{12}	285
n-C_8H_{18}	210
C_6H_6	555

diejenige Geschwindigkeit, mit der sich eine Flammenfront relativ zu einem zündfähigen Brennstoff/Luft-Gemisch bewegt. In der Praxis der Industriebrenner hat die laminare Flammengeschwindigkeit die Bedeutung einer Kennzahl zur Beurteilung des Brennverhaltens verschiedener Gase. Die Flammengeschwindigkeit ist auch maßgebend für das Stabilitätsverhalten von Brennern. Sie beeinflußt die Flammengeschwindigkeit von Brennstoff/Luft-Gemischen und hängt neben den Eigenschaften des Brennstoffs vor allem vom Mischungsverhältnis Brennstoff/Luft, von der Temperatur und vom Druck ab. Das Maximum liegt in der Nähe der stöchiometrischen Mischung auf der Seite des Luftmangels. Zahlenwerte für die Zündgeschwindigkeit verschiedener H_2/CH_4-Luftgemische können Bild 11.6 entnommen werden.

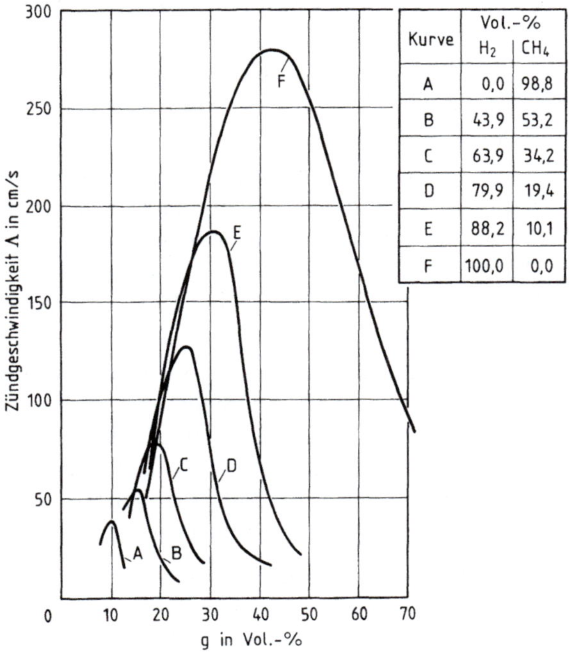

Bild 11.6. Zündgeschwindigkeit von H_2/CH_4-Luftgemischen [4]

Der Temperatureinfluß auf die maximale Flammengeschwindigkeit von Kohlenwasserstoffen kann angenähert durch die Beziehung

$$\Lambda_{max} = \Lambda_1 + \Lambda_2 \left(\frac{T^2}{(K)} \right) \tag{11.10}$$

ermittelt werden, $\Lambda_1 = 6$ cm/s; $\Lambda_2 = 45 \cdot 10^{-5}$ cm/s.

Der Wobbe-Index (früher: Wobbe-Zahl) gilt als Kennwert für die Wärmebelastung: Verschieden zusammengesetzte Brenngase mit gleichem Wobbe-Index und unter gleichem Fließdruck ergeben an Brennern annähernd gleiche Wärmebelastung. Der Wobbe-Index ist der Quotient aus dem Brennwert (H_o) bzw. dem Heizwert (H_u) und der Quadratwurzel aus der relativen Dichte des jeweiligen Gases:

$$W_o = \frac{H_o}{\sqrt{d}}; \quad W_u = \frac{H_u}{\sqrt{d}}, \tag{11.11 a}$$

mit $d = \varrho_G / \varrho_L$.

Der erweiterte Wobbe-Index berücksichtigt neben den durch den Wobbe-Index bereits erfaßten stofflichen Größen auch den Fließdruck p_e in seiner Wirkung auf die Gasausströmung und damit auf die Wärmebelastung:

$$W_{o,e} = W_o \frac{1}{\sqrt{p_e}}; \quad W_{u,e} = W_u \frac{1}{\sqrt{p_e}}. \tag{11.11 b}$$

11.1.4 Taupunkt

Bei der Auslegung technischer Anlagen spielt der Taupunkt der Verbrennungsabgase eine große Rolle. Es gilt hier zwischen dem Wassertaupunkt und dem Säuretaupunkt zu unterschieden. Der Wassertaupunkt technischer Brennstoffe liegt zwischen 40 und 60 °C. Mit zunehmender Luftzahl nimmt der Taupunkt ab. Wasserdampfgehalt und Taupunkt sind in Tafel 11.7 zusammengestellt.

Werden schwefelhaltige Brennstoffe verwendet (Heizöle) oder sind die entstehenden Gemengegase schwefelhaltig, dann verbrennt ein Teil des Schwefels zu SO_2 und ein kleinerer zu SO_3. Das SO_3 bildet beim Abkühlen der Rauchgase mit dem Wasserdampfgehalt wäßrige Schwefelsäure, die sehr korrosiv wirkt. Der Taupunkt des Wasser/Schwefelsäure-Gemischs ist stark vom SO_3-Gehalt abhängig und liegt bedeutend höher als der Wassertaupunkt. Die Siede- und Taulinie des H_2SO_4-Wasserdampfgemischs bei 152 mbar, was einem Wassertaupunkt von 53 °C entspricht, sind

Tabelle 11.7. Feuchtigkeit und Taupunkt der Abgase technischer Brennstoffe bei Verbrennung mit feuchter Luft von 20 °C und 80% Sättigung [2]

Brennstoff	Wasserdampfgehalt der trockenen Abgase			Taupunkt °C	
	$\lambda = 1,0$ kg/m$_n^3$	$\lambda = 1,0$ m$_n^3$/m$_n^3$	$\lambda = 1,5$ m$_n^3$/m$_n^3$	$\lambda = 1,0$	$\lambda = 1,5$
Steinkohle (Fettkohle)	0,0711	0,0887	0,0650	42	37
Koks	0,0674	0,0837	0,0617	42	36
Braunkohle (roh)	0,0909	0,1131	0,0814	47	40
Heizöl S	0,1249	0,1554	0,1080	52	46
Heizöl EL	0,1397	0,1738	0,1198	54	48
Flüssiggas	0,1678	0,2062	0,1396	57	50
Erdgas Emsland	0,2023	0,2516	0,1687	60	53
Erdgas Slochteren	0,1992	0,2478	0,1669	60	54
Koksofengas	0,2520	0,3135	0,2085	64	57
Generatorgas (Braunkohlenbriketts)	0,0777	0,0966	0,077	43	38
Gichtgas	0,0147	0,0183	0,0184	16	16

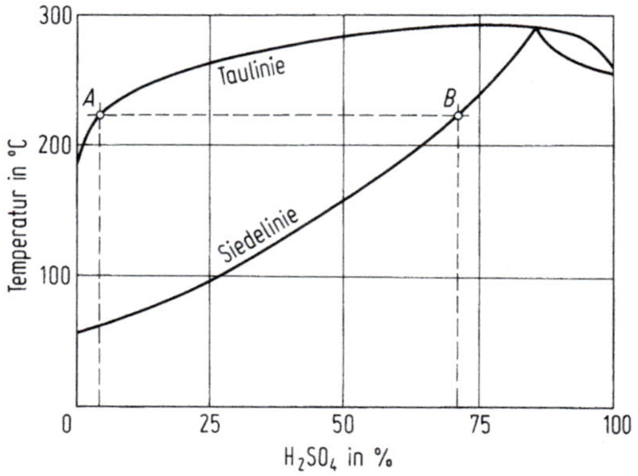

Bild 11.7. Siede- und Taulinie des H_2SO_4-Wasserdampfgemischs bei einem Gesamtdruck von 152 mbar [1]

aus Bild 11.7 zu ersehen. Bemerkenswert ist der steile Anstieg bei sehr niedrigen Schwefelsäuregehalten. Der SO_3-Gehalt der Rauchgase und nicht der SO_2-Gehalt ist damit die maßgebende Größe für den Säuretaupunkt. Eine niedrige Luftzahl verschiebt das SO_2/SO_3-Gleichgewicht nach der SO_2-Seite und ist damit im Hinblick auf eine Verminderung des Säuretaupunkts anzustreben.

11.2 Technische Brennstoffe

11.2.1 Gasförmige Brennstoffe [3, 4]

Für die Beheizung von Glasschmelzöfen werden die Gasarten Erdgas und Erdölgas, Kokereigas und sogenannte Austausch- und Zusatzgase verwendet. Die früher weitverbreitete Gaseigenerzeugung gehört der Vergangenheit an.

Zwischen Erdgas und Erdölgas wird in der Praxis oft nicht unterschieden. Erdölgase stammen aus Erdöllagerstätten. Das Erdgas wird von den Gasgesellschaften auf bestimmte Standardqualitäten eingestellt und über Ferngasleitungen dem Verbraucher zugeführt. Man unterscheidet die Gruppe *L* mit dem Wobbe-Index 9800 bis 11600 und die Gruppe *H*, Wobbe-Index 11200 bis 13500. Die Gruppe *H* hat zur Zeit wesentlichen Anteil an der Versorgung der Bundesrepublik Deutschland. Die physikalischen Kenngrößen und Brenneigenschaften dieser Gase sind aus Tabelle 11.8 zu entnehmen.

Die Kenndaten für die Verbrennung dieser Gase bei einer Luftzahl $\lambda = 1$ sind in Tabelle 11.9 zusammengestellt.

Das Kokereigas entsteht durch Entgasen von Kohle bei Erhitzung. Man unterscheidet die Gruppe A (Wobbe-Index 5400 bis 6700) und B (Wobbe-Index 6300 bis 7900). Die entsprechenden Kenndaten sind ebenfalls in den Tabellen 11.8 und 11.9 aufgelistet.

Als Austausch- und Zusatzgase werden Gasgemische verstanden, die innerhalb einer Gasfamilie bei gleichem Gasdruck und unveränderter Brennereinstellung ein gleichwertiges Brennverhalten aufweisen. Zu den Austauschgasen gehören Gase, die dem Kokereigas sehr ähnlich sind.

Zusatzgase sind Gasgemische, die zur Spitzendeckung den Gasen einer Gasfamilie zugerechnet werden, wobei die Forderung nach gleichwertigem Brennverhalten des Gemischs aus Grundgas und Zwischengas, die Höhe des Zusatzes begrenzt.

Tabelle 11.8. Physikalische Kenngrößen und Brenneigenschaften von Kokereigas und Erdgasen (Anhaltswerte) [3, 4]

		Kokereigas	Erdgas	
			Gruppe L	Gruppe H
Gaszusammensetzung Vol.-%	CO_2	2,3	0,9	1,0
	C_nH_m	2,3		
	O_2	0,5		
	CO	5,5		
	H_2	54,5		
	CH_4	25,3	82,1	93,0
	N_2	9,6	12,9	1,1
	C_2H_6		3,2	3,0
	C_3H_8		0,6	1,3
	C_4H_{10}		0,3	0,6
Relative Dichte d		0,40	0,64	0,61
Normdichte ϱ	kg/m³	0,51	0,83	0,79
Mittleres Molekulargewicht M		11	18,6	18
Gaskonstante R	Nm/kg K	726	448	471
Spezif. Wärme bei 0 °C, 1 bar c_p (konst. Druck)	kcal/(m³ K) kJ/(m³ K)	0,326 1,365	0,371 1,552	0,387 1,62
Spezif. Wärme bei 0 °C, 1 bar c_v (konst. Volumen)	kcal/(m³ K) kJ/(m³ K)	0,243 1,017	0,282 1,181	0,297 1,243
Isotropenexponent bei 0 °C, 1 bar, K		1,34	1,31	1,30
Dynamische Viskosität bei 20 °C, 1 bar, η	Ns/m²	$12{,}75 \cdot 10^{-6}$	$11{,}76 \cdot 10^{-6}$	$10{,}76 \cdot 10^{-6}$
Kinematische Viskosität bei 20 °C, 1 bar, ν	m²/s	$27{,}5 \cdot 10^{-6}$	$15{,}21 \cdot 10^{-6}$	$14{,}9 \cdot 10^{-6}$
Brennwert[a], H_o	kcal/m³ kJ/m³	4 700 19 680	8 586 35 900	9 875 37 250
Heizwert[a], H_u	kcal/m³ kJ/m³	4 175 17 470	7 749 32 430	8 920 37 350
Verhältnis $\frac{\text{Heizwert}}{\text{Brennwert}}$, H_u/H_o		0,888	0,902	0,903
Wobbe-Index $\frac{H_o}{\sqrt{d}}$, Wo	kcal/m³ kJ/m³	7 450 31 200	10 700 44 800	12 700 53 200
Laminare Flammengeschwindigkeit (Zündgeschwindigk.) des Gas/Luft-Gemischs Λ_{max}	m/s	0,95	0,41	0,43
Zündgrenzen Vol.-% Gas in Luft, Z_u, Z_o	%	5 . . . 30	5 . . . 15	5 . . . 15
Zündtemperatur mit Luft	°C	560	640	640

[a] Gas im Normzustand

Bekannte Zwischengase sind Flüssiggas/Luft-Gemische.

Die geschilderten Brenngase sind sehr rein. Der Schwefelgehalt ist vernachlässigbar und die Brenneigenschaften werden innerhalb geringer Toleranzen konstant gehalten. Für den Verbraucher ist die Anwendung sehr bequem, da die Lagerhaltung entfällt, die Verfügbarkeit gesichert ist und der Einsatz keine größeren Investitionen erfordert. Die wichtigsten Regeln zur sicheren Verwendung in Industrieöfen enthält das DVGW, Arbeitsblatt G 610 „Technische Regeln für Gasfeuerungen an Industrieöfen".

11.2.2 Flüssige Brennstoffe

11.2.2.1 Heizöle [6]

Für die Glasindustrie haben nur die aus Erdöl gewonnenen flüssigen Brennstoffe Bedeutung. Bei diesen Heizölen unterscheidet man das Destillat-Heizöl EL (extra leichtflüssig) und das Rück-

Tabelle 11.9. Verbrennungskennzahlen ($\lambda = 1$) von Kokereigas und Erdgasen [3, 4]

		Kokereigas	Erdgas	
			Gruppe L	Gruppe H
Brennluftbedarf	m^3/m^3 Gas	4,3	8,6	9,9
Rauchgasmenge (feucht)	m^3/m^3 Gas	5,0	9,5	10,9
Rauchgasmenge (trocken)	m^3/m^3 Gas	3,9	7,8	8,9
Rauchgaszusammensetzung (feucht) Vol.-%	CO_2	7,9	9,6	9,7
	H_2O	22,4	18,5	18,7
	N_2	69,7	71,9	71,6
Rauchgaszusammensetzung (trocken) Vol.-%	CO_2	10,2	11,8	12,0
	N_2	89,8	88,2	88,0
Flammentemperatur (mit Dissoziation)	°C	1975	1930	1940

Tabelle 11.10. Analysedaten der Heizölsorten aus Erdöl, handelsüblich und nach DIN 51603. (Die Auslegung von Anlagen sollte grundsätzlich nach den ungünstigsten Grenzwerten der DIN 51603 erfolgen) [6]

Kennwert		Heizöl EL		Heizöl S	
		DIN 51603	Ausfall im Durchschnitt	DIN 51603	Ausfall im Durchschnitt
Dichte/15 °C	g/ml	max. 0,86	0,825	ist anzugeben	0,94
Flammpunkt (geschlossener Tiegel)	°C	min. 55	65	min. 65	90 ... 160
Viskosität					
bei 20 °C	m^2/s	max. $6 \cdot 10^{-6}$	$4{,}5 \cdot 10^{-6}$	–	–
bei 50 °C	m^2/s	–	–	max. $450 \cdot 10^{-6}$	$190 \ldots 365 \cdot 10^{-6}$
bei 100 °C	m^2/s	–	–	max. $40 \cdot 10^{-6}$	$12 \ldots 28 \cdot 10^{-6}$
Stockpunkt	°C	min. −10	−15	–	20 ... 40
Koksrückstand n. Conradson	Gew.-%	max. 0,05	0,01	max. 15	6 ... 10
Schwefelgehalt	Gew.-%	max. 0.8	0,5	max. 2,8	1,0 ... 2,8
Wassergehalt, nicht absetzb.	Gew.-%	max. 0,1	Spuren	max. 0,5	0,1 ... 0,3
Heizwert H_u	kJ/kg	min. $4{,}186 \cdot 10^4$	$4{,}27 \cdot 10^4$	min. $3{,}98 \cdot 10^4$	$4{,}06 \cdot 10^4 \ldots 4{,}14 \cdot 10^4$
Asche (Oxidasche)	Gew.-%	max. 0,01	unter 0,001	max. 0,15	0,01 ... 0,06
Sedimente (feste Fremdstoffe)	Gew.-%	max. 0,05	prakt. 0	0,5	etwa 0,1
Kohlenstoff (C)	Gew.-%	–	85,5	–	86,5
Wasserstoff (H_2)	Gew.-%	–	13,5	–	11,5
Stickstoff u. Sauerstoff. (O + N)	Gew.-%	–	0,3	–	0,2 ... 0,5
Theor. Luftbedarf, trocken	m^3/kg [a]	–	11,2	–	10,8
Rauchgasvolumen, feucht	m^3/kg [a]	–	11,9	–	11,3
Rauchgasvolumen, trocken	m^3/kg [a]	–	10,5	–	10,1
Kohlendioxid, max.	%	–	15,3	–	15,7
Wasserdampf	m^3/kg	–	1,5	–	1,3

[a] Gase im Normzustand

stands-Heizöl S (schwerflüssig). Die Kenndaten dieser beiden Arten sind in Tabelle 11.10 zusammengestellt. Man muß hier zwischen den Angaben nach DIN 51603 und den sogenannten „Ausfalldaten" unterscheiden. Je nach Herkunft fallen die Eigenschaften unterschiedlich aus. Die ungünstigsten Grenzwerte weist die DIN 51603 auf, man sollte daher die Anlagen nach diesen Werten auslegen, um auf der sicheren Seite zu liegen. Heizöl gehört in die Gefahrenklasse 3.

Die Viskosität ist der wichtigste Kennwert für die Lagerung, Förderung und Zerstäubung des Heizöls. Einen Überblick über das Verhalten der verschiedenen Sorten in Abhängigkeit der Temperatur vermittelt Bild 11.8.

Sehr wichtig ist auch der Schwefelgehalt. Den handelsüblichen Ausfall kennzeichnet Tabelle 11.10.

Bei Heizöl S unterscheidet man die Sorten

schwefelarm:	max.	1,0	Gew.-% S
schwefelarm:		1,75	Gew.-% S
Normalware:		2,0	Gew.-% S
schwefelreich:	bis	2,8	Gew.-% S.

1 Gew.-% Schwefel mehr vermindert den Heizwert um 293 kJ/kg.

Der Aschegehalt von Heizöl EL beträgt ≈ 30 mg/kg. Die Asche besteht vornehmlich aus Vanadium- und Nickeloxid. Bei Heizöl S ist mit 500 mg/kg zu rechnen. Hauptbestandteile sind hier Vanadium-, Eisen- und Calciumoxid.

11.2.2.2 Flüssiggase [5]

Die Flüssiggase werden ihrer Herkunft nach meist zu den flüssigen Brennstoffen gezählt, auch wenn

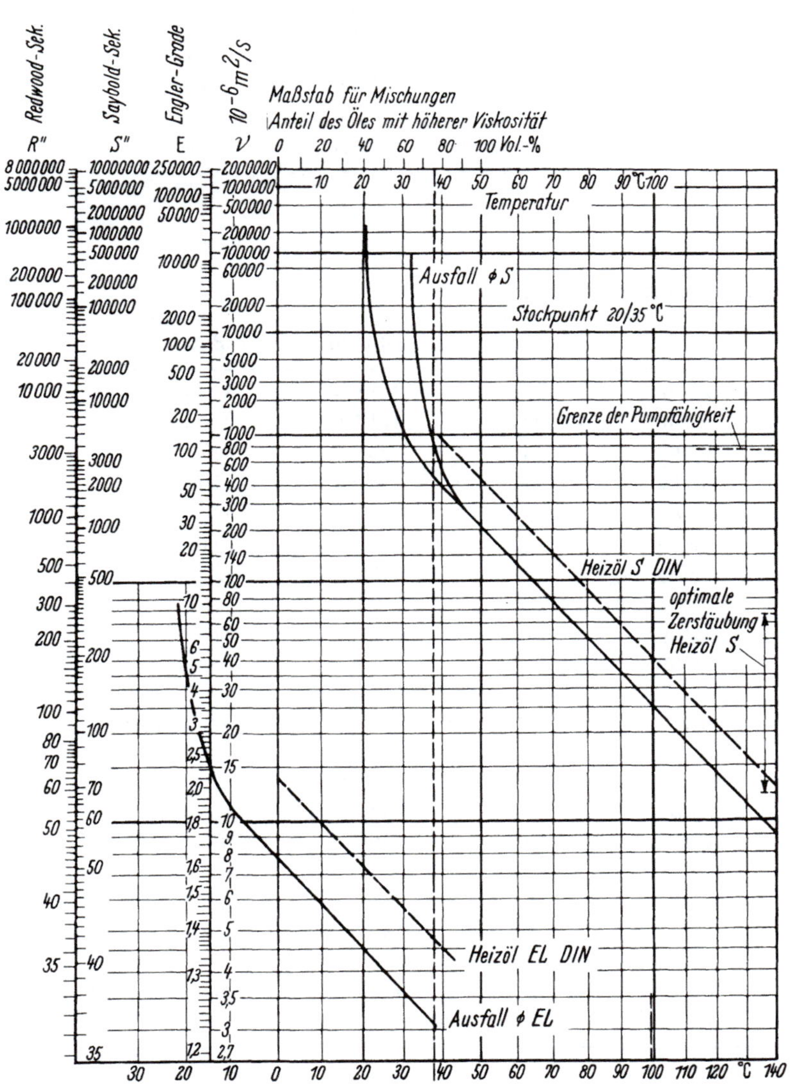

Bild 11.8. Viskositäts/Temperatur-Verhalten von Heizöl aus Erdöl [6]

Tabelle 11.11. Eigenschaftswerte von Flüssiggasen [5]

		Propan	i-Butan	n-Butan
Summenformel		C_3H_8	C_4H_{10}	C_4H_{10}
Relative Molekülmasse		44,09	58,12	58,12
Zusammensetzung	Gew.-% C	81,72	82,66	82,66
	Gew.-% H	18,28	17,34	17,34
Dichte der Flüssigkeit (15,56 °C)	kg/dm^3	0,508	0,563	0,584
Spezif. Volumen der Flüssigkeit (15,56 °C)	dm^3/kg	1,969	1,776	1,712
Dichte des Gases (0 °C, 1 bar)	kg/m^3	2,019	2,668	2,703
Spezif. Volumen des Gases (15,56 °C, 1 bar)	m^3/kg	0,543	0,410	0,410
Dichteverhältnis (0 °C, 1 bar)	Luft = 1	1,562	2,064	2,091
Siedepunkt (1 bar)	°C	–42,1	–11,7	–0,5
Verdampfungswärme (bei Siedepunkt, 1 bar)	kJ/kg	426	366	385
Dampfdruck –20 °C	bar	2,35	0,72	0,45
0 °C	bar	4,71	1,57	1,02
20 °C	bar	8,44	3,04	2,06
30 °C	bar	10,79	4,02	2,84
Kritische Temperatur	°C	96,8	135,0	151,6
Kritischer Druck	bar	42,58	36,49	38,06

Tabelle 11.12. Daten für die Verbrennung von Flüssiggas [5]

		Propan	i-Butan	n-Butan
Brennwert H_o [a]	kJ/m^3	101 803	131 984	133 993
Heizwert H_u [a]	kJ/m^3	93 557	121 603	123 528
Brennwert H_o	kJ/kg	50 399	49 478	49 562
Heizwert H_u	kJ/kg	46 339	45 585	45 711
Luftbedarf [a]	m^3/m^3	23,9	31,0	31,0
	m^3/kg	12,2	12,0	12,0
	kg/kg	15,7	15,5	15,5
Abgasvolumen				
trocken	m^3/m^3	21,9	28,5	28,5
feucht	m^3/m^3	25,9	33,5	33,5
Zündgrenzen				
mit Luft	Vol.-%	2,37 ... 9,50	1,80 ... 8,44	1,86 ... 8,41
mit Sauerstoff	Vol.-%	2,0 ... 48,0	1,3 ... 47,0	1,3 ... 47,0
Zündgeschwindigkeit				
mit Luft	cm/s	32	32	32
mit Sauerstoff	cm/s	450	370	370
Zündtemperatur				
mit Luft	°C	500	510	480
mit Sauerstoff	°C	490	460	460
Flammentemperatur				
Verbrennung mit Luft	max. °C	1935	1900	1896
Verbrennung mit Sauerstoff	max. °C	2850	–	–

[a] Gase im Normzustand

sie als Gase vor den Brennern anstehen. Flüssiggase umfassen die Produkte Propan und Butan. Sie sind in DIN 51622 näher gekennzeichnet. Die Eigenschaftswerte der Flüssiggase sind in Tabelle 11.11 und die Daten für die Verbrennung in Tabelle 11.12 zusammengestellt. Die handelsüblichen Flüssiggase sind Mischungen aus Propan und Butan.

Wichtig ist die unterschiedliche Siedetemperatur und das unterschiedliche Dampfdruckverhalten von Propan und Butan (Bild 11.9). Das Flüssiggas nimmt während der Lagerung die Umgebungstemperatur an und bildet den dieser Temperatur entsprechenden Druck aus. Die Entnahme vermindert den Druck, durch gleichzeitig einsetzende Nachverdampfung wird die Herstellung des Gleichgewichtszustandes zwischen Druck und Temperatur angestrebt. Die hierzu notwendige Verdampfungswärme wird zunächst der im Behälter ruhenden Flüssigkeit entnommen; diese kühlt ab, bis sich nach Unterschreiten des Siedepunkts die Gasbildung stark vermindert. Die Nutzbarkeit des Drucks bzw. der Gasphase hängt also entscheidend vom Vorhandensein einer jederzeit verfügbaren Mindesttemperatur ab. Der Siedepunkt des handelsüblichen Butans von

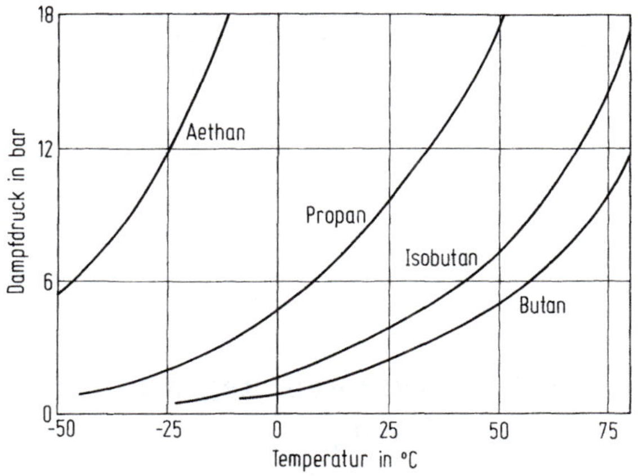

Bild 11.9. Dampfdrücke (Sättigungsdrücke) von Propan, Butan und Gemischen in Abhängigkeit von der Temperatur [5]

−4 °C gestattet eine betriebsverläßliche Entnahme über die Gasphase nicht. Die Umsetzung der Flüssigkeit in die Gasphase erfolgt deshalb in einem beheizten Verdampfer, dessen Einsatz schlechthin notwendig ist. Zur Fortleitung der flüssigen Phase müssen Pumpenanlagen vorgesehen werden.

12 Abwärmeverwertung

12.1 Rekuperatoren, Regeneratoren, Berechnung

Die hohen Betriebstemperaturen brennstoffbeheizter Glasschmelzwannen erfordern die Nutzung der Abgaswärme zur Vorwärmung der Verbrennungsluft und in Ausnahmefällen auch des Brennstoffs, um den Energiebedarf möglichst gering zu halten. In der Praxis haben sich dafür Rekuperatoren und Regeneratoren bewährt. Über die konstruktive Ausbildung dieser Wärmeaustauscher ist in Abschn. 3.4 berichtet worden. In diesem Abschnitt soll die Berechnung und Auslegung dieser Wärmeaustauscher behandelt werden. An einem Beispiel ist in Bild 12.1 der Einfluß der Luftvorwärmung auf den Energieverbrauch eines Glasschmelzofens dargestellt.

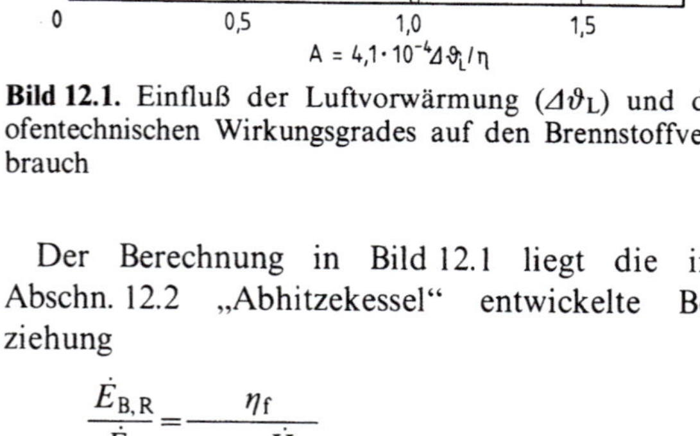

Bild 12.1. Einfluß der Luftvorwärmung ($\Delta\vartheta_L$) und des ofentechnischen Wirkungsgrades auf den Brennstoffverbrauch

Der Berechnung in Bild 12.1 liegt die im Abschn. 12.2 „Abhitzekessel" entwickelte Beziehung

$$\frac{\dot{E}_{B,R}}{\dot{E}_B} = \frac{\eta_f}{\eta_f + \dfrac{\dot{H}_L}{\dot{E}_{B,R}}}$$

zugrunde. Beachtet man, daß für die heute im Glasschmelzofen verwendeten Brennstoffe, wie Erdgas und Heizöl, der Ausdruck

$$\frac{\dot{H}_L}{\dot{E}_{B,R}} = \frac{i_R}{i_{0,R}} = \frac{\lambda\, l_{st}\, c_{p,L}\, \Delta\vartheta_L}{H_u} = 4{,}1 \cdot 10^{-4}\,(\Delta\vartheta_L/\,^\circ\mathrm{C})$$

praktisch nur von $\Delta\vartheta_L$ abhängt, dann läßt sich schreiben

$$\frac{i_{0,R}}{i_0} = \frac{1}{1 + 4{,}1 \cdot 10^{-4}\,\dfrac{\Delta\vartheta_L/(^\circ\mathrm{C})}{\eta_f}} = \frac{1}{1-A}$$

mit

$$A = 4{,}1 \cdot 10^{-4}\,\frac{\Delta\vartheta_L/(^\circ\mathrm{C})}{\eta_f}.$$

A ist dimensionslos. Durch die Verkopplung mit dem ofentechnischen Wirkungsgrad η_f erkennt man, daß eine Luftvorwärmung ($\Delta\vartheta_L$) besonders bei Öfen mit schlechtem Oberofenwirkungsgrad sich günstig auswirkt.

In der Mehrzahl der Fälle werden für die Schmelzwanne Regeneratoren verwendet und nur in Ausnahmefällen Rekuperatoren. Da die Berechnung beider Wärmeaustauschsysteme viel Gemeinsames hat und die Rekuperatoren einfacher zu behandeln sind, wird im folgenden aus didaktischen Gründen mit der Berechnung der Rekuperatoren begonnen.

12.1.1 Rekuperatoren

Rekuperatoren sind kontinuierlich betriebene Wärmeaustauscher, bei denen das wärmeabgebende und das wärmeaufnehmende Medium durch eine gasdichte Wand voneinander getrennt sind. Entsprechend der Führung des Abgases und der Verbrennungsluft unterscheidet man den Gegenstrom- und den Gleichstromrekuperator (Bild 12.2a und b). Die Temperaturen des wärmeabgebenden Mediums werden mit ϑ, die des wärmeaufnehmenden mit ϑ' bezeichnet, die Eintrittstemperatur mit ϑ_1, die Austrittstemperatur mit ϑ_2, die auf die Zeit bezogenen Wärmekapazitäten der durch den Rekuperator strömenden Gasmasse mit C und

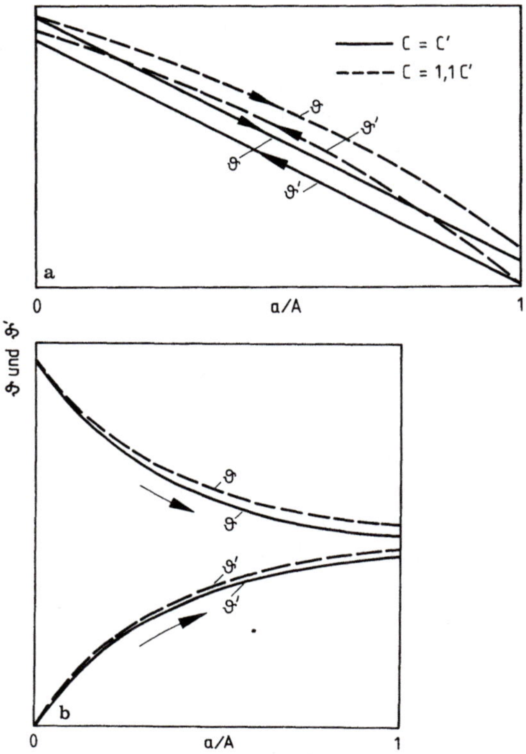

Bild 12.2. Temperaturverlauf im Rekuperator [1]. **a** Bei Gegenstrom; **b** bei Gleichstrom

C' in kW und die Austauschfläche mit a bzw. A. Aus relativ einfachen Überlegungen und Ableitungen, die in jedem Standardwerk [1, 2] gegeben werden, ergeben sich folgende Zusammenhänge für Gegenstrom:

$$\vartheta_1 - \vartheta_2' = (\vartheta_1 - \vartheta_1') \frac{1 - C/C'}{1 - \dfrac{C}{C'} \exp\left[\left(\dfrac{1}{C'} - \dfrac{1}{C}\right) kA\right]}$$

und für Gleichstrom (12.1)

$$\vartheta_2' - \vartheta_1 = (\vartheta_1 - \vartheta_1') \frac{C}{C' + C} \cdot \left\{1 - \exp\left[-\left(\frac{1}{C'} + \frac{1}{C}\right) kA\right]\right\}. \quad (12.2)$$

12.1.1.1 Örtlicher Temperaturverlauf und Wärmedurchgangskoeffizient

Der örtliche Verlauf der Temperaturen ϑ und ϑ' ergibt sich bei Gleichstrom aus den Beziehungen

$$\vartheta_1 - \vartheta = (\vartheta_1 - \vartheta_1') \frac{C'}{C' + C} \cdot \left\{1 - \exp\left[-\left(\frac{1}{C'} + \frac{1}{C}\right) ka\right]\right\} \quad (12.3)$$

und

$$\vartheta' - \vartheta_1' = (\vartheta_1 - \vartheta_1') \frac{C'}{C' + C} \cdot \left\{1 - \exp\left[-\left(\frac{1}{C'} + \frac{1}{C}\right) ka\right]\right\}. \quad (12.4)$$

Für Gegenstrom ergeben sich die analogen Beziehungen

$$\vartheta_1 - \vartheta = (\vartheta_1 - \vartheta_2') \frac{C'}{C' - C} \cdot \left\{1 - \exp\left[\left(\frac{1}{C'} - \frac{1}{C}\right) ka\right]\right\}, \quad (12.5)$$

$$\vartheta_2' - \vartheta' = (\vartheta_1 - \vartheta_2') \frac{C}{C' - C} \cdot \left\{1 - \exp\left[\left(\frac{1}{C'} - \frac{1}{C}\right) ka\right]\right\}. \quad (12.6)$$

a bedeutet dabei die entsprechende Teilfläche und k den Wärmedurchgangskoeffizienten. Für k gilt, wenn ebene Trennwände oder dünnwandige Rohre betrachtet werden

$$\frac{1}{k} = \frac{1}{\alpha} + \frac{\delta}{\lambda} + \frac{1}{\alpha'}, \quad (12.7)$$

α und α' sind die jeweiligen Wärmeübergangskoeffizienten, δ die Wanddicke und λ die Wärmeleitfähigkeit des betreffenden Wandmaterials.

Zur genauen Bestimmung von α, α' und k muß auf die einschlägige Spezialliteratur [1, 2] verwiesen werden. Für Überschlagsrechnungen gilt $k = 6 \ldots 9\ \mathrm{W/m^2}$ bei keramischen Rekuperatoren und $k = 30 \ldots 47\ \mathrm{W/m^2}$ bei Stahlrekuperatoren.

Ist mit einer starken örtlichen Veränderung von k zu rechnen, so ist das Produkt (kA) durch das Integral $\int_0^A k\, da$ zu ersetzen. Das bedeutet, daß man oft mit dem arithmetischen Mittelwert gut auskommt.

12.1.1.2 Wirkungsgrad

Die Wirkungsgrade von Wärmeaustauschern werden sehr unterschiedlich definiert, je nach der Aufgabenstellung und den jeweiligen Gesichtspunkten. Dies ist bei einem Wirkungsgradvergleich zu beachten. Bei Glasschmelzöfen steht die aus dem Abgas wiedergewinnbare Wärme für die Verbrennungsluft im Vordergrund. Die Enthalpie der Verbrennungsluft $C'(\vartheta_2' - \vartheta_1')$ wird ins Verhältnis gesetzt zur im Grenzfall verfügbaren Enthalpie des

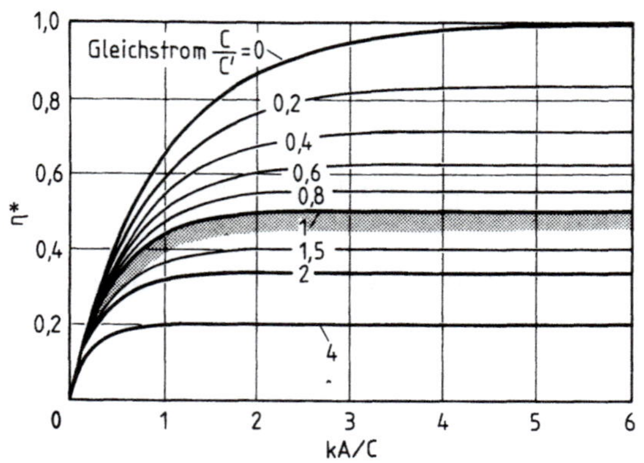

Bild 12.3. Wirkungsgradfunktion η^* bei Gleichstrom [1]

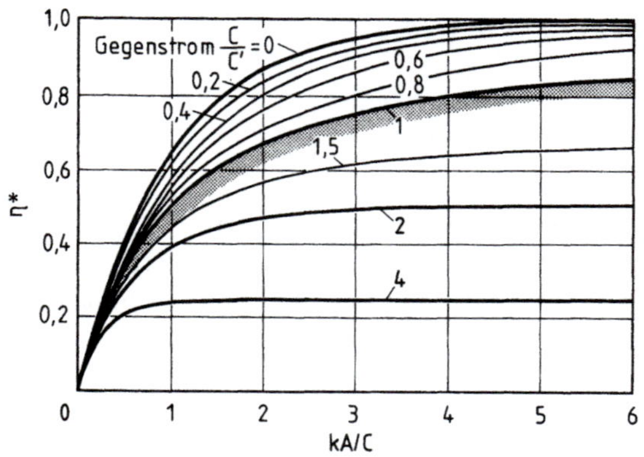

Bild 12.4. Wirkungsgradfunktion η^* bei Gegenstrom [1]

Abgases $C(\vartheta_1 - \vartheta_1')$. Damit ergibt sich

$$\eta^* = \frac{C'}{C} \frac{\vartheta_2' - \vartheta_1'}{\vartheta_1 - \vartheta_1'} . \tag{12.8}$$

Mit dieser Definition arbeitet auch Hausen [1] und nennt sie Wirkungsgradfunktion. In Verbindung mit den Gln. (12.1) und (12.2) ergeben sich die in den Bildern 12.3 und 12.4 dargestellten Zusammenhänge.

Die große Überlegenheit des Gegenstromprinzips kommt bei diesen Darstellungen deutlich zum Ausdruck. In Verbindung mit Gl. (12.8) können diese Darstellungen auch zur Abschätzung der erzielbaren Vorwärmtemperatur ϑ_2' benützt werden.

Die Wirkungsgraddefinition für η^* berücksichtigt allerdings nur die aus dem 2. Hauptsatz der Thermodynamik folgernde Tatsache, daß ein heißes Medium ein weniger heißes Medium im Grenzfall nur bis zu seiner eigenen Temperatur erwärmen kann, selbst wenn gegenüber der Umgebungstemperatur seine Wärmekapazität größer ist, als die des wärmeaufnehmenden Mediums. Keine Berücksichtigung finden demnach Wärmeverluste des Wärmeaustauschers an die Umgebung. Die Berechnung dieses Einflusses ist mit den klassischen analytischen Verfahren möglich, aber umständlich [1]. Es muß hier daher auf die Spezialliteratur verwiesen werden. Die Wärmeverluste eines Rekuperators sind stark von Konstruktion und Wärmeisolation abhängig. Sie können mit 5 bis 10% der ausgetauschten Wärme veranschlagt werden.

12.1.1.3 Temperaturverhältnisse

Im verlustlosen Rekuperator, dessen Wirkungsgrad nach Gl. (12.8) berechnet wird, lassen sich aus einfachen Wärmebilanzbetrachtungen leicht die an der Stelle a herrschenden Temperaturverhältnisse ermitteln. Bezeichnet man mit ϑ_O die Oberflächentemperatur der wärmeaustauschenden Wand im Bereich des wärmeabgebenden Mediums und mit ϑ_O' die im Bereich des wärmeaufnehmenden Mediums dann gilt

$$\left(\frac{\vartheta' - \vartheta_O'}{\vartheta_O - \vartheta}\right)_a = \left(\frac{\alpha}{\alpha'}\right)_a . \tag{12.9}$$

Die Temperaturverhältnisse verhalten sich umgekehrt wie die zugehörigen Wärmeübergangszahlen. Da Verbrennungsabgase bedingt durch Strahlung eine höhere Wärmeübergangszahl (α) aufweisen als die meist vorzuwärmende Verbrennungsluft (α'), ist die Temperaturdifferenz abgasseitig kleiner als luftseitig.

Die Temperaturänderung längs der Strömungsrichtung an der Stelle a läßt sich ebenfalls leicht aus Bilanzbetrachtungen angeben, es gilt

$$\left(\frac{\Delta\vartheta_a'}{\Delta\vartheta_a}\right)_a = \frac{C}{C'} . \tag{12.10}$$

Das Medium mit der geringeren Wärmekapazität (C bzw. C') wird somit immer die größere örtliche Temperaturänderung (ϑ_a bzw. ϑ_a') zeigen (s. auch Bilder 12.2a und b).

12.1.2 Regeneratoren

Regeneratoren sind thermisch gesehen instationär arbeitende Wärmeaustauscher. Ihr großer Vorzug besteht darin, daß keine gasdichte Begrenzung zwischen Abgas und Luft notwendig ist, was besonders bei Hochtemperaturanlagen aus Materialgründen ein großer Vorteil ist. Nachteilig ist, daß ein periodisches Umsteuern der Gasströme notwendig ist. Bei Glasschmelzöfen werden im allgemeinen Regeneratoren gegenüber den Rekuperatoren bevorzugt, da diese eine höhere Luftvorwärmung gestatten.

Die analytische Berechnung von Regeneratoren ist bedeutend schwieriger als die von Rekuperatoren. Der Vorschlag von Rummel [3] Regeneratoren wie Rekuperatoren unter Benützung einer als geeignet ermittelten Wärmedurchgangszahl k zu berechnen, hat sich allgemein durchgesetzt. Von den verschiedenen Berechnungsverfahren für k [1, 2, 5] hat sich in der Glashüttentechnik das Verfahren von Hausen [1] als das geeignetste und genaueste erwiesen. Es soll daher im Abschn. 12.1.2.1 näher erläutert werden. Mit dem so ermittelten k-Wert lassen sich Regeneratoren unter Verwendung der in Abschn. 12.1.1 angegebenen Beziehungen berechnen.

Die Entwicklung der Computertechnik hat dazu geführt, daß heute eine Regeneratorberechnung über einen geeigneten k-Wert unter Verwendung der Rekuperatorformeln nicht mehr notwendig ist. Man greift unmittelbar auf die Beziehungen des instationären Wärmeübergangs zurück und simuliert die Arbeitsweise des Regenerators rechnerisch. Man kann auf diese Weise lokal unterschiedliche Besatzweisen, Wärmeübergangsbedingungen und dgl. simulieren. Nachteilig ist, daß keine analytisch geschlossenen Ausdrücke mehr vorliegen, welche das Erkennen der Zusammenhänge erleichtern. Ergebnisse mit dieser Methode werden in Abschn. 12.1.2.2 wiedergegeben.

12.1.2.1 Berechnungsverfahren nach Hausen [1]

12.1.2.1.1 Wärmedurchgangskoeffizient

Hausen [1] zeigt, daß die zeitlichen Mittelwerte der Temperaturen in einem Regenerator sich analog denen in Rekuperatoren verhalten, lediglich an den beiden Enden treten, bedingt durch die Temperaturkonstanz der einströmenden Gase, Besonderheiten auf, die mathematisch und physikalisch als Oberschwingungen einer Grundschwingung interpretiert und behandelt werden können. Bezeichnet man die Zeitdauer der Heizperiode mit T und die der Kaltperiode mit T', dann ergibt sich unter Vernachlässigung der Oberschwingungen im Randbereich für den „Wärmedurchgangskoeffizienten“

$$\frac{1}{k_0} = (T + T')\left[\frac{1}{\alpha T} + \frac{1}{\alpha' T'} + \left(\frac{1}{T} + \frac{1}{T'}\right)\frac{\delta}{\lambda}\Phi\right]. \tag{12.11}$$

Als Besatz sind Platten der Dicke δ mit der Wärmeleitfähigkeit λ vorausgesetzt. Φ ist eine Funktion, die den Einfluß der raschen Temperaturänderungen berücksichtigt, die das Gas und die Steinoberfläche unmittelbar nach dem Umschalten erleiden. Für Φ gibt Hausen für die in der Hüttenindustrie vorkommenden Bedingungen die Beziehung

$$\Phi = \frac{1}{6} - \frac{1}{180}\frac{\delta^2}{2a}\left(\frac{1}{T} + \frac{1}{T'}\right), \tag{12.12}$$

wobei a die Temperaturleitfähigkeit ($a = \lambda/(c\varrho)$) des Steinmaterials bedeutet.

Die an den Regeneratorenden wirksamen Oberschwingungen führen zu einer Verminderung der Wärmeübertragung. Bezeichnet man den diese Einflüsse berücksichtigenden Wärmeübertragungskoeffizienten mit k dann gilt

$$\frac{k_0}{k} = \left[1 + \frac{A}{400}\left(\frac{\alpha}{C} + \frac{\alpha'}{C'}\right)\right]. \tag{12.13}$$

Für die Verhältnisse der Hüttenindustrie gilt mit guter Näherung

$$\frac{1}{k} = \frac{(T + T')}{0{,}93}\left[\frac{1}{\alpha T} + \frac{1}{\alpha' T'} + \left(\frac{1}{T} + \frac{1}{T'}\right)\frac{\delta}{7\lambda}\right]. \tag{12.14}$$

12.1.2.1.2 Temperaturverlauf und Steintemperatur

Gleichung (12.14) kann in Verbindung mit den Gln. (12.5) und (12.6) dazu dienen, die örtlichen und zeitlichen Mitteltemperaturen der Abgase und der Luft im Regenerator zu berechnen.

Bezeichnet man mit Θ_O die Oberflächentemperatur der Steine, dann gilt

$$\frac{(\vartheta - \Theta_O)}{(\Theta_O' - \vartheta')} = \frac{T'}{T}\frac{\alpha'}{\alpha}. \tag{12.15}$$

Die Oberflächentemperatur Θ_O und die Mitteltemperatur Θ_m der Steine weichen geringfügig voneinander ab. Es gilt der Zusammenhang

$$(\vartheta - \Theta_m) = \left(\frac{1}{\alpha} + \frac{\delta}{\lambda}\Theta\right)\alpha(\vartheta - \Theta_O) \tag{12.16}$$

für das Heizgas und der analoge Ausdruck für die vorzuwärmende Luft. Für Überschlagsrechnungen kann man angenähert $\Theta_O \approx \Theta_O'$ setzen und damit aus der Differenz $(\vartheta - \vartheta')$ die Oberflächentemperatur der Steine errechnen.

12.1.2.1.3 Wärmeübergangskoeffizienten

Bei der Bestimmung der Wärmeübergangskoeffizienten α und α' gilt es zu beachten, daß zwischen dem konvektiven und dem Strahlungsanteil unterschieden werden muß. Unter den verschiedenen Angaben in der Literatur sind hier vor allem die Meßwerte von Yazicizade [4] zu erwähnen. Mit einer den Verhältnissen in der Hüttenindustrie angepaßten Anlage wurde der konvektive Anteil α_K für verschiedene Packungen gemessen (Bild 12.5).

Die Ergebnisse sind auf die Strömungsgeschwindigkeit im Normzustand (0 °C, 1013 mbar) bezogen. Man erkennt die großen Unterschiede zwischen der Glattschachtpackung und der Rostgitterpackung. Für die Praxis ist wichtig, daß bei gutem Wärmeübergang auch der Druckverlust ansteigt (Bild 12.6).

Verwendet man die dimensionslose Darstellung für Strömung und Wärmeübergang mit

$$Re = \frac{v\,d}{\nu} \quad \text{und} \quad Nu = \frac{\alpha\,d}{\lambda},$$

dann lassen sich die Meßergebnisse von Yazicizade und Vorgänger übersichtlich in einem Diagramm (Bild 12.7) darstellen. Als kennzeichnende

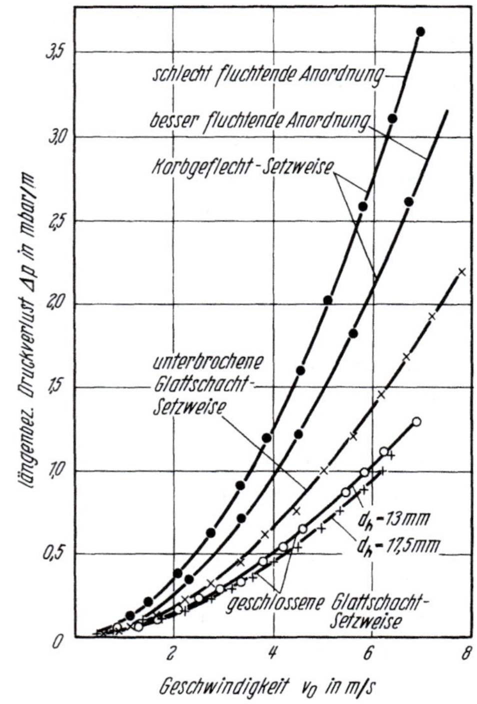

Bild 12.6. Druckverlust Δp in Abhängigkeit von der Geschwindigkeit v_0 [4].

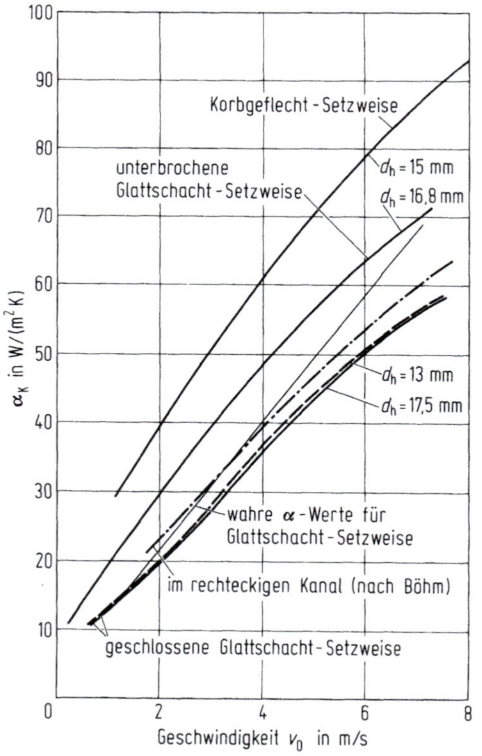

Bild 12.5. Wärmeübergangszahl α_K in Abhängigkeit von der Geschwindigkeit v_0 für sämtliche Setzarten [4]

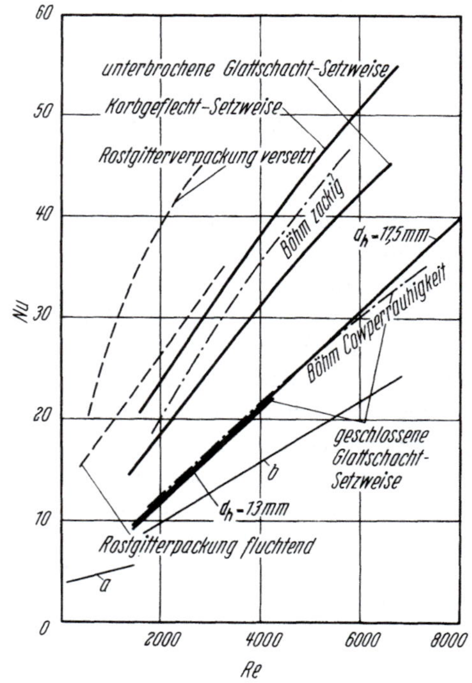

Bild 12.7. Wärmeübergang in dimensionsloser Darstellung [4]. *a* laminare Strömung; *b* turbulente Strömung

Tabelle 12.1. Wärmeleitfähigkeit λ und kinematische Zähigkeit ν verschiedener technischer Gase bei einem Druck von 1 bar

	Wärmeleitfähigkeit λ in W/(m K) bei							
	0	100	200	300	400	500	1000	°C
Luft	0,024	0,031	0,039	0,044	0,050	0,056	0,079	
N_2	0,024	0,031	0,037	0,042	0,047	0,052	0,072	
O_2	0,024	0,032	0,039	0,045	0,052	0,058	0,086	
H_2O	0,016	0,025	0,033	0,043	0,054	0,066	0,114	
CO_2	0,015	0,022	0,030	0,038	0,045	0,052		
	Kinematische Zähigkeit ν in 10^{-6} m²/s bei							
	0	100	200	300	400	500	1000	°C
Luft	13,27	22,87	34,37	47,49	62,01	77,77	171,7	
N_2	13,30	22,89	34,38	47,49	62,04	77,82	172,0	
O_2	13,44	23,15	34,83	48,18	63,03	79,23	179,4	
H_2O	10,77	20,61	33,72	50,11	69,79	92,77	255,5	
CO_2	6,98	12,72	19,85	28,20	37,60	47,90	109,4	

Länge d dient die Kanalweite. Die einschlägigen Werte von ν und λ können angenähert aus Tabelle 12.1 entnommen werden.

Die Wärmeübergangszahl für Abgas α_A umfaßt den konvektiven und den Strahlungsanteil

$$\alpha_A = \alpha_K + \alpha_{Str}. \tag{12.17}$$

α_K kann aus den Bildern 12.5 und 12.6 entnommen werden, α_{Str} bestimmt sich am besten aus der Tabelle 12.2. Ein maßgebender Parameter ist hier neben der Art des Abgases die Temperatur und die Schichtdicke bzw. Kanalweite. Bei Gaskörpern, die sich nicht ohne weiteres mit einer Kanalweite angeben lassen, kann man einen hydraulischen Durchmesser d_h ermitteln aus der Beziehung

$$d_h = \frac{4V}{A}. \tag{12.18}$$

Streng genommen müßte neben der Dicke der Gasschicht auch der Emissionsgrad der Steinoberfläche mit berücksichtigt werden. Für die üblichen Steinoberflächen ist dies in den Daten von Tabelle 12.2 geschehen, so daß nur für extreme Abweichungen eine gesonderte Berechnung notwendig ist.

Die Temperatur- und Ortsabhängigkeit der α-Werte bzw. des k-Wertes kann nach den Abschn. 12.1.1.1 und 12.1.1.2 berücksichtigt werden. Im allgemeinen genügt die Bildung des arithmetischen Mittelwertes.

12.1.2.1.4 Druckverlust

Für den Betrieb sehr wichtig ist der Strömungswiderstand im Gitterwerk. Er hängt in erster Linie von der Setzweise, der Kanalweite und der Strömungsgeschwindigkeit ab. Die Ergebnisse eingehender Messungen [4] sind in Bild 12.6 zusammengestellt. Weitere Angaben finden sich in Abschn. 3.3.4 und in Tabelle 3.3.

12.1.2.1.5 Einfluß der Durchströmung auf die ausgetauschte Wärmemenge

Über den Einfluß der Durchströmung auf die in Regeneratoren ausgetauschte Wärmemenge finden

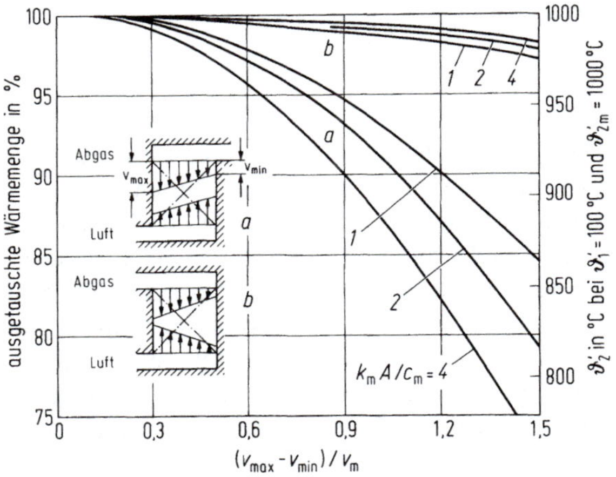

Bild 12.8. Einfluß ungleichmäßiger Durchströmung auf die ausgetauschte Wärmemenge $(C/C')_m = 1,0$ [6]

Tabelle 12.2. Wärmeübergangskoeffizienten der Gasstrahlung für Rauchgase

$\alpha_{A,Str}$ für Abgas aus Koksofengas (CO_2 17,5%; H_2O 7,5%) in W/(m^2 K)

Gastemperatur °C	Kanalweite *d* in mm			
	100	150	200	300
800	8,4	10,7	12,7	16,1
1000	11,4	14,3	17,2	21,9
1200	14,0	17,9	21,5	27,8
1400	16,5	21,3	25,8	33,8
1600	18,7	24,3	29,9	39,3

$\alpha_{A,Str}$ für Abgas aus Schweröl (CO_2 13,3%; H_2O 13,1%) in W/(m^2 K)

Gastemperatur °C	Kanalweite *d* in mm		
	100	200	300
800	8,0	11,9	14,4
1000	10,7	15,8	19,7
1200	12,4	19,7	24,5
1400	15,1	23,3	29,2
1600	17,2	26,2	33,0

$\alpha_{A,Str}$ für Abgas aus Erdgas (CO_2 9,7%; H_2O 17,5%) in W(m^2 K)

Gastemperatur °C	Kanalweite *d* in mm		
	100	200	300
800	9,3	11,8	15,4
1000	12,1	16,2	20,1
1200	14,4	20,1	25,2
1400	16,1	23,8	29,7
1600	17,5	26,9	34,4

(Zwischenwerte für entsprechende Kanalweiten sind zu interpolieren.)

sich auch in der Literatur nur wenig Angaben. Eingehender hat sich Trier [6] mit diesen Zusammenhängen befaßt. Er konnte zeigen, daß je nach Art der Durchströmung unterschiedliche Effekte auftreten. Werden einzelne Gitterbereiche sowohl von Abgas als auch von der Luft stärker durchströmt, dann ist der nachteilige Einfluß einer ungleichmäßigen Durchströmung bedeutend geringer, als wenn eine schwache Abgasströmung mit einer starken Luftströmung zusammenfällt. Die quantitativen Ergebnisse sind in Bild 12.8 zusammengestellt. Allgemein gilt, daß Gitter mit einem hohen Strömungswiderstand gleichmäßiger durchströmt werden als Gitter mit geringem Strömungswiderstand. Näheres darüber s. Abschn. 3.3.3.

12.1.2.2 Regeneratorberechnung mit dem Rechenprogramm HVG/Woelk

Bei der Berechnung wird die Arbeitsweise eines Regenerators vom Rechner simuliert. Der Regenerator wird in Strömungsrichtung in einzelne Abschnitte unterteilt. Für jeden dieser Abschnitte werden in bestimmten Zeitabständen die zwischen Abgas bzw. Luft und Besatz ausgetauschten Wärmemengen ermittelt. Der Temperaturverlauf im Stein wird nach dem Differenzenverfahren als Näherungslösung der Wärmeleitungsgleichung berechnet. Die Ergebnisse zeigen eine gute Übereinstimmung mit den nach dem Verfahren von Hausen berechneten. Bedeutend besser und genauer ergeben sich die Temperaturen im Besatzmaterial.

Der für ein bestimmtes Beispiel mit $C/C' = 1{,}25$ sowie $\vartheta_1 = 1500\,°C$ und $\vartheta_1' = 100\,°C$ errechnete Temperaturverlauf in Strömungsrichtung einer Regenerativkammer ist in Bild 12.9 wiedergegeben. Aufgetragen sind die Temperaturen von Abgas und Luft am Periodenende, sowie die Oberflächentemperaturen des Besatzmaterials. Der Einfluß des abgasseitig wesentlich besseren Wärmeübergangs ist deutlich zu erkennen. Die Differenz Abgastemperatur gegen Steinoberflächentemperatur liegt zwischen 10 und 70 °C, während die von Luft gegen Steinoberflächentemperatur bei 100 bis 350 °C liegt.

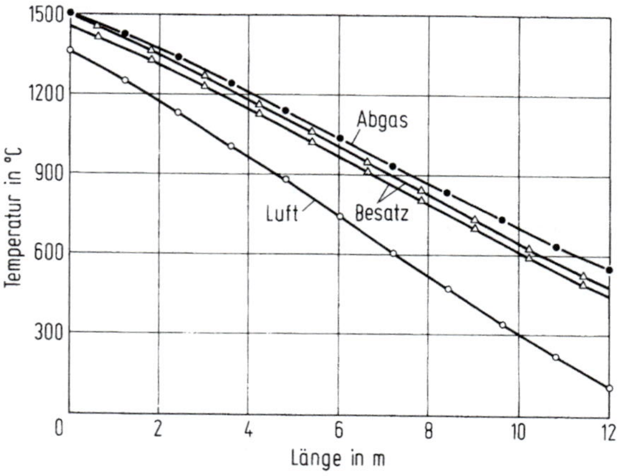

Bild 12.9. Temperaturverlauf in Längsachse einer Regenerativkammer ($C/C' = 1{,}25$, Periodendauer 20 min, Steindicke 40 mm, Erdgasabgas)

12.1.2.2.1 Örtliche und zeitliche Temperaturänderungen im Kammerstein

Die Temperaturhysterese des Besatzmaterials wurde für einen 65 mm dicken Magnesit- und Schamottestein nach dem gleichen Verfahren berechnet. Bild 12.10 gibt den Temperaturverlauf eines Steins einer oberen Lage an. Man erkennt, daß die Temperaturhysterese beim Magnesitstein ≈ 15 °C und beim Schamottestein ≈ 25 °C beträgt. Die Temperaturdifferenzen betragen bei Schamotte ≈ 30 °C und bei Magnesit ≈ 10 °C. Die höhere Wärmeleitfähigkeit des Magnesitsteins wirkt sich somit deutlich auf die sich im Stein aufbauenden Temperaturunterschiede aus.

Es ist öfter über die Zerstörungsursachen der Besatzsteine in Regenerativkammern von Glasschmelzöfen gesprochen und geschrieben worden. Den Temperaturunterschieden im Stein und die dadurch bedingten Wärmespannungen werden dabei große Bedeutung beigemessen. Bei der Betrachtung des Bildes 12.10 tauchen, zumindest bei den Magnesitsteinen, Zweifel auf, ob die geringen Temperaturdifferenzen innerhalb des Steins tatsächlich zu gefährlichen Wärmespannungen führen können.

Als besonders gefährdet werden die unteren Lagen des Kammerbesatzes zu Beginn der Luftperiode angesehen. Um hier Klarheit zu schaffen, wurde der örtliche und zeitliche Temperaturverlauf in einem 40 mm dicken schmelzgegossenen Stein unmittelbar nach dem Umsteuern, wenn die größten Temperaturunterschiede auftreten, berechnet. Die Ergebnisse der Berechnung zeigt Bild 12.11. Man erkennt, daß auch hier die auftretenden Temperaturdifferenzen klein sind und 5 °C nicht überschreiten. Die sich während der Warmperiode ausbildende parabolische Temperaturverteilung kippt innerhalb einer Minute in die Gegenparabel um. Es bestehen Zweifel, ob diese geringen Temperaturunterschiede für die in der Praxis am Ende einer Ofenreise beobachteten Risse in den Besatzsteinen verantwortlich sind. Insgesamt zeigen die Rechnungen, daß das wärmetechnische Geschehen in einer Kammer primär von den Wärmeübergangszahlen α und α', den Wärmekapazitäten (Wasserwerten) von Luft und Abgas (C und C') und der zur Verfügung stehenden Austauschfläche A bestimmt wird. Die wärmetechnischen Daten der Besatzsteine haben nur einen untergeordneten Einfluß. Der Vorteil eines Übergangs von 65 mm dicken Steinen auf 40 mm liegt demnach auch nicht in der besseren wärmetechnischen Ausnützung des Stein-

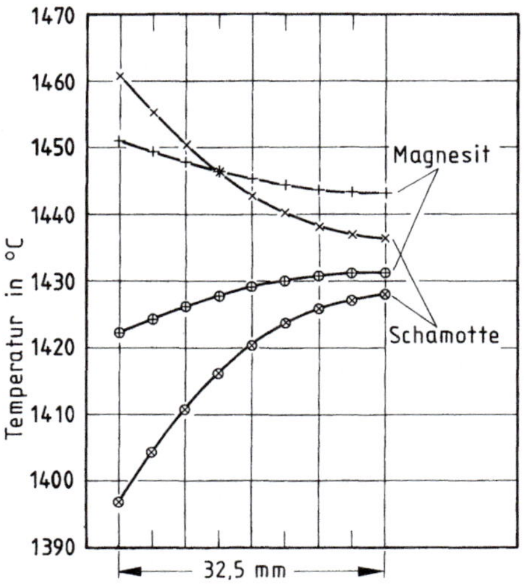

Bild 12.10. Temperaturverlauf im Stein der obersten Lage einer Regenerativkammer am Ende der Luft- bzw. Abgasperiode (Steindicke 65 mm)

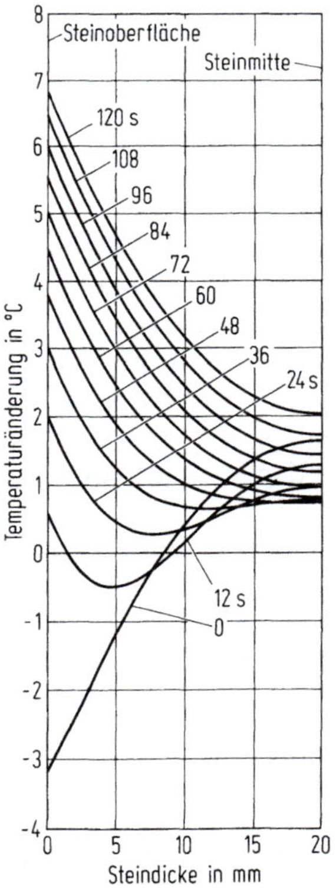

Bild 12.11. Örtlicher und zeitlicher Temperaturverlauf im Kammergitterstein unmittelbar nach dem Umsteuern (Steindicke 40 mm)

materials, sondern in der Möglichkeit, in einem gegebenen Volumen ein Mehr an Austauschfläche unterzubringen.

Die zeitliche Änderung der Abgastemperatur bzw. der Vorwärmtemperatur der Luft beträgt bei einer Periodendauer von 20 min zwischen 25 und 35 °C.

12.2 Abhitzekessel

Die Abgase von Glasschmelzwannen verlassen die Anlage mit relativ hohen Temperaturen, die besonders bei hohen Energiepreisen eine weitere Nutzung nahelegen. Die Möglichkeiten einer wirtschaftlichen Nutzung dieser Abwärme hängen von dem zur Verfügung stehenden Wärmegefälle und dem Wärme- bzw. Energiebedarf der Hütte einschließlich der Umgebung ab. Bei regenerativ betriebenen Anlagen wird die Abgaswärme weitgehend zur Vorwärmung der Verbrennungsluft genutzt. In Verbindung mit dem periodischen Betrieb ist eine Abwärmenutzung in Abhitzekesseln erst hinter dem Wechsel möglich. Damit wird das zur Nutzung anstehende Temperaturgefälle stark reduziert. Bei direkt befeuerten Glasschmelzöfen mit Rekuperatoren zur Luftvorwärmung steht ein bedeutend höheres Temperaturgefälle zur Verfügung, besonders wenn Abhitzekessel und Rekuperator bauteilmäßig miteinander kombiniert werden können. Hinzu kommt, daß die hohen Temperaturen einen intensiven Wärmeübergang zur Folge haben, was zu einer Verminderung der notwendigen Heizfläche führt. Als Nachteil ist die Notwendigkeit, hoch hitzebeständige und damit teure Baustähle zu verwenden, zu vermerken.

Mit dem zunehmenden Druck, Glasschmelzöfen mit Staubfiltern auszurüsten, ergibt sich oft die Notwendigkeit, die Abgase vor Eintritt in den Filter abzukühlen. Anstelle teurer Abgaskühlsysteme kann dann ein Abhitzekessel angeordnet werden.

12.2.1 Abhitzekessel hinter Regenerativwannen

12.2.1.1 Abhitzekessel für Heizzwecke

In Glashütten ist an verschiedenen Stellen Heizwärme erforderlich. Es sei hier nur an die Gebäudeheizung und die Ölvorwärmung erinnert. Aus Kostengründen ist es naheliegend, Kessel mit möglichst niedrigem Betriebsdruck zu wählen. Außerdem sind dann Wartung und Speisewasserpflege einfacher als bei Kesseln mit höheren Drükken. Als einfachste Lösung empfiehlt sich der Rauchröhrenkessel [7].

Bei gasbeheizten Schmelzwannen ist die Verschmutzung der Rauchrohre das einzige Übel dieser Kesselkonstruktion. Die Anlage muß daher so gebaut werden, daß die Rauchrohre leicht zugänglich sind und durch Öffnen der Gaseintritts- und -austrittskammern leicht gereinigt werden können. Der Betriebsdruck dieser Kessel ist nach oben auf 10 bis 15 bar begrenzt.

Schwerölbeheizte Schmelzwannen bringen über den Schwefelgehalt des Brennstoffs bei Nichtbeachtung der Säuretaupunkte zusätzliche Korrosionsgefahren mit sich. Es empfiehlt sich, vor der Planung und dem Bau eines Abhitzekessels Taupunkts- und Korrosionsmessungen durchzuführen. Erfahrungsgemäß muß der Schwefelgehalt des Brennstoffs unter 2% liegen, um die Korrosionsgefahren zu bannen (Bild 11.7). Dabei spielt es eine untergeordnete Rolle (für den Kessel), ob der S-Gehalt des Brennstoffs 1 oder 2% beträgt. Entscheidend ist der SO_3-Gehalt, der sich auch bei optimal eingestellter Feuerung nur wenig beeinflussen läßt. Um Schäden zu vermeiden, ist es notwendig, die Wandtemperaturen der Kesselheizflächen über dem Taupunkt zu halten. Die rauchgasseitige Wandungstemperatur liegt bei Dampfkesseln $\approx$ 10 °C über der Sättigungstemperatur des Kesselwassers, im Überhitzergebiet jedoch wesentlich höher. Bei einem Säuretaupunkt von 160 °C ist die Sättigungstemperatur daher mit 180 °C zu wählen, was einem Betriebsdruck von 9,5 bar entspricht. Zur Konstanthaltung des Betriebsdrucks empfiehlt sich der Einbau eines Druckregelventils. Zur Vorwärmung des Kesselspeisewassers sind dampfbeheizte Hochdruckvorwärmer, die im Gegenstrom arbeiten, zu verwenden.

Sollen die Gefahren einer Säuretaupunktkorrosion völlig vermieden werden, dann muß eine Sättigungstemperatur von 230 °C gewählt werden, was einem Betriebsdruck von 30 bar entspricht. Kessel dieser Druckstufe werden besser als Wasserrohrkessel gebaut und nicht als Rauchröhrenkessel.

12.2.1.2 Abhitzeheizkraftwerk

Eine bessere Ausnutzung der restlichen Abgaswärme, aber auch höhere Investitionen erfordert der Aufbau eines kleinen Abhitzeheizkraftwerks [8, 9].

Der prinzipielle Aufbau eines Abhitzeheizkraftwerks ist aus Bild 12.12 ersichtlich. In einem Rauchgas-Abhitzekessel werden die Rauchgase gekühlt und die freiwerdende Wärme zur Erzeugung von Hochdruck-Heißdampf verwendet. Dieser Heißdampf wird in einer Entnahmekondensationsturbine entspannt. An der Entnahmestelle der Turbine wird Dampf zu Heizzwecken entnommen, der restliche Dampf in der Turbine genutzt und anschließend im Kondensator kondensiert. Das Kondensat wird mittels Pumpen zum Speisewasserbehälter transportiert und dort thermisch entgast. Die Kesselspeisepumpe befördert das Speisewasser wieder in den Abhitzekessel. Die Dampfturbine kann z. B. einen Generator, einen Kompressor oder ein Gebläse antreiben.

Zur Stromerzeugung mit einer Turbine soll der Dampf einen möglichst hohen Druck aufweisen und überhitzt sein wegen des thermischen Gefälles und mit Rücksicht auf die Dampfnässe am kalten Ende der Turbine. Erosionen und ein schlechter Wirkungsgrad sind in der Turbine die Folgen von zu großer Dampffeuchtigkeit.

Liegen Abgastemperatur und -menge prozeßmäßig fest, dann lassen sich die Zusammenhänge in einem Diagramm, das die Temperaturzustände von Abgas, Wasser und Dampf auf dem Weg durch den Kessel zeigt, wie folgt schematisch darstellen (Bild 12.13). Dem Abgas wird in dem Kessel Wärme entzogen, die Abgastemperatur fällt demnach von der Eintrittstemperatur ϑ_1 auf die Austrittstemperatur ϑ_3 ab. Das Kesselspeisewasser wird von der Eintrittstemperatur ϑ_5 auf die Sattdampftemperatur ϑ_4 erwärmt und verdampft; die Temperatur des Dampfes bleibt in einem Kessel ohne Überhitzer konstant auf der Sattdampftemperatur.

Die Temperaturdifferenz δ_{I} am Ende der Verdampferfläche muß groß genug sein, da sich die Größe der Heizfläche und die Temperaturdifferenz δ_{I} umgekehrt proportional verhalten. Eine zu kleine Temperaturdifferenz erfordert unwirtschaftlich große Heizflächen oder verhindert sogar das Erreichen des geforderten Dampfdrucks. Ebenso liegen die Verhältnisse bei der Temperaturdifferenz δ_{II}, wobei die Höhe der Speisewasser-Eintrittstemperatur ϑ_5 durch die notwendige Verhinderung von Taupunktkorrosion gegeben ist. Die Abgrenzung von Verdampfer- und Economiserfläche (bei der Abgastemperatur ϑ_2) muß eine Optimierungsrechnung ergeben. Eine zu klein ausgelegte Verdampferfläche (ϑ_2 liegt zu nahe an ϑ_1) würde zu wenig Dampf erzeugen, und der Economiser könnte das restliche Wärmeangebot nicht verarbeiten. Dieser Kessel würde unwirtschaftlich betrieben. Bei zu großer Verdampferfläche (ϑ_2 liegt zu tief) wäre zwar die Sattdampfausbringung hoch, aber der Dampfdruck läge zu niedrig und die Energieerzeugung wäre zu gering.

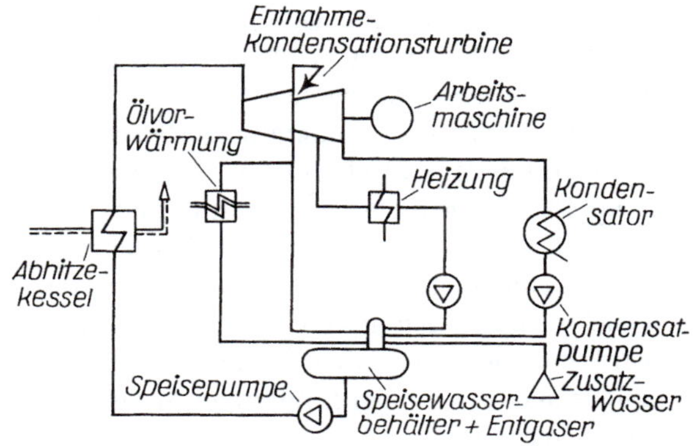

Bild 12.12. Prinzipskizze eines Abhitzeheizkraftwerks [9]

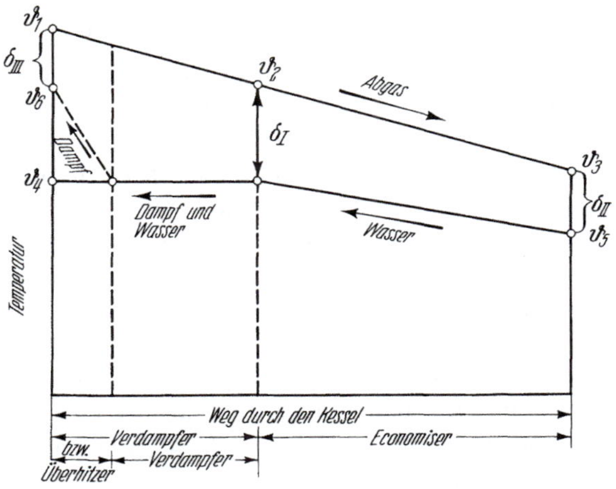

Bild 12.13. Schematische Darstellung des Temperaturverlaufs von Abgas, Wasser und Dampf im Abhitzekessel in Abhängigkeit von dem Weg durch den Kessel [8]

Für den Einsatz einer Dampfturbine muß der Sattdampf überhitzt werden. Dies kann in einem Überhitzer im Kessel selbst oder in einem separat beheizten Überhitzer geschehen.

Die Verhältnisse der Sattdampfüberhitzung in einem Abhitzekessel zeigt der gestrichelte Linienzug in Bild 12.13. Die Endtemperatur des Dampfes ist beim Verlassen des Kessels ϑ_6. Die Temperaturdifferenz δ_{III} muß groß genug sein, damit die gewünschte Überhitzung auch betriebssicher erreicht und konstant gehalten werden kann. Die Abgase der Glasschmelzwannen enthalten immer Staub und sind im allgemeinen auch nicht so heiß, wie es für eine wirtschaftliche Überhitzung zweckmäßig wäre. Es können leicht Verschmutzungen des Überhitzers auftreten, wobei diese Gefahr mit steigender Überhitzungstemperatur größer wird. Deshalb wird es oft wirtschaftlicher sein, die Überhitzung des erzeugten Dampfes nicht mit den Abgasen aus den Glasschmelzwannen durchzuführen, sondern in einem separat aufgestellten Überhitzer vorzunehmen. Mit den ansteigenden Brennstoffkosten wird eine separate Überhitzung allerdings kostspielig und bedarf einer sorgfältigen Wirtschaftlichkeitsberechnung.

Zur Überhitzung von Sattdampf in einem Hilfskessel wird Hochtemperaturwärme benötigt, die aber nur zwischen 1200 °C und der Sattdampftemperatur abgebaut werden kann. Ein Überhitzerkessel muß deshalb, wenn er wirtschaftlich arbeiten soll, zusätzlich Sattdampf erzeugen, um im eigenen Economiser Wärme umzusetzen. Beim Betrieb eines Überhitzerkessels fällt daher zwangsläufig weiterer Sattdampf an, der dem Dampf aus dem Abhitzekessel zugesetzt wird und mit diesem den Überhitzerteil durchläuft. Falls die erzeugte Energie den Energiebedarf der Hütte nicht übersteigt, ist die Vergrößerung der Dampfmenge meist erwünscht. Die Regelung einer solchen Kesselanlage ist schwierig, daher muß die Turbine eine möglichst große Flexibilität in der zulässigen Frischdampftemperatur aufweisen.

Wird bei einem gegebenen Temperaturgefälle die Überhitzung im Kessel ohne Zusatzfeuerung vorgenommen, dann bedeutet das, daß gegenüber einer Anlage mit separat beheiztem Überhitzer der Dampfdruck zurückgenommen werden muß.

Bild 12.14 zeigt für einen gegebenen Fall (Abgasmenge 10^5 m³/h, 485 °C) das Beispiel für ein Heizkraftwerk mit Ölvorwärmung (260 kW) und Gebäudeheizung (1,5 MW). Die in den Turbinen

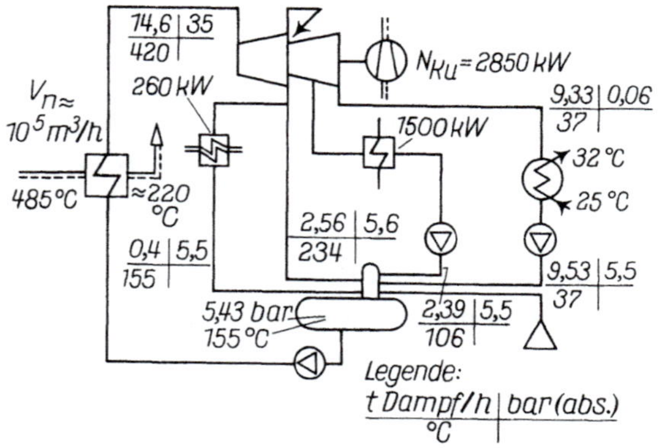

Bild 12.14. Beispiel einer Wärmekreislaufberechnung [9]

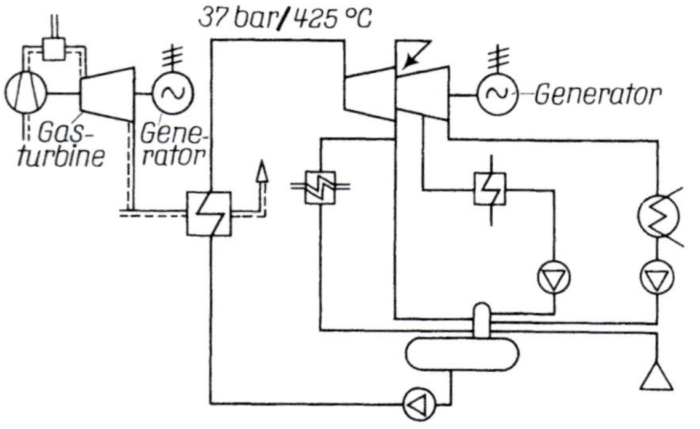

Bild 12.15. Verwertung von Schmelzwannen- und Gasturbinenabgasen zur Dampf- und Stromerzeugung [9]

erzeugte mechanische Energie dient zum direkten Antrieb eines Druckluftkompressors, wie er in Hohlglashütten benötigt wird.

Wird mit einem zusatzgefeuerten Abhitzekessel gearbeitet, dann können für den Dampfzustand in der Turbine ein Druck von 78 bar und eine Dampftemperatur von 500 °C gewählt werden. Die Turbinenleistung steigt damit entsprechend an. Auf der Minusseite stehen die Brennstoffkosten für den separat geheizten Überhitzer. Im Prinzip können zur Beheizung des Überhitzers auch die Abgase einer Gasturbine verwendet werden. Die Gasturbine treibt zusätzlich einen Generator zur Stromerzeugung (Bild 12.15).

Die optimale wirtschaftliche Lösung muß für jeden Einzelfall durch sorgfältige Wirtschaftlichkeitsberechnung ermittelt werden. Der Wirkungsgrad einer Abhitzekesselanlage hinter Regeneratorkammern beträgt 0,47 bis 0,52, bezogen auf die zur Verfügung stehende Wärmemenge [10].

Der zusätzliche Zugbedarf für eine Abhitzeanlage kann vom Kamin mit Naturzug nicht bewältigt werden, besonders wenn der Zug durch die geringere Abgastemperatur zurückgeht. Es ist notwendig, einen Saugzug aufzustellen, der Investitionen und Energiekosten verursacht.

Besondere Beachtung verdienen auch Temperaturänderungen im Schornsteinbereich bei Abschaltung der Abhitzekessel. Der Schornstein muß eventuell auftretenden Temperaturschwankungen gewachsen sein.

12.2.1.3 Ausführung von Abhitzekesseln

Abhitzekessel mit den infrage kommenden Dampfdrücken (≈ 35 bar) werden immer als Wasserrohrkessel ausgeführt. Man kann mit Naturumlaufkesseln arbeiten und Zwangsumlaufkessel (La-Mont-Kessel). Naturumlaufkessel sind im Aufbau ein-

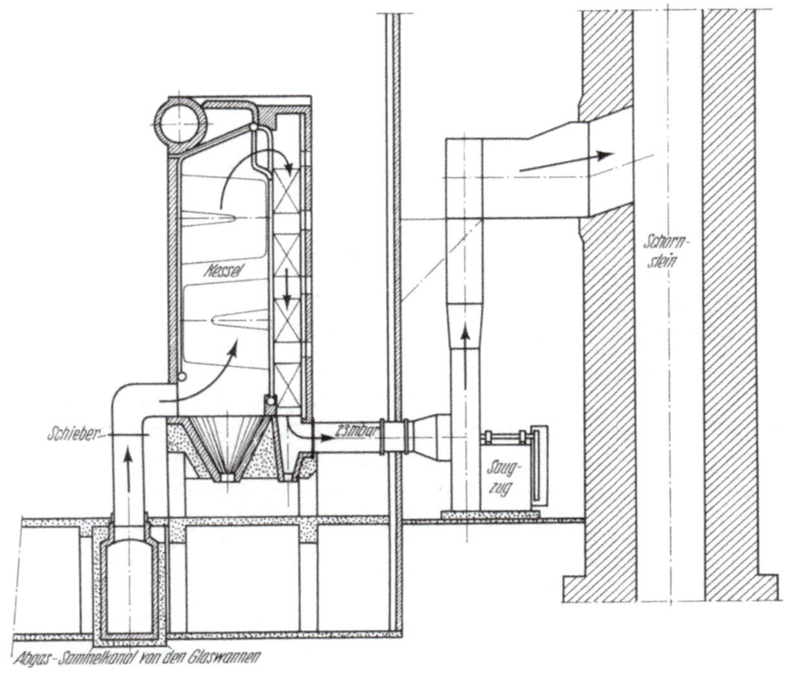

Bild 12.16. Eckrohrabhitzekessel (Querschnitt) [8]

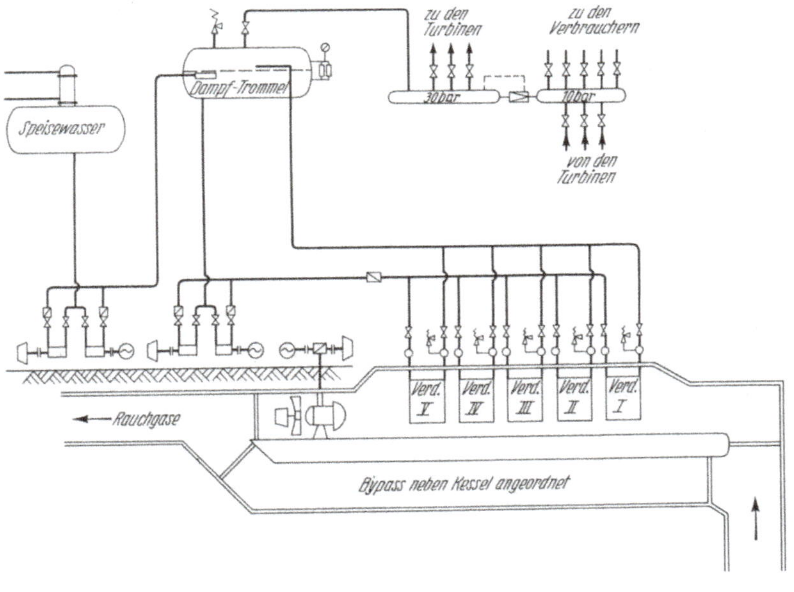

Bild 12.17. Schaltschema eines La-Mont-Abhitzekessels [7]

fach und benötigen wenig Hilfspumpen. In Aufbau und Änderung sind sie aber weniger anpassungsfähig. Bild 12.16 zeigt als Beispiel einen Eckrohrabhitzekessel in Bypass-Anordnung neben dem Schornstein. Die technischen Daten dieser Anlage sind in Tabelle 12.3 zusammengestellt. Zwangsumlaufkessel können, in einzelne Verdampferpakete aufgeteilt, in den Rauchgaskanal gehängt werden (Bild 12.17).

Von der betriebstechnischen Seite ist zu vermerken, daß bei ölbeheizten Anlagen die Abhitzekessel einmal pro Schicht abgeblasen und alle zwei Monate gereinigt werden müssen. Durch das Abblasen werden vornehmlich abgelagerte Stäube entfernt, während bei der alle zwei Monate stattfindenden Reinigung die sich auf den Rohren gebildeten Krusten entfernt werden. Es handelt sich um Bisulfate. Die Reinigung dauert zwei Tage. Während dieser

Tabelle 12.3. Technische Daten des Abhitzekessels in Eckrohrbauweise

Dampfleistung	max. 6,3 t/h
Maximaler Betriebsüberdruck	47 bar
Rauchgaseintrittstemperatur	480 °C
Rauchgasaustrittstemperatur	250 °C
Speisewassertemperatur	155 °C

Zeit muß der Kessel außer Betrieb genommen werden. Die technische Überwachung verlangt alle drei Jahre eine Überprüfung der Kessel und alle neun Jahre eine Wasserdruckprüfung.

12.2.2 Abhitzekessel hinter direkt befeuerten Glasschmelzwannen

Anders als bei Regenerativanlagen besteht bei direkt befeuerten Anlagen die Möglichkeit, den Abhitzekessel oder Teile davon im heißen Bereich der Abgase einzubauen und damit ein bedeutend höheres Temperaturgefälle auszunutzen, allerdings auf Kosten der maximal erreichbaren Vorwärmung der Verbrennungsluft. Im Grenzfall kann man weitgehend auf eine Luftvorwärmung verzichten, um ein Maximum an Strom zu erzeugen.

Der Brennstoffverbrauch des Schmelzofens steigt damit allerdings stark an. Im Endeffekt läuft Ganze auf eine breit ausgelegte Optimierung aus.

12.2.2.1 Auslegung

Geht man von der Voraussetzung aus, daß die Energieverluste des Oberofens, des Schmelzofens, die Wärmeaufnahme der Glasschmelze und die Temperatur der den Oberofen verlassenden Abgase konstant bleiben, dann gilt für den Oberofen ohne Luftvorwärmung ($\dot{H}_L \approx 0$):

$$\eta_f = \frac{\dot{E}_B - \dot{H}_A}{\dot{E}_B}. \tag{12.19}$$

Darin sind $\dot{E}_B$ der zugeführte Brennstoffenergiestrom, $\dot{H}_A$ der Enthalpiestrom des austretenden Abgases. Für den Fall der Luftvorwärmung ($\dot{H}_L > 0$) gilt

$$\dot{E}_B - \dot{H}_A = \dot{E}_{BR} + \dot{H}_L - \dot{H}_A \frac{\dot{E}_{BR}}{\dot{E}_B}, \tag{12.20}$$

mit $\dot{E}_{B,R}$ für den Brennstoffenergiestrom bei Luftvorwärmung. Aus den Gln. (12.19) und (12.20) ergibt sich das Verhältnis

$$\frac{\dot{E}_{B,R}}{\dot{E}_B} = \frac{\eta_f}{\eta_f + \frac{\dot{H}_L}{\dot{E}_{B,R}}}. \tag{12.21}$$

Das im Nenner stehende Verhältnis läßt sich schreiben

$$\frac{\dot{H}_L}{\dot{E}_{B,R}} = \frac{\lambda\, l_{st}\, \Delta\vartheta_L\, c_{p,L}}{H_u}, \tag{12.22}$$

wobei λ den Luftfaktor der Verbrennung, l_{st} den stöchiometrischen Luftbedarf der Gewichtseinheit des Brennstoffs, $\Delta\vartheta_L$ die Vorwärmtemperatur (Temperaturdifferenz), $c_{p,L}$ die mittlere spezifische Wärmekapazität der Luft und H_u den Heizwert des Brennstoffs bedeuten. Mit ($\lambda\, l_{st} = 11{,}7$) und $H_u = 40\,600$ kJ/kg Öl und $\eta_f = 0{,}4$ ergeben sich nach Schubert [13] die in Tabelle 12.4 angegebenen Zusammenhänge, die den in den Bildern 12.18 und 12.19 angegebenen Kurven zugrundegelegt sind [13]. Für den Unit Melter ohne Abhitzevorwär-

Tabelle 12.4. Wärmebedarf und Luftvorwärmung

$\Delta\vartheta$ °C	$\frac{\dot{E}_{B,R}}{\dot{E}_B}$
100	0,907
200	0,829
300	0,767
500	0,662
1000	0,493

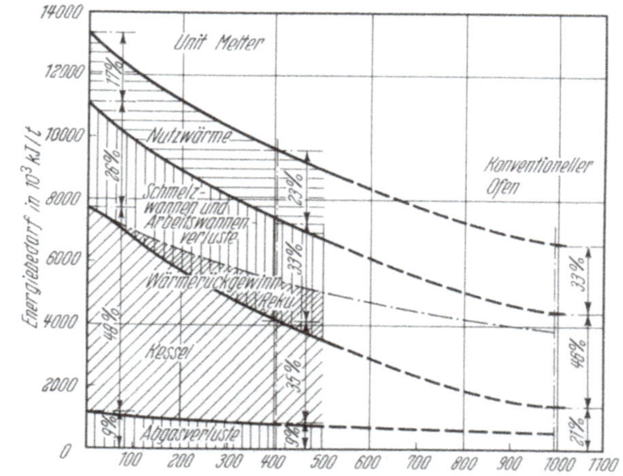

Bild 12.18. Energiebedarf und Wärmerückgewinnung eines älteren Unit Melters in Abhängigkeit von der Luftvorwärmtemperatur [13]

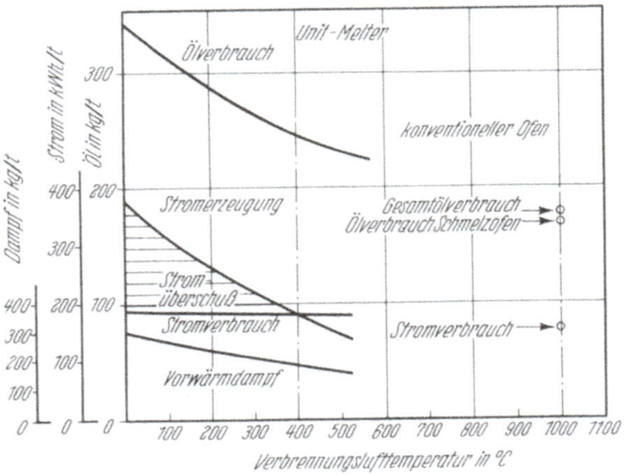

Bild 12.19. Wärmebilanz eines Unit Melters mit Abhitzekessel und Luftvorwärmung [13]

mung ist ein Energiebedarf von 13 400 MJ/t Glas zugrundegelegt.

In Bild 12.19 sind am Beispiel einer kleineren Hohlglashütte der Ölverbrauch über der Luftvorwärmtemperatur eingetragen sowie die für die Erzeugung von 1 t Glas erforderlichen Dampf- und Strommengen. Nach Abzug der für Ölvorwärmung, Heizung und dgl. erforderlichen Dampfmenge von der im Abhitzekessel erzeugten Gesamtdampfmenge ergibt sich die äquivalente Stromerzeugung.

Unter Berücksichtigung der zugrundegelegten Werte zeigt es sich, daß bis zu einer Luftvorwärmung von 400 °C ein Stromüberschuß vorhanden ist. Dieser Stromüberschuß kann anderen Verbrauchern zugeführt werden, z. B. den Maschinen an konventionellen Öfen.

Ist diese Möglichkeit nicht gegeben, dann dürfte es zweckmäßig sein, kombinierte Anlagen aufzustellen, wobei selbstverständlich aus Sicherheitsgründen die erzeugte Strommenge immer größer sein sollte als die benötigte.

Größere Unterschiede im Verbrauch können – sowohl beim reinen Abhitzekesselbetrieb als auch bei dem gemischten Betrieb – mit Abhitzekessel und Rekuperator durch dampfbeheizte Luftvorwärmer ausgeglichen werden.

Der für den konventionellen Ofen angegebene Stromverbrauch ist niedriger als beim kombinierten Betrieb, weil die Anteile für Saugzug, Eigenversorgung usw. wegfallen und auch, wie bereits erwähnt, der Energiebedarf für die Beheizung geringer ist.

Die Anordnung und der Aufbau eines Abhitzekessels mit Rekuperatoren hinter einem Unit Melter sind in Bild 12.20 dargestellt.

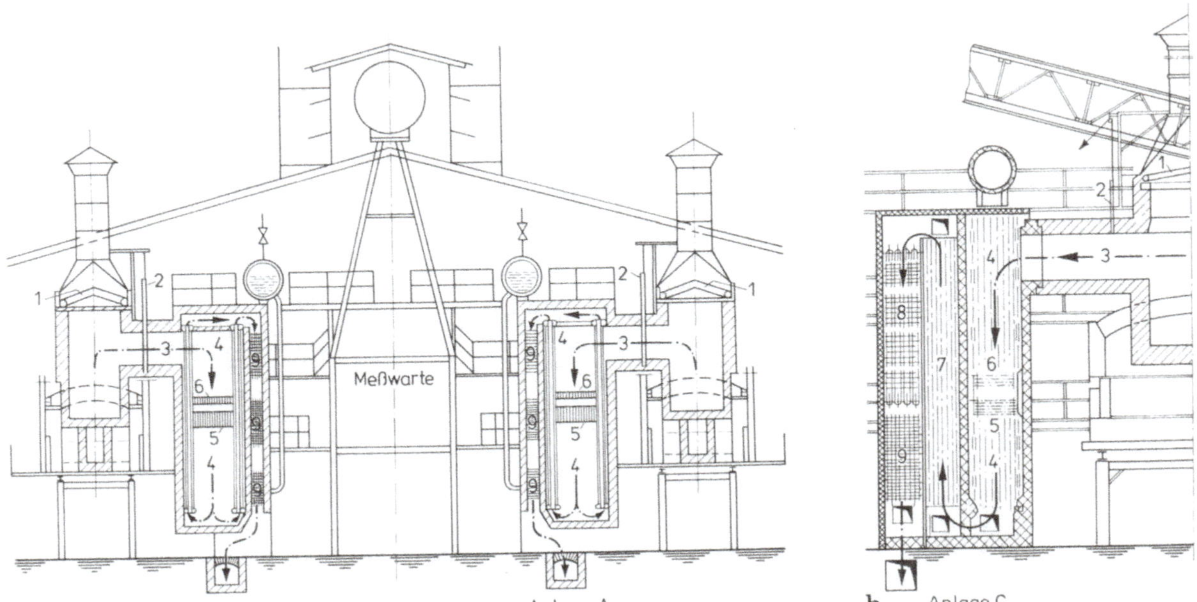

Bild 12.20. Schematische Darstellung einer Glasofenanlage mit Abhitzekesseln (**a**) und einer Abhitzekessel-Luftvorwärmer-Kombination hinter einem Unit Melter (**b**)
1 Notklappe für Abgase; *2* wassergekühlter Schieber; *3* Abgasstrom; *4* Strahlungsschacht; *5* Überhitzer 1; *6* Überhitzer 2; *7* Luftvorwärmer; *8* Verdampfer; *9* Economiser

12.2.2.2 Betriebsverhalten

Die Dampferzeugung eines Abhitzekessels ist unter sonst gleichen Bedingungen annähernd proportional der eingebrachten Brennstoffmenge. Große Änderungen in der Schmelzofenbelastung müssen berücksichtigt werden. Hierauf wird bei der Kraftwerksanlage noch näher einzugehen sein.

Hinsichtlich der Verschmutzung der Kesselanlagen ist zu sagen, daß die sich bildenden Ansätze an den Außenrohren, dem Überhitzer und dem Economiser gut mit Preßluft beseitigt werden können, und zwar reicht eine einmalige gründliche Reinigung der Kesselanlage pro Tag aus. Das Reinigen der Innenrohre erfolgt mittels Stahlbürsten über einem Elektrozug. Einen großen Einfluß hat der O_2-Gehalt der Abgase auf die Art der Ablagerungen. Ein hoher Luftanteil wirkt sich hinsichtlich der Verschmutzung ungünstig aus. Die Verwendung von Dampf anstelle von Preßluft zur Kesselreinigung hat sich bei Kesseln hinter Glasschmelzöfen nicht bewährt. Vermutlich durch Hydratation verkrusten die vorher staubförmigen Beläge vornehmlich im kälteren Teil des Kessels.

Die gesetzlich vorgeschriebene Zeit, innerhalb der eine innere Prüfung der Kesselanlage zu erfolgen hat, beträgt drei, auf Antrag vier Jahre. Dieser Zeitraum stimmt in etwa mit der Dauer der Ofenreise eines direkt befeuerten Ofens überein.

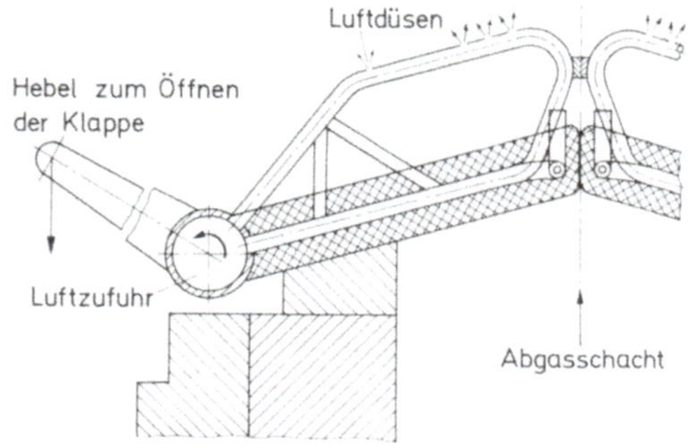

Bild 12.21. Luftgekühlte Absperrklappe (nach Schubert)

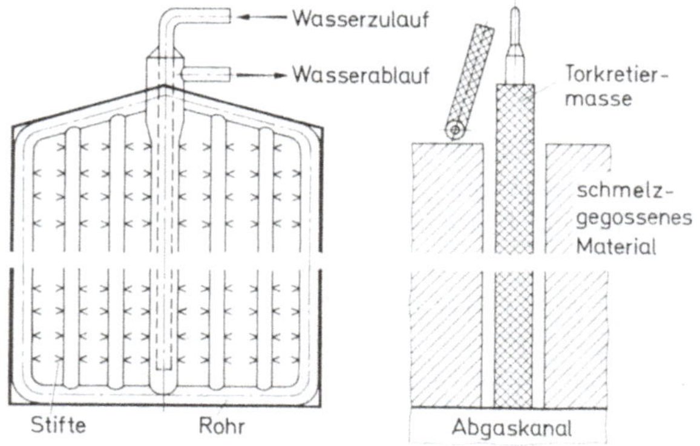

Bild 12.22. Wassergekühlter Absperrschieber, torkretiert (nach Schubert)

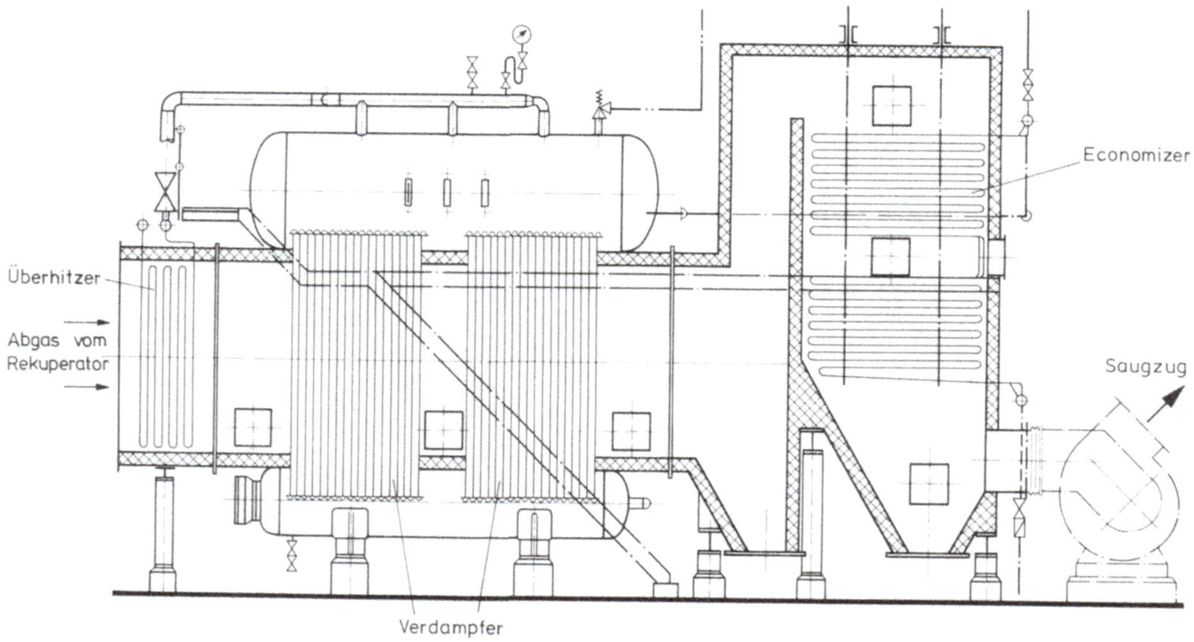

Bild 12.23. Dampfkessel (30 bar, 415 °C Überhitzungstemperatur, 22 300 m³ Abgas/h, 5,5 t Dampf/h) [18]

Bei der Frage nach dem Betriebsverhalten einer Anlage sind mögliche Korrosionen von besonderer Bedeutung. Im Gegensatz zu Abhitzekesseln hinter Regenerativkammern sind bei direkt hinter Unit Meltern aufgestellten Abhitzekesseln praktisch keine Niedertemperaturkorrosionen bekannt geworden, soweit die Speisewassereintrittstemperatur nicht unter 100 °C lag. Diese Tatsache dürfte darauf zurückzuführen sein, daß durch die aus dem Gemenge und der Schmelze stammenden Alkalibestandteile eine Neutralisation stattfindet, oder daß die Gemengepartikelchen als Kondensationskerne dienen. Emissionsmessungen haben ergeben, daß bei einem Unit Melter mit angeschlossenem Abhitzekessel der aus dem Öl stammende Schwefel weitgehend als SO_2 über den Schornstein entweicht.

Unangenehme Korrosionen sind jedoch auf dem Hochtemperaturgebiet durch Bildung von Vanadiumpentoxid bekannt geworden. Hierüber findet sich Näheres in der Arbeit von Vollhardt [11].

Für den Störungsfall sind Sicherheitseinrichtungen zur Absperrung der Kesselanlage von Schmelzöfen notwendig. Die Sicherheitseinrichtungen können aus einer luftgekühlten Klappe über den Abzug und einem wassergekühlten Schieber zwischen Abzug und Kessel bestehen (Bilder 12.21 und 12.22).

Bild 12.21 zeigt die Konstruktion einer bewährten, luftgekühlten zweiteiligen Absperrklappe für den Abgasschacht. Ist es notwendig, den Kessel vom Schmelzofen zu trennen, dann werden die beiden Klappen nach oben gedreht und das Abgas kann über Notkamine übers Dach abgeleitet werden. Die Klappen selbst bestehen aus Rohrsystemen, die mit Kühlluft von der Schmelzwanne beaufschlagt werden. Die Luft wird über das große drehbar gelagerte Rohr zugeführt und entweicht über entsprechende Bohrungen im oberen Teil. Durch Torkretierung der bestifteten Rohre lassen sich Klappen herstellen, die im geschlossenen Zustand eine ausreichende Abdichtung gewährleisten.

Der Kessel selbst wird über einen wassergekühlten Absperrschieber vom Abgaskanal der Wanne abgetrennt (Bild 12.22). Auch hier wird mit torkretierten bestifteten Rohren gearbeitet. Der Schieberschlitz wird aus schmelzgegossenem Material aufgebaut.

Eine andere Kesselkonstruktion, bei der ein Rekuperator zwischen Glasschmelzwanne und Kessel angeordnet ist, zeigt Bild 12.23. Man kann durch das Vorziehen des Rekuperators eine Luftvorwärmung von etwa 750 °C erzielen. Um eine genügend hohe Überhitzung für den Dampf zu bekommen, ist der Überhitzer vor den Verdampfern angeordnet. Für eine direkt befeuerte Wanne mit einer Abgasmenge von 22 300 m³/h erreicht man eine Dampferzeugung von 5,5 t/h bei 30 bar und 415 °C [18].

12.2.3 Energiewirtschaft und Energieverteilung

Abhitzekesselanlagen dienen dazu, die Abwärme der Schmelzöfen möglichst weitgehend nutzbar zu machen. Aus dieser Sicht sind sie im weiteren Sinne ein Bestandteil der Schmelzofenanlage. In ihrer Auswirkung und Verflechtung mit der Energiewirtschaft und Energieverteilung innerhalb der gesamten Glashütte greifen sie über die Schmelzofenanlage aber weit hinaus. Das hat zur Folge, daß bei der Auslegung und den Wirtschaftlichkeitsberechnungen über die Schmelzwanne hinausgedacht werden muß.

Die zusätzliche Abwärmenutzung in einer Hohlglashütte mit Abhitzekessel und getrennt beheiztem Überhitzer hat Baier [16] dargestellt (Bild 12.24). Eine solche Anlage ist jedoch nur bei niedrigen Ölpreisen rentabel.

Einen Einblick in den Wärmehaushalt einer Flachglashütte vermittelt Ehrich [15], (Bild 12.25), in den von Hohlglashütten Schulte-Kellinghaus, Schubert und Kölsch [17, 18].

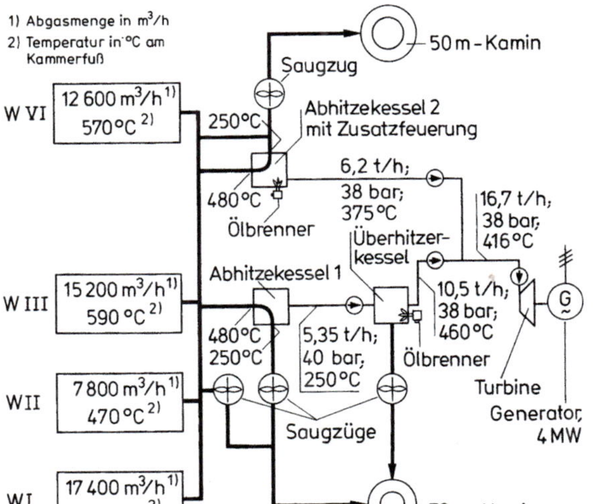

Bild 12.24. Schema der Abwärmenutzung in einer Hohlglashütte mit vier regenerativ betriebenen Schmelzwannen [16]

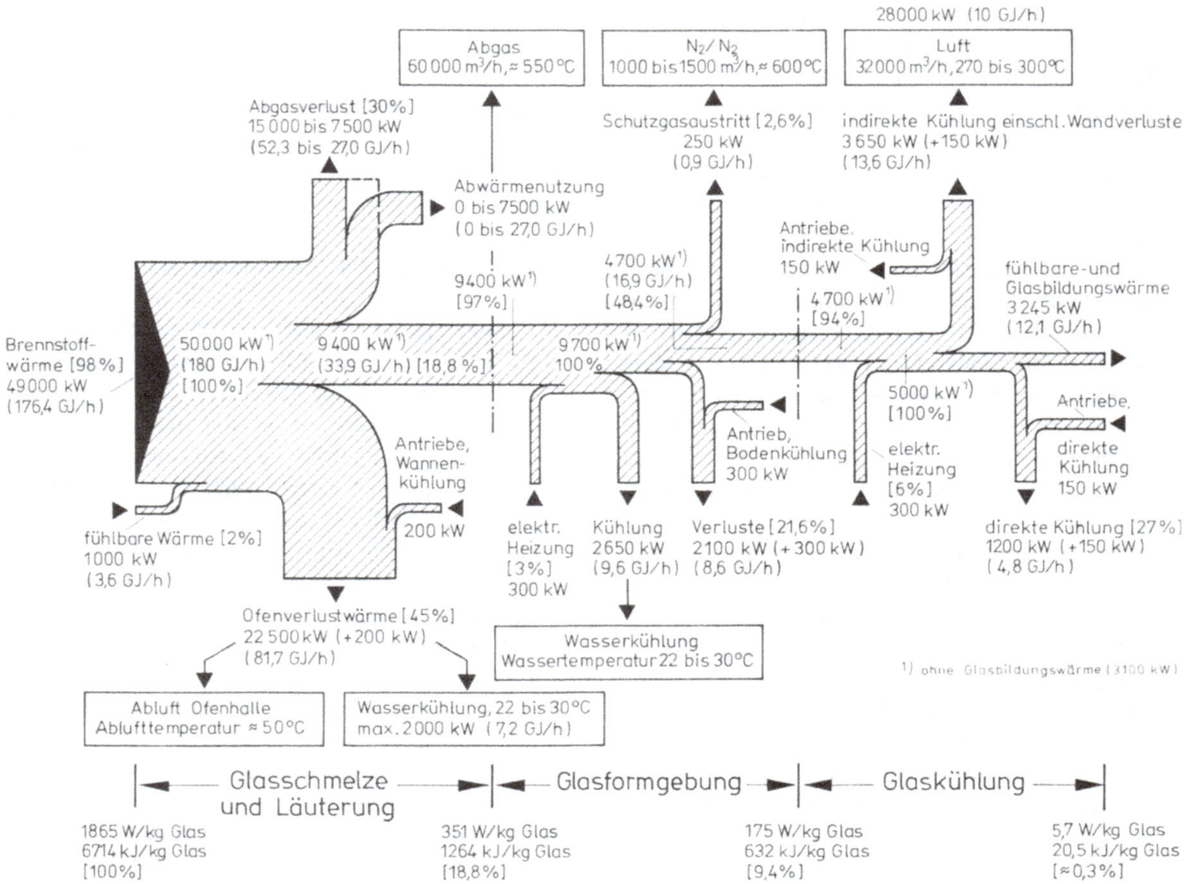

Bild 12.25. Graphische Darstellung der Energiebilanz einer Anlage zur Herstellung von Floatglas [15]

13 Emissionen von Glasschmelzöfen

Im folgenden soll der Begriff Emissionen auf den Staub- und Schadgasgehalt der Abgase begrenzt werden, die den Schornstein eines Glasschmelzofens verlassen. Um die Zusammenhänge richtig zu verstehen, ist es notwendig, die Vorgänge beim Schmelzen und Läutern des Glases kurz zu behandeln. Gemessen an anderen Industriezweigen und mengenmäßig betrachtet, sind die Emissionen von Glasschmelzöfen nicht sehr groß. Dies hat dazu geführt, daß man sich erst in den letzten Jahren eingehender damit beschäftigt hat. Die Vielzahl der verschiedenen Glaszusammensetzungen und die damit verbundene breite Palette der Rohstoffe kann jedoch lokal zu beachtenswerten Emissionen führen.

13.1 Mengenbilanzen

Zur Erleichterung der Übersicht und zur leichteren Gewichtung der einzelnen Vorgänge soll als erstes versucht werden, eine Mengenbilanz der Verstaubung und Verdampfung in Glasschmelzöfen aufzustellen. Bei der dominierenden Rolle des Schwefels muß in eine solche Bilanz auch das SO_x mit einbezogen werden. Es empfiehlt sich, eine solche Bilanz getrennt für den Einschmelzbereich und den Läuterbereich einer Wanne, oder die Einschmelz- und Läuterphase des Hafenofens aufzustellen. Die Verschiedenartigkeit der einzelnen Öfen und Glasarten und nicht zuletzt der Mangel an quantitativen Meßdaten erlauben zur Zeit nur die Aufstellung von Schemabilanzen, die die Grundzusammenhänge verdeutlichen können.

Bild 13.1 zeigt eine pauschale Mengenbilanz für eine ölbeheizte Glasschmelzwanne für Kalk-Natron-Glas im Einschmelzbereich. Es werden die drei Bereiche Luftkammer, Schmelzwanne und Abgaskammer unterschieden. Die Verbrennungsluft kommt von links mit einem relativ geringen Staubgehalt in das System. Im kühlen Bereich der Kammern werden Staubablagerungen aus der Abgasperiode aufgenommen. Ähnliches, nur zusätzlich mit chemischen Reaktionen verbunden, dürfte sich im heißen Teil der Kammern abspielen. Ein Teil des aufgenommenen Staubes wird verdampfen. Die mit Staub und Dämpfen angereicherte Verbrennungsluft tritt nun in den Oberofen ein. Im Einschmelzbereich der Wanne verstaubt und verdampft ein Teil des Gemenges und der Glasschmelze, gleichzeitig wird über den Brennstoff (Heizöl) und Sulfat im Gemenge, SO_x in das System eingebracht.

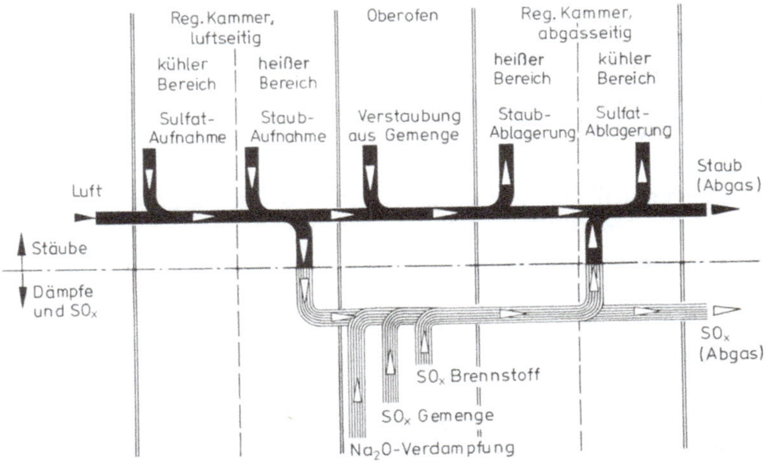

Bild 13.1. Mengenbilanz (schematisch) einer regenerativen Glasschmelzwanne im Einlegebereich

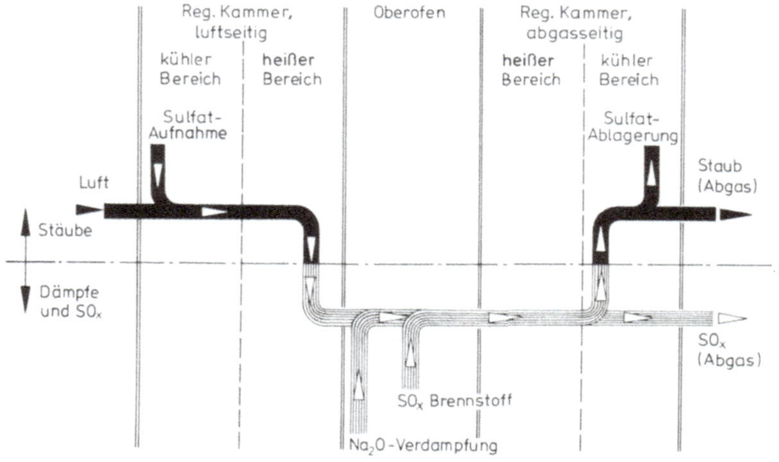

Bild 13.2. Mengenbilanz (schematisch) einer regenerativen Glasschmelzwanne im Läuterbereich

In der abgasseitigen Kammer spielen sich die analogen Vorgänge, wie Ablagerung und Kondensation von Dämpfen ab. Am Ende tritt das mit Staub und SO_x beladene Abgas über die Kanäle und den Schornstein ins Freie. Über den Hin- und Hertransport von Substanz in den Kammern und die entstehenden Ablagerungen ist mengenmäßig leider noch wenig bekannt.

In ähnlicher Weise läßt sich eine Mengenbilanz für den Läuterbereich aufstellen (Bild 13.2). Die Verstaubung und eventuell anschließende Verdampfung von Gemengebestandteilen fehlen hier. Kondensationen in Verbindung mit entsprechenden chemischen Reaktionen führen in den kühleren Kammerbereichen zu Ablagerungen, die ebenfalls einen Hin- und Hertransport von Substanz in den Kammern verursachen.

13.2 Verdampfung aus Glasschmelzen

Die Verdampfung aus Glasschmelzen ist in vielen Arbeiten eingehend untersucht und veröffentlicht worden. Es liegen Daten vor. Maßgebende Größe ist der Dampfdruck. Die verdampfende Menge wird neben dem Dampfdruck von dem Partialdruckverhältnis in der Schmelze und sich eventuell abspielenden chemischen Reaktionen (Wasserdampf) sowie durch Nachtransport in der Schmelze bestimmt. Vom Dampfdruck abgesehen, hängen alle anderen Größen weitgehend von der Betriebsweise des Ofens ab. In einer generalisierenden Betrachtung muß man sich daher auf den Dampfdruck beschränken. Nach der Grundgleichung und den Verdampfungs- (bzw. Sublimations-)enthalpien und -entropien läßt sich schreiben

$$\log p = \frac{A}{T} + B; \qquad (13.1)$$

A und B sind Konstanten, T die thermodynamische Temperatur.

Aus Daten von Kröger und Sörström [1] ist der sich ergebende lineare Zusammenhang zwischen $\log p$ und $1/T$ in Bild 13.3 für Gläser mit verschie-

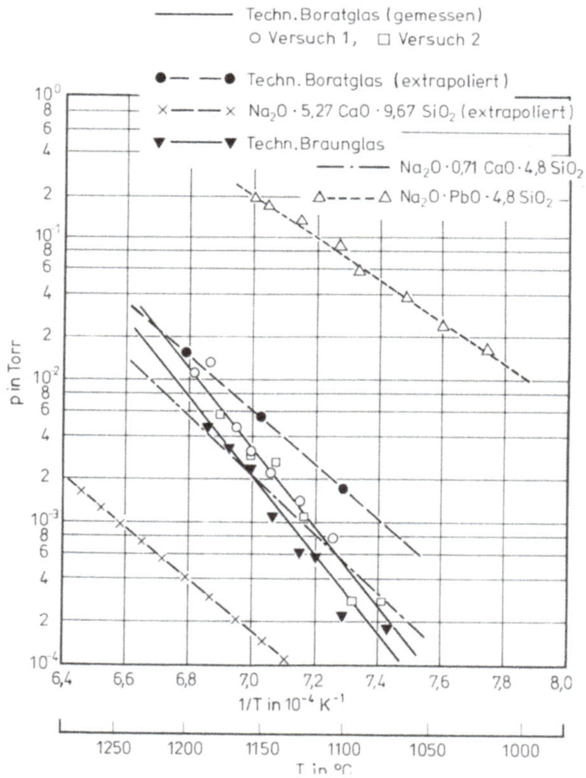

Bild 13.3 Dampfdrücke verschiedener Gläser nach Kröger und Sörström [1]

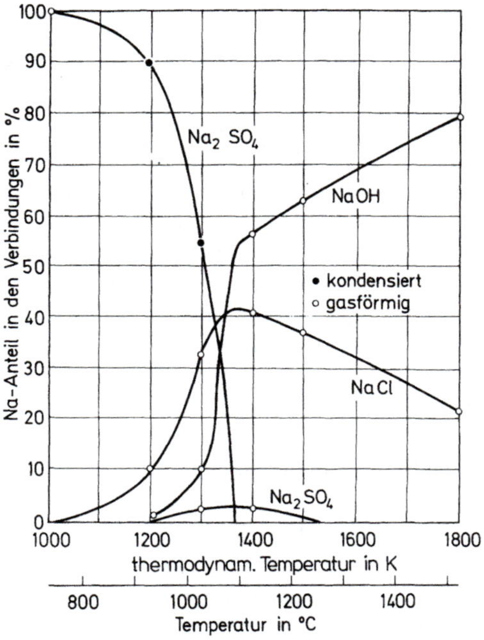

Bild 13.4. Verteilung des verdampften Natriums auf einzelne Verbindungen im Abgas einer mit Erdgas beheizten Floatglaswanne in Abhängigkeit von der Temperatur [2]

dener Zusammensetzung wiedergegeben. Der große Einfluß der Temperatur und der Glaszusammensetzung ist deutlich erkennbar. Von den gemessenen ternären Gläsern besitzt das Bleiglas mit Abstand den höchsten Dampfdruck. Er liegt um zwei Zehnerpotenzen höher als beim entsprechenden ternären Kalk-Natron-Glas.

Bei Kalk-Natron-Gläsern ist die verdampfende Komponente im wesentlichen Na_2O. Aus thermodynamischen Betrachtungen [2] ergibt sich, daß im heißen Abgas das verdampfende Alkali primär als NaOH gasförmig vorliegt. Es gilt die Reaktionsgleichung

$$Na_2SO_4 + H_2O \rightleftharpoons 2\,Na\,OH_{(gas)} + SO_2 + \tfrac{1}{2}\,O_2$$

Im Temperaturbereich um 1100 °C verschiebt sich das Gleichgewicht stark zur linken Seite und es kondensiert Na_2SO_4 aus, wie Bild 13.4 erkennen läßt.

13.3 Verdampfung aus dem einschmelzenden Gemenge

Im Gegensatz zu Glasschmelzen sind über den Dampfdruck und die Verdampfung aus einschmelzendem Gemenge nur wenige Daten verfügbar. Die Vielzahl der entstehenden Primärschmelzen und die schlecht zu definierenden Temperaturen gestalten das Bild recht unübersichtlich.

Aus der bereits erwähnten Arbeit von Kröger und Sörström [1] lassen sich auch Hinweise über den Dampfdruck von Verbindungen entnehmen, die beim Einschmelzen des Gemenges von Kalk-Natron-Gläsern auftreten. In Bild 13.5 sind die Dampfdruckwerte und gemittelten Dampfdruckkurven von Natriumsilicaten aufgetragen. Die Drucke sind je nach Zusammensetzung bis um den Faktor 5 größer als die der Kalk-Natron-Gläser. Berücksichtigt man jedoch die beim Einschmelzen niedrigeren Temperaturen gegenüber den Läutertemperaturen, dann zeigt sich, daß die Verdampfung aus den Primärschmelzen absolut gesehen nicht stark sein kann. Wie stark sich beim Einschmelzen die Dampfdrucke ändern können, zeigt die in Bild 13.6 gezeigte Kalkabhängigkeit des Dampfdrucks der ternären Natrium-Calcium-Silicate.

Einen starken Einfluß auf die Verdampfung von Kalk-Natron-Gläser hat der Wasserdampfgehalt der Atmosphäre, da die sich dann bildenden Hydroxide einen höheren Dampfdruck als die entsprechenden Oxide besitzen. Der Wasserdampfgehalt der Abgase von Erdgasfeuerungen beträgt ca. 18%, der von Heizölfeuerungen ca. 12%. Die Staubemission und damit die Verdampfung ist bei erdgasbeheizten Anlagen aber deutlich geringer als

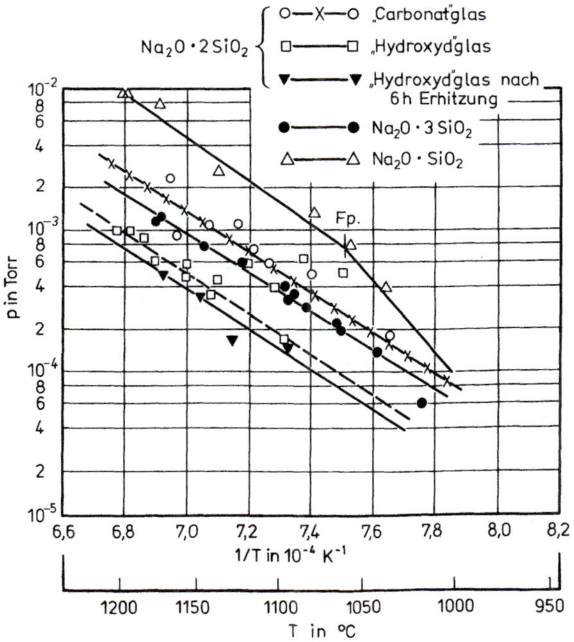

Bild 13.5. Dampfdrücke von Natrium-Silicatschmelzen nach Kröger und Sörström [1]

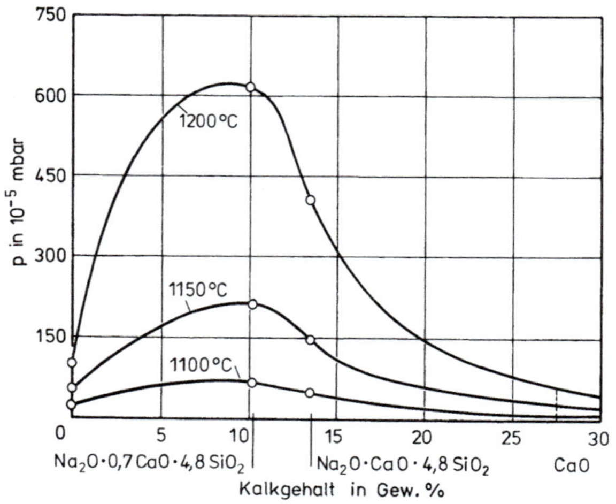

Bild 13.6. Einfluß des Kalkgehalts ternärer Natrium-Calcium-Silicate auf den Dampfdruck nach Kröger und Sörström [1]

bei vergleichbaren ölbeheizten Anlagen. Die Ursache ist in der dominierenden Rolle des Schwefels zu suchen. Bei angefeuchtetem Gemenge werden geringere Verstaubungen und auch Emissionen beobachtet, was mit der Verringerung der primären Verstaubung zusammenhängt. Die in der Praxis vorkommenden Schwankungen des Wasserdampfgehalts in der Ofenatmosphäre wirken sich demnach nicht nachweislich auf die Emissionen im Schornstein aus.

Der CO_2-Gehalt der Atmosphäre hat nach Hanke und Scholze [3] bei Kalk-Natron-Glas keinen spürbaren Einfluß auf die Verdampfung. Bei Borosilicatgläsern wurde eine Erhöhung und bei Bleigläsern eine Verminderung beobachtet. Dies kann sich bis zu einem gewissen Umfang im Einschmelzbereich wegen des dort höheren CO_2-Gehalts (Gemengegase) auswirken.

Der Scherbenanteil des einschmelzenden Gemenges beeinflußt ebenfalls die Verstaubung und Verdampfung. Messungen in einem Fall deuten darauf hin, daß ein zunehmender Scherbenanteil die Staubemission des Schmelzofens vermindert. Bei einem Scherbenanteil von 50% kann die Staubemission bei Kalk-Natron-Gläsern und Einsatz von Heizöl unter 150 $(mg/m^3)_n$ absinken.

13.4 Verstaubung aus dem einschmelzenden Gemenge

Bei der Gemengeverstaubung sind zwei Vorgänge zu unterscheiden. Einmal die Verstaubung von Gemengebestandteilen wie Soda, Pottasche, Mennige usw. die, wenn sie in die heißen Ofengase gelangen, schmelzen und verdampfen, zum anderen die Verstaubung von Kalk, Dolomit, tonerdehaltigen Rohstoffen, die nach der Gasabspaltung als Teilchen erhalten bleiben. Da nur die letzteren als Substanz in den Kammern oder den Kanälen unmittelbar erhalten bleiben, wird hier unter Verstaubung nur der letztere Vorgang verstanden.

Die Verstaubung hängt primär stark von der Einlegetechnik und der Flammenführung ab. Von der Rohstoffseite ist die Korngröße und bei Kalk und Dolomit die Neigung zum Dekrepitieren zu erwähnen. Besonders feinkristalline und unregelmäßig orientierte Gesteine neigen bei der Kohlensäureabspaltung zum Aufplatzen, weniger die einkristallinen.

Quantitative Angaben über den Umfang der Verstaubung finden sich nur sehr spärlich in der Literatur. Die Größenordnung im Bereich des ersten Brennerpaars von Querbrennerwannen ist zwischen 0,1 und 1 $(g/m^3)_n$ Abgas zu suchen. Das Verhältnis Verstaubung zur Verdampfung dürfte beim ersten Brenner bei 1 : 3 bis 1 : 5 zu suchen sein. Für den ganzen Ofen sind Werte von 1 : 10 genannt worden [4]. Bei U-Flammenwannen ist die Verstaubung im allgemeinen größer als bei Querbrennerwannen.

Der Feuchtegehalt des Gemenges beeinflußt das Ausmaß der Verstaubung sehr. Versuche mit dem wassergekühlten Padell zeigten nach Morse und Manring [5, 6], daß eine Steigerung der Gemengefeuchte von 2 auf 3,5% die Ablagerungen auf dem Padell um 72% verminderte. Ähnliche Angaben liegen von anderen Autoren vor. Die Zusammensetzung der Ablagerungen verschiebt sich mit zunehmender Gemengefeuchte von den verstaubten Teilchen (CaO, Al_2O_3, MgO) zu den Sublimaten (Na_2SO_4).

Messungen über den Gesamtstaubgehalt, also verstaubte und kondensierte Teilchen der Ofenabgase im Bereich der abziehenden Brenner finden sich bei Rozhanskii et al. [7]. Dort wurde u. a. an einer erdgasbeheizten Tafelglaswanne mit einer wassergekühlten Kopffiltersonde der Gesamtstaubgehalt gemessen. Die Ergebnisse sind in Tabelle 13.1 zusammengestellt. Überraschend sind die für ein Kalk-Natron-Glas hohen Staubkonzentrationen von über 2000 $(mg/m^3)_n$ im Bereich des ersten Brenners. Dies läßt eine starke Verstaubung in diesem Bereich vermuten. Da sich keine Angaben über die Gemengezusammensetzung, insbesondere über den Sulfatanteil finden, sind weitergehende Schlußfolgerungen nicht möglich.

Tabelle 13.1. Staubgehalt im heißen Abgas einer Fensterglaswanne [7]. (Messungen mit einer wassergekühlten Kopffiltersonde)

Brenner Nr.	mg/m_n^3 Abgas	kg/Monat
I	2030	8208
II	1000	2922
III	710	3196
IV	660	2232
V	220	687
VI	170	483
VII	130	144

13.5 Ablagerungen und Reaktionen in den Regenerativkammern

Aus den relativ hohen Staubkonzentrationen im Bereich der abziehenden Brenner und den mäßigen Staubkonzentrationen im Kaminkanal ergeben sich hohe, die Beobachtungen der Praxis übersteigende Ablagerungen in den Kammern und Kanälen. Man muß daher davon ausgehen, daß im Takte des Feuerwechsels bei Regenerativkammern ein gewisser Hin- und Hertransport von Material stattfindet. Über das Ausmaß dieses Hin- und Hertransports lassen sich heute nur Vermutungen anstellen.

Davis, Manring und Bauer [8] haben über Luft- und Abgasperioden hinweg den pH-Wert der Luft und des Abgases im heißen Bereich der Kammern gemessen. Es zeigte sich dabei, daß auch während der Luftperiode ein fühlbarer SO_x-Gehalt vorliegt. Diese Beobachtung deutet darauf hin, daß die Verbrennungsluft beim Durchströmen der Kanäle und des Gitterwerks Substanz aufnimmt, die nur über die Abgase dorthin gelangt sein kann.

Daß Wechselwirkungen zwischen Ablagerungen und Kondensaten im Gitterwerk und den durchströmenden Gasen auftreten können, zeigen Beobachtungen von Kircher [9].

Bei einigen regenerativ beheizten Anlagen wurden zu Beginn einer Feuerperiode kurzzeitige SO_2-Spitzenwerte im Abgas von zum Teil > 2000 ppm, verbunden mit hohen CO-Spitzenwerten festgestellt. In Bild 13.7 ist ein derartiges Beispiel dargestellt. Dieser Effekt ist auf eine nicht ausreichende Spülung der Kammern vor dem Zünden der Brenner zurückzuführen. Die Ursache für die hohen SO_2-Spitzenwerte während dieser reduzierenden Phasen ist noch nicht ganz geklärt. Die Reduktion des im Abgas vorhandenen SO_3 zu SO_2 allein

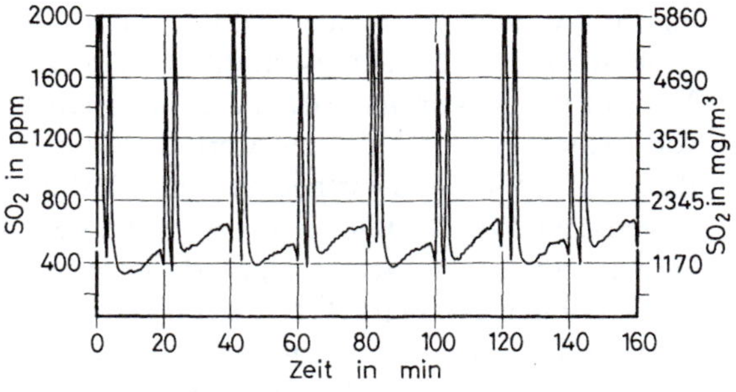

Bild 13.7. Kurzzeitige SO_2-Spitzenwerte im Abgas regenerativ beheizter U-Flammenwannen zu Beginn einer Feuerperiode [9]

würde diese hohen SO_2-Werte nicht zur Folge haben. Vermutlich sind Vorgänge in den Regenerativkammern, z. B. eine Reduktion von Natriumbisulfat in Natriumsulfat, für diese hohen, kurzzeitig auftretenden SO_2-Werte verantwortlich.

13.6 Schornsteinemissionen

13.6.1 Staubemissionen

Im Zuge der zahlreichen behördlichen Auflagen, mit denen die Anlagen der Glasindustrie belegt worden sind, liegen zahlreiche Messungen über den Staubgehalt in Abgasen von Glasschmelzwannen vor [9, 10].

In Bild 13.8 sind die Ergebnisse von hinter Glasschmelzwannen durchgeführten Staubemissionsmessungen dargestellt. Der auf einen O_2-Gehalt der Abgase von 8% bezogene Staubgehalt in

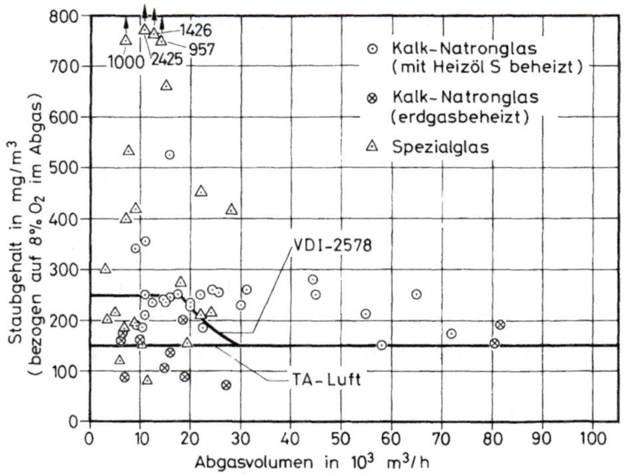

Bild 13.8. Ergebnisse von Staubemissionsmessungen [9]. Abgasvolumen auf 273 K, 1036 mbar bezogen, nach Abzug des Wasserdampfanteils

mg/m_n^3 ist aufgetragen über dem Abgasvolumenstrom in m_n^3/h. Außerdem ist in Bild 13.8 der in der TA Luft für die Glasindustrie genannte Grenzwert von 150 mg/m_n^3 und die Grenzwertkurve der VDI-Richtlinie 2578 „Auswurfbegrenzung Glashütten" eingetragen. Wie aus Bild 13.8 hervorgeht, liegt der Staubgehalt der meisten Anlagen im Bereich zwischen 150 und 250 mg/m_n^3. Hierbei handelt es sich vornehmlich um Kalk-Natron-Glasschmelzwannen. Bei den Anlagen mit höherem Staubgehalt als 300 mg/m_n^3 handelt es sich fast ausschließlich um Spezialglaswannen. Die höchsten bisher gemessenen Staubkonzentrationen wurden mit 2425 bzw. 1426 mg/m_n^3 hinter Glasschmelzwannen für Alkali-Borosilicatglasfasern festgestellt. Auch eine Bleiglaswanne und eine Boratglaswanne liegen mit 1000 bzw. 957 mg/m_n^3 sehr hoch.

Vergleicht man die hinter Kalk-Natron-Glasschmelzwannen erhaltenen Staubgehalte, so stellt man fest, daß die erdgasbeheizten Anlagen im Mittel etwa einen um 100 mg/m_n^3 niedrigeren Staubgehalt aufweisen als mit Heizöl S beheizte Anlagen. Dies dürfte in erster Linie auf den im Heizöl enthaltenen Schwefel zurückzuführen sein, der bei der Verdampfung von Alkalien eine Rolle zu spielen scheint. Zumindest ist der Unterschied der Staubgehalte schwerölbeheizter und erdgasbeheizter Anlagen größer als durch den höheren SO_3-Gehalt der Stäube von schwerölbeheizten Anlagen erklärbar.

Neben dem Schwefelgehalt des Brennstoffs scheint auch der Sulfatgehalt des Gemenges die Staubemission zu beeinflussen. In einem Fall konnte durch die Reduzierung des Sulfatgehalts eine um 30% geringere Staubemission bei sonst gleichen Betriebsparametern festgestellt werden.

Die wstaubemission einer Anlage liegt im allgemeinen um so höher, je höher der Anteil der leicht verdampfenden Komponenten im Glas ist. Bei einer Wanne für Kalk-Natron-Glas mit einem Gesamtalkaligehalt von über 16%, gegenüber den sonst üblichen 13 bis 14% Alkaligehalt, ergab sich mit 348 mg/m_n^3 eine um über 100 mg/m_n^3 höhere Staubemission als bei einer sonst vergleichbaren Anlage. Bei Kristallgläsern bringt eine Erhöhung des K_2O-Gehalts, bei gleichem Gesamtalkaligehalt, eine Erhöhung der Staubemission. Eine Zugabe von 1% Borsäure zum Gemenge eines sonst normalen Kalk-Natron-Glases ergab eine Zunahme der Staubkonzentration von 230 auf 540 mg/m_n^3, das heißt um mehr als 100%, obwohl im Staub selbst lediglich 5% B_2O_3 enthalten waren. Andererseits wurden aber bei der Erschmelzung einiger borhaltiger Gerätegläser mit erheblich höheren B_2O_3-Gehalten nur Staubgehalte zwischen ¿20 und 220 mg/m_n^3 festgestellt.

Bei den Messungen nach Bild 13.8 kann nicht zwischen der Emission im Einlegebereich und im Läuterbereich unterschieden werden. Eine Möglichkeit dazu, wenn auch nur bedingt auf Wannen übertragbar, bieten Messungen an Hafenöfen, bei denen die Schmelz- und Läuterperiode zeitlich getrennt erfaßt werden können.

In Bild 13.9 sind die Ergebnisse der Staubemissionsmessungen an einem erdgasbeheizten Bleikristall-Hafenofen mir rekuperativer Luftvorwärmung dargestellt. Das erschmolzene Bleiglas hat einen PbO-Anteil von ca. 26%. Neben dem zeitlichen Verlauf des Staubgehalts im Abgas ist im Bild 13.9 der Verlauf der Gewölbetemperatur und des auf einen O_2-Gehalt von 8% umgerechneten Abgasvolumenstroms eingetragen. Die einzelnen Meßpunkte sind aus Gründen der Übersichtlichkeit durch Polygonzüge miteinander verbunden.

Bemerkenswert ist, daß die maximalen Staubemissionen nicht während des Einschmelzens sondern während des Bülwerns (Blasens) auftreten. Der die Verdampfung begrenzende Faktor ist bei diesem Glas nicht die Verdampfung aus der Glasschmelze in die Atmosphäre, sondern die Nachlieferung durch Diffusion und Strömung aus dem Glasbad.

Ein Kalikristallglas zeigt demgegenüber ein anderes Emissionsverhalten. Die Emission ist als Ganzes bedeutend geringer und die Spitzenwerte treten beim Einschmelzen und nicht beim Läutern und Blasen auf (Bild 13.10).

Nach den bisher vorliegenden Erfahrungen hängen Art und Menge des emittierten Staubes stark von der Glaszusammensetzung, den verwendeten Rohstoffen, dem Brennstoff und der Konstruktion und Betriebsweise des Glasschmelzofens ab. In Tabelle 13.2 sind Analysen emittierter Stäube verschiedener Glasschmelzöfen zusammengestellt. Angegeben werden nicht die Verbindungen, sondern die oxidische Zusammensetzung. Eine Rückrechnung auf die Verbindungen ist möglich, aber mit Unsicherheiten und zusätzlichen Annahmen verbunden. Beim Behälterglas handelt es sich um ähnliche Öfen mit einem identischen Gemenge. In einem Fall wurde Heizöl S, im anderen Erdgas eingesetzt. Bemerkenswert ist der bei Heizöl höhere Gehalt an CaO, MgO und SO_3. Eine Erklärung für die höheren CaO- und MgO-Gehalte kann nicht gegeben werden. Bei Erdgasfeuerung wird ein Teil des über die Soda eingeschleppten Chlors als NaCl

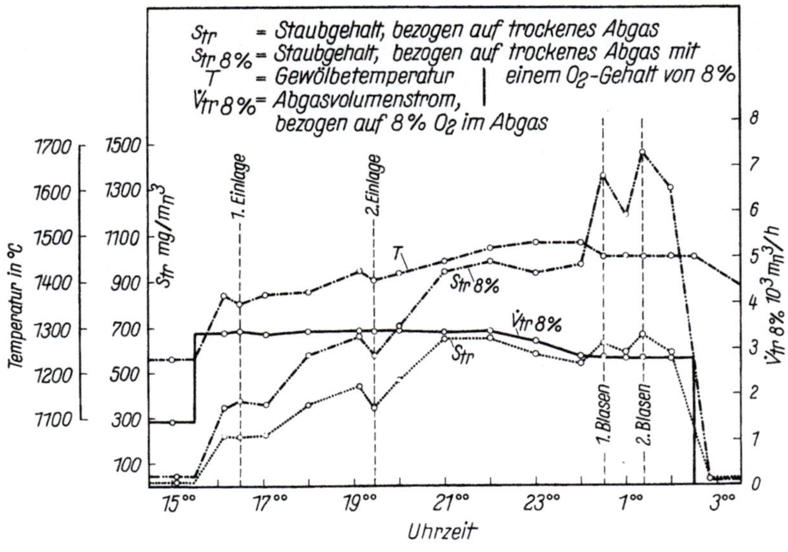

Bild 13.9. Staubemission eines Bleikristall-Hafenofens

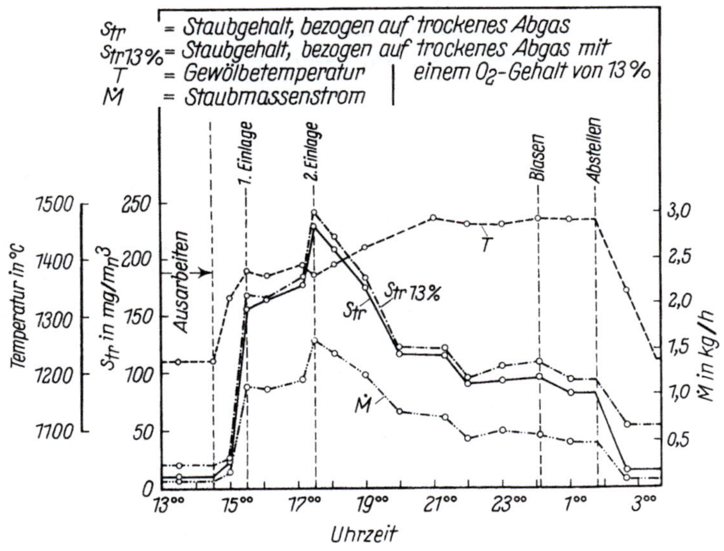

Bild 13.10. Staubemission eines Kalikristallglas-Hafenofens

Tabelle 13.2. Analysen emittierter Stäube von verschiedenen Glasschmelzwannen (Angaben in Gew.-%)

	Behälterglas (Kalk-Natron-Glas)		Glasfaser (Alkali-Borosilicatglas)	Geräteglas (Borosilicatglas)
Brennstoff	Heizöl S	Erdgas	Heizöl EL/Erdgas	Heizöl EL/Erdgas
Na_2O	26,1	38,7	25,1	32,6
K_2O	2,0	2,5	12,2	7,7
CaO	8,9	1,7	0,08	–
MgO	4,6	0,6	0,03	–
SiO_2	3,75	2,95	0,03	0,05
Al_2O_3	0,45	1,0	< 0,01	0,02
SO_3	50,0	46,9	16,3	3,8
F^-	< 0,02	0,09	n.b.	n.b.
Cl^-	< 0,05	4,7	7,1	34,0
V_2O_5	2,4	–	n.b.	n.b.
B_2O_3	–	–	34,4	20,1

emittiert und findet sich damit im Staub. Bei Heizölfeuerung wird das Gleichgewicht stark nach der HCl-Seite verschoben. Das Chlor wird damit gasförmig emittiert und es finden sich nur noch Cl-Spuren im Staub. Bei den Boratgläsern, vor allem beim Alkaliboratglas, ist die hohe Cl-Emission bemerkenswert. Sie ist mit dem Einsatz von Kochsalz als Läutermittel zu erklären.

Bei einem Bleikristallglas, das praktisch schwefelfrei erschmolzen wurde, konnte anstelle des Bleisulfats Bleikarbonat festgestellt werden.

Tabelle 13.3. Chemische Zusammensetzung des Staubes einer erdgasbeheizten Kalk-Natrium-Glaswanne [9]

Na_2SO_4	89,2%
K_2SO_4	2,2%
$CaSO_4$	6,3%
$NaHSO_4$	1,5%
V_2O_5	0,8%

Für eine erdgasbeheizte Kalk-Natron-Glaswanne liegt die chemische Zusammensetzung des Staubes nach den einzelnen Verbindungen vor. Wie aus Tabelle 13.3 ersichtlich, besteht der Staub zu über 90% aus Alkalisulfaten. Bei schwerölbeheizten Anlagen ist mit einem höheren Anteil an Erdalkalisulfaten und Natriumbisulfat zu rechnen.

Die Stäube sind sehr fein, der mittlere Korndurchmesser liegt unter 0,5 μm.

13.6.2 Schadgasemissionen

Bei den gasförmigen Emissionen von Glasschmelzwannen sind als erstes die Schwefeloxidemissionen zu erwähnen. Sie sind bestimmt durch den Schwefelgehalt des Brennstoffs und den Sulfatgehalt des Gemenges. Bei mit Schweröl von ca. 1,8% Schwefelgehalt beheizten Glasschmelzwannen liegen die SO_2-Konzentrationen im Abgas zwischen 500 und 1000 ppm entsprechend 1465 bzw. 2930 mg/m_n^3. Der zeitliche Verlauf der SO_2-Konzentration ist, wie Bild 13.11 zeigt, bei regenerativ beheizten Glasschmelzwannen nicht konstant, sondern nimmt vom Beginn bis zum Ende eines Feuerintervalls ständig zu. Dies könnte dadurch erklärt werden, daß durch den Temperaturanstieg in der Wanne über die Feuerperiode zunehmend Gemengegase und damit auch SO_2 aus der Schmelze freigesetzt werden. Möglicherweise ist aber auch der Temperaturgang in den Kammern hierfür verantwortlich. Der SO_3-Gehalt der Abgase beträgt nach den bisherigen Messungen 5 bis 11% der gesamten Schwefeloxide und liegt damit erheblich höher als bei Kesselfeuerungen. Dies ist zum einen auf den bei Unterbankfeuerungen notwendigen, relativ hohen Luftüberschuß zurückzuführen, zum anderen auf katalytische Effekte.

Eine weitere für die Umweltbelastung wichtige gasförmige Emission des Glasschmelzofens ist das NO_x. Es besteht hier eine starke Abhängigkeit von der Luftvorwärmung und damit von der Flammentemperatur. Der Einfluß des Salpetergehalts des Gemenges ist sicher vorhanden und im einzelnen bereits nachgewiesen.

Der zeitliche Verlauf der NO_x-Konzentrationen im Abgas einer regenerativ beheizten U-Flammenwanne ist aus Bild 13.11 zu ersehen. Sieht man von den Spezialgläsern ab, dann verbleibt als weitere gasförmige Emission die Chloridemission.

Bei den mengenmäßig weit im Vordergrund stehenden Kalk-Natron-Gläsern wird Chlor vor allem von der Soda und dem Sulfat in die Schmelzwanne eingebracht. Soda und Sulfat sind selbst bei guten Qualitäten bis 0,5% mit Natriumchlorid verunreinigt. Bei schlechten Qualitäten kann der Chlorgehalt ein Mehrfaches betragen. Das aus der Schmelze verdampfende NaCl reagiert. Es kommt zu Umsetzungen zwischen dem vorhandenen Wasserdampf und Schwefeldioxid zur Bildung von Chlorwasserstoff, der dampfförmig entweicht. Das noch vorhandene NaCl wird staubförmig emittiert. Ein hohes Angebot an SO_2, wie dies bei Ölheizung der Fall ist, verschiebt das Gleichgewicht in Richtung HCl, wie Gebhardt und Carduck [10] nachgewiesen haben.

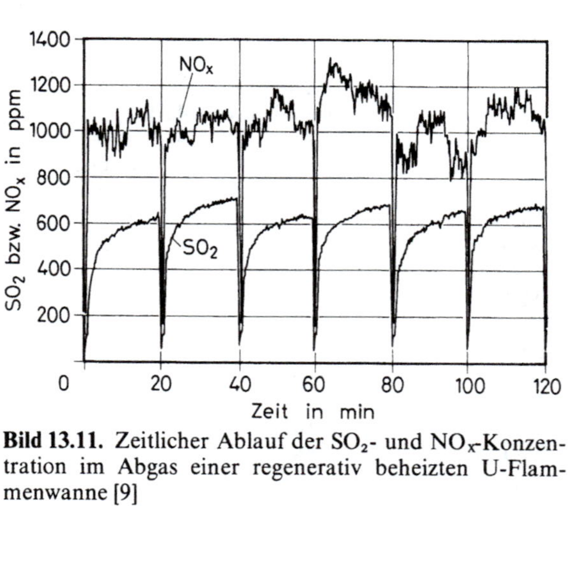

Bild 13.11. Zeitlicher Ablauf der SO_2- und NO_x-Konzentration im Abgas einer regenerativ beheizten U-Flammenwanne [9]

13.7 Sichtbarkeit von Abgasfahnen [11]

Die Sichtbarkeit der Abgasfahnen von Glasschmelzöfen hängt stark von den Betriebs- und atmosphärischen Bedingungen ab. Abgasfahnen sind sichtbar, wenn ihr Kontrast über der visuellen Kontrastschwelle liegt. Bezeichnet man die Helligkeit der Abgasfahnen mit B_p und die Helligkeit des Hintergrunds mit $B_{0'}$ dann läßt sich der Kontrast C_p durch die Beziehung

$$C_p = \frac{B_p - B_0}{B_0} \tag{13.2}$$

definieren. C_p kann negativ oder positiv sein. Eine Abgasfahne gilt als unsichtbar, wenn $C_p < |0{,}003|$ ist.

Glasschmelzöfen erzeugen Abgase, die bei Austritt aus dem Schornstein Feststoffe, vornehmlich Sulfate, mit einem Partikeldurchmesser von $\approx 0{,}3$ µm enthalten. Durch die Abkühlung des Rauchgases in der umgebenden Luft kann es zum Auskondensieren von Flüssigkeitstropfen aus dem SO_3/H_2O-Gehalt der Abgase kommen. Die Flüssigkeitströpfchen lagern sich an die Feststoffteilchen und es entstehen Aerosole mit einem Durchmesser von $\approx 1{,}0$ µm, die primär für die Sichtbarkeit der Rauchfahne verantwortlich sind. Die Zusammenhänge der Aerosolbildung lassen sich an folgendem Beispiel verdeutlichen.

Die Abgase verlassen den Schornstein mit einer Temperatur von 350 °C. Sie werden durch Vermischung mit der umgebenden Luft abgekühlt und verdünnt. Die Abkühlung beginnt an den Fahnengrenzen und setzt sich nach innen hin fort. Durch die Verdünnung vermindert sich die SO_3-Konzentration im Abgas. Zwischen der Taupunkttemperatur und der SO_3-Konzentration besteht ein fester Zusammenhang, der in Bild 13.12 durch die Kurve *1* gekennzeichnet ist. Rechts der Kurve *1* erfolgt Kondensation und damit Aerosolbildung. Diese Kurve ist repräsentativ für eine Kurvenschar, die für verschiedene Wasserdampfgehalte der Atmosphäre gilt.

Von der Abgasseite ist zwischen der Ölfeuerung und der Erdgasfeuerung zu unterscheiden. Beide unterscheiden sich primär in der SO_3-Konzentration. Trägt man die entsprechenden Verdünnungskurven in Bild 13.12 ein, dann ergeben sich bei Ölfeuerung (1,8% S im Öl) und einer Umgebungstemperatur von 10 °C die Kurve *2*, bei Erdgasfeuerung (S-freies Erdgas) in Abhängigkeit von der

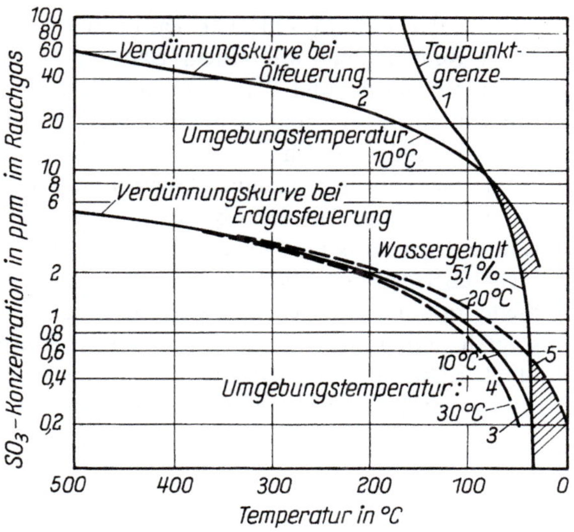

Bild 13.12. Verdünnung, Kühlung und Taupunktgrenze der Abgase von Glasschmelzwannen [11]

Lufttemperatur die Kurven *3*, *4* und *5*. Im Kreuzungspunkt mit Kurve *1* setzt Aerosolbildung ein. Man erkennt, daß bei Erdgas eine Aerosolbildung nur unter winterlichen Bedingungen einsetzt, was mit den Beobachtungen der Praxis übereinstimmt.

13.8 Anlagen zur Verminderung der Emissionen

Das geschärfte Umweltschutzbewußtsein und behördliche Vorschriften und Auflagen haben in den vergangenen Jahren auch in der Glasindustrie zur Entwicklung und zum Bau von Filteranlagen zur Verminderung der Staubemission geführt. Die bisher vorliegenden Ergebnisse haben gezeigt, daß jeder Fall sorgfältig für sich geprüft werden muß. Die Glaszusammensetzung, die Art des zur Verfügung stehenden Brennstoffs und die Ofenkonstruktion beeinflussen die Emissionen und die Entscheidung, ob eine Filteranlage notwendig ist und welches System am geeignetsten ist.

13.8.1 Gewebefilter

Bei Kalk-Natron-Gläsern, wie sie für Behältergläser und Flachgläser verwendet werden, ergibt sich bei Erdgasbeheizung ein trockener, stark sulfathaltiger Staub, der sich mit Gewebefiltern zurückhalten läßt. Die Rauchgase durchströmen die meist in einem Stützkorb von oben eingehängten Filtersäcke von der Außenseite her. Die Reingase werden aus den Filtersäcken über den oben angeordneten Reingaskanal mit einem Saugzug in den Kammerkanal gesaugt. Die Flächenbelastung des Filtertuchs ist sehr unterschiedlich. Man rechnet mit 20 bis 100 $m^3/(m^2\,h)$.

Für die Lebensdauer einer Gewebefilteranlage ist entscheidend, daß die Abgase, die für das gewählte Tuch zulässigen maximalen Temperaturen nicht überschreiten und der Taupunkt an keiner Stelle im Filter unterschritten wird. Dies setzt eine sorgfältige thermische Konditionierung der Abgase durch Kühler oder dgl. voraus; das Schema einer Anlage zur Rauchgasentstaubung zeigt Bild 13.13.

Reingasstroms wird umgekehrt und die Schläuche schlagartig aufgebläht. Die Abreinigungsperioden betragen 30 bis 45 min und die Abreinigungszeiten etwa 5 s. Die Abreinigungsperioden können auch automatisch über den Druckverlust im Filter gesteuert werden. Steigt zum Beispiel der Druckverlust über 14 mbar, dann wird der Abreinigungsvorgang ausgelöst. Der Filterdurchströmwiderstand steigt mit der Zeit langsam an. Bei neuem Filtermaterial kann mit 10 mbar, bei über einem Jahr altem mit 12 mbar gerechnet werden.

Damit keine Störung des Wannenbetriebs eintritt, muß durch entsprechende Regelorgane der

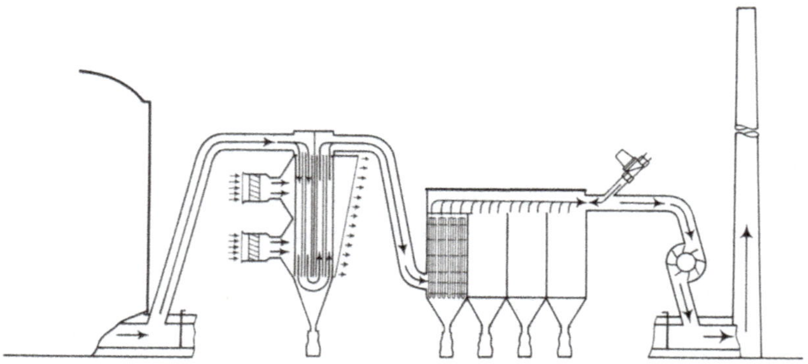

Bild 13.13. Anlage zur Rauchgasentstaubung mit einem Gewebefilter

Unterdruck hinter den Regenerativkammern konstant gehalten werden.

Zur Kühlung der Abgase ist hier ein Luftkühler vorgesehen. Es gibt auch Anlagen mit Kaltluftzumischung oder mit Wassereindüsung.

Unter den Filterschläuchen, die zu einzelnen Gruppen zusammengefaßt sind, befinden sich die Sammeltrichter mit den Zellradschleusen. In jedem Segment befinden sich bis zu 100 Filtersäcke.

Als Filtertuchmaterial haben sich Nadelfilze mit Stützgeweben am besten bewährt. Für Betriebstemperaturen von 120 bis 130 °C kann das relativ preiswerte Polyacrylnitril und Polyester verwendet werden. Bei Temperaturen bis 160 °C empfiehlt sich Nomex, bis 180 °C das allerdings recht teure Teflon. Darüber hinaus müssen Glasfasergewebe verwendet werden, die sich allerdings noch in der Erprobung befinden.

Bei richtiger Materialauswahl und Filterkonstruktion kann für eine Bespannung eine Einsatzdauer von 18 Monaten und darüber erreicht werden.

Wichtig ist die periodische Abreinigung der Filterschläuche. Die Filterschläuche werden in Gruppen von 8 bis 10 durch gesteuerte Druckluftimpulse abgereinigt. Die Strömungsrichtung des

Die Abreinigungsleistungen von Gewebefiltern sind sehr gut. Es werden Werte von 99,7 bis 99,8% erreicht.

Über die Beseitigung bzw. Wiederverwendung des anfallenden Filterstaubes können keine allgemeingültigen Angaben gemacht werden. Bei Erdgasfeuerung ist im allgemeinen eine Wiederverwendung durch Zugabe zum Schmelzofengemenge möglich. Besondere Beachtung verdienen der Schwefel- und in Sonderfällen auch der Chrom- und Schwermetallgehalt des Filterstaubes bei der Wiederverwendung. Es kann hier zu einem unerwünschten Anstieg des SO_3-Gehalts im Glas kommen, was die Neigung der Glasschmelze zum Reboiling erhöht.

Filteranlagen der beschriebenen Art haben sich hinter erdgasbeheizten Schmelzöfen gut bewährt. Auch bei Verwendung leichten Heizöls sind Filteranlagen der beschriebenen Art einsetzbar. Bei schwerem Heizöl und entsprechend hohem Säuretaupunkt ist allerdings Vorsicht am Platze. Es müssen dann besondere Zusatzanlagen vorgesehen werden, über die im Abschn. 13.8.3 berichtet wird.

13.8.2 Elektrofilter [13]

Elektrofilter sind bereits mehrfach mit Erfolg zum Entstauben der Abgase von Glasschmelzwannen eingesetzt worden. Der große Vorteil dieses Systems ist, daß mit Abgastemperaturen bis 250 °C gearbeitet werden kann.

Die Wirkungsweise des Elektrofilters beruht auf einer Koronar-Entladung an den Sprühelektroden. Die ankommenden Staubpartikel werden elektrisch aufgeladen und wandern zur geerdeten Niederschlagselektrode. Wichtig ist in diesem Zusammenhang der elektrische Widerstand des abzuscheidenden Staubes in einer für den Elektrofilterbetrieb günstigen Größenordnung, der erfahrungsgemäß unter 10^{11} Ω cm liegt. Ist der elektrische Widerstand zu groß, wird die Ladung an der Niederschlagselektrode zu langsam abgegeben. Neu aufgeladener Staub kommt hinzu und lagert sich auf dem dort bereits abgeschiedenen, jedoch nicht vollständig entladenen Staub an. Mit der Zeit entsteht eine Staubschicht, die in sich ein Potentialgefälle aufweist. Dadurch verringert sich das Spannungsgefälle zwischen Sprühelektrode und der obersten Staubschicht, wodurch der Wirkungsgrad des Elektrofilters abfällt.

Fast alle im Elektrofilter abzuscheidenden Stäube, auch der in Glasschmelzwannen auftretende, haben einen temperaturabhängigen elektrischen Widerstand. Im unteren Temperaturbereich nimmt der Staubwiderstand ab, da sich in den Poren der Stäube kondensierte Restfeuchtigkeit bildet. Mit steigender Temperatur wird diese Feuchtigkeit ausgetrieben, der Widerstand steigt an, um nach dem Durchlaufen eines Maximums wieder abzufallen (Bild 13.14). Bei der großen Bedeutung des elektrischen Widerstandes des Staubes empfiehlt es sich, vor der Planung und Auslegung eines Elektrofilters den Staubwiderstand experimentell zu bestimmen. Die Angaben in Bild 13.14 gelten für den Staub hinter einer Alkali-Borat-Glaswanne. Es ist wahrscheinlich, daß sich für andere Gläser andere Werte ergeben. Der grundsätzliche Verlauf mit einem Maximum bleibt jedoch erhalten.

Wichtig für die Auslegung eines Elektrofilters ist die Beziehung von Deutsch, die den Abscheidegrad Y, den Volumenstrom $\dot{V}$, die Abscheidefläche A und die Wanderungsgeschwindigkeit w der Teilchen im elektrischen Feld miteinander verknüpft.

$$Y = 1 - \exp\left(-\frac{A\,w}{\dot{V}}\right).$$

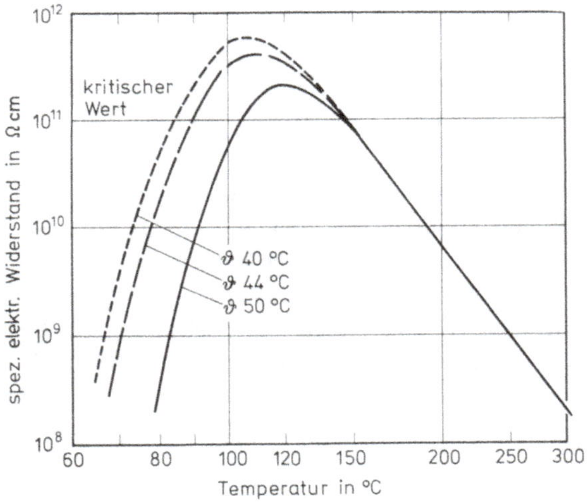

Bild 13.14. Verlauf des elektrischen Widerstandes eines Staubes hinter einer Alkali-Borat-Glaswanne in Abhängigkeit von Temperatur und Feuchtigkeit [13]

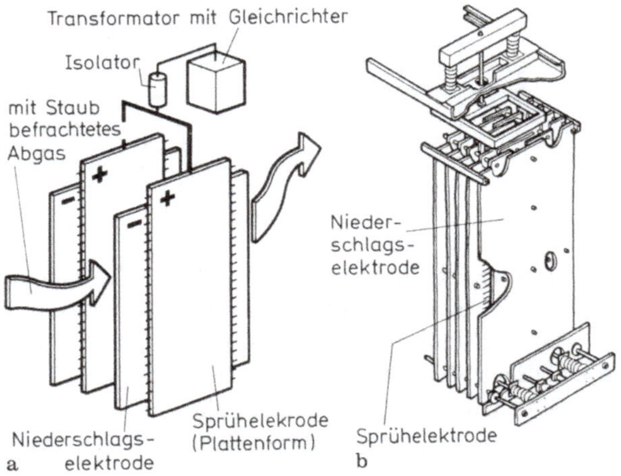

Bild 13.15. Aufbau eines NAPCO Filters [15]

Eine wichtige Größe ist die Wanderungsgeschwindigkeit w der Staubteilchen. Der elektrische Staubwiderstand gibt darüber keine Auskunft.

Unter den verschiedenen Spielarten der Elektrofilter eignet sich für die Bedingungen hinter Glasschmelzöfen am besten ein Plattensystem mit im Einlaufbereich angeordneten dünnen Sprühelektroden (Bild 13.15). Man erreicht auf diese Weise ein sehr homogenes elektrisches Feld und kann die Gassen schmal bauen. Bei gegebenem Abgasstrom $\dot{V}$ ergeben sich auf diese Weise kleine kompakte Filtereinheiten. Bezeichnet man die Gassenweite mit s und das Volumen des Filters mit V, dann ergibt sich durch Umformung der Formel von Deutsch die Beziehung

$$Y = 1 - \exp\left(-\frac{2Vw}{s\dot{V}}\right).$$

Man erkennt bei gegebenem $\dot{V}$ und gegebener Wanderungsgeschwindigkeit w das Volumen V, das um so kleiner wird, je kleiner s ist. Die Beziehung läßt aber auch erkennen, daß die Abscheideleistung Y vom Durchsatz $\dot{V}$ abhängig ist. Bisher sind Elektrofilteranlagen hinter einer Alkali-Borat-Glaswanne und hinter einer Bleiglaswanne bekannt geworden. Beide arbeiten zur vollen Zufriedenheit.

In beiden Fällen handelt es sich um Trockenelektrofilter. Bei der Borsilicatwanne wurde das klassische Sprühdrahtsystem, bei der Bleiglaswanne das Plattensystem angewandt. In beiden Fällen handelt es sich um erdgasbeheizte Anlagen, was die Korrosionsprobleme stark erleichtert, da das SO_3 im Abgas weitgehend fehlt.

Das Schema einer Entstaubungsanlage hinter der Alkali-Bor-Silicat-Glaswanne ist in Bild 13.16 dargestellt.

Als Vorteile der Anlage haben sich herausgestellt: der geringe Druckverlust, keine Verstopfungsgefahr, Wiederverwendbarkeit des Filterstaubes, hoher Abscheidegrad, geringe Betriebs- und Wartungskosten. Nachteilig sind die hohen Investitionskosten.

13.8.3 Anlagen mit Trockensorption [16]

Nicht alle Stäube in Abgasen von Glasschmelzwannen lassen sich ohne weiteres mit Gewebe- oder Elektrofilter entstauben. Dies gilt besonders, wenn schweres Heizöl mit seinem hohen Schwefelgehalt verwendet werden muß. Ein weiterer Nachteil beider Systeme ist, daß gasförmige Schadstoffe, wie HF, HCl, SO_3 und SO_2 damit nicht zurückgehalten werden können. In solchen Fällen können kombinierte Filteranlagen mit Trockensorption zum Ziel führen.

Grundgedanke der Trockensorption ist, durch Eingabe geeigneter Additive, die stark reaktiven Stäube und Schadgase zu binden und in einen leichter filterbaren Zustand umzuwandeln. Als Additive kommen in Frage: Weißkalkhydrat ($Ca(OH)_2$), Dolomit ($CaCO_3 - MgCO_3$) und Tonerdehydrat ($Al_2O_3 - 3\,H_2O$). Untersuchungen haben gezeigt, daß sich Tonerdehydrat besonders zur Absorption von Blei- und Borverbindungen eignet, während die gasförmigen Schadstoffe wie HF, HCl und SO_3 besser mit Kalkhydrat gebunden werden. Die abreagierten Additive müssen anschließend mit einem Elektro- oder Gewebefilter aus dem Abgas entfernt werden. Über den Verbleib des anfallenden Filterstaubes und seine mögliche Wiederverwendung kann nur im Einzelfall entschieden werden. Wichtig beim Arbeiten mit Additiven ist, daß eine ausreichende gleichmäßige Verteilung innerhalb des Abgasstroms zustandekommt. Die Verweilzeit muß je nach der Schadgaskonzentration lange genug sein. 3 bis 10 s werden als notwendig und ausreichend bezeichnet. Lassen sich die notwendigen Zeiten nicht einhalten und sind längere Zeiten erforderlich, dann muß eine äußere Rückführung vorgesehen werden. Das Additivmaterial muß genügend fein sein. Eine zusätzliche Erzeugung neuer aktiver Oberflächen der schon in der Anlage befindlichen Additive durch Kugelrotoren oder andere Systeme ist wünschenswert.

Zum Einbringen der Additive kann auch Wasser verwendet werden. Voraussetzung für die Funktion

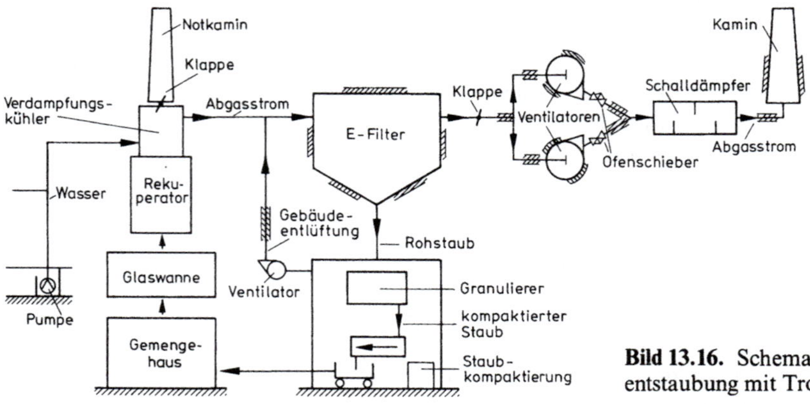

Bild 13.16. Schematische Darstellung der Glaswannenentstaubung mit Trockenelektrofilter [13]

solcher Verfahren ist eine ausreichend hohe Abgastemperatur, um die Wassertropfen ohne Wandkontakt sicher zu verdampfen.

Das Schema einer Anlage mit Kugelrotor, Kühler und Filter ist in Bild 13.17 gezeigt. Durch den Kugelrotor ist es möglich, die Aufenthaltszeit der Additiva im Anlagenbereich ohne äußere Rückführung erheblich zu erhöhen und dem Abgasstrom ständig eine große Additivmenge in feiner Verteilung anzubieten. Auf die spezielle Ausbildung eines Reaktorbereichs kann verzichtet werden.

Eine Anlage zur Adsorption und nachfolgender Filtration von Stäuben eines Blei- und Borverbindungen enthaltenden Abgases einer Glasschmelzwanne zeigt Bild 13.18. Da die Schmelzwanne mit Erdgas beheizt wird, ist der Schwefelgehalt im Abgas sehr gering. Der anfallende Filterstaub kann ohne Schwierigkeiten dem Gemenge des Glasschmelzofens wieder zugeführt werden.

Die Entwicklung auf dem Gebiet der Entstaubungsanlagen hinter Glasschmelzanlagen ist noch in vollem Gange. Die genannten Verfahren und Beispiele sind daher nur als Stand der Technik zum derzeitigen Zeitpunkt zu betrachten.

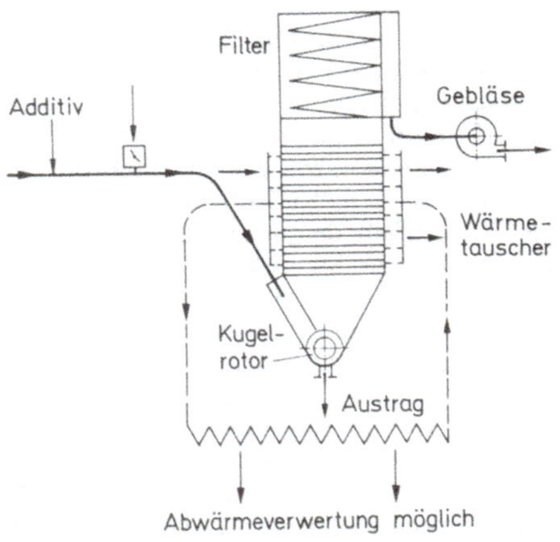

Bild 13.17. Sorptionsanlagen für trockene Additivzuführung [16]

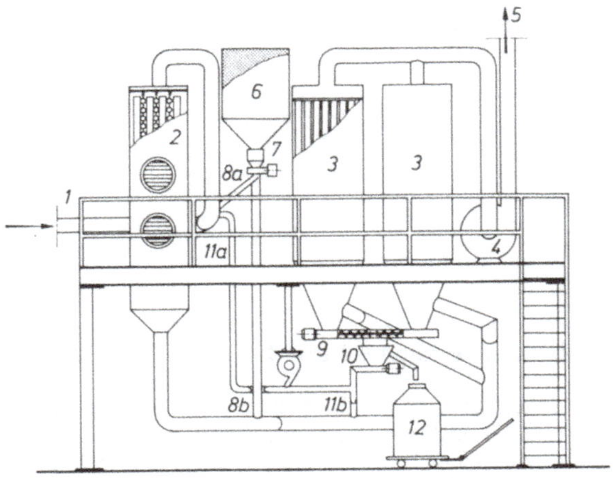

Bild 13.18. Entstaubungsanlage mit Tonerdehydrat als Adsorbent [14].
1 Rohgaseintritt; *2* Kühler; *3* Filter; *4* Gebläse; *5* Reingasaustritt; *6* Silo; *7* Dosiergerät; *8* Adsorbenszugabe, *a* vor dem Kühler, *b* nach dem Kühler; *9* Förderschnecke und Austragschleuse; *10* Dosiergerät mit Überlauf; *11* Adsorbensrezirkulation, *a* vor dem Kühler, *b* nach dem Kühler; *12* Staub-Austragsbehälter

Literaturverzeichnis

Literatur zu Kapitel 1 und 2

1. Löffler, J.: Über die Messung der Homogenität von Glas, insbesondere zum Zwecke der Kennzeichnung der Schmelzleistung von Wannen. Glastech. Ber. 38 (1965) 269–276
2. Steinmann, F.: Siemens Glasschmelzhafen und Glasschmelzwanne mit continuirlichem Betriebe unter Anwendung des Siemensschen Regenerativofens. Polytech. Centralbl. 36 (1870) Sp. 1114–1117 (hier: Sp. 1114–1115)
3. Stein, G.: Aus der Geschichte des Wannenofens. In: Günther, R.: Glasschmelz-Wannenöfen. Frankfurt (Main): Verlag d. Dtsch. Glastech. Ges. 1954, S. 200–216
4. Günther, R.: Begriffe im Ofenbau. Frankfurt (Main): Verlag d. Dtsch. Glastech. Ges. 1953. (Fachausschußbericht Nr. 49)
5. Trier, W.; Lauter, J.; Schumacher, L.: Einsatz von Altglasscherben zur Glasschmelze. Frankfurt (Main): Verlag d. Dtsch. Glastech. Ges. 1978. (Fachausschußbericht Nr. 71)
6. Swicker, V. C.: Ring section examination of glass containers. Bull. Amer. Ceram. Soc. 18 (1939) 143–147
7. Schumacher, L.: Abhängigkeit des Zirkonoxid- und Aluminiumoxid-Gehaltes im Ablaufglas vom Dränieren des Bodenglases in einer Durchlaßwanne. (Fachausschußvortrag.) Glastech. Ber. 54 (1981) R 151
8. Gebhardt, F.: Über das Verhalten basischer Steine in den Regenerativkammern von Flachglaswannen. TH Aachen, Habil. Schrift 1975

Literatur zu Kapitel 3

1. Krings, A.: Isolierung und Kühlung von Flachglaswannen. Glastech. Ber. 45 (1972) 467–470
2. Hoff, G.: Fuel savings in glass furnaces by use of optimum refractory construction. Glass 53 (1976) 305, 308–310
3. Jeanvoine, P.; Guigonis, J.; Krings, A.: Beitrag zur Verbesserung der Bodenhaltbarkeit in Glasschmelzwannen. Glastech. Ber. 53 (1980) 89–94
4. Meister, R.: Überlegungen zum Einbau von Wällen in Glasschmelzwannen. Glastech. Ber. 50 (1977) 186–192
5. Schmidt, K.: Wannenbecken und Durchlaß am Glasschmelzofen. Glastech. Ber. 32 (1959) 217–221
6. Kleinheisterkamp, L.: Heiß- und Zwischenreparaturen an Glasschmelzöfen unter besonderer Berücksichtigung schmelzgegossenen Materials. In: HVG-Kurs 1972, Heiß- und Zwischenreparaturen an Glasschmelzöfen. III. D, 35–51. Frankfurt (Main): Hüttentech. Verein. d. Dtsch. Glasind. 1972
7. Krings, A.; Liehn, W.; Meister, R. u. a.: Schmelzgegossene Steine für den Glasofenbau – Eigenschaften und Anwendung. Frankfurt (Main): Verlag d. Dtsch. Glastechn. Ges. 1973. (Fachausschußber. Nr. 69)
8. o. Verf.: Improved construction of glass melting furnace throats. Glass 52 (1975) 194, 196, 197, 199
9. Brüning, R.: Überlegungen zur Haltbarkeit von Durchlaßdecksteinen bei verschiedenen Kühlverfahren. Glastech. Ber. 45 (1972) 439–443
10. Daudans, J.: Einfluß der Kühlung schmelzgegossener Steine auf Steininnentemperatur und Steinhaltbarkeit. Glastech. Ber. 45 (1972) 433–438
11. Meister, R.: Einfluß der Wannensteinkühlung auf die Temperatur der Steininnenseite – Meßergebnisse. Glastech. Ber. 33 (1960) 182–186
12. Liehn, W.: Konstruktive Maßnahmen zur Verbesserung der Kühlwirkung und Verminderung des Glasangriffs an schmelzgegossenen Wannensteinen. Glastech. Ber. 45 (1972) 444–449
13. Hufen, W.: Gesichtspunkte zum Vergleich regenerativ beheizter Stirnbrennerwannen für größere Schmelzleistungen mit modernen Querbrennerwannen. (Fachausschußvortrag.) Glastech. Ber. 38 (1965) 33
14. Hufen, W.; Dämmer, H.; Liehn, W.: Überlegungen der Glasbadtiefe in Hohl-, Flach- und Spezialglaswannen. (Fachausschußvortrag.) Glastech. Ber. 49 (1976) R 24
15. Neumann, G.: Wie können die Gesetze der Statik für den Entwurf und die Entwicklung der Ofengewölbe nutzbar gemacht werden? Arch. Eisenhüttenwes. 15 (1942) 437–445
16. Lepère, K. E.: Toleranzen von Silikagewölbesteinen und ihr Einfluß auf die Fugenbreite. Tonind. Ztg. 94 (1970) 56–60
17. Heiligenstaedt, W.: Wärmetechnische Rechnungen für Industrieöfen, 4. Aufl. Düsseldorf: Verlag Stahleisen 1966, S. 263–270
18. Konopicky, K.; Steinhoff, E.: Silikasteine für Glasschmelzöfen. Frankfurt (Main): Verlag d. Dtsch. Glastech. Ges. 1968. (Fachausschußber. Nr. 66)
19. Glaser, W.; Boggum, P.: Thermische Isolierungen an Glasschmelzöfen. Sprechsaal 99 (1966) 211–218, 281, 284–285, 288, 290–292, 352–354, 356, 358, 362–363, 365–366
20. Buder, W.: Erfahrungsbericht über die Erdgasbeheizung mit Unterbankfeuerung an Stirnbrennerwannen. (Fachausschußvortrag.) Glastech. Ber. 48 (1975) R 130

21. McKenna, C. D.; Garonne, A. F.; Teichmann, N. N.: Vorzüge der Erdgasfeuerung für Flachglaswannen. Glastech. Ber. 45 (1972) 104–108
22. Jammernegg, H.: Der Magnesitsteineinbau in Glasschmelzöfen vom Brenner bis zur Kammer; basische Gitterung in einer Bleiglaswanne. Glastech. Ber. 39 (1966) 403–409
23. Hausen, H.: Wärmeübertragung im Gegenstrom, Gleichstrom und Kreuzstrom, 2. Aufl. Berlin, Heidelberg, New York: Springer 1976
24. Delrieux, J.: Influence des propriétés thermiques des réfractaires et de leurs modes d'utilisation sur le bilan thermique des régénérateurs. Rev. Gen. Therm. 13 (1974) 383–398
25. Greschat, K.-H.: Über die Berechnung der wärmetechnischen Wirksamkeit verschiedener Kammergitterwerke. (Fachausschußvortrag.) Glastech. Ber. 49 (1976) R 84
26. Krings, A.: Wärmetechnischer Vergleich von Gitterungen verschiedener Konzeption und Schachtweite. (Fachausschußvortrag.) Glastech. Ber. 49 (1976) R 84
27. Trier, W.: Regeneratoren von Glasschmelzöfen: Wärmetechnik und Konstruktion. Glastech. Ber. 29 (1956) 432–441
28. Eck, B.: Technische Strömungslehre, 8. Aufl. Bd. 2.: Anwendungen. Berlin, Heidelberg, New York: Springer 1981, S. 61–62
29. Reichardt, H.; Tollmien, W.: Die Verteilung der Durchflußmengen in einem ebenen Verzweigungssystem. Mitt. Max-Planck-Inst. f. Strömungsforsch. 1952, Nr. 7. (Dort weitere Literatur über Verzweigungsströmung)
30. Veit, P.: Strömungsvorgänge in Verzweigungen als Grundlage der Koksofenbeheizung. Arch. Eisenhüttenwes. 24 (1953) 93–103
31. Kröll, K.: Strömungstechnische Maßnahmen im Trocknerbau. Chem. Ing. Tech. 26 (1954) 132–140
32. Hansen, M.: Strömungsverhältnisse in Winderhitzern auf Grund von Modellversuchen. Arch. Eisenhüttenwes. 23 (1952) 245–252
33. Schleicher, S.: Strömungsverhältnisse in den Kammern eines Siemens-Martin-Ofens. Ber. Stahlw. Aussch. VDEh, Nr. 123 (1927)
34. De Graaf, J. E.; van Stein-Callenfels G. W.: Some remarks concerning steel works regenerators. In: IV. Congr. Int. du Chauffage Industriel, Paris 1952. Paris: Chal. et Ind. (1953) Gr. IV/41, No. 197, 1–8
35. Hansen, M.: Die Bedeutung der Strömungstechnik in der Eisenhüttenindustrie. Stahl Eisen 75 (1955) 401–410
36. Langhans, W. U.: Wärmeübergang und Druckverlust in Regeneratoren mit rostgitterartiger Speichermasse. Arch. Eisenhüttenwes. 33 (1962) 347–353, 441–451
37. Yazicizade, A. Y.: Untersuchung der Wärmeübertragung und des Druckabfalls in Regeneratoren mit körniger oder schachtartig aufgebauter Speichermasse. Glastech. Ber. 39 (1966) 203–217
38. Boggum, P.; Glaser, W.: Basisches Material – warum und wo? Glas Email Keramo Tech. 16 (1965) 213–217
39. Glaser, W.; Simon, G.: Beitrag zur Bestimmung des Gitterwerkes von stehenden Regeneratoren für Glasschmelzöfen. Sprechsaal 100 (1967) 834–835, 837–841
40. Teisen, Th.: Der Uniflow-Wannen-Ofen. Glastech. Ber. 31 (1958) 349–353
41. Biegler, F.: Konstruktion und Betriebsverhalten von Stahlrekuperatoren an Glasschmelzwannen. Glastech. Ber. 37 (1964) 286–292
42. o. Verf.: Baugrundsätze für Kleinrekuperatoren. Stahl Eisen 63 (1943) 286–288
43. Dietz, K.: Umsteueranlagen an Glasschmelzöfen. Frankfurt (Main): Verlag d. Dtsch. Glastech. Ges. 1969. (Fachausschußber. Nr. 67.) (Dort zahlreiche weitere Lit.-Angaben)
43a. Axmann, M.: Herdraumdruckregelung unter Anwendung von Transmittern mit elektrischer und hydraulischer Hilfsenergie. Glastech. Ber. 35 (1962) 321–326
44. Hampe, E.: Industrieschornsteine. Berlin: VEB-Verlag f. Bauwesen 1970. (Dort 187 Literaturhinweise)
45. Will, H.: Aufbau von Industrieschornsteinen in gemauerter und betonierter Ausführung. Charakteristische Schäden an Schornsteinen. (Fachausschußvortrag.) Glastech. Ber. 38 (1965) 33
46. Wellner, A.: Aufbau von Angeboten für Schornsteine in der Glasindustrie und deren Beurteilung. (Fachausschußvortrag.) Glastech. Ber. 39 (1966) 315
47. Greschat, K.-H.: Über das Antempern von Glasschmelzwannen. Glastech. Ber. 33 (1960) 370–376
48. Hoff, G.; Krings, A.; Recasens, J.: Ein neues Gewölbe aus schmelzgegossenen Korund-Zirkonoxid-Steinen für Glasschmelzöfen. Glas Email Keramo Tech. 23 (1972) 368–374
49. Preston, E.: The construction, operation and maintenance of tank furnaces for glass melting. Travaux du IV. Congr. Int. du Verre, Paris 1956
50. Knoblauch, H.: Aufbau und Betrieb kleiner, regenerativ beheizter Querbrennerwannen. Glastech. Ber. 37 (1964) 281–285

Literatur zu Kapitel 4

1. Majdič, A.: Auswahl der feuerfesten Materialien nach Gesichtspunkten ihrer mechanischen, physikalischen und chemischen Beanspruchung. Keram. Z. 26 (1974) 574–579
2. Routschka, G.; Majdič, A.: Feuerfeste Baustoffe für die Glasindustrie im Spiegel der Literatur. Glas Email Keram. Tech. 23 (1972) 349–356, 389–399, 430–442
3. Verworner, A.; Berndt, K.: Feuerfeste Baustoffe für Glasschmelzanlagen. Leipzig: VEB Dtsch. Verlag f. Grundstoffindustrie 1978
4. Krings, A.; Liehn, W.; Meister, R. u. a.: Schmelzgegossene Steine für den Glasofenbau – Eigenschaften und Anwendung. Frankfurt (Main): Verlag d. Dtsch. Glastech. Ges. 1973. (Fachausschußber. Nr. 69)
5. Konopicky, K.; Steinhoff, E.: Silikasteine für Glasschmelzöfen. Frankfurt (Main): Verlag d. Dtsch. Glastech. Ges. 1968. (Fachausschußber. Nr. 66)
6. Verworner, O.: Basische feuerfeste Baustoffe in Glasschmelzanlagen. Silikattech. 30 (1979) 213–218

7. Konopicky, K.; Lepère, K. E.; Routschka, G.; Thoenes, H. W.: Untersuchungen an gebrauchten Silikasteinen aus den Kammerwänden von Koksofenbatterien. Tonind. Ztg. 92 (1968) 41–50
8. Ehrcke, U.; Schwiete, H.-E.: Die Prüfung feuerfester Baustoffe bei hohen Temperaturen unter Belastung. Arch. Eisenhüttenwes. 34 (1963) 795–811
9. Morsanyi, A. V.: Silica brick in the superstructure of glass-melting furnaces, Part 1: Corrosion of silica brick by the vapour of sodium salts. Part 2: Corrosion of silica brick in the superstructure and crowns of glass-melting furnaces. Glass Technol. 7 (1966) 193–196, 196–202
10. Konopicky, K.; Routschka, G.: Beobachtungen am Silikagewölbe einer Glaswanne. Steine mit unterschiedlicher Ausbildung der Oberfläche an der heißen Seite. Glastech. Ber. 38 (1965) 450–457
11. Metzger, K.; Günther, R.: Antempern von Glasschmelzöfen. Frankfurt (Main): Verlag d. Dtsch. Glastech. Ges. 1952. (Fachausschußber. Nr. 47)
12. Liehn, W.: Konstruktive Gesichtspunkte beim Bau kleiner, seitenbeheizter Rekuperativwannen. Glastech. Ber. 37 (1964) 301–305
13. Hoff, G.; Krings, A.; Recasens, J.: Ein neues Gewölbe aus schmelzgegossenen Korund-Zirkonoxid-Steinen für Glasschmelzöfen. Glas Email-Keramo Tech. 23 (1972) 368–374
14. Meyer, H.; Poehnitzsch, H.: Über die Ursache des Glasaustritts und der Blasenbildung an schmelzgegossenen Steinen bei hohen Temperaturen. Glastech. Ber. (1965) 393–397
15. Riedel, L.: Beobachtungen an Flüssen und Tropfen. Glastech. Ber. 29 (1956) 49–51
16. Daudans, J.: Einfluß der Kühlung schmelzgegossener Steine auf Steininnentemperatur und Steinhaltbarkeit. Glastech. Ber. 45 (1972) 433–438
17. Recasens, J.; Sevin, A.; Gardiol, M.: Comportement de réfractaires au contact de différents verres, aux températures d'élaboration. Verres Refract. 23 (1969) 19–27
18. Recasens, J.; Gardiol, M.: Ein neuer chromoxidhaltiger schmelzgegossener KZ-Stein. Glastech. Ber. 51 (1978) 212–216
19. Claus, H.; Salge, H.: Elektronenmikroanalytische Untersuchungen zum Auflösungsverhalten schmelzgegossener Glaswannensteine, Teil I u. II. Glastech. Ber. 47 (1974) 159–163, 173–181
20. Boggum, P. P.: Wannensteine zwischen heute und morgen. Glastech. Ber. 51 (1978) 303–306
21. Daudans, J.; Krings, A.; Sevin, A.: Der Oberbau des Glasschmelzofens als Quelle typischer Glasfehler. Glastech. Ber. 42 (1969) 391–395
22. Gebhardt, F.; Horn, H.: Vergleichsuntersuchungen an feuerfesten Steinen für die oberen Lagen der Regenerativkammern einer Flachglaswanne. (Fachausschußvortrag.) Glastech. Ber. 44 (1971) 338
23. Roedl, W.: Latest developments in the use of basic bricks in glass melting furnaces and associated questions of furnace construction. Glass 43 (1966) 308–312, 315–316
24. Brunnsteiner, F.: Auswahl basischer Steine für die Regeneratoren von Glasschmelzwannen. Glastech. Ber. 33 (1960) 165–168
25. Gebhardt, F.; Horn, H.: Über das Verhalten keramisch gebundener Magnesitchromsteine in den Regenerativkammern von Flachglaswannen. Glastech. Ber. 46 (1973) 129–133
26. Barthel, H.: Über den Verschleiß von Magnesitsteinen in Gitterungen von Glasschmelzöfen. Glastech. Ber. 46 (1973) 134–140
27. Naefe, H.; Schulte, K.: Weiterentwicklung basischer Steinsorten für Gitterwerke von Natronkalkglaswannen. Sprechsaal 107 (1974) 883–892
28. de Geyndt, E. (ed.): Review of the literature on the problems of glass furnace regenerators. Prepared by Sub-Committee A XI of the ICG. Charleroi: Int. Commiss. on Glass 1975
29. Robijn, P.: Zerstörungsvorgänge in hochtonerdehaltigen Steinen und Schamottesteinen in Regenerativkammern von Glasöfen. Glastech. Ber. 46 (1973) 148–152
30. Gebhardt, F.: Über das Verhalten basischer Steine in den Regenerativkammern von Flachglaswannen. TH Aachen, Habil. Schrift 1975. (Auszugsweise veröff. in: Glastech. Ber. 49 (1976) 53–59)
31. Yamaguchi, A.: The effect of acid radical components of alkali salts on corrosions of mullite and zircon by alkaline vapors. (Orig. jap. mit engl. Zsfassg.) J. Ceram. Soc. Jap. 79 (1971) 124–131
32. Rasch, R.: Beitrag zum Sulfatangriff auf feuerfeste Baustoffe. Glas Email Keramo Tech. 21 (1970) 81–85
33. Konopicky, K.; Routschka, G.; Lohre, W.: Vergleich des Verschleißvorganges hochtonerdehaltiger Steine in alkalihaltiger Atomsphäre und in Natronkalkglasschmelze. Glas Email Keramo Tech. 16 (1965) 209–212
34. Mörtl, G.; Zednicek, W.; Adding, A.; Rademacher, S. C.: Verhalten basischer Steine im Gitterwerk von Bleiglaswannen. Glastech. Ber. 46 (1973) 141–147
35. Krings, A.; Gardiol, M.; Roux, J.-M.: Erfahrungen mit Kreuzsteinen aus schmelzgegossenem Material in Regeneratoren. Glastech. Ber. 51 (1978) 203–211

Literatur zu Kapitel 5

1. Trier, W.: Wärmeübergang zwischen Flamme und Glasbad in Glasschmelzwannenöfen. Glastech. Ber. 36 (1963) 73–86
2. Trier, W.; Voss, H.-J.: Wärmetechnisches Verhalten von Glasschmelzwannenöfen. Glastech. Ber. 41 (1968) 217–229
3. Heiligenstaedt, W.: Wärmetechnische Rechnungen für Industrieöfen, 3. Aufl. Düsseldorf: Stahleisen 1951, S. 112–117
4. Gailhbaud, J.: Bilan thermique d'un four de verrierie et dévelopments récents. Glastech. Ber. 32 K (1959) II/49–II/53
5. Schulte-Kellinghaus, H.: Energieeinsatz und Energienutzung in einer Hohlglashütte mit Regenerativwannen. Glastech. Ber. 52 (1979) 211–220
6. Kröger, C.: Theoretischer Wärmebedarf der Glasschmelzprozesse. Glastech. Ber. 26 (1953) 202–214
7. Lubisch, G.; Trier, W.: Energiebedarf bei der Herstellung von Behälterglas in Abhängigkeit vom Scherbenanteil. Glastech. Ber. 52 (1979) 141–142
8. Trier, W.; Werner, T.: Aufstellen und Auswerten der Wärmebilanzen von Glasschmelzwannenöfen. Glastech. Ber. 47 (1964) 79–92

9. Bošnjaković, F.: Die Bedeutung des zweiten Hauptsatzes der Thermodynamik für die Wärmebilanz von Öfen. Glastech. Ber. 32 (1959) 41–47
10. Huhmann-Kotz, I.: Untersuchung und Beurteilung von Glasschmelzwannen durch Energiebilanzen. Glastech. Ber. 32 (1959) 47–53
11. Meister, R.; Weber-Klein, P.; Wefer, F. u. a.: Temperaturmessung in Glashütten. Frankfurt (Main): Verlag d. Dtsch. Glastech. Ges. 1955. (Fachausschußbericht Nr. 65)
12. Weber-Klein, P.; Dietz, K.; Ehrich, W. u. a.: Regelungstechnik an Glasschmelzöfen und Nebenöfen. Frankfurt (Main): Verlag d. Dtsch. Glastech. Ges. 1964. (Fachausschußbericht Nr. 63)
13. Stein, F.: Erfahrungen mit der Temperaturregelung an großen Hohlglaswannen. Glastech. Ber. 40 (1967) 217–222
14. Thies, G.: Verbesserung der Temperaturregelung an einer größeren U-Flammenwanne mit Hilfe eines Analogrechners. Glastech. Ber. 46 (1973) 231–235
15. Boggum, P. P.: Einflüsse der Isolierung von Glasschmelzwannen auf die Glasqualität und das Feuerfestmaterial. Glastech. Ber. 53 (1980) 102–110
16. Brüning, R.: Überlegungen zur Haltbarkeit von Durchlaßdecksteinen bei verschiedenen Kühlverfahren. Glastech. Ber. 45 (1972) 439–443
17. Hrma, P.; Blažek, J.; Pelantová, V.: An analysis of the cooling of glass furnace sidewalls. Glass Technol. 22 (1981) 215–221
18. VDI-Wärmeatlas, 4. Aufl. Düsseldorf: VDI-Verlag 1983 (in Vorb.)
19. Schack, A.: Der industrielle Wärmeübergang, 6. Aufl. Düsseldorf: Stahleisen 1962
20. Routschka, G.; Majdič, A.: Neue Entwicklungen beim energiesparenden Einsatz feuerfester Baustoffe in Industrieöfen im Spiegel der Literatur. Keram. Z. 33 (1981) 511–538 (257 Lit.-Stellen)
21. Michaud, M.: Le rayonnement thermique des matériaux réfractaires à haute température. Silic. Ind. 19 (1954) 243–250
22. Glaser, W.: Thermische Isolierung von Glasschmelzwannen, Glastech. Ber. 45 (1972) 453–460
23. Heim, Th.: Entwicklungsstand des Gebläsebaues und lufttechnische Probleme in Glashütten. Glastech. Ber. 24 (1951) 127–132
24. Meister, R.: Einfluß der Wannensteinkühlung auf die Temperatur der Steininnenseite – Meßergebnisse. Glastech. Ber. 33 (1960) 182–186
25. Daudans, J.: Einfluß der Kühlung schmelzgegossener Steine auf Steininnentemperatur und Steinhaltbarkeit. Glastech. Ber. 45 (1972) 433–438
26. Lockwood, F. P.: Estimations of furnace structural heat losses. Glass Technol. 12 (1971) 8–14
27. Fischer, E.: Glasstandmesser mit feststehenden Elektroden. Glastech. Ber. 34 (1961) 219–220
28. Heimke, G.: Wirkungsweise und Besonderheiten der Sauerstoffbestimmung mit ZrO_2-Sonden. Glastech. Ber. 52 (1979) 63–67
29. Ebeling, M.: Meß- und Regelverfahren für Glasschmelzwannen. Glastech. Ber. 35 (1962) 312–316
30. Thies, G.: Grundsätzliches über die Temperaturregelung kleiner Hohlglaswannen. Glastech. Ber. 35 (1962) 307–312
31. Bürklin, H.: Glasstandsregelung an Wannenöfen mit der elektro-pneumatischen Sonde. Glastech. Ber. 35 (1962) 316–321
32. Weber-Klein, P.: Meß- und Regelungstechnik in Glashütten, Teil I u. II. Glastech. Ber. 32 (1959) 107–120, 158–172
33. Greschat, K.-H.: Temperaturmessungen im Durchlaß von Hohlglaswannen. Glastech. Ber. 41 (1968) 81–86
34. Dietz, K.: Umsteueranlagen an Glasschmelzöfen. Frankfurt (Main): Verlag d. Dtsch. Glastech. Ges. 1969. (Fachausschußber. Nr. 67) (Dort zahlreiche weitere Lit.-Angaben)
35. Kalpers, H.: Ein verbessertes Umsteuerverfahren für Regenerativöfen. Glashütte 73 (1943) 122–124
36. Stein, G.: Aus der Geschichte des Wannenofens. In: Günther, R.: Glasschmelz-Wannenöfen. Frankfurt (Main): Verlag d. Dtsch. Glastech. Ges. 1954, S. 200–215
37. Schiffer, K.: Neuzeitliche Umsteuervorrichtungen an Regenerativöfen. (Fachausschußvortrag.) Glastech. Ber. 23 (1950) 283
38. Günther, R.: Umsteuervorrichtungen – Bericht über eine Umfrage der HVG. (Fachausschußvortrag.) Glastech. Ber. 27 (1954) 31
39. Giegerich, W.: Untersuchung einer Luftwechseltrommel. (Fachausschußvortrag.) Glastech. Ber. 27 (1954) 31
40. Schiffer, K.; Recker, J.: Umsteuerungen für Regenerativöfen (SM-Öfen und Glaswannen). (Fachausschußvortrag.) Glastech. Ber. 31 (1958) 454
41. Metzger, K.; Günther, R.: Antempern von Glasschmelzöfen. Frankfurt (Main): Verlag d. Dtsch. Glastech. Ges. 1952. (Fachausschußber. Nr. 47)
42. Greschat, K.-H.: Über das Antempern von Glasschmelzwannen. Glastech. Ber. 33 (1960) 370–376
43. Sonntag, G.: Theoretische Untersuchung der Wärmespannungen in Wannensteinen während des Temperns. Glastech. Ber. 33 (1960) 363–370
44. Meister, R.: Silikasteine. Ausdehnungsverlauf im Gewölbe beim Antempern. (Fachausschußvortrag.) Glastech. Ber. 27 (1954) 30
45. Liehn, W.: Schnelltempern von Wannenöfen. (Fachausschußvortrag.) Glastech. Ber. 34 (1961) 590
46. Dämmer, H.: Antempern großer Flachglaswannen mit modernen Temperaggregaten. (Fachausschußvortrag.) Glastech. Ber. 46 (1973) R 112
47. Greschat, K.-H.: Rißbildung in schmelzgegossenen Wannensteinen beim Tempern. (Fachausschußvortrag.) Glastech. Ber. 46 (1973) R 113
48. Dämmer, H.; Kuhlmann, H.: Antempern und Isolieren von Silikagewölben großer Spannweite bei Glasschmelzöfen zur Flachglaserzeugung. Glastech. Ber. 51 (1978) 271–277
49. Close, L.: Furnace tapping, draining and refilling. Glass 56 (1979) No 5, 159, 160, 162
50. Glaser, W.; Boggum, P.: Heißreparaturen in Glasschmelzöfen. Sprechsaal 99 (1966) 698, 701, 704–712, 735–736, 738–739, 741–742, 744–747, 796, 798, 800, 803, 806, 809, 811, 813, 911–912, 914–916, 918–923
51. o. Verf.: Reparación en caliente de hornos de vidriería. Part I et II. Bol. Soc. Esp. Ceram. Vidrio 14 (1975) 453–454, 529–533

52. Kleinheisterkamp, L.: Heiß- und Zwischenreparaturen an Glasschmelzöfen unter besonderer Berücksichtigung schmelzgegossenen Materials. In: HVG-Kurs 1972 – Heiß- und Zwischenreparaturen an Glasschmelzöfen. III. D, 35–51. Frankfurt (Main): Hüttentech. Verein. d. Dtsch. Glasind. 1972
53. Costa, P.: Erfahrungen mit dem Einsatz von Sauerstoff zur Verminderung der Abgasmengen bei der Kammerheißreparatur an einer Tafelglaswanne. (Fachausschußvortrag.) Glastech. Ber. 52 (1979) R 71
54. Axmann, M.: Herdraumdruckregelung unter Anwendung von Transmittern mit elektrischer oder hydraulischer Hilfsenergie. Glastech. Ber. 35 (1962) 321–326
55. Weber-Klein, P.: Glasstandregelung. Aufgabenstellung und Verfahren. Angew. Meß- und Regeltechn. Beilage zu: Sprechsaal 2 (1962) a 83–a 88
56. Stocker, B.: Messung und Regelung des Glasstandes in Wannen. Glastech. Ber. 27 (1954) 290–293

Literatur zu Kapitel 6

1. Ullrich, J.: Vorgänge im Feuerraum einer ölbeheizten Glasschmelzwanne, Teil I u. II. Glastech. Ber. 36 (1963) 121–130, 170–179
2. Trier, W.; Staatsmann, H.: Verweilzeitverhalten der Brenngase im Oberofen von Glasschmelzwannen. Glastech. Ber. 41 (1968) 537–552
3. Brüning, R.: Modelluntersuchungen an U-Flammenwannen, Teil I–IV. Glastech. Ber. 41 (1968) 277–283, 326–334, 408–413; 44 (1971) 56–65
4. Günther, R.: Verbrennung und Feuerungen. Berlin, Heidelberg, New York: Springer 1974, S. 135
5. Günther, R.: Das Entwerfen von Flammen und Feuerräumen. Chem. Ing. Tech. 46 (1974) 56–62
6. Günther, R.: Modelluntersuchungen über Erdgasbrenner für Wannenöfen. Glastech. Ber. 46 (1973) 92–98
7. Eickhoff, H.: Ähnlichkeit und einfache Modellgesetze frei brennender und eingeschlossener Strahlflammen. Verfahrenstech. 5 (1971) 118–122
8. Günther, R.: Berechnung von Flammen und Feuerungen. Chem. Ing. Tech. 49 (1977) 135–141
9. Patrick, M. A.: Experimental investigation of mixing and flow in a round turbulent jet injected perpendiculary into a main stream. J. Inst. Fuel 40 (1967) 425–432
10. Voss, H.-J.: Mathematisches Modell zur Abschätzung des Energiehaushaltes von Glasschmelzwannenöfen. Glastech. Ber. 48 (1975) 190–206
11. Hottel, H. C.; Egbert, R. B.: The radiation of furnace gases. Trans. ASME 63 (1941) 297–307
12. Schack, A.: Der industrielle Wärmeübergang, 7. Aufl. Düsseldorf: Verlag Stahleisen 1969
13. Hausen, H.: Wärmeübertragung im Gegenstrom, Gleichstrom und Kreuzstrom, 2. Aufl. Berlin, Heidelberg, New York: Springer 1976
14. Port, F. J.: Heat transmission by radiation from gases. Mass. Inst. Technol., Cambridge, D. Thesis 1939
15. Hein, K.: Untersuchungen zum Strahlungsverhalten von Heizöl- und Gasflammen mit verschiedenen Brennersystemen. Glastech. Ber. 43 (1970) 455–462
16. Michelfelder, S.: Methoden zur Vorausberechnung von Feuerungen. Glastech. Ber. 50 (1977) 193–200
17. Germerdonk, R.: Über die Größe des konvektiven Wärmeübergangs von der Flamme auf das Glas in Glasschmelzwannenöfen, Teil I u. II. Glastech. Ber. 36 (1963) 86–90, 158–169
18. Trier, W.; Stein, A.: Vereinfachtes Rechenmodell des Wärmeaustausches durch Strahlung zwischen Flamme und bestimmten Punkten auf der Glasoberfläche in einem Glasschmelzwannenofen. Glastech. Ber. 38 (1965) 353–361
19. Beér, J. M.; Chigier, N. A.: Impinging jet flames. Combust. Flame 12 (1968) 575–586
20. Meister, R.: Zur Frage des Sauerstoffeinsatzes in Glasschmelzöfen. Glastech. Ber. 41 (1968) 557–565
21. Meister, R.: Einsatz von Sauerstoff bei der Beheizung von Glasschmelzwannen. Glastech. Ber. 45 (1972) 251–260
22. Daniels, M.: Einschmelzverhalten von Glasgemengen. Glastech. Ber. 46 (1973) 40–46
23. Jack, H. R. S.; Jacquest, J. A. T.: Heat transfer in glass-batch materials. In: Symp. sur la Fusion du Verre, Bruxelles 1958. Compte Rendu. Charleroi: Union Scientifique Continentale du Verre 1958, 339–360
24. Pugh, A. C. P.: A method of calculating the melting rate of glass batch and its use to predict effects of changes in the batch. Glastek. Tidskr. 23 (1968) 95–104
25. Vilnis, K. K.: Stepanenko, M. G.: Heat exchange between batch and flame in the glass furnace. Glass Ceram. 16 (1959) 133–136
26. Costa, P.: Untersuchung des Einschmelzverhaltens von pelletiertem Gemenge. Glastech. Ber. 50 (1977) 10–18
27. Bansal, B.; Jones, K.; Stephan, P. M.; Schorr, J. R.: Batch pelletizing and preheating. Glass Ind. 60 (1979) No 7, 12–15, 26, 29
28. Costa, P.: Strahlungsabsorption von normalem und pelletiertem Gemenge. Glastech. Ber. 50 (1977) 301–306
29. Vortmeyer, D.; Börner, C. J.: Die Strahlungsdurchlaßzahl in Schüttungen. Chem. Ing. Tech. 38 (1966) 1077–1079
30. Kröger, C.; Eligehausen, H.: Über das Wärmeleitvermögen des einschmelzenden Glasgemenges. Glastech. Ber. 32 (1959) 362–373
31. Fuhrmann, H.: Beitrag zur näherungsweisen Berechnung des Abschmelzens von Glasgemengeschichten, Teil I: Theoretische Ableitungen. Glastech. Ber. 46 (1973) 201–208
32. Fuhrmann, H.: Beitrag zur näherungsweisen Berechnung des Abschmelzens von Glasgemengeschichten, Teil II: Numerische Ergebnisse. Glastech. Ber. 46 (1973) 209–218
33. Landau, H. G.: Heat conduction in a melting solid. Quart. Appl. Math. 8 (1950) 81–94
34. Jeschar, E.; Millies, E.: Zur Theorie des Schmelzens. Arch. Eisenhüttenwes. 37 (1966) 283–289
35. Ellies, F.: Beobachtungen an laufenden Wannen, Erfassung und Auswertung von Betriebsdaten. Glastech. Ber. 49 (1976) 246–249
36. Brinkman, R. J.: Some modern trends in furnace charging techniques. Glass 56 (1979) 243–244, 246

37. Brichard, E.: Influence du mode d'enfournement sur l'allure de la fusion dans les fours à bassin. Silic. Ind. 19 (1954) 207–209
38. Pieper, H.: Gemengeeinlage bei vollelektrischen Wannen. Glastech. Ber. 52 (1979) 229–236
39. US-Patent Nr. 4 036 625 v. 19. 7. 1977. Method of and furnace for batch charging into a glass melting furnace. Elemelt Ltd. (Ch. Chamberlain)
40. Meister, R.: Besonderheiten und Betriebsweise kleiner Wannen. Glastech. Ber. 37 (1964) 275–281
41. Halle, R.: Studies in the distribution of temperature through molten glasses in a tank melting furnace. J. Soc. Glass Technol. 31 (1947) 122–133
42. Trier, W.: Temperaturmessungen im Glasbad von Wannenöfen. Glastech. Ber. 26 (1953) 5–12
43. Trier, W.: Glasströmungen: Bedeutung und Meßmethoden. Glastech. Ber. 33 (1960) 401–411
44. Sawai, J.; Takahashi, K.: Flow of molten glass in the melting chamber of a tank furnace. In: Symp. sur la Fusion du Verre, Bruxelles 1958. Charleroi: Union Scientifique Continentale du Verre 1958, 557–589
45. Peschke, J. von: Berechnung von Konvektionsströmungen in Glasschmelzwannen. Glastech. Ber. 38 (1965) 276–281
46. Wright, S.; Rawson, H.: Calculation of natural convection in a rectangular cell containing glass with specified temperatures on the boundaries. Glass Technol. 14 (1973) 42–49
47. Noble, J. J.; Clomburg, L. A.; Hottel, H. C. u. a.: Mathematical and experimental modeling of the circulation patterns in glass melts. Trans. ASME Ser. C.: J. Heat Transfer 94 (1972) 149–154
48. Austin, M. J.; Bourne, D. E.: A mathematical model of an electric glass furnace. Glass Technol. 14 (1973) 78–84
49. Mase, H.; Sasagawa, Y.: Mathematical modeling of glass tank furnace. In: Mouly, R. J. (ed.): Automatic control in glass. Pittsburgh, Pa.: Instrument Society of America 1973, pp. 93–105
50. Leyens, G.: Beitrag zur Berechnung zweidimensionaler Konvektionsströmungen in kontinuierlich betriebenen Glasschmelzwannen, Teil I u. II. Glastech. Ber. 47 (1974) 251–259, 261–270
51. Barklage-Hilgefort, H.; Mergler, K.-W.; Voss, H.-J.: Strömungsmessungen im Läuterbereich einer rekuperativ beheizten Glasschmelzwanne. Glastech. Ber. 53 (1980) 27–36
52. Leyens, G.; Smrček, J.: Einfluß der Badtiefe und des Durchsatzes auf die Strömungen in der Glasschmelzwanne. Glastech. Ber. 55 (1982) 81–87
53. Smrček, J.; Šimunek, J.: Die maximale Geschwindigkeit der Schmelze in der Glaswanne. Sprechsaal 113 (1980) 331–336
54. Hayakawa, M.; Mishima, Y.; Kato, T. u. a.: Studies on glass tank furnace by numerical model. In: XI. Int. Congr. on Glass, Prag 1977. Proc. IV. Prag: ČVTS-Dům techniky 1977, 33–42
55. Štefan, J.; Skřivan, M.: Contribution to the solution of nonstationary model of continuous glass tank. In XI. Int. Congr. on Glass, Prag 1977. Proc. IV. Prag: ČVTS-Dům techniky 1977, 43–53
56. Chen, T.-S.; Goodson, R. E.: Computation of three-dimensional temperature and convective flow profiles for an electric glass furnace. Glass Technol. 13 (1972) 161–167
57. Riederer, A.: Zur Berechnung und Verifikation dreidimensionaler Geschwindigkeits- und Temperaturfelder in elektrisch beheizten Glasschmelzwannen. In: XI. Int. Congr. on Glass, Prag 1977. Proc. IV. Prag: ČVTS-Dům techniky 1977, 55–64
58. Suzuki, J.: Three-dimensional flow and temperature distribution in rectangular cavities. Univ. Sheffield, Ph.D. Thesis 1976
59. Trier, W.: Wärmewirtschaft des Glasschmelzofens im Bereich des Glasbades und des Wannenbeckens – Verbesserungsmöglichkeiten. Glastech. Ber. 48 (1975) 181–189
60. Leyens, G.; Moreau, R.: Mathematische und meßtechnische Untersuchung verschiedener Glaswannen. Glastech. Ber. 51 (1978) 43–47
61. Greschat, K.-H.: Temperaturmessungen im Durchlaß von Hohlglaswannen. Glastech. Ber. 41 (1968) 81–86
62. Leyens, G.; Smrček, J.; Thyn, J.: Anwendung der Isotopen-Meßtechnik und eines mathematischen Modells zur Bestimmung der Strömungsverteilung in einer Schmelzwanne. Glastech. Ber. 53 (1980) 124–129
63. Pchelyakov, K. A.; Astanin, V. I.; Sibiryakov, V. A.: Improvement of the process of bubbling molten glass. Glass Ceram. 27 (1970) 507–510
64. Safaieh, M.-R.: Glasströmungsuntersuchungen in einer Modellwanne, Teil I u. II. Glastechn. Ber. 41 (1968) 87–96, 129–137
65. Lennertz, H.-E.: Glasströmungsuntersuchungen in einer Modellwanne unter besonderer Berücksichtigung der Transportströmung. Glastech. Ber. 44 (1971) 141–151, 177–186
66. Mauerhoff, D.: Über den Einsatz von Bubblinganlagen in der Glasindustrie der DDR. Silikattech. 32 (1981) 328–329
67. Voss, H.-J.; Mergler, K.-W.: Fotografieren und Filmen im Ofenraum von Glasschmelzöfen unter Verwendung des Ofenperiskops. Glastech. Ber. 42 (1969) 396–405
68. Meister, R.: Überlegungen zum Einbau von Wällen in Glasschmelzwannen. Glastech. Ber. 50 (1977) 186–192
69. Leyens, G.: Einfluß von Walleinbauten auf die Läuterwirkung der Glasströmungen in einer Durchlaßwanne. Glastech. Ber. 49 (1976) 227–231
70. Plumat, E.: Untersuchung der Strömungen in einer Glasschmelzwanne mit Hilfe physikalischer Modelle. Glastech. Ber. 48 (1975) 21–26
71. Pavlovskii, G. V.; Voronin, M. D. u. a.: The work of a combined barrier (flow-block-cooler) in a flat glass furnace. Glass Ceram. 33 (1976) 413–416
72. Peychès, I.: Convection currents in a glass tank, Part III. Glass Ind. 29 (1948) 142, 143, 166
73. Naruse, A.: Theoretical considerations regarding the optimum dimensions of the throats of glass tank furnaces. J. Soc. Glass Technol. 39 (1955) 145T–155T
74. Naruse, A.: Studies on throat current of bridge-wall tank by tracer tests with a model. Glastech. Ber. 32K (1959) IV/20–IV/29
75. Burley, D. M.; Moult, A.; Rawson, H.: Application of the finite element method to calculate flow patterns in glass tank furnaces. Glass Technol. 19 (1978) 86–91

76. Stanek, J.: Elektric melting of glass. Amsterdam, Oxford, New York: Elsevier 1977
77. Schild, A.: Studien über thermische Wannenströmungen an Hand von Modellversuchen. Glastech. Ber. 11 (1933) 305–314
78. Becker, H.: Eine neue Methode zur Erforschung der Strömung in Flachglaswannen. Glastech. Ber. 33 (1960) 411–416
79. Becker, H.: Neuere Untersuchungen über die Strömung in den Zieharmen einer Fourcaultwanne. Glastech. Ber. 38 (1965) 12–18
80. Dertev, K.: Gorohovskii, V. A.: Die Strömung der Glasschmelze im Kanal bei hintereinander angeordneten Ziehmaschinen. (Orig. russ.) Steklo Keram. 16 (1959) Nr. 1, 3–8
81. Gräff, R. W.: Verfahren zur Bestimmung von Strömungsrichtung und Strömungsgeschwindigkeit des Glases in Heiz- und Ziehkammern von Tafelglas-Wannen. Glastech. Ber. 38 (1965) 1–12
82. Kopelev, V. E.; Pollyak, V. V.; Fryazinova, G. N.: The technological function of skimming pockets. Glass Ceram 28 (1971) 229–233
83. Geffcken, W.: Vorgänge der Homogenisierung in der Schmelze, Ausziehen der Schlieren, Diffusion. Glastech. Ber. 30 (1957) 143–145
84. Cooper, A. R. jr.: Diffuse mixing in continuous laminar flow systems. Chem. Eng. Sci. 21 (1966) 1095–1106
85. Cooper, A. R. jr.: Kinetics of mixing in continuous glass melting tanks. Glass Technol. 7 (1966) 2–11
86. Rhiel, F. F.: Beitrag zur Berechnung der Homogenisierungsvorgänge in Glasschmelzwannen. Glastech. Ber. 49 (1976) 217–226
87. Rhiel, F. F.: Beitrag zur Berechnung der Läutervorgänge in Glasschmelzwannen. Glastech. Ber. 49 (1976) 251–256
88. Leyens, G.; Rhiel, F. F.; Woelk, G.: Erfassung der Homogenisierungswirkung der Glasströmungen in einer „Läuterkennzahl". Glastech. Ber. 48 (1975) 207–212
89. Bishop, F. L., jr.: Tracing flow in glass tank furnaces. J. Amer. Ceram. Soc., 28 (1945) 308–310
90. Bishop, F. L.: Effect of tank design change on glass flow. Amer. Ceram. Soc. Bull. 29 (1950) 99–101
91. Bishop, F. L., jr.: Comparative tracer tests on container and window glass tanks. Glass. Ind. 37 (1956) 71–76, 99, 142–145
92. Cooper, A. R., jr.: Mixing and flow in glass tanks. J. Amer. Ceram. Soc. 42 (1959) 93–101
93. Hoetink, B. J.: Process dynamics of a glass furnace following a step change of one of the batch components. Glass Technol. 10 (1969) 84–89
94. Joosen, G.: Untersuchung der Mischwirkung einer Glasschmelzwanne mit Hilfe von Tracern. Glastech. Ber. 46 (1973) 59–66
95. Nölle, G.: Auswirkung zufälliger Schwankungen der Gemengezusammensetzung auf die Glaszusammensetzung. Silikattech. 28 (1977) 50–51
96. Bamford, C. R.: Colour generation and control in glass. 8.2: Furnace changeovers of the coloured glass. Amsterdam, Oxford, New York: Elsevier 1977, pp. 122–140
97. Moore, H.: Changing color in continuous furnaces. Glass Ind. 52 (1971) 239–241
98. Matz, R.: Betriebserfahrungen bei Umfärbungen in Unit Meltern. Glastech. Ber. 53 (1980) 37–41
99. Langanke, B.: Umfärbeverhalten einer Floatglaswanne. Vergleich zwischen Theorie und Praxis. (Fachausschußvortrag.) Glastech. Ber. 54 (1981) R 42
100. Lauter, J.: Betriebserfahrungen beim Umfärben von Hohlglaswannen. (Fachausschußvortrag.) Glastech. Ber. 54 (1981) R 151
101. Tooley, F. V. (ed.): The handbook of glass manufacture. New York: Books for Industry and the Glass Industry Magazine 1974. Vol. I, p. 385
102. Budd, S. M.: Oxidation-reduction equilibrium in glass with especial reference to sulphur. Symp. Gases in Glass. 67th Annual Meeting of the Amer. Ceram. Soc., Philadelphia, May 1965
102a. Williams, H.: Schmelztechnische Erfahrungen beim Einsatz von Calumite-Hochofenschlacke. (Fachausschußvortrag.) Glastech. Ber. 53 (1980) R 170
103. Manring, W. H.; Billings, D. D.; Conroy, A. R.; Bauer, W. C.: Reduced sulfur compounds as melting and refining aids for flint soda-lime glasses. Glass Ind. 48 (1967) 374–380
104. Brungs, M.; Michell, R.: Development of colour during changes between glasses of different oxidation states. Glass Technol. 18 (1977) 174–177
105. Mulfinger, H. O.: Gase (Blasen) in der Glasschmelze. In: Jebsen-Marwedel, H.; Brückner, R. (Hrsg.): Glastechnische Fabrikationsfehler, 3. Aufl. Berlin, Heidelberg, New York: Springer 1980, S. 193–268
106. Brückner, R.: Die zu Erosionen an Modellsubstanzen und feuerfesten Stoffen führenden Grundmechanismen der Grenzflächenkonvektion. Glastech. Ber. 40 (1967) 451–462
107. Brückner, R.: Zur Kinetik des Stoffaustausches an den Grenzflächen zwischen Silikatglas- und Salzschmelzen und des Stofftransportes in Silikatglasschmelzen unter besonderer Berücksichtigung des Verhaltens von Na_2SO_4 und seinen Zersetzungsprodukten. Glastech. Ber. 34 (1961) 438–456, 515–528
108. Vielstich, W.: Der Zusammenhang zwischen Nernstscher Diffusionsschicht und Prandtlscher Strömungsgrenzschicht. Z. Elektrochem. 57 (1953) 646–655
109. Schlichting, H.: Grenzschichttheorie. Karlsruhe: Braun 1950
110. Prandtl, L.: Führer durch die Strömungslehre, 2. Aufl. Braunschweig: Vieweg 1944
111. Wagner, C.: The dissolution rate of sodium chloride with diffusion and natural convection as rate determining factors. J. Phys. Colloid Chem. 53 (1949) 1030–1033
112. Löffler, J.: Physikalische und chemische Reaktionen, die in Glaswannen zur Ausbildung von Spülfugen oder zum Lochfraß führen. Teil I u. II. Glastech. Ber. 38 (1965) 398–405; 40 (1967) 374–378
113. Dietzel, A.: Praktische Bedeutung und Berechnung der Oberflächenspannung von Gläsern, Glasuren und Emails. Sprechsaal 75 (1942) 82–85
114. Hrma, P.: Dissolution of a solid body governed by surface free convection. Chem. Eng. Sci. 25 (1970) 1679–1688
115. Hrma, P.: Anwendung der integralen Bilanzierungsmethode für die Lösung von Problemen bei der

Korrosion feuerfester Materialien durch Schmelzflüsse. (Orig. tschech.) Silikaty 16 (1972) 331–349

116. Hrma, P.; Šrámková, A.: The rate of dissolution of a solid body in liquid meniscus at free density convection. Silikaty 17 (1973) 89–102
117. Velarde, M. G.: Hydrodynamic instabilities (in isotropic fluids). In: Balian, R. (Hrsg.): Fluid dynamics. New York: Gordon and Breach 1977, pp. 473–525
118. Jebsen-Marwedel, H.: Dynaktive Flüssigkeitspaare. Ihr Verhalten und ihre praktische Bedeutung für die Glasschmelze. Glastech. Ber. 29 (1956) 233–238
119. Brückner, R.: Einige Besonderheiten der vertikal bevorzugten Korrosion („Lochfraß"). Glastech. Ber. 40 (1967) 371–374
120. Brückner, R.: Wechselwirkungen zwischen Glasschmelze und Feuerfestmaterial. Glastech. Ber. 53 (1980) 77–88. (Dort zahlreiche weiterführende Lit.-Angaben)
121. Jansen, J.; Petermöller, H.: Die Herkunft von Glasfehlern aus den feuerfesten Baustoffen. In: Jebsen-Marwedel, H.; Brückner, R. (Hrsg.): Glastechnische Fabrikationsfehler, 3. Aufl. Berlin, Heidelberg, New York: Springer 1980, S. 370–386

Literatur zu Kapitel 7

1. Michelfelder, S.: Methoden zur Vorausberechnung von Feuerungen. Glastech. Ber. 50 (1977) 193–200
2. Jeschar, R.; Pötke, W.: Entwicklung vereinfachter mathematischer Modelle für verschiedene Ofentypen. Tech. Mitt. 65 (1972) 255–259
3. Schupe, W.; Jeschar, R.: Vereinfachte Berechnung des Strahlungswärmeübergangs in Industrieöfen und Vergleich mit Messungen in einer Versuchsbrennkammer. Gas Wärme Int. 24 (1975) 64–75
4. Mase, H.; Sasagawa, Y.: Mathematical modeling of glass tank furnace. In: Mouly, R. J. (ed.): Automatic control in glass. Pittsburgh, Pa.: Instrument Society of America 1973, pp. 93–105
5. Mase, H.; Oda, K.: Mathematical model of glass tank furnace with batch melting process. J. Non-Cryst. Solids 38, 39 (1980) 807–812
6. McConnel, R. R.; Goodson, R. E.: Modelling of glass furnace design for improved energy efficiency. Glass Technol. 20 (1979) 100–106
7. Trier, W.; Voss, H.-J.: Wärmetechnisches Verhalten von Glasschmelzwannenöfen. Glastech. Ber. 41 (1968) 217–229
8. Trier, W.; Voss, H.-J.: Wärmetechnisches Verhalten von Glasschmelzwannenöfen, Teil 2.: Einfluß der Brennstoffverteilung auf den Wärmeverbrauch. Glastech. Ber. 41 (1968) 552–556
9. Trier, W.; Voss, H.-J.: Wärmetechnisches Verhalten von Glasschmelzwannenöfen, Teil 3.: Einfluß elektrischer Zusatzbeheizung auf Schmelzleistungssteigerung und Wärmeverbrauch. Glastech. Ber. 42 (1969) 409–418
10. Voss, H.-J.: Mathematisches Modell zur Abschätzung des Energiehaushaltes von Glasschmelzwannenöfen. Glastech. Ber. 48 (1975) 190–206

Literatur zu Kapitel 8

1. Völker, A.: US-Patent 702 081 v. 10. Juni 1902 (entsprechend deutsches Patent v. 28. 6. 1900)
2. Borel, E.: Die Praxis der elektrischen Glasschmelze. Glastech. Ber. 23 (1950) 213–219
3. Baucke, F. G. K.; Frank, W. A.: Conductivity cell for molten glass and salts. Glastech. Ber. 49 (1976) 157–161
4. Trier, W.: Betrachtungen über die thermische Stabilität von Elektrowannen. Glastech. Ber. 53 (1980) 348–350
5. Šašek, L.: Anwendung mathematisch-statistischer Methoden in der Silicatforschung. 5. Bestimmung der Temperaturabhängigkeit der spezifischen Leitfähigkeit. 5b. Vys. Sk. Chem. Technol. Praze, Chem. Technol. Silik L5 (1974) 111–164
6. Beyersdorfer, H.: Über die elektrische Beheizung einer Kleinwanne. Silikattechn. 25 (1974) 351–353
7. Andrusieczko, A.: Niektóre problemy elektrycznego topienia i podgrzewania masy szklanej. Szklo Ceram. 16 (31) (1965) 209–212
8. Genzel, L.: Zur Berechnung der Strahlungsleitfähigkeit der Gläser. Glastech. Ber. 26 (1953) 69–71
9. Hammerschmidt, R.; Hausner, H.: Elektrische Leitfähigkeit von Wannensteinen vor und nach dem Einsatz in Glasschmelzwannen. Glastech. Ber. 55 (1982) 30–36
10. Hilbig, G.: Stabilität von Elektroglasschmelzwannen. Glastech. Ber. 54 (1981) 44–47
11. Weber, J.: Verhalten und Wirkung der Elektroden in Glasschmelzen. In: HVG-Kurs 1974 – Elektrowärme-Einsatz in der Glasindustrie. III. 1–39. Frankfurt (Main): Hüttentech. Verein. d. Dtsch. Glasind. 1974
12. Curran, R. L.: Use of mathematical modeling in determining the effects of electrode configuration on convection currents in an electric glass melter. IEEE Trans. Ind. Gen. Appl. IGA-7 (1971) 116–129
13. Staněk, J.: Die Abhängigkeit der Temperaturverteilung von den Unterschieden der Elektrodentypen in einer vollständig elektrisch beheizten Glaswanne. Silikat J. 8 (1969) 139–142
14. Andrusieczko, A.: Einfluß der Anordnung und der Anschlußart der Elektroden auf die Verteilung der Leistungsdichte in einem Elektroden-Glasschmelzofen. Sprechsaal 105 (1972) 208, 210, 212, 214–217
15. Vach, J.; Dušánek, V.: Über die Verteilung der elektrischen Energie zwischen den Elektroden und die Beeinflussung des Temperaturfeldes durch die thermischen Eigenschaften der Glasschmelze. Glastech. Ber. 42 (1969) 460–464
16. Vach, J.; Süsser, V.: Schmelzen von Gebrauchsgläsern und technischen Gläsern in kleinen elektrischen Schmelzöfen. ICG-Jahrestagung u. 46. Glastechnische Tagung Wiesbaden 1972. Wissenschaftliche u. technische Fachvorträge II. 7.1–II. 7.15
17. Chen, T.-S.; Goodson, R. E.: Computation of three-dimensional temperature and convective flow profiles for an electric glass furnace. Glass Technol. 13 (1972) 161–167
18. Austin, M. J.; Bourne, D. E.: A mathematical model of an electric glass furnace. Glass Technol 14 (1973) 78–84

19. Gailhbaud, J.: Elektrischer Widerstand von elektrisch beheizten Glasschmelzöfen, Teil I u. II. Glastech. Ber. 44 (1971) 314–320, 354–360
20. Gailhbaud, J.: Elektrischer Widerstand von Glasschmelzöfen mit waagerechten Elektroden, die das Bad nicht völlig durchdringen. Glastech. Ber. 45 (1972) 56–67
21. Gailhbaud, J.: Berechnung der Charakteristiken elektrisch beheizter Glasschmelzöfen bei veränderlichem spezifischem Widerstand des Bades. Glastech. Ber. 45 (1972) 133–139
22. Gailhbaud. J.: Gleichmäßige Belastung vertikaler Elektroden in drehstrombeheizten Glaswannenöfen. Glastech. Ber. 44 (1971) 267–275
23. Weber, J.: Beheizung von Glasschmelzen mittels Elektroden (Joulescher Wärme). In: HVG-Kurs 1974 – Elektrowärme-Einsatz in der Glasindustrie. II.1–23. Frankfurt (Main): Hüttentech. Verein. d. Dtsch. Glasind. 1974
24. DDR-Patent Nr. 55 122 v. 5. 4. 1967. SVUS Hradec Králové, (CSSR) (J. Vach, V. Süsser)
25. GB-Patent Nr. 1 177 070 v. 7. 1. 1970 Elemelt Ltd. (M. Gell)
26. Andrusieczko, A.: Der elektrische Widerstand einer elektrisch beheizten Glasschmelzwanne. Glastech. Ber. 42 (1969) 235–243
27. Ladr, I.; Habrman, Z.; Süsser, V.: Korrosionsschutz der Molybdänelektroden beim elektrischen Glasschmelzen. IV. Konf. über Elektro-Glasschmelze, Usti nad Labem/CSSR 1974. (Deutsche Übersetzung als Manuskript)
28. Frankreich-Patent Nr. 2 067 870 v. 20. 8. 1971 Corhart Refractories Co. (USA)
29. Allcock, J.; Scarfe, F.: Molybdenum electrodes in glass melting. Glastekn. Tidskr. 32 (1977) 45–50
29a. Weber, J.: Aufbau und Betriebsdaten von mit Elektroden beheizten Glasschmelzöfen und von Öfen mit elektrischer Zusatzheizung. In: HVG-Kurs 1974 – Elektrowärme-Einsatz in der Glasindustrie. V. 1–43. Frankfurt (Main): Hüttentech. Verein. d. Dtsch. Glasind. 1974
30. Haspel, R.: Verhalten von Molybdänelektroden bei horizontalem Einbau. Glastech. Ber. 54 (1981) 21–27
31. Neukunft, E.: Betriebserfahrungen mit wassergekühlten Elektrodenhaltern in einer Kleinwanne. Glastech. Ber. 54 (1981) 28–31
32. Roloff, H.: Auslegung und Kühlung der Elektrodenhalter für Molybdänelektroden zur Elektrozusatzheizung an Hohlglaswannen. Glastech. Ber. 54 (1981) 32–35
33. Endreß, H.; Mommertz, W.: Energieverluste von wassergekühlten Elektrodenhalterungen in elektrischen Glasschmelzwannen. Elektrowärme Int. 36 (1978) B 337–B 344
34. USA-Patent Nr. 3 681 506 v. 1. 8. 1972. Yilmas Can, (Corning Glass Works, Corning, N.Y., USA)
35. USA-Patent Nr. 1 196 295 v. 24. 6. 1970. L. Penberthy, Seattle, USA
36. Tober, H.: Konvektionsströmungen in elektrisch beheizten Wannen – Modellversuche. Glastech. Ber. 45 (1972) 41–53
37. Steitz, W. R.; Hibscher, C. W.: Design considerations for all-electric melters. Glass Ind. 62 (1981) No. 2, 11–17
38. Gell, P. A. M.: Electric melting for larger tonnage furnaces. Glass Ind. 54 (1973) No. 3, 12–13; No. 4, 14, 16–18
39. Gell, P. A. M.: Some further considerations on electric glass-melting furnaces. VII. Int. Elektrowärme-Kongr., Warschau 1972, Vortrag Nr. 306
40. Pieper, H.: Regenerativwanne mit vertieftem Läuterteil (Fachausschußvortrag). Glastech. Ber. 51 (1978) R 1438.
41. Woltz, J.: Betriebserfahrungen mit Elektrowannen bei der Herstellung von C-Glas. Glastech. Ber. 55 (1982) 88–95
42. Staněk, J.: Elektric melting of glass. Amsterdam, Oxford, New York: Elsevier 1977
43. Corbier, R.; Martin, B.: Heating molten glass with immersion electrodes. Glass Int. 58 (1981) No. 12, 32, 35
44. Plumat, E.; Toussaint, F.; Boffe, M.: Formation of bubbles by electrochemical processes in glass. J. Amer. Ceram. Soc. 49 (1966) 551–558
45. Pieper, H.: Erfahrungen mit elektrischen Zusatzheizungen bei ölgefeuerten Wannen. Silikattech. 19 (1968) 210–214
46. USA-Patent Nr. 3 574 585 v. 13. 4. 1971. L. F. Robertson u. a. (Brockway Glass Co., Brockway, Pa. USA)
47. Reynolds, M. C.: Electric furnace design. Glass Technol. 23 (1982) 38–43
48. Ross, C. P., jr.; Stewart, C. N., jr.: How Kerr applies electric boost. Glass Ind. 59 (1978) No. 6, 10–14
49. Finger, J.: Melting of colorless glass in the electric furnace and its development in Spain. Glass Ind. 30 (1949) 27–29
50. Illig, H.-J.: Wärmetechnische Probleme beim Bau und Betrieb vollelektrisch beheizter Schmelzwannen. Silikattech. 22 (1971) 167–169
51. Gneist, H.; Hohmann, H.; Walter, G.: Probleme des Wärmeverbrauchs und der Anschlußleistung von elektrischen Zusatzheizungen. Silikattech. 19 (1968) 375–380
52. Hampshire, W. B.; Evans, C. J.: Zinnoxid-Elektroden bei der Herstellung von Bleiglas. Zinn und seine Verwendung (1979) Nr. 118, 3–5
53. Gell, P. A. M.: Safety factors affecting electric melting. Glass Ind. 61 (1980) 19–22
54. Verf.: Tr.: Sicherheitstechnische Probleme bei der Glasschmelze mittels elektrischer Energie. Keramik und Glas. Mitt. d. Berufsgenossensch. d. Keram. u. Glas-Ind. (1979) Nr. 3, 6–10
55. Horowitz, J.: (Verschiedene Themen zur Elektro-Glasschmelze) Sprechsaal 102 (1969) 1052–1057; 103 (1970) 671–679; 103 (1970) 716–724; 104 (1971) 376–390; 104 (1971) 535–548; 104 (1971) 737–742; 105 (1972) 7–19
56. Roloff, H.: Erfahrungen mit Elektrozusatzheizung in Hohlglaswannen. (Fachausschußvortrag.) Glastech. Ber. 49 (1976) R 84
57. Schumacher, R.: Stabilitätsprobleme beim Widerstandsheizen von Glasschmelzen. Glastech. Ber. 55 (1982) 243–248

Literatur zu Kapitel 9

1. Sorg, K.: Konstruktion und Betriebsweise von Tageswannen für die Glasschmelze; Glastech. Ber. 37 (1964) 292–295
2. Starzinsky, D.: Verhalten von Tageswannen für Hohlglas. Ergebnisse einer Vergleichsuntersuchung. Glastech. Ber. 41 (1968) 527–537

Literatur zu Kapitel 10

1. Günther, R.; Trier, W.; Theissl, K. H.: Die Entwicklung der Glasschmelzhafenöfen. Glastech. Ber. 30 (1957) 308–318
2. Hirsch, H. J.: Beheizung eines Hafenofens der Rundofenbauart mit Flüssiggas. Glastech. Ber. 38 (1965) 92–98
3. Kahl, H.: Beheizung eines 10-Hafen-Glasschmelzofens der Rundofenbauart mit Öl. Glastech. Ber. 38 (1965) 98–103
4. Meister, R.; Dämmer, H.: Über die Wärmeaustauschvorgänge im Gesäß von Hafenöfen. Glastech. Ber. 34 (1961) 489–500
5. Starzinsky, D.: Die Bedeutung des Einbrennens von Glasschmelzhäfen auf die Qualität und Hafenstandzeit. Glastech. Ber. 42 (1969) 405–409
6. o. Verf.: Erfahrungen mit elektrisch beheizten Hafenöfen. Bericht von der Carl Haefeli AG, Sarner Kristallwerke. Sprechsaal 115 (1982) 381–382
7. Bartsch, O.: Ausgewähltes Schrifttum über Glasschmelzöfen. Glastech. Ber. 22 (1949) 426–427

Literatur zu Kapitel 11

1. Gumz, W.: Kurzes Handbuch der Brennstoff- und Feuerungstechnik. Berlin, Göttingen, Heidelberg: Springer 1962
2. Günther, G.: Verbrennung und Feuerungen. Berlin, Heidelberg, New York: Springer 1974
3. o. Verf.: Koppers Handbuch der Brennstofftechnik. 3. Aufl. Essen: Heinrich Koppers GmbH 1953
4. Laurien, H. (Hrsg.): Taschenbuch Erdgas, 2. Aufl. München, Wien: Oldenbourg 1970
5. Oldenburg, G.: Propan-Butan. Eigenschaften und Anwendungsgebiete der Flüssiggase, 2. Aufl. Berlin, Heidelberg, New York: Springer 1966
6. Hansen, W.: Ölfeuerungen. Brennstoff, Technische Einrichtungen, Anwendungen, 2. Aufl. Berlin, Heidelberg, New York: Springer 1970
7. Zabedakis, M. G.: Flammability characteristics of combustible gases and vapours. Bureau of Mines Bull. 627, Washington 1965

Literatur zu Kapitel 12

1. Hausen, H.: Wärmeübertragung im Gegenstrom, Gleichstrom und Kreuzstrom, 2. Aufl. Berlin, Heidelberg, New York: Springer 1976
2. Schack, A.: Der industrielle Wärmeübergang, 6. Aufl. Düsseldorf: Stahleisen 1962
3. Rummel, K.: Die Berechnung der Wärmespeicher auf Grund der Wärmedurchgangszahl. Stahl Eisen 48 (1928) 1712–1715
4. Yazicizade, A. Y.: Untersuchung der Wärmeübertragung und des Druckabfalls in Regeneratoren mit körniger oder schachtartig aufgebauter Speichermasse. Glastech. Ber. 39 (1966) 203–217
5. Heiligenstaedt, W.: Wärmetechnische Rechnungen für Industrieöfen, 4. Aufl. Düsseldorf: Stahleisen 1966
6. Trier, W.: Regeneratoren von Glasschmelzöfen: Wärmetechnik und Konstruktion. Glastech. Ber. 29 (1956) 432–441
7. Rödel, H.: Abhitzekessel hinter schwerölbefeuerten Glaswannen mit Regenerativkammern und einem Betriebsdruck von 10 und 30 atü. Glastech. Ber. 40 (1967) 95–101
8. Rossmaier, V.; Langen, J.: Über die Abwärmeverwertung von Glasschmelzöfen zur Stromerzeugung. Glastech. Ber. 40 (1967) 432–437
9. Körber, G.: Wirtschaftliche Verwertung von Rauchgasen hinter Glasschmelzwannen. Glastech. Ber. 50 (1977) 47–53
10. Ehrich, W.: Abhitzekessel hinter Regeneratoren von Glasschmelzwannen. Glastech. Ber. 48 (1975) 173–180
11. Vollhardt, F.: Abhitzekesselanlagen hinter Glasschmelzwannen mit Konstantfeuerung. Glastech. Ber. 40 (1967) 88–95
12. Becker, K.: Abhitzekessel an Glasschmelzöfen. Glastech. Ber. 32 (1959) 243–246
13. Schubert, P.: Energieversorgung einer mittleren Hohlglashütte unter besonderer Berücksichtigung von Hochdruckabhitzekesselanlagen. Glastech. Ber. 40 (1967) 81–88
14. Schubert, P.: Energiewirtschaft und Energieverteilung in einer kleineren Hohlglashütte mit Eigenstromerzeugung. Glastech. Ber. 52 (1979) 203–210
15. Ehrich, W.: Energieeinsatz und Energienutzung in einer Floatglashütte. Glastech. Ber. 52 (1979) 185–191
16. Baier, B.: Abwärmenutzung durch Stromerzeugung hinter regenerativ betriebenen Behälterglasschmelzwannen. Glastech. Ber. 52 (1979) 197–199
17. Schulte-Kellinghaus, H.: Energieeinsatz und Energienutzung in einer Hohlglashütte mit Regenerativwannen. Glastech. Ber. 52 (1979) 211–220
18. Kölsch, E.: Abhitzeverwertung bei einer rekuperativ beheizten Glasschmelzwanne mit Abhitzekessel. Glastech. Ber. 52 (1979) 192–196

Literatur zu Kapitel 13

1. Kröger, C.; Sörström, L.: Dampfdruck von Silicatgläsern und deren Bestandteilen. Glastech. Ber. 38 (1965) 313–322
2. Kirkbride, B. J.: The chemical changes ocurring during the cooling of hot gases from flat glass furnaces. Glass Technol. 20 (1979) 174–180
3. Hanke, K. P.; Scholze, H.: Einfluß der Ofenatmosphäre auf die Verdampfung aus Glasschmelzen. Glastech. Ber. 50 (1977) 271–275

4. Löffler, J.: Verstaubung von Gemengebestandteilen und Verdampfung aus der Glasoberfläche in einer Fensterglaswanne. Symp. sur la Fusion du Verre, Bruxelles 1958. Charleroi: Union Scientifique Continentale du Verre 1958, 531–541
5. Morse, C. E.; Manring, W. H.: A practical solution to minimize carryover plugging of regenerative glass furnaces. Amer. Ceram. Soc. Bull. 50 (1971) 506–510
6. Moss, J. F.: Measurement of glass furnace carryover. Amer. Ceram. Soc. Bull. 44 (1965) 163–166
7. Rozhanskii, A. I.; Velikodnyi, V. G.; Sakhno, N. N.: Flue gas emission in glass furnaces. Glass Ceram. 25 (1968) 455–458
8. Davis, R. E.; Manring, W. H.; Bauer, W. C.: Carryover studies in glass furnaces. In: Collected Papers of the 34th Annual Conf. on Glass Problems 1973. Urbana, Ill.: Univ. of Illinois 1974, 109–126
9. Kircher, U.: Staub- und Schadgasemissionen von Glasschmelzwannen. Glastech. Ber. 51 (1978) 139–146
10. Gebhardt, F.; Carduck, E.; Arnolds, J.: Chloridemissionen von Glasschmelzwannen. Glastech. Ber. 51 (1978) 147–151
11. Pyke, D. J.: Sichtbarkeit von Rauchgasfahnen. Glastech. Ber. 51 (1978) 162–166
12. Ryder, R. J.; Taylor, E. C.; Tanner, K. B.: Pollutant emissions from glass container-furnaces. Glass Technol. 21 (1980) 199–205
13. Tiesler, H.: Zum Einsatz eines Elektro-Entstaubers an einer Spezialglaswanne für Alkali-Borsilicatglas. Glastech. Ber. 51 (1978) 176–188
14. Scherer, V.: Abgase einer Glasschmelzwanne. Reinigung von blei- und/oder borhaltigen Stäuben. Wasser Luft Betrieb (wlb) 22 (1978) 130–132
15. Loon, A. P. M. van: Erfahrungen mit der Abgasreinigung von Bleiglaswannen. Glastech. Ber. 53 (1980) 111–115
16. Margraf, A.: Realisierte Lösungen zur trockenen Fluorwasserstoffabscheidung aus Rauchgasen von Brenn- und Schmelzprozessen. (Fachausschußvortrag.) Glastech. Ber. 53 (1980) R 172

Sachverzeichnis

GPSR Compliance

The European Union's (EU) General Product Safety Regulation (GPSR) is a set of rules that requires consumer products to be safe and our obligations to ensure this.

If you have any concerns about our products, you can contact us on ProductSafety@springernature.com

In case Publisher is established outside the EU, the EU authorized representative is:

Springer Nature Customer Service Center GmbH
Europaplatz 3
69115 Heidelberg, Germany

Batch number: 10692447

Printed by Printforce, the Netherlands